高等教育"十三五"规划教材

# 机械安全与电气安全

主　编　魏春荣　刘赫男

副主编　毕业武　谢生荣

参　编　赵　东　艾纯明　赵耀江

　　　　王　毅　石栋华

主　审　王树桐　孙建华

中国矿业大学出版社

## 内 容 简 介

本书分为上、下两篇。上篇为机械安全,分为 6 章,包括机械安全基础、危险机械安全技术、起重机械安全技术、提升机械安全技术、机动车辆安全技术、客运索道与大型游乐设施安全技术。下篇为电气安全,分为 7 章,包括电气安全概述、电击防护与触电急救、电气设备安全运行、防爆设备电气安全、电气线路安全运行、电气环境安全、电气安全应用。

本书作为高等院校安全工程专业教材,也可用作高职院校、职工大学等学生的教材或参考书,亦可供从事安全检查、安全监管人员以及工程技术人员参考使用。

**图书在版编目(C I P)数据**

机械安全与电气安全/魏春荣,刘赫男主编.—徐州:中国矿业大学出版社,2018.8

ISBN 978 - 7 - 5646 - 4026 - 2

Ⅰ.①机… Ⅱ.①魏…②刘… Ⅲ.①机械工程—安全技术—高等学校—教材②电气安全—高等学校—教材

Ⅳ.①TH188②TM08

中国版本图书馆 CIP 数据核字(2018)第 140305 号

| | |
|---|---|
| 书　　名 | 机械安全与电气安全 |
| 主　　编 | 魏春荣　刘赫男 |
| 责任编辑 | 满建康 |
| 出版发行 | 中国矿业大学出版社有限责任公司 |
| | (江苏省徐州市解放南路　邮编 221008) |
| 营销热线 | (0516)83885307　83884995 |
| 出版服务 | (0516)83885767　83884920 |
| 网　　址 | http://www.cumtp.com　**E-mail**:cumtpvip@cumtp.com |
| 印　　刷 | 江苏淮阴新华印刷厂 |
| 开　　本 | 787×1092　1/16　印张 26.75　字数 668 千字 |
| 版次印次 | 2018 年 8 月第 1 版　2018 年 8 月第 1 次印刷 |
| 定　　价 | 48.00 元 |

(图书出现印装质量问题,本社负责调换)

# 前　　言

本书是根据"煤炭高等教育'十三五'规划教材"出版规划和安全专业机械安全与电气安全课程教学要求而编写的。本书由黑龙江科技大学、太原理工大学、中国矿业大学、辽宁工程技术大学共同编写,在编写过程中力求贯彻以下基本思想:

(1) 遵循系统性原则,优化知识体系,注重前后知识的连贯性、逻辑性,力求深浅适度、图文并茂,简洁有效阐明教学内容;

(2) 在保证基本内容的基础上,尽量吸收新内容,以反映安全技术的发展;

(3) 理论联系实际,注意多用典型事故实例分析,以便牢固掌握基本内容;

(4) 每章均有一定数量的习题和思考题,以培养学生的思考能力,掌握要点;

(5) 贯彻名词术语、代号、符号、量和单位等现行国家标准或行业标准。

本书作为高等院校安全工程专业教材,也可用作高职院校、职工大学等学生的教材或参考书,亦可供从事安全检查、安全监管人员以及工程技术人员参考使用。

本书分上、下两篇。上篇为机械安全,共分6章。第1章为机械安全基础,主要介绍人类对机械安全的认识,机械安全基本概念和基本规律,以及实现机械安全的途径与措施;第2章为危险机械安全技术,主要介绍常见危险机械如磨削机械、木工机械、压力机械等危险性较大的机械设备的安全技术;第3章为起重机械安全技术,主要介绍起重机的基本知识、安全防护装置、重要零部件及安全技术;第4章为提升机械安全技术,主要介绍常见电梯安全技术、矿井摩擦机安全技术;第5章为机动车辆安全技术,主要介绍机动车辆的基本知识、发动机工作原理和构造、安全保护装置及安全技术;第6章为客运索道和大型游乐设施安全技术,主要介绍客运索道的基本知识、安全防护装置及安全技术,游乐设施基本知识、安全装置及安全技术。下篇为电气安全,共分7章。第7章为电气安全概述,主要介绍电气危害和供电基础知识;第8章为电击防护与触电急救,主要介绍电流通过人体产生的效应、电击的形式、电击防护措施、触电规律和触电急救;第9章为电气设备安全运行,主要介绍常用电气保护装置及电气设备的安全运行;第10章为防爆设备电气安全,主要介绍防爆设备的分类与防爆设备电气安全技术;第11章为电气线路安全运行,主要介绍电气线路的种类、电气线路安全运行条件及检查;第 12 章为电气环境安全,主要介绍静电危害及防护、电磁辐射危害及防护、雷电危害及防护和电气防火防爆;第 13 章为电气安全应用,主要介绍特殊环境电气安全、起重机械与电梯特种设备的电气安全及建筑施工电气安全。

通过课程学习和现场实践,使学生能较好地掌握机械安全的基本概念、原理和方法,明确实现机械本质安全的基本途径,根据不同机械的特点,有针对性地提出控制事故的手段和方法、应急救援和安全运行的对策和措施;了解与供配电系统有关的人身安全、设备和线路安全以及环境安全等内容,掌握电击防护、电气线路和设备运行安全、防爆电气设备、电气环境安全以及电气安全应用与防护技术,从而避免触电、电气火灾、电气设备和线路事故以及雷电、静电、电磁辐射等危害发生。

本书由黑龙江科技大学魏春荣和太原理工大学刘赫男担任主编,黑龙江科技大学毕业武和中国矿业大学谢生荣担任副主编,辽宁工程技术大学艾纯明和太原理工大学赵东、赵耀江、王毅、石栋华参加了编写工作。第 1 章、第 4 章由毕业武编写;第 2 章、第 3 章由艾纯明、魏春荣编写;第 5 章、第 6 章由魏春荣、艾纯明编写。上篇由魏春荣统稿、定稿。第 7 章由刘赫男编写;第 8 章由赵耀江编写;第 9 章由石栋华编写;第 10 章由赵东编写;第 11 章由王毅编写;第 12 章、第 13 章由谢生荣编写。下篇由刘赫男统稿、定稿。全书由魏春荣统稿、定稿并校稿。

本书由哈尔滨第一机械制造集团有限公司王树桐研究员级高级工程师、黑龙江科技大学孙建华教授担任主审。他们对书稿进行了认真细致的审阅,提出宝贵意见和建议,在此对两位认真负责的精神表示敬意和付出的辛劳表示衷心的感谢。

限于编者的水平,书中难免存在不妥之处,恳请读者批评指正。

编 者

2018 年 3 月

# 目　　录

## 上　篇　机械安全

## 下 篇 电气安全

# 上 篇
# 机械安全

# 第 1 章　机械安全基础

**本章学习目的及要求**

1. 了解机械安全的重要性、机械安全认识的几个阶段。
2. 了解本课程的研究对象、主要任务和学习方法。
3. 掌握机械安全的基本概念、机械的组成规律和工作原理。
4. 掌握危险有害因素识别的方法,学会对机械事故进行原因分析。
5. 掌握实现机械安全的途径以及实现机械安全所采取的相关措施。

人类通过活动表现自己的存在,机械延伸了人类自身的功能,强化了改造大自然的能力,推动了人类文明和社会的发展。20 世纪以来,科学极大地促进了高新技术的进步。现代机械的特点是科技含量不断提高,发展成为机、电、光、液等多种技术集成的复杂机械系统;绝对数量增加,使用范围扩大,从传统的生产运输领域,扩大到人们生活的住、行、娱乐、健身等各个领域。机械设备无处不在、无时不用,是人类进行生产经营活动不可或缺的重要工具和手段,以机械制造为主的装备制造业是一个国家的基础性、战略性产业,体现了国家的综合国力、科技实力和国际竞争力。

## 1.1　机械安全的重要性

利用机械在进行生产或服务活动时都伴随着安全风险。新技术、新工艺和新材料的采用使复杂机械系统本身和机械使用过程中的危险因素表现形式复杂化——能量积聚增加、作用范围扩大、伤害形式出现了新的特点等。机械在减轻劳动强度,给人们带来高效、便利的同时,也带来了不安全因素。我国在事故多发的作业中,机械事故发生率高、涉及面广,特别是机电类特种设备事故多、后果严重、死伤比例大,不仅对受害人生命个体及其家庭带来巨大的痛苦,使国家蒙受经济损失,破坏正常的生产、生活秩序,而且对我国的国际形象造成负面影响,成为影响现实社会和谐目标的不和谐因素。随着人们生活质量的提高,安全意识的增强,"关注安全、珍爱生命"的安全氛围日渐浓厚,人们对机械设备的安全期望越来越强烈。在经济全球化的今天,安全性也成为机械产品竞争的重要方面,对机械产品进出口贸易产生十分重要的影响,机械安全问题理所当然地越来越受到人们的重视。所以,必须全方位提高机械装备的科技自主创新和安全技术水平,加强检测方法、设备研发和监管工作的技术支持能力,完善机械安全标准体系,在安全风险评估、检验检测与预警等方面取得突破,从根本上提高抵御机械伤害的能力。

### 1.1.1　人类对机械安全的认识

以科学技术和生产力发展水平以及相应的生产结构为标准,人类社会可划分为农业社会、工业社会和信息社会三个发展阶段。人类对安全的认识与社会经济发展的不同时代和劳动方式密切相关,经历了自发认识和自觉认识两个时代的四个认识阶段,即安全自发认识阶段、安全局部认识阶段、系统安全认识阶段和安全系统认识阶段。机械是进行生产经营活动的主要工具,各阶段由于人类对机械安全有相应的认识而表现出不同的特点。

1. 安全自发认识阶段

在自然经济(农业经济)时期,人类的生产活动方式是劳动者个体使用手用工具或简单机械进行家庭或小范围的生产劳动,绝大部分机械工具的原动力是劳动者自身,由手工生物能转化为机械能,人能够主动对工具的使用进行控制,但是,无论是石器、木器,还是金属工具的使用都存在一定的危险。在这个时期,人类不是有意识地专门研究机械和工具的安全,而是在使用中不自觉附带解决了安全问题(例如刀具,刀刃和刀柄的分离)。这个阶段人们对机械安全的认识存在很大的盲目性,处于自发和凭经验的认识阶段。

2. 安全局部认识阶段

第一次工业革命时代,蒸汽机技术直接使人类经济从农业经济进入工业经济,人类从家庭生产进入工厂化、跨家庭的生产方式。机器代替手用工具,原动力变为蒸汽机,人被动地适应机器的节拍进行操作,大量暴露的传动零件使劳动者在使用机器过程中受到危害的可能性大大增加。卓别林的著名电影《摩登时代》反映的劳动情节正是那个时期工业生产的真实写照。为了解决机械使用安全,针对某种机器设备的局部、针对安全的个别问题,采取专门技术方法去解决,例如,锅炉的安全阀、传动零件的防护罩等,从而形成机械安全的局部专门技术。

3. 系统安全认识阶段

当工业生产从蒸汽机进入电气、电子时代,以制造业为主的工业出现标准化、社会化以及跨地区的生产特点,生产更细的分工使专业化程度提高,形成了分属不同产业部门的相对稳定的生产结构系统。生产系统的高效率、高质量和低成本的目标,对机械生产设备的专用性和可靠性提出更高的要求,从而形成了从属于生产系统并为其服务的机械系统安全,例如,起重机械安全、化工机械安全、建筑机械安全等,其特点是机械安全围绕防止和解决生产系统发生的安全事故问题,为企业的主要生产目标服务。

4. 安全系统认识阶段

信息技术-数字网络化的技术,把人类直接带进知识经济时代,反过来极大地改变了传统的工业和农业生产模式,解决安全问题的手段出现综合化的特点。机械安全问题突破了生产领域的界限,机械使用领域不断扩大,融入人们生产、生活的各个角落,机械设备的复杂程度增加,出现了光机电液一体化,这就要求解决机械安全问题需要在更大范围、更高层次上,从"被动防御"转向"主动保障",将安全工作前移。对机械全面进行安全系统的工程设计包括从设计源头按安全人机工程学要求对机械进行安全评价,围绕机械制造工艺过程进行安全、技术、经济性综合分析,识别机器使用过程中的固有危险和有害因素,针对涉及人员的特点,对其可预见的误用行为预测发生危险事件的可能性,对危险性大的机械进行从设计到使用全过程的安全监察等,即用安全系统的认识方法解决机械系统的安全问题。

## 1.1.2 课程的研究对象和任务

本课程是以实现机械设备安全为目的的综合性工程技术课程,是大学本科四年制安全工程专业的主要必修专业课之一。

本课程的主要内容是以安全系统的基本理论和安全工程技术人员应具备的思维方式为主线，在阐述各类机械在安全方面的基本知识和共性、规律性问题的基础上，以危险性较大的机械、机电类特种设备［起重机械、厂（场）内机动车辆、电梯、客运架空索道］以及相应的作业过程为主要对象，介绍各类机械设备的组成及工作原理，识别机械危险有害因素及作用机理，分析机械事故发生的原因、条件、过程及规律，研究进行机械安全风险评价的理论与程序。重点是探讨如何从物（机）的安全状态来保障人的安全，侧重于机电类特种机械设备安全技术方面的有关知识。

本课程的主要任务是，在使学生掌握机械安全的基本概念、原理和方法的基础上，探讨机械设备的设计、制造和使用等全寿命周期各环节应遵守的安全卫生原则，研究实现机械本质安全的基本途径，学会检测、检验机电类特种设备状态与故障诊断的手段和方法。根据不同机械的特点，有针对性地提出控制事故的手段和方法，以及应急救援和安全运行的对策和措施。

本课程的学习方法是通过实践认识、课堂讲授、综合实验和课程设计等教学环节，培养学生建立安全系统的理念和思维方法，运用所学的知识和技能，增强安全意识、掌握安全技能、了解安全法规，提高学生的综合安全素质和分析、解决机械安全问题的能力。

## 1.2　基本概念

### 1.2.1　基本术语与定义

研究机械安全的基本术语与定义，是为了建立机械安全的认识基础，运用基本理论去研究、解决机械安全实际问题。

1. 机械

（1）机械的定义

机械是由若干零部件连接而成的组合体，其中至少有一个零件是运动的，并且具有制动、控制和动力系统等。这种组合体为一定应用目的服务，如物料加工、搬运或包装以及质量检测等。

（2）机械、机器与机构

机械、机器和机构在使用上既有联系又有区别。

① 机构。机构一般指机器的某组成部分，可传递、转换运动或实现某种特定运动，如四连杆机构、传动机构等。

② 机器。机器常常指某种具体的机械产品，如起重机、数控车床、注塑机等。

③ 机械。机械是机器、机构等的泛称，往往指一类机器，如工程机械、加工机械、化工机械、建筑机械等。此外，一些具有安全防护功能的零部件组成的装置（当该装置发生故障时，将危及暴露于危险中人员的安全或健康）也属广义的机械，如确保双手控制安全的逻辑组件、过载保护装置等。

一切机器都可以看作机构或复合机构。从安全角度，我们对机械、机器和机构三者可以不进行严格区分。生产设备是更广义的概念，指生产过程中，为生产、加工、制造、检验、运输、安装、储存、维修产品而使用的各种机器、设施、工机具、仪器仪表、装置和器具的总称。

（3）机械的功能

1) 机械的使用功能。机械的功能主要指机械的使用功能,可以概括为制造和服务两个功能。

① 机械的制造功能。它是指利用机械通过加工和装配手段,改变物料的尺寸、形态、性质或相互配合位置,如制造汽车、修铁路、盖房子等。用来制造其他机器的机械常称为工作母机或工具机,如各种金属切削机床等。

② 机械的服务功能。机械也可以完成某种非制造作业,虽然没有改变作用对象的性质,但提供了某种服务,如运输、包装、信息传输、检测等。

2) 机械的安全性。一切机械在规定的使用条件下和寿命期间内,应该满足可靠性要求;在按使用说明书规定的方法进行操作,在执行其预定使用功能和进行运输、安装、调整、维修、拆卸及处理时,不应该使人员受到损伤或危害人员健康。

有些机械或装置本身就是专门为保障人的身心安全健康发挥作用的,它们的使用功能同时也就是它们的安全功能,如安全防护装置、检测检验设备等。

(4) 机械的分类

出发点不同,机械设备的分类方法也很不一样。从不同分角度,机械设备可有多种分类方法。

1) 按机械设备的使用功能分类。从行业部门管理角度,机械设备通常按特定的功能用途分为十大类:

① 动力机械。例如,锅炉、汽轮机、水轮机、内燃机、电动机等。

② 金属切削机床。例如,车床、铣床、磨床、刨床、齿轮加工机床等。

③ 金属成型机械。例如,锻压机械(包括各类压力机)、铸造机械、辊轧机械等。

④ 起重运输机械。例如,起重机、运输机、卷扬机、升降电梯等。

⑤ 交通运输机械。例如,汽车、机车、船舶、飞机等。

⑥ 工程机械。例如,挖掘机、推土机、铲运机、压路机、破碎机等。

⑦ 农业机械。用于农、林、牧、副、渔业各种生产中的机械。例如,插秧机、联合收割机、园林机械、木材加工机械等。

⑧ 通用机械。广泛用于生产各个部门甚至生活设施中的机械。例如,泵、阀、风机、空压机、制冷设备等。

⑨ 轻工机械。例如,纺织机械、食品加工机械、造纸机械、印刷机械、制药设备等。

⑩ 专用设备。各行业生产中专用的机械设备。例如,冶金设备、石油化工设备、矿山设备、建筑材料和耐火材料设备、地质勘探设备等。

2) 按能量转换方式不同分类。

① 产生机械能的机械。例如,蒸汽机、内燃机、电动机等。

② 转换机械能为其他能量的机械。例如,发电机、泵、风机、空压机等。

③ 使用机械能的机械。这是应用数量最大的一类机械。例如,起重机、工程机械等。

3) 按设备规模和尺寸大小分类。可分为中小型、大型、特重型三类机械设备。

4) 从安全卫生的角度分类。根据我国对机械设备安全管理的规定,借用欧盟机械指令危险机械的概念,从机械使用安全卫生的角度,可以将机械设备分为三类:

① 一般机械。事故发生概率很小,危险性不大的机械设备。例如,数控机床、加工中心等。

② 危险机械。危险性较大的、人工上下料的机械设备。例如，木工机械、冲压剪切机械、塑料（橡胶）射出或压缩成型机械等。

③ 特种设备。涉及生命安全、危险性较大的设备设施，包括承压类设备（锅炉、压力容器和压力管道）、机电类设备（电梯、起重机械、客运索道和大型游乐设施）和厂内运输车辆。

2. 安全

安全是一个经过抽象思维确定的概念，目前所见的文献对安全的定义有很多种，但至今没有一个确切的、普遍被认可的定义。在实际环境下没有绝对的安全可言，安全具有相对性，安全一般是指客体受到的冲击在允许范围内。

美国安全工程师学会（ASSE）编写的《安全专业术语词典》认为：安全是"导致损伤的危险度是能够容许的，较为不受伤害的威胁和损害概率低的通用术语"。

从职业安全与安全工程学角度看，安全是指消除能导致人员伤害、疾病、死亡或引起设备破坏、财产损失及环境危害的条件。

3. 机械安全

机械安全是指机械在规定的使用条件下和寿命期间内完成预定功能的能力。即在正确操作下完成其预定的使用功能，并且在机械的运输、安装、使用、维修、拆卸以及报废处理过程中，对操作者不产生损伤或危害其健康的能力。

4. 机械安全工程

机械安全工程就是研究、设计、制造、使用、管理各类机器和各类机械设备与装置，使之达到"安全"的工程科学。

### 1.2.2　机械的组成规律和工作原理

了解机械的组成规律和实现使用功能的工作原理，是搜集机械基础信息程序的要求。这些信息对于确定机械作业危险区，分析工艺过程中人员暴露于危险作业区的时间和频次，以及作业人员介入的操作方式和性质，从而进行危险识别、安全风险评价，以及采取针对性安全管理措施和提出技术整改建议都是极为重要的，这也是安全工作者的专业技能基本功之一。

1. 机械的组成规律

由于应用目的不同，不同功能的机械形成千差万别的种类系列，它们的组成结构差别很大，必须从机械的最基本特征入手，把握机械组成的基本规律。其组成结构如图 1-1 所示。

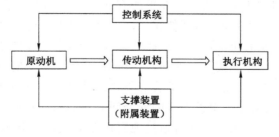

图 1-1　机械的组成结构

2. 机械的一般工作原理

机械的原动机将各种能量形式的动力源转变为机械能输入，经过传动机构转换为适宜的力、速度和运动形式,再传递给执行机构,通过执行机构与物料或作业对象的直接作用,完成制造或服务任务。控制系统对整个机械的工作状态进行控制调整,组成机械的各部分借助支撑装置连接成一个有机的整体。机械各组成部分的功能如下:

(1)原动机。原动机提供机械工作运动的动力源。常用的原动机有电动机、内燃机、人力或畜力(常用于轻小设备或工具,作为特殊场合的辅助动力)和其他形式等。

(2)执行机构。执行机构也称为工作机构,是实现机械应用功能的主要机构。通过刀具或其他器具与物料的相对运动或直接作用,改变物料的形状、尺寸、状态或位置。执行机构是区别不同功能机械的最有特性的部分,它们之间的结构组成和工作原理往往有很大差别。执行机构及其周围区域是操作者进行作业的主要区域,称为操作区。

(3)传动机构。传动机构用来将原动机与执行机构联系起来,传递运动和力(力矩),或改变运动形式。对于大多数机械,传动机构将原动机的高转速低转矩,转换成执行机构需要的较低速度和较大的力(力矩)。常见的传动机构有齿轮传动、带传动、链传动、曲柄连杆机构等。传动机构包括除执行机构之外的绝大部分可运动零部件。不同功能机械的传动机构可以相同或类似,传动机构是机械具有共性的部分。

(4)控制系统。控制系统是人机接口部位,可操纵机械的启动、制动、换向、调速等运动,或控制机械的压力、温度或其他工作状态,包括各种操纵器和显示器。显示器可以把机械的运行情况适时反馈给操作者,以便操作者通过操纵器及时、准确地控制、调整机械的状态,保证作业任务的顺利进行,防止发生事故。

(5)支撑装置。用来连接、支撑机械的各个组成部分,承受工作外载荷和整个机械的质量,是机械的基础部分,有固定式和移动式两类。固定式支撑装置与地基相连(例如机床的基座、床身、导轨、立柱等),移动式支撑装置可带动整个机械运动(例如可移动机械的金属结构、机架等)。支撑装置的变形、振动和稳定性不仅影响加工质量,还直接关系到作业的安全。

附属装置包括安全防护装置、润滑装置、冷却装置、专用的工具装备等,它们对保护人员安全、维持机械的稳定正常运行和进行机械维护保养起着重要的作用。

3. 机械的危险区

危险区是指使人员面临损伤或危害健康风险的机械内部或周围的某一区域。就大多数机械而言,机械的危险区主要在传动机构和执行机构及其周围区域。

传动机构和执行机构集中了机械上几乎所有的运动零部件。它们种类繁多,运动方式各异,结构形状复杂,尺寸大小不一,即使在机械正常状态下进行正常操作时,在传动机构和执行机构及其周围区域也有可能由于机械能逸散或非正常传递而形成危险区。

由于传动机构在工作中不需要与物料直接作用,在作业前调整好后,作业过程中基本不需要操作者频繁接触,所以常用各种防护装置隔离或封装起来,只要保证防护装置的完好状态,就可以比较好地解决防止接触性伤害的安全问题。而执行机构及周围的操作区情况较为复杂,由于在作业过程中,需要操作者通过观察机器的运行状况不断地调整机械状态,人体的某些部位不得不经常进入或始终处于操作区,使操作区成为机械伤害的高发主要危险区,因此成为安全防护的重点;又由于不同种类机械的工作原理区别很大,表现出来的危险有较大差异,因此又成为安全防护的难点。

# 1.3　危险有害因素识别及机械事故原因分析

### 1.3.1　危险有害因素及其分类

1. 危险有害因素

（1）危险的定义

危险是指客观存在、可能损伤或危害健康的起源。

由于危险是引起伤害的外界客观因素，所以人们常称之为危险因素。客观危险对人身心的不利作用和影响的后果由其种类、性质状态、量值大小、作用强度以及作用时间与方式等因素决定。

（2）危险有害因素

根据外界因素对人的作用机理、作用时间和作用效果，在狭义概念上，通常分为危险因素和有害因素。

① 危险因素。它是指直接作用于人的身体，可能导致人员伤亡后果的外界因素，强调危险事件的突发性和瞬间作用。例如，物体打击、刀具切割、电击等。直接危害即狭义安全问题。

② 有害因素。它是指通过人的生理或心理对人体健康间接产生的危害，可能导致人员患病的外界因素，强调在一定时间范围的累积作用效果。例如，粉尘、噪声、振动、辐射危害等。间接危害即狭义卫生问题。

机械设备及其生产过程中存在的危险因素和有害因素，在很多情况下是来自同一源头的同一因素，由于转变条件和存在状态不同、量值和浓度不同、作用的时间和空间不同等原因，其后果有很大差别。有时表现为人身伤害，这时常被视为危险因素；有时由于影响健康引发职业病，又被视为有害因素；有时两者兼而有之，是危险因素还是有害因素，容易造成认识混乱，反而不利于危险因素的识别和安全风险分析评价。为便于管理，现在对此分类的趋势是对危险因素和有害因素不加更细区分，统称为危险有害因素，或将二者并为一体，统称危险因素。

（3）危险有害因素产生的原因

危险有害因素造成事故或灾难后果，本质上是由于存在着能量和有害物质，且能量或有害物质失去控制（泄漏、散发、释放等）。因此，能量和有害物质存在并失控是危险有害因素产生的根源。

2. 危险有害因素的分类

"危险"一词常常与其他词联合使用，来限定其起源或预料其具体的损伤及危害健康的性质。但是，对危险因素表述的随意性，往往会给机械危险因素识别工作造成混乱，应该按标准进行规范的分类。我国现行有效的相关安全标准有《企业职工伤亡事故分类》（GB 6441—1986）、《生产过程危险和有害因素分类与代码》（GB/T 13861—2009）和《机械安全 设计通则 风险评估与风险减小》（GB/T 15706—2012）等。

（1）按事故类别分类

《企业职工伤亡事故分类》（GB 6441—1986）综合起因物、诱导性原因、致害物、伤害方式、从物的不安全状态导致的直接伤害后果，将危险因素分为物体打击、车辆伤害、机械伤害、起重伤害、触电、淹溺、灼烫、火灾、高处坠落、坍塌、冒顶片帮、透水、放炮、火药爆炸、瓦斯爆炸、锅炉爆炸、压力容器爆炸、其他爆炸、化学爆炸、物理爆炸、中毒窒息和其他伤害等20类。

（2）按导致事故和职业危害的原因分类

《生产过程危险和有害因素分类与代码》(GB/T 13861—2009)按可能导致生产过程中危险和有害因素的性质进行分类。生产过程危险和有害因素共分为四大类,分别是"人的因素"、"物的因素"、"环境因素"和"管理因素"。

（3）按机械设备自身的特点分类

《机械安全 设计通则 风险评估与风险减小》(GB/T 15706—2012)根据 ISO 国际标准,参考工业发达国家的普遍做法,按机械设备自身的特点、能量形式及作用方式,将机械加工设备及其生产过程中的不利因素,分为机械的危险有害因素和非机械的危险有害因素两大类。

① 机械的危险有害因素。指机械设备及其零部件(静止的或运动的)直接造成人身伤亡事故的灾害性因素。例如,由钝器造成挫裂伤、锐器导致的割伤、高处坠落引发的跌伤等机械性损伤。

② 非机械的危险有害因素。指机械运行生产过程及作业环境中可导致非机械性损伤事故或职业病的因素。例如,电气危险、热危险、噪声危险、振动危险、辐射危险、材料/物质产生的危险、人类工效学危险等。

### 1.3.2 机械危险的主要伤害形式和机理

1. 机械危险与机械能

机械危险对人员造成伤害的实质,是机械能(动能和势能)的非正常做功、传递或转化,即机械能量失控导致人员伤害。机械能是物质系统由于相互之间存在作用而具有的能量。

（1）动能。动能是物体由于做机械运动而具有的能量。

① 单纯移动机械零件的动能可用式(1-1)计算:

$$T = \frac{1}{2}mv^2 \tag{1-1}$$

式中　$m$——机械零件的质量,kg;

　　　$v$——机械零件的速度,m/s。

② 绕定轴单纯转动机械零件的动能可用式(1-2)计算:

$$T = \frac{1}{2}J\omega^2 \tag{1-2}$$

式中　$J$——机械零件的转动惯量,kg·m$^2$;

　　　$\omega$——机械零件的转动角速度,rad/s。

③ 机械上既移动又转动、做复杂运动的机械零件,其总动能可用式(1-3)计算:

$$T = \frac{1}{2}mv_c + \frac{1}{2}J_c\omega^2 \tag{1-3}$$

式中　$v_c$——机械零件质心的速度,m/s;

　　　$J_c$——机械零件对通过质心且垂直于运动平面的轴的转动惯量,kg·m$^2$。

（2）势能。势能亦称位能,指物质系统由于各物体之间(或物体内各部分之间)存在相互作用而具有的能量,可分为引力势能(在重力场中也称重力势能)、弹性势能等。系统的势能由各物体的相对位置决定。

① 重力势能取决于位置的高度差,可用式(1-4)计算:

$$V = mgh \tag{1-4}$$

式中　$g$——重力加速度,$m/s^2$;

　　　$h$——物体的离地坠落高度,m。

② 弹性势能是由于物体发生形变而产生。以弹簧为例,其弹性势能可用式 1-5 计算:

$$V = \frac{1}{2}k\,(r_0 - r)^2 \tag{1-5}$$

式中　$k$——弹簧的弹性力,$N/m$;

　　　$r_0,r$——分别为弹性体的弹簧变形前原长及变形后的长度,m。

物体的动能和势能可以通过力的做功实现互相转化。无论机械危险以什么形式存在,总是与质量、速度、运动形式、位置和相互作用力等物理量有关。

2. 机械伤害的基本类型

(1)卷绕和绞缠的危险。引起这类伤害的是做回转运动的机械部件。如轴类零件,包括联轴器、主轴、丝杠等;回转件上的突出形状,如安装在轴上的凸出键、螺栓或销钉、手轮上的手柄等;旋转运动的机械部件的开口部分,如链轮、齿轮、皮带轮等圆轮形零件的轮辐,旋转凸轮的中空部位等。旋转运动的机械部件将人的头发、饰物(如项链)、手套、肥大衣袖或下摆随回转件卷绕,继而引起对人的伤害。

(2)挤压、剪切和冲击的危险。引起这类伤害的是做往复直线运动的零部件。其运动轨迹可能是横向的,如大型机床的移动工作台、牛头刨床的滑枕、运转中的带链等;也可能是垂直的,如剪切机的压料装置和刀片、压力机的滑块、大型机床的升降等。两个物件相对运动状态可能是接近型,距离越来越近,甚至最后闭合;也可能是通过型,当相对接近时,错动"擦肩"而过。做直线运动特别是相对运动的两部件之间、运动部件与静止部件之间产生对人的夹挤、冲撞或剪切伤害。

(3)引入或卷入、碾轧的危险。引起这类伤害的主要危险是相互配合的运动副。例如,啮合的齿轮之间以及齿轮与齿条之间,带与带轮、链与链轮进入啮合部位的夹紧点,两个做相对回转运动的辊子之间的夹口引发的引入或卷入;轮子与轨道、车轮与路面等滚动的旋转件引发的碾轧等。

(4)飞出物打击的危险。由于发生断裂、松动、脱落或弹性位能等机械能释放,使失控的物件飞甩或反弹对人造成伤害。例如,轴的破坏引起装配在其上的带轮、飞轮等运动零部件坠落或飞出;由于螺栓的松动或脱落,引起被紧固的运动零部件脱落或飞出;高速运动的零件破裂,碎块甩出;切削废屑的崩甩等。另外,还可以是弹性元件的位能引起的弹射。例如,弹簧、带等的断裂;在压力、真空下的液体或气体位能引起的高压流体喷射等。

(5)物体坠落打击的危险。处于高位置的物体具有势能,当它们意外坠落时,势能转化为动能,造成伤害。例如,高处掉落的零件、工具或其他物体(哪怕质量很小);悬挂物体的吊挂零件破坏或夹具夹持不牢引起物体坠落;由于质量分布不均衡、重心不稳,在外力作用下发生倾翻、滚落;运动部件运行超行程脱轨导致的伤害等。

(6)切割和擦伤的危险。切削刀具的锋刃,零件表面的毛刺,工件或废屑的锋利飞边,机械设备的尖棱、利角、锐边,粗糙的表面(如砂轮、毛坯)等,无论物体的状态是运动还是静止的,这些由于形状产生的危险都会构成潜在的危险。

(7) 碰撞和刮蹭的危险。机械结构上的凸出、悬挂部分,如起重机的支腿、吊杆,机床的手柄,长、大加工件伸出机床的部分等。这些物件无论是静止的还是运动的,都可能产生危险。

(8) 跌倒、坠落的危险。由于地面堆物无序或地面凸凹不平导致的磕绊跌伤;接触面摩擦力过小(光滑、油污、冰雪等)造成打滑、跌倒;人从高处失足坠落,误踏入坑井坠落等。假如由于跌落引起二次伤害,后果将会更严重。

机械危险大量表现为人员与可运动件的接触伤害,各种形式的机械危险或者机械危险与其他非机械危险往往交织在一起。在进行危险识别时,应该从机械系统的整体出发,综合考虑机械的不同状态、同一危险的不同表现方式、不同危险因素之间联系和作用,以及显现或潜在危险的不同形态等。

3. 机器产生机械危险的条件

机械能(动能和势能)传递和转化失控、运动载体或容器的破坏,以及人员的意外接触等,是机械危险事件发生的条件。在对机械本身和机械使用过程中产生的危险进行识别时,一定要分析产生机械危险的条件,从而消除产生危险的根源或降低事故发生频率,减小伤害程度。

(1) 形状和表面性能。切割要素、锐边利角部分、粗糙或过于光滑的表面。

(2) 相对位置。与运动零部件可能产生接触的危险区域、相对位置或距离。

(3) 质量和稳定性。重力影响下可运动零部件的位能,由于质量分布不均造成重心不稳和失衡。

(4) 质量和速度(加速度)。可控或不可控运动中的零部件的动能、速度和加速度的冲量。

(5) 机械强度。由于机械强度不够,零(构)件断裂、容器破坏或结构件坍塌。

(6) 位能积累。弹性元件(弹簧)以及在压力、真空下的液体或气体的势能。

## 1.3.3 机械事故原因分析

安全隐患可存在于机械的设计、制造、运输、安装、使用、报废、拆卸及处理等全寿命的各个环节和各种状态。机械事故的发生往往是多种因素综合作用的结果,用安全系统的认识观点,可以从物的不安全状态、人的不安全行为和安全管理上的缺陷找到原因。

1. 物的不安全状态(技术原因)

物的不安全状态构成生产中的客观安全隐患和危险,是引发事故的直接原因。广义的物包括机械设备、工具,原材料、中间与最终产成品、排出物和废料,作业环境和场地等。物的不安全状态可能来自机械设备寿命周期的各个阶段。

(1) 设计阶段。机械结构设计不合理、未满足安全人机工程学要求、计算错误、安全系数不够、对使用条件估计不足等导致的先天安全缺陷。

(2) 制造阶段。零件加工超差、粗制滥造,原材料以次充好、偷工减料,安装中的野蛮作业等,使机械及其零部件受到损伤而埋下隐患。

(3) 使用阶段。购买无生产许可的、有严重安全隐患或问题的机械设备;设备缺乏必要的安全防护装置,报废零部件未及时更换带病运行,润滑保养不良;拼设备,超机械的额定负荷、额定寿命运转,不良作业环境造成零部件腐蚀性破坏、机械系统功能降低甚至失效等。

　　2. 人的不安全行为

　　在机械使用过程中,人的不安全行为是引发事故的另一个重要的直接原因。人的行为受到生理、心理等多种因素的影响,表现是多种多样的。缺乏安全意识和安全技能差,即安全素质低是人为引发事故的主要原因,例如,不了解所使用机械存在的危险、不按安全规程操作、缺乏自我保护和处理意外情况的能力等。指挥失误(违章指挥)、操作失误(操作差错、在意外情况时的反射行为或违章作业)、监护失误等是人的不安全行为常见的表现。在日常工作中,人的不安全行为常常表现在不安全的工作习惯上,例如工具或量具随手乱放、测量工件不停机、站在工作台上装夹工件、越过运转刀具取送物料、攀越大型设备不走安全通道等。

　　3. 安全管理缺陷

　　安全管理是一个系统工程,包括领导者的安全意识水平,健全的安全管理组织机构和明确的安全生产责任制,对设备(特别是对危险设备和特种设备)的监管,对员工的安全教育和培训,安全规章制度的建立,制定事故应急救援预案,建立"以人为本"的职业安全卫生管理体系等。

　　物的不安全状态、人的不安全行为往往是事故发生的直接原因,安全管理缺陷是事故发生的间接原因,但却是深层次的原因。安全管理是生产经营活动正常运转的必要条件,同时又是控制事故、实现安全的极其重要的手段,每一起事故的发生,总可以从管理的漏洞中找到原因。

# 1.4　实现机械安全的途径与措施

## 1.4.1　本质安全技术

　　本质安全技术是指利用该技术进行机器预定功能的设计和制造,不需要采用其他安全防护措施,就可以在预定条件下执行机器的预定功能,满足机器自身安全的要求。

　　1. 合理的结构形式

　　结构合理可以从设备本身消除危险与有害因素,避免由于设计的缺陷而导致发生任何可预见的与机械设备的结构设计不合理有关的危险事件。为此,机械的结构、零部件或软件的设计应该与机械执行的预定功能相匹配。

　　2. 限制机械应力以保证足够的抗破坏能力

　　组成机械的所有零件,通过优化结构设计来达到防止由于应力过大破坏或失效、过度变形或失稳坍塌引起故障或引发事故。

　　3. 采用本质安全工艺过程和动力源

　　本质安全工艺过程和本质安全动力源,是指这种工艺过程和动力源自身是安全的。它包括:① 爆炸环境中的动力源安全;② 采用安全的电源;③ 防止与能量形式有关的潜在危险。

　　4. 控制系统的安全设计

　　机械控制系统设计应与所有电子设备的电磁兼容性相关标准一致,防止潜在的危险工况发生,例如,不合理的设计或控制系统逻辑的恶化、控制系统的元件由于缺陷而失效、动力源的突变或失效等原因导致意外启动或制动、速度或运动方向失控等。

5. 材料和物质的安全性

生产过程各个环节所涉及的各类材料,只要在人员合理暴露的场所,其毒害成分、浓度应低于安全卫生标准的规定,不得危及人员的安全或健康,不得对环境造成污染。此外,还必须满足下列要求:

(1) 材料的力学性能和承载能力。如抗拉强度、抗剪强度、冲击韧性、屈服点等,应能满足承受预定功能的载荷(诸如冲击、振动、交变载荷等)作用的要求。

(2) 对环境的适应性。材料应具有良好的对环境的适应性,在预定的环境条件下工作时,应考虑温度、湿度、日晒、风化、腐蚀等环境影响,材料物质应有抗腐蚀、耐老化、抗磨损的能力,不致因物理性、化学性、生物性的影响而失效。

(3) 材料的均匀性。保证材料的均匀性,防止由于工艺设计不合理,使材料的金相组织不均匀而产生残余应力,或由于内部缺陷(如夹渣、气孔、异物、裂纹等)给安全埋下隐患。

(4) 避免材料的毒性和火灾爆炸的危险。在设计和制造选材时,优先采用无毒和低毒的材料或物质;防止机械自身或在使用过程中产生的气、液、粉尘、蒸气或其他物质造成的火灾和爆炸风险;在液压装置和润滑系统中,使用阻燃液体(特别是高温环境中的机械)和无毒介质(特别是食品加工机械)。

(5) 对可燃、易爆的液、气体材料,应设计使其在填充、使用、回收或排放时减小风险或无危险。对不可避免的毒害物(如粉尘、有毒物、辐射物、放射物、腐蚀物等),应在设计时考虑采取密闭、排放(或吸收)、隔离、净化等措施。

6. 机械的可靠性设计

机械各组成部分的可靠性都直接与安全有关,机械零件与构件的失效最终必将导致机械设备的故障。关键机件的失效会造成设备事故和人身伤亡事故,甚至大范围的灾难性后果。提高机械的可靠性可以降低危险故障率,减少查找故障和检修的次数,不因失效使机械产生危险的误动作,从而可以减小操作者面临危险的概率。

## 1.4.2 安全人机工程学原则

工作系统是指为了完成工作任务,在所设定的条件下,由工作环境(人周围的物理的、化学的、生物学的、社会的和文化的因素)、工作空间、工作过程中共同起作用的人和机械设备(工具、机器、运载工具、器件、设施、装置等)组合而成的系统。安全人机工程学是从工作系统设计的安全角度出发,运用系统工程的理论方法,研究人—机系统各要素之间的相互作用、影响以及它们之间的协调方式,通过设计使系统的总体性能达到安全、准确、高效、舒适的目的。

1. 违反安全人机工程学原则可能产生的危险

在人—机系统中,人是最活跃的因素,始终起着主导作用,但同时也是最难把握、最容易受到伤害的。据资料统计,生产中有58%~70%的事故与忽视人的因素有关。人的特性参数包括人体特性参数(静态参数、动态参数、生理学参数和生物力学参数等)、人的心理因素(感觉、知觉和观察力、注意力、记忆和思维能力、操作能力)及其他因素(性格、气质、需要与动机、情绪与情感、意志、合作精神等),在机械设计时应充分考虑人的因素,从而避免由于违反安全人机工程学原则导致的安全事故。

2. 人—机系统模型

在人—机系统中,显示装置将机器运行状态的信息传递给人的感觉器官,经过人的大脑对输入信息的综合分析、判断,做出决策,再通过人的运动器官反作用于机械的操作装置,实施对机器运行过程的控制,完成预定的工作目的。人与机器共处于同一环境之中。人—机系统模型如图 1-2 所示。

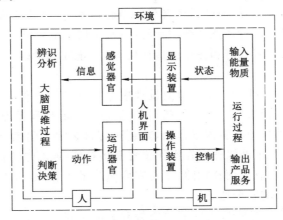

图 1-2　人—机系统模型

人—机系统的可靠性是由人的操作可靠性和机械设备的可靠性共同决定的。由于人的可靠性受人的生理和心理条件、操作水平、作业时间和环境条件等多种因素影响且变化随机,具有不稳定的特点,在机械设计时,更多地从"机宜人"理念出发,同时综合考虑技术和经济的效果,去提高人—机系统的可靠性。

在机械设计中,应该履行安全人机工程学原则,通过合理分配人机功能、适应人体特性、优化人机界面、作业空间的布置和工作过程等方面的设计,提高机械的操作性能和可靠性。

3. 合理分配人机功能

人与机械的特性主要反映在对信息及能量的接受、传递、转换及控制上。在机械的整体设计阶段,通过分析比较人与机各自的特性,充分发挥各自的优势,合理分配人机功能。将笨重的、危险的、频率快的、精确度高的、时间持久的、单调重复的、操作运算复杂的、环境条件差的等机器优于人的工作,交由机器完成;把创造研究、推理决策、指令和程序的编排、检查、维修、处理故障以及应付不测等人优于机器的工作,留给人来承担。

在可能的条件下,用机械设备来补充、减轻或代替人的劳动。尽量通过实现机械化、自动化,减少操作者的干预或介入危险的机会,使人的操作岗位远离危险或有害现场,但同时也对人的知识和技能提出了较高的要求。

无论机械化、自动化程度多高,人的核心和主导地位是不变的。随着科学技术的发展,人机功能分配出现操作向机器转移,人从直接劳动者向监控或监视者转变的趋势,这将把人从危险环境中解脱出来,使生产过程更加安全化。

4. 友好的人机界面设计

人机界面即在机器上设置的供人、机进行信息交流和相互作用的界面。从物理意义上讲,人机界面是人机相互作用所必需的技术方案的一部分,集中体现在为操作人员与设备之间提供直接交流的操纵器和显示装置上。借助这些装置,操作人员可以安全有效地监控设备的运行。

### 5. 工作空间的设计

工作空间是指为了完成工作任务,在工作系统中分配给一个或多个人的空间范围。在工作空间设计时,应满足以下安全人机工程学要求:

(1)应合理布置机械设备上直接由人操作或使用的装置或器具,包括各种显示器、操纵器、照明器等。显示器的配置,应使操作者可无障碍观察;操纵器应设置在机体功能可及的范围内,并适合于人操作器官功能的解剖学特性;对实现系统目标有重要影响的显示器和操纵器,应将其布置在操作者视野和操作的最佳位置,防止或减少因误判断、误操作引起的意外伤害事故。

(2)工作空间(必要时提供工作室)的设计应考虑到工作过程对人身体的约束条件,为身体的活动(特别是头、手臂、手、腿和足的活动)提供合乎心理和生理要求的充分空间;工作室结构应能防御外界的危险有害因素作用,其装潢材料必须是耐燃、阻燃的;保证有良好的视野,在无任何危险情况下使操作者在操作位置直接看到,或通过监控装置了解到控制目标的运行状态,并能确认没有人面临危险;存在安全风险的作业点,应留有在意外情况下可以避让的空间或设置逃离的安全通道。

(3)设计注重创造良好的与人的劳动姿势有关的工作空间。工作高度、工作面或工作台应适合操作者的身体尺寸,并使操作者以安全、舒适的身体姿势进行作业,并得到适当的支撑;座位装置应可调节,适合人的解剖、生理特点,其固定须能承受相应载荷不破坏,将振动降低到合理的最低程度,防止产生疲劳和发生事故。

(4)若操作者的工作位置在坠落基准面 2 m(含 2 m)以上时,必须考虑脚踏和站立的安全性,配置供站立的平台、梯子和防坠落的栏杆等;若操作人员经常变换工作位置,还须设置安全通道;由于工作条件所限,固定式防护不足以保证人员安全时,应同时配备防高处坠落的个人防护装备(如安全带、安全网等);当机械设备的操作位置高度在 30 m 以上(含 30 m)时,必须配置安全可靠的载人升降设备。

### 6. 工作过程的设计

工作过程是指在工作系统中,人、机械设备、材料、能量和信息在时间和空间上相互作用的工序过程。工作过程设计、操作的内容和重复程度,以及操作者对整个工作过程的控制,应避免超越操作者生理或心理的功能范围,保持正确、稳定的操作姿势,保护作业人员的健康和安全。当工作系统的要求与操作者的能力之间不匹配时,可通过修改工作系统的作业程序,或要求其适应操作者的工作能力,或提供相应的设施以适应工作要求等多种途径,将不匹配现象减少到最低限度,从而提高作业过程的安全性。

### 7. 工作环境设计

工作环境是指在工作空间中,人周围的物理的、化学的、生物学的诸因素的综合。当然,社会和文化因素也属于广义的环境范畴。工作环境设计应以客观测定和主观评价为依据,保证工作环境中的外在因素对人无害。

## 1.4.3 安全防护措施

安全防护是指采用特定的技术手段,防止人们遭受不能由设计适当避免或充分限制的各种危险的安全措施。安全防护措施的类别主要有防护装置、安全装置及其他安全措施,前两者统称为安全防护装置。

　　安全防护是从人的安全需要出发,在各个生产要素处于动态作用的情况下,针对可能对人员造成伤害事故和职业危害,特别是一些危险性较大的机械设备以及事故频繁发生的部位,对机械危险和有害因素进行预防的安全技术措施。

　　对机械危险安全防护的重点是机械的传动部分、操作区、高处作业区、机械的其他运动部分、移动机械的移动区域,以及某些机械由于特殊危险形式而需要特殊防护等。采用何种防护手段,应根据对具体机械进行风险评价的结果来决定。

　　1. 防护装置

　　防护装置是指采用壳、罩、屏、门、盖、栅栏等结构作为物体障碍,将人与危险隔离的装置。

　　常见的防护装置有用金属铸造或金属板焊接的防护箱罩,一般用于齿轮传动或传输距离不大的传动装置的防护;金属骨架和金属网制成的防护网,常用于带传动装置的防护;栅栏式防护适用于防护范围比较大的场合,或作为移动机械移动范围内临时作业的现场防护,或用于坠落风险的高处临边作业的防护等。

　　(1) 防护装置的功能

　　① 隔离作用:防止人体任何部位进入机械的危险区,触及各种运动零部件。

　　② 阻挡作用:防止飞出物打击、高压液体的意外喷射或防止人体灼烫、腐蚀伤害等。

　　③ 容纳作用:接受可能由机械抛出、掉落、发射的零件及其破坏后的碎片以及喷射的液体等。

　　④ 其他作用:在有特殊要求的场合,还应对电、高温、火、爆炸物、振动、放射物、粉尘、烟雾、噪声等具有特别阻挡、隔绝、密封、吸收或屏蔽等作用。

　　(2) 防护装置的类型

　　防护装置有单独使用防护装置,只有当防护装置处于关闭状态时才能起防护作用;还有与联锁装置联合使用的防护装置,无论防护装置处于任何状态都能起到防护作用。防护装置按使用方式可分为以下几种:

　　① 固定式防护装置。固定式防护装置即保持在所需位置(关闭)不动的防护装置。不用工具不可能将其打开或拆除。常见的形式有封闭式、固定间距式和固定距离式。其中,封闭式固定防护装置将危险区全部封闭,人员从任何地方都无法进入危险区;固定间距式和固定距离式防护装置不完全封闭危险区,凭借安全距离来防止或减少人员进入危险区的机会。

　　② 活动式防护装置。这种装置通过机械方法(如铁链、滑道等)与机器的构架或邻近的固定元件相连接,并且不用工具就可打开,常见的有整个装置的位置可调或装置的某组成部分可调的活动防护门、抽拉式防护罩等装置。

　　③ 联锁防护装置。防护装置的开闭状态直接与防护的危险状态相联锁,只要防护装置不关闭,被其"抑制"的危险机器功能就不能执行。只有当防护装置关闭时,被其"抑制"的危险机器功能才有可能执行;在危险机器功能执行过程中,只要防护装置被打开,就给出停机指令。

　　(3) 防护装置的安全技术要求

　　① 固定防护装置应该用永久固定(通过焊接等)方式,或借助紧固件(螺钉、螺栓、螺母等)固定方式固定,若不用工具(或专用工具)就不能使其移动或打开。

　　② 防护结构体不应出现漏保护区,并应满足安全距离的要求,使人不可能越过或绕过

防护装置接触危险。

③ 活动防护装置或防护装置的活动体打开时,尽可能与被防护的机械借助铰链或导链保持连接,防止挪开的防护装置或活动体丢失或难以复原而使防护装置丧失安全功能。

④ 活动联锁式防护装置当出现丧失安全功能的故障时,被其"抑制"的危险机器功能不可能执行或停止执行,装置失效不得导致意外启动。

⑤ 防护装置应设置在进入危险区的唯一通道上。

⑥ 防护装置结构体应有足够的强度和刚度,能有效抵御飞出物的打击或外力的作用,避免产生不应有的变形。

⑦ 可调式防护装置的可调或活动部分的调整件,在特定操作期间应保持固定、自锁状态,不得因为机械振动而移位或脱落。

2. 安全装置

通过自身的结构功能限制或防止机械的某种危险,或限制运动速度、压力等危险因素。常见的有联锁装置、双手操作式装置、自动停机装置、限位装置等。

(1) 安全装置的技术特征

① 安全装置零部件的可靠性应作为其安全功能的基础,在规定的使用期限内,不会因零部件失效使安全装置丧失主要安全功能。

② 安全装置应能在危险事件即将发生时停止危险过程。

③ 重新启动的功能,即当安全装置动作第一次停机后,只有重新启动,机械才能开始工作。

④ 光电式、感应式安全装置应具有自检功能,当安全装置出现故障时,应使危险的机械功能不能执行或停止执行,并触发报警器。

⑤ 安全装置必须与控制系统一起操作并与其形成一个整体,安全装置的性能水平应与之相适应。

⑥ 安全装置的设计应采用"定向失效模式"的部件或系统,考虑关键件的加倍冗余,必要时还应考虑采用自动监控。

(2) 安全装置的种类

按功能不同,安全装置可大致分为以下几类:

① 联锁装置。它是防止机械零部件在特定条件下(一般只要防护装置不关闭)运转的装置,可以是机械的、电动的、液压的或气动的。

② 使动装置。它是一种附加手动操纵装置,当机械启动后,只有操纵该使动装置,才能使机械执行预定功能。

③ 止-动操作装置。它是一种手动操作装置,只有当手对操纵器作用时,机械才能启动并保持运转;当手放开操纵器时,该操作装置能自动回复到停止位置。

④ 双手操纵装置。它是两个手动操纵器同时动作的操纵装置。只有两手同时对操纵器作用,才能启动并保持机械或机械的一部分运转。这种操纵装置可以强制操作者在机器运转期间,双手没有机会进入机器的危险区。

⑤ 自动停机装置。它是当人或人体的某一部分超越安全限度,就使机械或其零部件停止运转(或保持其他的安全状态)的装置。自动停机装置可以是机械驱动的,如触发线、可伸缩探头、压敏装置等;也可以是非机械驱动的,如光电装置、电容装置、超声装置等。

⑥ 机械抑制装置。它是一种机械障碍（如楔、支柱、撑杆、止转棒等）装置。该装置靠其自身强度支撑在机构中，用来防止某种危险运动发生。

⑦ 限制装置。它是防止机械或机械要素超过设计限度（如空间限度、速度限度、压力限度等）的装置。

⑧ 有限运动控制装置。这种装置也称为行程限制装置，只允许机械零部件在有限的行程范围内动作，而不能进一步向危险的方向运动。

⑨ 排除阻挡装置。通过机械方式，在机械的危险行程期间，将处于危险中的人体部分从危险区排除；或通过提供自由进入的障碍，减小进入危险区的概率。

安全装置种类很多，防护装置和安全装置经常通过联锁成为组合的安全防护装置，如联锁防护装置、带防护锁的联锁防护装置和可控防护装置等。

3. 安全防护装置设置原则

（1）以操作人员所站立的平面为基准，凡高度在 2 m 以内的各种运动零部件应设置防护。

（2）以操作人员所站立的平面为基准，凡高度在 2 m 以上的物料传输装置、皮带传动装置以及有施工机械施工处的下方，应设置防护。

（3）以操作人员所站立的平面为基准，凡在坠落高度的基准面 2 m 以上的作业位置，必须设置防护。

（4）为避免挤压和剪切伤害，直线运动部件之间或直线运动部件与静止部件之间的间距应符合安全距离的要求。

（5）运动部件有行程距离要求的，应设置可靠的限位装置，防止因超越行程运动而造成伤害。

（6）对于可能因超负荷发生部件损坏而造成伤害的机械，应设置负荷限制装置。

（7）对于惯性冲撞运动部件，必须采取可靠的缓冲装置，防止因惯性而造成伤害事故。

（8）对于运动中可能松脱的零部件，必须采取有效措施加以紧固，防止由于启动、制动、冲击、振动而引起松动。

4. 安全防护装置选择原则

选择安全防护装置的形式应考虑所涉及的机械危险和其他非机械危险，应根据机械零部件运动的性质和人员进入危险区的需要来决定。对特定机械的安全防护，应根据对该机械的风险评价结果进行选择。

（1）对于机械正常运行期间操作者不需要进入危险区的场合，优先考虑选用固定式防护装置，包括进料和取料装置、辅助工作台、适当高度的栅栏、通道防护装置等。

（2）对于机械正常运转时需要进入危险区的场合，当需要进入危险区的次数较多，经常开启固定防护装置会带来不便时，可考虑采用联锁装置、自动停机装置、可调防护装置、自动关闭防护装置、双手操纵装置和可控防护装置等。

（3）对于非运行状态的其他作业期间需要进入危险区的场合，如机械的设定、示教、过程转换、查找故障、清理或维修等作业，需要移开或拆除防护装置，或人为使安全装置功能受到抑制，可采用手动控制装置、止-动操纵装置或双手操纵装置、点动-有限的运动操纵装置等。有些情况下，可能需要几个安全防护装置联合使用。

### 1.4.4　安全信息的使用

机械的安全信息由文字、标志、信号、符号或图表组成,以单独或联合使用的形式向使用者传递信息,用以指导使用者安全、合理、正确地使用机械,警告或提醒危险、危害健康的机械状态和应对机械危险事件。安全信息是机械的组成部分之一。

提供安全信息应贯穿机械使用的全过程,包括运输、试验运转(装配、安装和调整)、使用(设定、示教或过程转换、运转、清理、查找故障和维修),如果有特殊需要,还应包括解除指令、拆卸和报废处理的信息。这些安全信息在各个阶段可以分开使用,也可以联合使用。

1.　安全信息概述

(1) 安全信息的功能

① 明确机械的预定用途。安全信息应具备保证安全和正确使用机械所需的各项说明。

② 规定和说明机械的合理使用方法。安全信息中应说明安全使用机器的程序和操作模式,对不按要求而采用其他方式操作机械的潜在风险提出适当警告。

③ 通知和警告遗留风险。对于通过设计和采用安全防护技术均无效或不完全有效的那些遗留风险,通过提供信息通知和警告使用者,以便采用其他的补救安全措施。

应当注意的是,安全信息只起提醒和警告的作用,不能在实质意义上避免风险。因此,安全信息不可用于弥补设计的缺陷,不能代替应该由设计解决的安全技术措施。

(2) 安全信息的类别

① 信号和警告装置等。

② 标志、符号(象形图)、安全色、文字警告等。

③ 随机文件,如操作手册、说明书等。

(3) 信息的使用原则

① 根据风险的大小和危险的性质,可依次采用安全色、安全标志、警告信号和警报器。

② 根据需要信息的时间。提示操作要求的信息应采用简洁形式,长期固定在所需的机械部位附近;显示状态的信息应尽量与工序顺序一致,与机械运行同步出现;警告超载的信息应在负载接近额定值时提前发出警告信息;危险紧急状态的信息应即时发出,持续的时间应与危险存在的时间一致,持续到操作者干预为止或信号随危险状态解除而消失。

③ 根据机械结构和操作的复杂程度。对于简单机械,一般只需提供有关安全标志和使用操作说明书;对于结构复杂的机械,特别是有一定危险性的大型设备,除了配备各种安全标志和使用说明书(或操作手册)外,还应配备有关负载安全的图表、运行状态信号,必要时提供报警装置等。

④ 根据信息内容和对人视觉的作用采用不同的安全色。为了使人们对存在不安全因素的环境、设备引起注意和警惕,需要涂以醒目的安全色。需要强调的是,安全色的使用不能取代防范事故的其他安全措施。

⑤ 应满足安全人机工程学的原则。采用安全信息的方式和使用的方法应与操作人员或暴露在危险区的人员能力相符。只要可能,应使用视觉信号;在可能有人感觉缺陷的场所,例如盲区、色盲区、耳聋区或使用个人保护装备而导致出现盲区的地方,应配备感知有关安全信息的其他信号(如声音、触摸、振动等信号)。

2.　安全色

安全色是表达安全信息的颜色,表示禁止、警告、指令、提示等意义。统一使用安全色,能使人们在紧急情况下,借助所熟悉的安全色含义,识别危险部位,尽快采取措施,提高自控能力,防止发生事故。

(1) 安全色的颜色含义和适用范围。安全色采用红、蓝、黄、绿四种。

① 红色:表示禁止和停止、消防和危险。凡是禁止、停止和有危险的器件、设备或环境,均应涂以红色标志;红色闪光是警告操作者情况紧急,应迅速采取行动。

② 黄色:表示注意、警告。凡是警告人们注意的器件、设备或环境,均应涂以黄色标志。

③ 绿色:表示通行、安全和正常工作状态。凡是在可以通行或安全的情况下,均应涂以绿色标志。

④ 蓝色:表示需要执行的指令、必须遵守的规定或应采用防范措施等。

安全色的含义和用途见表 1-1。

表 1-1　　　　　　　　　　　　安全色的颜色含义

| 颜色 | 颜色含义 | |
| --- | --- | --- |
| | 人员安全 | 机械/过程状况 |
| 红 | 危险/禁止 | 紧急 |
| 黄 | 警告 | 异常 |
| 绿 | 安全 | 正常 |
| 蓝 | 执行 | 强制性 |

(2) 安全色的对比色。安全色有时采用组合或对比色的方式,常用的安全色及其相关的对比色是红色—白色、黄色—黑色、蓝色—白色、绿色—白色。

例如,黄色与黑色相间隔的条纹,比单独使用黄色更为醒目,表示特别注意的意思,常用于起重吊钩、平板拖车排障器、低管道等场合。

3. 信号和警告装置

信号的功能是提醒注意,如机器启动、起重机开始运行等;显示运行状态或发生故障,如故障显示灯;危险状态的先兆或发生的可能性的警告,而且要求人们做出排除或控制险情的反应。险情包括人身伤害或设备事故风险,例如,机器事故信号、超速报警、有毒物质泄漏报警等。

(1) 信号和警告装置的类别

① 视觉信号:特点是占用空间小、视距远、简单明了,可采用亮度高于背景的稳定光和闪烁光。根据险情对人危害的紧急程度和可能后果,险情视觉信号分为警告视觉信号(显示需采取适当措施予以消除或控制险情发生的可能性和先兆的信号)和紧急视觉信号(显示涉及人身伤害风险的险情开始或确已发生并需采取措施的信号)两类。

② 听觉信号:利用人的听觉反应快的特性,用声音传递信息。听觉信号的特点是可不受照明和物体障碍的限制,强迫人们注意。常见的有蜂鸣器、铃、报警器等,其声级应明显高于环境噪声的级别。当背景噪声超出 110 dB(A)时,不应再采用听觉信号。

③ 视听组合信号:其特点是光、声信号共同作用,用以强化危险和紧急状态的警告功能。

(2) 信号和警告装置的安全要求

在信号的察觉性、可分辨性和含义明确性方面,险情视觉信号必须优于其他一切视觉信号;紧急视觉信号必须优于所有的警告视觉信号。

① 险情视觉信号应在危险事件出现前或危险事件出现时即发出,在信号接收区内任何人都应能察觉、辨认信号,并对信号做出反应。

② 信号和警告的含义确切,一种信号只能有一种特定的含义。

③ 信号能被明确地察觉和识别,并与其他用途信号明显相区别。

④ 防止视觉或听觉信号过多引起混乱,或显示频繁导致"敏感度"降低而丧失应有的作用。

4. 安全标志

标志也称标识、标记,用于明确识别机械的特点和指导机械的安全使用,说明机械或其零部件的性能、规格和型号、技术参数,或表达安全的有关信息。标志可分为性能参数标志和安全标志两大类。

性能参数标志用于识别机械产品的类别和机械的某些特点。其包括机械标志(标牌),应有制造厂的名称与地址、所属系列或形式、系列编号或制造日期等;机械安全使用的参数或认证标志,如最高转速、加工工件或工具的最大尺寸、可移动部分的质量、防护装置的调整数据、检验频次、"CCC"标志或"CE"标志等;零件性能参数标志,机械上对于安全有重要影响的易损零件如钢丝绳、砂轮等必须有性能参数标志等。

安全标志在机械上的用途很广。例如,用于安全标志牌,包括机器上的危险部位,紧急停止按钮,安全罩的内面,起重机的吊钩、滑轮架和支腿,防护栏杆,梯子或楼梯的第一和最后的阶梯,信号旗等。

(1) 安全标志的功能分类。安全标志分为禁止标志、警告标志、指令标志和提示标志四类。

① 禁止标志,表示不准或制止人们的某种行动。

② 警告标志,使人们注意可能发生的危险。

③ 指令标志,表示必须要遵守,用来强制或限制人们的行为。

④ 提示标志,示意目标地点或方向。

(2) 安全标志的基本特征。安全标志由安全色、图形符号和几何图形构成,有时附以简短的文字警告说明,用以表达特定的安全信息。安全标志和辅助标志的含义、形状、颜色等基本特征见表1-2,并应符合安全标准规定。

表 1-2                                      安全标志基本特征

| 标志含义 | 标志形状 | 图案颜色 | 衬底颜色 | 边框颜色 | 备注 |
| --- | --- | --- | --- | --- | --- |
| 禁止 | 圆形 | 黑色 | 白色 | 红色 | 红色斜杠 |
| 警告 | 三角形 | 黑色 | 黄色 | 黑色 | |
| 指令 | 圆形 | 白色 | 蓝色 | | |
| 提示 | 矩形或正方形 | 白色 | 绿色 | | |

5. 随机文件

随机文件主要是指操作手册、使用说明书或其他文字说明(例如保修单等)。

#### 1.4.5　机械安全风险评价

1. 基本概念

（1）风险

风险指在危险状态下，可能损伤或危害健康的概率和程度的综合。

（2）风险评价

风险评价是为了选择适当的安全措施，对在危险状态下可能损伤或危害健康的概率和程度进行全面评价的过程。

（3）机械风险评价

机械风险评价以机械或机械系统为研究对象，用系统方式分析机械使用阶段可能产生的各种危险，一切可能的危险状态，以及在危险状态下可能发生损伤或危害健康的危险事件，并对事故发生的可能性（概率）和一旦发生后果的严重程度进行全面评价的一系列逻辑步骤和迭代过程。

（4）风险评价要素

与机械的特定状态或技术过程有关的风险由以下两个要素组合得出：

① 发生损伤或危害健康的可能性或概率。这种概率与人员暴露于危险中的频次和面临危险的持续时间有关，与危险事件发生的概率有关。

② 损伤或危害健康的可预见的最严重程度。这种严重程度有一定的随机性，与多种因素的综合影响和作用有关，这些因素如何影响和如何作用具有很大的偶然性，有时难以预见。在进行风险评价时，应考虑可能出自每种可鉴别危险导致的损伤或对健康危害的最严重程度，即使这种损伤或对健康的危害出现概率不高，也必须考虑。风险与风险要素之间的关系可以用公式表示：

$$风险＝危险可能伤害的程度×伤害出现的概率$$

2. 风险评价的程序

将机械使用环节的工艺过程、使用和产出的物料物质、操作条件等信息与有关机械的设计、使用、伤害事故的知识和经验汇集到一起，通过这种程序进行机器寿命周期内各种安全风险的评价。风险评价程序可用图 1-3 所示的流程图加以说明。

安全风险评价是一个逻辑步骤的反复迭代过程。经过评价，如果确认机械未达到预期的安全目标，存在需要减小的风险，则应分析存在的安全问题，针对性地提出安全对策建议，即通过选择相应的安全措施对机械设计方案进行改进。当采用新的安全措施之后，还要对改进后的机械再次进行风险分析，识别是否又产生了新的附加危险。通过不断反复进行这个迭代过程，使机械最终达到安全标准要求的目标。

3. 风险评价的方法

（1）安全检查表（SCL）。安全检查表是事先以机械设备和工作情况为分析对象，经过熟悉并富有安全技术和管理经验人员的详尽分析和充分讨论，编制一个表格（清单），列出检查部位、检查项目、检查要求、各项赋分标准、安全等级分值标准等内容。对系统进行评价时，对照安全检查表逐项检查、赋分，从而评价出机械系统的安全等级。

（2）事故树分析（FTA）。运用从结果到原因的事故树形演绎作图分析法，将与特定事故有关的各种因素的因果关系和逻辑关系用不同的逻辑门连接起来，从特定事故或故障（顶上事件）开始，层层分析其发生原因，直到找出事故的基本原因即基本事件（底事件）为止。

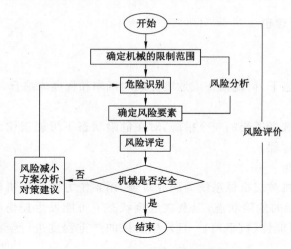

图 1-3　安全评价的迭代过程

该方法既可做定性分析,从事故树结构求最小割集和最小径集;又可做定量分析,计算出事故发生的概率,进而得到每个基本事件对顶上事件的影响程度,为采取安全措施的先后次序、轻重缓急提供依据,制订出最经济、合理的控制事故方案,实现系统安全的目的。

(3) 作业条件(岗位)危险性评价法(格雷厄姆-金尼法)。这种方法将影响作业条件危险性的因素分为事故发生的可能性($L$)、人员暴露于危险中的频繁程度($E$)和事故发生可能造成的后果($C$)三个因素,由专家组成员按规定标准给三个因素分别打分并取平均值。将三个因素平均值的乘积($D=L \cdot E \cdot C$)作为危险性分值($D$),来评价作业条件(岗位)的危险性等级,$D$ 值越大,作业条件的危险性也越大。该方法是一种半定量的评价方法。

(4) 预先危险性分析(PHA)法。这是一种对系统存在的各种危险因素出现的可能性和事故可能造成的后果进行宏观、概略分析的方法。该方法通过识别系统的生产工艺过程、操作条件及周围环境中可能造成系统故障、人员伤亡、设备设施及物质损坏、损失的危险因素,根据美国军用标准 MIL-STD 882A 所给出的危险等级划分原则确定危险有害因素的危险等级,制定相应的对策措施。该方法是一种应用范围较广的定性评价方法,由具有丰富知识和经验的工程技术人员、管理人员、操作者经过分析、讨论而实施。

(5) 劳动卫生分级评价。目前已采用的劳动卫生分级评价方法有职业性接触毒物危害程度分级、有毒作业分级、生产性粉尘作业危害程度分级、噪声作业分级、高温作业分级、低温作业分级、冷水作业分级、高处作业分级、体力劳动强度分级以及体力搬运重量限值等方法。

目前开发的机械安全风险评价方法很多,在此不一一列举,各种评价方法各有特点,可根据实际需要合理选用。

# 本章小结

本章主要介绍了研究机械安全对人们生产和生活的重要意义,人类研究机械安全所经历的几个主要阶段,本门课程的研究对象、主要任务和学习方法,机械安全的基本概念、机械的组成规律和工作原理,危险有害因素识别及机械事故原因分析、实现机械安全的途径与措施以及机械安全风险评价程序、方法。通过对这些内容的学习,使学生在详细学习本课程前对所学内容和需要达到的目标有一个基本的认识,使学生能够对机械安全及其评价程序与方法有一个初步的了解。

## 复习思考题

1. 本课程的学习方法是什么?
2. 本课程的研究对象是什么?
3. 本课程的主要任务是什么?
4. 人类对机械安全的认识分为哪几个阶段?
5. 如何认识机械安全的重要性?
6. 机械安全的基本概念有哪些?
7. 机械的组成规律和工作原理是什么?
8. 危险有害因素识别及机械事故原因分析的内容有哪些?
9. 实现机械安全的途径与措施有哪些?
10. 机械安全风险评价的程序和方法有哪些?

# 第 2 章　危险机械安全技术

**本章学习目的及要求**

1. 了解识别磨削加工危险因素,并在此基础上掌握磨削机械安全技术。
2. 了解识别木材加工危险因素,并在此基础上掌握木工机械安全技术。
3. 了解识别压力加工危险因素,并在此基础上掌握压力加工机械安全技术。

　　欧盟工业机械产品的机械指令规定,起重运输机械、交通运输机械和承压类设备外的工业机械分为一般机械和危险机械。加工木材及类似材料的锯机、手工送料的刨木机,人工上下料的金属冷加工用冲压床(包括折床、弯板机)等均列入危险机械目录。根据我国的实际,参考欧盟机械指令规定,本章重点探讨磨削机械、木工机械和压力加工机械的安全技术。

## 2.1　磨削机械安全技术

　　磨削加工是借助磨具的切削作用,除去工件表面的多余层,使工件表面质量达到预定要求的加工方法。进行磨削加工的机床称为磨床。磨削加工应用范围很广,通常作为零件(特别是淬硬零件)的精加工工序,可以获得很高的加工精度和表面质量,也可用于粗加工、切割加工等。

### 2.1.1　磨削加工的特点

　　从安全角度看,磨削加工有以下特点:

　　(1) 运转速度高。普通磨削的运转速度可达 $30\sim50$ m/s,高速磨削可达 $45\sim60$ m/s 甚至更高,其速度还有日益提高的趋势。

　　(2) 非均质结构。磨具是由磨料、结合剂和气孔三要素组成的复合结构,其结构强度大大低于由单一均匀材质组成的一般金属切削刀具。

　　(3) 高热现象。磨具的高速运动、磨削加工的多刃性和微量切削,都会产生大量的磨削热,不仅可能烧伤工件表面,而且高温时磨具本身发生物理、化学变化、产生热反应力、降低磨具的强度。

　　(4) 自砺现象。在磨削力度作用下,磨钝的磨粒自身脆裂或脱落的现象,称为磨具的自砺性。磨削过程中的磨具自砺作用以及修正磨具的作业,都会产生大量磨削粉尘。

### 2.1.2　磨削加工危险因素识别

　　由于磨具的特殊结构和磨削的特殊加工方式,存在的危险有害因素危及操作者的安全和身体健康。

　　1. 机械伤害

　　机械伤害是指磨削机械本身、磨具或被磨削工件与操作者身体接触、碰撞所造成的伤害。例如,磨削机械的运动零部件未加防护或防护不当,夹持不牢的加工件甩出,操作者与高速旋转的磨具触碰造成擦伤,或由于磨具破裂后高速运动的碎块飞出伤人等。

2. 噪声危害

磨削机械是高噪声机械,磨削噪声来自多因素的综合作用,除了磨削机械自身的传动系统噪声、干式磨削的排风系统噪声和湿式磨削的冷却系统噪声外,磨削加工的切削比能大、速度高是产生磨削噪声的主要原因。在进行粗磨、切割、抛光和薄板磨削作业,以及使用风动砂轮机时,噪声更大,有时高达 115 dB(A)以上,对操作者听力会造成损伤。

3. 粉尘危害

磨削加工是微量切削,切屑细小,尤其是磨具的自砺作用,以及对磨具进行修整,都会产生大量的粉尘。细微粉尘可长时间悬浮于空气中不易沉落,据测定,干式磨削产生的粉尘中小于 5 μm 的颗粒约占 90%,很容易被吸入到人体肺部。长期大量吸入磨削粉尘会导致肺组织纤维化,引起尘肺病。

4. 磨削液危害

湿式磨削采用磨削液以改善磨削的散热条件,对防止工件表面烧伤和裂纹,冲洗磨屑,减少摩擦,降低粉尘有很重要的作用。但有些种类的磨削液及其添加剂对人体有影响,长期接触可引起皮炎;油基磨削液的雾化会使操作环境恶化,损伤人的呼吸器官;磨削液的种类选择不当,还会侵蚀磨具,降低其强度,增加磨具破坏的危险性;湿磨削和电解磨削若管理不当,还会影响电气安全。

5. 发火性危险

研磨用的易燃稀释剂、油基磨削液及其雾化,磨削时产生的火花是引起火灾的不安全因素。

### 2.1.3　砂轮的特性及安全速度

砂轮是最常用的磨削工具,经测定,工业用砂轮高速磨削时的动能可达到 294.2～392.3 kJ。砂轮的安全是磨削机械安全防护的重点。

1. 砂轮的特性

砂轮是由磨料与结合剂混合,经过高温、高压制造而成,由磨料、结合剂和气孔三要素组成的非均质结构体。其中,锋利磨料颗粒作为刀具起切削作用,结合剂黏结磨粒使磨具成形,气孔用来容屑、散热,均匀产生自砺效果。磨料、粒度、结合剂、组织、硬度、形状和尺寸是砂轮的 6 个特性,对砂轮安全有很大影响。

(1)磨料

磨料指砂轮中磨粒的材料。磨料直接参与切削,要求具有很高的硬度和锋利度,一定的韧性和耐磨性,同时具有一定脆性以便磨钝后及时更新,实现自砺性;有较稳定的物理和化学性能,使之在高温和湿度环境下不过早丧失磨削性能。

磨料分为天然磨料和人造磨料两大类。天然磨料主要有金刚石、刚玉和钻石。人造磨料可分为氧气物系、碳化物系和高硬度磨料系。

(2)粒度

粒度是指磨料的颗粒大小和粗细程度。磨具的粒度通常由占比例最大的磨粒的粒度号决定。粒度大小对砂轮的强度、加工精度以及磨削生产率有很大影响。一般来说,构成砂轮磨料的颗粒越细小,砂轮的抗裂性越好。粒度的确定方法有两种。

① 筛分法。颗粒尺寸大于 50 $\mu$m 磨料的粒度是用磨料通过的筛网在每英寸长度上的网眼数来表示,称为磨粒类。其粒度号直接用阿拉伯数字表示,粒度号大小与实际磨料的颗粒大小相反。

② 显微镜分析法。颗粒尺寸小于 50 $\mu$m 磨料的颗粒大小直接用显微镜测量。其粒度用颗粒的实际尺寸表示,称为微粒类。粒度号用 W 和磨料颗粒尺寸数组合表示。

（3）结合剂

结合剂又称黏合剂,是将磨粒固定在一起形成磨具的黏结材料。结合剂使磨具成形,对砂轮的自砺性有很大影响,并直接关系到砂轮的强度和使用的安全。结合剂分为无机结合和有机结合两大类。

① 无机结合剂。代表性的无机结合剂是陶瓷结合剂(代号 V)。其突出的优点是化学物理性能稳定,受温度和湿度的影响小,抗腐蚀性好,适合于各种磨削液;其次是强度较高,耐磨损,砂轮外形容易保持。缺点是脆性大、弹性差、摩擦发热量大,因此不耐冲击、振动,不适于制作薄砂轮。未经特殊处理的普通陶瓷结合剂砂轮的工作速度要严格控制在 35 m/s 以下,不允许超速使用,以防脆裂。

② 有机结合剂。有机结合剂主要有人造树脂(代号 B)和橡胶(代号 R)。有机结合剂的突出特点是强度高、韧性好、耐冲击、制造出的磨具不易破碎,使用速度可高达 50 m/s 以上。缺点是黏结性较差(但自砺性好),磨损快,砂轮外形不易保持;化学、物理性能不大稳定,高温下结合剂会变软、老化、强度降低,甚至烧毁;抗腐蚀性差,树脂类不耐碱、酸,橡胶类耐酸和耐油性均较差。有几类结合剂稳定性稍差,存放期过长或潮湿环境下会降低强度。

不同磨削液的适应性不同,应注意结合使用,以防因磨削液选择不当使磨具强度受到影响。

（4）砂轮的组织

砂轮的组织,是指组成砂轮的磨料、结合剂和气孔三者的比例关系,表明砂轮结构紧密程度的特性,用磨粒在砂轮总体积中所占百分比表示。组织可划分为 3 档 15 个号。

组织紧,气孔少,砂轮外形易保持,磨削质量相对较高。但砂轮易堵塞,磨削热较高,一般用于成形磨削、精磨、硬脆材料的磨削;组织松,气孔多,有利于降低磨削热,避免堵塞砂轮,一般用于软韧、热敏性高的材料的磨削以及粗磨加工;中等组织号砂轮用来磨削淬火钢或用于刀具刃磨。

（5）硬度

硬度是结合剂固结磨粒的牢固程度的参数。表明在外力作用下,磨料从砂轮表面脱落的难易程度。磨具的硬度分 7 大级、14 小级。砂轮的硬度与磨料本身的硬度是两个不同的概念,磨料和硬度是由组成磨料的材料自身特性决定的。

砂轮硬度不仅影响工件磨削质量,而且与使用安全卫生关系很大。硬度与结合剂的黏合能力、结合剂在磨具中所占比例以及磨具的制造工艺等因素有关。同一种结合剂,在相同使用条件下,结合剂所占比例越大,磨粒越不易脱落,磨具硬度越高,砂轮自砺性越差。硬度过高,产生高磨削热,不仅使工件磨削质量降低,同时严重影响结合剂强度,并且发出很大噪声,甚至引起机床振动。

（6）形状和尺寸

我国磨具的基本形状有 40 多种,正确地选择砂轮的形状和尺寸,是保证磨削加工安全的重要环节,一般应根据磨床条件、工件形状和加工需要,参考磨削手册来选择。

砂轮的非均匀组织结构,决定了它的机械性能大大低于同一均匀金属材料构成的其他切削刀具,再加上使用不当,是造成砂轮事故多的重要原因。砂轮的磨料、粒度、结合剂、组织、硬度、形状和尺寸等各特性要素,对砂轮的机械强度有不同影响(见表 2-1)。安全使用砂轮要统筹考虑各因素的综合作用效果。

表 2-1　　　　　　　　　　　　　　砂轮特性对砂轮强度的影响

| 砂轮特性 | 结合剂 | | | 磨料 | | 粒度 | | 硬度 | | 尺寸(内径/外径) | |
|---|---|---|---|---|---|---|---|---|---|---|---|
| | V | B | S | 刚玉类 | 碳化硅类 | 细 | 粗 | 硬 | 软 | 比值大 | 比值小 |
| 强度 | 差 | 好 | 好 | 好 | 差 | 好 | 差 | 好 | 差 | 差 | 好 |

(7) 砂轮的标记

砂轮的名称特性以标记的形式标注,为砂轮的正确使用和管理提供依据。在使用砂轮前,一定要核准砂轮的特性指标。砂轮上的标记不得随意撕毁或破坏,否则,可能会因为使用混乱而导致事故发生。

按照《固结磨具 一般要求》(GB/T 2484—2006)标准的规定,砂轮的标记以汉语拼音和数字为代号,按照一定顺序交叉表示:砂轮形状—尺寸—磨料—粒度—硬度—组织—结合剂—安全线速度。尺寸标记顺序为:外径×厚度×内径。举例说明如图 2-1 所示。

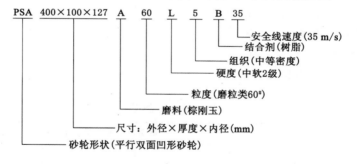

图 2-1　砂轮的标记

2. 砂轮的安全速度

磨削加工最严重的事故是高速旋转的砂轮破裂,碎块飞甩出去造成伤害。在磨削加工中,作用在砂轮上的力主要有磨削力、砂轮卡盘对砂轮的夹紧力、磨削热使砂轮产生的热应力、砂轮高速旋转时的离心力等。诸因素中,对砂轮安全影响最大的作用力是离心力。

(1) 砂轮受力分析

砂轮高速旋转时,受到的离心力 $P = mV^2/r$,与线速度平方成正比。通过对砂轮的应力分析,并经实验测定,砂轮的应力分布如图 2-2 所示。

① 切向正应力 $\sigma_\theta$ 总是大于径向正应力 $\sigma_R$。由离心力引起的砂轮破坏,切向正应力起主要作用。

② 在砂轮的任一半径处,砂轮的内孔壁处的应力最高。实践也证明,砂轮破坏的裂纹总是从内圆逐渐波及外圆,碎块呈不规则的扇形。

(2) 砂轮的安全速度

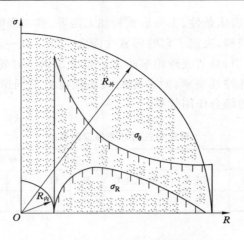

图 2-2  砂轮的应力分布

防止砂轮因离心力作用受到破坏的关键是使由离心力作用而产生的应力低于砂轮的机械强度。根据平均应力理论,得到砂轮的最高安全圆周线速度为:

$$[v] = \sqrt{\dfrac{3g[\sigma]}{\rho_s(1+k+k^2)}} \qquad (2\text{-}1)$$

式中　$[\sigma]$——砂轮的许用单向抗拉强度,Pa;

　　　$[v]$——砂轮的安全速度,m/s;

　　　$\rho_s$——砂轮的密度,kg/m³;

　　　$k$——砂轮外径与内径之比。

普通砂轮的安全速度见表 2-2。

| 器具名称 | 最高安全圆周线速度 | | |
|---|---|---|---|
| | 陶瓷结合剂 | 树脂结合剂 | 橡胶结合剂 |
| 平行砂轮 | 15 | 40 | 35 |
| 弧形砂轮 | 35 | 40 | — |
| 双斜边砂轮 | 35 | 40 | — |
| 单斜边砂轮 | 35 | 40 | — |
| 薄片砂轮 | 35 | 50 | 50 |
| 高速砂轮 | — | 50～60 | 50～60 |

表 2-2　　　　普通砂轮的安全速度　　　　单位:m/s

砂轮的强度通常是以砂轮的安全速度(也称安全圆周线速度)作为标志。当砂轮以超过该速度旋转时,可能会因离心力作用而使砂轮破坏。砂轮的安全速度标记在砂轮上,从手册中也可以查到。操作者在使用砂轮前,必须核准它的实际圆周线速度,严禁超速使用。

(3)砂轮工作速度的控制

控制砂轮的最高线速度不超过许用值,是保证砂轮作业安全的关键。一般通过设定承载砂轮的主轴转速来限制砂轮的最高圆周线速度,二者的换算关系如下:

$$n \leqslant \frac{60 \times 1\,000\,[v]}{\pi D}$$

$$v = \frac{\pi D n}{60 \times 1\,000} \leqslant [v] \tag{2-2}$$

式中　$v$——砂轮外圆的圆周速度，m/s；

$\quad\quad n$——砂轮主轴的转速，r/mm；

$\quad\quad D$——砂轮外径，mm。

砂轮速度过高，一方面可能导致砂轮破坏，另一方面会引起机床振动，只有在保证砂轮强度和机床运行平稳的前提下，提高砂轮的工作速度才是合理的。实际工作中，主要通过保持加工工件的速度与砂轮速度之间的适当比例来实现。

（4）砂轮的增强措施

根据砂轮受力分析可知，砂轮的破坏主要受切向应力的影响，旋转时中心孔壁周围的应力最大。要提高砂轮的速度，必须设法提高砂轮的强度。常见的办法有：

① 提高结合剂的黏结强度。例如，在陶瓷结合剂中加入一定量的硼、锂、钡、钙等元素，增强砂轮的抗拉强度。

② 采用合理的砂轮尺寸，尽量避免外径、内径尺寸相差过大。

③ 在砂轮内孔区采取补偿措施。常见的方法有：在砂轮内部加金属网或玻璃纤维网，增强砂轮内孔区厚度，砂轮内孔区采用细粒度磨料；砂轮孔区浸树脂；砂轮孔区镶钢毂、金属环等。

### 2.1.4　磨削机械安全操作技术与安全管理

磨削机械安全操作技术与安全管理，主要是围绕保证砂轮的安全进行。从砂轮运输、存储，使用前的检查，砂轮的安装、修整，到磨削机械的操作，其中任一环节的疏忽都会给磨削机械埋下安全隐患。

1. 砂轮的检查

砂轮在安装使用前，必须经过严格的检查。有裂纹等缺陷的砂轮绝对不准安装使用。

（1）砂轮标记检查。通过标记核对砂轮的特性和安全速度是否符合使用要求、砂轮与主轴尺寸是否相匹配。没有标记或标记不清，无法核对、确认砂轮特性的砂轮，不管是否有缺陷，都不可使用。

（2）砂轮缺陷检查。通常采用目测和音响检查。前者直接用肉眼或借助其他器具察看砂轮表面是否有裂纹或破损等缺陷；后者也称敲击试验，用小木槌敲击砂轮，检查砂轮的内部缺陷，正常的砂轮声音清脆，有问题的砂轮声音沉闷、嘶哑。

（3）砂轮的回转强度检验。对同种型号一批砂轮应进行回转强度抽验，未经强度检验的砂轮批次严禁安装使用。

2. 砂轮的安装

（1）将砂轮自由地装配到砂轮主轴上，不可用力挤压。砂轮内径与主轴和卡盘的配合间隙应适当，避免过大或过小。

（2）应采用压紧面径向宽度相等、左右对称的卡盘，压紧面平直，与砂轮侧面接触充分，装夹稳固。

（3）卡盘与砂轮端面之间应夹垫一定厚度的柔性材料衬垫（如石棉橡胶板、弹性厚纸板或皮革等),使卡盘夹紧力均匀分布且不对砂轮造成损伤。

(4) 紧固的松紧程度应以压紧到足以带动砂轮不产生滑动为宜。当需用多个螺栓紧固大卡盘时,应采用标准扳手按对角线顺序逐步均匀旋紧。禁止沿圆周方向顺序紧固或一次将某一螺栓拧紧,禁用接长扳手或敲打办法加大拧紧力。

3. 砂轮曲平衡试验

新砂轮、经第一次修整的砂轮以及发现运转不平衡的砂轮,都应进行平衡试验。砂轮的平衡方法有动平衡和静平衡两种。

(1) 动平衡。借助安装在机床上的传感器,直接显示出旋转时砂轮装置的不平衡量,通过调整平衡块的位置和距离,将不平衡量控制到最小。

(2) 静平衡。在平衡架上进行,用手工办法找出砂轮重心,加装平衡块,调整平衡块位置,直到砂轮平衡,一般可在 8 个方位使砂轮保持平衡。

(3) 空转试验。平衡后的砂轮须在装好防护罩后进行空转试验。空转试验时间为:砂轮直径不小于 400 mm,空转时间大于 5 min;砂轮直径小于 400 mm,空转时间大于 2 min。

4. 砂轮的修整

定期修整可使砂轮保持良好的磨削性能和正确的几何形状,避免出现砂轮的钝化、堵塞和外形失真,常使用的修整工具是金刚石笔。正确的操作方法是,金刚石笔处于砂轮中心水平线下 1~2 mm 处,顺砂轮旋转方向,与水平面的倾斜角为 5°～10°。修整时要用力均匀、速度平稳,一次修整量不要过大。修整后的砂轮必须重新进行回转试验,方可使用。

5. 砂轮的储运

(1) 砂轮在搬运、储存中,不可受强烈振动和冲击,搬运时不准许滚动砂轮,以免造成裂纹或表面损伤。

(2) 印有砂轮特性和安全速度的标记不得随意涂抹或损毁,以免影响使用。

(3) 砂轮存放时间不应超过砂轮的有效期,树脂和橡胶结合剂的砂轮自出厂之日起,若存储时间超过一年、须经回转试验合格后才可以使用。

(4) 砂轮存放场地应保持干燥,温度适宜,避免与化学品混放,防止砂轮受潮、低温、过热以及受有害化学品侵蚀而导致强度降低。

(5) 砂轮应根据规格、形状和尺寸的不同分类放置,防止叠压破坏和由于存储不当导致砂轮变形。

6. 磨削作业的安全操作要求

(1) 除内圆磨削用砂轮、手提砂轮机上直径不大于 50 mm 的砂轮,以及金属壳体的金刚石和立方氮化硼砂轮外,一切砂轮必须装设防护罩方可使用。

(2) 在任何情况下都不允许超过砂轮允许的最高工作速度,安装砂轮前必须核对砂轮主轴的转速,在更换新砂轮时应进行必要的验算。

(3) 根据砂轮结合剂种类正确选择磨削液。树脂结合剂不能使用含碱性物大于 1.5% 的磨削液,橡胶结合剂不能使用油基磨削液;湿式磨削需设防溅挡板。

(4) 用圆周表面作为工作间的砂轮不宜使用侧面进行磨削,以免砂轮破碎。

(5) 无论是正常磨削作业、空转试验还是修整砂轮,操作者都应站在侧方安全位置,不得站在砂轮正前面或切线方向,以防意外。禁止多人共用一台砂轮机同时操作。

(6) 发生砂轮破坏事故后,必须检查砂轮防护罩是否有损伤,砂轮卡盘有无变形或不平衡,砂轮主轴端部螺纹和压紧螺母是否破损,均合格后方可使用。

(7)磨削机械的除尘装置应定期检查和维修,以保持其除尘能力。磨削镁合金容易引起火灾,必须保持有效的通风,及时清除通风装置管道里的粉尘,采取严格的安全防护措施。

(8)加强磨削加工的个人安全卫生防护。在干式磨削操作中,可采用眼镜或护目镜、固定防护屏等有效地保护眼睛;磨削加工操作间应配置有效的局部通风除尘装置,防止干式磨削粉尘危害;金属研磨工特别注意防止铅化合物等重金属污染,应配备保护服、完善的卫生洗涤设备和必要的医疗措施。

## 2.2　木工机械安全技术

木材加工是指通过刀具切割破坏木材纤维之间的联系,从而改变木料外形、尺寸和表面质量的加工工艺过程。进行木材加工的机械称为木工机械。从原木采伐到木制品最终完成的整个过程中,要经过木材的防腐处理、人造板的生产、自然木和人造板机械加工、成品的装配和表面修饰等很多工序。在木材加工的各个环节都离不开木工机械,木工机械种类多,使用量大,广泛应用于建筑、家具行业,工厂的水模加工、木制品维修以及家庭装修业等。

### 2.2.1　木工事故特点和危险因素识别

木材加工与金属加工的切削原理基本相同,但从劳动安全卫生角度看,木材加工有区别于金属加工的特殊性,因此,在危险因素识别时应给予注意。

1. 木材加工特点

(1)加工对象为天然生长物。木材各向异性的力学特性,使其抗拉、压、弯、剪等机械性能在不同纹理方向有很大差异;天然缺陷(如疖疤、裂纹、夹皮、虫道、腐烂等)或在加工中产生的力的缺陷(如倒丝纹),破坏了木材完整性和均匀性;干缩湿胀的特性和含水率的变化,使木材在加工存储过程中会出现不同程度的翘曲、开裂、变形;木材的生物活性使木材含有真菌或滋生细菌,有些木材还带有刺激性气味。

(2)刀具运动速度高。木材天然纤维分布不均匀和导热性差的特点,必须通过刀具的高速切削来获得较好的加工表面质量。木工机械是高速机械,一般刀具速度可高达 2 500～4 000 r/min,甚至更高。

(3)敞开式作业和手工操作。木材的天然特性和不规则形状,给装夹和封闭式作业造成困难,木工机械多是暴露敞开式作业;手工操作比例高,特别是初级木材加工的机械化、自动化水平普遍不高。

(4)具有易燃易爆性。木料的原材、半成品和成品、废弃刨花和木屑、抛光粉尘以及表面修饰用料(如油漆、浸渍、贴面等)都是易燃易爆物。

2. 木材加工危险因素识别

(1)机械危险。刀具的切割伤害,工件、工件的零件或机床的零件在加工中意外抛射飞出的冲击伤害(与进给方向相反称为回弹),锯机上断裂的锯条、磨锯机上砂轮破裂的碎片等物体的打击伤害是木材加工中常见的危害类型,其他机械伤害如接触运动零部件、机器上凸出部位刮碰等发生较少。

（2）木材的生物效应。木材生物活性的有毒、过敏性物质可引起许多不同发病症状和过程，例如皮肤症状、视力失调、对呼吸道黏膜的刺激和病变、过敏症状，以及各种混合症状。发病性质和程度取决于木材种类、接触的时间或操作者自身的体质条件。

（3）化学危害。在木材的存储、加工和成品的表面修饰等过程中，化学防腐和黏结是必不可少的工序。广泛采用的方法是将木材用杀虫油剂、金属盐或有机化合物浸泡或喷涂，可用的化合物范围很广，其中很多会引起中毒、皮炎或损害呼吸道黏膜，甚至诱发癌症。

（4）木粉尘伤害。木材加工产生的大量木粉尘可导致呼吸道疾病，严重的可表现为肺叶纤维化症状，家具加工行业鼻癌和鼻窦腺癌比例较高，据分析可能与木粉尘中可溶性有害物有关。

（5）火灾和爆炸的危险。木材原料、半成品或成品、切削废料等都是易燃物，悬浮的木粉尘和使用的某些化学物等都是易爆危险因素。火灾危险存在于木材加工全过程的各个环节。

（6）噪声和振动危害。木工机械是高噪声和高振动机械。

3. 木工机械事故分析

（1）木工机械事故类型

① 刀具的切割伤害。木料在加工中受到冲击、振动，发生弹跳、侧倒、开裂，都可能使操作者失去对木料的控制。其原因可能是木材的天然缺陷或加工缺陷引起切削阻力突然改变，木料过于窄、短、薄，缺乏足够的支承面使夹持固定困难，手工送料的操作姿势不稳定等，致使推压木料的手触碰刀具造成伤害。由于刀具的高速运动和多刀多刃的作用，即使瞬间触碰刀具也会导致多次切削的严重后果。

② 木料的反弹冲击伤人。由于木料在锯切割分后重心位置改变引起侧倒，木材的含水性或疤疖引起夹锯又突然弹开，经加压校直处理的弯曲木料在加工过程中弹性复原等多种原因，都有可能造成木材的反弹伤人。

③ 飞出物的打击伤害。该伤害是由于刀具本身缺陷或装卡缺陷，在木料加工受力或高速运转时，导致刀具损坏，例如，刀具崩齿、锯条断裂、刨刀片飞出等；废旧木料清理不干净，在加工时引起钉子或其他黏结杂物崩甩；以及木屑碎块飞出伤人。

木工机械事故中，刀具的切削伤害因其发生概率高、伤害后果严重而尤显突出。

（2）机械事故发生规律

① 事故发生时间。事故绝大多数发生在机械处于正常运行状态的正常操作期间，较少发生在机器的故障状态或辅助作业（如更换刀具、检修、调整、清洁机器等）阶段。

② 事故波及范围。刀具的切割伤害一般是个体伤害，只涉及操作者或意外接触刀具的个人；木料的冲击或飞出物的打击伤害有时不仅关系到机器的操作者，还可能波及附近其他作业人员。

③ 事故加害物。数量最多的是由刀具引起的切割伤害，其次是由被加工物引起的，其他原因导致的事故较少。

④ 事故高发机械种类。我国的基本情况是，占第一位的是平刨床；第二位是锯机类（主要是圆锯机和带锯机）；第三位是铣床、开样机类。

在我国，事故高发的木工机械是平刨床和锯机；刀具高速运动和手工送料的作业方法，是造成机械伤害的直接原因。综合分析可见，事故多发生在正常操作期间，机械伤害尤以刀具切割手的概率最高,刀具切割和木料冲击的伤害后果严重。

### 2.2.2　木工平刨床安全技术

木工平刨床通过刨刀轴纵向旋转,对横向进给的木料进行刨削,来实现木材的平面加工。手工进给单轴平刨床是常用类型,完全敞开外露的刨刀轴,手工推压木料从高速运转的刀轴上方通过,是本机床最大的危险因素。常见伤害事故是刨刀切割手指,防止切割的关键是解决刨刀轴的安全防护问题。

1. 平刨床组成及安全要求

平刨床主要由机身、工作台、刀轴及驱动装置三大部分组成。

(1)机身。机身是整个机床的基础部分,其作用是连接机床的各组成部分,承受工作载荷。机身的安全要求:

① 有足够的刚度、良好的抗震性和稳定性。

② 符合安全人机工程学要求的设计。满足人半站立操作的高度要求和操作活动空间,机身外形尽量采用圆角和圆滑曲面,避免利棱和锐角。

③ 结构设计要方便通风除尘装置的配置并具有畅通的排屑通道。

(2)工作台。工作台是木材刨削的操作平台,两块工作台板安装在刨刀轴两侧形成开口,露出刨刀轴全长(该部位称作唇口或刨口,其最大开口量见图 2-3)。

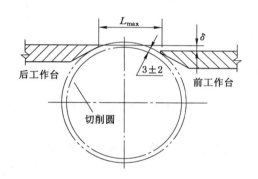

图 2-3　最大开口量 $L_{max}$ 示意图

工作台采用轻合金、铸铁或铸钢制造,其抗拉强度不低于 200 MPa。工作台前长后短、前矮后高,高度差为刨削深度。导尺横跨在两工作台之间,立贴在机身外侧,作为引导木料进给的侧面基准。升降装置可调整工作台板高度和刨削开口量,常见的有偏心轴式和倾斜导轨式两种。唇口间的水平距离称为工作台的开口量,开口量应兼顾安全和加工的需要。开口量大,刀轴外露的危险区域大;开口量小,使机床的动力噪声急剧增加,可导致排屑不畅。工作台应满足以下安全要求:

① 工作台面应平整、光滑,不得有凹坑和凸起,防止木料通过时弹跳、侧倒。

② 升降机构必须能自锁或设有锁紧装置,防止受力后台板位置自行变化引起危险。

③ 无论工作台调整到任何高度,工作台唇板与切削圆之间的径向距离为(3±2)mm。

④ 工作台的开口应尽量小,在零切削位置时的开口量 $L_z$ 和最大开口量 $L_{max}$ 应符合表 2-3 的规定。

**表 2-3** 　　　　　　　　　　　　　　工作台的开口量　　　　　　　　　　　单位：mm

| 切削圆公称直径 $D$ | $80<D\leqslant100$ | $100<D\leqslant110$ | $110<D\leqslant125$ | $125<D\leqslant140$ |
|---|---|---|---|---|
| 零切削位置开口量 $L_z$ | $\leqslant40$ | $\leqslant45$ | $\leqslant50$ | $\leqslant55$ |
| 最大开口量 $L_{max}$ | $\leqslant40+\delta$ | $\leqslant45+\delta$ | $\leqslant50+\delta$ | $\leqslant55+\delta$ |

注：$\delta$ 为平刨机最大刨削厚度。

（3）刀轴及其驱动装置。刀轴有效长度与工作台面宽度相等，是平刨床的基本参数。刀轴的旋转动力由电动机通过带传动装置输入。刀轴由刨刀体、刀轴主轴、刨刀片和压刀条组成，装入刀片后的总成称为刨刀轴或刀轴（见图2-4）。刀轴的各组成部分及其装配应满足以下安全要求：

① 刀轴必须是装配式圆柱形结构[见图2-4(a)、(b)]，严禁使用方形[见图2-4(c)]。

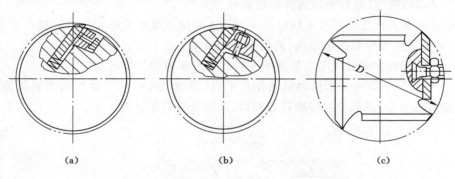

　　　　　(a)　　　　　　　　　　　　(b)　　　　　　　　　　　　(c)

图 2-4　刨刀轴类型

② 刨刀片的宽度应大于 30 mm；重磨后的宽度不得小于原宽度的 2/3，并应保证刀片能在全长上被夹紧。

③ 组装后的刨刀片径向伸出量控制在 1.1 mm 之内，刀片在刨刀体端截面上的径向伸出量允许误差不得大于 0.05 mm。

④ 组装后的刀轴须经强度试验和离心试验，试验后的刀片不得有卷刃、崩刃或显著磨钝现象；压刀条相对于刀体的滑移量不得大于 0.15 mm，切削圆直径变化不得大于 0.3 mm。

⑤ 刀轴驱动装置的所有外露旋转件都必须有牢固可靠的防护罩，并在罩上标出单向转动的明显标志；须设有制动装置，在切断电源后，保证刀轴在规定的时间内停止转动。

（4）其他安全卫生要求。

① 平刨床在空运转条件下，测定出机床的最大噪声声压级不得超过表 2-4 的规定。

**表 2-4** 　　　　　　　　　　　　　空载噪声声压级限值

| 机床最大加工宽度/mm | $\leqslant400$ | $>400\sim630$ | $>630$ |
|---|---|---|---|
| 空运转最大噪声声压级/dB(A) | 83 | 85 | 90 |

② 应提供木屑、粉尘以及气体的吸收和采集系统，或设置吸尘装置，保证工作场所的粉尘浓度不超过 10 mg/m³。

③ 应提供保护耳朵和眼睛的个人防护用品。

④ 保证机床的可维修性的要求,机床的调整、维护和润滑点应在危险区外。难以实现手工润滑或危险区内工作期间需要润滑的部件,应能实现自动润滑。

⑤ 采取阻止或减少粉尘和木屑堆集在机床上或机罩内的措施,杜绝或降低火灾和爆炸的危险。

2. 木工平刨床加工区的安全装置

木工平刨床安全防护的重点是对加工区刀轴的安全防护。广泛使用的是遮盖式安全防护装置(防护罩、防护栅、防护键、防护板等),安全防护装置应符合以下安全技术要求:

(1) 非工作状态,防护罩(或护指键)必须在刨床全宽度上盖住刀轴。

(2) 刨削时仅打开与工件等宽的相应刀轴部分,其余的刀轴部分仍被遮盖。未打开的护指键须能自锁或被锁紧。护指键的相邻键间距应小于 8 mm。

(3) 护指键或防护罩应有足够的强度与刚度。整体护罩或全部键须能承受 1 kN 径向压力,单个键承受 70 N 径向压力发生径向位移时,位移后与刀刃的剩余间隙要大于0.5 mm。

(4) 闭合灵敏。安全装置的闭合时间(即从接到闭合指令开始到护指键或防护罩关闭为止)小于手落入刀轴的时间。

(5) 装置不得涂耀眼颜色、不得反射光泽。

## 2.2.3　木工机械操作区安全技术

通过木工机械安全设计,选用适当的设计结构,尽可能避免或减小危险;通过提高设备的可靠性、操作机械化或自动化,尤其是进给系统,诸如机械手、供料、取料输送装置,来减少或限制操作者涉入危险区的机会,从而降低作业人员面临危险的概率。由于各种因素制约,仍然需要手工送料通过高速旋转的刀具危险区的木工机械,除了动力和传动装置应满足安全要求外,操作者的安全性取决于规范安全操作行为和提供带防护功能的工作装置,重点是在加工操作区采取针对有效的安全技术措施。

1. 直接安全技术措施

在加工操作区,安全性主要取决于工作台和刀具的安全状况。

(1) 工作台必须能保证工件的安全进给,手推工件进给的机床应设有导向板,导向板应能保证工件进给的正确位置。工作台和导向板应有一光滑的表面,表面的平面度应满足精度要求。

(2) 刀具和刀具主轴应能承受最高许用转速的应力、切削应力和制动过程的应力作用,旋转刀具应进行静平衡或动平衡试验并标明最高许用工作转速,刀具的总成体及其在机床上的固定应确保在启动、运转和制动时不会松脱。

(3) 手动进给机床应严格限制刀片相对刀体的伸出量。在安装、调整刀具时,对可能引起转动而造成伤害的刀具主轴应进行防护。

2. 安全防护装置

安全防护装置可根据机床具体结构,采用固定式、活动式、可调或自调式、全封闭或栅栏式防护装置。控制方法有机械式、光电式、手动式等多种类型。

(1) 安全防护装置的功能必须可靠,在刀具的切削范围内,保证工件加工之前和加工之后均能有效地封闭危险区;在加工过程中,危险区由防护装置和工件来封闭。

(2) 安全防护装置应结构简单并容易控制,组成构件有足够的强度、刚度、稳定性和正确的几何尺寸和形状,应能承受意外的冲击力。

(3)安全防护装置的安装必须稳固、可靠,位置正确,不易松脱和误置。安全防护罩体表面应光滑,不得有锐边、尖角和毛刺,不应成为新的危险源。

(4)存在工件抛射风险的机床,必须设有相应的防打击安全防护装置,例如,在压刨床上和多锯片圆锯机上采用止逆器,在圆锯机上采用分料刀、防反弹安全屏护等。

(5)安全防护罩与刀具应有足够的安全距离,不妨碍机床的调整和维修,不限制机床的使用性能,不给木屑的排除造成困难、不影响工件的加工质量。

(6)感应、光电式安全防护装置应具有自检功能,并应避免受木材质地、干湿度和人手胖瘦的影响而使装置的灵敏度下降甚至误动作带来的风险。

3. 配置手用工具

提高和使用带防护功能的手用工具。例如,在手动进给木工圆锯机上采用的推捧;在木工平刨床上使用的推块;在单轴木工铣床上使用的进给夹具等。这些装置应能可靠地夹紧工件,有固定牢靠、强度足够的手握操作件(如手柄),并能使操作者的手与刀具保持一定的安全距离。

### 2.2.4 木工安全操作技术及安全管理

1. 木工一般安全操作技术与管理

使用木工机械应遵守以下几点要求。

(1)操作木工机械前的要求如下:

① 穿好工作服,戴好护发帽,穿好安全鞋,佩戴必要的劳动防护用品,如防尘口罩、护目镜、护耳器。

② 检查工作环境,地面要平坦干净,木料堆放整齐,不得放在人行通道上,工作场所照明要符合设计要求。

③ 检查刀具是否锋利,有无缺口或裂纹,锯片无尘埃附着,发现问题,及时处理。

④ 装刀具时要慢慢插入主轴中,先用手转动螺帽,再用扳手拧紧。

⑤ 向滑动部位、手摇把手的轴承、齿轮链条等转动机构注以适量的机油,检查各处螺母有无松动。

⑥ 在确认限位器位置的同时,检查其是否固定牢靠。

⑦ 检查三角皮带是否损坏,防护罩是否损坏,固定螺丝是否松动。

⑧ 检查安全装置有无异常,确认制动器能否在 10 s 内制动。

(2)操作木工机械过程中的要求如下:

① 开机后,待电锯机达到最高转速后方可进行送料。进料速度根据木料材质,有无节疤、裂纹和加工厚度进行控制,送木料要稳、慢,不可过猛,以防损坏锯条、锯片和伤人。

② 操作带锯机时,要注意锯条运转情况。如锯条前后窜动,发生异常现象或发生破碎声,应立即停机,以防锯条折断伤人。

③ 送料时,手和刀具要保持一定距离,必要时要使用推木棍。

④ 操作时不得调整导板。

⑤ 操作圆锯时送料工与接料工配合好。送料站在锯片侧面,木料夹锯时应立即停机,在锯口插入木楔扩大锯路后继续操作。

⑥ 锯片两边的碎木、树皮、木屑等杂物,应使用木棍消除,不得直接用手清除,以防

伤手。

⑦ 机械运转 30 min 左右后,切断电流,用手触摸主轴轴承是否发热,如温度过高应停机报告作业主管和维修人员。

⑧ 检查固定安全装置的螺钉、螺母有无松动。

⑨ 接料要压住木料,以防回跳伤人。

（3）木工机械操作结束后的要求如下:

① 操作完毕,要切断电源,检查主轴承和开关是否发热,若发现开关发热,可能是接触不良或接线松动,应及时报告主管采取措施。

② 用气筒或扫帚清扫机械设备、操作现场,检查螺钉、螺母是否松脱。

③ 带锯卸锯条时,一定要切断电源。待锯条停稳后进行操作,换锯条时,要将锯条拿稳,防止锯条弹出伤人,最好两人操作。

以上是通用木工机械的安全操作要求,对于具体的木工机械,应同时遵守相应的安全操作规程。

# 2.3　压力加工机械安全技术

压力加工是利用压力机和模具,使金属及其他材料在局部或整体上产生永久变形。压力加工涉及的范围包括弯曲、胀形、拉伸等成形加工,挤压、穿孔、锻造等体积成形加工,冲裁、剪切等分离加工,以及成形结合锻造和压接等组合加工等。压力加工是一种少切削或无切削的加工工艺。由于效率高、质量好、成本低,广泛应用在汽车、电子电气和航空航天等生产部门。压力机（包括剪切机）是危险性较大的机械,被称为"老虎机",发生操作者的手指被切断的数字是惊人的。压力加工的人身安全保护,是劳动安全工作比较突出的问题。

压力机按传动方式不同,可分为机械传动式、液压传动式、电磁及气动式压力机;按机身结构不同,可分为开式和闭式机身压力机;根据产生压力的方式不同,机械压力机又可分为摩擦压力机和曲柄压力机,其中以中、小吨位开式曲柄压力机的数量和品种最多,手工操作比例大,事故率高,本节将予以重点讨论。

### 2.3.1　危险因素识别与冲压事故分析

1. 压力加工危险因素

从劳动安全卫生的角度看,压力加工的危险因素主要是噪声、振动和机械危险,其中以冲压事故危险性最大。

（1）噪声危害。压力机是工业高噪声机械之一,噪声源主要是机械噪声。噪声来自传动零部件的摩擦、冲击、振动,刚性离合器接合时的撞击。工件被冲压,以及工件及边角余料撞击地面或料箱时也会产生噪声等。采取的安全保护措施有,一是传动系统加设防护罩,二是作业人员佩戴听力护具（耳塞、耳罩等）。

（2）机械振动。振动主要来自冲压工件的冲击作用。人体长时间处于振动环境中,会产生心理和生理上不适,甚至由于注意力难以集中、操作准确性下降而导致事故发生。冲击振动还会使设备连接松动、材料疲劳,使周围其他设备的精度降低。

（3）机械伤害。机械伤害包括人员与运动零件接触伤害、冲压工件的飞崩伤害等。压力机在冲压作业过程中,人员受到冲头的挤压、剪切伤害的事件称为冲压事故。冲压事故发生频率高、后果严重,是压力加工最严重的危害。

2. 冲压事故分析与对策

(1) 冲压事故的机制

压力加工的工艺过程是上模具安装在压力机滑块上并随之运动,下模具固定在工作台上,被加工材料置于下模具上,通过上模具相对于下模具做垂直往复直线运动,完成对加工材料的冲压。滑块每上下往复运动一次,实现一个全行程。当在上行程时,滑块上移离开下模,操作者可以伸手进入模口区,进行出料、清理废料、送料、定料等作业;当在下行程时,滑块向下运动实施冲压。如果在滑块下行程期间,人体任何部位处于上、下模闭合的模口区,就有可能受到夹挤、剪切,发生冲压事故。

① 正常作业。从安全角度分析冲压作业可以看到,在冲压作业正常进行的一个工作行程中,由于滑块特殊的运动形式——垂直往复直线运动,决定了冲压作业存在发生事故的危险。

危险因素:滑块的运动形式和上、下模具的相对位置变化。

危险空间:在滑块上所安装的模具(包括附属装置)对工作面在行程方向上的投影所包含的空间区域,即上、下模具之间形成的模口区。

危险时间:在滑块的下行程,上模相对于下模为接近型运动,存在危险,而在上行程滑块向上运动离开下模,使两者的距离拉远,是安全的。

人的行为:脚踏开关操纵设备,腾出手去取加工好的工件并向模口区放置原料。

危险事件:在特定时间(滑块的下行程),人体某部位仍然处于危险空间(模口区),可能发生挤压、剪切等机械伤害。

② 非正常作业。冲床设备的非正常状态,由于操纵系统、电气系统缺陷,冲模安装调整等方面存在缺陷导致发生冲压事故。例如,刚性离合器的结合键、键柄断裂,操纵器的杆件、销钉和弹簧折断,牵引电磁铁触点粘连不能释放,中间继电器粘连,行程开关失效,制动钢带断裂等故障,都会造成滑块运动失控形成连冲,引发人身伤害事故。

(2) 冲压事故的风险分析

绝大多数冲压事故是发生在手工操作的冲压正常操作过程中。统计数字表明,因送取料而发生的约占 38%;因校正加工件而发生的约占 20%;因清理边角加工余料和废料或其他异物而发生的占 14%;因多人操作不协调或模具安装调整操作不当而发生的占 21%;其他是因机械故障引起的。

从受伤部位看,多发生在手部(右手偏多),再次是头面部和脚(工件或加工余料的崩伤或砸伤),较少发生在其他部位。从后果上看,死亡事件少,而局部永久残疾率高。剪切机械的危险主要在加工部位,即剪床的切刀部位,此处一旦出现伤害事故,操作者极易致残。

(3) 冲压事故的原因分析

直接原因是物的不安全状态(机械设备、物料、场地等)、操作者的不安全行为,间接原因是安全管理缺陷。

① 设备的原因。冲床本身的缺陷,离合器、制动器故障或工作不可靠,电气控制系统失控,冲压模具的安全设计缺陷,缺少必要的安全防护或安全防护装置失效,以及附件及工具有缺陷等,均是造成事故的重要原因。

② 操作者的失误。在单人脚踏开关、手送取料的冲压作业中手脚配合不一致,多人操

作同一台冲压机械彼此配合不协调而发生事故;连续、单调重复作业产生厌倦情绪,高频率作业导致体力消耗的疲劳而发生误操作;作业不熟练或麻痹大意,没有使用安全装置和工具而冒险作业;冲压机械噪声和振动大,作业环境恶劣等不适条件,也会造成对操作者生理和心理的不良影响导致失误而引起事故。

③ 生产组织安排不当,定额过高;对设备缺乏必要的保养和维护,使安全装置损坏或不起保护作用;未按规定对职工进行必要的安全教育考核;安全生产规章制度不健全,使安全管理流于形式等。

由以上分析,冲压作业特点和环境因素等方面原因,会导致操作者的操作意识水平下降、精力不集中,引起动作不协调或误操作。大型压力机因操作人数增加,危险性则相应增大。通过技术培训和安全教育,使操作者加强安全意识和提高操作技能,对防止事故发生有积极的作用。但单方面要求操作者在作业期间一直保持高度注意力和准确协调的动作来实现安全是苛刻的,也是难以保证的。必须从安全技术措施上,在压力机的设计、制造与使用等诸环节全面加强控制,才能最大限度地减少事故,首先是防止人身事故,其次是防止设备和模具破坏。

(4) 实现冲压安全的对策及建议

① 采用手用工具送取料,避免人的手臂伸入模口危险区。

② 设计安全化模具,缩小模口危险区的范围,设置滑块小行程,使人手无法伸进模口区。

③ 提高送取料的机械化、自动化水平,代替人工送取料。

④ 在操作区采用安全防护装置,保障滑块在下行程期间,人手处于模口危险区之外。

前三项措施,特别是第三项对改善作业条件、减少冲压人身事故是有效的,但它们的局限性是只能保证正常操作的安全,而不能保证意外情况发生时,即人手伸进危险区时的安全。所以,应在操作危险区设置安全防护装置。

### 2.3.2　压力机主要技术参数与工作原理

1. 曲柄压力机组成

机械式曲柄压力机结构如图 2-5 所示。

(1) 机身。机身由床身、底座和工作台三部分组成,多为铸铁材料,大型压力机用钢板焊接而成,下模固定在工作台的垫板上。机身首先要满足刚度、强度条件,有利于减振降噪,保证压力机的工作稳定性。

(2) 动力传动系统。它由电动机、传动装置(带传动或齿轮传动)组成,其中,大带轮(或大齿轮)起飞轮作用,在压力机的空行程,靠自身的转动惯量蓄积动能;在下行程冲压工件瞬间,释放蓄积的能量使电动机负荷均衡,合理利用能量。

(3) 工作机构。曲轴、连杆和滑块组成曲柄连杆机构。曲轴是压力机最主要的部分,其强度决定压力机的冲压能力;连杆的两端分别与曲轴、滑块铰连,起连接和传递运动和力的作用;装有上模的滑块是执行元件,最终实现冲压动作。

(4) 操纵系统。操纵系统包括离合器、制动器和操纵机构(如脚踏开关)。离合器和制动器对控制压力机间歇冲压起重要作用,同时又是安全保障的关键所在。离合器的结构对某些安全装置的设置产生直接影响。

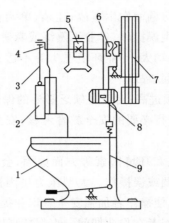

图 2-5　曲柄压力机的结构示意

1——机身；2——滑块；3——连杆；4——曲轴；5——制动器；

6——离合器；7——飞轮；8——电动机；9——操纵机构

2. 主要技术参数

(1) 公称压力 $P_g$（单位：N、kN）。公称压力即额定压力，是指滑块距离下止点前某一特定距离（即公称压力行程 $S_g$）或曲柄旋转到离下止点前某一特定角度（即公称压力角 $\alpha_g$）时，滑块所允许承受的最大作用力。

(2) 滑块行程 $S$（单位：mm）。滑块行程是从上死点到下死点的直线距离。

(3) 滑块单位时间的行程次数 $n$。滑块每分钟从上死点到下死点再回到上死点的往返次数即滑块单位时间的行程次数。压力机的行程次数应根据生产率要求确定，同时手工操作时必须考虑操作者的操作频率不能超过承受能力，以免造成疲劳作业。

(4) 装模高度 $H$（单位：mm）。滑块在下死点时，滑块底平面到工作垫板上表面的距离即装模高度。当滑块调节到上极限位置时，装模高度达到最大值，称为最大装模高度。

封闭高度是指滑块在下死点时，滑块底平面到工作台上表面的距离。垫板厚度是封闭高度与装模高度之差。

其他参数还有工作台板和滑块底面尺寸、喉深以及立柱间距等。装设安全装置时要考虑这些参数。

3. 曲柄压力机的工作原理

图 2-6 为结点正置的脚踏控制的曲柄压力机工作原理。

电动机输入的动力通过带传动系统传到曲柄连杆机构上，通过曲轴旋转运动，带动连杆上下摆动，将曲轴的旋转运动转化为滑块沿着固定在机身上的导轨的往复直线运动。

在电动机电源不被切断的情况下，滑块的动与停是通过操纵脚踏开关控制离合器和制动器实现的。踩脚踏开关，制动器松闸，离合器结合，将传动系统与曲柄连杆机构连通，动力输入，滑块运动；当需要滑块停止运动时，松开脚踏开关，离合器分离，将传动系统与曲柄连杆机构脱开，同时运动惯性被制动器有效地制动，使滑块运动及时停止。

滑块有两个极端位置，当曲柄与连杆运行展成一条直线，滑块达到下极限位置（$\alpha = 180°$），称为下死点；当曲柄与连杆运行到重合并成一条直线，滑块达到上极限位置（$\alpha = 0°$），称为上死点，在这两个位置滑块的运动速度为零，加速度最大，滑块从上死点到下死点的直

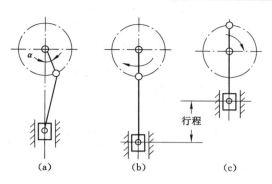

图 2-6　曲柄压力机的工作原理

(a) 工作位置；(b) 下死点；(c) 上死点

线距离称为滑块的行程。当 $\alpha=90°$、$\alpha=270°$ 时，滑块速度最大，加速度最小。当曲柄与铅垂线的夹角达到某一值时，实施对工件冲压，在冲压瞬间，工件变形力通过滑块和连杆作用在曲轴上。然后滑块到达最低位置下止点，继而上行程，开始下一个工作循环。

4. 曲柄滑块机构的安全

曲轴是压力机的主要受力构件，曲轴若破坏，不仅影响生产，而且可能引发事故。曲轴受力情况复杂，根据曲轴受力变形分析和实际测定验证，曲轴的危险截面在曲柄颈的中部 $C—C$ 截面和支撑颈的根部 $B—B$ 截面（见图 2-7），受弯矩和扭矩联合作用，扭矩是曲柄转角 $\alpha$ 的函数，弯矩与曲柄转角 $\alpha$ 无关。曲柄颈截面受弯矩作用远大于扭矩，可忽略扭矩影响；支撑颈截面受扭矩作用远大于弯矩，可忽略弯矩影响。曲轴必须同时满足曲柄颈和支撑颈曲轴强度要求。压力机允许承受的冲压力（工件变形力），是受曲轴强度即曲柄颈弯曲强度和支撑颈的扭转强度所限制的。

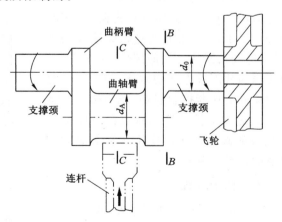

图 2-7　曲柄结构简图

(1) 压力机安全负荷图。图 2-8 表示压力机允许承受的冲压力与曲轴转角的关系。可见，当转角小于某一范围时，冲压力由曲轴的曲柄颈强度决定，为一常量，其强度线是一条直线；当转角大于某一范围，由曲轴支撑颈强度所限制，是曲柄转角 $\alpha$ 的函数，为一条曲线。压力机工作的安全区，是指由曲轴支撑颈强度曲线、曲柄颈强度曲线与两坐标轴围成的区域。使用压力机时，应严格控制压力机所承受的压力和工作角度不得超越安全区。即使进行同一材料同一工艺的工件加工,在 $\alpha_1$ 转角下安全,在 $\alpha_2$ 转角下则不安全。

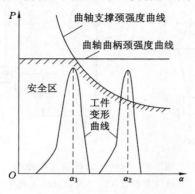

图 2-8  压力机安全负荷图

压力机的公称压力 $P_g$ 是限定在一个特定的工作角度即公称压力角 $\alpha_g$(也称额定压力角)范围内,保证压力机实际承受的工件变形力落在安全区内。国产压力机的公称压力角一般是:小型压力机 $\alpha_g = 30°$,中、大型压力机 $\alpha_g = 20°$。为使用方便,常将公称压力角 $\alpha_g$ 换为公称压力行程 $S_g$。国产开式压力机 $S_g = 3 \sim 16$ mm,闭式压力机 $S_g = 13$ mm。

(2) 过载保护装置。压力机工作过程中可能发生过载,原因可能为:材料、模具、设备、操作等出现问题;滑块和上模的自重导致下降速度过快,对零件产生撞击;制动器失灵、连杆折断,导致滑块坠落而引发事故。为此,需在压力机上采用一些保护性技术措施,常见的有压塌式、液压式和电子检测式过载保护措施。

例如,压塌式过载保护是根据破坏式保护原理,机械压力机在曲柄连杆机构传动链中,人为制造一个机械薄弱环节——压塌块,当发生超载时,这个薄弱环节首先破坏,切断传动线路,从而保护主要受力件——曲轴免受超载造成的破坏。压塌块一般装在滑块球铰与滑块之间的部位(见图 2-9),当压力机过载时,压塌块薄弱截面首先剪切破坏,使连杆相对于滑块滑动一段距离,触动开关切断控制线路,压力机停止运转,保障设备安全。压塌式过载保护装置的缺点是不能准确地限制过载力,因为压塌块的破坏不仅由作用在它上面的外力决定,同时还与压塌块的材料疲劳有关。

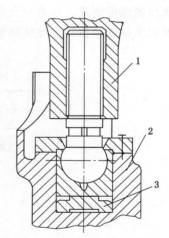

图 2-9  过载保护装置
1——连杆;2——滑块;3——压塌块

### 2.3.3  压力机作业区的安全防护装置

防止冲压事故不能仅仅从操作者方面去要求,必须在压力机作业区采用安全防护装置,从设备的安全性上消除冲压事故。安全问题的关键是解决在冲压作业过程中,无论是在压力机处于正常运转状态,还是由于各种原因使压力机处于非正常状态,或者是人员的误操作情况,只要滑块向下运行,人体的任何部位都不应在危险区的问题。压力机的作业危险区的安全防护装置应该具备以下安全功能:

(1) 在滑块的下行程,操作者身体的任何部位都不可能进入危险区界线之内。

（2）在滑块的下行程，当操作者身体部位进入危险区界限之内的一定范围时，滑块立即被制动或超过下死点。

（3）在滑块的下行程，将操作者的身体部位排除于危险区之外。

（4）当操作者身体部位停留于危险区界线之内时，滑块不能启动。

符合其中任何一项功能的装置，均可作为压力机的安全防护装置。安全装置分为安全保护装置与安全保护控制装置两类。安全保护装置包括活动栅栏式、固定栅栏式、推手式、拉手式、翻板式等。安全保护控制装置包括双手操作式、非接触即光电感应控制式等。每台压力机一般都应配置一种或一种以上的安全装置。

1. 栅栏式安全装置

通过设置栅栏（或透明隔板）实体障碍，将人与危险区隔离，确保人体任何部位无法进入危险区，可以保护一切有可能进入危险区的人员。栅栏式安全装置分为固定栅栏式和活动栅栏式两种。

（1）栅栏式安全装置的一般安全技术要求如下：

① 安全距离和开口尺寸。保证安全的关键尺寸是栅栏间距、料口的开口度和安全装置与危险线的安全距离。须考虑的因素是，人体测量参数和危险区的可进入性。最小安全距离应考虑在压力机工作期间，栅栏不与压力机的任何活动部件接触，不妨碍物料加工。最小安全距离与栅栏间隙和送料口的最大安全尺寸，应考虑保证人的手和手臂通过料口和栅栏间隙伸入时，不能受到伤害，第一典型位置是考虑人的手指，第二典型位置是考虑人的手掌、手臂的尺寸和可能伸进的距离（见图 2-10）。

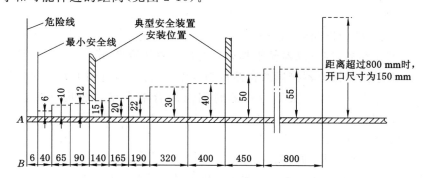

图 2-10 栅栏式安全装置的安装位置

② 原则上不仅在作业区前面，而且在作业区两侧及背面也应安装栅栏，栅栏高度应是整个危险空间的高度，防止从上、下、侧、背面进入危险区。

③ 栅栏设置可靠，栅栏的非活动部分可用焊接永久固定，或螺栓紧固，不使用专门工具不能拆除。

（2）固定栅栏式。固定栅栏作为一道屏障固定安装在机身上，将人体隔离在危险之外。在滑块运行的全行程期间，栅栏都处于封闭状态，适用于机械化送取料的压力机。

（3）活动栅栏式。活动栅栏式适于手工送取料的压力机。在栅栏前面设一个活动体（门），通过机械方法（如铰链、滑道）与压力机的机架或邻近的固定元件连接，关闭活动体的动力可以来自压力机的滑块或连杆。活动体的状态应与离合器的动作联锁，使滑块在下行程期间，活动体关闭并不能随意打开，与栅栏形成一体来实施保护；在滑块回程期间，可打开活动体以方便操作。活动体未关闭好,滑块不能运动;滑块在运动状态,活动体打不开。联锁装置须采取有效的保护措施,防止人体或坯料等物与之接触而发生误动作。

2. 双手操作式安全装置

该装置的工作原理是,将滑块的下行程运动与对双手的限制联系起来,强制操作者必须双手同时推按操纵器,滑块才向下运动。此间如果操作者仅有一只手离开,或双手都离开操纵器,在手伸入危险区之前,滑块停止下行程或超过下死点,使双手没有机会进入危险区,从而避免受到伤害。双手操作式安全装置应符合以下安全技术要求:

(1)双手操作的原则。双手必须同时操作,离合器才能结合。只要一只手瞬时离开操纵器,滑块就会停止下行程或超过下死点。

(2)重新启动的原则。装置必须有措施保证,在滑块下行程期间中断控制又需要恢复时,或单行程操作在滑块达到上死点需再次开始下一次行程时,只有双手全部松开操纵器,然后重新用双手再次启动,滑块才能动作。在单次操作规范中,当完成一次操作循环后,即使双手继续按压着操作按钮,工作部件也不会再继续运行。

(3)最小安全距离的原则。安全距离是指操纵器的按钮或手柄中心到达压力机危险线的最短直线距离。安全距离应根据压力机离合器的性能来确定。

① 对于滑块不能在任意位置停止的压力机(如刚性离合器),最小安全距离应大于手的伸进速度与双手离开操纵器到滑块运行至下死点时间的乘积,计算公式是:

$$D_s \geqslant 1.6 T_s$$
$$T_s = \left(\frac{1}{2} + \frac{1}{N}\right) T_n \qquad (2\text{-}3)$$

式中　1.6——人手的伸进速度,m/s;

　　　$D_s$——安全距离,即操纵器至模具刃口的最短直线距离,m;

　　　$T_s$——双手按压操纵器接通离合器控制线路,到滑块运行到下死点的时间,s,应考虑最长时间,即滑块下行程的时间与离合器在结合槽间所需要的转动时间之和;

　　　$N$——离合器的结合槽数;

　　　$T_n$——曲轴回转一周的时间,s。

　　　$T_s$和安全距离 $D_s$ 可以通过对具体压力机的计算直接获取。

② 对于滑块可以在任何位置停止的压力机(如摩擦式离合器),计算公式是:

$$D_s \geqslant 1.6 T'_s \qquad (2\text{-}4)$$

式中　$T'_s$——双手离开操纵器断开压力机离合器的控制线路到滑块完全停止的时间,s;要考虑滑块的惯性,取最长时间;$T_s$值对不同的压力机应在曲轴转到 90° 左右处进行实测来获取。

(4)操纵器的装配距离要求。装配距离,是指两个操纵器(按钮或操纵手柄的手握部位)内边距离。最小内边距离大于 250 mm,最大内边距离小于 600 mm。

(5)防止意外触动的措施。按钮不得凸出台面;手柄也应采取措施,防止被意外触动、刮碰引起压力机误动作。

需要说明的是,双手操作式安全装置只能保护使用该装置的操作者,不能保护其他人员的安全。当需要多人同时操作一台压力机时,应为每一个操作者都配备双手操纵器。

3. 机械式安全装置

通过机械方式，借助各种形式的器具，将人体部位（主要是手）从作业危险区移开，从而达到保护的目的。安全装置的动力来自压力机的滑块，可实现滑块的危险行程与机械式安全装置的保护作用同步，不影响生产率是本类装置的显著特点。常见的类型有拨手式、拉手式等。

（1）拨手式安全装置。它由压杆、拨手杆、拨手器、滑块、压轮和复位弹簧组成，见图 2-11。压杆和拨手杆与滑块的滑道固定铰接，复位弹簧连接压杆的一端。滑块在下行程时，压轮向下滚压压杆，带动拨手杆从左至右扫过危险区，安装在拨手杆端的拨手器把操作者的手推开，同时将复位弹簧拉长；当滑块回程运动时，压轮随滑块向上运动，解除对压杆的压力，在复位弹簧拉力作用下，拨手杆绕铰接点向左恢复到原始位置，在此期间操作者可以伸手进入模口区操作。该装置应符合以下安全技术要求：

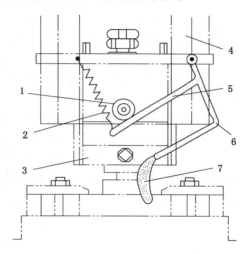

图 2-11　拨手式安全装置

1——压轮；2——复位弹簧；3——滑块；4——滑道；
5——压杆；6——拨手杆；7——拨手器

① 可靠的保护范围。其由拨手杆的摆动范围来保证。拨手杆左右摆动的幅度应超过模具的宽度，拨手杆的长度、摆动幅度应可调，以适应不同加工需要。

② 不能造成新的伤害。拨手器与手接触一侧应采用软材料（如橡胶、软塑料等），防止把人手击伤。

拨手式安全装置的缺点是杆的摆动会对操作者视线造成干扰，拨手器与手接触会带来不适。但在正常情况下，一般人的操作速度快于拨杆的摆动速度，拨手器与手接触的情况很少发生。

（2）拉手式安全装置。该装置以滑块或连杆为动力源，在滑块的下行程，借助杠杆和绳索的联合作用，将操作者的手从危险区拉出来。其基本组成有杠杆系统、滑块、钢丝绳拉索和手腕带，见图 2-12。按拉索的拉出方向可分为侧拉式和背拉式两种。

其工作原理是：在滑块下行程时，滑块带动杠杆，借助拉索强制拉出套在手腕带里的手；滑块上行程时，拉索松弛，手又可以进出模口区自由操作。开始有些不习惯，待操作熟练后，

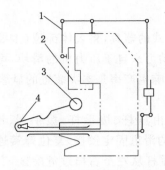

图 2-12　拉手式安全装置

1——杠杆系统；2——滑块；3——手腕带；4——钢丝绳拉索

只要操作动作快于拉索的牵拉，很少有被牵拉的感觉。只有当手动作慢于拉索牵引时，才会偶感被动。该装置结构简单、实用，不干扰操作者视线，不影响生产率，在国外的小型压力机上普遍使用。缺点是由于拉索的约束，人的行动特别是手部的活动范围受到限制。拉手式安全装置的安全技术要求是：

① 装置性能可靠，拉索有足够强度不被拉断，各部件之间的连接和与机架的固定要牢固可靠，杠杆和滑轮动作灵活，滑轮和各铰接处不得卡塞。

② 手腕带应舒适、柔软、形状适宜，方便穿戴和摘除。在拉索受力过紧时，手腕带不能把手拉伤，不得从手腕上拉脱。手腕带本身及与拉索连接处应能承受足够的拉力不被破坏。

③ 拉索应能调节，松弛量应在滑块到达上止点时，扣上手腕带的手能摸到头和小腿，保证手的活动范围；滑块下行时，应能切实把操作者的手拉出危险区。

原则上操作者双手都应采用。在多人操作的压力机上，每人应配备单独的一套拉手式安全装置。

4. 检测式安全装置

检测式安全装置是一种安全性好、灵敏度高的压力机安全装置，有光线式和人体感应式两种。其工作原理是通过制造一个保护幕（光幕或感应幕）将压力机的危险区包围，或设在通往危险区的必经之路上。当人体的某个部位进入危险区（或接近危险区）时，必将破坏保护幕的完整性，受阻信号立刻被装置检测出来，经过放大处理，切断压力机的控制线路，使滑块停止运动或不能启动，从而避免人身伤害事故。感应式安全装置由于对环境的适应性稍差，较少使用。光线式安全装置由于动作灵敏，结构简单，容易调整维修，特别是对操作者无视觉干扰，不影响生产率，因而得到广泛应用。

光线式安全装置（见图 2-13）通过在压力机上设置投光器和接收器，在二者之间形成光幕将危险区包围。当人体的任一部分遮断光线时，装置检测出这一状态，并输出信号使滑块不能启动或停止运行。光源一般采用红外光线或周期性的点射光。该装置必须有可靠的技术措施实现以下功能：

（1）保护范围。由保护长度和保护高度构成的矩形保护幕将危险区包围，光幕不得采用三角形和梯形。投光器与受光器组成的光轴间距应根据光幕与模口区危险线的安全距

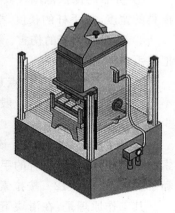

图 2-13　光线式安全装置

离、人体测量参数、危险区的可进入性，充分考虑保证人的手和手臂通过光轴间距伸入时，不能受到伤害。

（2）自保功能。在保护幕被破坏、滑块停止运动后，即使人体撤出、保护幕恢复完整，滑块也不能立即恢复运行，必须按动"恢复"按钮，滑块才能再次启动。

（3）不保护区功能。滑块回程时间，装置不起作用，在此期间即使保护幕被破坏，滑块也不停止运行，以利操作者的手出入模口区操作。

（4）自检功能。当安全装置自身出现任何故障时，应能立即发出信号，使滑块处于停止状态，并在故障排除以前不能再启动。

（5）响应时间与安全距离。响应时间是指从保护幕被破坏到安全装置的输出接点断开压力机控制线路的时间。这是标志装置安全性能的主要指标之一，响应时间不得超过 0.02 s。

（6）安全距离。安全距离是指保护幕到模口危险区的最短距离。压力机离合器的结构形式不同，安全距离的计算公式也不同。

对于不能使滑块在任意位置停止的压力机，公式同式（2-3）。

对于滑块可在任意位置停止的压力机，公式为：

$$D_s = 1.6(T_1 + T_2) \tag{2-5}$$

式中　$T_1$——安全装置的响应时间（一般按允许最长时间 0.02 s 考虑），s；

　　　$T_2$——从压力机控制线路切断至滑块完全停止的时间，s。

对于摩擦式离合器，时间因素则要考虑装置的响应时间及对压力机性能影响两个方面。装置的响应时间 $T_1$ 是给定的技术参数，$T_2$ 则应在曲轴转到 90°附近实际测定。

（7）抗干扰性。应考虑安全装置对周围环境的适应范围（包括海拔高度、环境温度、空气相对湿度以及光照等），若超出范围，装置的灵敏性、可靠性都无法保证，反而是不安全的。光线式安全装置应具有抗光线干扰的可靠性，在小于 100 W 的照明条件下，装置应能正常可靠地工作。

检测式安全装置属于电子产品，精密度较高，它的生产必须有主管部门的监督，并经国家指定的技术检验部门按有关的安全标准鉴定，取得许可证后，才能生产。

5. 手用工具

冲压事故率最高的时段发生在送取料阶段。而我国目前相当大数量的冲压机械仍然靠手工送取料，一个廉价简便的方法就是利用手用工具。手用工具是指在压力机主机以外，为用户安全操作提供的手用操作工具。常用的有手用钳、钩、镊、夹、各式吸盘（电磁、真空、永磁）及工艺专用工具等，是安全操作的辅助手段。手用工具的设计和选用要注意以下几点：

（1）符合安全人机工程学要求。手柄形状要适于操作者的手把持，并能阻止在用力时手向前握或前移到不安全位置，避免因使用不当而受到伤害。

（2）结构简单，方便使用。手用工具的工作部位应与所夹持坯料的形状相适应，以利于夹持可靠、迅速取送、准确入模。

（3）不损伤模具。手用工具应尽量采用软质材料制作，以防意外情况下，工具未及时退出模口，当模具闭合时造成压力机过载。

（4）符合手持电动工具的安全要求。

需要强调指出的是，在正常操作时，坚持正确地使用手用工具对降低冲压事故确实能起到一定作用,但是手用工具本身并不具备安全装置的基本功能,因而不是安全装置。它只能代替人手伸进危险区,不能防止操作者不使用或使用不正确时手意外伸进危险区。采用手用工具还必须同时使用安全装置。

### 2.3.4 压力加工安全操作技术及安全管理

防止冲压事故是一个复杂、综合性的工作,应从多方面、多层次给予重视。压力机本质安全和采用安全装置是压力作业安全的基础和前提,使用与管理是安全的保证,包括制定严格的安全操作规程、创造良好的环境和舒适的工作条件,采用辅助安全措施等。否则压力机及其安全装置再好,若得不到正确的使用和维护,甚至遭到人为损坏或拆除,事故仍可能发生。

**1. 良好的工作环境和操作位置**

冲压作业单调、重复,容易引起操作者疲劳;噪声和振动使操作意识下降,这也是导致事故的重要原因之一。如果操作者的姿势不正确,会加速疲劳,增加危险性,所以操作位置和姿势,以及周围环境诸因素都应给予充分注意。

(1)操作位置和姿势应符合安全人机学的要求。尽量为操作者提供舒适安全的作业条件,以便更有效地发挥人的作用,提高生产率。国外的一些做法可供借鉴,如日本规定了冲压作业的标准操作尺寸,图 2-14 就是其中一例。不仅在压力机的尺寸设计上考虑了人体参数,而且还设置了肘托板、高度可调的椅子和脚踏板,增加操作的舒适性。

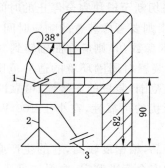

图 2-14 冲压作业的标准操作尺寸
1——肘托板;2——座椅;3——脚踏板

(2)提供良好的生理和心理工作环境。工作环境的温度、通风、照明、噪声和振动等均应符合劳动卫生要求。如果达不到要求,应采用措施加以改造。

(3)配备劳动保护用品。在环境治理改造前或改造期间,应配备必要的劳动保护用品,例如耳塞(耳罩)、操作手套等,以加强对人员的保护。

**2. 压力机安全操作注意事项**

根据压力机不同机器种类和加工要求,制定有针对性、切实可行的安全操作规程,并进行必要的岗位培训和安全教育。使用单位和操作者必须严格遵守设计制造单位提供的安全使用说明的规定和操作规程,正确地使用、检修。压力机一般安全操作要求如下:

(1)开动设备前,要检查压力机的操纵部分、离合器和制动器是否处于有效状态,安全防护装置是否完整好用,曲柄滑块机构各部有无异常。发现异常应立即采取必要措施,不得带病运转,严禁拆卸和损坏安全装置。

（2）正式作业前须经空转试车，确认各部分正常后方可工作。开机前应清理工作台上一切不必要的物品，防止开车震落击伤人或撞击开关引起滑块突然启动。

（3）操作必须使用工具，严禁用手直接伸进模口取物，手用工具不得放在模具上。

（4）在模口区调整工件位置或揭取卡在模内的工件时，脚必须离开脚踏板。

（5）多人操作同一台压力机应有统一指挥，信号清晰，待对方做出明确应答，并确认离开危险区再动作。

（6）突然停电或操作完毕应关闭电源，并将操纵器恢复到离合器空挡，制动器处在制动状态。

（7）对压力机进行检修、调整以及在安装、调整、拆卸模具时，应在机床断开能源（如电、气、液）、机床停止运转的情况下进行，并在滑块下加放垫块可靠支护。机床启动开关处挂牌通告警示。

3. 压力机的安全管理

压力机的安全管理包括如下内容：

（1）企业的安全技术部门和设备主管部门必须参加压力机（包括剪切机）安装、大修后试运转的验收工作，以及在用设备的安全定期检验工作，验收合格后方可使用。

（2）对每台设备建立完整的设备档案。档案应包括：制造厂名称、安装单位及检修情况、改造中所提供的质量证明文件和技术资料，使用中发生设备、人身事故等情况。

（3）建立交接班制度、岗位责任制度、维护保养制度、定期检验与检修制度、事故登记与报告制度等，并严格执行。

（4）操作者必须年满 18 周岁并经过企业部门的专门培训，熟悉设备性能和维护保养知识，经安全考试合格后方可凭证上岗操作。

（5）对于陈旧或失效、发现异常、缺乏安全防护装置的压力机，经技术改造仍达不到安全标准要求的，由主管部门及安全技术部门认真鉴定后，禁止使用。确认无改造价值的应报废，严禁转卖。

压力机的安全在技术上已经得到较深入的研究，只要坚持使用安全压力机，并实施对压力机从设计到使用各个环节的安全监管，对使用者的安全培训，冲压事故能够得到有效控制。但值得注意的是，由于近些年经济发展开放，大量的中、小企业参与生产制造中、小吨位压力机，又得不到有效的监督，致使不合格和缺乏安全装置的压力机流入市场，其中多数流向以缺乏必要培训的农民职工为生产主力的中、小乡镇企业。使本已经得到控制的冲压事故又出现新一轮高峰，压力作业安全还有一段路要走。压力作业关键是使用安全压力机，所以必须从压力机的设计、制造源头控制，特别是制造环节。

# 本章小结

本章主要介绍了常见危险机械——磨削机械、木工机械、压力加工机械的安全技术，对磨削机械、木工机械、压力加工机械的加工危险因素进行了识别，讲授了作业区的安全保护措施和装置、作业管理及安全操作技术。通过对这些内容的学习，使学生能够完成对常见危险机械的实际使用场所制定出相应的安全作业管理要求及安全操作技术要求。

## 复习思考题

1. 危险机械主要包括哪些机械?
2. 磨削加工的特点是什么?
3. 磨削加工的危险因素是什么? 砂轮机的安全技术要求有哪些?
4. 木工事故特点是什么?
5. 木材加工的危险因素有哪些?
6. 木工机械加工操作区安全保护措施有哪些?
7. 压力加工的特点是什么?
8. 压力加工的危险因素是什么?
9. 压力机作业区的安全保护装置有哪些? 它们的作用分别是什么?

# 第 3 章　起重机械安全技术

**本章学习目的及要求**

1. 掌握起重作业危险因素识别及起重事故分析。
2. 掌握起重机械的类型、性能参数、组成结构及其特点。
3. 掌握起重机械安全防护装置的结构,熟知安全防护装置的作用。
4. 掌握起重机械重要零部件的报废标准。
5. 掌握起重机械安全操作技术与安全管理。

起重机械是用来对物料进行起重、运输、装卸或安装等作业的机械设备,广泛应用于国民经济各部门,起着减轻体力劳动、节省人力、提高劳动生产率和促进生产过程机械化的作用。

起重机械是指用于垂直升降或者垂直升降并水平移动重物的机电设备,其范围为:

① 额定起重量大于或者等于 0.5 t 的升降机;

② 额定起重量大于或者等于 1 t,且提升高度大于或者等于 2 m 的起重机和承重形式固定的电动葫芦等。

## 3.1　起重作业危险因素识别及起重事故分析

### 3.1.1　起重作业危险因素识别

起重作业属于特种作业,起重机械属于危险的特种设备。

从安全角度看,与一人一机在较小范围内的固定作业方式不同,起重机械的功能是将重物提升到空间进行装卸吊运。为满足作业需要,起重机械具有特殊的机构和结构形式,使起重机和起重作业方式本身存在着诸多危险因素。

(1) 吊物具有很高的势能。被搬运的物料个大、体重(一般物料为十几或几十立方米,均达数吨重)、种类繁多、形态各异(包括成件、散料、液体、固液混合等物料),起重搬运过程是重物在高空中的悬吊运动。

(2) 起重作业是多种运动的组合。四大机构组成多维运动,体形高大金属结构的整体移动,大量结构复杂、形状不一、运动各异、速度多变的可动零部件,形成了起重机械的危险点多且分散的特点,增加了安全防护的难度。

(3) 作业范围大。起重机横跨车间或作业场地,在其他设备、设施和施工人群的上方,起重机带载后可以部分或整体在较大范围内移动运行,使危险的影响范围加大。

(4) 多人配合的群体作业。起重作业的程序是地面司索工捆绑吊物、挂钩;起重司机操纵起重机将物料吊起,按地面指挥,通过空间运行将吊物运到指定位置摘钩、卸料。每一次吊运循环,都必须由多人合作完成,无论哪个环节出问题,都可能发生意外。

(5) 作业条件复杂多变。在车间内,地面设备多,人员集中;在室外,受气候、气象条件和场地的影响,特别是流动式起重机还受到地形和周围环境等诸多因素的影响。

总之,重物在空间的吊运、起重机的多机构组合运动、庞大金属结构整机移动,以及大范围、多环节的群体运作,使起重作业的安全问题尤显突出。

### 3.1.2 起重伤害事故的特点及分类

**1. 起重伤害事故的特点**

(1) 事故大型化、群体化。一起事故有时涉及多人,并可能伴随大面积设备设施的损坏。

(2) 事故类型集中。一台设备发生多起不同性质的事故是不常见的。

(3) 事故后果严重。只要是伤及人,往往是恶性事故,一般不是重伤就是死亡。

(4) 伤害涉及的人员可能是司机、司索工和作业范围内的其他人员,其中司索工被伤害的比例最高。文化素质低的人群是事故高发人群。

(5) 在安装、维修和正常起重作业中都可能发生事故。其中,起重作业中发生的事故最多。

(6) 事故高发行业中,建筑、冶金、机械制造和交通运输等部门较多,与这些部门起重设备数量多、使用频率高、作业条件复杂有关。

(7) 起重伤害事故类别与机种有关。重物坠落是各种起重机共同的易发事故,此外还有桥架式起重机的夹挤事故,汽车起重机的倾翻事故,塔式起重机的倒塌折臂事故,室外轨道起重机在风载作用下的脱轨翻倒事故以及大型起重机的安装倒塌事故等。

**2. 起重伤害事故统计分类**

全国每年起重事故死亡人数占事故总死亡人数的比例很大。在工业城市起重事故死亡人数占全产业死亡人数的 7%～15%。起重事故与产业部门、机械类型也有一定关系。据统计,起重事故多发生在机械制造、冶金、交通运输、建筑等部门,这主要是因为这些部门拥有的起重设备数量最多,起重设备工作时间长,环境复杂。

从全国的生产情况分析,桥式起重机和流动式起重机使用数量最多,分布行业最广,工作量也最大,因此事故比例也比较高。其中桥式起重机台数占全部起重机总台数的 52%,事故发生率为 22%;汽车式起重机台数占起重机总台数的 21%,事故发生率为 35%;履带式起重机台数占起重机总台数的 6%,事故发生率为 14%。表 3-1 所列为我国原劳动人事部对全国各行业厂矿企业的 200 例起重事故的统计结果,其中桥式起重机事故占 67%;汽车式起重机和塔式起重机事故各占 10.5%。根据行业分析,机械行业最多,占 41%;冶金行业占 33%;建筑行业占 18%。

**表 3-1**　　　　　　　　　　　　　**200 例起重事故分类表**

| 行业<br>起重机类型 | 机械 | 冶金 | 建筑 | 交通 | 铁路 | 矿山 | 石油化工 | 电力 | 合计 | 百分比/% |
|---|---|---|---|---|---|---|---|---|---|---|
| 桥式 | 74 | 58 | | 2 | | | | | 134 | 67 |
| 门式 | | 4 | | | 3 | | | | 7 | 3.5 |

| 行业<br>起重机类型 | 机械 | 冶金 | 建筑 | 交通 | 铁路 | 矿山 | 石油化工 | 电力 | 合计 | 百分比/% |
|---|---|---|---|---|---|---|---|---|---|---|
| 门座式 | | 1 | | 2 | | | | | 3 | 1.5 |
| 塔式 | | | 21 | | | | | | 21 | 10.5 |
| 汽车式 | 7 | 1 | 7 | 2 | | 1 | 2 | 1 | 21 | 10.5 |
| 轮胎式 | | | 4 | | | | | | 5 | 2.5 |
| 履带式 | | 1 | 4 | | 1 | | | | 6 | 3.0 |
| 铁路专用 | 1 | 1 | | | 1 | | | | 3 | 1.5 |
| 合计 | 82 | 66 | 36 | 7 | 5 | 1 | 2 | 1 | 200 | |
| 百分比/% | 41 | 33 | 18 | 3.5 | 2.5 | 0.5 | 1 | 0.5 | | 100 |

### 3.1.3　起重伤害事故原因分析

**1. 起重机的不安全状态**

首先是设计不规范带来的风险;其次是制造缺陷,诸如选材不当、加工质量问题、安装缺陷等,使带有隐患的设备投入使用。大量的问题存在于使用环节,例如,不及时更换报废零件、缺乏必要的安全防护,保养不良带病运转,以至造成运动失控、零件或结构破坏等。总之,设计、制造、安装、使用、维护等任何环节的安全隐患都可能带来严重后果。起重机的安全状态是保证起重安全的重要前提和物质基础。

**2. 人的不安全行为**

人的行为受到生理、心理和综合素质等多种因素的影响,其表现是多种多样的。操作技能不熟练,缺少必要的安全教育和培训;非司机操作,无证上岗;违章违纪蛮干,不良操作习惯;判断操作失误,指挥信号不明确,起重司机和起重工配合不协调等。总之,安全意识差和安全技能低下是引发事故的人为原因。

**3. 环境因素**

环境因素有:超过安全极限或卫生标准的不良环境。室外起重机受到气候条件的影响,直接影响人的操作意识水平,使失误机会增多,身体健康受到损伤。另外,不良环境还会造成起重机系统功能降低甚至加速零件、部件、构件的失效,造成安全隐患。

**4. 安全卫生管理缺陷**

安全卫生管理包括领导的安全意识水平;对起重设备的管理和检查;对人员的安全教育和培训;安全操作规章制度的建立等。安全卫生管理上的任何疏忽和不到位,都会给起重安全埋下隐患。

起重机的不安全状态和操作人员的不安全行为是事故的直接原因,环境因素和管理是事故发生的间接条件。事故的发生往往是多种因素综合作用的结果,只有加强对相关人员、起重机、环境及安全制度整个系统的综合管理,才能从本质上解决起重机的安全问题。

## 3.2 起重机械基本知识

### 3.2.1 起重机械分类

起重机械的类型可以按照以下原则进行划分：

（1）按构造分为：桥架型起重机、缆索型起重机、臂架型起重机。

（2）按取物装置和用途分为：吊钩起重机、抓斗起重机、电磁起重机、冶金起重机、堆垛起重机、集装箱起重机、安装起重机和救援起重机。

（3）按运移方式分为：固定式起重机、运行式起重机、自行式起重机、拖引式起重机、爬升式起重机、便携式起重机、随车起重机及辐射式起重机等。

（4）按工作机构驱动方式分为：手动起重机、电动起重机、液压起重机、内燃起重机和蒸汽起重机等。

起重机械的一些类型见表 3-2。

表 3-2　　　　　　　　　　　　起重机械的类型

| 轻小型起重机 | 桥架型起重机 | 臂架型起重机 | 堆垛型起重机 |
|---|---|---|---|
| 千斤顶 | 梁式起重机 | 固定回转起重机 | 桥式堆垛起重机 |
| 手扳葫芦 | 通用桥式起重机 | 门座起重机 | 巷道堆垛起重机 |
| 手拉葫芦 | 门式起重机 | 塔式起重机 | 双立柱堆垛起重机 |
| 电动葫芦 | 装卸桥 | 汽车式起重机 | 单立柱堆垛起重机 |
| 单轨起重机 | 冶金桥式起重机 | 轮胎起重机 | |
| | 缆索起重机 | 履带起重机 | |
| | | 铁路起重机 | |
| | | 浮式起重机 | |

### 3.2.2 起重机械主要技术参数

起重机的主要参数是表征起重机主要技术性能指标的参数，是起重机设计的依据，也是起重机安全技术要求的重要依据。

1. 起重量 $G$

起重量指被起升重物的质量，单位为 kg 或 t。它可分为额定起重量、最大起重量、总起重量、有效起重量等。

（1）额定起重量 $G_n$。额定起重量为起重机能吊起的物料连同可分吊具或属具（如抓斗、电磁吸盘、平衡梁等）质量的总和。

（2）总起重量 $G_z$。总起重量为起重机能吊起的物料连同可分吊具和长期固定在起重机上的吊具和属具（包括吊钩、滑轮组、起重钢丝绳以及在起重小车以下的其他起吊物）的质量总和。

（3）有效起重量 $G_p$。有效起重量为起重机能吊起的物料的净质量。

该参数需要作如下说明：

① 起重机标牌上标定的起重量,通常都是指起重机的额定起重量,应醒目标在起重机结构的明显位置上。

② 对于臂架类型起重机,其额定起重量是随幅度变化的,其起重特性指标是用起重力矩来表征的。标牌上标定的值是最大起重量。

③ 带可分吊具(如抓斗、电磁吸盘、平衡梁等)的起重机,其吊具和物料质量的总和是额定起重量,允许起升物料的质量是有效起重量。

2. 起升高度 $H$

起升高度是指起重机运行轨道顶面(或地面)到取物装置上极限位置的垂直距离,单位为 m。通常用吊钩时,计算到吊钩钩环中心;用抓斗及其他容器时,计算到容器底部。

(1)下降深度 $h$。当取物装置可以放到地面或轨道顶面以下时,其下放距离称为下降深度,即吊具最低工作位置与起重机水平支承面之间的垂直距离。

(2)起升范围 $D$。起升范围为起升高度 $H$ 和下降深度 $h$ 之和,即吊具最高和最低工作位置之间的垂直距离(即 $D=H+h$)。

3. 跨度 $S$

跨度指桥式类型起重机运行轨道中心线之间的水平距离,单位为 m。

桥式类型起重机的小车运行轨道中心线之间的距离称为小车的轨距。

地面有轨运行的臂架式起重机的运行轨道中心线之间的距离称为该起重机的轨距。

4. 幅度 $L$

旋转臂架式起重机的幅度是指旋转中心线与取物装置铅垂线之间的水平距离,单位为 m。非旋转类型的臂架起重机的幅度是指吊具中心线至臂架后轴或其他典型轴线之间的水平距离。当臂架倾角最小或小车位置与起重机回转中心距离最大时的幅度为最大幅度;反之为最小幅度。

5. 工作速度 $v$

工作速度是指起重机工作机构在额定载荷下稳定运行的速度。

(1)起升速度 $v_q$。起升速度是指起重机在稳定运行状态下,额定载荷的垂直位移速度,单位为 m/min。

(2)大车运行速度 $v_k$。大车运行速度是指起重机在水平路面或轨道上带额定载荷的运行速度,单位为 m/min。

(3)小车运行速度 $v_t$。小车运行速度是指在稳定运动状态下,小车在水平轨道上带额定载荷的运行速度,单位为 m/min。

(4)变幅速度 $v_l$。变幅速度是指在稳定运动状态下,在变幅平面内吊挂最小额定载荷,从最大幅度至最小幅度的水平位移平均线速度,单位为 m/min。

(5)行走速度 $v$。行走速度是指在道路行驶状态下,流动式起重机吊挂额定载荷的平稳运行速度,单位为 km/h。

(6)旋转速度 $\omega$。旋转速度是指在稳定运动状态下,起重机绕其旋转中心的旋转速度,单位为 r/min。

臂架式起重机的主要技术参数还包括起重力矩等;对于轮胎、汽车、履带、铁路起重机,其爬坡度和最小转弯半径也是主要技术参数。对于某些类型的起重机而言,生产率、轨距、基距、最大轮压、自重、外形尺寸等也是重要的技术参数。

6. 起重机械的工作级别

（1）整机的工作级别。根据起重机的 10 个使用等级和 4 个载荷状态级别，起重机整机的工作级别划分为 A1～A8 共 8 个级别，见表 3-3。

表 3-3　　　　　　　　　　　　起重机整机的工作级别

| 载荷状态级别 | 载荷谱系数 $K_p$ | 起重机的使用等级 | | | | | | | | | |
|---|---|---|---|---|---|---|---|---|---|---|---|
| | | U0 | U1 | U2 | U3 | U4 | U5 | U6 | U7 | U8 | U9 |
| Q1 | $K_p \leqslant 0.125$ | A1 | A1 | A1 | A2 | A3 | A4 | A5 | A6 | A7 | A8 |
| Q2 | $0.125 < K_p \leqslant 0.25$ | A1 | A1 | A2 | A3 | A4 | A5 | A6 | A7 | A8 | A8 |
| Q3 | $0.25 < K_p \leqslant 0.5$ | A1 | A2 | A3 | A4 | A5 | A6 | A7 | A8 | A8 | A8 |
| Q4 | $0.5 < K_p \leqslant 1.0$ | A2 | A3 | A4 | A5 | A6 | A7 | A8 | A8 | A8 | A8 |

（2）机构的工作级别。根据机构的 10 个使用等级和 4 个载荷状态级别，将机构单独作为一个整体进行分级的工作级别划分为 M1～M8 共 8 个级别，见表 3-4。

表 3-4　　　　　　　　　　　　机构的工作级别

| 载荷状态级别 | 载荷谱系数 $K_m$ | 机构的使用等级 | | | | | | | | | |
|---|---|---|---|---|---|---|---|---|---|---|---|
| | | T0 | T1 | T2 | T3 | T4 | T5 | T6 | T7 | T8 | T9 |
| L1 | $K_m \leqslant 0.125$ | M1 | M1 | M1 | M2 | M3 | M4 | M5 | M6 | M7 | M8 |
| L2 | $0.125 < K_m \leqslant 0.25$ | M1 | M1 | M2 | M3 | M4 | M5 | M6 | M7 | M8 | M8 |
| L3 | $0.25 < K_m \leqslant 0.5$ | M1 | M2 | M3 | M4 | M5 | M6 | M7 | M8 | M8 | M8 |
| L4 | $0.5 < K_m \leqslant 1.000$ | M2 | M3 | M4 | M5 | M6 | M7 | M8 | M8 | M8 | M8 |

### 3.2.3　起重机械的基本组成

起重机不论结构简单还是复杂，其共同点都是由三大部分组成，即金属结构、工作机构和电控系统。

1. 金属结构

金属结构是起重机的骨架，其作用是承受和传递起重机负担的各种工作载荷、自然载荷以及自重载荷。由于超载或疲劳等原因，导致起重机金属结构局部或整体受力构件出现裂纹和塑性变形，这涉及强度问题；由于超载或冲击振动等原因，导致起重机金属结构的主要受力构件发生了过大的弹性变形，或产生剧烈的振动，这涉及刚度问题；由于载荷移到悬臂端发生超载或变幅加速度过大，导致带有悬臂的起重机倾翻，这涉及整机倾覆稳定性问题，这些都与起重机金属结构的可靠性和安全性密切相关。因此，金属结构必须具有足够的强度、刚度和稳定性，才能保证起重机的正常使用。

以下简要介绍几种典型起重机金属结构的组成和特点。

（1）桥式起重机的金属结构。桥式起重机的金属结构是指桥式起重机的桥架，如图 3-1 所示，它由主梁、端梁、栏杆、走台、轨道和司机室等构件组成。其中主梁和端梁为主要受力构件，其他为非受力构件。主梁与端梁之间采用焊接或螺栓连接。端梁多采用钢板组焊成箱形结构。主梁截面结构形式多种多样，常用的多为箱形截面梁或桁架式主梁。

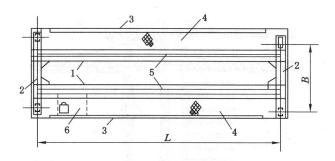

图 3-1　桥式起重机桥架

1——主梁;2——端梁;3——栏杆;4——走台;5——轨道;6——司机室

　　(2) 门式起重机的金属结构。门式起重机的金属结构主要由主梁、端梁、马鞍、支腿、下横梁以及小车架等部分组成。根据门架的结构特点,金属结构可分为无悬臂式、双悬臂式和单悬臂式等,如图 3-2 所示。

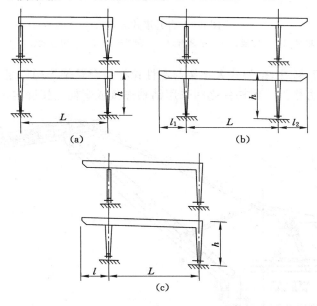

图 3-2　门式起重机

(a) 无悬臂式;(b) 双悬臂式;(c) 单悬臂式

$L$——跨度;$l_1$,$l_2$——悬臂长;$h$——高度

　　(3) 塔式起重机的金属结构。塔式起重机的金属结构是指塔式起重机的塔架,图 3-3 为塔式起重机的典型产品——自升塔式起重机。

　　自升塔式起重机的金属结构——塔架是由塔身、臂架、平衡臂、爬升套架、附着装置及底架等构件组成,其中塔身、臂架和底座是主要受力构件,臂架和平衡臂与塔身之间通过销轴相连接,塔身与底座之间通过螺杆连接固定。图 3-3 所示自升塔式起重机属于上回转式中的自升附着型结构形式。塔身是截面为正方形的桁架式结构,由角钢组焊而成。臂架为受弯臂架,截面多为矩形或三角形桁架式结构,由角钢或圆管组焊而成。

　　(4) 门座起重机的金属结构。图 3-4 为刚性拉杆式组合臂架式门座起重机的金属结

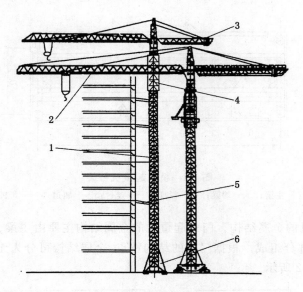

图 3-3　自升塔式起重机

1——塔身；2——臂架；3——平衡臂；4——爬升套架；5——附着装置；6——底架

构，是由交叉式门架、转柱、桁架式人字架与刚性拉杆组合臂架等构件组成。其中门架、人字架和臂架是主要受力构件。各构件之间采用销轴连接或螺栓连接固定。

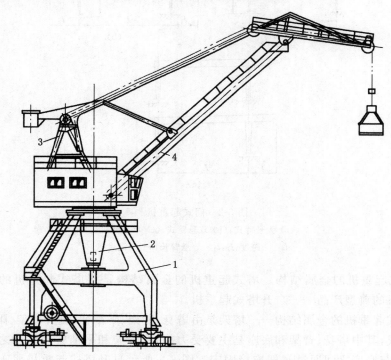

图 3-4　刚性拉杆式组合臂架式门座起重机

1——交叉式门架；2——转柱；3——桁架式人字架；4——刚性拉杆组合臂架

（5）轮胎起重机的金属结构。图 3-5 所示为轮胎起重机，其金属结构主要由吊臂、转台和车架等构件组成。其中吊臂如图 3-6 所示，吊臂结构形式分为桁架式和伸缩臂式，伸缩臂式为箱形结构，桁架式吊臂由型钢或钢管组焊而成。吊臂是主要受力构件，它直接影响起重机的承载能力、整机稳定性和自重的大小。

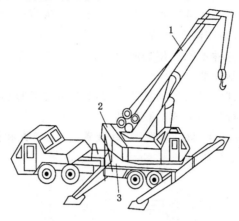

图 3-5　轮胎起重机的钢结构
1——吊臂；2——转台；3——车架

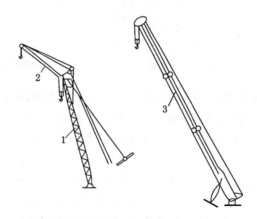

图 3-6　轮胎起重机吊臂结构形式
1——桁架式主臂；2——桁架式副臂；3——箱形伸缩臂

转台分为平面框式和板式两种结构形式，均为钢板和型钢组合焊接构件。转台用来安装吊臂、起升机构、变幅机构、旋转机构、配重、电动机和司机室等。

车架又称为底架，分为平面框式和整体箱形结构。车架用来安装底盘与运行部分。

2. 工作机构

能使起重机实现某种作业动作的传动系统，统称为起重机的工作机构。因起重运输作业的需要，起重机要实现升降、移动、旋转、变幅、爬升及伸缩等动作，这些动作由相应的机构来完成。

起重机最基本的四大机构为起升机构、运行机构、旋转机构（又称回转机构）和变幅机构。除此之外，还有塔式起重机的塔身爬升机构和汽车、轮胎等起重机专用的支腿伸缩机构等。

起重机的每个机构均由四种装置组成:驱动装置、制动装置、传动装置以及与机构的作用直接相关的专用装置,如起升机构的取物缠绕装置、运行机构的车轮装置、旋转机构的旋转支承装置和变幅机构的变幅装置等。

驱动装置分为人力和动力两种形式。手动起重机是依靠人力直接驱动;动力驱动装置是电动机、内燃机以及液压泵或液压马达。

制动装置是制动器。各种不同类型的起重机根据各自的特点与需要,采用各种块式、盘式、带式、内张蹄式和锥式制动器。

传动装置是指减速器、联轴器、传动轴等。各种不同类型的起重机根据各自的特点与需要,采用定轴齿轮、蜗轮和行星等形式的减速器。

(1)起升机构。起升机构由驱动装置、制动装置、传动装置和取物缠绕装置组成。最典型的起升机构的组成如图 3-7 所示。

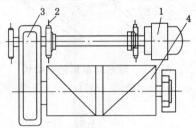

图 3-7 起重机的起升结构

1——电动机;2——制动器;3——减速器;4——取物缠绕装置

驱动装置采用电力驱动时为电动机,其中葫芦起重机多采用鼠笼电动机,其他电动起重机多采用绕线电动机或直流电动机。履带、铁路起重机的起升机构驱动装置为内燃机。汽车、轮胎起重机的起升机构驱动装置是由原动机带动的液压泵或液压马达。

1)起升机构组成

起升机机构由驱动装置、传动装置、卷绕系统、取物装置、制动器及其他安全装置等组成,不同种类的起重机需匹配不同的取物装置,其驱动装置也有不同,但布置方式基本相同。

当起重量超过 10 t 时,常设两个起升机构,即主起升机构(大起重量)与副起升机构(小起重量)。一般情况下两个机构可分别工作,特殊需要情况下也可协同工作。副钩起重量一般取主钩起重量的 20%~30%。

① 驱动装置。大多数起重机采用电动机驱动,布置、安装和检修都很方便。流动式起重机(如汽车起重机、轮胎起重机等)以内燃机为原动力,传动与操纵系统比较复杂。

② 传动装置。传动装置包括减速器和传动器。减速器常用封闭式的卧式标准两级或三级圆柱齿轮减速器,起重量较大者有时增加一对开式齿轮以获得低速大力矩。为补偿吊载后小车架的弹性变形给机构工作可靠性带来的影响,通常采用有补偿性能的弹性柱销联轴器或齿轮联轴器,有些起升机构还采用浮动轴(也称补偿轴)来提高补偿能力、方便布置并降低磨损。

③ 卷绕系统。它指的是卷筒和钢丝绳滑轮组。单联滑轮组一般用于臂架类型起重机。

④ 取物装置。根据被吊物料的种类、形态不同,可采用不同种类的取物装置。取物装

置种类繁多,使用量最大的是吊钩。

⑤ 制动器及安全装置。制动器既是机构工作的控制装置,又是安全装置,因此是安全检查的重点。起升机构的制动器必须是常闭式的。电动机驱动的起重机常用块式制动器,流动式起重机采用带式制动器,近几年采用了盘式制动器。一般起重机的起升机构只装配一个制动器,通常装在高速轴上(也有装在与卷筒相连的低速轴上);吊运炽热金属或其他危险品,以及发生事故可能造成重大危险或损失的起升机构,每套独立的驱动装置都要装设两套支持制动器。制动器经常利用联轴器的一个半体兼作制动轮,即使联轴器损坏,制动器仍能起安全保护作用。

此外,起升机构还配备起重量限制器、上升极限位置限制器、排绳器等安全装置。

2)起升机构的工作原理

电动机通过联轴器(和传动轴)与减速器的高速器的高速轴相连,减速器的低速轴带动卷筒,吊钩等取物装置与卷绕在卷筒上的省力钢丝绳滑轮组连接起来。当电动机正反两个方向的运动传递给卷筒时,通过卷筒不同方向的旋转将钢丝绳卷入或放出,从而使吊钩与吊挂在其上的物料实现升降运动,这样,将电动机输入的旋转运动转化为吊钩的垂直上下的直线运动。常闭式制动器在通电时松闸,使机构运转;在失电情况下制动,使吊钩连同货物停止升降,并在指定位置上保持静止状态。当滑轮组升到最高极限位置时,上升极限位置限制器被触碰而动作,使吊钩停止上升。当吊载接近额定起重量时,起重量限制器及时检查出来,并给予显示,同时发出警示信号,一旦超过额定值及时切断电源,使起升机构停止运行,以保证安全。

(2)运行机构

运行机构可分为轨式运行机构和无轨式运行机构(轮胎、带式运行机构),这里只介绍轨式运行机构(以下简称运行机构)。运行机构除了铁路起重机以外,基本都为电动机驱动形式。因此,起重机运行机构由运行驱动装置(原动机、传动装置、制动装置)、运行支撑装置和安全装置组成。

1)运行驱动装置

运行驱动装置包括原动机、传动装置(传动轴、联轴器和减速器等)和制动器。大多数运行机构采用电动机,流动式起重机为内燃机,有的铁路起重机使用蒸汽机。自行式运行机构的驱动装置全部设置在运行部分上,驱动力主要来自主动车轮或履带与轨道或地面的附着力。牵引式运行机构采用外置式驱动装置,通过钢丝绳牵引运动部分,因此可以沿坡度较大轨道运行,并获得较大的运行速度。

起重机的运行驱动装置可分为集中驱动和分别驱动两种形式。

集中驱动是由一台电动机通过传动轴驱动两边车轮转动运行的运行机构形式,如图3-8所示。集中驱动只适合小跨度的起重机或起重小车的运行机构。

分别驱动是两边车轮分别采用两套独立、无机械联系的驱动装置的运行机构形式,如图3-9所示。

随着葫芦式起重机技术的发展,电动机采用锥形制动电动机,将驱动与制动两个机能合二为一,又进一步发展为将电动机、制动器和减速器三者合为一体,三者不再需要用联轴器连接,电动机轴同时也是制动器和减速器的高速轴,三者不可再分,构成一种十分紧凑的整体,或称为"三合一"驱动装置,目前已经为起重小车和起重大车分别驱动形式所采用。如

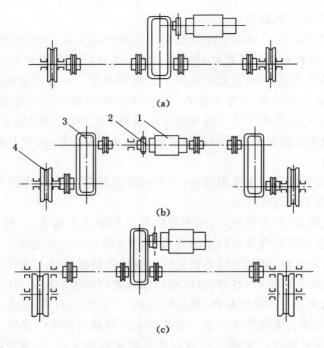

图 3-8　集中驱动的运行机构

（a）低速轴驱动；（b）高速轴驱动；（c）中速轴驱动

1——电动机；2——制动器；3——减速器；4——车轮机构

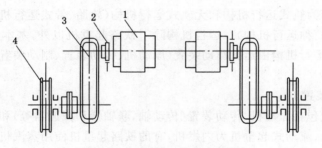

图 3-9　分别驱动的运行机构

1——电动机；2——制动器；3——减速器；4——车轮装置

图 3-10 所示，分别驱动的运行机构是由独立的"三合一"驱动装置和车轮装置组成。

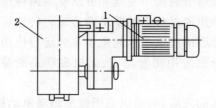

图 3-10　分别驱动的"三合一"运行结构

1——"三合一"驱动装置；2——车轮装置

2）运行支承装置

轨道式起重机和小车的运行支承装置主要是钢制车轮组和轨道。车轮以踏面与轨道顶面接触并承受轮压。

大车运行机构多采用铁路钢轨，当轮压较大时采用起重机专用钢轨。小车运行机构的钢轨采用方钢或扁钢直接铺设在金属结构上。

车轮组由车轮、车轮轴、轴承及轴承箱等组成。车轮与车轴的连接可采用单键、花键或锥套等多种方式。为防止车轮脱轨而带有轮缘，以承受起重机的侧向力。

车轮的轮缘有双轮缘、单轮缘和无轮缘三种。一般起重大车主要采用双轮缘车轮，一些重型起重机，除采用双轮缘车轮外还要加装水平轮，以减轻起重机歪斜运行时轮缘与轨道侧面的接触磨损。轨距较小的起重机或起重小车广泛采用单轮缘车轮（轮缘在起重机轨道外侧）。如果有导向装置，可以使用无轮缘车轮。采用无轮缘车轮，是为了将轮缘的滑动摩擦变为滚动摩擦，此时应增设水平导向轮。在大型起重机中，为了降低车轮的压力、提高传动件和支件件的通用化程度、便于装配和维修，常采用带有平衡梁的车轮组。无轨式起重机运行支承装置是轮胎或履带装置。

单主梁门式起重机的小车运行机构常见有垂直反滚轮和水平反滚轮的结构形式，车轮一般是无轮缘的。为防止小车倾翻，必须装有安全钩。

3）安全装置

运行机构的安全装置有行程限位开关、防风抗滑装置、缓冲器和轨道端部止挡，以防止起重机或小车超行程运行脱轨，防止室外起重机受强风影响造成倾覆。

4）运行机构的工作原理

电动机的原动力通过联轴器和传动轴传递给减速器，经过减速器的减速增力作用，带动车轮转动，驱动力靠主动车轮轮压与轨道之间的摩擦产生的附着力，因此，必须要验算主动轮的最小轮压，以确保足够的驱动力。运行机构的制动器使处于不利情况下的起重机或小车在限定的时间内停止运行。

（3）旋转机构

旋转机构是臂架起重机的主要工作机构之一。旋转机构的作用是使旋转部分相对于非旋转部分转动，达到在水平面上沿圆弧方向搬运物料的目的。旋转机构与变幅机构、运行机构配合运行，可使起重作业范围扩大。旋转式起重机的旋转速度根据其用途而定。

旋转机构由旋转驱动装置和旋转支承装置两大部分组成。

1）旋转驱动装置

旋转驱动装置用来驱动起重机旋转部分相对于固定部分进行回转。典型的旋转驱动装置通过电动机、减速器、制动器以及最后一级大齿轮，使旋转部分实现旋转运动。旋转驱动装置分为电动旋转驱动装置和液压旋转驱动装置。

① 电动旋转驱动装置通常装在起重机的回转部分上，由电动机经过减速器带动最后一级开式小齿轮，小齿轮与装在起重机固定部分的大齿圈（或针齿圈）相啮合，实现起重机的旋转。

电动旋转驱动装置有卧式电动机与蜗轮减速器传动、立式电动机与立式圆柱齿轮减速器传动和立式电动机与行星减速器传动三种形式。

② 液压旋转驱动装置有高速液压马达与蜗轮减速器或行星减速器传动，以及低速大扭

矩液压马达旋转机构两种形式。

2) 旋转支承装置

旋转支承装置用来将起重机旋转部分支承在固定部分上,为旋转部分提供必要的回转约束,并承受起重载荷所引起的垂直力、水平力与倾翻力矩。旋转支承装置主要有转柱式(又可分为转柱式和定柱式)和转盘式。

① 柱式旋转支承装置又分为定柱式旋转支承装置和转柱式旋转支承装置。定柱式旋转支承装置如图 3-11 所示。它由一个推力轴承与一个自位径向轴承及上、下支座组成。浮式起重机多采用定柱式旋转支承装置。

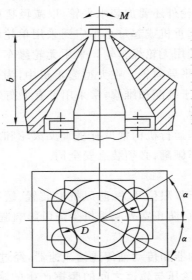

图 3-11　定柱式旋转支承装置

转柱式旋转支承装置如图 3-12 所示,由滚轮、转柱、上下支承座及调位推力轴承、径向球面轴承等组成。塔式、门座起重机多采用转柱式旋转支承装置。

转柱式旋转支承装置的特点是具有一个与起重机转动部分做成一体的大转柱,转柱插入固定部分,借上、下支座支承并与起重机转动部分一起回转。定柱式旋转支承装置有一个牢固安装在非旋转部分上的定柱,带起重臂的旋转部分通过空心的钟形罩套装在定柱上。

② 转盘式旋转支承装置又分为滚子夹套式旋转支承装置和滚动轴承式旋转支承装置。

滚子夹套式旋转支承装置由转盘、锥形或圆柱形滚子、轨道及中心轴枢等组成,如图 3-13 所示。

滚动轴承式旋转支承装置由球形滚动体、回转座圈和固定座圈组成,如图 3-14 所示。

转盘式旋转支承装置类型很多,其结构的共同特征是起重机的旋转部分装配在一个大圆盘上,转盘通过滚动体(如滚轮、滚珠或滚子)支承在固定部分上,并与转动部分一起回转。滚动轴承转盘式是目前常用的一种类型,广泛用于各种臂架起重机。其结构特点是:整个旋转支承装置是一个大型滚动轴承,由良好密封和润滑的座圈和滚动体构成。滚动体可以是滚珠或滚子,旋转驱动装置的大齿圈与座圈制成一体,与小齿轮内啮合或外啮合。借助螺栓的连接,内座圈与转台相连构成旋转部分,底架与外座圈相连构成起重机的固定部分。

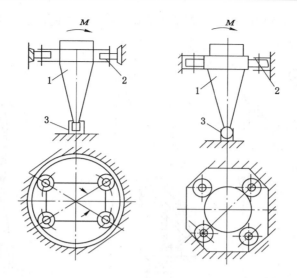

图 3-12　转柱式旋转支承装置

1——滚柱；2——滚轮；3——调位推力轴承

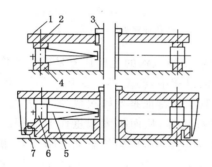

图 3-13　滚子夹套式旋转支承装置

1——转盘；2——转动轨道；3——中心轴枢；4——固定轨道；5——拉杆；6——滚子；7——反抓滚子

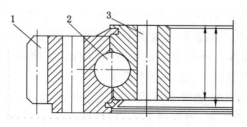

图 3-14　滚动轴承式旋转支承装置

1——回转座圈；2——球形滚动体；3——固定座圈

（4）变幅机构

1）变幅机构的分类

不同种类的臂架起重机的变幅机构有多种类型。按作业要求不同，变幅机构分为调整性变幅与工作性变幅两种；按变幅方式不同，变幅机构分为运行小车式和俯仰臂架式，如

图 3-15 所示;按在变幅过程中臂架中心是否升降,变幅机构还可进一步分为平衡性变幅机构和非平衡性变幅机构。

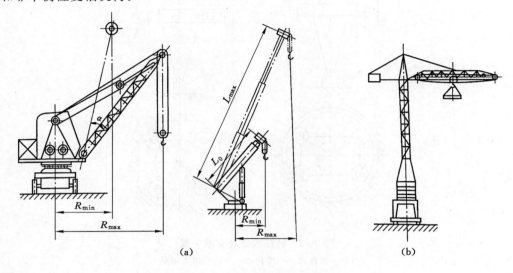

图 3-15 普通臂架变幅机构
(a) 俯仰臂架式;(b) 运行小车式

① 调整性(也称非工作性)变幅机构的主要任务是调整工作位置,仅在空载条件下变幅到适宜的幅度。在升降物料的过程中,幅度不再变化。例如,流动式起重机受稳定性限制,吊载过程当中不允许变幅。其工作特征是变幅次数少、速度低。

② 工作性变幅机构可带载变幅,从而扩大起重作业面积。其主要特征是变幅频繁,变幅速度较高,对装卸生产率有直接影响,机构的驱动功率越大,机构相对越复杂。

③ 运行小车式的小车可以沿臂架往返运行,变幅速度快,装卸定位准确,常用于工作性变幅。它又可分为小车自行式和牵引小车式两种。长臂架的塔式起重机常采用牵引小车式变幅。

④ 俯仰臂架式变幅机构通过臂架绕固定铰轴在垂直平面内俯仰来改变倾角,从而改变幅度,它被广泛用于各类臂式起重机。按动臂和驱动装置之间的连接方式不同,又可分为钢丝绳滑轮组牵引的挠性变幅机构和通过齿条或液压油缸驱动的刚性变幅机构。液压汽车起重机的臂架还可制成可伸缩的,使变幅范围扩大。

⑤ 非平衡性变幅。通过摆动臂架完成水平运移物品时,臂架和物品的中心都要升高或降低,需要耗费很大的驱动功率;而在增大幅度时,则引起较大的惯性载荷,影响使用性能。因此,非平衡变幅大多在非工作性变幅时应用。

⑥ 平衡性变幅。工作性变幅采用各种方法,使起重机在变幅过程中所吊运物品的中心沿水平线或近似水平线移动,而臂架系统自重由活动平衡重所平衡。这样能够节约驱动功率,并使操作平衡可靠。

2) 变幅机构的变幅阻力

变幅机构计算是以不同工况下的变幅阻力分析为基础的,变幅阻力有:

① 变幅过程中被吊物品非水平位移所引起的变幅阻力;

② 臂架系统自重未能完全平衡引起的变幅阻力；

③ 吊载的起升绳偏斜产生的变幅阻力，考虑风载荷、离心力、变幅和回转启、制动所产生的惯性力等在物品上的综合作用；

④ 作用在壁架系统上的风载荷引起的变幅阻力；

⑤ 壁架系统在起重机回转时的离心力引起的变幅阻力；

⑥ 起重机轨道坡度引起的变幅阻力；

⑦ 变幅过程中臂架系统的径向惯性力引起的变幅力；

⑧ 臂架铰轴中的摩擦和补偿滑轮组的效率引起的变幅阻力。

在计算变幅驱动器机构时，这些阻力在变幅全过程中的各个不同幅度位置上是变化的。

3）变幅驱动机构的计算原则

① 电动机的选择。变幅机构的电动机根据正常工作状态下各种工况的均方根等效阻力矩之最大值计算等效功率，根据等效功率和该机构的接电持续率初选电动机，然后校验电动机的过载和发热。等效变幅阻力矩为正常工作状态下根据相应起重量在变幅全过程中各个不同幅度位置上的变幅阻力矩和相应幅度区间计算的均方根值。变幅阻力矩由未平衡的起升载荷和臂架系统自重载荷、作用于臂架系统上的风力、吊重绳偏摆角引起的水平力、臂架系统的惯性力、起重机倾斜引起的坡道阻力以及臂架系统在变幅时的摩擦阻力等产生。

② 制动器的选择。与起升机构一样，变幅机构的制动器应采用常闭式。对于平衡变幅机构，其制动安全系数在工作状态下取 1.25；非工作状态下取 1.15。对于重要的非平衡变幅机构应装有两个支持制动器，其制动安全系数的选择原则与起升结构相同。

③ 零件的受力计算。即综合考虑的变幅阻力折算到计算的某一零件上。由于变幅阻力在变幅全过程中的各个不同幅度位置上是变化的，应该对若干个幅度位置计算这些阻力，比较取其大者作为零件的受力值。

# 3.3　起重机械易损零部件安全知识及重要部件报废标准

## 3.3.1　吊钩

吊钩是起重机最常使用的取物装置，与动滑轮组合成吊钩组，通过起升机构的卷绕系统将被吊物料与起重机联系起来。

吊钩在起重作业中受到冲击重载荷反复作用，一旦发生断裂，可导致重物坠落，可能造成重大人身伤亡事故。因此，要求吊钩有足够的承载力，同时要求要有一定韧性，避免发生突然断裂的危险，以保证作业人员的安全和被吊运物料不受损害。

1. 概述

吊钩组是起重机上应用最普遍的取物装置，它由吊钩、吊钩螺母、推力轴承、吊钩横梁、滑轮、滑轮轴以及拉板等零件组成。

（1）吊钩的分类

目前常用的吊钩按形状分为单钩和双钩，按制造方法分为模锻钩和叠片钩。

① 模锻吊钩为整体锻造，成本低，制造、使用都很方便，缺点是一旦破坏即要整体报废。模锻单钩在中小起重机（80 t 以下）上广泛采用。双钩制造较单钩复杂，但受力对称，钩体材料较能充分利用，主要在大型起重机（起重量 80 t 以上）上采用。

② 叠片式吊钩(板钩)是由切割成形的多片钢板叠片铆接而成,并在吊钩口上安装护垫板,这样可减小钢丝绳磨损,使载荷能均匀地传到每片钢板上。叠片式吊钩制造方便,由于钩板破坏仅限于个别钢板,一般不会同时整体断裂,故工作可靠性较整体锻造吊钩高。缺点是只能做成矩形截面,钩体材料不能充分利用,自重较大,主要用于大起重量或冶金起重机(如铸造起重机)上。

一般不允许使用铸造钩,因为在工艺上难以避免铸造缺陷;由于无法防止焊接产生的应力集中和可能产生的裂纹,不允许用焊接制造吊钩,也不允许用补焊的办法修复吊钩。

（2）吊钩材料

起重机吊钩除承受物品重量外,还要承受起升机构启动与制动时引起的冲击载荷作用,应具有较高的机械强度与冲击韧性。由于高强度材料通常对裂纹和缺陷敏感,吊钩一般采用优质低碳镇静钢或低碳合金钢(例如 20 号优质低碳合金钢、16Mn、20MnSi、36MnSi)制造。

（3）吊钩的结构

吊钩的结构以锻造单钩为例说明。吊钩可以分为钩身和钩柄两部分。钩身是承受载荷的主要区段,制成弯曲形状,并留有钩口以便挂吊索。它最常见的截面形状是梯形,最合理的受力截面是 T 形(锻造工艺复杂)。钩柄常制有螺纹,便于用吊钩螺母将钩子支承在吊钩横梁上。

2. 吊钩的强度计算

计算载荷考虑起升载荷动载系数 $\Psi_2$。

吊钩危险断面如图 3-16 所示。下面按平面弹性曲杆理论对吊钩的受载状况进行受力分析。

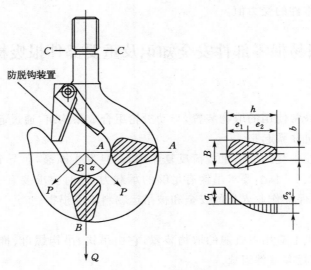

图 3-16 吊钩力学分析图

（1）钩身水平断面 $A—A$

$A—A$ 断面受力最大。起升载荷 $P_Q$ 对 $A—A$ 断面的作用为偏心拉力,在断面上形成弯曲和拉伸组合应力作用。断面内侧应力为最大拉应力 $\sigma_1$,断面外侧为最大压应力 $\sigma_2$,计算公式如下：

$$\sigma_1 = \frac{\Psi_2 Q}{F_A K} \frac{2e_1}{D} \leqslant [\sigma] \tag{3-1}$$

$$\sigma_2 = \frac{\Psi_2 Q}{F_A K} \frac{2e_2}{(D+2h)} \leqslant [\sigma] \tag{3-2}$$

式中　$[\sigma]$——吊钩许用应力；

$\Psi_2$——起升载荷动载系数；

$Q$——额定起重量的重力；

$e_1, e_2$——断面形心至钩内、外侧的距离；

$F_A$——$A$—$A$ 断面面积；

$K$——曲梁断面的形状系数；

$h$——断面内、外侧之间的距离；

$D$——钩口直径。

（2）钩身垂直断面 $B$—$B$

$B$—$B$ 断面虽然受力不如 $A$—$A$ 断面大，却是吊索强烈磨损的部位。随着断面面积减小，承载能力下降，应按实际磨损的断面尺寸计算。危险受力情况是当系物吊索分支的夹角较大时，吊索每分支受力（符号含义如图 3-16 所示）为：

$$P = \frac{Q}{2\cos \alpha} \tag{3-3}$$

分解此力，偏心拉力为 $P\sin \alpha = Q/2\tan \alpha_{\max}$；切力为 $P\cos \alpha = Q/2$，偏心拉力产生与 $A$—$A$ 断面相似的受力情况时按 $\alpha_{\max} = 45°$ 考虑，$B$—$B$ 断面的内侧拉应力 $\sigma_3$ 为：

$$\sigma_3 = \frac{\Psi_2 Q}{F_B K} \frac{e_1}{D} \tag{3-4}$$

切应力为：

$$r = \frac{\Psi_2 Q}{F_B} \tag{3-5}$$

式中　$F_B$——$B$—$B$ 断面面积。

（3）钩柄尾部的螺纹部位 $C$—$C$ 断面

螺纹根部应力集中，容易受到腐蚀，会在缺陷处断裂。螺纹的强度计算只验算拉应力：

$$\sigma_4 = \frac{\Psi_2 Q}{F_C} \tag{3-6}$$

式中　$F_C$——螺纹根部断面面积。

3. 吊钩危险断面的力学分析方法

各种破裂面的形迹所处的空间位置，一般用结构面来表示。根据应变椭球体力学分析方法，形成三种不同力学性质的结构面分析图，如图 3-17 所示。工件在受力作用下，主要产生三种不同性质的结构面，即 $PP$ 压性结构面、$rr$ 张性结构面和 $SS$、$S'S'$ 扭性结构面。这三种结构面既可以由挤压、引张作用形成，也可以由力偶作用形成，当扭性结构面不以 45°角与压性或张性结构面相交时，可派生出压扭或张扭性结构面。各种结构面的形态特征和运动痕迹如下：

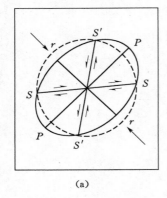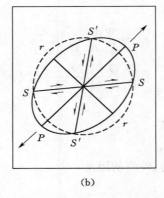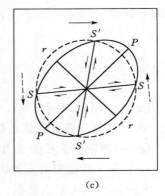

图 3-17　三种作用下的应变椭球体
(a) 挤压作用；(b) 引张作用；(c) 力偶作用

(1) 压性结构面。破裂面呈舒缓波状，垂直上分布冲擦痕。

(2) 张性结构面。破裂面曲折参差，粗糙不平，一般无擦痕。

(3) 扭性结构面。破裂面平整光滑，常分布大量擦痕、擦沟。

(4) 压扭性结构面。破裂面呈倾斜的舒缓波状，常分布反向倾斜的扭曲和斜冲擦痕。

(5) 张扭性结构面。破裂面呈不明显的锯齿状但觉平滑。

4. 吊钩安全检查

经常和定期安全检查是保证吊钩安全的重要环节。安全检查包括安装使用前检查和在用吊钩的检查。危险断面是安全检查的重点。

(1) 安装使用前检查

吊钩应有制造厂的检验合格证明（吊钩额定起重量和检验标记应打印在钩身低应力区），否则应该对吊钩进行材料化学成分检验和必要的机械性能试验（如拉力试验、冲击试验）。另外，还应测量吊钩的原始开口度尺寸。

(2) 表面检查

通过目测、触摸检查吊钩的表面状况。在用吊钩的表面应该光洁、无毛刺、无锐角，不得有裂纹、折叠、过烧等缺陷，吊钩缺陷不得补焊。

(3) 内部缺陷检查

主要通过探伤装置检查吊钩的内部状况。吊钩不得有内部裂纹、白点和影响使用安全的任何夹杂物等缺陷。必要时，应进行内部探伤检查。

(4) 安全装置

必须安装防止吊物意外脱钩的安全装置。

5. 吊钩的报废

吊钩出现下列情况之一时应予报废：① 裂纹；② 危险断面磨损达原尺寸的 10%；③ 开口度比原尺寸增加 15%；④ 钩身扭转变形超过 10′；⑤ 吊钩危险断面或吊钩颈部产生塑性变形；⑥ 吊钩螺纹被腐蚀；⑦ 片钩衬套磨损达原尺寸的 50% 时，应更换衬套；⑧ 片钩心轴磨损达原尺寸的 5% 时，应更换心轴。

### 3.3.2　钢丝绳

钢丝绳强度高、自重小、柔韧性好、耐冲击、安全可靠，在正常情况下使用的钢丝绳不会发生突然破断,但可能会因为承受的载荷超过其极限破断力而破坏。钢丝绳的破坏是有前兆的,总是从断丝开始,极少发生整条绳突然断裂。钢丝绳广泛应用在起重机上,钢丝绳的破坏会导致严重的后果,所以钢丝绳既是起重机械的重要零件之一,也是保证起重作业安全的关键环节。

1. 概述

(1) 钢丝绳的构造

钢丝绳是由多层钢丝捻成股,再以绳芯为中心,由一定数量股捻绕成螺旋状的绳。

① 钢丝。钢丝绳起到承受载荷的作用,其性能主要由钢丝决定,钢丝是碳素钢或合金钢通过冷拉或冷轧而成的圆形(或异形)丝材,具有很高的强度和韧性,并根据使用环境条件不同对钢丝进行表面处理。

② 绳芯。它是用来增加钢丝绳弹性和韧性、润滑钢丝、减轻摩擦、提高使用寿命的。常用的绳芯有有机纤维(如麻、棉)、合成纤维、石棉芯(高温条件)或软金属等材料。

(2) 钢丝绳的类型

按钢丝的接触状态及捻向不同可分为:

① 点接触钢丝绳,采用等直径钢丝捻制。由于各层钢丝的捻距不等,各层钢丝与钢丝之间形成点接触。受载时钢丝的接触应力很高,容易磨损、折断,寿命较低;优点是制造工艺简单,价格低廉。点接触钢丝绳常作为起重作业的捆绑吊索,起重机的工作机构也可采用。

② 线接触钢丝绳,采用直径不等的钢丝捻制。将内外层钢丝适当配置,使不同层钢丝与钢丝之间形成线接触,使受载时钢丝的接触应力降低。线接触绳承载力高、挠性好、寿命较高。常用的线接触钢丝绳有西尔型、瓦林吞型(亦称粗细型)、填充型等。《起重机设计规范》推荐在起重机的工作机构中优先采用线接触钢丝绳。

③ 面接触钢丝绳。通常以圆钢丝为股芯,最外一层或几层采用异形断面钢丝,层与层之间是面接触,用挤压方法绕制而成。其特点是,表面光滑、挠性好、强度高、耐腐蚀,但制造工艺复杂,价格高,起重机上很少使用,常用作缆索起重机和架空索道的承载索。

④ 交互捻钢丝绳(也称交绕绳)。其丝捻成股与股捻成绳的方向相反。由于股与绳的捻向相反,使用中不易扭转和松散,在起重机上广泛使用。

⑤ 同向捻钢丝绳(也称顺绕绳)。其丝捻成股与股捻成绳的方向相同,挠性和寿命都较交互捻绳要好,但因其易扭转、松散,一般只用来做牵引绳。

⑥ 不扭转钢丝绳。这种钢丝绳在设计时,股与绳的扭转力矩相等,方向相反,克服了在使用中的扭转现象,常在起升高度较大的起重机上使用,并越来越受到重视。

2. 钢丝绳的选用

钢丝绳按所受最大工作静拉力计算选用,要满足承载能力和寿命要求。

钢丝绳承载能力的计算有两种方法,可根据具体情况选择其中一种。

(1) 公式法(ISO 推荐)

$$d = c\sqrt{S} \tag{3-7}$$

式中　$d$——钢丝绳最小直径,mm;

$c$——选择系数,mm · $N^{1/2}$;

$S$——钢丝绳最大工作静拉力。

(2) 安全系数法

$$F_O \geqslant Sn \tag{3-8}$$

$$F_O = k \sum S_s \tag{3-9}$$

式中　$F_O$——所选钢丝绳的破断拉力，N；

　　　$S$——钢丝绳最大工作静拉力；

　　　$n$——安全系数，根据工作机构的工作级别确定（见表 3-5 和表 3-6）；

　　　$k$——钢丝绳捻制折减系数；

　　　$\sum S_s$——钢丝绳破断拉力总和，根据钢丝绳的结构查钢丝绳性能手册。

**表 3-5**　　　　　　　　**工作机构用钢丝绳的安全系数**

| 机构工作级别 | M1，M2，M3 | M4 | M5 | M6 | M7 | M8 |
|---|---|---|---|---|---|---|
| 安全系数 $n$ | 4 | 4.5 | 5 | 6 | 7 | 9 |

**表 3-6**　　　　　　　　**其他用途钢丝绳的安全系数**

| 用途 | 支承动臂 | 起重机械自动安装 | 缆风绳 | 吊挂和捆绑 |
|---|---|---|---|---|
| 安全系数 $n$ | 4 | 2.5 | 3.5 | 6 |

### 3. 钢丝绳的标记方法

根据圆股钢丝绳的相关规定，钢丝绳技术参数的标记方法如下：

　　　　6　×　37 - 15.0 - 1 550 - 1 - 甲 - 镀 - 右 交
　　　　①　②　③　　④　　⑤　　⑥　⑦　⑧　　⑨

①——钢丝绳的股数。

②——钢丝绳的结构形式，点接触普通型，标记"×"；线接触瓦林吞型（粗细式），标记"W"；线接触西尔型（外粗型），标记"X"；线接触填充型（密集式），标记"T"。

③——每股钢丝数。

④——钢丝绳的直径，mm。

⑤——钢丝的公称抗拉强度，N/mm²。

⑥——钢丝的韧性等级，根据钢丝的耐弯折次数分为三级。特级：用于重要场合，如载客电梯；1 级：用于起重机的各工作机构；2 级：用于次要场合，如捆绑吊索等。

⑦，⑧——钢丝表面镀锌处理，根据钢丝镀层的耐腐蚀性能分为三等级。甲级，用于严重腐蚀条件；乙级，用于一般腐蚀条件；丙级，用于较轻腐蚀条件。钢丝表面不做处理的，标记"光"，或不加标记。

⑨——钢丝绳的捻制方式。右捻绳标记"右"；左捻绳标记"左"；交互捻标记"交"；同向捻标记"同"。

### 4. 钢丝绳的固定与连接

钢丝绳与其他零构件连接或固定的安全检查应注意两个问题：

（1）连接或固定方式与使用要求相符；

（2）连接或固定部位达到相应的强度和安全要求。

常用的连接和固定方式有以下几种:

(1) 编结连接,如图 3-18(a)所示。

编结长度不应小于钢丝绳直径的 15 倍,且不应小于 300 mm;连接强度不小于 75%钢丝绳破断拉力。

(2) 楔块、楔套连接,如图 3-18(b)所示。

钢丝绳一端绕过楔,利用楔在套筒内的锁紧作用使钢丝绳固定。固定处的强度约为绳自身强度的 75%～85%。楔套应该用钢材制造,连接强度不小于钢丝绳破断拉力的 75%。

(3) 锥形套浇铸法连接,如图 3-18(c)所示。

钢丝绳末端穿过锥形套筒后松散钢丝,将头部钢丝弯成小钩,浇入金属液凝固而成,其连接应满足相应的工艺要求,固定处的强度与钢丝绳自身的强度大致相同。

(4) 绳卡连接,如图 3-18(d)所示。

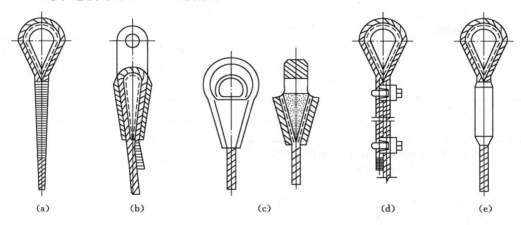

图 3-18　钢丝绳绳端固接图

绳卡连接简单、可靠,得到广泛的应用。用绳卡固定时,应注意绳卡数量、绳卡间距、绳卡的方向和固定处的强度。

① 连接强度不小于钢丝绳破断拉力的 85%。

② 绳卡数量应根据钢丝绳直径满足表 3-7 的要求。

③ 绳卡压板应在钢丝绳长头一边,绳卡间距应不小于钢丝绳直径的 6 倍。

表 3-7　　　　　　　　　　　　　　绳卡连接的安全要求

| 钢丝绳直径/mm | 7～16 | 19～27 | 28～37 | 38～45 |
|---|---|---|---|---|
| 绳卡数量/个 | 3 | 4 | 5 | 6 |

(5) 压套法连接,如图 3-18(e)所示。

应用可靠的工艺方法使铝合金套与钢丝绳紧密坚固地贴合,连接强度应达到钢丝绳的破断拉力。加压前钢丝绳端部不得松散。接头应能承受钢丝绳最小破断拉力的 90%的静荷载以及承受最小破断拉力的 15%～30%的冲击荷载。

5. 钢丝绳的报废

钢丝绳受到强大的拉应力作用,通过卷绕系统时反复弯折和挤压造成金属疲劳,并且由于运动引起与滑轮或卷筒槽摩擦,经过一段时间的使用后,钢丝绳表层的钢丝首先出现缺陷。例如,断丝、锈蚀磨损、变形等,使其他未断钢丝所受的拉力更大,疲劳与磨损更严重,从而使断丝速度加快。当钢丝绳的断丝数和变形发展到一定程度,钢丝绳无法保证正常安全工作时,就应该及时报废、更新。

钢丝绳使用安全程度由下述各项标准考核:断丝的性质与数量;绳端断丝情况;断丝的局部密集程度;断丝的增长率;绳股折断情况;绳径减小和绳芯折断情况;弹性降低;外部及内部磨损程度;外部及内部腐蚀程度;变形情况;由于热或电弧而造成的损坏情况;塑性伸长的增长率等。

(1) 钢丝绳在任何一段节距内断丝数达到表 3-8 的数值时,应当及时报废、更新。

**表 3-8** 钢丝绳报废断丝数

| 断丝数 安全系数 | 钢丝绳结构 | | | |
|---|---|---|---|---|
| | 绳 6×19 | | 绳 6×37 | |
| | 一个节距中的钢丝数 | | | |
| | 交互捻 | 同向捻 | 交互捻 | 同向捻 |
| <6 | 12 | 6 | 22 | 11 |
| 6~7 | 14 | 7 | 26 | 13 |
| >7 | 16 | 8 | 30 | 15 |

注:① 表中断丝数是指细钢丝绳,粗钢丝每根相当于 1.7 根细钢丝。
  ② 一个节距是指每股钢丝绳缠绕一周的轴向距离。

(2) 锈蚀磨损,断丝数折减。钢丝绳锈蚀或磨损时,应将表 3-8 所列断丝数按表 3-9 折减,并按折减后的断丝数报废。

**表 3-9** 折减系数表

| 钢丝表面磨损或锈蚀量/根 | 10 | 15 | 20 | 25 | 30~40 | >40 |
|---|---|---|---|---|---|---|
| 折减系数/% | 85 | 75 | 70 | 60 | 50 | 0 |

(3) 吊运危险品钢丝绳断丝数减半。吊运炽热金属或危险品的钢丝绳的报废断丝数应取一般起重机钢丝绳报废断丝数的一半,其中包括钢丝表面磨蚀进行的折减。

(4) 绳端部断丝。当绳端或其附近出现断丝(即使数量较少)时,如果绳长允许,应将断丝部位切去,重新安装。

(5) 断丝的局部聚集程度。如果断丝聚集在小于一个节距的绳长内,或集中在任一绳股里,即使断丝数比表 3-8 所列数值少,也应予以报废。

(6) 断丝的增长率。当断丝数逐渐增加,其时间间隔趋短时,应认真检查并记录断丝增长情况,判明规律,确定报废日期。

(7) 整股断裂。钢丝绳某一绳股整股断裂时,应予报废。

(8) 磨损。当外层钢丝磨损达 40%,或由于磨损引起钢丝绳直径减小 7%。

(9) 腐蚀。当钢丝表面出现腐蚀深坑,或由于绳股生锈而引起绳径增加或减小。

(10) 绳芯损坏。由于绳芯损坏引起绳径显著减小、绳芯外露、绳芯挤出。

（11）弹性降低。钢丝绳弹性降低一般伴有下述现象:绳径减小;绳节距伸长;钢丝或绳股之间空隙减小;绳股凹处出现细微褐色粉末;钢丝绳明显不易弯曲。

（12）变形。钢丝绳变形是指钢丝绳失去正常形状而产生可见畸变,从外观上看可分为以下几种:波浪形、笼形畸变,绳股挤出,钢丝挤出,绳径局部增大、扭结,局部被压扁或弯折。

（13）过热。过热是指钢丝绳受到电弧闪络、过烧,或外表出现可识别的颜色改变等。电弧作用的钢丝绳外表颜色与正常钢丝绳难以区别,因而容易成为隐患。

钢丝绳破坏的表现形态各异,多种原因交错,每次检验均应对以上各项因素进行综合考虑,按标准把关。在更换新钢丝绳前,应弄清并消除对钢丝绳有不利影响的设备的缺陷。

6. 钢丝绳的使用和维护

必须坚持每个作业班次对钢丝绳进行检查并形成制度。检查不留死角,对于不易看到和不易接近的部位应给予足够重视,必要时应作探伤检查。在检查和使用中应做到:

（1）使用检验合格的产品,保证其机械性能和规格符合设计要求;

（2）保证足够的安全系数,必要时使用前要进行受力计算,不得使用报废的钢丝绳;

（3）使用中避免两钢丝绳的交叉、叠压受力,防止打结、扭曲、过度弯曲和划磨;

（4）应注意减少钢丝绳弯折次数,尽量避免反向弯折;

（5）避免在不洁净的地方拖拉钢丝绳,防止外界因素对钢丝绳的损伤、腐蚀,使钢丝绳性能降低;

（6）保持钢丝绳表面的清洁和良好的润滑状态,加强对钢丝绳的保养和维护。

### 3.3.3　卷筒

1. 概述

卷筒是用来卷绕钢丝绳的部件,它承载起升载荷,收放钢丝绳,实现取物装置的升降。

（1）卷筒的种类

按筒体形状不同可分为长轴卷筒和短轴卷筒。按制造方式不同可分为铸造卷筒和焊接卷筒。按卷筒的筒体表面是否有钢丝绳的绳槽可分为光面和螺旋槽面卷筒。按钢丝绳在卷筒上卷绕的层数不同可分为单层缠绕卷筒和多层缠绕卷筒。一般起重机大多用单层缠绕卷筒,多层缠绕卷筒用于起升高度特大或机构要求紧凑的起重机,如汽车起重机。

（2）卷筒结构

卷筒由筒体、连接盘、轴以及轴承支架等构成。

卷筒的结构尺寸中,影响钢丝绳寿命的关键尺寸是卷筒的计算直径,按钢丝绳中心计算的卷筒允许的最小卷绕直径必须满足:

$$D_{Omin} \geqslant h_1 d \tag{3-10}$$

式中　$D_{Omin}$——按钢丝绳中心计算的滑轮和卷筒允许的最小卷绕直径,mm;

　　　$d$——钢丝绳直径,mm;

　　　$h_1$——卷筒直径与钢丝绳直径的比值。

2. 钢丝绳在卷筒上的固定

通常采用压板螺钉或楔块利用摩擦原理固定钢丝绳尾部,要求固定安全可靠,便于检查和装拆,在固定处对钢丝绳不造成过度弯曲、损伤。

（1）楔块固定法,如图 3-19(a)所示。此法常用于直径较小的钢丝绳,不需要用螺栓,适用于多层缠绕卷筒。

（2）长板条固定法，如图 3-19(b)所示。通过螺钉的压紧力，将带槽的长板条沿钢丝绳的轴向将绳端固定在卷筒上。

（3）压板固定法，如图 3-19(c)所示。利用压板和螺钉固定钢丝绳，方法简单，固定可靠，便于观察和检查，是最常见的固定形式。其缺点是所占空间较大，因此，不能用于多层卷绕。从安全考虑，压板数至少为两个。

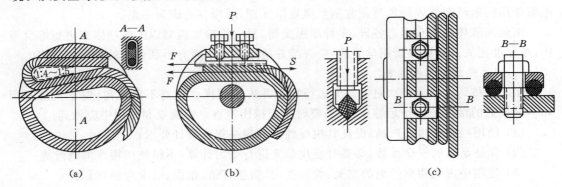

图 3-19　钢丝绳在卷筒上的固定

(a) 楔块固定法；(b) 长板条固定法；(c) 压板固定法

钢丝绳尾部拉力可按柔韧体摩擦的欧拉公式计算：

$$S = \frac{\Psi_2 S_{max}}{e^{\mu\alpha}} \tag{3-11}$$

式中　$S_{max}$——钢丝绳的最大拉力，一般指额定载荷时的钢丝绳拉力；

　　　$\Psi_2$——起升载荷动载系数；

　　　e——自然对数的底（e＝2.718…）；

　　　$\mu$——摩擦系数，考虑有油，通常取 $\mu$＝0.12；

　　　$\alpha$——钢丝绳在卷筒上的包角。

为了保证钢丝绳尾固定可靠，减少压板或楔块的受力，在取物装置降到下极限面时，在卷筒上除钢丝绳的固定圈外，还应保留 2～3 圈安全圈，也称为减载圈，这在卷筒设计时已经给予考虑。在使用中，钢丝绳尾的圈数保留得越多，绳尾的压板或楔块的受力就越小，也就越安全。如果取物装置在吊载情况的下极限位置过低，卷筒上剩余的钢丝绳圈数少于设计的安全圈数，就会由于钢丝绳尾受力超过压板或楔块的压紧力而导致钢丝绳拉脱，重物坠落。

3. 卷筒安全使用要求

（1）卷筒上钢丝绳尾端的固定装置应有防松或自紧的性能。对钢丝绳尾端的固定情况，应每月检查一次。在使用的任何状态，必须保证钢丝绳在卷筒上保留足够的安全圈。

（2）单层缠绕卷筒的筒体端部应有凸缘。凸缘应比最外层钢丝绳或链条高出 2 倍的钢丝绳直径或链条的宽度。

（3）卷筒出现下述情况之一时应报废：

① 起升卷筒有裂纹；

② 起升卷筒有损害钢丝绳的缺陷；

③ 因磨损使绳槽底部减小量达到钢丝绳直径的 50% 时或筒壁磨损达到原壁厚的 20%；

④ 悬吊型卷筒外壳焊缝有开焊部分,悬挂吊板螺杆和吊杆连接孔磨损量达原尺寸的 10%。

### 3.3.4　制动器

由于起重机有周期性及间歇性工作特点,使各个工作机构经常处于频繁启动和制动状态,制动器成为动力驱动的起重机各机构中不可缺少的组成部分,它既是机构工作的控制装置,又是保证起重机作业的安全装置。制动器是否完好可靠,是安全检查的重点。

1. 制动器的种类和用途

制动器的工作实质是通过摩擦副的摩擦产生制动作用。根据工作需要,或将运动动能转化为摩擦热能消耗,使机构停止运动;或通过静摩擦力平衡外力,使机构保持原来的静止状态。

其结构特点是:制动器摩擦副中的一组与固定机架相连;另一组与机构转动轴相连。当摩擦副接触压紧时,产生制动作用;当摩擦副分离时,制动作用解除,机构可以运动。

（1）制动器的作用

① 支持作用。使原来静止的物体保持静止状态。例如,在起升机构中,保持吊重静止在空中;在臂架起重机的变幅机构中,将臂架维持在一定的位置保持不动;对室外起重机起防风抗滑作用。

② 停止作用。消耗运动部分的动能,通过摩擦副转化为摩擦热能,使机构迅速在一定时间或一定行程内停止运动。例如,各个机构在运动状态下的制动。

③ 落重作用。制动力与重力平衡,使运动体以稳定的速度下降。例如,汽车起重机在下坡时匀速行驶。

（2）制动器的种类

根据构造不同制动器可分为以下三类:

① 带式制动器。制动钢带在径向环抱制动轮而产生制动力矩,如图 3-20 所示。

② 块式制动器。两个对称布置的制动瓦块,在径向抱紧制动轮而产生制动力矩,如图 3-21 所示。

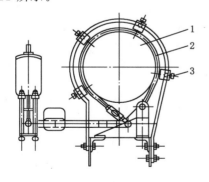

图 3-20　带式制动器

1——制动轮;2——制动带;3——限位螺钉

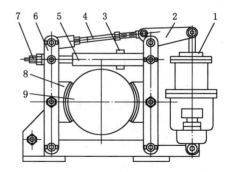

图 3-21　块式制动器

1——液压电磁铁;2——杠杆;3——挡板;4——螺钉;
5——弹簧架;6——制动臂;
7——拉杆;8——瓦块;9——制动轮

③ 盘式与锥式制动器。带有摩擦衬料的盘式或锥式金属盘,在轴向互相贴紧而产生制动力矩。

2. 带式制动器

带式制动器由制动带、制动轮和松闸器杠杆系统组成。制动轮安装在机构的转动轴上，内侧附有摩擦衬料的制动钢带一端与机架固定部分铰连；另一端与松闸器杠杆铰连，并在径向环绕制动轮。松闸器的上闸力通过杠杆系统使制动带环抱接触并压紧在制动轮上，产生制动力矩。由于制动带的包角很大，因而制动力矩较大，相应的结构也紧凑。缺点是制动轮轴由于不平衡力作用而受弯曲载荷，制动带比压分布不均匀，使衬料的磨损不均，散热性不好。带式制动器主要用于对结构紧凑性要求较高的流动式起重机。

简单带式制动器(图 3-22)制动力矩的计算式为：

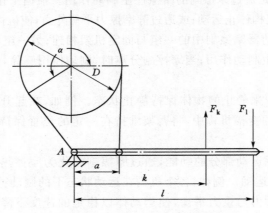

图 3-22 带式制动器简图

$$M_z = \frac{(S_{max} - S_{min})D}{2} \tag{3-12}$$

根据柔性带的摩擦公式，因为：

$$S_{max} = S_{min}e^{\mu\alpha} \tag{3-13}$$

所以

$$M_z = \frac{S_{max}D(1 - e^{\mu\alpha})}{2} \tag{3-14}$$

式中　$M_z$——制动力矩；

$S_{max}$——制动带最大张力，

$S_{min}$——制动带最小张力；

$D$——制动轮直径；

$e$——自然对数的底；

$\mu$——摩擦系数；

$\alpha$——钢丝绳在卷筒上的包角。

带式制动器的制动带内侧有摩擦垫片，其背衬钢带的端部与固定部分的连接应采用铰接，不得采用螺栓连接、铆接、焊接等刚性连接形式。

3. 块 式 制 动 器

块式制动器由制动瓦块、制动臂、制动轮和松闸器组成。常把制动轮作为联轴器的一个半体安装在机构的转动轴上，对称布置的制动臂与机架固定部分铰连，内侧附有摩擦材料的两个制动瓦块分别活动铰接在两制动臂上，在松闸器上闸力的作用下，成对的制动瓦块在径向抱紧制动轮而产生制动力矩。

下面以短行程电磁铁块式制动器（图 3-21）为例说明块式制动器的工作原理。在接通电源时，电磁松闸器的铁心吸引衔铁压向推杆，推杆推动左制动臂向左摆，主弹簧压缩；同时，解除压力的辅助弹簧将右制动臂向右推，两制动臂带动制动瓦块与制动轮分离，机构可以运动。当切断电源时，铁心失去磁性，对衔铁的吸引力消失，因而解除了衔铁对推杆的压力，在主弹簧张力的作用下，两制动臂一起向内收摆，带动制动瓦块抱紧制动轮产生制动力矩；同时，辅助弹簧被压缩。制动力矩由主弹簧力决定，辅助弹簧保证松闸间隙。块式制动器的制动性能在很大程度上是由松闸器的性能决定的。

块式制动器的特点是构造简单，安装方便，成对瓦块产生的压力平衡，使制动轮轴不受弯曲载荷作用，从而在起重机中得到广泛使用。

4. 制动器的选择与使用

制动器通常安装在机构的高速轴（电动机轴或减速器的输入轴）上，有些制动器则装设在低速轴或卷筒上，以防传动系统断轴时物品坠落。前者由于制动力矩小，因而制动器的尺寸可以减小；后者可以增加安全性，防止传动系统受力零件损坏而造成物品坠落。在起重机安全检查过程中，对下列要求必须给予确认：

（1）动力驱动的起重机，其起升、变幅、运行、旋转机构都必须装设制动器。

（2）起升机构、变幅机构的制动器必须是常闭式制动器。

（3）吊运炽热金属或其他危险品的起升机构，以及发生事故可能造成重大危险或损失的起升机构，每套独立的驱动装置都应装设两套支持制动器。

（4）人力驱动的起重机，其起升机构和变幅机构必须装设制动器或停止器。

（5）制动器的制动力矩应满足下式要求：

$$M_z > kM \tag{3-15}$$

式中　$M_z$——制动器的制动力矩；

　　　$M$——制动器所在轴的传动力矩；

　　　$k$——安全系数，见表 3-10。

表 3-10　　　　　　　　　　　　　　制动器的安全系数

| 机构 | 使用情况 | 安全系数 |
| --- | --- | --- |
| 起升机构 | 一般 | 1.50 |
| | 重要 | 1.75 |
| | 具有液压制动作用的液压传动 | 1.25 |
| 吊运灼热金属或危险物品的起升机构 | 装有两套支持制动器时，对于每一套制动器 | 1.25 |
| | 彼此有刚性联系的两套驱动装置，每套装置装有两套支持制动器时，对于每一套制动器 | 1.10 |
| 非平衡变幅机构 | | 1.75 |
| 平衡变幅机构 | 在工作状态时 | 1.25 |
| | 在非工作状态时 | 1.15 |

5. 制动器的检查与报废

（1）制动器的检查

正常使用的起重机，每个班次都应对制动器进行检查。检查内容包括：制动器关键零件的完好状况、摩擦副的接触和分离间隙、松闸器的可靠性、制动器整体工作性能等。每次起重作业（特别是吊运重、大、精密物品）时，要先将吊物吊离地面一小段距离，检验、确认制动器性能可靠后，方可实施操作。制动器安全检查的重点是：

① 制动轮的制动摩擦面不应有妨碍制动性能的缺陷或沾染油污；

② 制动带或制动瓦块的摩擦材料的磨损程度；

③ 制动带或制动瓦块与制动轮的实际接触面积不应小于理论接触面积的 70%；

④ 制动器应有符合操作频度的热容量，不得出现过热现象；

⑤ 控制制动器的操纵部位（如踏板、操纵手柄等），应有防滑性能；

⑥ 采用人力控制制动器时，施加的力与行程不应大于表 3-11 的要求，超过要求就应做必要的调整。

表 3-11　　　　　　　　　人力控制制动器的控制力与行程

| 要求 | 操作手法 | 施加的力/N | 行程/mm |
|---|---|---|---|
| 宜采用值 | 手控 | 100 | 400 |
| | 脚踏 | 120 | 250 |
| 最大值 | 手控 | 200 | 600 |
| | 脚踏 | 300 | 300 |

（2）制动器的报废

制动器的零件出现下述情况之一时，应报废、更换或修整：

① 出现裂纹。

② 制动带或制动瓦块摩擦垫片厚度磨损达原厚度的 50%。

③ 弹簧出现塑性变形。

④ 铰接小轴或轴孔直径磨损达原直径的 5%。

（3）制动轮出现下述情况之一时应报废：

① 出现裂纹。

② 起升、变幅机构的制动轮，轮缘厚度磨损达原厚度的 40%。

③ 其他机构的制动轮，轮缘厚度磨损达原厚度的 50%。

④ 轮面凹凸不平度达 1.5 mm 时，如能修理，在修复后轮缘厚度应符合第②、③项的要求。

### 3.3.5　起重机械其他构件的报废标准及检测

1. 驱动装置——电动机的报废

（1）因电动机转子断条或转子铸铝条粗细不均造成电动机不转动或空载能转动而有载不能转动时，电动机转子应报废。

（2）电动机因绝缘性能差，定子绕组漆包线有外伤或匝间、相间、极间绝缘性能差，造成定子绕组出现烧包时，电动机定子应报废。

（3）电动机工作时过热现象严重，经常超过规定的发热标准，或频繁出现热保护装置动作，无法修复时应报废。E 级绝缘电动机温升不超过 115 ℃，F 级绝缘电动机温升不超过 155 ℃。

（4）因定转子间隙不均匀或不同心，经常出现转子扫膛，经修复仍有扫膛现象，电动机应报废。

（5）电动机有异常响声，多为硅钢片未压紧，如果无法修复，定子应报废；如果因轴承质量差或支撑保持架破碎等造成异响时，轴承应报废。

（6）绕线电动机滑环或电刷磨损严重，导致滑环电刷机能失效时，滑环或电刷应报废、更换。

（7）锥形制动电动机的制动螺旋弹簧出现塑性变形或疲劳破坏，在规定压力下变形量超过规定值的 10 环时，弹簧应报废。

（8）锥形制动电动机的制动碟形弹簧出现塑性变形或疲劳破坏，在规定压力下变形量超过规定值的 10％时，碟形弹簧应报废。

2. 传动装置——减速器的报废

（1）减速器漏油现象严重，几经修复仍不能有效解决漏油问题时，减速器应报废。

（2）减速器箱体出现裂纹等损伤时，其箱体应报废。

（3）齿轮有裂纹时，齿轮应报废。

（4）齿轮有断齿时，齿轮应报废。

（5）齿面点蚀损伤达到啮合面的 30％，且深度达到齿厚的 10％时，齿轮应报废。

（6）起升和变幅机构减速器的第一级啮合齿轮，当齿厚磨损量达到原齿厚的 10％时，齿轮应报废；其他级啮合齿轮，当齿厚磨损量达到原齿厚的 20％时，齿轮应报废。

（7）运行机构和旋转机构的第一级啮合齿轮，当齿厚磨损量达到原齿厚的 15％时，齿轮应报废；其他级啮合齿轮，当齿厚磨损量达到原齿厚的 25％时，齿轮应报废。

（8）运行机构、旋转机构和变幅机构用开式齿轮传动的，当齿厚磨损量达到原齿厚的 30％时，齿轮、齿圈、齿条等应报废。

（9）吊运熔化金属或易燃易爆等危险品的起升机构的第一级啮合齿轮；当齿厚磨损量达到原齿厚的 5％时，齿轮应报废；其他级啮合齿轮，当齿厚磨损量达到原齿厚的 10％时，齿轮应报废。

3. 抓斗的报废

（1）抓斗斗体有裂纹时，斗体应报废。

（2）抓斗闭合时，刃口板错位及斗口接触处的间隙超过 5 mm 或最大间隙长度超过 300 mm，经修复仍难达到要求时，斗体应报废。

（3）抓斗的各铰接点处的销轴和销孔磨损量达到原尺寸的 10％时，销轴或带有销轴孔的零部件应报废。

4. 滑轮的报废

（1）滑轮有裂纹或有破损时应报废。

（2）滑轮轮槽壁厚磨损量达到原壁厚的 20％时应报废。

（3）滑轮轮槽不均匀磨损量达到 3 mm 时应报废。

（4）因磨损使滑轮轮槽底部直径减小量达到钢丝绳直径的 50％时应报废。

（5）滑轮有损害钢丝绳的缺陷时应报废。

5．导绳器的报废

（1）导绳器失去导绳作用，有乱绳发生时应报废。

（2）导绳器压紧弹簧有较大塑性变形或断裂时，弹簧应报废。

（3）导绳器外圈有裂纹时，外圈应报废。

（4）导绳器磨损量超过钢丝绳直径的 30％时应报废。

6．车轮装置的报废

车轮装置的报废主要是指车轮而言，有以下破坏或缺陷时车轮应报废：

（1）车轮有裂纹时应报废。

（2）车轮材料为球墨铸铁时，当车轮没有达到标准规定的球化要求，没有达到规定要求的硬度、强度和延伸率时应报废。

（3）车轮轮缘厚度磨损量达到原厚度的 50％时应报废。

（4）车轮轮缘厚度弯曲变形量达到原厚度的 20％时应报废。

（5）车轮踏面经磨损出现软点时应报废。

（6）车轮踏面磨损量达到原尺寸的 15％时应报废。

（7）车轮踏面因疲劳而出现剥落时应报废。

（8）当运行速度不大于 50 m/min 时，车轮圆度误差达到 1 mm 时应报废；当运行速度大于 50 m/min 时，车轮圆度误差达到 0.5 mm 时应报废。

7．旋转支承装置的报废

（1）柱式旋转支承装置的滚轮磨损量达到原尺寸的 15％时，滚轮应报废。

（2）柱式旋转支承装置的转动心轴磨损量达到原尺寸的 15％时，心轴应报废。

（3）柱式旋转支承装置的环形轨道磨损量达到原尺寸的 10％时，环形轨道应报废。

（4）转盘式旋转支承装置的锥形或圆柱形滚子的磨损量达到原尺寸的 10％时，滚子应报废。

（5）转盘式旋转支承装置的环形轨道磨损量达到原尺寸的 10％时，环形轨道应报废。

8．变幅装置的报废

（1）运行小车变幅装置的报废

主要依靠运行小车的水平移动来实现运行机构的运动时，变幅装置即为车轮装置，其报废同车轮装置的报废要求。

（2）臂架摆动式变幅装置的报废

① 定长臂架摆动式变幅装置采用钢丝绳滑轮缠绕变幅形式，其中钢丝绳和滑轮的报废标准见相应的国家标准。

② 伸缩式臂架摆动变幅装置采用液压缸推杆式结构，主要由油缸和活塞推杆组成，其油缸和活塞推杆磨损到泄漏程度严重、又无修复价值时，油缸和活塞推杆应报废。

③ 摆动臂架的铰接点处的销轴及销轴孔磨损量达到原尺寸的 10％时应报废。

④ 链轮的报废。起升链轮有裂纹或磨损量达到原尺寸的 20％时应报废。

9．其他构件的检测

（1）限位限量及联锁装置

① 过卷扬限位器应保证吊钩上升到极限位置时（电葫芦大于 0.3 m，双梁起重机大于

0.5 m)，能自动切断电源。新装起重机还应有下极限限位器。

② 运行机构应装设行程限位器和互感限制器，保证两台起重机行驶至相距 0.5 m 时，以及起重机行驶在距极限端 0.5～3 m(视吨位定)时自动切断电源。

③ 升降机(或电梯)的吊笼(轿厢)越过上、下端站 30～100 mm 时，越程开关应切断控制电路；当越过端站平层位置 130～250 mm 时，极限开关应切断主电源并不能自动复位。极限开关不许选用闸刀开关。

④ 变幅类型的起重机应安装最大、最小幅度防止臂架前倾、后倾的限制装置。当幅度达到最大或最小极限时，吊臂根部应触及限位开关，切断电源。

⑤ 桥式起重机驾驶室门外、通向桥架的舱口以及起重机两侧的端梁门上应安装门舱联锁保护装置；升降机(或电梯)的层门必须装有机械电气联锁装置，轿门应装电气联锁装置；载人电梯轿厢顶部安全舱门必须装联锁保护装置；载人电梯轿门应装动作灵敏的安全触板。

⑥ 露天作业的起重机械，各类限位限量开关与联锁的电气部分应有防雨雪措施。

(2) 停车保护装置

① 各种开关接触良好、动作可靠、操作方便，在紧急情况下可迅速切断电源(地面操作的电葫芦按钮盒也应装急停开关)。

② 起重机大、小车运行机构，轨道终端立柱四端的侧面，升降机(或电梯)的行程底部极限位置，均应安装缓冲器。

③ 各类缓冲器应安装牢固。采用橡胶缓冲器时，小车的厚度为 50～60 mm，大车为 100～200 mm；如采用硬质木块，则木块表面应装有橡胶皮。

④ 轨道终端止挡器应能承受起重机在满负荷运行时的冲击。50 t 及以上的起重机，宜安装超负荷限制器。电梯应安装负荷限制器以及超速和失控保护装置。

⑤ 桥式起重机零位保护应完好。

(3) 信号与照明

① 除地面操作的电动葫芦外，其余各类起重机、升降机(含电梯)均应安装音响信号装置，载人电梯应设音响报警装置。

② 起重机主滑线三相都应设指示灯，颜色为黄色、绿色、红色。当轨长大于 50 m 时，滑线两端应设指示灯，在电源主闸刀下方应设司机室送电指示灯。

③ 起重机驾驶室照明应采用 24 V 和 36 V 安全电压。桥架下照明灯应采用防振动的深碗灯罩，灯罩下应安装 10 mm×10 mm 的耐热防护网。

④ 照明电源应为独立电源。

(4) PE 线与电气设备

① 起重机供电宜采用 TN-S 或 TN-C-S 系统，起重机轨道应与 PE 线紧密相连。

② 起重机上各种电气设备(设施)的金属外壳应与整机金属结构有良好的连接；否则应增设连接线。

③ 起重机轨道应采用重复接地措施，轨长大于 150 m 时应在轨道对角线设置两处接地。但在距工作地点 50 m 内已有电网重复接地时可不要求。

④ 起重机两条轨道之间应用连接线牢固相连。同端轨道的连接处应用跨接线焊接(钢梁架上的轨道除外)。连接线、跨接线的截面 $S$ 要求：圆钢 $S \geqslant 30$ mm$^2$($\phi 6$～8 mm)，扁钢 $S \geqslant 150$ mm$^2$(3 mm×50 mm 或 4 mm×40 mm)。

⑤ 升降机(电梯)的 PE 线应直接接到机房的总地线上,不许串联。

⑥ 电气设备与线路的安装符合规范要求,无老化、无破损、无电气裸露点、无临时线。

(5) 防护罩、防护栏、护板

① 起重机上外露的、有伤人可能的活动零部件,如联轴器、链轮与链条、传动带、胶带轮、凸出的销键等,均应安装防护罩。

② 起重机上有可能造成人员坠落的外侧均应装设防护栏杆。护栏高度 $H \geqslant 1\ 050$ mm,立柱间距 $S \leqslant 100$ mm,横杆间距为 $350 \sim 380$ mm,底部应装底围板(踢脚板)。

③ 桥式起重机大车滑线端的端梁下应设置滑线护板,防止吊索具触及(已采用安全封闭的安全滑触线的除外)。

④ 起重机车轮前沿应装设扫轨板,距轨面不大于 10 mm。

⑤ 起重机走道板应采用厚度 $H \geqslant 4$ mm 的花纹钢板焊接,不应有曲翘、扭斜、严重腐蚀、脱焊现象。室内不应留有预留孔,如无小物体坠落可能时,孔径 $d \leqslant 50$ mm。

(6) 防雨罩、锚定装置

露天起重机的夹轨钳或锚定装置应灵活可靠,电气控制部位应有防雨罩。走道板应留若干直径 50 mm 的排水孔。

(7) 安全标识、消防器材

① 应在醒目位置挂有额定起重量的吨位标识牌。流动式起重机的外伸支腿、起重臂端、回转的配重、吊钩滑轮的侧板等,应涂以安全标志色。

② 驾驶室、电梯机房应配备小型干粉灭火器,在有效期内使用,放置位置安全可靠。

(8) 吊索具

① 吊索具应有若干个点位集中存放,并有专人管理和维护保养。存放点有吊索具规格与对应载荷的标签。

② 捆扎钢丝绳的琵琶头的穿插长度为绳径的 15 倍,且不小于 300 mm。

③ 夹具、卡具、扁担、链条应无裂纹、无塑性变形和超标磨损。

# 3.4　起重机械安全防护装置

起重机的安全防护是指对起重机在作业时产生的各种危险进行预防的安全技术措施。不同种类的起重机应根据不同需要安装必要的安全防护装置。安全防护装置是否配备齐全,装置的性能是否可靠是起重机安全检查的重要内容。

### 3.4.1　起重机械安全防护装置的类型

为保证起重机械设备及人员的安全,各种类型的起重机械均设有多种安全防护装置,常见的起重机械安全防护装置按照安全功能和安全检查项目分类如下。

1. 按安全功能分类

起重机安全防护装置按安全功能大致可分为安全装置、防护装置、指示报警装置及其他安全防护措施几类。

(1) 安全装置。安全装置是指通过自身的结构功能,可以限制或防止起重作业的某种危险发生的装置。安全装置可以是单一功能装置,也可以是与防护装置联用的组合装置。安全装置还可以进一步分为:

① 限制载荷的装置。例如,超载限制器、力矩限制器、缓冲器、极限力矩限制器等。

② 限定行程位置的装置。例如,上升极限位置限制器、下降极限位置限制器、运行极限位置限制器、防止吊臂后倾装置、轨道端部止挡等。

③ 定位装置。例如,支腿回缩锁定装置、回转定位装置、夹轨钳和锚定装置或铁鞋等。

④ 其他安全装置。例如,联锁保护装置、安全钩、扫轨板等。

(2) 防护装置。防护装置是指通过设置实体障碍,将人与危险隔离。例如,走台栏杆、暴露的活动零部件的防护罩、导电滑线防护板、电气设备的防雨罩,以及起重作业范围内临时设置的安全栅栏等。

(3) 安全信息提示和报警装置。安全信息提示和报警装置是用来显示起重机工作状态的装置,是人们用以观察和监控系统过程的手段,有些装置与控制调整联锁,有些装置兼有报警功能。属于此类装置的有:偏斜调整和显示装置、幅度指示计、水平仪、风速风级报警器、登机信号按钮、倒退报警装置、危险电压报警器等。

(4) 其他安全防护措施。其他安全防护措施包括照明、信号、通信、安全色标等。

2. 按安全检查项目分类

起重机安全防护装置按安全检查项目的要求不同,可分"应装"和"宜装"两个要求等级。

(1) 应装。它是指强制要求必须装设的安全防护装置。应装而未装,或装置丧失安全功能,要限期整改,甚至会停止起重机的使用。

(2) 宜装。它是指非强制性要求的安全装置,当条件不具备时暂不要求,有条件时最好安装。

### 3.4.2  安全防护装置的工作原理和安全功能

为保证起重机械设备及人员的安全,各种类型的起重机械均设有多种安全防护装置,常见的起重机械安全防护装置有各种类型的限位器、缓冲器、防碰撞装置、防偏斜和偏斜指示装置、夹轨器和锚定装置、超载限制器和力矩限制器等。

1. 超载限制器

超载作业对起重机危害很大,既会造成起重机主梁的下挠,主梁的上盖板及腹板有可能出现失稳、裂纹或焊缝开裂,还会造成起重机臂架或塔身折断等重大事故。由于超载而破坏了起重机的整体稳定性,有可能发生整机倾覆等恶性事故。超载作业所产生的过大应力,可以使钢丝绳拉断、传动部件损坏、电动机烧毁,或由于制动力矩不够而导致刹动失效等。超载限制器也称起重量限制器,是一种超载保护安全装置。其功能是当载荷超过额定值时,使起升动作不能实现,从而避免超载。

(1) 超载保护装置按其功能可分为自动停止型、报警型和综合型等几种。

① 自动停止型超载限制器在起升重量超过额定起重量时,能限制起重机向不安全方向继续动作,同时允许起重机向安全方向动作。安全方向是指吊载下降、收缩臂架、减小幅度及这些动作的组合。自动停止型一般为机械式超载限制器,它多用于塔式起重机。其工作原理是通过杠杆、偏心轮、弹簧等反映载荷的变化,根据这些变化与限位开关配合达到保护作用。

② 报警型超载限制器能显示起重量,并当起重量达到额定起重量的 $95\%\sim100\%$ 时,发出报警的声光信号。

③ 综合型超载限制器能在起重量达到额定起重量的 $95\%\sim100\%$ 时发出报警的声光信

号;当起重量超过额定起重量时,能限制起重机向不安全方向继续动作。

（2）超载限制器按结构形式不同可分为机械型、电子型和液压型等。

① 机械型超载限制器有杠杆式（图 3-23）和弹簧式等。

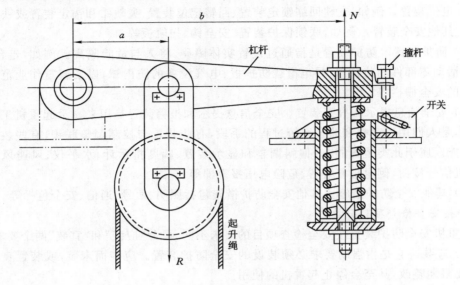

图 3-23　杠杆超载限制器结构原理图

在正常起重作业时,钢丝绳的合力 $R$ 对转轴 $O$ 的力矩为 $M_1$,而弹簧力 $N$ 对转轴的力矩为 $M_2$。

当 $M_1 = M_2$ 时,杠杆保持平衡。亦即:$M_1 = R \times a$ 与 $M_2 = N \times b$ 相平衡。

超载时,力矩 $M_1$ 增大,$M_1 > M_2$,使杠杆顺时针转动,撞杆撞开限位开关,切断起升机构的动力源,从而起到超载保护的作用。

② 电子型超载限制器的逻辑框图如图 3-24 所示,它可以根据事先调节好的起重量来报警,一般将它调节为额定起重量的 90%;自动切断电源的起重量调节为额定起重量的 110%。

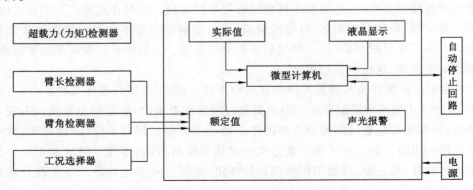

图 3-24　电子型超载限制器逻辑框图

2. 力矩限制器

力矩限制器是臂架式起重机的超载保护安全装置。臂架式起重机是用起重力矩特性来反映载荷状态的,而力矩值是由起重量、幅度(臂长与臂架倾角余弦的乘积)和作业工况等多个参数决定的,控制起来比较复杂。电子式力矩限制器可以综合多种情况,较好地解决这个问题。下面以流动式起重机的力矩限制器为例说明其工作原理。这种力矩限制器由载荷检测器、臂长检测器、角度检测器、工况选择器和微型计算机构成。当起重机进入工作状态时,将各参数的检测信号输入计算机,经过运算、放大、处理后,显示相应的数值,并与事先存入的额定起重力矩值比较。当实际值达到额定值的 90% 时,发出预警信号;当超载时,则一边发出报警信号,同时起重机停止向危险的方向(如起升、伸臂、降臂、回转)继续动作。

3. 限位器

限位器是用来限制各机构在某范围内运转的一种安全防护装置,但不能利用限位器停车。它包括两种类型,一类是保护起升机构安全运转的上升极限位置限制器和下降极限位置限制器,另一类是限制运行机构的运行极限位置限制器。

(1)上升极限位置限制器和下降极限位置限制器

上升极限位置限制器(图 3-25)用于限制取物装置的起升高度。当吊具起升至上极限位置时,为防止吊钩等取物装置继续上升拉断起升钢丝绳,限位器能自动切断电源,使起升机构停止,避免发生重物失落事故。

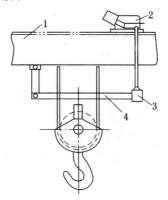

图 3-25 　重锤式上升极限位置限制器
1——小车架;2——开关;3——重锤;4——碰杆

下降极限位置限制器在取物装置下降至最低位置时,能自动切断电源,使起升机构下降,运转停止,此时应保证钢丝绳在卷筒上余留的安全绕圈数不少于 3 圈。

(2)运行极限位置限制器

运行极限位置限制器由限位开关和安全尺式撞块组成。其工作原理是:当一起重机运行到极限位置后,安全尺触动限位开关的传动柄或触头,带动限位开关内的闭合触头分开而切断电源,起重机将在允许的制动距离内停车,即可避免硬性碰撞止挡体对运行的起重机产生过度的冲击碰撞。凡是有轨运行的各种类型的起重机,均应设置运行极限位置限制器。

4. 缓冲器

设置缓冲器的目的是吸收起重机的运行动能,以减缓冲击。因为当运行极限位置限制器或制动装置发生故障时,由于惯性的作用,起重机将运行到终点与止挡体相撞。缓冲器设置在起重机或起重小车与止挡体碰撞的位置,在同一轨道上运行的起重机之间,以及在同一起重机桥架上双小车之间也应设置缓冲器。

(1) 缓冲器的类型

缓冲器类型较多,常用的缓冲器有弹簧缓冲器、橡胶缓冲器和液压缓冲器等。

(2) 缓冲器的选择

计算缓冲器在碰撞前,一般应切断运行极限位置限制器的限位开关,使机构在断电且制动状况下发生碰撞,以减小对起重机的冲撞和震动。因此行程开关设置的距离显得非常重要,需要设计计算后确定。缓冲器的选择计算如下:

① 缓冲器的冲击动能

$$E = \frac{mv_\mathrm{p}^2}{2} - \sum P_\mathrm{r} \cdot s \tag{3-16}$$

式中　　$m$——冲击物质量,kg;

　　　　$s$——缓冲距离,m;

　　　　$\sum P_\mathrm{r}$——包括制动器作用的总运行阻力,N;

　　　　$v_\mathrm{p}$——运行速度,m/s。

② 缓冲距离

$$s = \frac{v_\mathrm{p}^2}{\alpha_{\max}} \tag{3-17}$$

式中　　$\alpha_{\max}$——允许的最大减速度,通常取 4 m/s²。

已知 $E$、$s$、$\alpha_{\max}$ 后,可以从缓冲器样本中选择合适的缓冲器型号。

5. 防风防滑装置

露天工作的轨道式起重机(如门式起重机),必须安装可靠的防风夹轨器或锚定装置,以防止起重机被大风吹走或吹倒而造成严重事故。

《起重机械安全规程》规定,露天工作的起重机应设置夹轨器、锚定装置或铁鞋。对于在轨道上露天工作的起重机,其夹轨器、锚定装置或铁鞋应能保证非工作状态下在最大风力时起重机不至于被吹倒。

(1) 手动式夹轨器

手动式夹轨器包括垂直螺杆式夹轨器和水平螺杆式夹轨器如图 3-26 所示。手动式夹轨器结构简单、紧凑、操作维修方便,但由于受到螺杆夹紧力的限制,安全性能差,且遇到大风袭击时,往往不能及时上钳夹紧,仅适用于中小型起重机。

(2) 电动式夹轨器

电动式夹轨器有重锤式、弹簧式和自锁式等类型。重锤式又分为楔形重锤式电动夹轨器和重锤式自动防风夹轨器。

楔形重锤式电动夹轨器的优点是操作方便,工作可靠,易于实现自动上钳;缺点是自重大,重锤与滚轮间易磨损。

重锤式自动防风夹轨器能够在起重状态下使钳口始终保持一定的张开度,并能在暴风突然袭击的情况下起到安全防护作用。它具有一定的延时功能,在起重机制动完成后才起作用,这样可以避免由于突然制动而造成的过大的惯性力。它与楔形重锤式电动夹轨器相比具有自重小、对中性好的优点,可以自动防风,安全可靠,应用广泛。

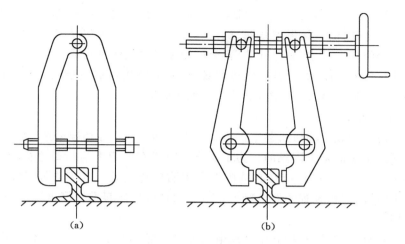

图 3-26　手动防风夹轨器
(a) 垂直螺杆式；(b) 水平螺杆式

（3）电动手动两用夹轨器

电动手动两用夹轨器主要通过电动工作，同时也可以通过转动手轮使夹轨器上的夹钳夹紧。当采用电动机驱动时，电动机带动减速锥齿轮，通过螺杆和螺母压缩弹簧产生夹紧力使夹钳夹紧，电气联锁装置工作，终点开关断电，自动停止电动机运转。该夹轨器可以在运行机构使螺母退到一定行程后触动终点开关，运行机构方可通电运行。在螺杆上装有手轮，当发生电气故障时，可以手动上钳或松钳。

（4）锚定装置

通常在轨道上每隔一段距离设置一个锚定装置，它的作用是将起重机与轨道基础固定。当大风袭击时，将起重机开到设有锚定装置的位置，用锚柱将起重机与锚定装置固定，起到抗风防滑、保护起重机的作用。

6. 联锁装置

联锁装置（联锁开关）是防止起重机的运动部分在特定条件下运转的装置，设置在如下位置：从建筑物登上起重机司机室的门与大车运行机构之间；由司机室登上桥架主梁的舱口门或通道栏杆门与小车运行机构之间；当司机室设在运动部分时，联锁装置设置在进入司机室的通道口的门与小车运行机构之间。其作用是：在门开启状态，不能启动对应的机构运动；当机构运动时，如果对应的门开关被打开，就给出停机指令；只有当门开关闭合时，被联锁的机构才能运动。这样，当有人正处于起重机的某些部位或正跨入、跨出起重机的瞬间，在司机不知晓的情况下操作起重机时，可防止机构在运动过程中伤人。

7. 零位保护

起重机必须设零位保护，在开始运转和失压恢复供电时，只有先将各机构控制器置于零位后，所有机构的电动机才能启动；只要有一个机构的控制器不在零位，所有机构都不能启动。

联锁装置、行程限位、零位保护、紧急开关等常常联合在起重机的控制电路中发挥作用，只要有一个装置处于非正常状态，起重机就不能启动。

桥式起重机的联锁保护电路由主电路和控制电路两部分组成。主电路包括刀开关、接触器主触头、过电流继电器线圈、电动机等。控制电路部分包括启动按钮、零位保护、紧急开关、安全联锁、过电流保护、接触器线圈、机构(如起升机构、小车和大车机构)运动的控制和安全限位等部分组成。其中,紧急开关、安全联锁和过电流保护构成一个串联回路。只有当控制电路中的接触器线圈通电,其电磁衔铁吸合,主电路接触器主触头闭合,各机构的电动机才能转动。只要接触器线圈失电,电动机就无法启动。

**8. 防碰撞装置**

同层多台或多层设置的桥式起重机容易发生碰撞。在作业情况复杂、运行速度较快时,单凭司机判断避免事故是很困难的。为了防止起重机在轨道上运行时碰撞邻近的起重机,运行速度超过 120 m/min 时,应在起重机上设置防碰撞装置。其工作原理是:当起重机运行到危险范围时,防碰撞装置便发出警报,进而切断电源,使起重机停止运行,避免起重机之间的相互碰撞。

防碰撞装置有多种类型,均利用光或电波传播反射的测距原理,在两台起重机相对运动到设定距离时,自动发出警报,并可以同时发出停车指令。目前的防碰撞装置主要有激光式、超声波式(图 3-27)、红外线式和电磁波式等类型。

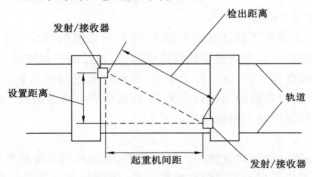

图 3-27　超声波防碰撞装置设计图

**9. 防偏斜装置**

在运行过程中,当大跨度的门式起重机和装卸桥的两边支腿出现相对超前或滞后的现象时,起重机的主梁与前进方向就会发生偏斜,这种偏斜轻者造成大车车轮啃轨道,重者会导致桥架被扭坏,甚至发生倒塌事故。为了防止大跨度的门式起重机和装卸桥在运行过程中产生过大的偏斜,应设置偏斜限制器、偏斜指示器或偏斜调整装置等,以保证起重机支腿在运行中不出现超偏现象,即通过机械和电气联锁装置,将超前或滞后的支腿调整到正常位置,以防桥架被扭坏。当桥架偏斜达到一定程度时,应能向司机发出信号或自动进行调整,当超过许用偏斜量时,应能使起重机自动切断电源,使运行机构停止运行,以保证桥架安全。

常见的防偏斜装置有以下几种:钢丝绳式防偏斜装置、凸轮式防偏斜装置、链式防偏斜装置和电动式防偏斜指示及自动调整装置等。

**10. 防止起重机臂触电安全装置**

该装置是采用电磁感应原理制成的,由发射机和接收机两部分组成,发射机安装在起重机臂端,而接收机安装在司机室内。发射机的电源是自动控制的,当起重机臂抬起 10°时,电源自动接通,发射机处于工作状态。接收机的电源采用车体电源,只要司机接通动力,接收机即处于工作状态,同时与限位电磁阀连接。当起重机臂距电力线 1.5 m(220～380 V)

时则能发出警报,并且能切断继续向危险方向运动的动力源。

11. 其他安全防护装置

(1) 幅度指示器

流动式、塔式和门座式起重机应设置幅度指示器。幅度指示器是用来指示起重机吊臂的倾角(幅度)以及在该倾角(幅度)下的额定起重量的装置。它有两种形式,一种是电子幅度指示器,可以随时正确显示幅度;另一种是采用一个重力摆针和刻度盘,盘上刻有相应倾角(幅度)和允许起吊的最大起重量,当起重臂改变角度时,重力指针与吊臂的夹角发生变化,摆针指向相应的起重量,操作人员可按照指针指示的起重量安全操作。

(2) 水平仪

起重量大于或等于 16 t 的流动式起重机应设置水平仪。常用的水平仪多为气泡式水平仪。水平仪主要由本体、带刻度的横向气泡玻璃管和纵向气泡玻璃管组成。当起重机处于水平位置时,气泡均处于玻璃管的中间位置,否则应调整垂直支腿伸缩量。水平仪可以用来检查支腿支撑的起重机的倾斜度。

(3) 防止吊臂后倾装置

流动式起重机和动臂变幅的塔式起重机应设置防止吊臂后倾装置,它应保证当变幅机构的行程开关失灵时能阻止吊臂后倾。

(4) 风级风速报警器

风级风速报警器安装在露天工作的起重机上,当风力大于安全工作的极限风级时能发出报警信号,并应能显示瞬时风级风速。在沿海工作的起重机可设定为当风力大于 7 级时发出报警信号。

(5) 支腿回缩锁定装置

支腿回缩锁定装置安装在工作时打支腿的流动式起重机上,以保证起重作业支腿伸出承重时不发生"软腿"回缩现象;当支腿收回后,能可靠地锁定,防止在起重机运行状态下支腿自行伸出。

(6) 回转定位装置

流动式起重机在整机行驶时,回转定位装置能保证上车保持在固定的位置。

(7) 防倾翻安全钩

防倾翻安全钩安装在主梁一侧落钩的单主梁起重机上,以防止小车倾翻。

(8) 检修吊笼

检修吊笼用于高空中导电滑线的检修,其可靠性不应低于司机室。

(9) 扫轨板和支承架

扫轨板和支承架用来扫除起重机行进方向轨道上的障碍物。

(10) 轨道端部止挡

轨道端部止挡设置在轨道的端部,与运动结构上的缓冲器配合作用,具有防止起重机脱轨的安全性能。

(11) 导电滑线防护板

导电滑线防护板用于防止人员意外接触带电滑线而引发触电事故而设的防护挡板。使用滑线的起重机,对易发生触电的部位都应装设该装置。例如,桥式起重机司机室位于大车滑线端时,通向起重机的梯子和走台与滑线间应设置防护板;桥式起重机大车沿线端的端梁下,应设置防护板,以防止吊具的钢丝绳与滑线意外接触;桥式起重机作多层布置时,下层起重机的滑线应沿全长设置防护板。

(12) 倒退报警装置

流动式起重机向倒退方向运行时,倒退报警装置可发出清晰的报警音响信号和明灭相间的灯光信号,提示机后人员迅速避开。

(13) 防护罩

起重机上外露的活动零部件,如开式齿轮、联轴器、传动轴、链轮、链条、传动带、皮带轮等,均应装设防护罩。露天工作的起重机,其电气设备应装设防雨罩。

### 3.4.3　起重机械安全防护装置的报废标准

起重机安全防护装置如因磨损、疲劳、变形及老化、腐蚀等使破坏损伤达到规定程度时应报废,以防安全防护装置的安全保护机能失效而发生事故灾害。

1. 限位器的报废

(1) 升降限位器开关触点有损伤,磨损量达到原尺寸的30%,或因损伤、磨损造成限位器机能失效时应报废。

(2) 重锤式起升限位器内的拉弹簧因疲劳失去弹力时,弹簧应报废。

(3) 螺旋式起升限位器的螺杆或蜗杆磨损量达到原尺寸的20%时,螺杆或蜗杆应报废。

(4) 运行行程开关动作失灵,触点磨损量达到原尺寸的30%,或不能可靠断电时应报废。

2. 缓冲器的报废

(1) 弹簧缓冲器因碰撞疲劳造成弹簧失去弹性或断裂时弹簧应报废;壳体因碰撞冲击出现裂纹时,壳体应报废。

(2) 橡胶或聚氨酯缓冲器因老化失去弹性或因碰撞而破损时应报废。

(3) 液压系统缓冲器因弹簧疲劳失去弹性或液压活塞及缸体磨损造成严重泄漏时应报废。

3. 防碰撞装置的报废

激光式、超声波式、红外线式和电磁波式防碰撞装置,因剧烈碰撞造成损伤而失去光或电波传播反射的能力,经修复仍不能恢复原有的机能时应报废。

4. 防偏斜装置的报废

钢丝绳式、凸轮式和链轮式防偏斜装置的钢丝绳、凸轮和链轮的磨损量达到原尺寸的30%时应报废。

5. 夹轨器与锚定装置的报废

(1) 夹轨器的螺杆因变形或磨损而严重影响夹紧力时应报废。

(2) 电动夹轨器的弹簧因疲劳而失去弹性时,弹簧应报废;因风力吹动造成夹轨器各零部件有疲劳、变形或裂纹伤害时,该零部件应报废。

(3) 锚定装置的固定部分如有松动,经修复仍不能保证牢固固定而有脱销的危险或隐患时,锚定装置应报废。

6. 超载限制器的报废

(1) 经修复仍不能灵敏可靠动作的超载限制器应报废。

(2) 超载限制器的综合误差大于10%时应报废。

7. 力矩限制器的报废

（1）经修复仍不能灵敏可靠动作的力矩限制器应报废。

（2）力矩限制器的综合误差大于 10％时应报废。

8. 其他安全装置的报废

（1）联锁保护开关的联锁机能失效时应报废。

（2）登机信号按钮无显示，经检修仍不能恢复机能时应报废。

（3）倒退报警装置不能发出报警信号时应报废。

（4）扫轨板因碰撞障碍物而有严重变形或开裂损伤时应报废。

（5）止挡装置因碰撞造成固定连接焊缝开裂或固定连接螺栓松动变形而失去固定能力，或止挡装置有严重变形、破损等时，止挡装置应报废。

# 3.5　起重机械安全操作技术与安全管理

## 3.5.1　安全操作的一般要求

（1）起重机安全操作的基本要求

① 起重作业人员班前、班中严禁饮酒，起重作业人员操作时必须精神饱满、精力集中，操作时不准吃东西、看书报、闲谈、打瞌睡、开玩笑等。

② 起重作业人员接班时，应进行例行检查，发现装置和零部件不正常时，必须在操作前排除。

③ 开车前，必须鸣铃或报警；操作中起重机接近人时，亦应给以断续铃声或报警。

④ 操作应按指挥信号进行，对紧急停车信号，不论何人发出，都应立即执行。

⑤ 非起重机司机不准随便进入起重机司机室，检修人员得到起重机司机许可后，方可进入司机室。

⑥ 当确认起重机上或其周围无人时，才可以闭合主电源，如电源断路装置上装锁或有标牌时，应由有关人员摘掉后才可以闭合主电源。

⑦ 闭合主电源前，应使所有的控制器手柄置于零位。

⑧ 起重机上有两人工作时，若事先没有互相联系和通知，起重机司机不得擅自开动或脱离起重机。

⑨ 驾驶起重机时应使用手柄操作，停起重机时不要用安全装置关机，不许用人体其他部位去转动控制器，以防在异常工作时来不及采取紧急安全措施。

⑩ 工作中遇到突然停电时，应将所有的控制器手柄扳回零位，在重新工作前应检查起重机动作是否正常；因停电重物悬挂半空时，起重作业人员应通知地面人员紧急避让，并立即将危险区域围起来，不准任何人进入危险区。

（2）起重机停止作业时的安全操作要求

① 起重机停止作业时，应将重物稳妥地放置于地面。

② 多人挂钩操作时，驾驶人员应服从预先确定的指挥人员的指挥；吊运中发生紧急情况时，任何人都可以发出停止作业的信号，驾驶人员应紧急停车。

③ 起重机起吊重物时，一定要进行试吊，试吊高度 $H<0.5$ m，经试吊发现无危险时方可进行起吊。

④ 在任何情况下,吊运重物不准从人的上方通过,吊臂下方不得有人。

⑤ 在吊运过程中,重物一般距离人头顶 0.5 m 以上,吊物下方严禁站人,在旋转起重机工作地带,人员应站在起重机动臂旋转范围之外。

⑥ 在轨道上露天作业的起重机,当工作结束时,应将起重机锚定住。

⑦ 起重作业人员进行维护保养时,应切断主电源并挂上标志牌或加锁,如有未消除的故障应通知接班人员。

⑧ 控制器应逐步开动,不要将控制器手柄从顺转位置直接猛转到反转位置(特殊情况下除外),而应先将控制器转到零位,再转到反方向,否则吊起的重物容易晃动摇摆或因销子、轴等受力过大而发生事故。

⑨ 起重机工作时不得进行检查和维修,不得在有载荷的情况下调整起升、变幅机构的制动器。

⑩ 不准利用极限位置限制器停车,无下降极限位置限制器的起重机,吊钩在最低工作位置时,卷筒上的钢丝绳必须保证符合《起重机设计规范》所规定的安全圈数。

(3) 起重机作业时的安全操作要求

① 起重机作业时,臂架、吊具、索具、辅具、缆风绳及重物等与输电线的最小距离必须符合有关规定。

② 自行式起重机,工作前应按使用说明书的要求平整停车场地,牢固可靠地打好支腿。

③ 对无反接制动性能的起重机,除紧急情况外,不准利用打反车进行制动。

④ 用两台或多台起重机吊运同一重物时,钢丝绳应保持垂直;各台起重机的升降、运行应保持同步;各台起重机所承受的载荷均不得超过各自的额定起重能力;如达不到上述要求,应降低至额定起重能力的 80%;对细高件吊装时,每台起重机的起重量降至额定起重量的 75%。

⑤ 有主、副两套起升机构的起重机,主、副钩不应同时开动(对于设计允许同时使用的专用起重机除外)。

### 3.5.2 起重操作"十不吊"

(1) 指挥信号不明或乱指挥不吊。

(2) 物体质量不清或超负荷不吊。

(3) 斜拉物体不吊。

(4) 重物上站人或有浮置物不吊。

(5) 工作场地昏暗,无法看清场地、被吊物及指挥信号不吊。

(6) 工件埋在地下不吊。

(7) 工件捆绑、吊挂不牢不吊。

(8) 重物棱角处与吊绳之间未加垫衬不吊。

(9) 吊具、索具达到报废标准或安全装置失灵不吊。

(10) 钢铁水包过满不吊。

### 3.5.3 安全操作的特殊要求

起重作业人员除了执行起重作业一般要求及本企业、本机型安全技术操作规程外,还要执行安全操作特殊要求。起重作业安全操作特殊要求主要包括:

（1）接受吊装任务前,必须编制起重吊装技术方案,作业前应进行技术交底,强调安全操作技术,全面落实安全措施。

（2）对使用的起重机械、机具、工具、吊具和索具进行检查,确认符合安全要求后方可使用,必要时要经过验证或试验认可。

（3）起重作业人员在操作中要登高作业前,必须办理登高作业安全许可证,并采取可靠的安全措施后方可进行。

（4）两人以上从事起重作业时,必须有一人担任起重指挥,现场其他起重作业人员或辅助人员必须听从起重指挥统一指挥,但在发生紧急危险情况时,任何人都可以发出符合要求的停止信号和避让信号。

（5）起重作业时,起重吊具、索具、辅具等一律不准与电气线路交叉接触。

（6）运输吊运大型、重型设备时,事先要测量道路是否安全无阻,对道路上空和两侧的输电线、架空管道、地下设施、道路两侧的建筑物必须采取有效的安全措施。

（7）严禁将钢丝绳和缆风绳拴在易燃易爆、有毒的管道,化工受压容器,电气设备,电线杆等物体上。

（8）吊起的重物在空中运行时不准碰撞任何其他设备或物体,禁止物体冲击式落地,吊物不得长时间在空中停留。

（9）运输的重物要在道路中停放时,停放位置不能堵塞交通,夜间要设置红灯信号;重物要通过铁道道口时,事先要与有关部门和看道人员取得联系并得到许可后,方可在规定时间内通过。

（10）运输重物上、下坡时,要有防滑措施。运输板材、管材或超长物体时,要有安全标志和防惯性伤害的安全措施;搬运易碎物品应使用专用工具,小心轻放。装运易燃、易爆物品时严禁吸烟和动用明火,不得穿带有铁钉的鞋,必须轻装、轻卸,不得猛烈撞击,不得乱抛乱扔;在石油化工区内从事起重作业,必须遵守厂区内的其他各项安全规定;认真穿戴好个人防护用品,作业前必须戴好安全帽。

## 本章小结

本章以常用起重机械的类型、性能、技术参数和分类为基础,详细介绍起重机的基本结构、安全防护装置设计及应用、常见安全装置及主要零部件的故障和报废标准、起重机械安全操作技术与安全管理、常用起重机械的安全技术。通过以上内容的学习和掌握,使学生能够在起重作业现场制订出安全作业管理制度、安全操作技术规程、安全检查要求及安全检验标准。

## 复习思考题

1. 起重机械由哪几部分组成?
2. 起重机械的主要技术参数有哪些? 各表示什么含义?
3. 起重机械的起升机构的作用是什么?
4. 起重机械的运行机构的作用是什么?

5. 起重机械的变幅机构的作用是什么？

6. 起重机械的旋转机构的作用是什么？

7. 起重机械的安全防护装置有哪些？它们各起什么作用？

8. 塔式起重机金属结构的报废标准是什么？

9. 起重机械的一般安全操作要求是什么？

# 第 4 章　提升机械安全技术

**本章学习目的及要求**

1. 了解提升机械危险因素识别主要内容。

2. 掌握电梯主要技术参数及电梯基本构造。

3. 掌握限速器、安全钳、弹簧缓冲器、油压缓冲器等电梯安全装置的结构原理以及技术规范。

4. 掌握矿井摩擦提升机及其安全保护装置工作原理,了解矿井摩擦提升机安全作业管理要求。

所谓提升机械,就是指依靠固定导向,实现将人员或货物提升、下放到不同高度的装备,并配有一套完整的辅助系统。

提升机械按应用场合不同,主要分为建筑用提升机械、生活用提升机械和矿井用提升机械。

建筑用提升机械主要是指在建筑生产中使用的施工升降机,常见的有齿轮齿条式升降机和钢丝绳牵引式升降机两种类型。生活用提升机械主要指电梯,电梯作为人们日常生活不可或缺的通行工具,已成为高层建筑必备的配套设备。矿井生产中,既要把矿井井下的矿物提升到地面,又要把地面的设备、材料、人员下放到井下。当资源埋藏较深时,需要采用垂直提升系统实现矿井上下的运输。为实现矿井上下的运输,目前广泛使用的矿井提升机分为单绳缠绕式提升机和多绳摩擦式提升机两大类。

## 4.1　提升机械危险因素识别

1. 设计制造

一些企业为减少资金投入,自行制造龙门架或井架,但缺乏相应技术人员,未经设计计算和有关部门的验收便投入使用,严重危及提升机的安全使用。有些工地因施工需要,盲目改制提升机或不按图纸的要求搭设,任意修改原设计参数,出现架体超高,随意增大额定起重量、提高起升速度等,给架体的稳定、吊篮的安全运行带来诸多事故隐患。

2. 架体的安装与拆除

(1) 安装与拆除架体前未制定装拆方案和相应的安全技术措施。

(2) 作业人员无证上岗。

(3) 施工前未进行详尽的安全技术交底。

(4) 作业中违章作业等导致人员高处坠落、架体坍塌、落物伤人等事故。另外,架体在安装过程中,对基础处理、连墙杆的设置不当也给提升机的安全运行带来严重的隐患:基础面不平整或水平偏差大于 10 mm,严重影响架体的垂直度;连墙杆或缆风绳的随意设置,或与脚手架连接,或选用材料不符合要求等影响架体的稳定性。

3. 安全装置不全或设置不当、失灵

未按规范要求设置安全装置或安全装置设置不当,如上极限限位器设置在越程距离上过小(小于 3 cm)或设置的位置和触动方式不合理,使上极限越程不能有效及时地切断电源,一旦发生误操作或电器故障等情况,将产生吊篮冒顶、钢丝绳拉断、吊篮坠落等严重事故。此外,由于平时对各类安全装置疏于检查和维修,致使安全装置功能失灵而未察觉,提升机带病运行,安全隐患严重。

4. 使用和管理不当

(1)违章乘坐吊篮上下:个别人员违反规定乘坐吊篮时恰逢其他事故隐患发生,致使人员坠落伤亡。

(2)提升机没有专职机构和专职人员管理。

(3)组装后没有进行验收及空载、动载荷超载试验。

(4)无专职司机操作,或升降机司机没有经过专门培训。每班开机前,忽视对卷扬机、钢丝绳、地锚、缆风绳进行检验及进行空车运行。

(5)架体周围无防护隔离,有人攀登架体或从架体下面穿过。

(6)缆风绳随意拆除。临时拆除的,没有先行加固。

(7)保养设备不合理。如在设备运行中擦洗、注油等工作,忽视传动机构的磨损、磨绳、滑轮磨偏等情况。

(8)严重超载:在提升机的使用过程中,不严格按提升机额定载荷控制物料重量,使吊篮与架体或卷扬机长期在超负荷工况下运行,导致架体变形、钢丝绳断裂、吊篮坠落等恶性事故的发生,若架体基础和连墙杆处理不当,甚至可发生架体整体倒塌、机毁人亡的严重后果。

(9)无通信或联络装置失灵:提升机缺乏必要的通信联络装置或装置失灵,使司机无法看清楚吊篮的需求信号,各楼层作业人员无法知道吊篮的运行情况,有些人员甚至打开楼层通道门,站在通道口并将脑袋探入架体内观察吊篮运行情况,从而导致人员高处坠落。

此外,电气设备不符合规范要求,卷扬机设置位置不合理等都将引起安全事故。

# 4.2 电梯安全技术

### 4.2.1 电梯基本知识

1. 电梯的分类

(1)按用途分类

① 乘客电梯。代号为 TK,是为各种高层建筑等运送乘客而设计制造的电梯。要求安全舒适、新颖美观、平层精度高,手动或自动控制操纵。轿厢的顶部除吊灯外,还设有通风或空调设备。为便于乘客进出,一般轿厢的宽度与深度的比例为 10∶7 至 10∶8。

② 载货电梯。代号为 TH,主要是为各种环境运送货物而设计制造的电梯,由专人操作。一般载重量较大而运行速度不高,要求结构牢固耐用。

③ 客货电梯。代号为 TL,既运送乘客,也运送货物。这种电梯具备载货电梯的结构,

也具备乘客电梯的功能。

④ 病床电梯。代号为 TB,是专为运送手术车、病床(包括病人)及医疗设备而设计制造的电梯。轿厢的特点是窄而深,要求启动、制动运行稳定,平层精度高,工作可靠,舒适性好。

⑤ 住宅电梯。代号为 TZ,是供住宅楼使用的电梯。轿厢能运送童车和残疾人员乘坐的轮椅、家具、紧急救护担架等。

⑥ 杂物电梯。代号为 TW,有别于载货电梯,载重量小、速度低。专供图书馆、餐馆等运送图书、食品等轻小物体使用,不能载人。

⑦ 船用电梯。代号为 TC,安装在船舶上供乘客、船员等使用的电梯,其结构简单、耐腐蚀、防潮,能在船舶的摇晃中可靠工作。

⑧ 观光电梯。代号为 TG,观光电梯除运送乘客外,还能使乘客观看到轿厢外的景物。因此,井道、轿厢四周一半以上设计为透明式,视野开阔,外形美观,灯光绚丽多彩。

⑨ 汽车用电梯。代号为 TQ,是运送车辆的电梯,多用在立体车库或仓库等处。其轿厢面积要与所装载的车辆相匹配,构造坚固,运行速度较低。

⑩ 其他电梯。用于特殊场所,如大型煤气库的防爆电梯、冷库电梯、矿井电梯、建筑施工电梯、自动扶梯,以及自动人行道等。

(2)按速度分类

① 低速电梯。额定速度 $v<1.0$ m/s 的电梯。

② 中速电梯。额定速度 $1.0$ m/s$\leqslant v<2.0$ m/s 的电梯。

③ 高速电梯。额定速度 $2.0$ m/s$\leqslant v<4.0$ m/s 的电梯。

④ 超高速电梯。额定速度 $v\geqslant 4.0$ m/s 的电梯。

(3)按机房位置分类

① 机房上置式。电梯控制机房设在电梯井道的上方。这种方式的曳引机形式简单,质量小,是目前常用的形式。

② 机房下置式。在建筑物的上方无法建造机房时采用的方式。这种方式增加了定滑轮、动滑轮和钢丝绳的长度,使得电梯结构变得复杂,曳引机承载质量大,维修不方便。

③ 无机房。无需建造普通意义上的机房,曳引机安装在井道内的导轨上、井道壁上或井道顶部,控制柜安装在层门口的两边。

2. 电梯的主要技术参数

(1)基本规格

电梯是按基本规格形式确定其用途、运载能力和工作特性的。其中应包括下列几项参数内容:

① 电梯的种类。即电梯的用途,如乘客电梯、载货电梯、病床电梯、住宅电梯、观光电梯等。

② 拖动方式。即电梯采用动力的形式,分为交流电力拖动、直流电力拖动、液压传动等。

③ 控制方式。即电梯在运行中的操纵形式,分为手柄控制、按钮控制、信号控制、集选控制、并联控制、梯群控制等。

④ 额定载重量(单位为 kg)。对生产厂是设计制造电梯所规定的载重量;而对用户则是选用电梯的主要参数。

⑤ 额定速度（单位为 m/s）。对生产厂是设计制造电梯所规定的运行速度；而对用户则是选用电梯的主要参数。

⑥ 轿厢尺寸。轿厢内的净尺寸，用轿厢宽度（$A$）和轿厢深度（$B$）表示。轿厢尺寸的大小基本决定了额定载重量和井道、机房的尺寸。

⑦ 开门方式。电梯开门的方式可以分为中分式、中分双折式、旁开式、直分式等。

（2）电梯术语

① 层站。各楼层用于出入轿厢的地点。

② 基站。电梯无指令运行时停靠的层站，一般情况下，此层站出入轿厢的人数最多。

③ 底层端站。电梯轿厢停靠的最低的层站。

④ 顶层端站。电梯轿厢停靠的最高的层站。

⑤ 机房。安装曳引机和相关设备的房间。

⑥ 井道。为轿厢和对重装置运行而设置的空间。该空间是以井道底坑、井道壁和井道顶为界限的。

⑦ 提升高度（$H$）。从电梯的底层端站楼层地面至顶层端站楼层地面之间的垂直距离。

⑧ 顶层高度（$Q$）。由顶层端站楼层地面至机房楼板或隔层楼板下最突出构件的垂直距离。考虑到轿厢架的高度及轿厢越层的情况，顶层高度一般比中间楼层要高。

⑨ 平层准确度。轿厢到站停靠后，轿厢地坎上平面对层门地坎上平面沿垂直方向的误差值。

⑩ 层门。设置在层站入口的门。

⑪ 轿厢门。设置在轿厢入口的门。

⑫ 底坑深度（$P$）。底层端站楼层地面至井道底坑地面之间的垂直距离。

3．电梯的基本构造

电梯是机电高度一体化的产品。尽管电梯的种类繁多，但绝大多数为电力驱动、钢丝绳曳引式结构，图 4-1 所示是电梯的基本结构。

从电梯空间位置可划分成机房、井道、轿厢和层站 4 部分。从电梯各构件的功能可分为 8 个部分：即曳引系统、导向系统、轿厢系统、门系统、对重平衡系统、电力拖动系统、电气控制系统和安全保护系统。

（1）曳引系统

曳引系统的作用是输出动力、曳引轿厢运行，主要由曳引机、曳引钢丝绳、导向轮等构成，如图 4-2 所示。

曳引机是安装在机房内的主要传动设备，它由电动机、制动器、减速箱（无齿轮曳引机无此项）、曳引轮、机座等组成，依靠曳引绳和曳引轮的摩擦来实现轿厢运行。曳引机分为有齿轮曳引机和无齿轮曳引机。

（2）导向系统

导向系统的作用是限制轿厢和对重的自由度，使其只能沿着导轨上下运动。它主要由导靴、导轨、导轨架等组成，见图 4-3、图 4-4。

① 导靴安装在轿厢和对重架上，强制轿厢沿着导轨上下垂直运动，见图 4-5、图 4-6。

② 导轨的作用是对轿厢和对重的运动起导向作用，主要有 T 形（见图 4-7）、L 形两种。

③ 导轨架安装在井道壁上，用来支撑和固定导轨，见图 4-8、图 4-9。

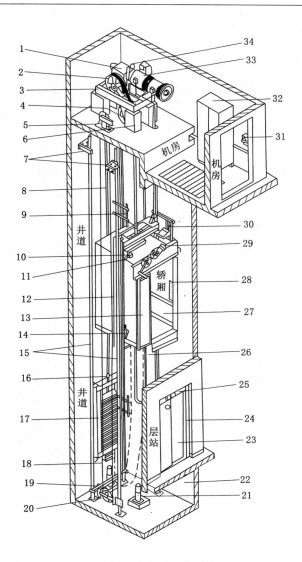

图 4-1  电梯的基本结构

1——减速箱；2——曳引轮；3——曳引机底座；4——导用轮；5——限速器；

6——机座；7——导轨支架；8——曳引钢丝绳；9——开关碰铁；10——紧急终端开关；

11——导靴；12——轿架；13——轿门；14——安全钳；15——导轨；16——绳头组合；

17——对重；18——补偿链；19——补偿链导轮；20——张紧装置；21——缓冲器；

22——底坑；23——层门；24——呼梯盒(箱)；25——层楼指示灯；26——随行电缆；

27——轿壁；28——轿内操纵箱；29——开门机；30——井道传感器；31——电源开关；

32——控制柜；33——曳引电动机；34——制动器(抱闸)

（3）轿厢系统

轿厢用来运送乘客或货物，是电梯的承载部分。它主要由轿厢架和轿厢体组成，如图 4-10、图 4-11 和图 4-12 所示。

轿厢架是承重构件，是一个框形金属架，由上下梁、立柱和拉杆组成。在上下梁的四角，有供安装轿厢导靴和安全钳的平板。轿厢体由轿底、轿壁、轿顶及轿门组成。

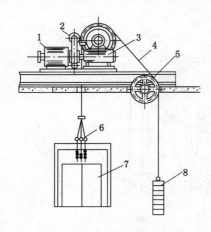

图 4-2　电梯曳引系统

1——电动机；2——制动器；3——减速器；4——曳引绳；

5——导向轮；6——绳头组合；7——轿厢；8——对重

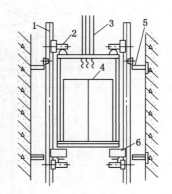

图 4-3　轿厢导向系统

1——导轨；2——导靴；3——曳引绳；4——轿厢；

5——导轨架；6——安全钳

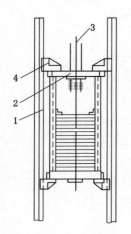

图 4-4　对重导向系统

1——导轨；2——对重；3——曳引绳；4——导靴

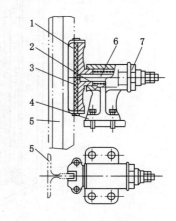

图 4-5　弹簧式滑动导靴

1——靴头；2——弹簧；3——尼龙靴衬；4——靴座；

5——导轨；6——靴轴；7——调节套

（4）门系统

门系统用于封闭轿厢和井道出口，防止人员和物品坠入井道或与井壁相撞。它主要由轿门、层门、开关门机构等组成，见图 4-13、图 4-14 和图 4-15。

轿门安装在轿厢上，有交栅式和封闭式等。

层门安装在每层电梯出口处。每个层门设有机械和电气联锁装置，保证层门打开时电梯不能运行。

开门机构（见图 4-16）是开关电梯门的机构，有自动式、手动式两种。

（5）对重平衡系统

对重平衡系统是使对重与轿厢达到相对平衡，在电梯工作中使轿厢与对重间的质量差保持在某一限度之内，保证电梯的曳引传动平稳。它由对重和质量补偿装置两部分组成。

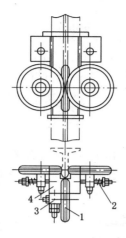

图 4-6　滚动导靴

1——滚轮；2——弹簧；3——摇臂；4——靴座

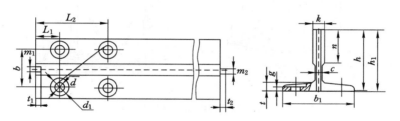

图 4-7　T 形电梯导轨

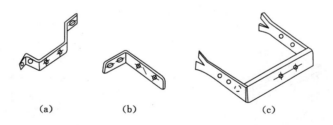

（a）　　　　　（b）　　　　　　　（c）

图 4-8　导轨架种类

（a）山形导轨架（轿箱导轨架）；（b）L 形导轨架（对重导轨架）；

（c）框形导轨架（轿箱、对重导轨共用架）

对重相对于轿厢悬挂于曳引绳的另一端，使曳引机只需克服轿厢和对重之间的质量差便能驱动电梯，进而起到减小动力消耗、改善曳引能力的作用。对重平衡系统如图 4-17 所示。

质量补偿装置有补偿链和补偿绳。补偿链用于梯速不大于 1.75 m/s 的电梯上；补偿绳比较稳定，补偿效果好，用于梯速为 1.75 m/s 以上的电梯上时，要在其底部设张绳轮。补偿方法以对称补偿比较常用，这种方法具有质量小、补偿效果好的特点。补偿链和补偿绳分别如图 4-18、图 4-19 所示。

（6）电力拖动和电气控制系统

电梯的电力拖动系统有两大类，即交流拖动系统和直流拖动系统。交流拖动系统用得最广。电梯的电气控制系统取决于电梯的用途、额定载荷、速度、控制方式等设计要求和使

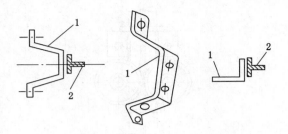

图 4-9　轿厢导轨架

1——导轨架；2——轿厢 T 形导轨

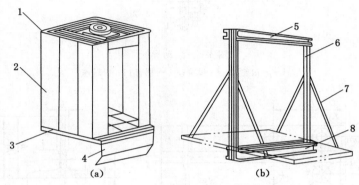

(a)　　　　　　　　　(b)

图 4-10　普通客梯轿厢构造

(a) 轿厢体；(b) 轿厢架

1——轿厢顶；2——轿厢壁；3——轿厢底；4——防护板；

5——上梁；6——立柱；7——拉条；8——底梁

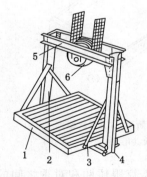

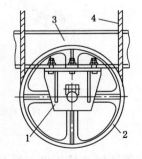

图 4-11　曳引比为 2：1 的钢丝绳绕过轿厢架上的反绳轮

1——轿底；2——立柱；3——拉杆；

4——底梁；5——上梁；6——反绳轮

图 4-12　轿厢架上的反绳轮

1——支架；2——反绳轮；

3——上梁；4——曳引绳

用性能要求，但控制内容大致相同，主要是指对电梯的启动、加速、运行、减速、停止和运行方向、楼层显示、轿内指令、层站厅外召唤、安全保护等信号进行管理和控制。

　　控制柜设置在机房与曳引机较近的位置，是电梯的电气装置和信号控制指挥中心。控制柜内有电源变压器、整流装置、继电器、接触器、控制系统、调速系统等。随着计算机技术、电子技术、调速技术的飞速发展，电梯的控制柜变得越来越小，控制也越来越先进；变频技术

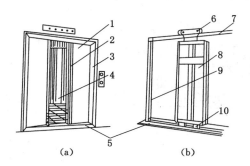

图 4-13　门的结构与组成

（a）层门外面；（b）层门内面

1——层门；2——轿厢门；3——门套；4——轿厢；5——门地坎；6——门滑轮；

7——层闸导轨架；8——门扇；9——厅门门框立柱；10——门滑块

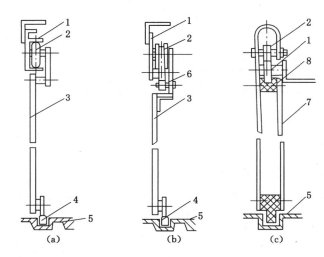

图 4-14　门导轨架与门滑轮（侧面图）

（a）V 形导轨；（b）板条型直线导轨；（c）交栅门导轨

1——导轨；2——滑轮；3——门扇；4——门滑块（门靴）；5——地坎；

6——门挡轮；7——交栅门；8——凹形导向尼龙块

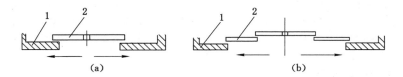

图 4-15　中分式门（俯视图）

（a）两扇中分式；（b）四扇中分式

1——井道；2——门

的应用,使调速性能也越来越理想。光纤通信、串行通信、网络技术等在电梯上也得到了广泛的应用。大规模集成电路的应用,微处理器的发展,控制软件的不断成熟,使得电梯的可靠性也越来越高,实现了许多人工智能化的功能。

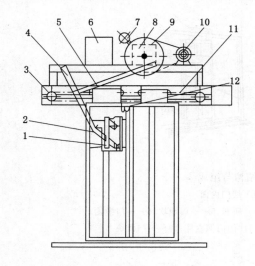

图 4-16　单臂中分式门的开门机构

1——门锁压板机构;2——门连杆;3——绳轮;4——摇杆;

5——连杆;6——电器箱;7——平衡器;8——凸轮箱;

9——曲柄链轮;10——带齿轮减速器的直流电动机;

11——钢丝绳;12——门锁

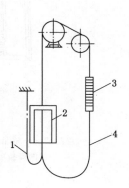

图 4-17　对重平衡系统

1——电缆;2——轿厢;3——对重;4——补偿装置

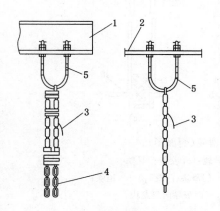

图 4-18　补偿链接头

1——轿厢底;2——对重底;3——麻绳;

4——铁链;5——U 形卡箍

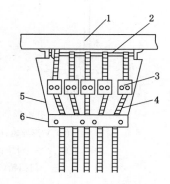

图 4-19　补偿绳接头

1——轿厢梁;2——挂绳架;3——钢丝绳卡钳;

4——钢丝绳;5——钢丝;6——定位卡板

## 4.2.2　电梯安全保护装置

电梯的安全保护装置可分为机械式、电气式与机电综合式三种,重要的安全保护装置一般采用机电综合式。电梯主要的安全保护装置有限速装置、安全钳、缓冲器、门锁及各种保护开关等。

1. 限速装置

(1) 限速装置的功能

限速装置通常安装在机房内或井道顶部,是检测并限制轿厢超速的装置。在电梯正常运行时它不起作用。当电梯运行速度超过其额定速度并达到危险值（即限速器动作速度）时,限速装置操纵电气开关打开急停回路,使电动机停转、制动器制动,与此同时或稍后,它将操纵安全钳,使轿厢系统夹持在导轨上,迫使其停下来。所以,限速装置总是和安全钳联合使用。限速装置在电梯超速并在超速达到临界值时起检测及操纵作用,而安全钳则是在限速装置操纵下强制使轿厢停下来的执行机构。

电梯超速是一种非正常的、不安全的运行状态。引起电梯超速可以有各种各样的原因,通常是由于电气控制失灵造成电梯"飞车"。电气控制系统本身也设有超速保护,但是一旦电梯严重超速,并且其他超速保护装置均未能起作用时,甚至发生断绳、曳引机主轴断裂或制动器失灵使轿厢加速下滑时。只有靠限速装置来提供最后的安全保护。限速装置和安全钳的动作时序如图 4-20 所示。

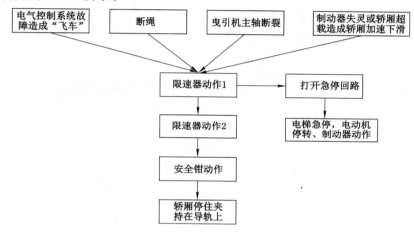

图 4-20　限速装置和安全钳的动作时序图

由于电梯速度不同,通过限速装置使电梯停止的操纵程序也有所不同。根据《电梯制造与安装安全规范》(GB 7588—2003)的规定,当电梯额定速度为 1 m/s 或以下时,允许在限速装置动作操纵安全钳的同时打开急停回路(即限速动作 1,打开急停回路,限速器动作 2,操纵安全钳同时发生)。当电梯额定速度超过 1 m/s 时,限速装置应首先打开急停回路即限速动作 1,超速在额定速度的 115% 以下使电梯急停;如果此动作未能使电梯减速并且超速达到规定值时,则限速装置直接操纵安全钳即限速动作 2 使轿厢夹持在导轨上。

通常只在轿厢侧设置限速装置和安全钳来防止轿厢的超速或坠落。但是,在电梯底坑的下方有人通行的过道或空间时,则对重也应设置安全钳;而在电梯额定速度超过 1 m/s 时,此安全钳也必须由限速装置来操纵,以防止对重的超速或坠落。

(2) 限速装置的传动系统和布置

限速装置的传动系统和布置如图 4-21 所示。

限速装置包括限速器、限速器绳以及限速器绳张紧轮。限速器通常安装在电梯机房或隔音层的地面,它的平面位置一般在轿厢的左后角或右前角处。限速器绳的张紧轮安装在电梯底坑。限速器绳绕经限速器轮和张紧轮形成一个封闭的环路,其两端通过绳头连接架安装在轿厢架上操纵安全钳的杠杆系统。张紧轮的质量使限速器绳保持张紧,并在限速器轮槽和限速器绳之间形成一定的摩擦力。轿厢上、下运行时,同步带动限速器绳运动,从而带动限速器轮转动。所以,限速器能直接检测轿厢的运行速度。

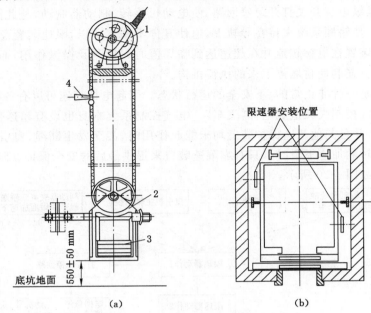

图 4-21　限速装置的传动系统和布置

（a）传动系统；（b）平面布置

1——限速器；2——张紧轮；3——重砣；4——绳头连接架

（3）限速器的种类和结构原理

按电梯的速度不同,限速器的结构也有所不同。

限速器按检测超速的原理有惯性式和离心式两种,目前绝大部分电梯均采用离心式限速器。按操纵安全钳的结构又分成刚性夹绳(配用瞬时式安全钳,适用于额定速度不大于 0.63 m/s 的电梯)和弹性可滑移夹绳(配用渐进式安全钳,适用于额定速度大于 0.63 m/s 的电梯)两种。下面介绍几种典型的离心式限速器的结构原理。

1）卧轴离心式限速器。卧轴离心式限速器也叫作圆盘形限速器或甩块式限速器。目前这种限速器的使用最为普遍。按其动作速度分成刚性夹绳和弹性夹绳两种。

① 刚性夹绳卧轴离心式限速器。刚性夹绳卧轴离心式限速器如图 4-22 所示。限速器底座 1 上装有轮轴 14,限速器轮 4 和制动圆盘 5 均可在轮轴上转动。在限速器轮上固定着两个销轴 12。两离心重块 11 可以绕各自的销轴摆动,它们对称地布置并通过连杆 13 连接在一起。弹簧 10 使离心重块向中心缩紧,弹簧力的大小可以用螺母 9 进行调节。在离心重块的外缘面上各有一个棘爪 15。制动圆盘的内圆面上有五个均布的棘齿 16,外圆面上有一个带缺口的突起部。拨叉 3 可以绕底座上的心轴 2 摆动,拨叉的上端平行地设有一个楔块 7 和一个尖榫 8。楔块的中心对准速器轮的绳槽,其高度可调节,并承受压簧的预压力。尖榫插入制动圆盘外圆面上突起部的缺口中,制动圆盘的转动将带动拨叉摆动。

在限速器轮静止不动、离心重块保持向中心缩紧位置的情况下,离心重块的棘爪与制动圆盘的棘齿之间在径向保持一定空隙。轿厢运行时通过限速器绳带动限速器轮转动,离心力使离心重块绕销轴向外摆动并与弹簧力保持平衡,棘爪与棘齿之间的径向空隙缩小。限

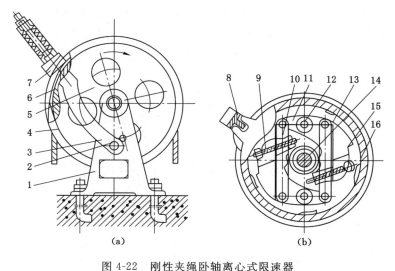

图 4-22　刚性夹绳卧轴离心式限速器

(a) 外观图；(b) 内部结构图

1——底座；2——心轴；3——拨叉；4——限速器轮；5——制动圆盘；6——限速器绳；

7——楔块；8——尖桦；9——螺母；10——弹簧；11——离心重块；12——销轴；

13——连杆；14——轮轴；15——棘爪；16——棘齿

速器轮转速越快，离心力越大，此空隙越小。当轿厢超速达到设定的超速值时，离心重块向外摆动的角度达到使其棘爪与制动圆盘的棘齿相啮合，限速器轮带动制动圆盘转动，从而使拨叉按箭头方向摆动。由于拨叉摆动中心与限速器轮和制动圆盘的回转中心存在一个偏距，所以拨叉的摆动使拨叉上的楔块与限速器轮槽中的限速器绳相接触，而偏距、斜角和楔块楔角的设计使楔块和限速器绳之间形成自动楔紧条件。因此，随着限速器轮进一步转动，使楔块和限速器绳连同限速器轮越楔越紧，直到完全楔死为止。限速器绳被楔住不动，随着轿厢继续下落，安全钳装置就被带动而动作，轿厢被强迫制停。调节弹簧 10 的压力，可以调节限速器的动作速度。

这种限速器的动作灵敏可靠。由于其夹绳机构是刚性的，因此必须配用于瞬时型安全钳，适用于速度小于等于 0.63 m/s 的电梯。

② 弹性夹绳卧轴离心式限速器。弹性夹绳卧轴离心式限速器如图 4-23 所示，它的结构原理与刚性夹绳卧轴离心式限速器相仿，主要不同点在于夹绳机构。限速器上设有开关打板 2 和夹绳打板 10，分别操纵电气开关和夹绳动作。限速器绳轮 6 的转动，使两离心重块 7 克服弹簧 5 的拉力而向外摆动。在正常的电梯运行速度下，离心重块摆动的角度不足以使开关打板和夹绳打板动作。当轿厢超速达到电梯额定速度的 115% 时，离心重块向外摆动的角度增大到使其上的凸块碰撞开关打板上的碰铁 1，则触头 8 脱离电开关 9 使其开启而断开急停回路，从而使曳引机停转、制动器动作。电开关的有效作用将避免一次安全钳的制停。但是，如果电开关的动作未能使电梯减速或停下来，并且电梯的超速继续增大到夹绳动作速度（超速 120%～140%）时，离心重块上的凸块就碰撞夹绳打板上的碰铁 3，松开夹绳钳 11，夹绳钳在自重作用下向下摆落，与限速器绳接触。由于夹绳钳和限速器绳之间存在自动楔紧条件，随着限速器绳向下移动而被楔住在夹绳钳的绳槽中。夹绳钳是由弹簧

4 承载的,所以这种夹绳是弹性的,夹绳力的大小取决于夹绳钳和限速器绳之间的摩擦力,也就是弹簧 4 的作用力,而这个力是可以调节的。当作用于限速器绳上的力大于夹绳钳的摩擦力时,限速器绳可以在夹绳钳的绳槽中滑移,所以这种限速器可以配用于渐进式安全钳。

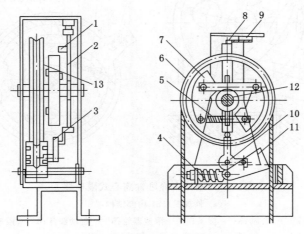

图 4-23　弹性夹绳卧轴离心式限速器

1——开关打板碰铁;2——开关打板;3——夹绳打板碰铁;4——夹绳钳弹簧;
5——离心重块弹簧;6——限速器绳轮;7——离心重块;8——电开关触头;
9——电开关;10——夹绳打板;11——夹绳钳;12——轮轴;13——拉簧

开关打板 2、夹绳打板 10 和夹绳钳 11 不能自动复位。只有在查明超速原因并排除之后,靠人力使限速器复位,才能使电梯恢复正常运行。

这种限速器动作可靠,性能良好,适用于速度为 1 m/s 以上的快速电梯和高速电梯。目前国内外电梯中大量采用这种限速器。

2) 立轴离心式限速器。立轴离心式限速器又称甩球式限速器,其结构如图 4-24 所示。产生离心力的两个铁球 3 绕立轴 1 回转,立轴 1 由限速器绳轮 8 通过一对伞齿轮 6 和 7 带动。铁球产生的离心力通过六角形连杆系统使滑套 4 向上移动并压缩弹簧 2。滑套的位移通过杠杆 5 带动前夹绳钳块 9 和凸轮 12 分别操纵电开关 13 和夹绳动作。

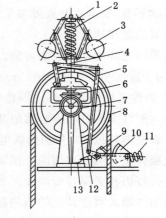

图 4-24　立轴离心式限速器

1——立轴;2,11——弹簧;3——铁球;4——滑套;
5——杠杆;6,7——伞齿轮;8——限速器绳轮;
9——前夹绳钳块;10——后夹绳钳块;
12——凸轮;13——电开关

在正常的电梯运行速度下,铁球因离心力产生的位移不足以使电开关和夹绳钳动作。当电梯超速达到电梯额定速度的 115% 时,铁球 3 进一步向外甩出,通过滑套 4、杠杆 5 使凸轮 12 回转一定角度而使电开关 13 打开,切断急停电路。电开关 13 的打开应能使电梯减速并停止。与弹性夹绳卧轴离心式限速器一样,如果电开关 13 的动作仍未能使电梯减速,并且电梯超速继续增大到夹绳钳动作速度时,铁球 3 的离心力使滑套 4 和杠杆 5 进一步提起而松开前夹绳钳块 9。在自重作用下,前、后夹绳钳块同时向下摆落,与限速器绳接触。随着限速器绳进一步向下移动,靠自动楔紧作用而使限速器绳楔在前、后夹绳钳块的绳槽之中。后夹绳钳块是由弹簧 11 承载的,所以这种夹绳也是弹性夹持的。当作用于限速器绳上的拉力超过夹绳钳的摩擦力时,它可以在夹绳钳的绳槽中滑移,因而适用于渐进式安全钳。

凸轮和夹绳钳的复位也必须在排除故障之后靠人力来操作。

此限速器动作灵敏可靠,性能良好且易于调节,可以适用于各种速度的电梯。在通常情况下,通过调节弹簧的预压力来调节限速器的动作速度。如果改变铁球质量、伞齿轮传动速比或弹簧 2 的设计参数,则此限速器可以适用于任何速度的电梯,但缺点是结构较复杂。随着卧轴离心式限速器结构的不断改进和完善,立轴离心式限速器的应用已逐步减少。

(4)限速器的安全技术规范

按照国内外电梯安全技术规范的规定,限速器需满足下列要求。

① 限速器的动作速度。轿厢限速器的动作速度应不低于额定速度的 115%。但动作速度在配用瞬时式安全钳时(除不可脱落滚柱式以外),应不大于 0.8 m/s;配用不可脱落滚柱瞬时式安全钳时,应不大于 1.0 m/s;配用具有缓冲作用的瞬时安全钳或额度速度不大于 1.0 m/s 的渐进式安全钳时,应不大于 1.5 m/s,配用额定速度超过 1.0 m/s 的渐进式安全钳时,应不大于 $v(v = 1.25v_0 + \dfrac{0.25}{v_0}$,$v_0$ 为额定速度)。

对重设有限速器时,其动作速度应大于轿厢限速器的动作速度,但不得超过 10%。限速器动作速度调定后,其调节部位应加以铅封。

② 限速器夹绳力。限速器动作时的夹绳力应至少为带动安全钳起作用所需力的 2 倍,且不小于 300 N。

③ 限速器开关。对于额定速度超过 1.0 m/s 的限速器,在轿厢速度达到限速器动作速度之前,应借助一个电气开关使曳引机停转。

④ 限速器绳。限速器绳的公称直径不得小于 6 mm。限速器绳轮的节圆直径与绳的公称直径之比应不小于 30。限速器绳的受力安全系数不得小于 8。限速器绳需由张紧轮张紧;在绳断裂或松弛的情况下,应借助一个电气开关使曳引机停转。

⑤ 限速器复位。限速器每次动作后,应由专职人员操作复位,使电梯恢复使用。

2. 安全钳

安全钳安装在轿厢两侧的立柱上,主要由连杆机构、钳块拉杆、钳块及钳座等组成,如图 4-25 所示。安全钳通过拉臂与限速器钢丝绳相连,在正常情况下,由于连杆弹簧的张力大于限速器钢丝绳的拉力而使安全钳处于静止状态。此时,钳块与导轨侧面保持恒定的间隙。当限速器动作、钢丝绳被夹持不动时,由于轿厢继续下行,拉杆被提起,钳块与导轨接触,以其与导轨间的摩擦消耗电梯动能,将轿厢强行制动在导轨上。与此同时,装在拉臂尾部处的安全钳开关动作,电梯控制电路被切断。由于连杆的作用,两侧钳块的动作是一致的。安全钳的钳块有多种形式,常见的有偏心块式、滚柱式、楔块式等,如图 4-26 所示。其中双楔块式在作用过程中对导轨的损伤小,制动后容易解脱,使用最为广泛。但是不论何种钳块结构,在制动后都应能以上提轿厢的方式复原。安全钳对电梯的制动,按其动作过程分为瞬时动作式(刚性安全钳)和渐进动作式(弹性安全钳)。瞬时动作式安全钳,对电梯的制动是在瞬间完成的,造成的冲击较大;渐进动作式安全钳,对电梯的制动有一个缓冲过程,故冲击较小。

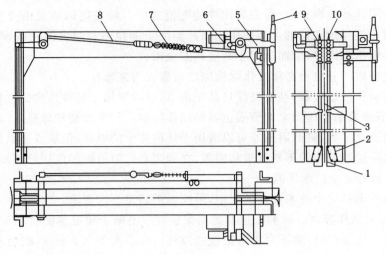

图 4-25 安全钳

1——楔块;2——钳座;3——拉杆;4——限速器钢丝绳;5——拉臂;
6——行程开关;7——连杆弹簧;8——连杆;9——拉杆弹簧;10——拉杆座

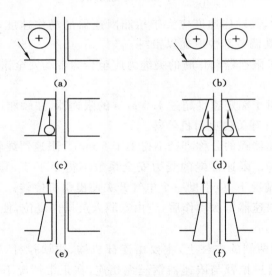

图 4-26 安全钳钳块种类

(a) 单偏心块;(b) 双偏心块;(c) 单滚柱;(d) 双滚柱;(e) 单楔块;(f) 双楔块

(1) 安全钳结构形式

① 瞬时式安全钳。该结构的特点是制停距离短,轿厢承受冲击大。在制停过程中,楔块或其他形式的卡块迅速地卡入导轨表面,从而使轿厢停止。轿厢的最大制动减速度为 $5g \sim 10g$($g$ 为重力加速度,$g = 9.8 \ \text{m/s}^2$)。图 4-27 所示是双楔型瞬时式安全钳,图 4-28 所示是偏心块型瞬时式安全钳,图 4-29 所示是滚柱型瞬时式安全钳。

② 渐进式安全钳。该结构的特点在于钳体是弹性夹持型。安全钳动作时,轿厢有相当

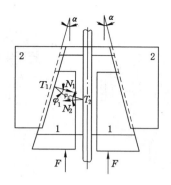

图 4-27　双楔型瞬时式安全钳

1——钳块；2——钳体

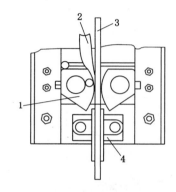

图 4-28　偏心块型瞬时式安全钳

1——钳块；2——钳体；3——导轨；4——导靴

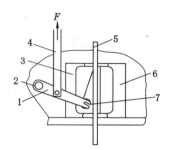

图 4-29　滚柱型瞬时式安全钳

1——连杆；2——支点；3——爪；4——操纵杆；
5——导轨；6——钳体；7——滚柱

的制停距离，使得轿厢的制停减速度小。渐进式安全钳在制停过程中的平均减速度应为 $0.2g\sim1g$。双楔型渐进式安全钳如图 4-30 所示；弹性元件为 U 形板簧的渐进式安全钳如图 4-31 所示；滚柱型渐进式安全钳如图 4-32 所示；弹性元件为 $\pi$ 形钳座的渐进式安全钳如图 4-33 所示；侧支碟形弹簧的渐进式安全钳如图 4-34 所示。

（2）安全钳设置和使用要求

① 轿厢应装有仅能在下行时动作的安全钳装置，在达到限速器动作速度时，或在悬挂装置断裂的情况下，安全钳装置应能夹紧导轨而使装有额定载重量的轿厢制停，并保持静止状态。

② 各类安全钳装置的使用条件应考虑以下方面：

a. 按电梯额定速度选用轿厢安全钳装置，$v>0.63$ m/s 时，应用渐进式安全钳装置；$v\leqslant0.63$ m/s 时，可用瞬时式安全钳装置。

b. 若轿厢装有数套安全钳装置，均应是渐进式的。

c. 若额定速度超过 1 m/s，对重用安全钳装置也应是渐进式的，其他情况下可以是瞬时的。

③ 禁止使用电气、液压或气压方式操纵安全钳装置。

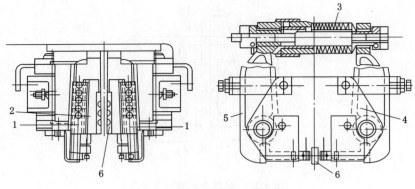

图 4-30　双楔型渐进式安全钳

1——滚柱组;2——楔块;3——碟形弹簧组;4——钳座;5——钳臂;6——导轨

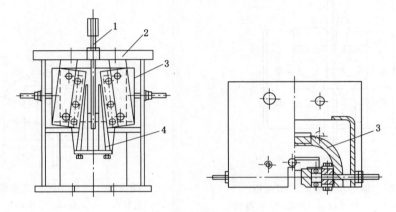

图 4-31　弹性元件为 U 形板簧的渐进式安全钳

1——提拉杆;2——焊接式钳座;3——U 形板簧;4——楔块

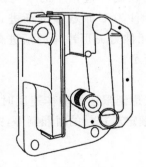

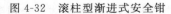

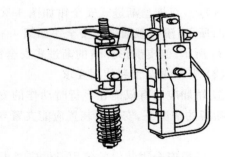

图 4-32　滚柱型渐进式安全钳　　　　　图 4-33　弹性元件为 π 形钳座的渐进式安全钳

④ 在装有额定载重量的轿厢自由下落的情况下,渐进式安全钳装置动作时轿厢的平均减速度应为 $0.2g \sim 1.0g$。

⑤ 在载荷均匀分布的情况下,安全钳装置作用后轿厢地板的倾斜度不应超过其正常位置的 5%。

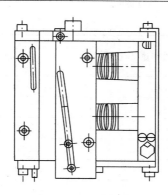

图 4-34　侧支碟形弹簧的渐进式安全钳

⑥ 如果轿厢或对重之下确存在人能到达的空间,对重应设仅能在其下行时动作的安全钳装置。在达到限速器动作速度时,或在悬挂装置断裂的情况下,安全钳装置应能通过夹紧导轨而使对重制停并保持静止状态。

⑦ 轿厢安全钳应装有一个电气安全装置,在安全钳动作之前或同时切断电动机供电电源。

⑧ 安全钳装置释放后,需经专职人员调整,电梯才能恢复使用。

(3) 安全钳的安全技术规范

按照国内外电梯安全技术规范的规定,安全钳需满足下列要求。

① 制停减速度和制停距离。安全钳制停过程的平均减速度应为 $0.2g \sim 1.0g$。

美国国家标准 A17.1《电梯安全规范》规定了渐进型安全钳的最大和最小制停距离为:

$$S = \frac{v^2}{14\ 126} + 0.256 \tag{4-1}$$

$$S' = \frac{v^2}{70\ 560} + 0.122 \tag{4-2}$$

式中　$S$——最大制停距离,m;

　　　$S'$——最小制停距离,m;

　　　$v$——限速器动作速度,m/min。

式(4-1)、式(4-2)中右面第二项常数 0.256 和 0.122 为由限速器动作时到安全钳动作时轿厢运行的距离。右面第一项为分别对应于最大和最小平均制停减速度所要求的制停距离。相应的最大和最小制停距离值见表 4-1。

表 4-1　　　　　　　　　　　　渐进型安全钳的制停距离

| 电梯额定速度/(m/s) | 限速器最大动作速度/(m/s) | 制停距离/mm | |
|---|---|---|---|
| | | 最小 | 最大 |
| 1.25 | 1.68 | 280 | 980 |
| 1.5 | 1.98 | 330 | 1 260 |
| 1.75 | 2.26 | 380 | 1 560 |
| 2 | 2.55 | 460 | 1 920 |
| 2.5 | 3.13 | 640 | 2 760 |

| 电梯额定速度/(m/s) | 限速器最大动作速度/(m/s) | 制停距离/mm | |
|---|---|---|---|
| | | 最小 | 最大 |
| 3 | 3.7 | 840 | 3 750 |
| 3.5 | 4.3 | 1 090 | 4 970 |
| 4 | 4.85 | 1 370 | 6 250 |
| 4.5 | 5.4 | 1 600 | 7 690 |
| 5 | 6 | 1 900 | 9 430 |

美国国家标准 A 17.1 规定的渐进型安全钳的最大和最小距离公式,系对应于制停过程平均减速度为 $0.35g \sim 1.0g$ 之间。按 CEN(欧洲标准化委员会)和我国国家标准,此平均减速度应在 $0.2g \sim 1.0g$ 之间。按 CEN 和我国标准并将速度单位(m/min)改为法定计量单位(m/s),则式(4-1)和式(4-2)应改写为:

$$S = \frac{v^2}{3.924} + 0.256 \tag{4-3}$$

$$S' = \frac{v^2}{19.62} + 0.122 \tag{4-4}$$

式中  $v$——限速器动作速度,m/s。

② 在轿厢内载荷均匀分布的情况下安全钳使轿厢制停后,轿厢地板的倾斜度应不超过其正常位置的 5%。

③ 在安全钳动作之前或同时应有电气开关切断电梯控制回路,使曳引机停转。此电气开关应是非自动复位的。

④ 安全钳夹紧弹簧和受力零件应有足够的强度安全系数。

3. 缓冲器

(1) 缓冲器的功能

缓冲器是提供最后安全保护的一种电梯安全装置。它安装在电梯的井道底坑内,位于轿厢和对重的正下方,如图 4-35 所示。当电梯向上或向下运动时,由于钢丝绳伸长、曳引摩擦力和抱闸制动力不足或控制系统失灵而超越终端层站底层或顶层时,将由缓冲器起缓冲作用,以避免电梯轿厢或对重直接撞底或冲顶,保护乘客和设备的安全。

轿厢缓冲器在防止轿厢撞底的同时,也防止了对重的冲顶;同样,对重缓冲器在防止对重撞底的同时,也防止了轿厢的冲顶。为此,轿厢的井道顶部间隙 $H$ 必须大于对重缓冲器的总压缩行程 $S$;同样,对重的井道顶部间隙也必须大于轿厢缓冲器的总压缩行程。《电梯制造与安装安全规范》(GB 7588—2003)对轿厢和对重的井道顶部间隙有

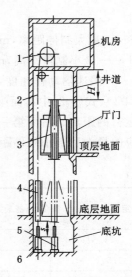

图 4-35  电梯缓冲器的安装位置

1——曳引机;2——曳引钢丝绳;3——轿厢;
4——对重;5——轿厢缓冲器;6——对重缓冲器

相应的规定。

缓冲器所保护的电梯速度是有限的,即不大于电梯限速器的动作速度。当超过此速度时,应由限速器操纵安全钳使轿厢制停。

缓冲器的原理是使运动物体的动能转化为一种无害的或安全的能量形式。在刚性碰撞的情况下,碰撞减速度和碰撞力趋于无限大。而缓冲器将使运动着的轿厢或对重在一定的缓冲行程或时间内减速停止,即可以控制碰撞减速度和碰撞力在安全范围之内。

电梯缓冲器按其结构和原理可以分成两大类,即弹簧缓冲器和油压缓冲器。弹簧缓冲器的结构简单,但缓冲性能较差,而且缓冲行程也受限制,因此只适用于速度不超过 1 m/s 的电梯。对于速度高于 1 m/s 的快速或高速电梯,则必须采用缓冲性能较好的油压缓冲器。

（2）弹簧缓冲器

弹簧缓冲器是一种蓄能型缓冲器,它使轿厢或对重的动能转化为弹簧的弹性势能,从而起缓冲作用,通过弹簧的压缩行程和反力,使轿厢或对重减速停止。缓冲过程中,弹簧反力逐渐增大,缓冲力和缓冲减速度是不均匀的。另外,弹簧被压缩到极限位置后将释放弹性势能,使缓冲结束时有反跳现象。因此,弹簧缓冲器的缓冲性能较差,只适用于速度较低的电梯。

① 结构

弹簧缓冲器的典型结构如图 4-36 所示,主体是圆柱形螺旋弹簧 3,通过底座 4 连接于底坑。顶部装有托盘 2 和橡胶垫 1,以减小碰撞时发出的响声。

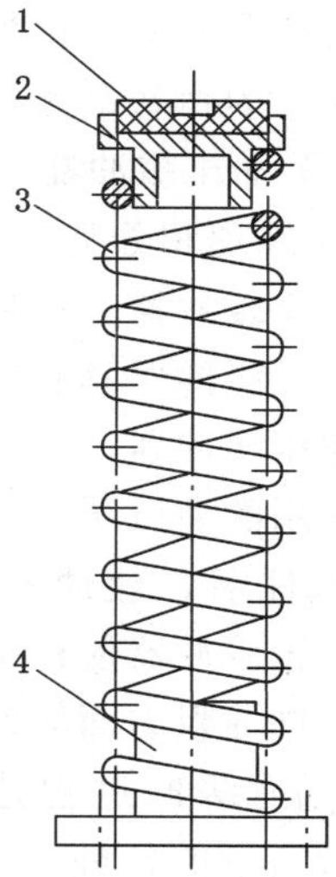

弹簧缓冲器可以是一个,也可以做成并列的两个,位于轿厢架下梁和对重框架的下方。有时设计成由内、外簧组合而成。行程和高度较大的弹簧缓冲器,在底座上附有导套,以增强弹簧的稳定性。

图 4-36　弹簧缓冲器的结构
1——橡胶垫；2——托盘；
3——螺旋弹簧；4——底座

② 弹簧缓冲器的设计计算

缓冲器的功能是保证缓冲器速度在安全许可的范围之内。通常规定弹簧缓冲器的最大缓冲减速度为 $2g$。它发生在缓冲结束,即弹簧反力为最大时。根据此最大缓冲减速度值,在已知缓冲初速度和轿厢或对重的总质量的情况下,就可以计算出弹簧的刚度和压缩行程。

弹簧的最大压缩力 $P$ 为：

$$P = W_r + \frac{W_r}{g}a_{max} \tag{4-5}$$

式中　$W_r$——轿厢自重加上额定载重量或对重总重力,N；

　　　　$g$——重力加速度,9.81 m/s²；

　　　　$a_{max}$——最大缓冲减速度,m/s²。

如 $a_{max} = 2g$,则得：

$$P = 3W_r \tag{4-6}$$

即作用于缓冲器上的力等于轿厢或对重的总重力的 3 倍时,弹簧将被完全压缩。弹簧被压缩将吸收轿厢或对重的全部能量。因此：

$$\frac{1}{2}\frac{W_r}{g}v^2 a = \frac{1}{2}\delta P - W_r\delta = \frac{1}{2}\delta W_r$$

弹簧的压缩行程 $\delta$ 可表示为：

$$\delta = \frac{v_0^2}{g} \tag{4-7}$$

式中  $v_0$——缓冲初速度，m/s，取为限速器动作速度。

弹簧刚度 $K$ 可表示为：

$$K = \frac{P}{\delta} \tag{4-8}$$

按照上述计算原理，在《电梯制造与安装安全规范》(GB 7588—2003)中则直接规定了弹簧缓冲器的最小行程为 $0.135v^2$（$v$ 为电梯额定速度，m/s)，并且不得小于 65 mm；同时规定了相应的弹簧最大压缩力为轿厢或对重总重力的 2.5～4 倍。

（3）油压缓冲器

① 原理和分类

油压缓冲器是一种耗能型缓冲器，它利用液体流动的阻尼作用，缓冲轿厢或对重的冲击。油压缓冲器具有良好的缓冲性能，因此速度大于 1 m/s 的现代快速和高速电梯几乎都采用油压缓冲器。

常用的油压缓冲器有多孔式、多槽式和油孔柱式三种，如图 4-37 所示。其基本构件是缸体 1、柱塞 2、缓冲胶垫 3 和复位弹簧 4。缸体内注有缓冲器油 5。当运动着的轿厢或对重碰撞油压缓冲器使柱塞 2 被压缩时，由于排油阻力而产生反力，迫使轿厢或对重减速，直至停止。排油阻力面的设计，也就是排油截面的设计，可以保证均匀的反力和均匀的缓冲减速度，即随着缓冲过程速度的降低，排油截面也相应减小，从而保证了良好的缓冲性能。图 4-37所示的各种油压缓冲器，只是改变排油截面的方式不同而已。多孔式［见图 4-37(a)］在油缸壁上有一系列小排油孔；多槽式［见图 4-37(b)］在柱塞上有一组长短不同的排油槽。在缓冲过程中，这些油孔或油槽被依次挡住，迫使轿厢或对重减速。当所有油孔或油槽均被挡住时，轿厢或对重的速度降低为零而停止。油孔柱式［见图 4-37(c)］在油孔柱 6 和排油孔之间形成一个圆环形的排油截面。在缓冲过程中，由于油孔柱直径的变化而使此环形排油截面连续地减小，到缓冲结束时排油孔被油孔柱完全堵住，轿厢或对重被迫停止。

在以上三种油压缓冲器中，由于油孔柱式的排油截面可以按设计要求连续改变，因此缓冲性能最好，同时结构也较简单，所以目前国内外广泛地使用这种形式的油压缓冲器。

图 4-38 所示是目前国内广泛采用的油孔柱式油压缓冲器的典型结构。缸体 10 和柱塞 4 均采用无缝钢管制成。缸体下端通过油缸座 12 固定于电梯底坑；上部有油缸套 6 以导引柱塞的运动；其顶端处装有密封盖 5，通过其中的 O 形橡胶密封圈起密封作用。油孔柱 9 位于缸体的中心处，其下端固定在油缸座上。柱塞的外圆柱面经镀铬防锈处理，下端封盖上的圆孔套在油孔柱上，此圆孔与油孔柱保持严格的同心度。柱塞的内腔装有复位弹簧 3，其下端通过弹簧托座 7 支撑在油孔柱的顶部，另一端则由柱塞上端的压盖 2 压紧，复位弹簧有足够的预压力，使柱塞经常保持全伸长位置。压盖上装有橡胶垫 1，以避免金属之间直接碰撞。缸体的侧壁上设有弯管 8，用于加油和检查油位。缸体的下部还设有放油口 11。弯管和放油口都用螺塞堵紧。

缸体内注有缓冲器油，油位经常保持在略高于柱塞下端的封盖。柱塞下端封盖上的圆

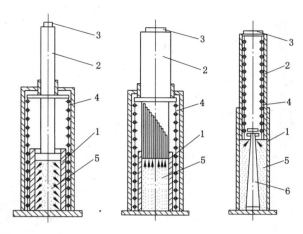

图 4-37　电梯油压缓冲器的类型

(a) 多孔式；(b) 多槽式；(c) 油孔柱式

1——缸体；2——柱塞；3——缓冲胶垫；4——复位弹簧；

5——缓冲器油；6——油孔柱

孔与油孔柱之间形成一个环形的排油截面。油孔柱的直径上细下粗,其母线设计成特定的曲线。在缓冲过程中,随着柱塞向下运动,迫使缸体内的油液通过环形排油截面流入柱塞内腔。这个排油阻力即缓冲反力,而排油阻力的大小取决于排油截面的面积。油孔柱的设计,即排油截面的改变,将保证缓冲过程的反力和减速度基本不变,从而保证良好的缓冲性能。当缓冲结束时,柱塞被压缩到最低位置,即全压缩位置,此时油孔和油孔柱的直径相等,排油截面积等于零,缓冲速度降为零,轿厢或对重完全停住。当轿厢或对重被提起时,复位弹簧使柱塞恢复到全伸长位置。

橡胶垫的紧固螺栓上加工出一个 T 形通气孔,如图 4-39 所示。它是为了便于向缸体内注油,并使柱塞能充分自由复位,而在缓冲过程中,撞击板压住橡胶垫,此 T 形通气孔被封住不起作用,可避免缓冲时排出高速气流而向外喷射油雾。

② 油压缓冲器技术规范

油压缓冲器性能应使缓冲过程的减速度在保证人体安全的范围之内。根据《电梯制造与安装安全规范》(GB 7588—2003)规定,油压缓冲器缓冲过程的平均减速度应不大于 $1g$,并且大于或等于 $2.5g$ 的瞬时减速度时间应不大于 $0.04$ s。

为使缓冲过程的平均减速度不大于 $1g$,油压缓冲器应有足够的缓冲行程,它可表示为:

$$S \geqslant \frac{v_0^2}{2g} \tag{4-9}$$

式中,$v_0$ 为最大缓冲初速度(m/s),取为限速器动作速度,即电梯额定速度的 $115\%$。此行程应至少等于 $0.067v^2$。

在速度较高的电梯中,为保证必要的缓冲行程,所需的油压缓冲器高度和电梯底坑深度就较大。因此,当电梯速度大于 4 m/s 时,常常设有一种端站强迫减速装置,当它检测到电梯在端站处未能实现正常减速时,将强制使电梯减速和停止。在这种情况下,允许采用减速行程缓冲器,其缓冲行程按轿厢或对重接触缓冲器时的速度计算,但此行程不应小于0.42 m。

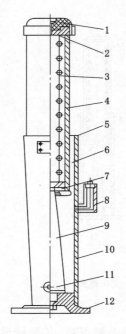

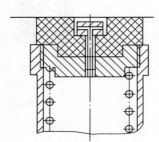

图 4-38　油孔柱式油压缓冲器的结构　　　　图 4-39　油压缓冲器的通气孔

1——橡胶垫;2——压盖;3——复位弹簧;4——柱塞;

5——密封盖;6——油缸套;7——弹簧托座;8——弯管;

9——油孔柱;10——缸体;11——放油口;12——油缸座

（4）缓冲器的技术要求

① 缓冲器的缓冲越程

缓冲越程是指轿厢在底层平层位置时,轿厢底部碰撞板与其缓冲器顶面之间的距离;或轿厢在顶层平层位置时,对重底部碰撞板与其缓冲器顶面之间的距离。轿厢底部碰撞板与其缓冲器顶面之间的距离和对重底部碰撞板与其缓冲器顶面之间的距离定为:弹簧缓冲器,200～350 mm;液压缓冲器,150～400 mm。

② 缓冲器的安装要求

a. 轿厢底部碰撞板中心与其缓冲器顶面板中心偏差不大于 20 mm。

b. 对重底部碰撞板中心与其缓冲器顶面板中心偏差不大于 20 mm。

c. 轿厢侧使用两个缓冲器时,同一基础上的两个缓冲器顶部与轿厢对应距离的偏差不大于 2 mm。

d. 采用油压缓冲器时,其柱塞垂直度误差不大于 0.5%;油压缓冲器内油液量正确。

e. 缓冲器应有型式试验证书。

f. 采用油压缓冲器时,应设有缓冲器动作后未恢复到正常位置时确保使电梯不能运行的电气安全开关。此开关既要保证液压缓冲器复位后才可接通,又要保证缓冲器动作期间,电梯的安全回路始终处于断开状态。

4. 终端限位保护装置

终端限位保护装置的功能是防止由于电梯电气系统失灵,轿厢到达顶层或底层后仍继续行驶(冲顶或蹾底)。

它由强迫减速开关、终端限位开关、终端极限开关三个开关以及相应的碰板、碰轮和联动机构组成。

（1）强迫减速开关

强迫减速开关,是电梯失控有可能造成冲顶或蹾底时的第一道防线。强迫减速开关由上下两个开关组成,一般安装在井道的顶部和底部,见图 4-40。当电梯失控,轿厢已到顶层或底层而不能减速停车时,装在轿厢上的碰板与强迫减速开关的碰轮相接触,使接点发出指令信号,迫使电梯减速后停驶。

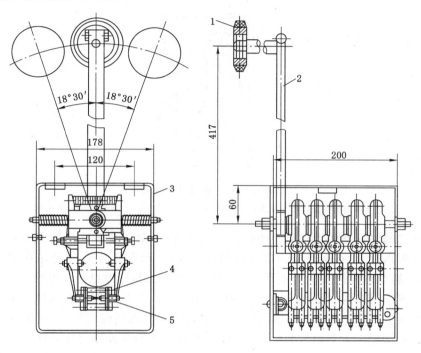

图 4-40　端站强迫减速开关装置
1——橡胶滚轮；2——连杆；3——盒；4——动触点；5——定触点

有的电梯把强迫减速开关安在选层器钢架上下两端。当电梯失控,轿厢到达顶层或底层而不能换速停车时,装在选层器动滑板的动触头与强迫减速开关接触,从而使轿厢换速并停驶。

（2）终端限位开关

终端限位开关由上、下两个开关组成,一般分别安装在井道顶部和底部,在强迫减速开关之后,是电梯失控的第二道防线。当强迫减速开关未能使电梯减速停驶,轿厢越出顶层或底层位置后,上限位开关或下限位开关动作,迫使电梯停止运行。

终端限位开关动作而迫使电梯停驶后,电梯仍能应答层楼招呼信号,向相反方向继续运行。

（3）终端极限开关

① 机械电气式终端极限开关。该极限开关是在强迫减速开关和终端限位开关失去作用时,或控制轿厢上行(或下行)的主接触器失电后仍不能释放时(如接触器触点熔焊粘连、

线圈铁心被油污黏住、衔铁或机械部分被卡死等)切断控制电路。当轿厢地坎超越上、下端站20 mm时,在轿厢或对重接触缓冲器之前,装在轿厢上的碰板与在井道上、下端的上碰轮或下碰轮接触,牵动与装在机房墙上的极限开关相连的钢丝绳,使只有人工才能复位的极限开关动作,从而切断除照明和报警装置电源外的总电源。

终端限位保护装置动作后,应由专职的维修人员检查,排除故障后,方能投入运行。

终端极限开关常用机械力切断电梯总电源的方法使电梯停驶,有链轮式和绳轮式两种。绳轮式极限开关(见图 4-41)的工作原理如下:

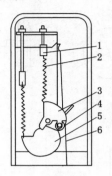

图 4-41　绳轮式极限开关

1——弹簧接头;2——弹簧;3——棘爪;4——滚轮;5——棘轮;6——钢丝绳

轿厢外侧的碰板推住钢丝绳上的碰块后,钢丝绳6随碰块运动而被向下拉。钢丝绳的终端固定在棘爪3上,在钢丝绳的拉力作用下,棘爪转动离开棘轮5;棘轮在弹簧2的作用下反时针转动,与棘轮同轴的刀闸开关也随同一起转动,切断总电源使电梯停止。

② 电气式终端极限开关。这种形式的终端极限开关,采用与强迫减速开关和终端限位开关相同的限位开关,设置在终端限位开关之后的井道顶部或底部,用支架板固定在导轨上。当轿厢地坎超越上下端站20 mm,且轿厢或对重接触缓冲器之前动作。其动作是由装在轿楔上的碰板触动限位开关,切断安全回路电源或断开上行(或下行)主接触器,使曳引机停止转动,轿厢停止运行。图 4-42 所示是电气式终端极限开关、终端限位开关、强迫减速开关位置示意图。终端限位保护装置动作后,应由专职的维修人员检查,排除故障后,方能投入运行。

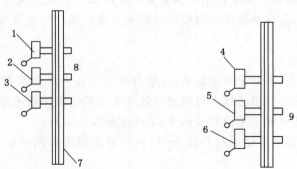

图 4-42　电气式终端极限开关、终端限位开关、强迫减速开关位置

1,6——终端极限开关;2——上限位开关;3——上强迫减速开关;

4——下强迫减速开关;5——下限位开关;7——导轨;8——井道顶部;9——井道底部

5. 门锁装置

乘客进入电梯轿厢首先接触到的就是电梯层门。正常情况下,只要电梯的轿厢没到位(到达站层),本层站的层门都是紧紧地关闭着,只有轿厢到位(到达本层站)后,层门随着轿厢的门打开后才跟随着打开,因此层门门锁安全装置的可靠性十分重要,直接关系到乘客进入电梯的头一关的安全性。

电梯门锁装置分层门门联锁装置、门副锁安全开关、层门自动关闭装置、验证轿门闭合装置。

(1) 层门门联锁装置

① 每个层门应设有层门门联锁装置,该装置由机械锁紧装置和电气安全触点开关构成一体。

② 机械锁紧装置由重力、永久磁铁或弹簧来产生和保持锁紧动作。

③ 即使永久磁铁或弹簧失效,重力也不应导致开锁。

④ 锁钩必须与锁壳内相应钩子构件钩牢,其啮合深度不得小于 7 mm,才能使电气联锁的安全触点完全接通。如果啮合深度小于 7 mm,门联锁安全触点开关应不能接通。

⑤ 层门门锁装置必须是自重力向下锁紧的(下钩式),其电气联锁触点应是直接接触式的安全触点,应有防尘措施。

⑥ 机械锁将层门锁紧后,用手应不能将层门扒开。

⑦ 所有门联锁的电气安全触点开关都串联在安全控制回路中,如果一个层门或多扇门中的任何一扇被打开,电梯应立即停止运行或不能启动。

⑧ 层门门锁应有型式试验报告副本、合格证并存档备查。

(2) 门副锁安全开关

如果滑动门是由数个间接的机械连接(如绳、带、链)的门扇组成,层门门锁一般设置在主动门上;则在从动门上应设置副门锁安全触点开关。当门扇传动机构发生故障造成门扇关门不到位时,安全回路不能接通,电梯不能启动运行或立即停止运行。

(3) 层门自动关闭装置

在轿门驱动层门的情况下,当轿厢在开锁区域之外时,层门无论因为何种原因而开启,应有一种装置(重块或弹簧)能确保该层门自动关闭。凡是装有自动门装置的电梯,都应设层门自闭装置。当轿厢不在该层时,如果用紧急开锁钥匙或在井道内人为将门打开,层门应能迅速自动关闭。自动关闭装置有压簧式、拉簧式和重锤式。

(4) 验证轿门闭合装置

当轿门完全关闭并在所有层门均关闭的情况下,轿厢门联锁安全触点开关接通,电梯才能正常启动运行;当运动中的轿厢门离开闭合位置时,电梯应立即停止运行或不能启动。

在应用中,微机控制的电梯,在确认层门门联锁接通,同时必须在接到轿门关门到位的信号后电梯才能启动运行。

(5) 层门钥匙

① 每个层门均应能从外面用打开三角锁孔的钥匙开启。

② 该钥匙应交给负责人员。

③ 钥匙应带有书面说明,详述必须采用的预防措施。

6. 其他安全保护装置

(1) 近门保护装置

乘客进入层门后就应立即经过轿厢门而进入轿厢,近门指的是接近轿厢门。但由于乘客进出轿厢的速度不同,有时会发生人被轿门夹住,电梯上设置的近门保护装置就是为了防止轿厢在关门过程中夹伤乘客或夹住物品的现象。

(2) 轿厢超载保护装置

乘客从层门、轿门进入到轿厢后,轿厢里的乘客人数(或货物)所达到的载重量如果超过电梯的额定载重量,就可能造成电梯超载后产生不安全后果或超载失空、造成电梯超速降落的事故。

超载保护装置的作用是当轿厢超过额定负载时,能发出警告信号并使轿厢不能启动运行,避免意外事故的发生。

(3) 轿厢顶部的安全窗

安全窗是设在轿厢顶部的一个向外开的窗口。安全窗打开时,使限位开关的常开触点断开,切断控制电源,此时电梯不能运行。当轿厢因故障停在楼房两层中间时,司机可通过安全窗从轿顶采取安全措施找到层门。安装人员在安装时以及维修人员在处理故障时都可利用安全窗。由于控制电源被切断,可以防止人员出入轿厢窗口时因电梯突然启动而造成人身伤害事故。当出入安全窗时,还必须先将电梯急停开关按下(如果有的话)或用钥匙将控制电源切断。为了安全,司机最好不要从安全窗出入,更不要让乘客出入。因安全窗窗口较小,且离地面有两米多高,上下很不方便。停电时,轿顶上很黑,又有各种装置,易发生人身事故。

也有的电梯不设安全窗,可以用紧急钥匙打开相应的层门上下轿顶。

(4) 轿顶护栏

轿顶护栏是电梯维修人员在轿顶作业时的安全保护栏。《电梯制造与安装安全规范》(GB 7588—1987)中规定"轿顶应设计成有安装栏杆的可能,根据当地的规定可要求安装护栏。"此后,GB 7588—1995 版报批稿中将其删去。轿顶装设护栏有利有弊。有护栏可以防止维修人员不慎坠落井道;然而有护栏又使得有的维修人员倚靠护栏,反而思想麻痹,不慎时也会造成人体碰撞与擦伤。在实际工作中,无护栏而坠入井道死亡的情况和有护栏而造成碰伤的情况都有发生。设不设护栏,应视电梯自身设备状况和井道尺寸、维修人员素质等情况,由当地特种设备安全监察部门规定。就实践经验来看,设护栏比不设护栏利大于弊,只是设置护栏时应注意使护栏外围与井道内的其他设施(特别是对重)保持一定的安全距离,做到既可防止人员从轿顶坠落,又避免因扶、倚护栏造成人身伤害事故。在维修人员安全工作守则中可以写入"站在行驶中的轿顶上时,应站稳,不倚靠护栏"和"与轿厢相对运动的对重及井道内其他设施保持安全距离"字样,以提醒维修作业人员重视安全。

(5) 底坑对重侧护栅

为防止人员进入底坑对重下侧而发生危险,在底坑对重侧两导轨间应设防护栅,防护栅高度为 1.7 m,距地 0.5 m。宽度不小于对重导轨两外侧之间距,防护网空格或穿孔尺寸,无论水平方向或垂直方向测量,均不得大于 75 mm。

(6) 轿厢护脚板

轿厢不平层,当轿厢地面(地坎)的位置高于层站地面时,会使轿厢与层门地坎之间产生间隙,这个间隙会使乘客的脚踏入井道,有可能发生人身伤害。为此,国家标准规定,每一轿厢地坎上均需装设护脚板,其宽度是层站入口处的整个净宽。护脚板垂直部分的高度应不小于 0.75 m。垂直部分以下成斜面向下延伸,斜面与水平面的夹角大于 60°,该斜面在水平面上的投影深度不小于 20 mm。护脚板用 2 mm 厚铁板制成,装于轿厢地坎下侧且用扁铁支撑,以提高机械强度。

(7)制动器扳手与盘车手轮

若电梯运行当中遇到突然停电造成电梯停止运行,电梯又没有停电自动运行设备,且轿厢又停在两层门之间,乘客无法走出轿厢,此时,就需由维修人员到机房用制动器扳手和盘车手轮两件工具人为操纵使轿厢就近停靠,以便疏导乘客。制动器扳手的式样,因电梯抱闸装置的不同而不同,作用都是用它使制动器的抱闸脱开。盘车手轮是用来转动电动机主轴的轮状工具(有的电梯装有惯性轮,亦可操纵电动机转动)。操作时首先应切断电源,然后由两人操作,即一人操作制动器扳手,一人转动手轮。两人需配合好,以免因制动器的抱闸被打开而未能把住手轮致使电梯因对重的质量而造成轿厢快速行驶。一人打开抱闸,一人慢速转动手轮使轿厢向上移动,当轿厢移到接近平层位置时即可。制动器扳手和盘车手轮平时应放在明显位置并应涂以红漆。

(8)电梯急停开关

急停开关也称安全开关,是串接在电梯控制线路中的一种不能自动复位的手动开关。当遇到紧急情况或在轿顶、底坑、机房等处检修电梯时,为防止电梯的启动、运行,需将开关关闭切断控制电源以保证安全。

急停开关分别设置在轿厢操作盘(箱)上、轿顶操纵盒上、底坑内和机房控制柜壁上。有的电梯轿厢操作盘(箱)上不设此开关。

急停开关应有明显的标志,按钮应为红色,旁边标以"通""断"或"停止"字样。扳动开关,向上为接通,向下为断开,旁边也应用红色标明"停止"位置。

(9)可切断电梯电源的主开关

每台电梯在机房中都应装设一个能切断该电梯电源的主开关,并具有切断电梯正常行驶的最大电流的能力。如有多台电梯,还应对各个主开关进行编号。但主开关切断电源时不包括轿厢内、轿顶、机房和井道的照明、通风以及必须设置的电源插座等的供电电路。

(10)紧急报警装置

当电梯轿厢因故障被迫停驶,为使电梯司机与乘客在需要时能有效地向外求援,应在轿厢内装设乘客易于识别和触及的报警装置,以通知维修人员或有关人员采取相应的措施。报警装置可采用警铃(充电蓄电池供电的)、对讲系统、外部电话或类似的装置。

### 4.2.3　电梯安全操作技术及安全管理

1. 电梯安全操作技术

掌握电梯安全操作技术,是每个电梯工及管理者必须具备的重要岗位职责之一。每个电梯工和管理者都应认真学习各种型号电梯的功能,掌握操作要领,保证安全运行。

(1)电梯安全操作的方法与程序

1)电梯安全操作的必要条件

电梯作为一种机电合一的大型垂直运输工具,既运送乘客又运送货物,其安全可靠性必须有一定的措施来保证。

① 严格执行技术标准和安全法规。为保证电梯安全可靠运行,国家相关部门制定了各项技术标准和安全法规,其目的都是要达到保证电梯安全可靠地使用,这些标准、法规必须严格遵守。

② 制定严格的管理办法。从事电梯安装、维修、管理的单位、部门,必须制定具体、可行、严格的电梯管理办法,并应有一套自己的管理制度及安装保养规程。

③ 培训操作者。从事电梯安装维修的人员以及专职司机,必须由经政府批准的培训部门培训,经考核合格并取得合格证才能上岗。

④ 电梯设备完好。电梯设备的各个部件,除了按规定进行定期定项的维护保养外,还应按规定对部分损坏或达到规定年限的部件进行更换,不得使其超期服役,以免造成事故。

2) 电梯运行安全操作的方法与程序

由于电梯的用途、控制方式、驱动装置的不同,其运行的过程有相同之处,但也有差异,应按具体情况实施操作。

① 准备运行。

a. 打开电梯层轿门。用层门钥匙开关接通控制电源,将轿厢停靠层(一般为基站)的层门打开,轿厢的门同时也被打开(轿厢门带动层门运动)。也可用外层门钥匙手动将层门打开,同时轿厢门也被打开。使用层门钥匙手动打开层门时,首先应确认电梯轿厢是否在本层。如在本层时,开启层门时应缓慢开启。不能将层门锁钥匙插入层门上部的钥匙孔内开启层门,以免发生坠落事件。

b. 进入电梯轿厢操作。首先打开轿厢操作盘上的拉门(有的电梯没有此拉门),或者首先合上照明开关接通电源,点亮轿厢照明灯。然后接通控制电源,使电梯由慢车运行状态转为快车运行状态。对应"有/无"司机转换时,应转换成有司机状态。

② 快车试运行操作准备。在电梯准备运行操作均正常后,方可进行快车试运行操作。在有或无司机状态下,进行试运行操作:

a. 选层、定向。此两项操作多为同时完成,应注意方向指示是否正确,否则停止此操作。

b. 关门。电梯在选层、定向后,只有轿层门关严后方可走车试运行。

c. 试运行中应注意看、听、闻,应用感觉的方法检验电梯的运行状态,如有异常情况发生时,应停止运行。

③ 快车运行操作。试运行正常后,方可进行正常的载客快车运行,而且要做到:

a. 不准超载运行。

b. 不允许开启轿厢顶安全窗、安全门运载超长物品。

c. 禁止用检修速度作为正常速度运行。

d. 电梯运行中不得突然换向。需换向运行时,应先停车后换向。

e. 禁止用手以外的物件操纵电梯。

f. 客梯不能作为货梯使用。

g. 不准运载易燃易爆等危险品。

h. 不许用急停按钮作为消除预选信号和呼梯信号。

i. 轿厢顶部不准放置其他物品。

j. 关门启动前禁止乘客在厅、轿门中间逗留、打闹,更不准乘客触动操纵盘上的开关和按钮。

（2）电梯检修状态下的安全操作

1）检修状态的转换

只要将装于操纵箱上的钥匙开关转至检修位置即可使电梯转入检修状态,此时切断了控制回路中所有正常运行环节和自动开关门的正常运行环节。检修状态时的操作,只有经过专业培训的检修人员才可操纵电梯慢速上行或下行。

2）在轿厢内的检修运行操作

在检修状态下,只能慢速运行。为了检修人员的方便,在内外门闭合情况下,一般有司机操作的可以在轿厢内按操纵箱上的方向按钮,即可使电梯慢速上行或下行。当松开按钮后,电梯即停止,因此可令电梯停于任意位置。

为了便于检修人员站在层楼平面处,检修轿厢顶或轿厢底的设备,需要打开电梯的轿厢门和外层门时,只需按开门钮,或同时按下方向按钮,即可令电梯开着内外门而慢速上行或下行。

3）在轿厢顶上的检修运行操作

为了检修轿厢及井道内导轨、感应器、限位开关等设备,检修人员需在轿厢顶上操纵电梯慢速上行或下行。此时,首先应将轿顶上的检修开关盒拨向轿顶操作位置,这样轿厢内操作不起作用。

若要使电梯慢速上行,则按上方向钮即可,待手松开,电梯运行停止。若要下行,则按下方向钮即可。若电梯停于某一位置需检修,则应将检修箱上的急停开关扳向切断控制回路的位置,从而保证电梯绝对不能运行。

在轿厢顶上进行检修操作运行一定要注意安全,一般不得少于 2 人,但也不得多于 4 人。

4）开关门的操作

为便于检修电梯门机系统的零部件和电气部件,在检修状态下也必须能使电梯门停于任意位置。因此要按轿厢内操纵箱上的开门按钮或关门按钮,只要手一松开,按钮即可令电梯门停于任意位置,以便于检修门机系统的机械部件和电气部件。

5）检修操作时的注意事项

① 在电梯检修慢速运行时,必须由经过专业培训的检修人员方可进行检修操作,一般不得少于 2 人。

② 检修慢速运行,必须要注意安全,必须要互相配合好,要做到有呼有应。互相没有联系好时,绝不能慢速运行,尤其在轿厢顶上操纵运行时更要注意。

③ 在轿厢顶进行检修操作运行时,必须要把外层门全部闭合,方可慢速运行。

④ 当慢速运行至某一位置,需进行井道内或轿底的某些电气机械部件检修时,检修人员必须切断轿顶检修箱上的急停开关或轿厢操纵盘上的急停按钮后,方可进行操作。

（3）电梯消防状态下的安全操作

对于高层（大于 10 层）大楼,根据消防规范要求,一个高层大楼内必须设置有一台大楼发生火灾时疏散人员和供消防人员专用的电梯,以利灭火工作的顺利进行。对此,在签订电梯合同时应明确向电梯制造厂提出,多台电梯中哪一台电梯是供消防人员使用的电梯。对于具有消防要求的电梯,在设计时应考虑消防人员专用的控制环节。根据我国的消防规范

要求,一般消防专用电梯在大楼发生火灾时应具有下列功能:

① 在底层(或基站)的层门侧应有专供火警时能敲碎玻璃面板就可扳动消防专用开关的消防开关箱。

② 当消防开关接通后,不管电梯处于何种运行状态(向上或向下,有司机或无司机,启动、减速或是稳速运行)和何种位置,均应使电梯立即切断厅外召唤信号和轿内指令信号的回路,使电梯停车不开门,并立即向下直达底层(或基站)。对于运行速度大于 1 m/s,而且正在向上运行的电梯,应先制动减速就近停车,然后反向直达底层(或基站)。

③ 电梯返回至底层(或基站)后,开门疏散原先在电梯轿厢内的乘客,然后消防人员进入轿厢并操纵电梯直达所需灭火的层楼。但此时,仍不接受各个层楼的厅外召唤信号,只按消防人员操纵的轿内指令信号运行,且这种运行是"一次性"的,即运行减速后将原先登记的轿内指令信号全部消除,下一次运行就需再一次按消防人员欲去楼层相对应的指令按钮。

④ 电梯在消防专用状态下,电梯门的关闭不是自动的、连续的,而要由消防人员连续按关门按钮,才可使电梯门关闭,手松开关门按钮后即停止关门,也不开启,这样有利于消防人员救人和灭火。

待消防火警解除后,应使底层(基站)层门侧的消防开关箱中的消防开关复位至原始状态,即电梯的运行全部恢复正常。

总之,在高层大楼内的多台电梯中必定要有一台供消防人员专用的电梯。但对于某些重要大楼,其本身设有中央控制室,则底层(基站)可以不设消防专用开关箱,而由中央控制室输送一个火警信号接点给电梯控制屏,即可实现上述功能。

2. 电梯安全使用管理制度

电梯的安全使用管理措施包括岗位职责、机房管理、安全操作管理、维修管理、备件工具管理以及技术资料档案管理等方面的内容,并有相应的安全使用管理制度。

(1) 岗位责任制

岗位责任制是一项明确电梯司机和维修人员工作范围、承担的责任以及完成岗位工作的质和量的管理制度。岗位职责定得越明确、具体,就越有利于在工作中执行。因此,在制定此项制度时,要以电梯的安全运行管理为宗旨,将岗位人员在驾驶和维修保养电梯的当班期间应该做什么工作,以及达到的要求进行具体化、条理化、程序化。

(2) 交接班制度

对于多班运行的电梯岗位,应建立交接班制度,以明确交接班双方的责任,交接的内容、方式和应履行的手续。否则,一旦遇到问题,易出现推诿、扯皮现象,影响工作。

(3) 机房管理制度

机房的管理以满足电梯的工作条件和安全为原则,主要内容如下:

① 非岗位人员未经管理者同意不得进入机房。

② 机房内配置的消防灭火器材要定期检查,放在明显易取部位(一般在机房入口处),经常保持完好状态。

③ 保证机房照明、电话设施完好、畅通。

④ 经常保持机房地面、墙面和顶部的清洁及门窗的完好,门锁钥匙不允许转借他人。机房内不准存放与电梯无关的物品,更不允许堆放易燃、易爆危险品和腐蚀挥发性物品。

⑤ 保持室内温度为 5~40 ℃,有条件时,可适当安装空调设备,但通风设备必须满足机

房通风要求。

⑥ 注意防水、防鼠的检查，严防机房顶、墙体渗水、漏水和鼠害。

⑦ 注意电梯电源配电盘的日常检查，保证完好、可靠。

⑧ 保持通往机房的通道、楼梯间的畅通。

（4）安全使用管理制度

这项制度的核心是通过制度的建立，使电梯得以安全合理地使用，避免人为损坏或发生事故。对于主要为乘客服务的电梯，还应制定单位职工使用电梯的规定，以免影响对乘客的服务质量。

（5）维修保养制度

为了加强电梯的日常运行检查和预防性检修，防止突发事故，使电梯能够安全、可靠、舒适、高效率地提供服务，应制定详细的、操作性强的维修保养制度。在制定时，应参考电梯厂家提供的使用维修保养说明书及国家有关标准和规定，结合本单位电梯使用的具体情况，将日常检查、周期性保养和定期检修的具体内容、时间及要求做出计划性安排，避开电梯使用的高峰期。维修备件、工具的申报、采购、保管和领用办法及程序，也应列于此项管理制度中。

（6）技术档案管理制度

电梯是建筑物中的大型重要设备之一，应对其技术资料建立专门的技术档案。对于多台电梯，每台电梯都应有各自单独的技术档案，不能互相混淆。电梯的技术档案包括以下内容：① 新电梯的移交资料；② 设备档案卡；③ 电梯运行阶段的各种记录。

# 4.3　矿井摩擦提升机安全技术

单绳缠绕式提升机是立井提升的最初形式，此种提升机应用于深井大容器提升时，由于提升绳绳径大、长度长，缠绕提升绳的滚筒需要增加滚筒直径及容绳量，因而导致设备增大。当井深到一定限度时，其应用受到一定限制。为此设计一种适应深井提升、设备小、可靠性高的提升机成为深井提升的迫切要求。1938 年，瑞典的 ASEA 公司在拉维尔矿安装了第一台直径 1.96 m 的双绳摩擦提升机；1947 年，法国 GHH 公司在汉诺威矿安装了第一台四绳摩擦提升机。由此，一种把提升机首绳搭放在摩擦轮上，靠摩擦轮与提升首绳之间的摩擦力作为传递动力的提升机——摩擦提升机应运而生。摩擦提升机从投入应用时就显示出它的诸多优点：多根提升首绳承担载荷，钢丝绳直径较单绳提升时小；提升工作的安全性大为提高；提升机滚筒变小、设备质量小；适用于深井提升，等等。因此，随着矿井开采深度的增加和大型矿井的建设，摩擦提升机在矿井生产中的应用越来越广泛，目前我国年产在 800 万 t以上的井工开采矿井，均采用摩擦提升方式。而摩擦提升机在给人们带来高产高效的同时，其安全问题也成为主要的关注点，成为迫切要求人们去完善的重要内容之一。

## 4.3.1　矿井摩擦提升机的构成

矿井摩擦提升机由动力拖动部分、制动部分、控制部分、导向部分、安全保护部分、容器及运动部分六大部分组成。

1. 动力拖动部分

（1）拖动方式

动力拖动部分是摩擦提升的动力来源,提升动力要求有如下功能:

① 调速性能好;② 启动力矩大,有较好的过负荷能力;③ 机械特性好,可实现稳定提升速度;④ 能方便实现正反转及控制。

为满足上述要求,我国矿山采用交流绕线异步电动机拖动和电动发电机组供电的直流他励电动机拖动。20 世纪 80 年代,提升机械采用交流绕线异步电动机串级调速、晶闸管变流器供电的直流他励电动机拖动,从交-直调速到现在广泛采用的交-交变频的同步电动机拖动。

同步电动机交-交变频调速与直流电动机调速相比,调速性能、自动化程度虽然相差不多,但是交-交变频调速所具备的结构简单、工作可靠、拖动效率高、过负荷能力强等优点,为其推广应用提供了条件。

为减少空间,一种新型的内装电动机式四绳摩擦提升机于 1988 年在德国豪斯阿登矿使用,其交-交变频调速同步电动机被装在摩擦轮内部,使摩擦轮与电机转子成为一体,如图 4-43 所示。

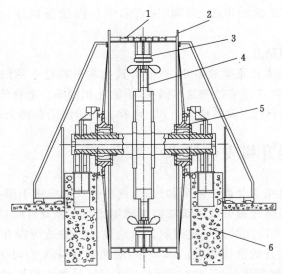

图 4-43  内装同步电动机的摩擦轮

1——双绳槽;2——制动盘;3——转子;4——定子;5——轴承;6——基础

多绳摩擦提升传动方式有三种:① 主导轮通过中心驱动共轴式的具有弹簧基础的减速器与电动机相连的单机传动;② 主导轮通过侧动式的具有刚性基础的减速器与电动机相连用于单机或双机拖动;③ 主导轮与电动机直接连接,不通过减速器。

(2)联轴器

联轴器是电动机与减速器、减速器与摩擦滚筒主轴连接的重要元件。一般情况下,电动机与减速器之间的连接采用弹性联轴器,用以减小电动机启动时的冲击,而减速器与摩擦滚筒间采用齿轮联轴器连接。

(3)减速器

减速器将电动机的输出转速按一定的传动比传递到摩擦滚筒上,从而实现摩擦滚筒不同的转速要求。减速器如图 4-44 所示。

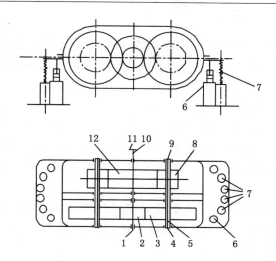

图 4-44　减速器示意图

1——高速轴；2——高速小齿轮；3——高速大齿轮；4——高速轴套；

5——弹性轴；6——减震器；7——弹簧机座；8——低速小齿轮；

9——低速轴套；10——输出轴；11——刚性联轴器；12——低速大齿轮

**（4）摩擦滚筒主体**

摩擦滚筒是摩擦提升中传力的重要元件，提升运动系统的动力依靠摩擦滚筒上的衬垫与提升首绳的摩擦力来实现。摩擦滚筒主体由摩擦轮主体、衬垫、轴承座、主轴、轴承等构成。四绳摩擦式提升机摩擦滚筒主体如图 4-45 所示。

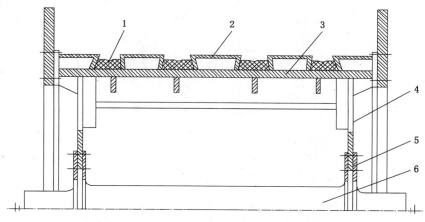

图 4-45　四绳摩擦式提升机滚筒主体结构示意图

1——衬垫；2——压块；3——主导轮；4——轮辐；5——轮毂；6——主轴

摩擦衬垫是摩擦滚筒的重要组件，其与提升钢丝绳间的摩擦系数直接影响提升能力及制动安全性。因此，摩擦滚筒上摩擦材料的选取十分重要，同时选用的材料必须有检测单位提供的测试合格证。

摩擦衬垫以梯形块状布满整个圆周方向，在反向梯形的压紧块作用下固定在摩擦滚筒上。每块摩擦衬垫上有两道绳槽，一槽使用，另一槽用来放置首绳及作为调换首绳时的备用槽。

摩擦滚筒两侧的翼板是摩擦滚筒的制动盘,在盘式制动的摩擦滚筒上可以是一侧盘或两侧盘。制动闸可以是 4 副、8 副,具体副数按提升机制动力的要求而定。

2. 制动部分

(1) 提升机制动系统的作用

① 正常停车制动。提升机在停下时,制动部分能够可靠地制动。

② 工作制动。提升机在提升过程中有加速、匀速、减速运行过程,各种过程的实现和运行都是由动力拖动与制动相互协调工作完成的。如果出现一方失控将会导致非正常运行状态。

③ 紧急制动。当提升系统出现非正常工作状态时,制动系统必须进入紧急制动,使提升系统平稳地进入正常状态。如果出现运行超速、限位开关失灵等故障时,制动系统能够及时投入制动且制动可靠性高。

(2) 制动系统的制动器

制动系统的制动器是对提升机进行制动的执行机构,有块闸和盘式制动闸两种类型。块闸有角移式、平移式、复合式三种形式。角移式结构简单,但压力及磨损分布不均匀,制动力矩小,多应用于小型提升机上。平移式和复合式压力分布均匀,制动力矩大,多应用于大型提升机上。

角移式制动器依靠两个铰接制动梁在三角杠杆动作时,前制动梁与后制动梁绕支点转动,靠制动梁上的制动瓦压到被制动轮上产生的制动阻力来制动,如图 4-46 所示。

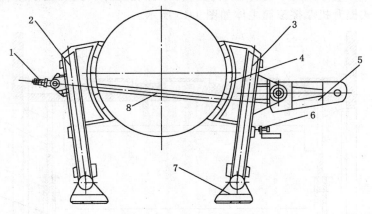

图 4-46　角移式制动器

1——调节螺母;2——后制动梁,3——前制动梁;4——制动闸瓦;
5——三角杠杆;6——顶丝;7——轴承;8——制动轮

平移式制动器两个制动梁在横拉杆及三角拉杆作用下基本是平行移动,因而两个制动梁上制动瓦均匀压到制动轮上实现对制动轮的制动。平移式制动器中,安全制动气缸进气时为制动状态,制动气缸排气时为松闸状态,而工作制动缸进气时为松开状态,排气时为制动状态,如图 4-47 所示。

液压盘式制动闸是大型提升机选用的制动系统,将在矿井摩擦提升机安全保护装置部分专门进行细述。

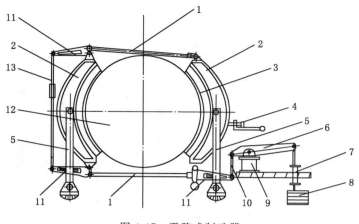

图 4-47　平移式制动器

1——横拉杆；2——制动梁；3——闸瓦；4——顶丝；5——立柱；
6——制动杠杆；7——安全制动气缸；8——安全制动重锤；9——工作制动气缸；
10——制动拉杆；11——三角杠杆；12——制动轮；13——可调节拉杆

（3）制动系统的控制系统

制动系统的控制系统主要由油压、气压及弹簧来控制调节制动力矩，我国 JKM、JKD 系列摩擦提升机均采用盘式闸油压控制制动。

3. 控制部分

提升机电控系统是提升机械的中枢，以 PC 集成实现对提升过程控制、行程给定、速度调节、安全回路、制动系统、监视回路的控制，可以实现提升机自动化。控制系统在提升机中的应用已日趋成熟。

4. 导向部分

摩擦提升机导向基本可分为两种导向形式，一种是钢丝绳导向，另一种是滚动导向，各有特点。钢丝绳导向虽然有投资少、建设快、运行平稳等优点，但由于其张紧力不易保证，在提升速度高、井筒深的大型矿井中应用较少；滚动导向以运行平稳、刚性好等优点受到普遍认可，应用较广泛。

（1）钢丝绳导向

所谓钢丝绳导向是指利用钢丝绳限制容器的运行轨迹。因为钢丝绳在一定张紧力下有一定刚度。钢丝绳导向主体是以尼龙或其他耐磨材料压成的导向套体。它是对开的，松开固定的 U 形夹后，便可以把对开的导向套夹到钢丝绳上，再利用 U 形夹夹紧即可。一个容器上，每个罐道绳用 2 个导向套来保证容器沿罐道绳运行，如图 4-48 所示。其优点是运行平稳、投资少、工期时间短；缺点是钢丝绳张紧力难以控制，尤其当拉紧力不足时，导向性不能保证。

罐道绳刚度的大小与其长度、拉紧力有关。张紧力小，刚度差，导向不好，容器运行中易碰到井筒中固定件，拉得过紧易使罐道绳断裂。罐道绳的拉紧有多种形式。① 井上固定、井下用重锤拉紧方式，此种方式的拉紧力是恒定的，但由于井底处空间小，坠落物长时间堆积导致井底坠落物托住重锤使张紧失效，而清理井底杂物非常困难；② 井下固定井上手拉葫芦拉紧的方式，此种方式既不安全、又费时，只有一些小矿井在使用；③ 自动液压拉紧式

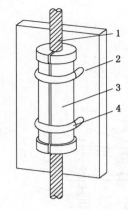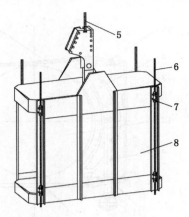

图 4-48　钢丝绳导向示意图

1——钢丝绳；2——罐笼壁板；3——滑套；4——滑套固定架；

5——提升首绳；6——导向绳；7——导向绳套；8——罐笼

应用得较多,如图 4-49 所示。上楔体夹紧罐道绳后,油缸上提把罐道绳上拉,当拉到上限位后,下楔体夹住罐道绳,上楔体松开,油缸下放上楔体。当上楔体达到下限位时,上楔体抓罐道绳,下楔体松开。交替抽拉罐道绳,从而达到罐道绳的张紧力要求。

（2）滚动导向

滚动导向是把原来的滑动摩擦变为滚动摩擦,采用弹性轮套,既有减震性又降低了噪声,运行阻力小,运行平稳,但运行成本较高。它不仅要设置刚性（方钢）罐道,还要在容器上安装多组滚动轮,如图 4-50 所示。滚动轮有单联、双联两种形式,单联为侧面运行轮,双联为正面运行轮,一个容器需要两根方钢罐道,需要四组滚动罐耳。其优点是运行平衡性好,适于高速运行;缺点是成本高,滚轮易损坏。

5. 安全保护部分

矿井摩擦提升安全保护包括:过卷和过放保护、超速保护、过负荷和欠电压保护、限速保护、提升容器位置指示保护、闸瓦间隙保护、松绳保护、仓位超限保护、减速功能保护、错向运行保护。

根据《煤矿安全规程》第四百二十三条规定,提升装置必须按下列要求装设安全保护:

（1）过卷和过放保护:当提升容器超过正常终端停止位置或者出车平台 0.5 m 时,必须能自动断电,且使制动器实施安全制动。

（2）超速保护:当提升速度超过最大速度 15％时,必须能自动断电,且使制动器实施安全制动。

（3）过负荷和欠电压保护。

（4）限速保护:提升速度超过 3 m/s 的提升机应当装设限速保护,以保证提升容器或者平衡锤到达终端位置时的速度不超过 2 m/s。当减速段速度超过设定值的 10％时,必须能自动断电,且使制动器实施安全制动。

（5）提升容器位置指示保护:当位置指示失效时,能自动断电,且使制动器实施安全制动。

（6）闸瓦间隙保护:当闸瓦间隙超过规定值时,能报警并闭锁下次开车。

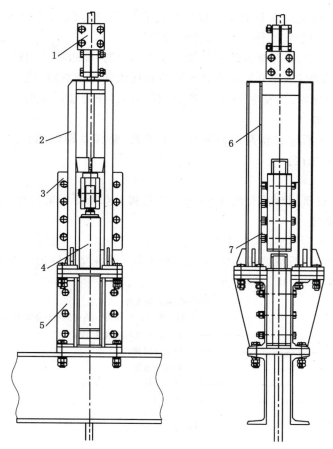

图 4-49　矿井罐道绳自动液压拉紧装置结构示意图

1——保险卡;2——龙门架;3——上楔体;4——液压缸;

5——下楔体;6——上限位传感器;7——下限位传感器

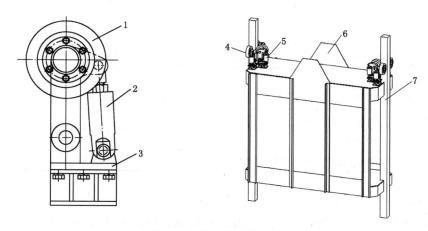

图 4-50　滚动导向示意图

1——导向轮;2——缓冲机构;3——底座;4——侧滚轮;5——后滚轮;6——厢体;7——轨道

（7）松绳保护：缠绕式提升机应当设置松绳保护装置并接入安全回路或者报警回路。箕斗提升时，松绳保护装置动作后，严禁受煤仓放煤。

（8）仓位超限保护：箕斗提升的井口煤仓仓位超限时，能报警并闭锁开车。

（9）减速功能保护：当提升容器或者平衡锤到达设计减速点时，能示警并开始减速。

（10）错向运行保护：当发生错向时，能自动断电，且使制动器实施安全制动。

6. 容器及运动部分

矿井摩擦提升机所用容器及运动部分含有容器、悬挂及钢丝绳张力平衡装置、楔形绳环、首绳、尾绳、尾绳悬挂。

（1）容器

矿井摩擦提升机所用容器有两种：一种是专门提升煤或矿石的箕斗，另一种是专门升降人员、运送物料的罐笼。

① 箕斗

箕斗是用来专门提升煤或矿石的。立井提升多绳箕斗型号标记示例如下：

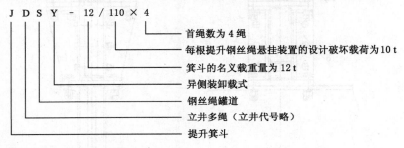

立井提升多绳箕斗参数规格见表4-2。

表4-2　　　　　　　　　　　立井提升多绳箕斗参数规格

| 多绳提煤箕斗型号 | | | 有效容积/m³ | 提升钢丝绳 | | 箕斗自身质量/t |
|---|---|---|---|---|---|---|
| 钢丝绳罐道 | | 刚性罐道 | | 数量 | 绳间距/mm | |
| 同侧装卸式 | 异侧装卸式 | 同侧装卸式 | | | | |
| JDS-4/55×4 | JDSY-4/55×4 | — | 4.4 | 4 | 200 | 6.5 |
| JDS-6/55×4 | JDYS-6/55×4 | — | 6.6 | | | 7.0 |
| JDS-6/75×4 | JDSY-6/75×4 | — | | 4 | 300 | 7.5 |
| JDS-9/110×4 | JDSY-9/110×4 | — | 10 | 4 | 300 | 10.8 |
| JDS-12/110×4 | JDSY-12/110×4 | JDG-12/110×4 | 13.2 | | | 12 |
| JDS-12/90×6 | JDSY-12/90×6 | — | | 6 | 250 | 12.5 |
| JDS-16/90×6 | JDSY-16/150×4 | JDG-16/150×4 | 17.6 | 4 | 300 | 15 |

② 罐笼

罐笼是用来升降人员、物料的载体。罐体由罐顶、罐底、横梁、立柱、侧板与轨道组成，罐笼顶部有防水棚和用来下长料、人员也可以出入的罐盖（天窗），罐端有罐帘门。罐笼上有罐耳，罐笼内有罐内阻车器，阻车器用于在罐笼运行时防止罐内矿车从罐中跑出。

立井提升多绳罐笼型号标记示例如下：

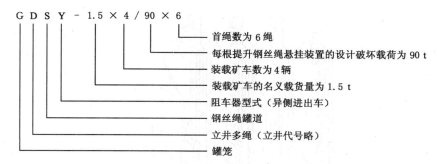

GDSY - 1.5×4/90×6

- 首绳数为 6 绳
- 每根提升钢丝绳悬挂装置的设计破坏载荷为 90 t
- 装载矿车数为 4 辆
- 装载矿车的名义载货量为 1.5 t
- 阻车器型式（异侧进出车）
- 钢丝绳罐道
- 立井多绳（立井代号略）
- 罐笼

立井多绳罐笼参数规格见表 4-3。

表 4-3　　　　　　　　　　　　　　　立井多绳罐笼参数规格

| 多绳罐笼型号 | | | | 装载矿车 | | | 允许乘人数/人 | 自身质量（估计）/kg |
| --- | --- | --- | --- | --- | --- | --- | --- | --- |
| 钢丝绳罐道 | | 刚性罐道 | | 型号 | 名义容量/t | 车数/辆 | | |
| 同侧进出车 | 异侧进出车 | 同侧进出车 | 异侧进出车 | | | | | |
| GDS-1×1/55×4 | GDSY-1×1/55×4 | GDG-1×1/55×4 | GDGY-1×1/55×4 | MG1.1-6 A B | 1 | 1 | 24 | 5 000 |
| GDS-1×2/75×4 | GDSY-1×2/75×4 | GDG-1×2/75×4 | GDGY-1×2/75×4 | | | 2 | | 7 000 |
| GDS-1.5×1/75×4 | GDSY-1.5×1/75×4 | GDG-1.5×1/75×4 | GDGY-1.5×1/75×4 | MG1.7-6A | 1.5 | 1 | 32 | 6 000 |
| GDS-1.5×2/110×4 | GDSY-1.5×2/110×4 | GDG-1.5×2/110×4 | GDGY-1.5×2/110×4 | | | 2 | 34 | 7 500 |
| GDS-1.5×4/90×6 | GDSY-1.5×4/90×6 | GDG-1.5×4/90×6 | GDGY-1.5×4/90×6 | | | 4 | 62 | 17 000 |
| GDS-1.5×4/195×4 | GDSY-1.5×4/195×4 | GDG-1.5×4/195×4 | GDGY-1.5×4/195×4 | | | | | |
| GDS-1.5K×4/90×6 | GDSY-1.5K×4/90×6 | GDG-1.5K×4/90×6 | GDGY-1.5K×4/90×6 | MG1.7-9B | | | 70 | 17 000 |
| GDS-1.5K×4/195×4 | GDSY-1.5K×4/195×4 | GDG-1.5K×4/195×4 | GDGY-1.5K×4/195×4 | | | | | |
| GDS-3×1/110×4 | GDSY-3×1/110×4 | GDG-3×1/110×4 | GDGY-3×1/110×4 | MG3.3-9B | 3 | 1 | 60 | 8 000 |
| GDS-3×2/150×4 | GDSY-3×2/150×4 | GDG-3×2/150×4 | GDGY-3×2/150×4 | | | 2 | | 11 000 |
| GDS-5×1 (1.5K×4)/195×4 | GDSY-5×1 (1.5K×4)/195×4 | GDG-5×1 (1.5K×4)/195×4 | GDGY-5×1 (1.5K×4)/195×4 | — | 5 | 1 | — | 17 000 |

（2）悬挂及钢丝绳张力平衡装置

悬挂及钢丝绳张力平衡装置是钢丝绳与容器接合的连接体,过去的连接形式已被新型的张力平衡装置所代替。老式螺旋液压式平衡装置在静止状态通过液压系统调整各绳张力,调整后用螺旋锁定。这种平衡装置只能解决静态平衡,绞车只要一运动,其各绳间受力状态被重新分配,又引起不平衡。因而,在提升中,经常出现张力大的首绳的绳槽磨损的问题。由于首绳在一个循环中,绳的捻距随着首绳在摩擦轮与容器间距离的变化而变化,其受力状态复杂,解决各首绳间的张力平衡十分困难。

液压首绳动张力平衡装置如图 4-51 所示,提升首绳间张力平衡是通过连通的液压管路来实现的。每根首绳的张力直接由油缸的压力支承,通过调整油缸中的压力,可方便地改变此绳中张力的大小。由于多根首绳平衡装置有相同的油缸,当把多个油缸的下出油口用油管连通后,便可以保证多绳间张力相同。

液压首绳动张力平衡装置仍然存在不足,由于液压传递有一定的滞后性,同样影响首绳

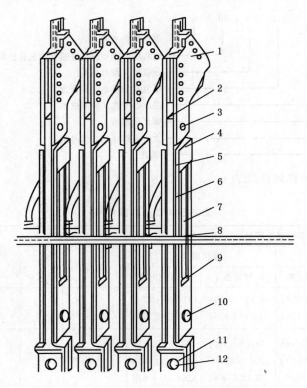

图 4-51　液压首绳动张力平衡装置

1——楔形绳环；2——中板；3——上连接销；4——挡板；5——压板；6——侧板；

7——连通油缸；8——连接组件；9——垫板；10——中连接销；11——换向叉；12——下连接销

张力变化、张力平衡上有滞后性。

（3）楔形绳环

楔形绳环是提升首绳与容器的连接元件。楔形绳环已标准化，按不同的绳径选取不同的型号，如表 4-4 所列。楔形绳环是利用楔形体自锁的原理把首绳固定在绳环上的，如图 4-52 所示。

表 4-4　　　　　　　　　　　　　　　楔形绳环型号及参数

| 序号 | 型号<br>参数及尺寸 | | XS-55 | XS-75 | XS-90 | XS-110 | XS-150 | XS-200 |
|---|---|---|---|---|---|---|---|---|
| 1 | 设计破坏载荷/kN | | 539.4 | 735.5 | 882.6 | 1 078.7 | 1 471 | 1 961.3 |
| 2 | 允许工作载荷/kN | 用于提重物（箕斗）时 | 53.9 | 73.5 | 88.2 | 107.8 | 147.1 | 196 |
| | | 用于提人及物（罐笼）时 | 41.2 | 56.5 | 68.6 | 83.3 | 112.8 | 150.8 |
| 3 | 适应钢丝绳直径范围 $d_t$/mm | | 16.5～25.5 | 22～31 | 25～35 | 27.5～37 | 31～45 | 39～55 |
| 4 | 楔子半径 $R$/mm | | 90 | 110 | 120 | 130 | 160 | 190 |
| 5 | 楔子角度 $\alpha$/(°) | | 24 | | | | | |
| 6 | 质量/kg | | 62 | 93.4 | 115 | 140 | 227 | 293 |

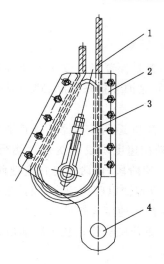

图 4-52　楔形绳环结构示意图

1——提升钢丝绳;2——壳体;3——楔形块;4——连接孔

（4）首绳、尾绳

① 首绳

摩擦提升对首绳的要求十分严格。为保证首绳间参数一致,所选用首绳必须是同一批钢质的左捻和右捻对称的钢丝绳,且钢丝绳在首绳中分布是对称的。

② 尾绳

尾绳的作用是用来平衡首绳在运行过程中引起的张力差。尾绳选取原则一般要求其与首绳等重。

尾绳分为圆尾绳（图 4-53）和扁尾绳（图 4-54）。圆尾绳在运行过程中可能会引起打卷,并且随着提升高度变化尾绳本身存在旋转,因而使用圆尾绳时必须有能放掉绳扭力的旋转尾绳悬挂。扁钢丝绳是用细直径钢丝绳通过人工编织而成的带状钢丝绳,扁尾绳虽然没有上述不足,但缺点是人工编织速度慢、制作效率低、价格高。现在一些新建矿井已经改用不

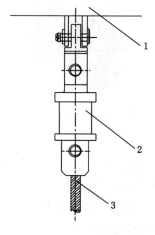

图 4-53　圆尾绳悬挂图

1——容器;2——尾绳悬挂;3——尾绳

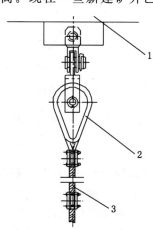

图 4-54　扁尾绳悬挂图

1——容器;2——尾绳悬挂;3——尾绳

旋转的圆尾绳作平衡尾绳。

#### 4.3.2 矿井摩擦提升机安全保护装置

矿井摩擦提升机安全保护装置是保证提升安全的重要部分。当摩擦提升出现超速、过载、过卷、过放时，必须要有相应的保护装置来限制、减小或避免可能发生的事故。

1. 超速安全保护

摩擦提升矿井为了保证提升机运行安全，必须严格按照矿井提升速度图运行，如图 4-55 所示。图中：$t_1$ 为提升启动加速度阶段；$t_2$ 为全速运行阶段，此阶段是在 $t_1$ 加速达最大提升速度后的全速运行段；$t_3$ 为减速阶段，此阶段是在全速阶段后到达要停罐位置前的一段减速运行；$t_4$ 为减速后阶段，此阶段容器以爬行速度运行，准备精确停罐。因此，矿井摩擦提升超速保护是要防止摩擦提升在最大速度运行阶段超速、在减速阶段未减速而超速、在爬行阶段没有降到限定速度而超速。提升机从停止状态启动后，有一个匀加速阶段，使提升系统在较短时间内增加到最大提升速度。

$$v = 0.5\sqrt{H} \tag{4-10}$$

式中　　$v$——最大提升速度，m/s；

　　　　$H$——提升高度，m。

立井升降物料时，提升容器的最大速度计算公式为：

$$v = 0.6\sqrt{H} \tag{4-11}$$

在减速阶段不减速或减速小于允许值，容器到达终端位置时的速度将超限。《煤矿安全规程》规定，提升速度超过 3 m/s 的提升机应当装设限速保护，以保证提升容器或者平衡锤到达终端位置时的速度不超过 2 m/s。当减速段速度超过设定值的 10% 时，必须能自动断电，且使制动器实施安全制动。

限速器有机械限速器和电气限速器两种。电气限速器是利用安装在电机主轴上的旋转编码器，直接把摩擦滚筒的切线速度、加速度测出来的装置，如图 4-56 所示。

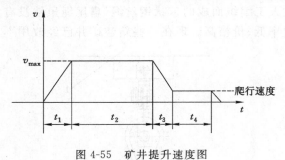

图 4-55　矿井提升速度图

图 4-56　旋转编码器

2. 过载保护

对于摩擦提升系统而言，过载保护尤为重要。因为摩擦提升是依靠提升首绳与摩擦轮之间的摩擦力来传递动力的。摩擦力的大小与摩擦衬垫、钢丝绳间摩擦系数大小及钢丝绳张力有关。而两侧绳的允许张力差值是此系统允许的提升能力。如果装载的货物或人员超过张力差的允许限值，就会出现摩擦轮无法拉住提升系统，使重容器下落、空容器上冲，可能导致提升系统高速过卷，严重的会导致提升系统撞坏、首绳断裂、容器坠落，甚至造成人员伤亡事故。

矿井摩擦提升中专门提升煤或矿石的系统称为主井提升系统,用来升降人员、物料及上提矸石的系统称为副井提升系统。对主井提升系统而言,由于其是矿井生产的主体,有的矿井一天连续运行 22 h 以上,工作频率高。主井提升系统的装载量不仅关系提升量,还关系着系统安全。为此,主井提升系统对装载量进行限制。最早是定容装载系统,所谓定容装载是把允许容量的定容斗放在箕斗装载的上一道工序,当箕斗到位后,把装在定容斗中的等体积煤(矿石)装入箕斗中,完成装载。这套系统由于装入的煤常含有矸石杂质,或定容斗中进入了水,所装比重变化致使超重,出现超载现象。因为超载,就有可能在重载箕斗上提过程中,上提变速段造成反向下落导致恶性事故。

为防止上述现象发生,《煤矿安全规程》第三百九十三条规定,罐笼和箕斗的最大提升载荷和最大提升载荷差应当在井口公布,严禁超载和超最大载荷差运行。箕斗提升必须采用定重装载。

所谓定重装载系统,就是装箕斗前先把煤(矿石)装入一个预装容器中,如传感器显示超重,系统提醒控制人员不得把预装物料装入提升箕斗,不超重时把预装容器物料装入箕斗正常提升。

矿井采用的装载方式通常是利用给煤装卸胶带给定重预装容器装煤,装煤重量由称重传感器直接传到控制台,所装重量达到要求自动停下。

3. 矿井摩擦提升制动保护

(1) 盘式制动保护

立井提升机制动系统是提升系统安全运行的保障部分,它直接关系安全、影响生产。矿井提升制动有角移式制动闸、平移式制动闸、盘式闸制动。在大型提升绞车中基本采用盘式闸制动。盘式闸制动是由制动盘、制动闸、液压控制系统构成的。盘式制动相对块式制动(角移式和平移式)的优点是:

① 制动器为多副(可为 2 副、4 副、6 副、8 副),制动平稳性好,可靠性高。

② 制动力矩通过调整螺母调定后,其制动力矩的大小可由制动油压控制,操作方便且可控性好。

③ 体积小、结构紧凑、动作灵活。

④ 便于自动化控制。

虽然盘式制动有上述优点,但盘式制动要求制动盘、制动器制造精度高,摩擦材料要求耐磨、热释放快、耐压性好。

(2) 盘式制动器的结构及工作原理

盘式制动器是以对称压在制动盘上的一副制动闸瓦产生的摩擦阻力来工作的,制动盘位于摩擦滚筒的两端。由于制动盘承受对称的挤压力,制动盘只承受制动力矩,不承受轴向力。制动闸按制动力矩要求不同分为 2 副制动器、4 副制动器、6 副制动器、8 副制动器配置。图 4-57 为 4 副制动器的一侧布置图。

盘式制动的关键部件是制动盘与制动器。制动盘要求加工精度高,其轴向跳动量、厚度、耐磨性、摩擦表面光洁度都有严格要求。

制动器是制动的动力元件,其结构如图 4-58 所示。通过调整制动器、螺母,可调节制动盘与闸瓦间的压力,也就是其制动最大阻力。当液压控制系统供给油压时,油压通过活塞压缩弹簧使盘式制动器打开,闸瓦离开制动盘,利用液压控制系统供油的压力也可对制动力进

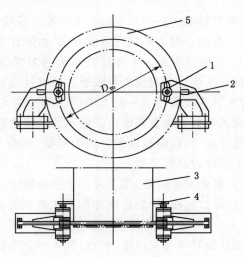

图 4-57　盘式制动器布置图

1——盘式制动器；2——支座；3——滚筒；4——挡绳板；5——制动盘

行调整。

（3）盘式制动器的设计

如图 4-59 所示，当盘式制动器制动时，$P_1$ 为液压系统最低压力，由碟簧产生的最大正压力 $F_{max}$ 把闸瓦压到制动盘上，随着 $P_1$ 压力的增大，活塞产生的液压力增大，制动闸的制动力也随之变化，当 $P_1$ 增大到所产生的液压力与弹簧压力相等时，制动阻力为零。

① 摩擦提升盘式制动器制动力矩确定

a. 制动力矩不小于 3 倍最大载荷力矩。

《煤矿安全规程》规定，制动装置产生的制动力矩与实际提升最大载荷旋转力矩之比不得小于 3。即：

$$M_z \geqslant 3[Q_z g \pm (n_1 p - n_2 q)Hg] \cdot \frac{D}{2} \tag{4-12}$$

式中　$M_z$——最大载荷力矩，N·m；

　　　$Q_z$——最大载重质量差，kg；

　　　$(n_1 p - n_2 q)$——首绳与尾绳单位长度质量差，kg/m；

　　　$g$——重力加速度，m/s²；

　　　$H$——提升高度，m；

　　　$D$——提升机滚筒半径，m。

b. 安全制动要求：下放货物时制动的减速度不小于 1.5 m/s²，上提时货物不大于 5 m/s²。即：

$$M_z \geqslant 1.5 \sum m \frac{D}{2} + [Q_z g \pm (n_1 p - n_2 q)Hg] \cdot \frac{D}{2} \tag{4-13}$$

$$M_z \leqslant 5 \sum m \frac{D}{2} - [Q_z g \pm (n_1 p - n_2 q)Hg] \cdot \frac{D}{2} \tag{4-14}$$

式中　$\sum m$——提升系统变位质量，kg。

② 最大正压力的确定

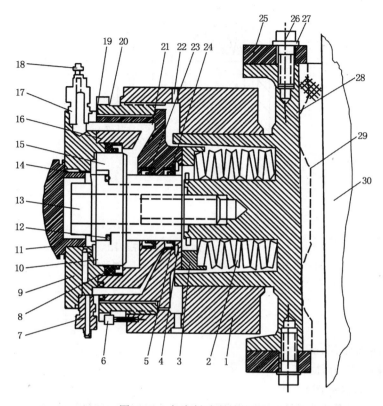

图 4-58　盘式制动器结构图

1——制动器体;2——碟形弹簧;3——弹簧垫;4——卡圈;5——挡圈;6——锁紧螺栓;
7——泄油管;8——密封圈;9——油缸盖;10——活塞;11——后盖;12,13——密封圈;
14——连接螺栓;15——活塞内套,16,19——密封圈;17——进油接头;18——放气螺栓;
20——调节螺母;21——油缸;22——螺孔;23,24——密封圈;25——挡板;
26——压板螺栓;27——垫圈;28——带筒体的衬板;29——闸瓦;30——制动盘

由式(4-12)、(4-13)、(4-14)选取合适的 $M_z$ 值。

又因为制动盘产生的最大摩擦力矩为:

$$M_{z0} = 2N \cdot f \cdot R \cdot n \tag{4-15}$$

式中　$N$——作用于制动盘上正压力,N;

　　　$f$——盘式制动闸瓦间摩擦系数;

　　　$R$——制动器制动半径,m;

　　　$n$——制动闸副数。

要求:

$$M_{z0} = 2N \cdot f \cdot R \cdot n \geqslant M_z \tag{4-16}$$

所需最大正压力为:

$$N = \frac{M_z}{2fRn} \tag{4-17}$$

所需最大油压力为:

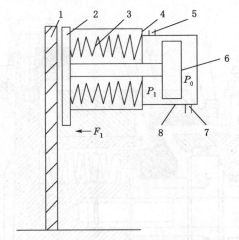

图 4-59　盘式制动器制动原理图

1——制动盘；2——闸瓦；3——碟簧；4——制动器壳体；

5——进油口；6——活塞；7——出油口；8——缸体

$$P_{\max} = \frac{N}{A} + C \tag{4-18}$$

式中　$A$——活塞面积，$m^2$；

　　　$C$——初始压力，MPa。

（4）盘式制动器液压站（图 4-60）

图 4-60　盘式制动器液压站

盘式制动器的动作完全由液压系统来实现，液压系统是盘式制动器的重要组成部分。液压系统可使盘式制动实现：

① 根据工作制动需要调整制动力矩；

② 实现二级制动。

4. 矿井摩擦提升深度指示器

矿井提升深度指示器是指示提升容器在井筒中相对位置的装置。深度指示器根据其动作原理可分为牌坊式、立式、圆盘式等。多绳摩擦提升采用圆盘式或立式深度指示器。在摩擦提升中,提升首绳与摩擦滚筒间有相对位移,当提升首绳相对摩擦滚筒产生的滑动、蠕动有相对位移时,必然对井筒中容器的位置指示出现偏差。因此,圆盘式深度指示器除随传动系统有相对位置提示外,对于产生的位置偏差,能够调整并有调零功能。

深度指示器的作用为:① 指示提升容器在井筒中的位置;② 进入减速点发出减速信号,并减速控制;③ 提升容器过卷时,过卷开关动作,切断安全回路,实现安全制动;④ 减速阶段提供给定速度,并通过限速装置实现限速保护。

（1）圆盘式深度指示器

圆盘式深度指示器由两部分组成,即传动装置（发送部分）和深度指示盘（接收部分）。圆盘式深度指示器传动装置如图 4-61 所示。圆盘式深度指示器依靠与摩擦滚筒主轴相连

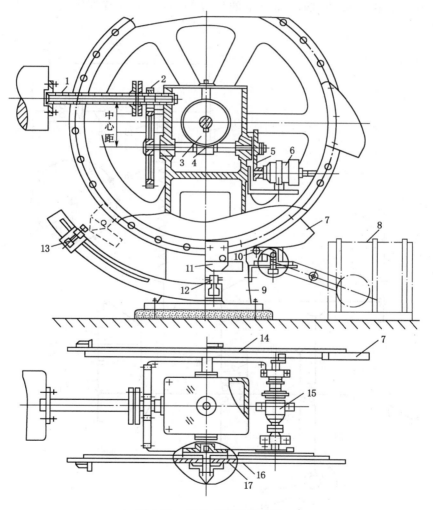

图 4-61　圆盘式深度指示器

1——传动轴;2——齿轮对;3——蜗轮;4——蜗杆;5——增速齿轮对;6——发送自整角机;7——限速凸轮板;
8——限速变阻器;9——机座;10——滚轮;11——撞块;12——减速器开关;13——过卷开关;
14——后限速圆盘;15——限速用自整角机;16——前限速圆盘;17——摩擦离合器

的自整角机及司机操作平台上的接收自整角机显示井筒中容器的位置。

自整角机与摩擦滚筒主轴相连,同时带动前、后限速圆盘。当调整齿轮对 2、蜗杆 4 和增速齿轮对 5,调整后确保指示盘指针在 250°～350°。通过蜗杆传动调整限速圆盘 14 和 16,使限速圆盘上的撞块 11、限速凸轮板 7 在相应位置上。当容器运行至减速点时撞块 11 接触减速器开关 12,并给出减速铃声;同时,限速凸轮板 7 开始挤压滚轮 10,滚轮 10 通过丝杆拨动自整角机 15 回转,给出给定速度信号,以便与实际速度比较,进行电光保护。限速凸轮的形状是按提升速度曲线绘制的。当提升过卷时,撞块 11 压下过卷开关 13,过卷开关断开安全回路,进行安全制动保护。

（2）立式深度指示器

立式深度指示器是利用机械传动方式工作的一种深度指示器。为避免摩擦提升首绳与摩擦轮之间由于相对滑动、蠕动而产生的位置偏差,其本身有调零功能。其传动原理如图 4-62 所示。

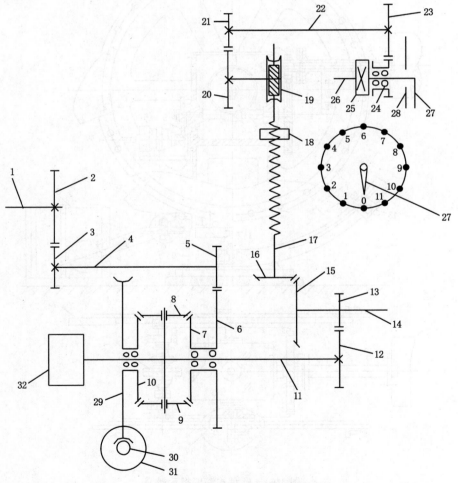

图 4-62　立式深度指示器传动原理图

1,4,11,14,22,26——轴;2,3,5,6,12,13,20,21,23,24——齿轮;

7,8,9,10,15,16——圆锥齿轮;17——丝杠;18——粗指针;19,29,30——蜗杆;

25——电磁离合器;27——精指针;28——刻度盘;31——调零电动机;32——自整角机

由摩擦滚筒主轴传入的运动经 3、4 齿对和 5、6 齿对调整,使传动与深度位置关系相一致,为补偿摩擦轮与首绳相对位置误差,增加了调零功能。丝杆上的粗指针可以指示位置,但当容器位置与实际位置不符合时,可开启调零电机,电机带动蜗杆经轮系带动轴 11 转动;而此时,主轴 1 停止,通过调零电机把粗指针 18 调整到准确位置。为保证指示的精度,摩擦提升系统在到达停车位置前设置了磁感应继电器,当容器到达此位置时继电器动作,使电磁离合器啮合,精指针 27 开始随主传动系统动作,在 10 m 范围内精确指示停车位置。

5. 矿井摩擦提升过卷、过放保护

由于摩擦提升动力传递依靠摩擦轮与钢丝绳之间的摩擦力,相对缠绕式提升存在滑绳的危险,因此摩擦提升过卷、过放保护装置是重要的保护装置。从提升机的发展也可以看出,最早的缠绕式提升机没有设置过卷、过放保护装置,摩擦提升机设置了楔形木作为过卷、过放的缓冲装置。

(1) 楔形木过卷、过放缓冲装置

当出现过卷、过放事故时,利用楔形的木罐道对罐耳的阻力作为过卷、过放缓冲制动力,是摩擦提升最早的制动形式。楔形木的结构如图 4-63 所示,楔形木从全长方向有 $A$、$B$、$C$ 三个尺寸,$M_1$ 为罐道宽度尺寸。其中,$A$ 段是进入锥段,目的是当原来没有导向时起引入定位作用。$B$ 段是进入直线段,此段为与罐道相同尺寸段,如果此楔形木是与方钢导向在一个位置,则此段与方钢宽、厚是完全相同的。$C$ 段是缓冲段,其斜度为 1∶100。

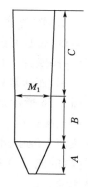

图 4-63 楔形木结构图

当罐耳进入楔形罐道的直线段($B$ 段)时,由于罐耳的内宽比罐道宽大 10 mm,罐耳可以方便地进入并起到导向作用,随之罐耳向上运行。如图 4-64、图 4-65 所示,罐耳挤压楔形木,楔形木被挤压产生的阻力阻止罐笼向上移动,从而达到缓冲制动的目的。

由于楔形木的制动阻力与斜度、木质、木纹走向、木质的干湿程度有关,其制动力的大小很难计算。又因为木纹走向与罐耳挤入方向相交,有可能导致楔形木劈裂,致使缓冲制动失效。同时,木材易吸水,在淋水环境下,楔形木罐道被水浸泡易膨胀,制动时制动阻力变化较大。

因此,楔形木虽然是阻止过卷、过放的非常简单的制动方式,由于本身存在的缺点,已不适宜作为摩擦提升过卷、过放缓冲装置。其主要原因为:① 其制动力是定性的,所使用的缓冲木不能试验,只能是通过类比选用;② 不适应井筒环境,本身性能变化大;③ 只能用一次,不能重复使用。

(2) 过卷、过放保护变力缓冲装置

1) 过卷缓冲保护装置

当提升系统在停车减速阶段没有减速或减速失败造成容器冲过过卷开关时,过卷开关给出紧急制动后仍不能停下,造成一码过卷、另一码过放。过卷、过放是提升中严重的提升事故,后果不堪设想。

《煤矿安全规程》第四百零七条规定,在过卷和过放距离内,应当安设性能可靠的缓冲装置。缓冲装置应当能将全速过卷(过放)的容器或者平衡锤平稳地停住,并保证不再反向下滑或者反弹。

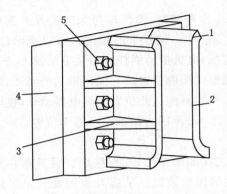

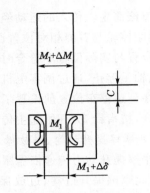

图 4-64　缓冲罐耳示意图　　　　　　图 4-65　楔形木缓冲制动示意图

1——罐耳进入口；2——罐耳工作导向段；

3——罐耳加强筋；4——罐笼体；5——固定螺栓

2）防蹾（过放）缓冲保护装置

防蹾（过放）缓冲装置是与过卷缓冲装置配套使用的。在提升系统中，当一码发生过卷时，另一码蹾罐。过卷与蹾罐都是容器达到停车位置后继续运行所致。过卷缓冲是对容器上行限制，而蹾罐则是对容器下行限制，其制动原理基本上一样。

图 4-66 所示是防蹾缓冲平台结构图，一个缓冲平台有 4 个吸能器，每个吸能器有一根绳连接到罐道梁上。缓冲连接绳上端固定在罐道梁上，另一端固定在缓冲吸能器的滚筒上，并在滚筒上缠多圈。正常提升时，容器底面不接触缓冲平台，当发生蹾罐时，容器落在平台上，容器的能量拉着平台下移，缓冲平台上的 4 个变阻力吸能器给出制动阻力，对容器进行防蹾制动。

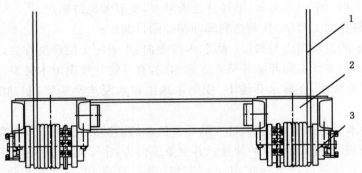

图 4-66　井底防蹾缓冲平台结构图

1——缓冲连接绳；2——缓冲平台；3——变阻力缓冲吸能器

防蹾制动力以防蹾制动时最大制动减速度小于 $5g$ 设计。

3）缓冲装置的设计

① 过卷缓冲平台设计

过卷事故有四种状态：

状态 I：提升系统过卷时，电机不断电，制动闸起作用；

状态 II：提升系统过卷时，电机不断电，制动闸不起作用；

状态Ⅲ:提升系统过卷时,电机断电,制动闸起作用;

状态Ⅳ:提升系统过卷时,电机断电,制动闸不起作用。

上述四种状态中状态Ⅱ最危险,但发生概率很低;状态Ⅳ是最常见的事故,因此设计以状态Ⅳ为依据。

缓冲平台设计前,首先要计算出过卷、过放缓冲的缓冲制动力、制动减速度,对提升系统提升参数设定如下:

容器自重 $m_1$、$m_2$,kg;

容器最大载重 $m$,kg;

首绳重 $m_{s\pm}$,kg;

尾绳重 $m_{s\mp}$,kg;

$F_1$ 为过卷缓冲制动力,N;

$F_2$ 为防蹾缓冲制动力,N;

$a_1$ 为过卷制动减速度,m/s²;

$a_2$ 为过放制动减速度,m/s²;

提升系统变位质量 $\sum m$,kg;

提升最大速度 $v_{max}$,m/s;

允许过卷缓冲距离 $h_1$,m;

允许过放缓冲距离 $h_2$,m。

② 过卷缓冲制动力及制动减速度的确定

过卷、过放制动示意图如图 4-67 所示。

由提升系统的最大提升速度 $v_{max}$、允许缓冲距离

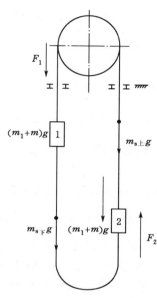

图 4-67　过卷、过放制动示意图

$h_1$ 可以确定出最小制动减速度 $a_{min}$,即 $a_{min} = \dfrac{v_{max}^2}{2h_1}$。

a. 由 $a_{min}$ 核算最大制动力,由图 4-67 可以得出:

$$F_1 + (m_1 + m_{min})g - m_{s\mp} \cdot g + m_{s\pm} \cdot g = \sum m' \cdot a_{min} \qquad (4\text{-}19)$$

在提升系统中,由于防蹾先投入制动,使原系统中 $\sum m$ 发生变化。$\sum m'$ 为防蹾投入后系统变位质量,$\sum m' = \sum m - m_{max} - m_1$。

在状态Ⅳ,为便于分析,假设提升首绳与尾绳等重,$m_{s\pm}$ 与 $m_{s\mp}$ 等重,式(4-19)简化为:

$$F_1 + (m_1 + m_{min})g = \sum m' \cdot a_{min} \qquad (4\text{-}20)$$

b. 在选定最大制动力作用下,核算制动减速度最大值为:

$$F_1 + (m_1 + m_{max})g = \sum m' \cdot a_{max} \qquad (4\text{-}21)$$

$$a_{max} = \frac{F_1 + (m_1 + m_{max})g}{\sum m'} = \frac{\sum m' a_{min} - (m_1 + m_{min})g + (m_1 + m_{max})g}{\sum m'}$$

$$= \frac{\sum m' a_{min} + (m_{max} - m_{min})g}{\sum m'} = a_{min} + \frac{(m_{max} - m_{min})}{\sum m'}g \qquad (4\text{-}22)$$

由式(4-22)计算出最大减速度 $a_{max}$。由于过卷缓冲是对上行物进行制动,如果制动减

速度 $a_{\max}>1g$，容器中的人或物将被抛起。因而对过卷缓冲制动而言，其制动减速度 $a_{\max}\leqslant 1g$，对提升人员必须满足 $a_{\max}\leqslant 1g$，对提升物料可以适当放大一些。

由计算确定的 $a_{\max}$、$a_{\min}$ 在允许范围内的制动力值就是要确定的系统的制动力 $F$。

③ 蹾罐安全保护设计

由图 4-67 可以得出：

$$F_2-(m+m_1)g=(m+m_1)a \tag{4-23}$$

以容器最小载荷蹾罐时确定最大制动减速度，也就是以容器内只乘 1 人为容器载重可得 $m=75$ kg。

$$F_2-(m+m_1)g=(m+m_1)a_{\max} \tag{4-24}$$

把 $m=75$ kg 代入得 $a_{\max}=\dfrac{F_2-(75+m_1)g}{75+m_1}$。

以 $v_{\max}^2$、允许最大缓冲距离 $h_{2\max}$ 求得 $a_{\min}$，$a_{\min}=\dfrac{v_{\max}^2}{2h_{2\max}}$，因此 $a_{\max}\leqslant 5g$，在满足 $a_{\min}$ 与 $a_{\max}$ 之间选取较合适的 $a$ 值，一般选 $a\leqslant 2.5g$ 较合适。最大制动力由式（4-25）确定：

$$F_{\max}=(m+75)(g+a_{\max}) \tag{4-25}$$

由上述各式计算出最大制动力 $F_{\max}$ 即为总制动阻力，单个缓冲吸能器制动力为 $F_单=\dfrac{F_{\max}}{4}$，制动缓冲绳及生根夹具以 6 倍安全系数核算。

6. 矿井摩擦提升防撞及托罐保护装置

摩擦提升中，由于其传递动力的特殊性，在矿井的井上、井下除了设置过卷、过放缓冲装置外，还应设置防撞保护装置。防撞保护装置的要求就是当提升系统出现高速过卷、过放时，防过卷、防蹾只能承受最大速度状态下的过卷、过放，而防撞装置用来阻止对提升系统的破坏，从而保护提升设备。

《煤矿安全规程》第四百零六条规定，在提升速度大于 3 m/s 的提升系统内，必须设防撞梁和托罐装置。防撞梁必须能够挡住过卷后上升的容器或者平衡锤，并不得兼作他用；托罐装置必须能够将撞击防撞梁后再下落的容器或者配重托住，并保证其下落的距离不超过 0.5 m。

（1）防撞梁保护

防撞梁的结构如图 4-68 所示，由多根大型工字钢及防撞木构成，设在天轮平台以下、过卷缓冲允许距离上限位。当提升系统出现高速过卷时，防过卷装置无法吸收提升系统的能量，运动系统最后撞到防撞梁上，首先撞到防撞木，冲击力由防撞梁承担，每个容器有两根防撞梁防护，对称挡住容器。

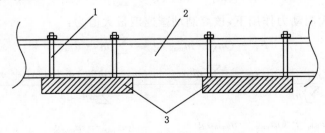

图 4-68　防撞梁结构示意图
1——U 形螺栓；2——防撞梁；3——防撞木

（2）托罐保护装置

托罐保护装置是防止高速过卷容器撞击防撞梁时撞断提升首绳后容器下落坠入井筒的保护装置。此外，托罐保护装置对松绳也有很好的保护作用，托罐有两种形式：

① 在防撞梁以下直接托容器，为定点托法；

② 在缓冲行程中全程托罐。

图 4-69 是回转托罐原理图。当容器冲上防撞梁后，被撞碰后托爪落下，当容器下落时，回转托爪托住容器。回转托罐存在托爪受冲击后转动不灵造成托罐不可靠的问题。

（3）防撞梁及托罐保护装置设计

① 防撞梁设计

a. 防撞力计算

防撞梁实质上为固定的挡住高速过卷提升系统的梁。按矿建设计要求，以最大终端荷载的 6 倍强度进行设计。即 $F=6Q_z$，其中 $Q_z$ 为最大终端荷载。

b. 防撞梁设计

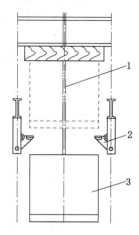

图 4-69　回转托罐原理图
1——首绳；2——单回转托爪；3——容器

根据计算出的防撞力，按被挡系统中容器的几何尺寸及防撞梁两端固定方式，计算出防撞梁的尺寸、大小。为使容器撞击防撞梁时有缓冲效果，在防撞梁下设置防撞木，作为提升系统的缓冲保护。防撞木选用上好松木制成，防撞木结构尺寸以比防撞梁略宽、长度比容器宽度长、厚度超过 300 mm 为宜。

② 托罐保护装置设计

托罐保护装置设计时，定点托罐时的托罐力满足 5 倍最大终端荷载的要求，全程托罐时以 3 倍最大终端荷载为依据。

7. 矿井提升机安全门

在矿井提升中，安全门是在井口、中间水平、井底水平进出罐笼的通道。安全门不仅是各水平与提升系统分开的界线，也是防止人员误入、货物误进造成事故的重要保护装置。为此在矿井提升中对安全门有严格要求，不仅要求与提升有闭锁，对其结构、尺寸都有严格要求。《煤矿安全规程》第三百九十五条规定，井口、井底和中间运输巷的安全门必须与罐位和提升信号联锁：罐笼到位并发出停车信号后安全门才能打开；安全门未关闭，只能发出调平和换层信号，但发不出开车信号；安全门关闭后才能发出开车信号；发出开车信号后，安全门不能打开。

（1）安全门的类型

① 斜面滑动式安全门

斜面滑动式安全门的门为两码安全门，如图 4-70 所示，图示状态为容器未到位时的状态。当一码容器到位（右侧）时，气缸 5 抬起，同时闭锁装置 6 打开，当气缸 5 抬起一定高度时与安全门横梁 3 形成一个斜坡，右侧安全门滑到左位打开。当装载完毕后收回气缸 5，已到左侧的安全门滑到右侧，并由闭锁装置 6 锁住右侧安全门。

② 回转式安全门

回转式安全门如图 4-71 所示。此门采用平行四边形结构，用回转的方式满足安全保护

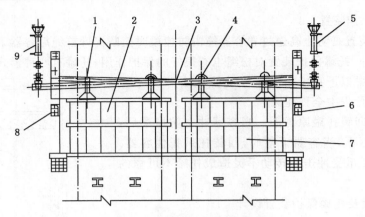

图 4-70　斜面滑动式安全门结构图

1——左门吊轮；2——左安全门；3——右门横梁；4——右门吊轮；

5——右门气缸；6——右门闭锁；7——右安全门；8——左门闭锁；9——左门气缸

功能。图 4-71 所示为左侧门打开、右侧门关闭状态。当左侧装完罐后，关闭左侧门。只有容器在正确位置才能打开安全门。

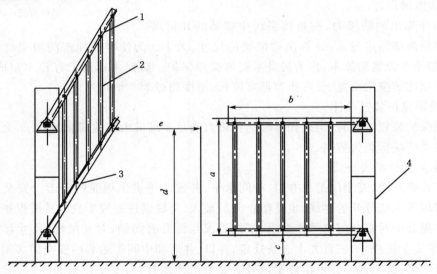

图 4-71　回转式安全门结构图

1——上横梁；2——立梁；3——下横梁；4——回转动力箱

③ 链传动平移式安全门

链传动平移式安全门如图 4-72 所示，此安全门的安装布置与斜面滑动式安全门相同，安装横梁有里外两根。不同之处是安全门的移动不依靠斜面下滑力，而是依靠由液压马达带动的链拉动安全门实现打开、关闭。

（2）安全门的设计

① 安全门基本参数的确定。安全门的基本参数包括宽度、高度、方式、材料、闭锁关系。以回转式安全门为例，如图 4-71 所示的回转安全门 $a$、$b$、$c$、$d$、$e$ 五个尺寸作为设计的基本参数。要求设计出的安全门可靠性高，便于维护，能挡住溜出的矿车的冲击。

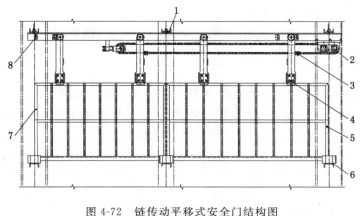

图 4-72 链传动平移式安全门结构图

1——上托架;2——驱动装置;3——链卡;4——吊挂;

5——门扇;6——门限位;7——窄门扇;8——限位装置

② 根据尺寸、材料,由抗冲击能力计算出转动横梁的截面尺寸,并设计出各回转铰接形式。

③ 回转马达(或液压缸)的确定。当上述结构及材料都确定后,回转马达的动力必须满足安全门的动作要求,回转的最大力矩能够保证安全门开闭自如。

8. 罐帘、罐门

罐帘、罐门是保证乘罐人员安全的保护门。罐帘、罐门虽然形式多样,但大都比较落后,特别是对于大型矿井的罐帘、罐门来说,罐宽、尺寸大,一个人抬起、放下有诸多不便。《煤矿安全规程》第三百九十四条罐规定,进出口必须装设罐门或者罐帘,高度不得小于 1.2 m。罐门或者罐帘下部边缘至罐底的距离不得超过 250 mm,罐帘横杆的间距不得大于 200 mm。罐门不得向外开,门轴必须防脱。

罐门或罐帘的设计必须满足《煤矿安全规程》相关要求,现在矿井应用最多的是罐帘,其结构如图 4-73 所示。图 4-73 所示为罐帘放下状态,要打开罐帘时,把罐帘的下横杆推到上

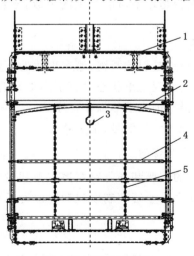

图 4-73 罐帘结构图

1——罐笼;2——防雨棚;3——罐帘钩;4——罐帘横杆;5——罐帘连接链

挂钩上钩住;放下时,摘下挂钩即可。

罐门在一些矿井的罐笼上也有应用,一般是向内开的,在中间两门用一个转动的槽板扣住。

9. 安全窗

安全窗是提升容器设置的一种保护装置。一旦人员被困在容器内,可以通过安全窗爬出容器。罐笼上盖上设置的双天窗如图 4-74 所示。人从罐顶上可以通过手把 5 打开安全窗进入罐内,罐内人员也可以从内部打开安全窗通到罐笼顶上。

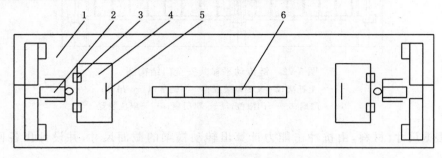

图 4-74　罐笼上盖安全窗

1——罐笼;2——滚动罐耳;3——安全窗回转轴;4——安全窗;5——安全窗把手;6——罐笼悬挂梁

10. 闭锁保护装置

闭锁保护装置是各设备间动作安全有序的保证,矿井提升机闭锁关系在多处应用。如果没有这些闭锁保护装置,提升运行中将出现恶性事故。

(1) 罐笼与辅助装备闭锁

摇台是各水平容器与外搭(承)接的重要设备。通过摇台,实现平巷矿车及其他车辆与罐笼的连接。如果没有闭锁关系,摇台在罐笼还没到位时已放下,罐笼通过时必定与摇台撞碰而导致摇台或罐笼损坏。有了闭锁后,罐笼不在停罐位置放不下摇台;摇台不抬起,打不出提升开车信号。由此杜绝摇台与罐笼可能产生的事故,摇台与操车的后续装备也必须设置闭锁保护装置。

(2) 装载与提升信号闭锁

在摩擦提升中,箕斗装载超重是引起滑绳、溜车事故的重要原因。为保证装载量在允许重量内,定重装载系统能确保当出现超重状态时打不出提升信号,必须把定重斗载荷重量降到允许重量才可以打出提升信号,进入下一操作程序。

其他闭锁保护装置还包括安全门、信号、指示器等。

### 4.3.3　矿井摩擦提升机安全作业管理

摩擦提升机属于矿井提升的重要装备。对摩擦提升机的使用、操作、维护、保养有一套严格的安全作业管理制度。安全作业管理制度包括岗位责任制度、交接班管理制度、巡回检查制度、日检制度。

1. 岗位责任制度

摩擦提升机操作要求建立岗位责任制,上岗必须进行培训与实习,使用者熟练掌握操作规范,熟读设备的使用说明书、操作规程,使用者必须持有上岗资格证方可上岗。

（1）绞车司机必须进行安全操作技术培训,并经主管部门考核合格,取得资格证后,方可持证上岗。

（2）坚持八小时工作制,遵守劳动纪律和各项规章制度,不准违章操作。

（3）严格按照操作规程进行操作,操作时应集中精力,观察各种仪表、信号,仔细监听设备的运转声音,无信号或信号不清楚不准开车。出现异常时,应立即停车检查及时汇报情况。

（4）绞车运行时,主司机操作,副司机在旁监护。每班交班前,必须提一次空车,观察绞车的运行情况,发现问题及时向调度室汇报。

（5）绞车司机当班时,严格按时进行巡回检查,及时掌握机械、电气设备的运转情况,出现故障或隐患不得隐瞒,及时汇报领导,进行组织处理。

（6）机械维修人员抢修时,要取得司机的同意。检修结束后,经验收合格后试车正常,填写检修记录后方可离开。

（7）严格执行现场交接班制度,上班时不准看书看报、打牌,不准擅自离开绞车房、会客等,严禁酒后上岗。

（8）严格执行绞车房管理制度和参观制度,保养好设备。做到绞车房设备清洁、整洁,保管好技术文件、工具、备件、消防器材。禁止闲人进入绞车房。

（9）认真填写交接班记录。

（10）绞车运行时,出现紧急制动、卡容器、过卷等事故时,立即停车汇报。

2. 交接班管理制度

交接班管理制度是保证设备完好、管理有序、操作可靠的保证。交接班时必须做到:

（1）严格遵守现场交接班程序,交班时要交清本班设备运转情况,以及出现问题的处理经过。接班司机要对设备进行全面详细的检查和询问当天的运转情况,发现问题及时向科室值班人员汇报,经同意后方能进行交接班。

（2）交接班要注意下列情况:

① 高压电压表在正常范围;

② 低压电压表在正常范围;

③ 润滑泵开灯亮,润滑油压不小于规定值;

④ 齿轮润滑泵开灯亮,齿轮润滑油压不低于要求值,制动残压不大于限定值;

⑤ 制动泵开灯亮;

⑥ 检查各转换开关、按钮是否在正常提升位置;

⑦ 试一下过卷、紧急停车保护是否动作灵敏、可靠;

⑧ 操作台信号通信是否正常;

⑨ 消防设施是否完好。

（3）运行情况交接不详、运转记录不清楚、各种工具不齐全、卫生差时不能进行交接班。

以上要求达不到交接班要求,接班人有权不接班,并向科值班室汇报。

3. 巡回检查制度

在交接班前,交接班司机应共同进行一次巡检,检查设备状况。当班司机在上班时间,每小时要进行一次巡检,并认真填写巡检记录,其巡检内容包括:

（1）检查高压表指示是否正常。

（2）检查控制电压表电压是否正常。

（3）检查制动、油压、电压是否正常。

（4）检查励磁电流是否正常,正常运行值、停车值。

（5）检查电柜电流是否正常,正常运行值,停止时是否在零位。

（6）检查润滑油压是否正常。

（7）检查齿轮润滑油压是否正常。

（8）检查制动油压是否正常。

（9）检查绞车速度是否正常。

（10）检查减速点是否正常。

（11）检查绞车行程显示是否正常。

（12）检查主滚筒有无异常、异响、发热,衬垫有无异常。

（13）检查盘式闸及管路有无漏油、渗油,闸与制动盘动作是否灵活。

（14）检查齿轮有无异响、振动、渗油现象,油绳油位是否正常。

（15）检查主电机有无异响、振动,电机温度是否过高,换向器是否烧黑。

（16）检查测速发电机有无异响、振动,轴编码器(主电机侧、滚筒侧)连接是否正常,轴编码器有无振动现象。

（17）检查液压站阀,管接头有无渗油、漏油现象,阀动作是否可靠,油位、油温是否正常。

（18）检查测速柜室空调是否正常。

（19）检查电柜室空调是否正常。

（20）检查导向轮有无异常,导向轮轴承有无异常响声、发热,衬垫有无异常。

（21）检查齿轮和稀油站油泵、阀、管路接头有无渗油、漏油现象。压力表压力值是否与显示屏上读数相同,油位是否正常,油温是否正常。有无振动现象。

（22）检查整流变压器是否正常,温度、主开关是否正常。

（23）检查高压进线柜、整流变压器柜、变压器柜、联络柜有无异常现象。电压、电流有无异常现象。

（24）检查主电机冷却风机有无异响、振动,胶带有无打滑现象,风机电机轴承、接线盒、电缆温度是否正常,风机有无异响、振动现象。

（25）检查轴瓦稀油站、泵、阀、管路接头有无渗油、漏油现象。压力表油压值是否与屏上值相同,油位、油温是否正常。

（26）检查位磁开关、过卷开关固定是否牢固,有无脱落现象。

（27）检查配电盘有无异常现象。

4. 日检制度

日检是对易发生故障的地点进行检查,是保证提升安全的重要手段。

（1）检查高压、低压是否正常。

（2）检查绞车速度、行程、制动油压、润滑油压、励磁电流、电柜电流是否正常。

（3）检查信号减速点动作是否正常。

（4）检查保护装置是否灵敏可靠,例如过卷、急停、闸间隙、轴瓦温度。

（5）检查主电机有无异响、振动现象,温度是否过高,换向器是否发黑。

（6）检测发电机有无异常、振动，轴编码器（主电机、滚筒）转轴是否正常，有无振动。

（7）检查调速柜、励磁柜、切换柜是否正常。

（8）检查电控室内温度是否正常。

（9）检查齿轮箱稀油站压力与屏上值是否一致，有无振动。

（10）检查整流变压器、变压器是否正常，主开关是否正常。

（11）检查高压进线柜、整流高压器柜、变压器柜、连接柜有无异常现象，电流电压有无异常。

（12）检查主电机冷却风机轴承、接线盒、电缆温度是否正常，风机电机有无响声、振动。

（13）检查轴瓦稀油泵压力表压力值与显示屏值是否一致，检查电机有无振动。

（14）检查位磁开关、过卷开关是否可靠。

（15）检查变压器、配电盘有无异常现象。

## 本章小结

本章主要介绍了提升机械危险因素识别，电梯的分类、主要技术参数、基本构造、安全保护装置以及电梯安全操作技术及安全作业管理要求，矿井摩擦提升机的构成、安全保护装置以及安全作业管理要求。通过对这些内容的学习，使学生了解提升机械危险因素识别主要内容，使学生能够完成对电梯限速器、安全钳和缓冲器等安全的设计计算，并能对各种场所实际使用的电梯提出相应的安全操作技术要求及安全作业管理要求，使学生能够掌握矿井摩擦提升机的构成及其安全保护装置的工作原理，并能对实际使用的矿井摩擦提升机提出相应的安全作业管理要求。

## 复习思考题

1. 提升机械危险因素识别主要内容有哪些？

2. 简述电梯的分类。

3. 电梯的主要技术参数有哪些？

4. 简述电梯曳引系统的组成及作用。

5. 简述电梯导向系统的组成及作用。

6. 简述电梯对重平衡系统的工作原理。

7. 简述电梯限速器的工作原理及安全技术要求。

8. 电梯设置了哪些安全保护装置？各起什么作用？

9. 简述电梯设计制造以及安装、改造与维修维护的要求。

10. 矿井摩擦提升机的安全保护装置有哪些？

# 第 5 章　机动车辆安全技术

**本章学习目的及要求**

1. 掌握机动车辆危险因素识别。
2. 了解机动车辆分类及性能参数,掌握车辆的工作原理。
3. 理解发动机的工作原理和总体构造。
4. 掌握汽车的安全保护装置类型及原理。
5. 理解机动车辆安全操作要求。

机动车辆系指各种汽车、摩托车、拖拉机、轮式动力专用机械。狭义上讲,机动车辆主要指汽车。

## 5.1　机动车辆危险因素识别及事故分析

### 5.1.1　机动车辆危险因素识别

1. 常见事故类型

(1) 按车辆事故的事态分类,有碰撞、碾轧、刮擦、翻车、坠车、爆炸、失火、出轨和搬运、装卸中的坠落及物体打击等。

(2) 按发生事故的位置分类,有交叉路口、弯道、直道、坡道、铁路道口、狭窄路面、仓库、车间等行车事故。

(3) 按伤害程度分类,有车损事故、轻伤事故、重伤事故、死亡事故。

根据国家有关部门对全国工矿企业伤亡事故统计表明,发生死亡事故最多的是企业内运输事故,约占全部工伤事故的 25%。

厂(场)内机动车辆伤害事故有着一定的规律性。首先,车辆伤害事故与时间有关,每天 7 时到 15 时半的事故最多,占全部事故的 59%。其次,和驾驶员年龄有关,发生在 18~40 岁的人中居多,其中,18~25 岁占 25%,25~40 岁占 32.5%。

2. 发生车辆伤害事故的主要原因

车辆伤害事故的原因是多方面的,但主要是涉及人(驾驶员、行人、装卸工等)、车(机动车与非机动车)、道路环境这三个综合因素。在这三者中,人是最为重要的因素。据有关资料分析,一般情况下,驾驶员是造成事故的主要原因,负直接责任的占统计的 70% 以上。

大量的企业内机动车辆伤害事故统计分析表明,事故主要发生在车辆行驶、装卸作业、车辆检修及非驾驶员驾车等过程中。从各类事故所占比例看,车辆行驶中发生事故占 44%,车辆装卸作业中发生事故占 23%,车辆检修中发生事故占 7.9%,非驾驶员开车肇事占 16.5%,其他类型事故占 8.5%。由此不难发现,车辆伤害事故的主要原因都集中在驾驶员身上,而这些事故又都是驾驶员违章操作、疏忽大意,以及操作技术等方面的错误行为造成的。为了吸取教训,杜绝事故,现将企业内机动车事故的主要原因分析如下:

（1）违章驾车

违章驾车指事故的当事人,由于思想方面的原因而导致的错误操作行为,不按有关规定行驶,扰乱正常的企业内搬运秩序,导致事故发生,如酒后驾车、疲劳驾车、非驾驶员驾车、超速行驶、争道抢行、违章超车、违章装载等原因造成的车辆伤害事故。

（2）疏忽大意

疏忽大意指当事人由于心理或生理方面的原因,没有及时、正确地观察和判断道路情况,而造成失误。也有的只凭主观想象判断情况,或过高地估计自己的经验和技术,过分自信,引起操作失误导致事故。其主要表现是:

① 车辆起步时不认真观察周围情况,也不鸣笛,放松警惕。

② 驾驶和装卸过程中与他人谈话、嬉笑、打逗,操作不认真。

③ 急于完成任务或图省事。

④ 操作中不能严格按规程去做,自以为不会有问题。

⑤ 在危险地段行驶或在狭窄、危险场所作业时不采取安全措施,冒险蛮干。

⑥ 不认真从所遇险情和其他事故中吸取教训,盲目乐观,存有侥幸心理。

⑦ 每天驾车往返同一路段,易产生"轻车熟路"的思想,行车中精神不集中。

⑧ 厂区内没有专职交通管理人员和各种信号标志,驾驶员遵章守纪的自我约束力差。

（3）车况不良

① 车辆的安全装置如转向、制动、喇叭、照明、后视镜和转向指示灯等不齐全或失效。

② 蓄电池机动车调速失控造成"飞车"。

③ 翻斗车举升装置锁定机构工作不可靠。

④ 吊车起重机的安全防护装置,如制动器、限位器等工作不可靠。

⑤ 车辆维护修理不及时,带"病"行驶。

（4）道路环境

① 道路条件差。

② 视线不良。

③ 在恶劣的气候条件下驾驶车辆。

（5）管理因素

① 车辆安全行驶制度不落实。

② 管理规章制度或操作规程不健全。

③ 非驾驶员驾车。

④ 车辆维修不及时。

⑤ 交通信号、标志、设施缺陷。

## 5.1.2　机动车辆事故分析

机动车辆安全事故在各类安全事故中所占比例最高。全世界自有机动车安全事故死亡记录以来,死亡人数已超过 3 200 万。现在全世界每年有 120 多万人死于机动车安全事故,占非自然死亡人数的 1/4 左右。每年造成的经济损失超过 5 000 亿美元。机动车辆安全事故的多发问题对人民的生命和财产安全构成了严重威胁。下面通过对典型案例的分析,分析事故发生的具体原因。从而便于采取有效措施预防和控制机动车辆事故,减少机动车安全事故的发生。

1. 案例一

(1) 事故概况

××××年×月×日,××厂的一辆叉车在本厂院内从事搬运箱装货物的任务,在作业过程中用叉子叉起约 1 200 kg 重的箱装设备,叉起后并没有降低叉子的高度,仍维持在原作业的 1.5 m 高度往车间运送。当叉车以 10 km/h 速度运行至右转弯时,由于驾驶员未采取减速措施,使叉车重心不稳造成侧翻,司机躲闪不及,被侧翻的叉车当场压死。该事故造成 1 人死亡,直接财产损失约 1.5 万元。

(2) 事故发生原因

叉车驾驶员没有认真执行叉车操作规范,图省事,叉起超大物件后并没有降低货叉的高度,继续载物行驶,违反了叉车使用安全操作规程 4.2.4 部分的要求:"载货行驶时,重心要低,车辆要稳定"。驾驶员没有将叉子及时放下,导致重心偏高,降低了车辆的稳定性;在转弯时,驾驶员盲目自信,不按章减速,违反了安全操作规程 4.2.3 部分的要求:"厂区内叉车行驶时速不得超过 5 km/h;作业时及在进出厂门、电梯、拐弯、人多、通道狭窄等其他复杂区域时速不得超过 3 km/h"。驾驶员违章超速行驶,转弯时没有降到规定车速,造成离心力过大而侧翻。上述原因是此次事故发生的直接原因。

载重的高度会改变整车质心的高度,如图 5-1 所示,叉车驾驶员在叉起超大物件后,转运行驶前没有将载重的高度降至最低,造成重载叉车的质心位置较物件最低位置时上移较多。其值越大,侧翻力矩越大。叉车转弯时没有降低车速,造成较大的离心力,如图 5-2 所示。离心力的大小与叉车质量及车速的平方成正比,当车速增加一倍,离心力将是原车速离心力的 4 倍。当车速达到一定数值时,其离心力产生的侧翻力矩大于地面给予叉车的反向力矩,即:

$$m \cdot \frac{v^2}{R} \cdot h > F_N \cdot \frac{B}{2} = G \cdot \frac{B}{2} = m \cdot g \cdot \frac{B}{2} \tag{5-1}$$

图 5-1　载货后叉车质心位置的变化

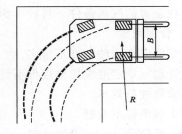

图 5-2　叉车右转弯时状态示意图

叉车由于上述原因,在右转弯时,发生了向左侧翻事故,如图 5-3 所示。

调查事故原因后总结教训:

① 对叉车驾驶员的安全管理、安全教育、技术管理及培训力度不够,职工安全意识薄弱,工作麻痹大意,图省事,轻安全,对作业场所内可能的风险没有足够的重视。

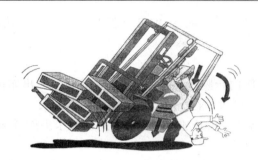

图 5-3　叉车向左侧翻示意图

② ××厂管理规章制度或操作规程不健全,相应的安全管理部门对安全操作规程执行力度不够,缺乏有效地检查、监督机制,没有及时发现安全隐患并制止叉车驾驶员的危险行为。

③ ××厂不同程度存在着标志、信号、设施不全或设置不合格的情况。例如,在转弯处未设置警示牌。安全管理部门对可预见性安全隐患没有做到位,没有制定相应的安全防范措施,安全管理存在漏洞。

（3）事故防范措施

① 此次事故主要是由于叉车驾驶员违章行车,违反叉车安全操作规程而引发的,因此企业内机动车驾驶员须经过专业培训、考核,取得合法资格后方准驾车,才能保证叉车驾驶员及他人的安全,同时才能准确、规范、有效地操作叉车。

② ××厂应深刻接受此次事故教训,开展好警示教育活动。同时建立健全以责任制为中心的各项管理规章制度,进一步明确和落实各级安全生产责任制,强化关键工序和重点隐患的双重预警,加大现场安全管理力度。

③ ××厂各级管理人员针对此次安全事故,总结安全防范措施,举一反三地排查类似工作习惯、类似的思想状态、类似的危险行为,特别是在厂区的繁忙路段、弯道、坡道、狭窄路段、交叉路口、门口等定期进行安全检查,坚决杜绝安全事故的发生,确保安全生产。

2. 案例二

（1）事故概况

××××年×月×日,××厂叉车驾驶员驾驶叉车,以 20 km/h 左右的速度运载两货箱。在某路段,叉车驾驶员依照惯例沿路中心线空挡减速滑行,当滑行到一左侧丁字路口时,突然从该路口走出一工人李某,也同时左转进入该车道,如图 5-4 所示。叉车驾驶员见状紧急刹车,才发现刹车失灵,叉车继续向前滑行,李某被两货箱撞倒后压在货箱下面。事

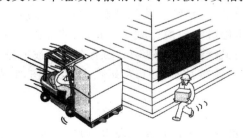

图 5-4　叉车行进过程中路遇行人进入车道

故发生后,李某经送医院抢救无效死亡,本事故造成 1 人死亡,直接经济损失 2 万元。

（2）事故发生原因

事故的直接原因：

① 叉车驾驶员在厂区内行驶违反了限速规定,驾驶员在出车前,没有仔细检查叉车的安全装置,叉车进行紧急刹车时,刹车油管脱落引起刹车失灵。

② 叉车驾驶员精神分散,在通过视线不良的路口时未提前减速,路过可能有车辆、行人经过的路口前没有鸣笛示警。

③ 驾驶员遇左侧丁字路口时,没有偏向右侧行驶,以扩大视野观察范围。

④ 叉车行驶时较为安静,有时作业人员以及步行者不会注意到有叉车接近,工人李某忽视瞭望及避让来往车辆。

事故的间接原因：

① 不认真定期保养、检查安全装置,例如转向、制动、喇叭、后视镜和转向指示灯等是否齐全有效,致使叉车带病运行。

② 作业人员行走路线、叉车行走路线等注意事项不明确。同时在作业过程中无人监督、检查和指挥。

③ 叉车失控后驾驶员和工人李某均处于惊慌失措状态,缺乏事故应急演练,未能采取有效措施避免事故发生。

（3）事故防范措施

① 驾驶员应该严格按照日常保养规范,对车辆进行安全检查并填写叉车工日常检查记录及交接班记录。安全装置不完好的叉车严禁使用。

② 在道路岔路口、拐角处,应提前打开转向指示灯（如需转弯）,应减速瞭望,确认安全后方可通过,必要时要鸣喇叭。

③ 机动车驾驶员按厂内相关机动车安全条例驾驶及维护车辆,驾驶员还要严格执行出车前、行车中及收车后的车辆"三检"制度,及时发现、排除各种故障与隐患,保证机动车辆不"带病上岗",在装运及行驶过程中,要有预见性,避免事故的发生。

④ 建立健全以责任制为中心的各项管理规章制度,同时也提醒工厂员工,厂内不要在机动车道行走（如没有专用的人行道,要靠道路的边缘）,时刻注意过往车辆,工厂应加强对员工的安全教育,提高职工安全防范能力。

3. 案例三

（1）事故概况

××××年×月×日,××厂一辆大货车驾驶员酒后驾车,当驶过一个十字路口 50 m 时,撞到了靠道路右侧停放的一台货车,将该驾驶室内乘坐的儿童撞出；又继续行驶 50 m,把路旁标志牌撞坏；车辆未停继续向前行驶 155 m,又将路边一骑车人撞死；同时将骑车人的妻子撞到沟里造成重伤；又继续行驶 185 m,因有车追赶被迫停车；该车掉头时,又将车倒入沟内,自己也造成重伤。该事故造成 1 人死亡,2 人重伤,1 人轻伤,直接经济损失 20 万元。

（2）事故发生原因

大货车驾驶员违反了机动车辆驾驶安全规定,酒后驾车,驾驶员在酒精的作用下,注意力、判断力及动作协调性减弱,驾驶技术水平下降是导致此事故发生的直接原因。

事故发生后,驾驶员交通安全意识和法制观念淡薄,同时各级交警部门对重点路段区域的酒后驾驶查处力度不够是导致此次事故发生的间接原因。驾驶员撞到靠道路右侧停放的一台货车后,不立即处理现场,抢救伤员,并驾车逃逸,慌乱中造成后续的几起事故发生。

（3）事故防范措施

① 进一步规范驾驶人考试制度及驾驶人管理制度,严把办证、安全教育培训关。通过对交通法规、车辆操作技术的学习,使驾驶人具有较强的安全意识。

② 加大路面管控力度,严查酒后驾驶行为,实施责任追究。各级交警部门要积极争取支持,加大资金投入,广泛配置较先进的酒精测试仪等先进科技装备,利用科技手段严查酒后驾驶违法行为。

③ 加大对酒后驾驶处罚力度,形成严管重罚的高压态势。

④ 在日常交通安全宣传教育中,要加大酒后驾驶交通危害的宣传教育力度,交警部门要充分利用交通安全宣传教育活动,重点宣传酒后驾驶的危害,在驾驶员群体中进行巡回宣传教育,引起广大驾驶员对酒后驾驶违法行为的高度重视和警醒。

## 5.2　机动车辆基本知识

机动车辆是指各种汽车、摩托车、拖拉机、轮式动力专用机械。狭义上讲,机动车辆主要指汽车。汽车结构透视图如图 5-5 所示。

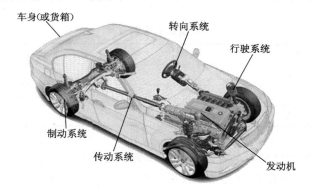

图 5-5　汽车结构透视图

### 5.2.1　机动车辆分类

机动车辆的定义为自身带有动力装置,可以运动（以运载为目的）、带有车轮的机械。它有别于机械设备及其他载运工具,《机动车辆及挂车分类》（GB/T 15089—2001）对机动车辆进行了明确的分类。

机动车辆的分类有很多种,目前普遍采用 GB/T 15089—2001 标准,将机动车辆和挂车分为 L 类、M 类、N 类、O 类和 G 类,具体如表 5-1～表 5-4 所列。车轮数均以轮毂数为计量单位,如农用三轮车每个后轮有两个轮胎但只有一个轮毂。

L 类车辆指常见的摩托车、残疾人专用车、农用三轮车。其他类型车车轮数（轮毂数）均大于等于 4。

**表 5-1**　　　　　　　　　　　　　　　　　**L 类机动车辆分类**

| 车辆类型 | 发动机类别 | 气缸排量/mL | 车轮数 | 是否对称布置 | 最高车速/(km/h) |
|---|---|---|---|---|---|
| $L_1$ | 热力发动机 | ≤50 | 2 | 是 | ≤50 |
| $L_2$ | 热力发动机 | ≤50 | 3 | 是 | ≤50 |
| $L_3$ | 热力发动机 | >50 | 2 | 是 | >50 |
| $L_4$ | 热力发动机 | >50 | 2 | 否 | >50 |
| $L_5$ | 热力发动机 | >50 | 3 | 是 | >50 |

M 类车辆基本指常见的轿车、吉普车、客车等载客车辆。

**表 5-2**　　　　　　　　　　　　　　　　　**M 类机动车辆分类**

| 车辆类别 | 座位数 | 总质量/kg |
|---|---|---|
| $M_1$ | ≤9 | ≤5 000 |
| $M_2$ | >9 | ≤5 000 |
| $M_3$ | >9 | >5 000 |

N 类车辆基本指常见的各种载货车辆。某些专用作业车(例如:汽车起重机、修理工程车、宣传车等)上的设备和装置被视为货物。

**表 5-3**　　　　　　　　　　　　　　　　　**N 类机动车辆分类**

| 车辆类别 | 总质量/kg |
|---|---|
| $N_1$ | ≤3 500 |
| $N_2$ | >3 500 且≤12 000 |
| $N_3$ | >12 000 |

O 类车辆基本指常见的各种挂车。全挂车为载荷均独自承受且可独立停放的车辆,如大拖拉机后的拖斗车;半挂车为大部分载荷均独自承受但不能独立停放的车辆,如小四轮拖拉机后的拖斗车;这两者与拖车挂接时才能归属为机动车辆;中置轴挂车是目前数量最多的挂车,其前端搭载到拖车上。就半挂车或中置轴挂车而言,对挂车分类时所依据的质量,是其在满载并且和牵引车相连的情况下,通过其所有车轴垂直作用于地面的静载荷。

**表 5-4**　　　　　　　　　　　　　　　　　**O 类挂车分类**

| 车辆类别 | 总质量/kg |
|---|---|
| $O_1$ | ≤750 |
| $O_2$ | >750 且≤3 500 |
| $O_3$ | >3 500 且≤10 000 |
| $O_4$ | >10 000 |

除了以上各种类外,标准中还有 G 类车,它兼顾上述两类以上车型的特点,属于新开发

的车型,为满足特定条件(如通过性能),它与 M 类、N 类车接近,如越野车归属于 G 类车。

### 5.2.2　机动车辆(汽车)性能参数

汽车包括许多性能参数,各参数代表着汽车在某个方面的性能。

整车装备质量(kg):汽车完全装备好时的质量,即润滑油、燃料、随车工具、备胎等所有装置齐备充足时汽车的质量。

最大总质量(kg):汽车满载时的总质量。

最大装载质量(kg):汽车在道路上行驶时的最大装载质量。

最大轴载质量(kg):汽车单轴所承载的最大总质量。

车长(mm):汽车长度方向两极端点间的距离。

车宽(mm):汽车宽度方向两极端点间的距离。

车高(mm):汽车最高点至地面间的距离。

轴距(mm):汽车前轴中心至后轴中心的距离。

轮距(mm):同一轿车左右轮胎胎面中心线(对于双胎指两轮胎间隔的中央)间的距离。

前悬(mm):汽车最前端至前轴中心的距离。

后悬(mm):汽车最后端至后轴中心的距离。

最小离地间隙(mm):汽车满载时,最低点至地面的距离。

接近角(°):前轮摆正,相切于两前轮胎面,向前上方引出且与汽车前端不发生干涉的最大前仰角(相对于地面)的切面,该最大前仰角称为接近角。

离去角(°):后轮摆正,相切于两后轮胎面,向后上方引出且与汽车后端不发生干涉的最大后仰角(相对于地面)的切面,该最大后仰角称为离去角。

转弯半径(mm):汽车转向时,汽车外侧转向轮的中心平面在车辆支承平面上的轨迹圆半径。转向盘转到极限位置时的转弯半径为最小转弯半径。

最高车速(km/h):汽车在平直道路上行驶时能达到的最大速度。

最大爬坡度(%):汽车满载时的最大爬坡能力。爬坡度的值为坡的垂直高度与水平距离的百分比。

平均燃料消耗量(L/100 km):汽车在道路上行驶时每 100 km 平均燃料消耗量。

车轮数和驱动轮数($n \times m$):车轮数以轮毂数为计量依据,$n$ 代表汽车的车轮总数,$m$ 代表驱动轮数。

### 5.2.3　机动车辆(汽车)组成及工作原理

1. 汽车的组成

汽车一般由发动机、底盘、车身和电气设备等四个基本部分组成。

(1)发动机

发动机是汽车的动力装置。由两大机构五大系统组成:曲柄连杆机构、配气机构;供给系、冷却系、润滑系、点火系(对于柴油机没有点火系)、启动系。

(2)底盘

汽车底盘的作用是支承、安装汽车发动机及其他各部件、总成,以形成汽车的整体造型,并接受发动机的动力,使汽车产生运动,保证正常行驶。汽车底盘由传动系、行驶系、转向系和制动系四部分组成。

（3）车身

汽车车身安装在底盘的车架上，用于给驾驶员、旅客乘坐或装载货物。轿车、客车的车身一般是整体结构（承载车身，没有明显的车架），货车车身一般是由驾驶室和货箱两部分组成。

（4）电气设备

汽车电气设备由电源和用电设备两大部分组成。电源包括蓄电池和发电机；用电设备包括发动机的启动系、汽油机的点火系和其他用电装置，例如：音响、空调及车载电脑、传感器等。

2. 汽车工作原理

汽车要运动，就必须有克服各种阻力的驱动力，也就是说，汽车在行驶中所需要的功率和能量取决于它的行驶阻力。一般情况下，汽车的行驶阻力可以分为稳定行驶阻力和动态行驶阻力。稳定行驶阻力包括了车轮阻力、空气阻力以及坡度阻力。在动态行驶阻力方面，主要就是惯性力，它包括平移质量引起的惯性力，也包括旋转质量引起的惯性力矩。

（1）车轮阻力

车轮阻力是由轮胎的滚动阻力、路面阻力还有轮胎侧偏引起的阻力所构成。

当汽车在行驶时会使得轮胎变形，而不是一直保持静止时的圆形，而由于轮胎本身的橡胶和内部的空气都具有弹性，因此在轮胎滚动时会使得轮胎反复经历压缩和伸展的过程，由此产生了阻尼功，即变形阻力。经过试验表明，当汽车超过 45 m/s(162 km/h) 时轮胎变形阻力就会急剧增加，这不仅要求有更高的动力，对轮胎本身也是极大的考验。而轮胎在路面行驶时，胎面与地面之间存在着纵向和横向的相对局部滑动，还有车轮轴承内部也会有相对运动，因此又会有摩擦阻力产生。由于我们是被空气所包围的，只要是运动的物体就会受到空气阻力的影响。变形阻力、摩擦阻力还有轮胎空气阻力的总和便是轮胎的滚动阻力。在 40 m/s(144 km/h) 以下的速度范围内，变形阻力占了轮胎的滚动阻力的 90%～95%，摩擦阻力占 2%～10%，而轮胎空气阻力所占的比率极小。

而路面阻力就是轮胎在各种路面上的滚动阻力，由于各种路面不同，而产生的阻力也不同。还有便是轮胎侧偏引起的阻力，这是由于车轮的运动方向与受到的侧向力产生了夹角而产生的。

（2）空气阻力

汽车在行驶时，需要挤开周围的空气，此外还存在着各层空气之间以及空气与汽车表面的摩擦，再加上冷却发动机、室内通风以及汽车表面外凸零件引起的气流干扰等，就形成了空气阻力。它包括压差阻力（又称形状阻力）、诱导阻力、表面阻力（又称摩擦阻力）、内部阻力（又称内循环阻力）以及干扰阻力等。空气阻力与汽车的形状、汽车的正面投影面积有关，特别是与汽车—空气的相对速度的平方成正比。当汽车高速行驶时，空气阻力的数值将显著增加。我们在汽车指标中经常见得的风阻就是计算空气阻力时的空气阻力系数。这个系数是越小越好。

（3）坡度阻力

坡度阻力即汽车上坡时，其总质量沿路面方向的分力形成的阻力。

汽车要能够运动起来就必须克服以上所介绍的总阻力，当阻力增加时，汽车的驱动力也必须跟着增加，与阻力达到一定范围内的平衡，我们知道，驱动力的最大值取决于发动机最大的转矩和传动系的传动比，但实际发出的驱动力还受到轮胎与路面之间的附着性能（即包括各种条件的路面情况)的限制。汽车只有在这些综合条件的限制中与各个因素达到平衡，才能够顺利地运动起来。

## 5.3　发动机工作原理和总体构造

### 5.3.1　发动机的分类

发动机是将自然界某种能量直接转换为机械能并拖动某些机械进行工作的机器。将热能转化为机械能的发动机，称为热力发动机(简称热机)，其中的热能是由燃料燃烧所产生的。内燃机是热力发动机的一种，其特点是液体或气体燃料和空气混合后直接输入机器内能燃烧而产生热能，然后再转变成机械能。另一种热机是外燃机，如蒸汽机、汽轮机或燃气轮机等，其特点是燃料在机器外部燃烧以加热水，产生高温、高压的水蒸气，输送至机器内部，使所含的热能转变为机械能。

内燃机与外燃机相比，具有热效率高、体积小、质量小、便于移动、启动性能好等优点，因而广泛应用于飞机、船舶以及汽车、拖拉机、坦克等各种车辆上。但是内燃机一般要求使用石油燃料，且排出的废气中所含有害气体成分较多。为解决能源与大气污染的问题，目前国内外正致力于排气净化以及其他新能源发动机的研究开发工作。

根据车用内燃机将热能转化为机械能的主要构件形式的不同，可分为活塞式内燃机和燃气轮机两大类。前者又可按活塞运动方式不同分为往复活塞式和旋转活塞式两种。往复活塞式内燃机在汽车上应用最广泛，是本书的主要讨论对象。汽车发动机(指汽车用活塞式内燃机)可以根据不同的特征分类。

(1) 按着火方式分类，可分为压燃式与点燃式发动机。压燃式发动机为压缩气缸内的空气或可燃混合气，产生高温，引起燃料着火的内燃机；点燃式发动机是将压缩气缸内的可燃混合气，用点火器点火燃烧的内燃机。

(2) 按使用燃料种类分类，可分为汽油机、柴油机、气体燃料发动机、煤气机、液化石油气发动机及多种燃料发动机等。

(3) 按冷却方式分类，可分为水冷式、风冷式发动机。以水或冷却液为冷却介质的称作水冷式发动机；以空气为冷却介质的称作风冷式发动机。

(4) 按进气状态分类，可分为非增压(或自然吸气)和增压发动机。非增压发动机为进入气缸前的空气或可燃混合气未经压气机压缩的发动机，仅带扫气泵而不带增压器的二冲程发动机亦属此类；增压发动机为进入气缸前的空气或可燃混合气已经在压气机内压缩，借以增大充量密度的发动机。

(5) 按冲程数分类，可分为二冲程和四冲程发动机。在发动机内，每一次将热能转变为机械能，都必须经过吸入新鲜充量(空气或可燃混合气)、压缩(当新鲜充量为空气时还要输入燃料)，使之发火燃烧而膨胀做功，然后将生成的废气排出气缸这样一系列连续过程，称为一个工作循环。对于往复活塞式发动机，可以根据每一工作循环所需活塞行程数来分类。凡活塞往复四个单程(或曲轴旋转两转)完成一个工作循环的称为四冲程发动机；活塞往复两个单程(或曲轴旋转一转)完成一个工作循环的称为二冲程发动机。

(6) 按气缸数及布置分类。仅有一个气缸的称为单缸发动机，有两个以上气缸的称为多缸发动机；根据气缸中心线与水平面垂直、呈一定角度和平行的发动机，分别称为立式、斜置式与卧式发动机；多缸发动机根据气缸间的排列方式可分为直列式(气缸呈一列布置)、对置式(气缸呈两列布置，且两列气缸之间的中心线呈 180°)和 V 形(气缸呈两列布置，且两列气缸之间夹角为 V 形)等发动机。

### 5.3.2　四冲程发动机的工作原理

1. 四冲程汽油机工作原理

现代汽油发动机的结构如图 5-6 所示。气缸内装有活塞，活塞通过活塞销、连杆与曲轴相连接。活塞在气缸内做往复运动，通过连杆推动曲轴转动。为了吸入新鲜充量和排除废气，设有进、排气系统等。

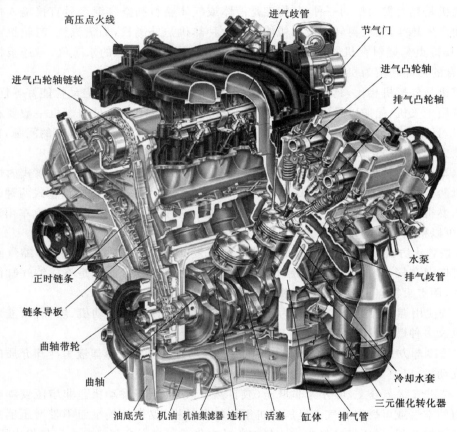

图 5-6　汽油发动机的结构

图 5-7 所示为发动机示意图。活塞往复运动时，其顶面从一个方向转为相反方向的转变点的位置称为止点。活塞顶面离曲轴中心线最远时的止点，称为上止点；活塞顶面离曲轴中心线最近时的止点称为下止点，活塞运行的上、下止点之间的距离 $S$ 称为活塞行程。曲轴与连杆下端的连接中心至曲轴中心的垂直距离 $R$ 称为曲柄半径。活塞每走一个行程相应于曲轴旋转 180°。对于气缸中心线与曲轴中心线相交的发动机，活塞行程 $S$ 等于曲柄半径 $R$ 的两倍。

一个气缸中活塞运动一个行程所扫过的容积称为气缸工作容积，可用符号 $V_s$ 表示。一台发动机全部气缸工作容积的总和称为发动机排量，用符号 $V_{st}(L)$ 表示，即：

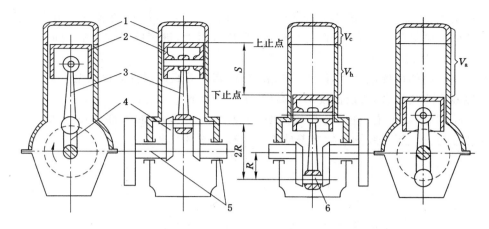

图 5-7　发动机示意图

1——气缸；2——活塞；3——连杆；4——曲轴；5——曲轴主轴颈；6——曲轴连杆轴颈

$$V_{st} = V_s i = \frac{\pi D^2}{4 \times 10^6} S i \qquad (5-2)$$

式中　$D$——气缸直径，mm；

　　　$S$——活塞行程，mm；

　　　$i$——气缸数。

四冲程发动机的工作循环包括 4 个活塞行程，即进气行程、压缩行程、膨胀行程（做功行程）和排气行程，如图 5-8 所示。

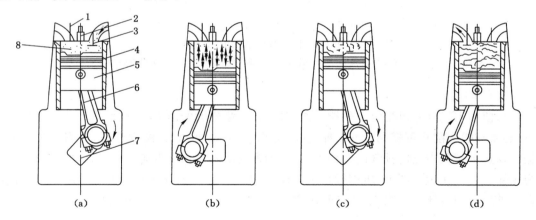

图 5-8　四冲程汽油机工作循环示意图

（a）进气行程；（b）压缩行程；（c）膨胀行程（做功行程）；（d）排气行程

由于在此期间气缸中气体的压力随气缸容积的改变而不断地变化，因此采用气体压力 $p$ 随气缸容积 $V$ 变化的示功图来表示，如图 5-9 所示。

（1）进气行程

汽油机将空气与燃料先在气缸外部的化油器中（化油器式）、节气门体处（单点喷射）或进气道内（进气道多点喷射）进行混合，形成可燃混合气后被吸入气缸。

进气过程中，进气门开启，排气门关闭。随着活塞从上止点向下止点移动，活塞上方的气缸容积增大,从而气缸内的压力降低到大气压以下,即在气缸内造成真空吸力。这样,可燃混合气便经进气门被吸入气缸。由于进气系统有阻力,进气终了时气缸内的气体压力为0.075~0.09 MPa。

流进气缸内的可燃混合气,因为与气缸壁、活塞顶等高温机件表面接触并与前一循环留下的高温残余废气混合,所以温度可升高到370~400 K。

在示功图(图 5-9)上,进气行程用曲线 $ra$ 表示。曲线 $ra$ 的大部分位于大气压力线下面。这部分与大气压力线纵坐标之差即表示气缸内的真空度。

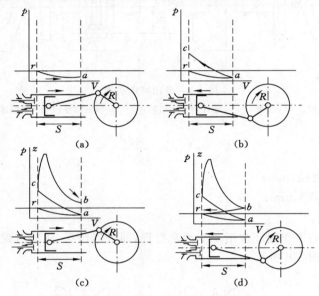

图 5-9　四冲程汽油机的示功图
(a) 进气行程;(b) 压缩行程;(c) 膨胀行程(做功行程);(d) 排气行程

(2) 压缩行程

为使吸入气缸的可燃混合气能迅速燃烧,以产生较大的压力,从而使发动机产生较大功率,必须在燃烧前将可燃混合气压缩,使其容积缩小,密度加大,温度升高,故需要有压缩过程。在这个过程中,进、排气门全部关闭,曲轴推动活塞由下止点向上止点移动一个行程,称为压缩行程。在示功图上,压缩行程用曲线 $ac$ 表示。活塞到达上止点时压缩终了,此时,混合气被压缩到活塞上方很小的空间,即燃烧室中。可燃混合气压力升高到0.6~1.2 MPa,温度可达 600~700 K。

压缩前气缸中气体的最大容积与压缩后最小容积之比称为压缩比,以 $\varepsilon$ 表示,换言之,压缩比 $\varepsilon$ 等于气缸总容积 $V_a$(活塞在下止点时,活塞顶部以上的气缸容积)与燃烧室容积 $V_c$(活塞在上止点时,活塞顶部的容积)之比,即:

$$\varepsilon = \frac{V_a}{V_c} \tag{5-3}$$

现代汽油发动机的压缩比一般为 6~9(轿车有的达到 9~11)。如一汽-大众捷达轿车 EA827 型 1.6L 发动机的压缩比为 8.5,而 EA113 型 1.6L 发动机的压缩比为 9.3。

压缩比越大,在压缩终了时混合气压力和温度越高,燃烧速度增快,因而发动机产生的功率增大,热效率越高,经济性越好。但压缩比过大时,不仅不能进一步改善燃烧情况,反而会出现爆燃和表面点火等不正常的燃烧现象。爆燃是由于气体压力和温度过高,在燃烧室内离点燃中心较远处的末端可燃混合气自燃而造成的一种不正常燃烧。爆燃时,火焰以极高的速率传播,温度和压力急剧升高,形成压力波,以声速向前推进。当这种压力波撞击燃烧室壁面时就发出尖锐的敲缸声。同时,还会引起发动机过热,功率下降,燃油消耗量增加等一系列不良后果。严重爆燃时,甚至造成气门烧毁、轴瓦破裂、活塞烧顶、火花塞绝缘体击穿等机件损坏现象。表面点火是由于燃烧室内炽热表面(如排气门头、火花塞电极、积炭)点燃混合气产生的另一种不正常燃烧现象。表面点火发生时,也伴有强烈的敲击声(较沉闷),产生的高压会使发动机机件承受的机械负荷增加,寿命降低。因此,在提高发动机压缩比的同时,必须注意防止爆燃和表面点火的发生。此外,发动机压缩比的提高还受到排气污染法规的限制。

(3) 膨胀行程(做功行程)

在这个行程中,进、排气门仍旧关闭。当活塞接近上止点时,装在气缸体(或气缸盖)上的火花塞即发出电火花,点燃被压缩的可燃混合气。可燃混合气燃烧后,放出大量的热能,其压力和温度迅速增加,所能达到的最高压力 $p_z$ 为 3~5 MPa,相应温度则为 2 200~2 800 K。高温、高压燃气推动活塞从上止点向下止点运动,通过连杆使曲轴旋转并输出机械能。它除了用于维持发动机本身继续运转之外,其余即用于对外做功。示功图上曲线 $zb$ 表示活塞向下移动时,气缸内容积增加,气体压力和温度都降低。在做功行程终了的 $b$ 点,压力降至 0.3~0.5 MPa,温度则降为 1 300~1 600 K。

(4) 排气行程

可燃混合气燃烧后生成的废气,必须从气缸中排除,以便进行下一个工作循环。

当膨胀接近终了时,排气门开启,靠废气的压力进行自由排气,活塞到达下止点后再向上止点移动时,继续将废气强制排到大气中。活塞到上止点附近时,排气行程结束。这一行程在示功图上用曲线 $br$ 表示。在排气行程中,气缸内压力稍高于大气压力,为 0.105~0.115 MPa。排气终了时,废气温度为 900~1 200 K。

由于燃烧室占有一定的容积,因此在排气终了时,不可能将废气排尽,这一部分留下的废气称为残余废气。

综上所述,四冲程汽油机经过进气、压缩、燃烧做功、排气四个行程,完成一个工作循环。这期间活塞在上、下止点间往复移动了四个行程,曲轴旋转了两周。

2. 四冲程柴油机工作原理

现代柴油发动机的结构如图 5-10 所示。

四冲程柴油机(压燃式发动机)的每个工作循环也经历进气、压缩、做功、排气四个行程。但由于柴油机的燃料是柴油,其黏度比汽油大,而其自燃温度却较汽油低,故可燃混合气的形成及着火方式都与汽油机不同。

图 5-11 为四冲程柴油机工作原理示意图。柴油机在进气行程吸入的是纯空气。在压缩行程接近终了时,柴油机喷油泵将油压提高到 10 MPa 以上,通过喷油器喷入气缸,在很短时间内与压缩后的高温空气混合,形成可燃混合气。因此,这种发动机的可燃混合气是在气缸内部形成的。

由于柴油机压缩比高(一般为 16~22),所以压缩终了时气缸内的空气压力可达 3.5~

图 5-10　柴油发动机的结构

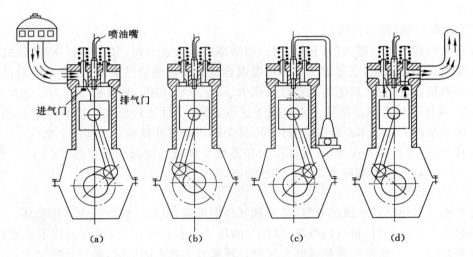

图 5-11　四冲程柴油机工作原理示意图
(a) 进气行程；(b) 压缩行程；(c) 膨胀行程（做功行程）；(d) 排气行程

4.5 MPa，同时温度高达 750～1 000 K，大大超过柴油的自燃温度。因此，柴油喷入气缸后，在很短时间内与空气混合便立即自行发火燃烧。气缸内气压急剧上升到 6～9 MPa，温度也升到 2 000～2 500 K。在高压气体推动下，活塞向下运动并带动曲轴旋转而做功。废气同样经排气管排入大气中。

　　柴油机与汽油机比较，各有特点。汽油机具有转速高（目前轿车汽油机最高转速达 5 000～6 000 r/min，货车汽油机转速达 4 000 r/min 左右）、质量小、工作噪声小、启动容易、制造和维修费用低等特点。故在轿车和轻型货车及越野车上得到广泛的应用；其不足之处是燃油消耗率高，燃油经济性差。柴油机因压缩比高，燃油消耗率平均比汽油低 20%～30% 左右，且柴油价格较低，所以燃油经济性好。一般装载质量为 5 t 以上的货车大都采用柴油机；其缺点是转速较汽油机低，（一般最高转速在 2 500～3 000 r/min）、质量大、制造和维修费用高（因为喷油泵和喷油器加工精度要求高）。但目前柴油机的这些缺点正在逐渐得到克服，其应用范围正在向中、轻型货车扩展。国外有的轿车也采用柴油机，其最高转速可达 5 000 r/min。

　　由此可见，四冲程发动机在一个工作循环的四个活塞行程中，只有一个行程是做功的，其余三个行程则是做功的辅助行程。因此,单缸发动机内曲轴每转两周中只有半周是由于膨胀气体的作用使曲轴旋转,其余一周半则依靠飞轮惯性维持转动。显然,做功行程时,曲轴的转速比其他三个行程内的曲轴转速高,所以曲轴转速是不均匀的,因而发动机运作就不平稳。为了解决这个问题,飞轮必须做成具有很大的转动惯量,而这样做将使整个发动机质量和尺寸增加。显然,单缸发动机工作振动大。采用多缸发动机可以弥补上述缺点。因此,现在汽车上基本不用单缸发动机,用得最多的是 4 缸、6 缸、8 缸发动机。

在多缸四冲程发动机的每一个气缸内,所有的工作过程是相同的,并按上述次序进行,所有气缸的做功行程并不同时发生。例如,在 4 气缸发动机内,曲轴每转半周便有一个缸在做功;在 8 缸发动机内,曲轴每转 1/4 周便有一个做功行程。气缸数越多,发动机的工作越平稳,但发动机气缸数增多,一般将使其结构复杂,尺寸及质量增加。

### 5.3.3　发动机的总体构造

发动机是一部由许多机构和系统组成的复杂机器。现代汽车发动机的结构形式很多,即使是同一类型的发动机,其具体构造也是各种各样的。我们可以通过一些典型汽车发动机的结构实例来分析发动机的总体构造。

下面以汽油发动机为例,介绍发动机的一般构造如图 5-12 所示。

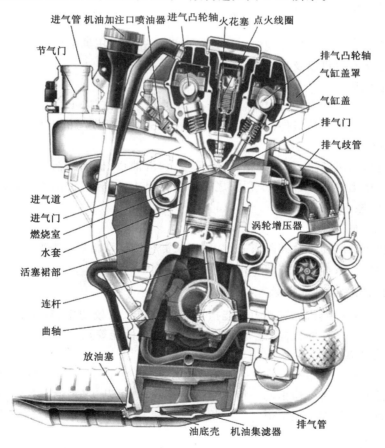

图 5-12　汽油机的构造

（1）机体组

发动机的机体组包括气缸盖、气缸体及油底壳。有的发动机将气缸体分铸成上下两部分，上部称为气缸体，下部称为曲轴箱。机体组的作用是作为发动机各机构、各系统的装配基体，而且其本身的许多部分又分别是曲柄连杆机构、配气机构、供给系统、冷却系统和润滑系统的组成部分。气缸盖和气缸体的内壁共同组成燃烧室的一部分，是承受高温、高压的机件。在进行结构分析时，常把机体组列入曲柄连杆机构。

（2）曲柄连杆机构

曲柄连杆机构包括活塞、连杆、带有飞轮的曲轴等。它是将活塞的直线往复运动变为曲轴的旋转运动并输出动力的机构。

（3）配气机构

配气机构包括进气门、排气门、摇臂、气门间隙调节器、凸轮轴以及凸轮轴定时带轮等。其作用是使可燃混合气及时充入气缸并及时从气缸排除废气。

（4）供给系统

供给系统包括汽油箱、汽油泵、汽油滤清器、化油器、空气滤清器、进气管、排气管、排气消声器等。其作用是把汽油和空气混合为成分合适的可燃混合气供入气缸，以供燃烧，并将燃烧生成的废气排出发动机。

（5）点火系统

点火系统的功用是保证按规定时刻及时点燃气缸中被压缩的混合气，其包括供给低压电流的蓄电池和发电机以及分电器、点火线圈与火花塞等。

（6）冷却系统

冷却系统主要包括水泵、散热器、风扇、分水管以及气缸体和气缸盖里铸出的空腔——水套等。其功用是把受热机件的热量散到大气中去，以保证发动机正常工作。

（7）润滑系统

润滑系统包括机油泵、机油集滤器、限压阀、润滑油道、机油滤清器等，其功用是将润滑油供给做相对运动的零件，以减少它们之间的摩擦阻力，减轻机件的磨损，并部分地冷却摩擦零件，清洗摩擦表面。

（8）启动系统

启动系统包括起动机及其附属装置，用以使静止的发动机启动并转入自行运转。

车用汽油机一般都由上述两个机构和五个系统组成。

### 5.3.4　发动机的主要性能指标

发动机的主要性能指标有动力性能指标（有效转矩、有效功率、转速等）、经济性能指标（燃油消耗率）和运转性能指标（排气品质、噪声和启动性能等）。

1. 动力性能指标

（1）有效转矩

发动机通过飞轮对外输出的平均转矩称为有效转矩，以 $T_{tq}$ 表示。有效转矩与外界施加于发动机曲轴上的阻力矩相平衡。

（2）有效功率

发动机通过飞轮对外输出的功率称为有效功率，以 $P_e(\text{kW})$ 表示。它等于有效转矩与曲轴角速度的乘积。发动机的有效功率可以用台架实验方法测定，也可用测功器测定有效

转矩和曲轴角速度,然后运用下面的公式计算发动机的有效功率,即:

$$P_e = T_{tq} \frac{2\pi n}{60} \times 10^{-3} = \frac{T_{tq} n}{9\,550}$$ (5-4)

式中　$T_{tq}$——有效转矩,N·m;

　　　$n$——曲轴转速,r/min。

发动机曲轴转速的高低,关系到单位时间内做功次数的多少或发动机有效功率的大小,发动机的有效功率随曲轴转速的不同而改变。因此,在说明发动机有效功率的大小时,必同时指明其相应的转速。在发动机产品标牌上规定的功率及其相应的转速分别称作标定功率和标定转速。发动机在标定功率和标定转速下的工作状况,称为标定工况。标定功率是发动机所能发出的最大功率,它是根据发动机用途而制定的有效功率最大使用限度。同一种型号的发动机,当其用途不同时,其标定功率值并不相同。按照汽车发动机可靠性试验方法的规定,汽车发动机应能在标定工况下连续运行 300～1 000 h。

2. 经济性能指标

发动机每发出 1 kW 功率,在 1 h 内所消耗的燃油质量(以 g 为单位),称为燃油消耗率,用 $b_e$[g/(kW·h)]表示。很明显,燃油消耗率越低,经济性越好。

燃油消耗率为

$$b_e = \frac{B}{P_e} \times 10^3$$ (5-5)

式中　$B$——发动机在单位时间内的耗油量,kg/h,可由试验测定;

　　　$P_e$——发动机的有效功率,kW。

发动机的性能是随着许多因素而变化的,其变化规律称为发动机特性。

3. 运转性能指标

发动机的运转性能指标主要指排气品质、噪声、启动性能等。由于这些性能不仅与使用者利益相关,更关系到人类的健康,因此必须指定共同遵守的统一标准,并给予严格控制。

(1) 排气品质

发动机的排气中含有对人体有害的物质,它对大气的污染已形成公害。为此,各国采取了许多对策,并制定相应的控制法规。发动机排出的有害排放物,主要有氮氧化合物($NO_x$)、碳氢化合物(HC)和一氧化碳(CO)等以及排气颗粒。我国对发动机排放法规的制定是日趋严格的,如《车用压燃式、气体燃料点燃式发动机与汽车排气污染物排放限值及测量方法》(GB 17691—2005)中对生产一致性检查试验(从成批产品中抽取一台发动机,通过试验测得指定成分的比排放量)排放限值规定见表 5-5。

表 5-5　　　　　　　车用压燃式发动机生产一致性检查试验排放限值　　　单位:g/(kW·h)

| 阶段 | 一氧化碳(CO) | 碳氢化合物(HC) | 氮氧化物($NO_x$) | 颗粒物(PM) |
|------|-------------|---------------|-----------------|-----------|
| Ⅲ | 2.1 | 0.66 | 5.0 | 0.10 |
| Ⅳ | 1.5 | 0.46 | 3.5 | 0.02 |
| Ⅴ | 1.5 | 0.46 | 2.0 | 0.02 |
| EEV | 1.5 | 0.25 | 2.0 | 0.02 |

注:2007 年 1 月 1 日起实施。

《重型车用汽油发动机与汽车排气污染物排放限值及测量方法》(GB 14762—2008)中对生产一致性检查试验排放限值规定见表 5-6。

表 5-6　　　　　　　车用点燃式发动机生产一致性检查试验排放限值　　　　单位:g/(kW·h)

| 阶段 | 一氧化碳质量(CO) | 总碳氢质量(THC) | 氮氧化物质量(NO$_x$) |
|---|---|---|---|
| Ⅲ | 9.7 | 0.41 | 0.98 |
| Ⅳ | 9.7 | 0.29 | 0.70 |

注:2009 年 7 月 1 日起实施。

(2)噪声

噪声会刺激神经,使人心情烦躁,反应迟钝,甚至造成耳聋,诱发高血压和神经系统的疾病,因此,也必须用法规形式进行限制。汽车是城市中主要的噪声源之一,发动机又是汽车的主要噪声源(见表 5-7),故必须给予控制。在我国制定的《汽车加速行驶车外噪声限值及测量方法》(GB 1495—2002)中,对不同分类的汽车以及同一分类中不同总质量及发动机不同额定功率的汽车,详细制定了噪声限值。例如,对 2005 年 1 月 1 日以后生产的 M$_1$ 类汽车,在加速行驶时,车外最大的允许噪声为 74 dB(A)。

表 5-7　　　　　　　　　　　　　　轿车各部分噪声的比例

| 发动机 | 排气管系统 | 冷却系统 | 轮胎 | 其他 |
|---|---|---|---|---|
| 46% | 8% | 14% | 18% | 14% |

(3)启动性能

启动性能好的发动机在一定温度下能可靠地发动,启动迅速,启动消耗的功率小,启动期磨损少。发动机启动性能的好坏除与发动机结构有关外,还与发动机工作过程相联系,它直接影响汽车机动性、操作者的安全和劳动强度。我国标准规定,不采用特殊的低温启动措施,汽油机在－10 ℃、柴油机在－5 ℃以下的气温条件下启动发动机时,15 s 以内发动机要能自行运转。

4.发动机的速度特性

当燃料供给调节机构位置固定不变时,发动机性能参数(有效转矩、功率、燃油消耗率等)随转速改变而变化的曲线,称为速度特性曲线。这个特性可以通过发动机在试验台上(例如测功器试验台)进行试验而求得。试验时先保持一定的燃料供给调节机构位置(汽油机为节气门开度、柴油机为齿条位置),同时用测功器对发动机曲轴施加一定的阻力矩。当发动机运转稳定后,即阻力矩与发动机发出的有效转矩相等时,可用转速表测出此时的稳定转速 $n$;同时在测功器上测出该转速下的发动机有效转矩 $T_{tq}$;根据式(5-4)即可计算出有效功率 $P_e$。另外,可测出消耗一定量燃油所经历的时间,用以换算出发动机每小时耗油量 $B$,从而按式(5-5)计算出燃油消耗率 $b_e$。改变测功器的阻力矩数值,用与上述相同的方法,又可以得到相应于另一转速 $n$ 的一组 $T_{tq}$、$P_e$、$b_e$ 数值。如此重复若干次,即可得到一定燃料供给调节机构位置下的一系列 $n$、$T_{tq}$、$P_e$、$b_e$ 的数值。根据这些数据可画出 $T_{tq}$、$P_e$、$b_e$ 随 $n$ 变化的关系曲线,即相应于这一燃料供给调节机构位置下的速度特性曲线。

如果改变燃料供给调节机构的位置又可得到另外一组特性曲线,则当燃料供给调节机构位置达到最大时,所得到的是总功率特性,也称发动机外特性,如图 5-13 所示,对燃料供给调节机构其他位置得到的特性曲线进行初步分析。

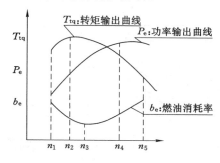

图 5-13　发动机外特性

由图 5-13 可以看出,当曲轴转速为 $n_2$ 时,发动机发出最大有效转矩。当转速小于 $n_2$ 时,发动机燃烧不良,另外,转速降低,每个工作循环的时间增长,燃烧气体与气缸壁接触时间也增长,由于冷却而产生的热量损失就更大,因而有效转矩略为减小。转速由 $n_2$ 不断增加时,也由于进气行程时间短,气流速度高,阻力大,充气量也较少,而且摩擦损失又大,故 $T_{tq}$ 也随之减小。

当转速达到 $n_4$ 时,有效功率 $P_e$ 达最大值。功率是有效转矩与转速的乘积。在 $n_1 \sim n_2$ 范围内,$T_{tq}$ 与 $n$ 都是逐渐增加,其乘积也增加,故在转速 $n_1 \sim n_2$ 范围内,$P_e$ 随 $n$ 的增加而增加。在 $n_2 \sim n_4$ 范围内,$n$ 虽然增加,但 $T_{tq}$ 却逐渐降低,不过降低较缓慢,故 $P_e$ 是缓慢地增加,到 $n_4$ 时 $P_e$ 达到最大值。转速超过 $n_4$ 时,虽然 $n$ 是增加的,但由于 $T_{tq}$ 下降很快,故 $P_e$ 也逐渐下降。

由图 5-13 还可看出,发动机最小燃油消耗率的相应转速为 $n_3$,其数值一般是介于最大有效转矩时转速和最大功率时转速之间。

外特性曲线上标出的发动机最大功率和最大有效转矩及其相应的转速,是表示发动机性能的重要指标。要联系汽车使用条件,诸如道路情况所要求克服的阻力数值、最高车速等,来分析发动机外特性曲线是否符合要求。

5. 发动机工作状况

发动机运转状态或工作状态(简称发动机工况)常以功率和转速来表征,有时也用负荷与转速来表征。

发动机负荷是指发动机驱动从动机械所耗费的功率或有效转矩的大小;也可表述为发动机在某一转速下的负荷,就是当时发动机发出的功率与同一转速下所可能发出的最大功率之比,以百分数表示。

图 5-14 表示某汽油发动机的一组特性曲线。Ⅰ 表示相应于燃料供给调节机构位置最大时的外特性曲线,Ⅱ、Ⅲ 分别表示燃料供给调节机构位置依次减小的位置 Ⅱ 和位置 Ⅲ 所得到的部分负荷速度特性。

由图可知,在 $n=3\ 500$ r/min 时,若燃料供给调节机构位置最大,可得到该转速下可能发出的最大功率 45 kW;但如果燃料供给调节机构位置为 Ⅱ 和 Ⅲ,则同样转速下只能发出 32 kW 和 20 kW 的功率。根据上述定义,可求出 a、b、c 和 d 四个工况下的负荷值。

工况 a:负荷为 0(称为发动机空载工况)。

工况 b:负荷 $=20/45 \times 100\% = 44.4\%$。

工况 c:负荷＝32/45×100％＝71.1％。

工况 d:负荷＝45/45×100％＝100％(即发动机全负荷)。

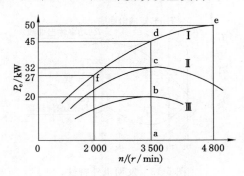

图 5-14　发动机的负荷

应当注意的是,不要把负荷和功率的概念相混淆。如某一转速时全负荷(如工况 d),并不意味着是发动机发出的最大功率。发动机的最大功率,应当是工况 e 的功率。又如,在工况 f 下,虽然功率比工况 c 小,但却是全负荷。就是说,功率的大小并不代表负荷大小。

此外,在外特性曲线上各点都表示在各转速下的全负荷工况,但在同一条部分负荷速度特性曲线上各点的负荷值却并不相同。在同一转速下,燃料供给调节机构位置越大表示负荷越大,但是两者并不成比例。

# 5.4　安全保护装置

常见的机动车辆安全保护装置主要分两大类,主动防护装置和被动安全保护装置。主动防护装置中最重要的装置是制动系统。

在汽车行驶过程中,因某种需要,我们希望使行驶的汽车减速甚至停车;在下坡时,为防止车速过快,需要某个系统控制汽车的速度,不致车速过快;停止的车辆为防止溜车,需要限制车辆移动。这些都依靠汽车的制动系统来实现。

在制动系统实际应用过程中,人们又发现车轮完全抱死的工况并不是发挥最大制动效能的工况;同时由于车轮完全抱死,车轮转向失去了作用,侧向附着力急剧下降,仍然会产生新的安全隐患。为此,工程师们在原有制动系统基础上又开发了 ABS、ASR、EBD、ESP 等多种智能安全制动系统,使车辆安全系数大为提高。

## 5.4.1　汽车主动防护装置

汽车主动防护装置主要有:

① BS:Braking System,制动系统;

② ABS:Anti-lock Braking System,防抱死制动系统;

③ ASR:Accelelration Slip Regulation,加速防滑系统;

④ EBD:Electric Brakeforce Distribution,电子制动力分配系统;

⑤ TCS:Traction Control System,牵引力控制系统,又称循迹控制系统;

⑥ ESP:Electronic Stability Program,车身电子稳定系统;

⑦ EBA：Electronic Brake Assist，电控行驶平稳系统；

⑧ Central Locking System，中控门锁；

⑨ PDS：Parking Distance System，雷达系统；

⑩ 防盗系统。

以上所列的主动防护装置中，ABS、中控门锁、防盗系统在现代汽车中应用最为广泛。除此之外，ASR、ESP 等装置也逐渐在轿车中广泛使用。

（1）ABS

ABS 是一种具有车轮防滑、防锁死等优点的汽车安全控制系统。ABS 是在常规刹车装置基础上的改进型技术，可分机械式和电子式两种。现代汽车上大量安装防抱死制动系统，ABS 既有普通制动系统的制动功能，又能防止车轮抱死，使汽车在制动状态下仍能转向，保证汽车制动方向的稳定性，防止产生侧滑和跑偏，是目前汽车上最先使用、制动效果极佳的制动装置。

（2）ASR

ASR 防止车辆在起步、急加速、路过湿滑路面等情况时驱动轮出现打滑现象，以维持车辆行驶方向的稳定性，否则车轮滑转同样会引起方向稳定性隐患。当汽车加速时，ASR 将滑动率控制在一定的范围内，从而防止驱动轮快速滑动。它的功能一是提高牵引力；二是保持汽车行驶稳定。行驶在易滑的路面上，没有 ASR 的汽车加速时驱动轮容易打滑（尤其是大功率车，驱动力远大于地面附着力）；如果是后轮驱动的车辆容易甩尾，如果是前驱动的车辆容易导致方向失控。有了 ASR 时，汽车在加速时，就会减轻甚至消除这种现象。在转弯时，如果发生驱动轮打滑会导致整个车辆向一侧偏移，当有了 ASR 时，就会使车辆沿着正确的路线转向，以维持车辆行驶方向的稳定性。ASR 是在 ABS 的基础上的制动扩充功能，两者相辅相成。ASR 与 ABS 的区别在于，ABS 是防止车轮在制动时被抱死而产生侧滑，而 ASR 则是防止汽车驱动轮打滑而产生侧滑。

（3）EBD

EBD 可以自动调节前、后轴的制动力的分配比例，提高制动效能（在一定程度上可以缩短制动距离），并配合 ABS 提高制动稳定性。汽车制动时，如果四只轮胎附着地面的条件不同，例如，左侧轮附着在湿滑路面，而右侧轮附着于干燥路面，四个轮子与地面的摩擦力不同，在制动时，若制动管路仍然给各车轮相同的制动压力，附着力小的车轮相对制动力小，就容易产生打滑。

EBD 的功能就是在汽车制动的瞬间，高速计算出四个轮胎的地面附着力，然后调整制动装置，使其按照设定的程序在运动中高速调整，达到制动力与摩擦力（牵引力）的匹配，以保证车辆的平稳和安全。

（4）TCS

TCS 是根据驱动轮的转数及从动轮的转数来判定驱动轮是否发生打滑现象，当前者大于后者时，进而抑制驱动轮转速的一种防滑控制系统。它与 ASR 的作用模式十分相似，两者都使用感测器及刹车调节器。该系统与 ASR 有很多相似之处。

（5）ESP

ESP 是博世（Bosch）公司的专利。博世是第一家把电子稳定程序（ESP）投入量产的公司，因为 ESP 是博世公司的专利产品，所以只有博世公司的车身电子稳定系统才可称之为

ESP。在博世公司之后,也有很多公司研发出了类似的系统,例如:日产研发的车辆行驶动力学调整系统(Vehicle Dynamic Control,简称 VDC),丰田研发的车辆稳定控制系统(Vehicle Stability Control,简称 VSC),本田研发的车辆稳定性控制系统(Vehicle Stability Assist Control,简称 VSA),宝马研发的动态稳定控制系统(Dynamic Stability Control,简称 DSC)等。

ESP 系统实际是一种牵引力控制系统,与其他牵引力控制系统相比,ESP 不但控制驱动轮,也可以控制从动轮。例如:后轮驱动汽车常出现的转向过多情况,此时后轮失控而甩尾,ESP 便会刹慢外侧的前轮来稳定车子;在转向过少时,为了校正循迹方向,ESP 则会刹慢内后轮,从而校正行驶方向。

ESP 包含 ABS 及 ASR 两者的功能,是这两种系统功能上的延伸。因此,ESP 称得上是当前汽车防滑装置的最高级形式。ESP 系统由控制单元及转向传感器(监测方向盘的转向角度)、车轮传感器(监测各个车轮的速度转动)、侧滑传感器(监测车体绕垂直轴线转动的状态)、横向加速度传感器(监测汽车转弯时的离心力)等组成。控制单元通过这些传感器得到的信号对车辆的运行状态进行判断,进而发出控制指令。与只有 ABS 及 ASR 的汽车相比,ABS 及 ASR 只能被动地做出反应,而 ESP 则能够探测和分析车况并纠正驾驶错误,防患于未然。ESP 对过度转向或超限的不足转向特别敏感,例如汽车在路滑时左拐过度转向(转弯太急)时会产生向右侧甩尾,传感器感觉到滑动就会迅速制动右前轮使其恢复附着力,产生一种相反的转矩而使汽车保持在原来的车道上。

(6) EBA

EBA 有时也被称为 BA 或 BAS(Brake Assist System)。借助油门和刹车上的感应器,当驾驶员的脚快速地从油门踏板上移开,同时又快速地向刹车踏板踩去,EBA 就知道情况紧急,需要紧急制动了。也可能此时驾驶员腿部痉挛使不出劲,或者力量小而踩力不够,刹车力度未能达到所希望的,此时 EBA 会迅速把车辆的制动力加至最大,使车辆及时停下来。驾驶员一旦释放制动踏板,EBA 系统就转入正常模式。由于更早地施加了最大的制动力,紧急制动辅助装置可显著缩短制动距离。据资料介绍,在超过 120 km/h 的车速下进行制动,EBA 有时会减少多达 10 m 的制动距离。

(7) 中控门锁

中控门锁的全称是中央控制门锁。为提高汽车使用的便利性和行车的安全性,现代汽车越来越多地安装中控门锁,它主要有以下两种功能:

① 中央控制。当驾驶员锁住其身边的车门时,其他车门也同时锁住,驾驶员可通过门锁开关同时打开各个车门,也可单独打开某个车门。

② 速度控制。当行车达到一定速度时,各个车门能自行锁上,防止乘员误操作车门把手而导致车门打开。

(8) PDS

PDS 是汽车泊车或者倒车时的安全辅助装置,能以声音或者更为直观地显示告知驾驶员周围障碍物的情况,解除了驾驶员泊车、倒车和启动车辆时前后左右探视所引起的困扰,并帮助驾驶员扫除视野死角和视线模糊的缺陷,从而提高驾驶的安全性。

(9) 防盗系统

从世界上第一辆 T 型福特车被盗开始,汽车被盗已成为当今城市最常见的犯罪行为之一。随着汽车数量的增加,特别是轿车正以很快的速度步入家庭,车辆被盗的数量逐年上升,汽车的防盗技术也不断更新,目前防盗安全装置主要有:

① 机械式防盗装置。它指汽车门锁、发动机盖锁止装置、后备厢锁止装置。其中发动机盖锁止装置防止发动机盖突然弹开,遮挡司机视线从而引发交通事故。

② 电子防盗系统。它是目前在汽车上应用最多和最广的防盗系统。当防盗系统启动后,如果有非法移动车辆、开启车门、引擎盖、油箱盖、尾箱盖、接通点火线路等疑似盗车情况时,防盗器立刻发出警报,让灯光闪烁,警笛大作,同时会切断发动机启动电路、点火电路、喷油电路、供油电路等,甚至切断自动变速器的电路,使车辆处于瘫痪的境地。

③ GPS 监控防盗系统。它分为卫星定位跟踪系统和中央控制中心定位监控系统。

④ 智能防盗系统。例如:密码锁、指纹锁等。

### 5.4.2　汽车被动安全保护装置

被动安全保护装置主要有:SRS(安全气囊)、安全带、座椅安全头枕。除此之外,车门内置防侧撞保护梁、侧部 SRS 安全气囊、侧部安全气帘、儿童安全锁、副驾驶座安全气囊、后座椅三点式安全带、后排头部安全气囊(气帘)、后排侧气囊、可溃缩转向柱、碰撞燃油自动切断装置、前排侧气囊、膝部气囊等被动安全装置在轿车中也广泛使用。

其中,安全带是汽车标准配置,而安全气囊是可选配置。

(1) 安全带

安全带由高强度的织带、带盒及锁紧机构组成,允许织带低速从带盒中拉出、锁住乘员,但若高速拉出织带时则自动锁紧,防止织带进一步拉出。当汽车发生严重碰撞时,由于惯性产生的相对速度很大,织带自动锁紧,防止将乘员甩离座椅。

(2) SRS(安全气囊)

当汽车以较高车速发生碰撞时,安全气囊就会自动充气弹开,瞬时在驾驶员和方向盘之间充起一个很大的气囊,减轻驾驶员头部及胸部的伤害。

除此之外,为了行车安全及保护汽车主要部件的运行状态,汽车在仪表板上配置许多提醒驾驶人员的仪表、指示灯等装置,主要有:

① 车速里程表。提醒驾驶员当前车速,防止因车速过快而引起交通事故。

② 机油压力表。提醒驾驶员当前发动机主油路的油压,防止油压不正常而造成发动机的损坏。

③ 制动系出现异常指示灯。提醒驾驶员制动系出现异常,防止因制动效能不足,不能有效使车辆减速而发生交通事故。

④ 安全带报警灯。提醒驾驶员及其他乘员及时系好安全带,某些汽车甚至有语音提醒。

⑤ 水温过高报警灯。提醒驾驶员发动机可能工作异常,如果继续行车,可能损坏发动机。

⑥ 发动机机油量不足、压力过低报警灯。提醒驾驶员发动机可能工作异常,如果继续行车,可能损坏发动机。

⑦ 前照灯远光提示灯。提醒驾驶员前照灯处于远光状态,会车时,车灯产生的炫光将严重干扰对面来车驾驶人员的视线,极易发生正面碰撞事故。

其他附件如随车灭火器、三角安全指示牌等,用于特殊情况下。

### 5.4.3 汽车安全装置原理

机动车辆安全保护装置应用最多的领域当属轿车,轿车在新的机动车辆分类中为 $M_1$ 类型,但我们仍然习惯叫轿车。一个国家轿车的安全技术水平在一定程度上代表着该国家的汽车制造水平。轿车常采用的安全系统如图 5-15 所示。

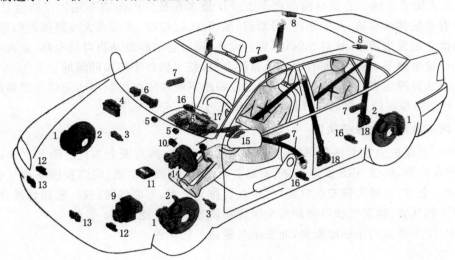

图 5-15 轿车安全性系统

1——盘式车轮制动器;2——车轮转速传感器;3——腿部安全气囊烟火发生器;

4——具有 ABS 和 ASR 功能的 ESP 电控单元;5——膝部安全气囊烟火发生器;

6——驾驶员和乘员用的两级安全气囊烟火发生器;7——侧安全气囊烟火发生器;

8——头部安全气囊烟火发生器;9——ESP 液压调节器;10——转向盘角度传感器;

11——安全气囊的电控单元;12——汽车前端部传感器;13——防撞传感器;

14——带有主缸和制动踏板的制动助力器;15——驻车制动器操纵杆;

16——加速度传感器;17——座椅占用的识别坐垫;18——有安全带收紧器的安全带

在常规安全技术基础上(制动系统、安全带等),轿车上应用最多的安全技术当属 ABS (防抱死制动系统)、ASR(加速防滑系统)、ESP(车身电子稳定系统)、中控门锁、PDS(雷达系统)、SRS(安全气囊)等先进技术。

**1. 防抱死制动系统**

车轮防抱死制动系统(ABS)是德国 Bosch(博世)公司 1936 年开始研发的,并在当年申请了"机动车辆防止刹车抱死装置"的专利。

(1)制动过程分析

驾车经验告诉我们,当在湿滑路面上突遇紧急情况而实施紧急制动时,汽车容易发生侧滑,严重时甚至会出现旋转调头,相当多的交通事故便因此发生。当左右侧车轮分别行驶于不同摩擦系数的路面上时,汽车的制动也可能产生意外的危险。弯道上制动遇到上述情况则险情会更加严重(失去转向功能)。所有这些现象的产生,均源自制动过程中的车轮抱死。车轮抱死的另一个缺点是轮胎局部磨损严重,影响轮胎的圆度,增加汽车的颠簸。汽车防抱死制动装置就是为了消除在紧急制动过程中出现上述的非稳定因素,避免出现由此引发的各种危险状况而专门设置的制动压力调节系统。汽车制动时的受力状态如图 5-16 所示。

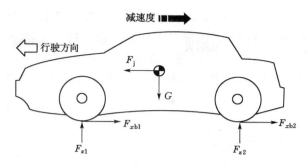

图 5-16　汽车制动时的受力状态

$$F_{xbmax} = F_z \cdot \varphi \tag{5-6}$$

式中　$F_{xbmax}$——地面制动力（摩擦力）的最大值；

　　　　$F_z$——作用在车轮上的法向载荷；

　　　　$\varphi$——摩擦系数（通常称为附着系数）。

摩擦系数与路面及轮胎结构（包括花纹、气压、材料等）有关，通过观察汽车制动过程中车轮与地面接触痕迹的变化，可以知道其运动方式一般均经历了三个变化阶段，即开始的纯滚动、随后的边滚边滑和后期的纯滑动，如图 5-17 所示。

图 5-17　制动时车轮运动状态的变化

为能够定量地描述上述三种不同的车轮运动状态，即对车轮运动的滑动和滚动成分在比例上加以量化和区分，便定义了车轮滑移率。

（2）滑移率与附着系数

① 滑移率

在汽车制动过程中，随着制动强度的增加，车轮的运动状态逐渐从滚动向抱死和拖滑变化，车轮滚动成分逐渐减少，而滑动成分逐渐增加，制动过程中车轮的运动状态一般用滑移率来描述。滑移率是指制动时，在车轮运动中滑动成分所占比例，用 $S$ 表示：

$$S = \frac{v - r \cdot \omega}{v} \times 100\% \tag{5-7}$$

式中　$v$——车轮中心的速度（车速），m/s；

　　　　$r$——车轮不受地面制动力时的滚动半径，m；

　　　　$\omega$——车轮角速度，r/s。

车轮纯滚动时，$S=0$；纯滑动时，$S=100\%$；边滚动边滑动时，$0\% < S < 100\%$。

② 附着系数

在汽车制动过程中，车轮与路面的附着系数随车轮滑移率的变化而变化，如图 5-18 所示。

由图 5-18 可知,在滑移率为 $S_{opt}$(20％左右)时纵向附着系数 $\varphi_B$ 最大,制动时能获得的制动系数最大,汽车的制动效能也就越高,$0 \leq S \leq S_{opt}$ 称为稳定区域,$S_{opt} < S \leq 100％$ 称为非稳定区域,$S_{opt}$ 为稳定界限。此右侧区域随滑移率的增加,侧向附着系数减小。车轮抱死滑移率为 $100％$,侧向附着系数 $\varphi_S$ 接近为 0,这时小的侧向力会导致侧滑,同时还会失去转向能力。

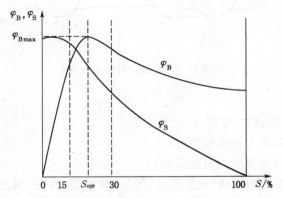

图 5-18　附着系数与滑移率的关系

实验表明,当滑移率处于 $15％ \sim 30％$ 时,纵向附着系数 $\varphi_B$ 和侧向附着系数 $\varphi_S$ 的值都较大。纵向附着系数 $\varphi_B$ 大,可以产生较大的制动力,保证汽车制动距离较短;侧向附着系数 $\varphi_S$ 大,可以产生较大的侧向力,保证汽车制动时的方向稳定性。防抱死制动系统可以实现在汽车制动状态下,将车轮滑移率控制在 $15％ \sim 30％$ 的最佳范围内。在上述最佳范围内,不仅车轮和地面之间的纵向附着系数较大,而且侧向附着系数的值也较大,保证了汽车的方向稳定性。

（3）ABS 工作原理

机械式的 ABS 称为 MABS,目前轿车的 ABS 是电子式的,其控制方式大多采用预测控制方式,即通过大量制动实验,确定最合理的制动力配置,将其写入 ABS 电脑中,作为制动控制参考数据,俗称 ABS 标定。当制动时,ABS 电脑根据接收的车轮传感器信号,在参考数据中找到适合的制动参数发送给制动系统,并在制动过程中不断修正,以达到最佳制动效果。其控制流程如图 5-19 所示。

根据车轮转速传感器布置及制动油路控制,ABS 有很多种布置方式,现代轿车广泛使用四传感器、四通道四轮独立控制方式的 ABS 可以达到最优的制动效果。其控制原理如图 5-20 所示。

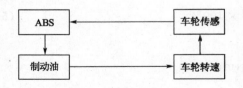

图 5-19　ABS 控制流程图

图 5-20　四轮独立控制方式的 ABS

2. ASR（加速防滑系统）

在汽车行驶过程中,时常会出现车轮转动而车身不动现象,如雪地起步打滑。这时汽车的移动速度低于驱动轮轮缘速度(意味着轮胎接地点与地面之间出现了相对滑动),我们称为驱动轮的"滑转",以区别于汽车制动时车轮抱死而产生的车轮"滑移"。驱动车轮的滑转同样会使车轮与地面的纵向附着力下降,从而使得驱动轮上可获得的极限驱动力减小,最终导致汽车的起步、加速性能和在湿滑路面上的通过性能下降。同时,还会由于横向摩擦系数几乎完全丧失,使驱动轮上出现横向滑动,随之产生汽车行驶过程中的方向失控。

驱动轮"滑转"的机理在于汽车传动系统施加给车轮的扭矩大于地面能给车轮的最大反向力矩,两者的差值使车轮相对于地面产生绕车轴的转向加速度。解决的办法就是使传动系统施加给车轮的扭矩小于地面能给车轮的最大反向力矩。为此轿车上通常采用三种控制方式:

(1)防滑差速锁控制

这是最早使用的防滑转控制装置。防滑差速锁能够对差速器进行锁止控制,使两个驱动轮的转速差减小,甚至为零。防滑差速锁主要应用于当一侧驱动轮位于附着系数很低的地面(如泥地、冰面等)的情况。由于汽车驱动桥内设有差速器,其目的是当汽车转弯时,防止外车轮"滑移",内车轮"滑转",但当一侧车轮所处地面附着系数很低时,差速器反而起了副作用。我们经常看到这种情况,一辆汽车的一侧驱动轮陷入泥地,不管驾驶员如何踩油门,陷入泥地的车轮飞速滑转,而另一侧位于正常路面的驱动轮并未转动,所以汽车始终不能离开泥地。有了差速锁,就可以使两个驱动轮同步旋转,借助附着力好的驱动轮驶出泥地。

(2)发动机输出功率/转矩控制

ASR 系统即单独使用一个 ECU,它与发动机 ECU 保持密切的联系。一旦 ASR 电子控制单元检测到一个或两个驱动车轮发生滑转的情况,立即发出控制指令,控制发动机的输出功率/转矩下降,以抑制驱动轮的滑转。

发动机输出功率/转矩控制通常有以下几种方法:

① 调整供油量:减少或中断供油;

② 调整点火时间:减小点火提前角或停止点火;

③ 调整进气量:减小节气门的开度。

(3)驱动轮制动控制

除了发动机减小输出扭矩外,驱动轮的适当制动也是一个很好的防滑转措施。当汽车在附着系数不均匀的路面上行驶时,处于低附着系数路面的驱动车轮可能会滑转,此时 ASR 电子控制单元将使滑转的车轮的制动压力上升,对该轮作用一定的制动力,使两驱动车轮向前运动速度趋于一致。

ABS 已经成为发达国家汽车标准配置,对于增加 ASR,许多汽车采用两者配合设计,即共用一个 ECU,在 ABS 基本回路基础上增加两个电磁阀,实现 ASR 功能。图 5-21 所示为一种轿车的制动压力调节回路,它具有 ABS、ASR 双重作用。

不滑转时,电磁阀 I 不通电(滑阀左位左路通;半通电时中位断路;通电时右位下路通)。汽车在制动过程中如果车轮出现抱死,ABS 起作用,通过电磁阀 II 和电磁阀 III 来调节制动压力。

当驱动轮出现滑转时,ASR 使电磁阀 I 通电,阀移至右位,电磁阀 II 和电磁阀 III 不通电,阀仍在左位,于是,蓄压器的压力通入驱动轮的轮缸,制动压力增大。

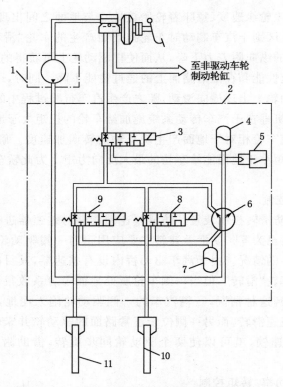

图 5-21　轿车 ABS/ASR 制动压力回路示例

1——电动液压泵；2——ABS/ASR 制动压力调节器；3——电磁阀Ⅰ；4——蓄能器；5——压力开关；
6——循环泵；7——储液器；8——电磁阀Ⅱ；9——电磁阀Ⅲ；10,11——驱动车轮制动器

当需要保持驱动轮的制动压力时，ASR 使电磁阀Ⅰ半电压通电，阀移至中位，隔断了蓄能器及制动主缸的通路，驱动车轮轮缸的制动压力保持不变。

当需要减小驱动车轮的制动压力时，ASR 使电磁阀Ⅱ和电磁阀Ⅲ通电，阀Ⅱ和阀Ⅲ移至右位，将驱动车轮的轮缸与储液器接通，于是，制动压力下降。

如果需要对左右驱动车轮的制动压力实施不同的控制，ASR 分别对电磁阀Ⅱ和电磁阀Ⅲ实行不同的控制。

3. ESP(电子稳定程序)

ESP 的效能超越了 ABS、ASR 两个系统的功能结合。它除了改善制动时纵向动态性能外，而且还具有防止车辆在行驶时侧滑的功能。它通过传感器对车辆的动态进行监测，必要时会对某一个车轮或者某几个车轮进行制动，甚至对发动机的动力输出也进行相应控制。ESP 能够识别危险状况，并不需驾驶者做任何动作就自行采取行动排除危险。

ESP 提高了所有驾驶工况下的主动安全性，尤其是在转弯工况(即横向力起作用)时，ESP 能维持车辆的行驶稳定并保持车辆在车道上正确行驶。ABS 和 ASR 只在纵向起作用，只能被动地做出反应，而 ESP 则能够探测和分析危险车况并纠正驾驶员的错误，防患于未然。此外，ESP 应用了 ABS 和 ASR 的所有部件，并基于功能更强大的新一代电子控制单元开发的。

(1) ESP 的组成

ESP 主要由传感器组、ESP 电脑、执行器、仪表盘上的指示灯等组成。

① 传感器组。它包括转向传感器、车轮传感器、侧滑传感器、横向加速度传感器、方向盘扭转传感器、油门踏板传感器、刹车踏板传感器等，这些传感器负责采集车身状态数据。

② ESP 电脑。它将传感器采集到的数据进行计算，算出车身状态，然后与存储器里面预先设定的数据进行比对。当电脑计算数据超出存储器预存的数值，即车身临近失控或者已经失控的时候，则命令执行器工作，以保证车身行驶状态能够尽量满足驾驶员的意图。

③ 执行器。4 个车轮的刹车系统和未装备 ESP 的汽车相比，其刹车系统具有蓄压功能。电脑可以根据需要，在驾驶员没踩刹车的时候替驾驶员向某个车轮的制动油管加压，以使这个车轮产生制动力，另外 ESP 还能控制发动机的动力输出。

④ 仪表盘上的指示灯。一旦 ESP 起作用，仪表盘上的指示灯就会闪烁，提醒驾驶员，车辆易发生失控，ESP 协助防止失控，驾驶员必须立即采取适当措施，防止事态进一步恶化。

（2）ESP 的种类

目前 ESP 有 3 种类型：

① 4 通道或 4 轮系统：能自动地向 4 个车轮独立施加制动力，是最高级的 ESP。

② 2 通道系统：只能对 2 个前轮独立施加制动力。

③ 3 通道系统：能对 2 个前轮独立施加制动力，而对后轮只能一同施加制动力。

（3）ESP 的工作原理

实际上 ESP 是一套电脑程序，通过对来自各传感器传来的车辆行驶状态信息进行分析，进而向 ABS、ASR 发出纠偏指令，来帮助车辆维持动态平衡。ESP 电控单元会计算出保持车身稳定的理论数值，再比较由侧滑率传感器和加速度传感器所测得的数据，发出平衡、纠偏指令，主要控制汽车偏航率。如转向不足会产生向理想轨迹曲线外侧的偏离倾向；而转向过度则正好相反，向内侧偏离，ESP 将会解决这些问题。

具体的纠偏工作实现过程如下：ESP 通过 ASR 装置控制发动机的动力输出，同时指挥 ABS 对各个车轮进行有目的的刹车，产生一个反横摆力矩，将车辆带回到所希望的轨迹曲线上来。比如转向不足时，刹车力会作用在曲线内侧的后轮上；而在严重转向过度时会出现甩尾，这种倾向可以通过对曲线外侧的前轮进行刹车得到纠正。下面以几种典型工况展示 ESP 作用。

① 汽车躲避突然出现的障碍物时，能有效控制合适的转向特性，如图 5-22 所示。

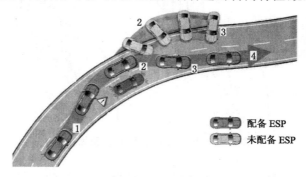

配备 ESP

未配备 ESP

图 5-22　是否配置 ESP 躲避障碍物对比

车辆在回避前方障碍物时,在图示位置1,汽车有转向不足的危险,ESP系统会迅速对左后轮施加制动力,以产生一个逆时针方向的转矩,同时由于施加制动,车速降低有利于转向,而根据后轮差速器的工作原理,右后轮的转速会随左后轮转速的降低而提高,这样也是有利于转向的。

但当汽车行驶到位置2的时候,由于易发生侧滑(甩尾),汽车有转向过度的危险,对于后轴驱动的车辆,ESP系统会采取降低后轴驱动力措施,以减少车轮纵向力而增加横向力,车速的降低成为有利于维持转向稳定性的一个因素,同时对左前轮施加制动力,以更大程度地增加汽车逆时针方向横摆力矩,从而保证汽车的行驶遵从驾驶员意图。

② 在扭曲路段行驶时。汽车在扭曲多变的路段行驶时,仅仅通过转向轮很难让车辆随着突变的弯道而灵活转向,车辆很容易由于转向过度或转向不足而甩出行车道,ESP以其特有的方式,通过对车轮独立施加制动力使车辆进行主动"转向",能有效地纠正车辆的危险行驶路径,从而保持车辆行驶方向的稳定性。

如图5-23所示,在位置1,车辆很容易由于转向严重不足而使车头脱离行驶轨道,ESP通过对右前轮施加制动力纠正了车辆的危险状态;在位置4,由于易发生侧滑(甩尾),汽车有转向过度的危险,ESP通过对右前轮施加制动力而纠正了行驶方向。

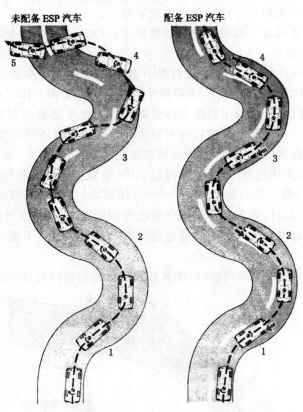

图 5-23　配置 ESP 回转路行驶优越性

③ 面对突然出现的紧急弯道。汽车在宽阔的路面上行驶时,前方突然出现紧急弯道,驾驶员的反应是猛打方向盘,但汽车显然不可能在瞬间产生足够大的转向角度,ESP通过

对右后轮的制动以产生更大的转向力矩纠正汽车的转向严重不足,使车辆能够克服转向严重不足的缺陷,恢复到稳定行驶状态。

4. PDS(雷达系统)及电子眼

雷达系统已广泛应用于轿车,常安装于后保险杠中央,又称倒车雷达系统,有时我们称为电子眼。更为高级的电子眼还可以将盲区采集为图像信号提示给驾驶员,成为真正的电子眼。当障碍物低于制定距离时,系统开始报警,轿车甚至可以避让及制动。

PDS 系统通常是在车的后保险杠或前后保险杠均设置雷达侦测器,用以侦测前后方的障碍物,帮助驾驶员“看到”前后方的障碍物。PDS 是以超音波感应器来侦测出离车最近的障碍物距离,并发出警笛声来警告驾驶者。而警笛声音的控制通常分为两个阶段,当车辆的距离达到某一开始侦测的距离时,开始以某一高频的警笛声鸣叫,而当车行至更近的某一距离时,则警笛声改以连续的警笛声来告知驾驶者。PDS 的优点在于驾驶员可以用听觉获得有关障碍物的信息,或侦测其他车离本车的距离。

现在的汽车已经开始使用数字无盲区可视倒车雷达系统,做到真正无盲区探测,倒车时显示屏显示后方景象。数字式无盲区 PDS 倒车雷达的工作原理就是当挂入倒挡后,PDS 系统即自动启动,内嵌在车后保险杠上的 4 个或 6 个超声波传感器开始探测后方的障碍物。当距离障碍物 1.5 m 时。报警系统就会发出“嘀嘀”声,随着障碍物的靠近,“嘀嘀”声的频率增加,当汽车与障碍物间距小于 0.3 m 时,“嘀嘀”声将转变成连续音。

图 5-24 所示为汽车雷达系统作用示意图,图 5-25 所示为汽车预测前方障碍物距离效果图,通过探测前方车辆的距离,从而确定是否进行制动以保证行车安全。

图 5-24　汽车雷达作用示意图

图 5-25　汽车预测前方障碍物距离

5. SRS(安全气囊)

单独的安全带收紧器在汽车严重碰撞时无法阻止驾驶员头部撞到转向盘上,即使阻止了驾驶员头部撞到转向盘上,但由于头部强大的惯性力必然对颈椎造成更加严重的伤害。

安全气囊正是基于这种安全考虑应运而生的。安全气囊广泛应用于设计时速超过100 km/h 的汽车上，对于轿车，设计时速普遍超过 100 km/h，所以安全气囊已经成为轿车的标准配置，根据汽车的高级程度，分别配置驾驶员前安全气囊、副驾驶前安全气囊、侧气囊、后气囊等。

（1）前安全气囊

当汽车以高达 60 km/h 的速度碰撞到固定障碍物时，前安全气囊可降低驾驶员和副驾驶员（乘员）头部、颈部和胸部的受伤程度。在两车前部碰撞时，两汽车的相对速度可能达到100 km/h 时，前安全气囊同样可防止驾驶员和副驾驶员（乘员）头部、颈部和胸部受伤。气囊作用时，各时效状态如图 5-26 所示。

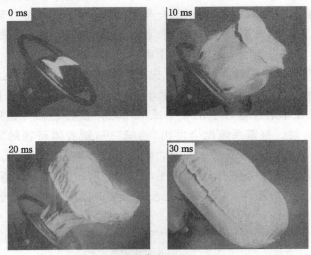

图 5-26　安全气囊工作瞬间图

图 5-26 中拍摄了气囊起爆后 4 个时间节点的状态，可以看出，气囊在很短的时间内就可充满气体。其时间应恰好适合头部向前的运动状态，过早易造成颈部伤害，过晚则未起到应有的保护作用。

为此，根据安全气囊的安装地点、汽车形式和汽车结构变形能力等因素，开发出各种形式的、与车型匹配的不同烟火推进剂数量的安全气囊。

当传感器识别到汽车碰撞后，每一个烟火燃气发生器将安全气囊快速开启。当驾驶员和副驾驶员上身分别碰到各自的安全气囊时，在与头部接触后，由于安全气囊上开有很多小孔，其中的部分气体可以排出气囊，防止人员受到窒息的伤害。

SRS 是通过装在电控单元上的 1～2 个汽车纵轴方向上的电子加速度传感器来测量汽车在碰撞时的减速度，并由此算出汽车速度的变化。在汽车前部布置压力传感器，当发生碰撞时，压力传感器受压将发出碰撞信号，但安全气囊未必起爆（错误的起爆往往对人员造成很大伤害，这在以前曾发生过此类案例，造成驾驶员的伤害），系统会检索当前的车速（速度低于 20 km/h 不会起爆）、加速度传感器反馈的车辆减速度，只有全部满足要求时，SRS 才能起爆工作。

（2）侧安全气囊

在所有的交通事故中，汽车侧向碰撞约占整个碰撞的 30%。侧向碰撞是位居汽车前碰撞后的第二位高发碰撞事故。所以越来越多的轿车除了配备安全带收紧器和前安全气囊外,还配备侧安全气囊。侧安全气囊沿车顶纵断面布置了一些充气管或充气袋,如窗户气袋、充气窗帘,以保护乘员头部;或在车门或座椅扶手布置胸部安全气囊,以保护乘员上身。侧安全气囊应当柔软地支撑乘员,才能在汽车发生侧向碰撞时防止乘员受伤。

用于侧安全气囊的加速度传感器安装在汽车承载构件右侧或左侧所选定的地点,如座椅横支座、门框、B 柱、C 柱。

（3）智能安全气囊系统

通过改进控制安全气囊开启的一些功能,以及控制安全气囊充气过程,可以不断地减少乘员在碰撞中的伤害。智能安全气囊就是采集各种传感器信息,经过正确的分析判断,准确开启 SRS。

# 5.5　机动车辆安全操作要求

机动车辆必须严格执行机动车辆安全操作规程的相关规定,以保障人身及财产安全。对于上路行驶的机动车辆,应严格执行道路交通安全法规相关要求。对于非上路及工厂的工程作业车辆,各相关部门也需制定相应的安全操作规程。

## 5.5.1　工作前安全操作要求

（1）对驾驶员要求

① 驾驶员必须有相应的机动车辆驾驶执照,对于作业车辆,驾驶员必须经专门培训,取得相关部门颁发的上岗证才能上岗,严禁无证驾驶。

② 如工作需要,穿戴好必备的工作服和劳保用品,如:工作服、劳保鞋、劳保手套、口罩、防护眼镜等防护用品。

③ 应遵守工作区内机动车安全规则。

④ 开车前不喝酒。

⑤ 监督无关人员不得进入作业区域。

⑥ 装载及运输易燃、易爆、剧毒、大型物品等特殊货物时,必须经过交通安全管理部门和保卫部门批准后,方可在指定的路线和时间段内行驶。

（2）对机动车辆及辅助设施的要求

① 机动车辆必须经过安全检验(一般称为年检)方可运行。车辆需配备灭火器、三角警示牌等安全用品。

② 站场、道岔区、料场、装卸线以及建筑物的进出口,均应有良好的照明设施。

③ 装载液态易燃易爆物品的罐车,必须有挂接地面的静电导链。车上应根据危险货物的性质配备相应的防护器材,车辆两端上方须插有危险标志。

④ 装载氯化钠、氯化钾等化学用品的,必须是专用的货箱,且禁止与其他货物混装。

## 5.5.2　工作中安全操作要求

（1）装卸及乘降要求

① 对于载运人员的公交车、出租车、长途汽车、旅游车等,在车辆未停稳之前,禁止上下乘客。

② 叉车在叉载物品(包括装载机铲运、吊车吊装)时严禁超载,以防叉车受损,及叉车后部翘起造成不安全事故。

③ 叉车摆放作业物品时(包括装载机铲运、吊车吊装)应完全放平稳后方可退出。

④ 装载易燃、易爆等物品时,装载量不得超过货车核定载重量的 2/3,堆放高度不得高于车厢栏板。必须由具有 5 000 km 和 3 a 以上安全驾驶经历的驾驶员驾驶,并选派熟悉危险品特性、有安全防护知识的人担任押运员。

⑤ 装车时,驾驶员不得将头和手臂伸出驾驶室外,此时不准检查、维护车辆。

⑥ 严禁超重、超长、超宽、超高装运,装载物品要捆绑稳固牢靠,载货汽车车厢不准载乘人员。

⑦ 中途停车应选择安全地点停车,未卸完货物及乘客下车前,驾驶员不得离车。

(2)载运过程安全要求

① 在学校、机关、旅游景点、停车场、厂区内行驶时,最高时速不得超过 10 km/h,进出厂门、车间、库房时时速不得超过 5 km/h,在车间、库房内时速不得超过 3 km/h。

② 雾天及粉尘较大时,应打开车前黄灯(雾灯)行驶;遇视野不清时,须减速行驶,在弯道、隧道、盘山等路段严禁超车。

③ 装载易燃、易爆等特殊物品时,行进中遇特殊情况,应主动示警,提示其他车辆,必要时,由专用车辆护行,保证运输安全。

④ 两台以上车辆跟踪运输时,前后两车按车速保证合适的间距,并且严禁超车。

### 5.5.3 工作后安全操作要求

停车后,首先应拉紧手刹,关掉电源,取出钥匙,驾驶员才能离开车辆。同时要定期保养车辆,确保车辆处于良好状态。

## 5.6 厂(场)内机动车辆安全操作技术

### 5.6.1 安全操作规程

由于叉车是一种起升车辆,它除具有行驶的功能以外,还能把货物提升到一定的高度,以完成装卸作业任务。而当货叉换成各种属具后,又是多种作业车。因此,叉车有其特殊的安全操作规程。

1. 检查车辆

(1)叉车作业前,应检查燃料、润滑油和冷却水是否正常。

(2)检查转向和制动装置性能是否安全可靠。

(3)检查灯光、音响信号是否齐全有效。

(4)检查叉车的起升工作装置是否有变形、裂纹等损坏情况。

(5)检查起升液压系统是否有泄漏。

(6)电瓶叉车除应检查以上内容外,还应按电瓶车的有关检查内容,对电瓶叉车的电路进行检查。

2. 起步

(1)起步前,观察四周,确认无妨碍行车安全的障碍后,先鸣笛,后起步。

（2）起步时叉车门架后倾、货叉离地。

（3）叉车在载物起步时,驾驶员应先确认所载货物应平稳可靠。

（4）起步时须缓慢平稳起步。

3．行驶

（1）行驶时,货叉距地高度应保持 300～400 mm,门架全后倾。

（2）行驶时不得将货叉升得太高。进出作业现场或行驶途中,要注意上空有无障碍物刮碰。载物行驶时,如货叉升得太高,还会增加叉车总体重心高度,影响叉车的稳定性。

（3）卸货后应先降落货叉至正常的行驶位置后再行驶。

（4）转弯时,如附近有行人或车辆,应发出信号,并禁止高速急转弯。高速急转弯会导致车辆失去横向稳定而倾翻。

（5）内燃叉车在下坡时严禁熄火滑行。

（6）非特殊情况,禁止载物行驶中急刹车。

（7）载物行驶在坡度超过 7°和用高于一挡的速度上下坡时,非特殊情况不得制动停车。

（8）运行时要遵守厂（场）内交通规则,必须与前面的车辆保持一定的安全距离。

（9）在搬运庞大物件时,当物件挡住驾驶员前方视线时,应倒退行驶。

（10）叉车由后轮控制转向,所以转弯时要注意车后的摆动幅度,以免后方发生碰撞。

（11）禁止在坡道上转弯和横跨坡道行驶,尤其是带载的情况下。

4．装卸

（1）叉载物品时,应调整好货叉间距,尽量保持重物重心对中不偏载,且使物品贴靠挡货架。

（2）叉载的质量应符合载荷中心变化的规定,且保持驾驶员有较好的视线。

（3）在进行物品的装卸过程中,必须用制动器制动叉车。

（4）货叉在接近或撤离物品时,车速应缓慢平稳,注意车轮不要碾压物品垫木,以免碾压物飞起伤人。

（5）货叉叉货时应尽可能深地叉入载荷下面,还要注意货叉尖不能碰到其他货物或物件。承载后的门架应保持直立或稍许后倾以稳定载荷。堆垛卸载时可使门架少量前倾,以便于安放载荷和抽出货叉。

（6）禁止高速叉取货物和用叉尖碰撞坚硬物体。

（7）叉车作业时,禁止人员站在货叉上手扶货物起升。

（8）叉车作业时,禁止人员站在货叉下及周围以免货物倒塌伤人。

（9）禁止用货叉举升人员从事高空作业,以免发生高处坠落事故。

（10）不准用制动惯性溜放物品。

（11）不准在码头岸边直接叉装船上货物。

（12）禁止使用单叉作业。

（13）禁止超载作业。

## 5.6.2　安全禁忌

（1）普通型电瓶车严禁装载易燃易爆物品。

（2）严禁顶推其他车辆。

（3）严禁电瓶叉车的行驶电动机和起升油泵电动机同时使用。

## 本章小结

本章首先对机动车辆危险因素进行了识别,在此基础上分析了一些典型的机动车辆事故,介绍了机动车辆的分类、性能参数、组成及工作原理等基本知识,此外还对机动车辆的"心脏"——发动机进行了简要介绍,重点讲解了机动车辆的安全保护装置,阐述了机动车辆安全操作要求以及安全禁忌等内容。通过学习使学生掌握厂(场)内机动车辆安全作业管理所应具备的基本知识要求。

## 复习思考题

1. 机动车辆常见事故类型有哪些?
2. 厂(场)内机动车发生事故的主要原因是什么?
3. 机动车辆的主要性能参数有哪些?
4. 四冲程发动机的工作原理是什么?
5. 发动机的主要性能指标有哪些?
6. 机动车辆安全保护装置主要分为哪两大类?
7. ABS 的工作原理是什么?
8. 驾驶员应如何操作以保证安全作业?
9. 如何有效防范厂(场)内机动车辆的伤害事故?

# 第 6 章　客运索道与大型游乐设施安全技术

**本章学习目的及要求**

1. 掌握索道的结构、原理等基本知识。

2. 掌握索道的安全防护装置类型、结构、原理。

3. 理解索道的安全技术及安全管理。

4. 了解游乐设施的种类以及事故等级。

5. 掌握游乐设施的危险因素识别。

6. 掌握游乐设施的主要安全装置。

7. 了解游乐设施的相关法律法规及技术标准。

## 6.1　客运索道安全技术

现代客运索道最早于 1894 年出现在意大利。此后在瑞士、德国、日本、苏联相继建成了客运索道。据《国际缆索运输杂志》统计，截至 2001 年年底，全世界客运索道达 3.2 万条。其中美国 4 147 条，法国 4 040 条，奥地利 3 473 条，日本 3 455 条，意大利 3 124 条，瑞士 2 101 条，德国 1 670 条。

根据我国于 2007 年 2 月 1 日开始实施的《索道术语》(GB/T 12738—2006)的规定，索道是指由动力驱动，利用柔性绳索牵引运载工具运送人员或物料的运输系统，包括架空索道、缆车和拖牵索道等。我国的索道建设，尤其是客运索道，近几年发展迅猛，如表 6-1 所列。

**表 6-1**　　　　　　　　　　　　　**我国客运索道数量统计**

| 年度 | 1983 | 1990 | 1998 | 2001 | 2003 | 2004 | 2006 | 2008 |
|---|---|---|---|---|---|---|---|---|
| 累计数 | 2 | 31 | 197 | 264 | 327 | 365 | 783 | 903 |

注：1979～1998 年据《中国索道》2001(3)统计，其他年份年由"北京起重运输机械研究所索道工程部"提供。

### 6.1.1　索道基本知识

1. 架空索道

架空索道是指以架空的柔性绳索承载，用来输送物料或人员的索道。架空索道的类型可以按照以下原则进行分类：

(1) 按支持及牵引的方法不同，索道可分为单线式和复线式。

① 单线式(图 6-1)。使用一条钢索，同时支持吊车的重量及牵引吊车或吊椅。

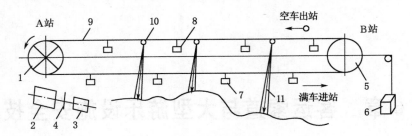

图 6-1　单线式索道

1——驱动轮;2——减速器;3——电动机;4——联轴器;5——导向轮;6——重锤;
7——满载货车;8——空载货车;9——钢索;10——托索轮;11——机架

② 复线式(图 6-2)。复线式使用多条钢索,其中用做支持吊车重量的一条或两条钢索是不会动的,其他钢索则负责拉动吊车。

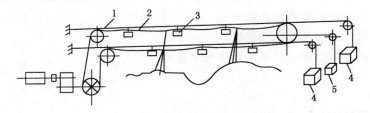

图 6-2　复线式索道

1——承载索;2——牵引索;3——运行小车;4——承载索重锤;5——牵引索重锤

(2) 按行走方式不同,索道可分为往复式和循环式。

① 往复式。

索道上只有一对吊车,当其中一辆上山时,另一辆则下山。两辆车到达车站后,再各自向反方向行走。往复式吊车的每辆载客量一般较多,可以达 100 人,而且爬坡力较强,抗风力亦较好。往复式索道的速度可达 8 m/s。主要用于跨越大江、大河和峡谷,跨度可达1 000 m 以上,并具有一定的抗风能力。它可以适应非常复杂的地形,以大跨度跨越江河沟涧,并且爬坡能力强,能超过 45°。

往复式的原理是由密封式的钢丝绳构成轨道索(承载索),由牵引索带动两辆(或两组)吊厢在轨道索上往复运行。

② 循环式。

索道上会有多辆吊车,拉动钢索的是一个无极的圈,套在两端的驱动轮及迂回轮上。当吊车或吊椅由起点到达终点后,经过迂回轮回到起点继续循环。单线循环式索道如图 6-3所示。

循环式索道可再分为:

a. 固定抱索式。吊车或吊椅正常操作时不会放开钢索,所以同一钢索上所有吊车的速度都会一样。有的固定抱索式索道,吊车平均分布在整条钢索上,钢索以固定的速度行走。这种设计最为简单,但缺点是速度不能太快(一般为 1 m/s 左右)。也有的固定抱索式索道采用脉动设计,把吊车分成 4 组、6 组或 8 组,每组由 3～4 辆车组成,组与组之间的距离相同。同组的吊车同时在车站上下乘客,当其中一组吊车在站内时,钢索及各组车同时放慢速

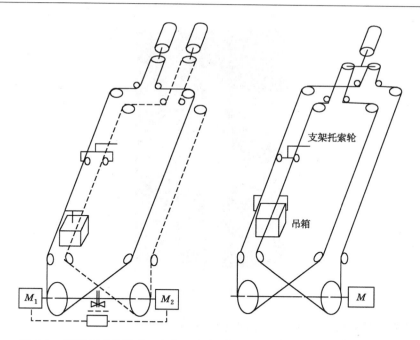

支架托索轮

吊箱

$M_1$　　$M_2$　　$M$

图 6-3　每侧有两条同步运行的运载索绕成双环路系统的单线循环式索道

度。吊车离开车站后,一起加速行驶。这种索道行驶速度较快(站内 0.4 m/s,站外 4 m/s 左右),乘客上下容易,但距离不能太长,运载能力也有限。

b. 脱挂式,也称脱开挂结式。吊车以弹簧控制的钳扣握在拉动的钢索上。当吊车到达车站后,吊车扣压钢索的钳会放开,吊车减速后让乘客上下。离开车站前,吊车会被机械加速至与钢索一样的速度,吊车上的钳再紧扣钢索,循环离开。这种索道的速度较慢,但运载能力大。

2. 缆车

运载工具沿地面轨道或由固定结构支承的轨道运行的索道定义为缆车,如图 6-4 所示。

缆车轨道坡度一般以 15°～25°为宜。根据运输量、地形、运距等条件,线路可设计成单轨、双轨、单轨中间加错车道或换乘站等多种形式。缆车车厢的运行速度一般不大于 13 km/h。为适应线路的地形条件和乘坐舒适度,载人车厢的座椅应与水平面平行并呈阶梯式,以便于人员上下和货物装卸。当车厢在运行中发生超速、过载、越位、停电、断绳等事故时,要有相应的安全措施保证乘客安全。由于缆车对地形的适应性较差,建设费用高,长距离运输效率低,因此它的应用和发展受到限制。

3. 拖牵索道

拖牵索道是依靠架空的钢丝绳作拖动装置,在地面上运输乘客的一种设备。拖牵索道一般是单线形式。按拖牵器的不同分为 T 形式、J 形式和盘式,按照拖牵索的高度不同分为高位拖牵索道和低位拖牵索道。

4. 索道的参数

(1)索距、跨距、车距、时间距

支架两侧的运载索或承载索中心线之间的距离称为索距。对于采用双承载索的双线索

图 6-4　缆车

道,索距为支架两侧双承载索中心线之间的距离。

相邻支架间或站房与相邻支架间的水平距离,称为跨距。

循环索道中,客、货车发车的间隔距离,称为车距。

发车的间隔时间,称为时间距。

(2) 水平长度、运行速度、输送能力

水平长度:索道从起点站口到终点站口或部分区段内的水平投影的长度。

运行速度:在正常情况下牵引索或运载索的运行速度。

输送能力:单向每小时输送的人数。

5. 索道的组成

完整的索道装置主要由装载站、卸载站、支架、承载索、牵引索、驱动装置、货车、锚固装置和张紧装置、电气设备等部分组成,如图 6-5 所示。

(1) 站房

装载站:设有物料装车设施的站房。

卸载站:设有卸车设施的站房。

上站:客运索道上建在高处端的站房。

下站:客运索道上建在低处端的站房。

(2) 支承与导向系统

支架:在索道线路上用以支承钢索的构筑物。

承载索(也称为轨索):支承运载工具、运行小车可以沿其运动的固定索。

张紧:连接张紧重锤或张紧装置所使用的固定索。

制动索:起制动作用的固定索。

固定索:至少有一端锚固的钢丝绳。

锚拉索:用于拉紧支架的固定索。

运动索:按一定方向做纵向运动的绳索。

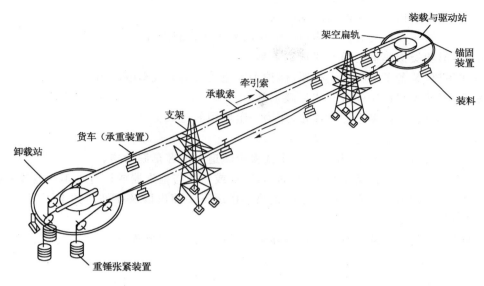

图 6-5　双线循环式货运索道示意图

运载索：在单线架空索道中既承载又牵引运载工具的运动索。

牵引索：用于牵引运载工具运行的运动索。

平衡索：与运载工具相连接而不经过驱动轮的运动索。

拖牵索（也称拖拉索）：牵引拖牵器沿预定线路运行的运动索。

救援索：用于移动救援车的运动索。

末端固定装置：将绳索的一个端头与被绳索拉住的部件相连接的装置。

可测可调装置：固定索的双端锚固后可测量和调整钢丝绳张力的装置。

绳轮系统：是指绳索绕过的旋转支承，有导向轮、驱动轮、迂回轮、张紧轮、托索轮、压索轮和脱索保护装置等，当钢丝绳脱离开绳槽时能自动停车的装置。绳轮如图 6-6 所示。

支索器：在具有双承载索的双线架空索道中，与两承载索连接并装备一个或多个辊轮，为牵引索提供中间线路支承的部件。

图 6-6　绳轮

（3）运载工具

吊具：在架空索道或缆车上用于承载人员或物料的部件。

吊厢：架空索道中使用的封闭式运载工具。

客车：在缆车或往复式架空索道中使用的封闭式运载工具。

吊椅：形状类似座椅的敞开式运载工具。

罩式吊椅：装备了可移动式外罩、保护乘客免受恶劣天气影响的吊椅。

吊篮：形状类似篮筐的敞开式运载工具。

车组式运载工具：多个顺序连接、作为一组使用的运载工具。

货车：运送物料用的运载工具。

轨道制动器：在缆车中，作用在一个或多个轨道上的客车制动器。

吊架：在架空索道运载工具中，使厢体、座椅或篮体与抱索器或运行小车相连接的部件。

安全围栏：在吊椅上安装的用于防止乘客在运行中掉出以及在站房内上下车时可放下或抬起的部件。

逆转限制器：当运载工具脱开后能够防止其反向滑行的装置。

（4）其他装置

① 抱索器

如图 6-7 所示，抱索器是指运载工具与牵引索或运载索相连接的装置。进、出站时无需从钢丝绳上脱开和挂结的抱索器，称为固定式抱索器；进、出站时需要从钢丝绳上脱开、挂结的抱索器，称为脱挂式抱索器。按照连接方式的不同，抱索器可以分为重力式、螺旋式（强迫式）、四连杆式、鞍式、弹簧式等。

图 6-7　抱索器

重力式抱索器：借助货车重力抱紧牵引索或运载索的抱索器。

螺旋式抱索器（也称为强迫式抱索器）：用螺旋强制抱紧牵引索或运载索的抱索器。

四连杆式抱索器：具有四连杆机构的重力式抱索器。

鞍式抱索器：利用两个带有鞍形槽使其卡入运载索螺旋槽内的抱索器。

弹簧式抱索器：利用弹簧力抱紧钢丝绳的抱索器，如图 6-8 所示。

② 拖牵器

拖牵器是一种在拖牵索道中由抱索器和用于牵引乘客的部件组成的装置。

③ 挂接器

挂接器是使抱索器能够与牵引索或运载索自动挂接的装置，如图 6-9 所示。

④ 脱挂器

如图 6-10、图 6-11 所示，脱挂器由一组曲轨组成，视抱索器的结构不同而有所不同。一般利用抱索器上装的脱挂压轮在曲轨上运动时，受曲轨压下或抬起使抱索器能够与牵引索

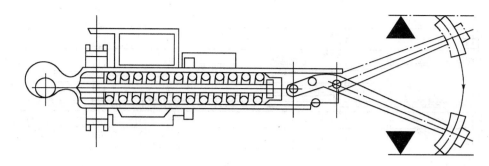

图 6-8　弹簧式抱索器

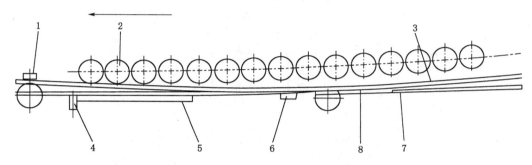

图 6-9　挂接器示意图

1——状态检查器;2——加速器;3——副轨轨顶;4——力量检查器;

5——挂结链条;6——钢绳位置检查器;7——牵引索;8——主轨轨顶

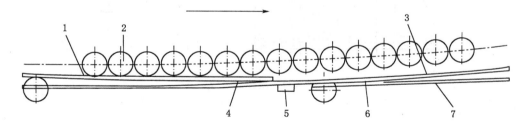

图 6-10　脱挂器示意图

1——脱开链条;2——减速器;3——副轨轨顶;4——脱锁状态检查器;

5——钢绳位置检查器;6——主轨轨顶;7——牵引索

或运载索自动脱开。

⑤ 拉紧装置

如图 6-12、图 6-13 所示,拉紧装置是一种使钢索保持一定张力的装置,承载索的拉紧方式有两种:一种是承载索用滚子连接向后直接与重锤连接;第二种是承载索在尾部改为用挠性大的张紧索,用大导向轮转向后与重锤连接。

⑥ 导向轮

导向轮是引导钢索转向的转动装置。

⑦ 锚固装置

锚固装置是对承载索进行锚固的装置,有简单的终端固定式,如锚固座、锚固筒等,也有

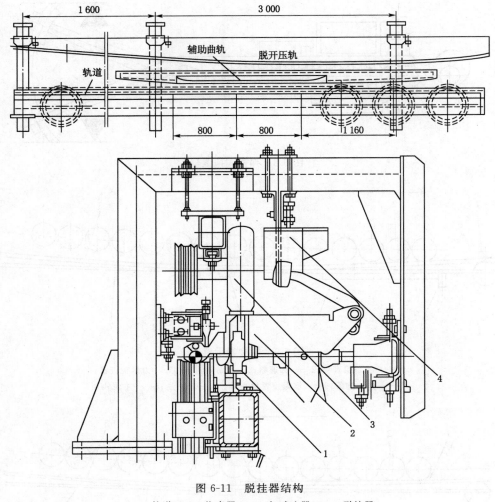

图 6-11　脱挂器结构

1——轨道；2——抱索器；3——加减速器；4——脱挂器

能够进行调节的活动式，如图 6-14 所示。

### 6.1.2　索道安全防护装置

　　索道在整体系统的设计、选材、制造、安装等环节中应保证站内机械设施的安全性能、站内电气设施的安全性能、线路机电设施的安全性能、拖牵索道的安全性能、缆车的安全性能符合要求。

　　1. 通用安全装置

　　（1）车辆行程限位器：当车辆到达其极限位置时能自动停车的装置。

　　（2）速度限制器：当运行速度超过额定速度一定值时，能使驱动机自动停车的装置。

　　（3）超载限制器：当客车所载乘客的总重超过其额定载重量时，能使客车不启动的装置。

　　（4）力矩限制器：当启动力矩或运行力矩大于额定力矩某一规定值时，能使驱动机自动停止启动或停止运行的保护装置。

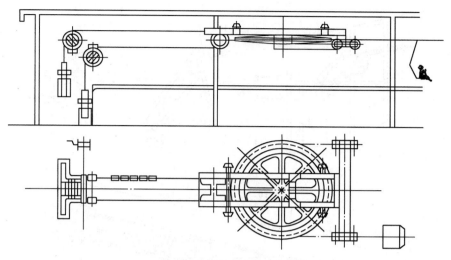

图 6-12　重锤拉紧装置示意图

（5）承载索和牵引索重锤行程检测装置：在承载索和牵引索行程的极限位置上安装极限开关，当重锤行程超越范围时，开动开关，索道停车。

（6）抱索异常停止器：抱索器几何状态不正确或夹紧力未达到额定值时，能使索道自动停止运行的保护装置。

（7）钢索松弛停车器：当牵引索松弛超过规定值时，能自动停止运行的装置。

（8）下车位置限位器：当车辆超过下车位置时能自动停车的装置。

（9）制动器：使索道运行小车（或其他运动部件）减速、停止或保持停止状态等功能的装置；如客运索道的制动器一般设在小车主梁的中部或主梁两端。

（10）脱索异常停止器：当钢索脱离开绳槽时能自动停车的装置。

（11）逆转限制器：当车辆脱开后能防止向反方向滑行的装置。

（12）车距限制器：限制车辆间位置距离的装置。

（13）防跳装置：防止钢索从鞍座上或托索轮上向上跳起的装置。

（14）预警器：当线路或设备等出现异常时能发出光或声等预警信号的装置。

（15）风速警报器：当风速超过允许值时能自动发出警报信号的装置。

（16）偏斜指示器：显示客车横向偏摆倾斜值的装置。

（17）止爪停车器：用止爪来阻止轨道上车辆运行而停车的装置。

（18）减震装置：减轻车辆在运行中产生的震动强度的缓冲装置。

（19）减摆器：能减小车辆摆动的装置。

2．其他安全装置

（1）单线循环固定抱索器客运架空索道应具备的安全装置

1）站内机械设施及安全装置

① 站内机械设备、电气设备及钢丝绳应有必要的防护、隔离措施，防止危及乘客和工作人员的安全；非公共交通的空间应有隔离，非工作人员不得入内。

② 站台（尤其是出站侧）应有栏杆或防护网，防止乘客跌落。

③ 驱动迂回轮应有防止钢丝绳滑出轮槽飞出的装置。

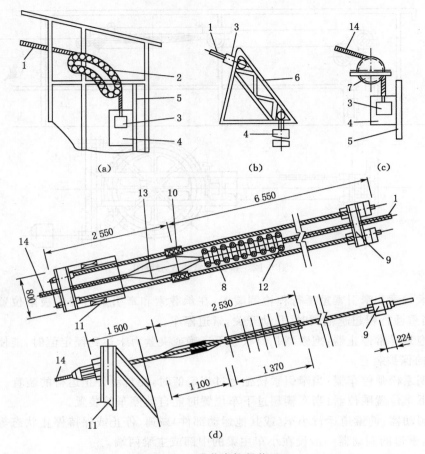

图 6-13　承载索拉紧装置

(a) 滚子链鞍座；(b) 摆动架；(c) 拉紧索导向轮；(d) 双重连接装置

1——承载索；2——滚子链；3——终端套筒；4——重锤；5——导向装置；6——三脚架；7——导向轮；
8——绳卡；9——支座；10——螺杆；11——支架；12——导向绳卡；13——过度套筒；14——拉紧索

④ 制动液压站和张紧液压站应设有手动泵，当液压系统出现故障时可以用手动泵临时进行工作。并设有油压上下限开关，上限泄油、下限补油。

⑤ 张紧小车前后均应装设缓冲器防止意外撞击。

⑥ 吊厢门应安装闭锁系统，不能由车内打开，也不能由于撞击或大风的影响而自动开启。

⑦ 应设行程保护装置。在张紧小车、重锤或油缸行程达到极限前，发出报警信号或自动停车。

2) 站内电气设施及安全装置

① 减速机应设有润滑油保护装置。

② 站台、机房、控制室应设蘑菇头带自锁装置的紧急停车按钮。

③ 有负力的索道应设超速保护，在运行速度超过额定速度15％时能自动停车。

④ 应在风力最大处设风向风速仪，在有人的站房设置风速显示装置。

⑤ 站房之间应有独立的专用电话，至少要有一个站房或在站房附近有外线电话。紧急

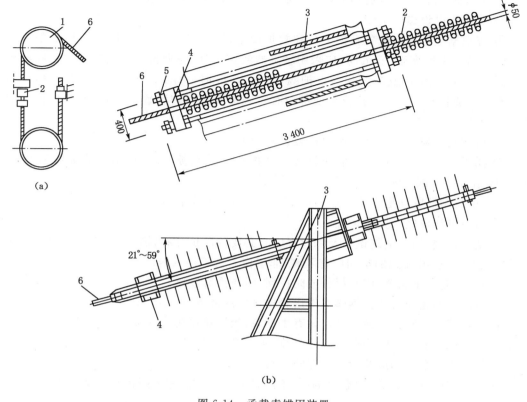

图 6-14　承载索锚固装置

(a) 锚固圆筒锚固；(b) 绳卡锚固

1——锚固筒；2——绳卡；3——支架；4——支座；5——螺杆；6——承载索

情况（如主电网断电）时电话仍能正常使用。并应配备足够的无线对讲机，满足运行和检查维修工作的需要。

⑥ 沿线路应有通信方式（如支架上或吊厢中设扬声器），在特殊情况（特别是故障时）下可以及时通知乘客。

⑦ 所有沿线的安全装置和站内的安全装置应组成联锁安全电路，在线路中任何位置出现异常时，应能自动停车并显示故障位置。索道紧急制动突然断电后，在事故开关复位之前，不能重新启动驱动装置。

⑧ 如索道夜间运行时，站内及线路上应有针对性照明，支架上电力线电压不允许超过36 V。

⑨ 对于单线循环固定抱索器脉动式索道还应增加两条要求：

a. 应配备至少两套不同类型、来源及独立控制的进站减速控制装置；每套装置应能可靠减速。

b. 应设有进站速度检测开关，当索道减速后，应能按设定减速曲线可靠减速至低速进站，若未按设定减速或设定的低速进站时，检测开关控制自动紧急停车。

⑩ 对于单线固定抱索器往复式索道应另增加两条要求：

a. 应设越位开关，在客车超越停车位置时，索道应能自动紧急停车。

b. 开车时站台间应设有信号联络控制系统,在站台未发开车信号前索道不能启动。

3) 线路机电设施安全装置

① 应根据地形情况配备救护工具和救护设施,沿线路不能垂直救护时,应配备水平救护设施。吊具距地高于15 m时,应采用缓降器救护工具,绳索长度应适应最大高度救护要求。高度10 m以上的支架爬梯应设护圈,超过25 m时,每隔10 m设一休息平台,检修平台应有扶手或护栏。滑雪索道支架底部应有防碰撞安全保护装置,爬梯侧面相应位置应有防滑雪板插入装置。

② 压索支架应有防脱索二次保护装置及地锚。

③ 托压索轮组内侧应设有防止钢丝绳往内跳的挡绳板,外侧应安装捕捉器和U形针开关,脱索时接住钢丝绳并紧急停车。

(2) 单线循环脱挂抱索器客运架空索道应具备的安全装置

1) 站内机械设施及安全装置

① 站内机械设备、电气设备及钢丝绳应有必要的防护、隔离措施,防止危及乘客和工作人员的安全;非公共交通的空间应有隔离,非工作人员不得入内。

② 站台(尤其出站侧)应有栏杆或防护网,防止乘客跌落。

③ 驱动迂回轮应有防止钢丝绳滑出轮槽飞出的装置。

④ 制动液压站和张紧液压站应设有手动泵,当液压系统出现故障时可以用手动泵临时进行工作。并设有油压上下限开关,上限泄油、下限补油。

⑤ 张紧小车前后均应装设缓冲器防止意外撞击。

⑥ 吊厢门应安装闭锁系统,不能由车内打开,也不能由于撞击或大风的影响而自动开启。

2) 站内电气设施及安全装置

① 应有两套独立的电源供电,减速机应设有润滑油保护装置。

② 站台、机房、控制室应设带自锁装置的紧急停车按钮。

③ 应设行程保护装置。有负力的索道应设超速保护,在运行速度超过额定速度15%时,能自动停车。

④ 站房之间应有独立的专用电话,至少要有一个站房或在站房附近有外线电话。紧急情况(如主电网断电)时电话仍能正常使用。并应配备足够的无线对讲机,满足运行和检查维修工作的需要。

⑤ 道岔应设有闭锁安全监控装置,保证道岔在发车和收车位置时的安全。

⑥ 应设有钢丝绳位置监测开关,当钢丝绳偏离设定位置时,索道应自动停车。

⑦ 应设有开关门监测开关,当已过开关门轨道后,吊厢门未关闭或打开时,索道应自动停车。

⑧ 应设有抱索器松开和闭合状态监测开关、抱索器抱紧力监测装置、抱索器外形监测装置;监测异常时,如发生抱索器未能脱开牵引索等问题时,监测装置能够及时反应,确保客运索道安全。

⑨ 应设有接地棒,解决钢丝绳防雷接地问题。

⑩ 站房检查维修平台上应有维修闭锁开关。

3) 线路机电设施及安全装置

① 应根据地形情况配备救护工具和设施,沿线路不能垂直救护时,应配备水平救护设施。吊具距地高度大于 15 m 时,应用缓降器救护工具。

② 压索支架应有防脱索二次保护装置。

③ 高度 10 m 以上支架的爬梯应设护圈,超过 25 m 时,每隔 10 m 设一个休息平台,检修平台应有扶手或护栏。滑雪索道支架底部应有防碰撞安全保护装置,爬梯侧面相应位置应有防滑雪板插入装置。

④ 托压索轮组内侧应设有防止钢丝绳往内跳的挡绳板,外侧应安装捕捉器和 U 形针开关,脱索时接住钢丝绳并紧急停车。

⑤ 站房和支架应有良好的防雷接地,站房接地电阻不大于 5 Ω,支架接地电阻不大于 30 Ω。

⑥ 站房在风力最大处设有风向风速仪,在有人的站房设置风速显示装置。

⑦ 沿线路应有通信方式(如支架上或吊厢中设扬声器),在特殊情况(特别是故障时)下,可以及时通知乘客。

(3) 双线往复式客运架空索道应具备的安全装置

1) 站内机械设施及安全装置

① 单承载索道鞍座托索轮组应设牵引自动复位装置,在牵引索滑出托索轮复位时,不会卡住。

② 站内机械设备、电气设备及钢丝绳应有必要的防护、隔离措施。

③ 水平驱动轮导向轮应有防止钢丝绳滑出轮槽飞出的装置。

④ 制动液压站和张紧液压站应设有手动泵,当液压系统出现故障时可以用手动泵临时进行工作。

⑤ 承载索与张紧索的连接应有二次保护装置及防止自行旋转的装置;承载索双端锚固的索道应采用可测可调的双重锚固装置。

⑥ 对于重锤行程大、牵引索跳动大的索道,应加液缓冲(阻尼)装置;阻尼力应能调整,保证安全可靠,减少牵引索跳动。

⑦ 车厢门应装闭锁系统,不能由车内打开,不能由于撞击或大风的影响而自动开启。

⑧ 吊架与车厢连接处应有减震措施。车厢定员大于 15 人和运行速度大于 3 m/s 的索道客车吊架与运行小车之间应设减摆器。

⑨ 运行小车两端应设防止出轨的导靴和缓冲挡块,多冰雪地区设刮雪器或破冰装置。

2) 站内电气设施及安全装置

① 应有两套独立的电源供电。

② 减速机应设有润滑油保护装置。

③ 站台、机房、控制室应设带自锁装置的紧急停车按钮。

④ 应设有牵引索断裂以及双牵引索道速度差、长度差检测开关,能及时自动紧急停车。

⑤ 应设行程保护装置;应设超速保护,在运行速度超过限定速度 15% 时,能自动停车。

⑥ 应配备至少两套不同类型、来源及独立控制的进站减速控制装置;每套装置应能可靠减速。

⑦ 应设有进站速度检测开关、越位开关,在客车超越停车位置时,应能自动停车。

⑧ 开车时站间应能进行信号联络,在站台未发信号前,索道不能启动。

⑨ 应设有防缠绕检测系统,应在风力最大处设风向风速仪,在有人的站房设置风速显示装置。

⑩ 站房间应有独立的专用电话,客车与站内应有通信方式,在特殊情况(特别是故障时)下,可以及时通知乘客。

3) 线路机电设施及安全装置

① 应根据地形情况配备救护工具和设施,沿线路无法用缓降器救护时,应设救援车。

② 高度 10 m 以上的支架爬梯应设护圈,超过 25 m 时,每隔 10 m 设一休息平台,检修平台应有扶手或护栏。

### 6.1.3 架空客运索道安全技术及安全管理

1. 架空客运索道安全技术

客运架空索道是一种能跨山、越河、适应各种复杂地形的运输工具,同时还具有游览、观光的作用,是森林公园和各种风景游览区一种理想的输送游客的交通工具。在景区建索道与建其他交通工具相比具有破坏植被少、占地少、污染小、保护景观等优点,非常适应景区的环保要求。

中国客运索道发展速度很快,从 1981 年 2 月我国第一条单线往复式索道(杭州电视台北高峰索道)投入运转,1982 年元旦我国第一条双线往复式索道(重庆嘉陵江客运索道)投入运行开始,不到 30 年的时间,2008 年年底投入运营的客运索道已有 900 多条。但是,我国客运索道安全状况较差,有三分之一的客运索道运行在 10 年以上,设备老化、故障频繁,已进入事故易发期和多发期;运营管理基础薄弱,运营管理和技术人才匮乏,作业人员素质参差不齐。客运索道是人员密集场所的重要交通工具,尤其是在旅游高峰时期,乘客数量多、密度大,设备负荷重,加之攀山越川的特殊地理环境。一旦发生事故,极易酿成严重后果。因此,对客运索道的安全工作必须高度重视。

(1) 线路安全

1) 线路的选择

选择索道线路时,应考虑当地气候、地理条件、索道要经过的交通要道和跨越的其他建筑设施以及紧急救援的要求。索道线路和站址应避免建在下列地区:

① 山地风口,并与主导风向正交的地段上;

② 有雪崩、滑坡、塌方、溶洞、风暴、海啸、洪水、火灾等危及索道安全的地区。

2) 横向净空

客车与外侧障碍物的横向净空距离应符合表 6-2 的规定。

表 6-2 横向净空距离

| 运载工具偏摆 | 障碍物 | 净空/m |
|---|---|---|
| 向外偏摆 35% | 建筑物(无人员通行) | 1.5 |
| | 建筑物(有人员通行) | 2.5 |
| | 林间通道、公路、山体 | 1.5 |
| | 架空电力线路 | 按电力相关规范规定 |

注:对站房区域不受此限。

3）允许最大的离地高度

架空索道实际的最大离地高度应为最不利载荷情况下,考虑地面的横向坡度后与索道运载工具的高度。允许最大的离地高度应根据运载工具形式和救护的可能加以考虑。

① 封闭式运载工具的架空索道。

允许的线路最大离地高度不应大于 45 m。对于循环式脱挂抱索器吊厢索道及脉动循环式固定抱索器吊厢索道,当局部地段每侧每跨不超过 5 辆吊厢时,该段的最大离地高度允许达 60 m,若超过 60 m,必须具备沿钢丝绳进行营救的设施。当每侧的吊厢数小于 5 辆时(例如双线往复式索道)最大离地高度允许超过 60 m。当超过 100 m 时必须具备沿钢丝绳进行营救的设施。

② 敞开式运载工具的架空索道。

吊椅索道允许的线路最大离地高度不应大于 15 m。当索道线路每侧局部地段总长不大于 200 m 时,该段最大离地高度允许达 20 m;当索道线路每侧局部地段总长在 50 m 内时,该段最大离地高度允许达 25 m。

吊篮索道允许的线路最大离地高度不应大于 25 m。当索道线路每侧局部地段总长不大于 200 m 时,该段最大离地高度允许达 30 m;当索道线路每侧局部地段总长在 50 m 内时,该段最大离地高度允许达 35 m。

4）地面的最小距离

满载客车或钢丝绳的最低点与地面之间的距离不应小于以下各值:

① 无人通行的地区或是禁止通行的隔离地带为 2 m(吊椅式索道为 1 m)。

② 在路下面允许行人通过的地面为 3 m。

③ 离地最小距离也包括了积雪厚度,在站房附近由于建筑上的需要可不受此限。

④ 在确定离地最小距离绝对值时,除以静态位置为依据外,还应加上动态时附加值,即应在下列数字中选取最大值:与邻近支架间距的 1%;承载索静垂度的 5%;运载索垂度的 10%;牵引索和平衡索垂度的 15%。

（2）运行速度安全

运载工具在线路上的最大运行速度不应超过表 6-3 所列的值。

运载工具在站内的最大运行速度不应超过表 6-4 所列的值。

**表 6-3**　　　　　　　　　　　**运载工具在线路上的最大运行速度**

| 索道形式 | 使用条件 | | | 最大运行速度/(m/s) |
|---|---|---|---|---|
| 双(多)线往复式索道 | 车厢内有乘务员 | 在跨间时 | | 12.0 |
| | | 过支架及在硬轨上运行 | | 10.0 |
| | 车厢内无乘务员 | 在跨间时 | | 7.0 |
| | | 通过支架时 | 单承载索 | 6.0 |
| | | | 双承载索 | 7.0 |
| 单线往复式索道 | 在跨间时 | | | 6.0 |
| | 通过支架时和车厢内无乘务员时 | | | 5.0 |

| 索道形式 | 使用条件 | | 最大运行速度/(m/s) |
|---|---|---|---|
| 双线间歇循环式索道 | 车厢内无乘务员时 | | 5.0 |
| | 车厢内有乘务员时 | | 7.0 |
| 双线连续循环式脱挂抱索器索道 | | | 6.0 |
| 单线连续循环式脱挂抱索器索道 | 一根运载索 | | 6.0 |
| | 二根运载索 | | 7.0 |
| 单线脉动(间歇)循环式脱挂抱索器索道 | | | 5.0 |
| 单线连续循环式固定抱索器索道 | 敞开吊椅式 | 运送滑雪者 | 2.5 |
| | | 运送乘客 | 1.5 |

**表 6-4**  　　　　　　　　　　**运载工具在站内的最大运行速度**

| 索道形式 | 使用条件 | | 最大运行速度/(m/s) |
|---|---|---|---|
| 循环式脱挂抱索器索道 | 封闭式运载工具 | | 0.5 |
| | 敞开式运载工具上车和下车时 | 滑雪者 | 1.3 |
| | | 人从前面上 | 1.0 |
| | | 人从侧面上 | 0.5 |
| 循环式固定抱索器索道 | 运送滑雪者 | 单人座或双人座吊椅 | 2.5 |
| | | 3人座或4人座 | 2.3 |
| | | 6人座吊椅 | 2.0 |
| | 运送乘车 | 单人座或双人座吊椅 | 1.5 |
| | | 大于双人座吊椅 | 1.2 |
| | | 双人座吊篮(吊厢) | 1.1 |
| | | 大于双人座吊篮(吊厢) | 1.0 |
| 脉动循环式索道 | 封闭式运载工具 | | 0.5 |

（3）运载工具安全

1）运载工具的最小间隔时间

① 对于固定抱索器吊椅式索道吊椅之间的最小间隔时间为运行速度 $v$ 值的倍数,用秒数来表示,见表 6-5。

② 对于运送滑雪者的脱挂抱索器吊椅索道吊椅之间的最小间隔时间不应小于 5 s。

③ 对于固定抱索器两人吊厢、两人吊篮式索道,吊厢(或吊篮)之间的最小间隔时间为 8 倍运行速度且不小于 12 s。

④ 对于脱挂抱索器吊厢索道,吊厢之间的最小间距不应小于正常制动行程的 1.5 倍,且不小于 9 s。

表 6-5　　　　　　　　　　　固定抱索器吊椅式索道吊椅之间的最小间隔时间

| 索道形式 | 允许的最小间隔 | |
|---|---|---|
| 单人乘坐 | 3 倍运行速度且不小于 5 s | |
| 双人乘坐 | 两人同时上下式 | 4 倍运行速度且不小于 8 s |
| | 两人不同时上下时 | 6 倍运行速度且不小于 10 s |
| 运送滑雪者 | 为 $(4+n/2)$ s,且不小于 6 s,$n$ 为每个吊具座位数 | |

2）车厢有效面积和允许载客人数

① 车厢有效面积

少于 6 人的车厢的站立面积,每人 0.3 m²;6 人及 6 人以上的车厢,站立面积不得小于 $(0.18n+0.4)$ m²,其中 $n$ 为车厢定员。

② 允许载客人数

循环式索道:采用单固定式抱索器最多 6 人;采用单脱挂式抱索器最多 8 人。

往复式索道:车内无乘务员时,最多 15 人。

3）线路计算和钢丝绳计算的作用力

① 自重:钢丝绳和运载工具的自重根据制造厂的说明,实际的质量与设计质量的偏差不应大于 3%,实际质量应与进行线路计算和钢丝绳计算所取的值相符。

② 有效载荷:定员 15 人以下时平均每人重力按 740 N 计算;定员 16 人以上时,平均每人重力按 690 N 计算;对于运送滑雪者的索道还应每人加上 50 N 装备的重力。

4）动态作用力（惯性力）

① 启动加速度最小为 0.15 m/s² 时的惯性力。

② 减速度为下列值时的惯性力:

工作制动减速度最小为 0.4 m/s²;

紧急制动减速度最大为 1.5 m/s²。

③ 特殊情况应验证下列动态作用力:

当设备有两根或多根牵引索时,由于一根牵引索破断引起的动态作用力;

设备有客车制动器,当客车制动器制动之后在整个牵引索环线的动态作用力。

5）风载荷

对风载荷进行计算时,按下述风载荷乘以体型系数:

运行时:0.25 kN/m²;

停止运行时:0.8 kN/m²,风速大于 36 m/s 的地区,应按当地的风压值。

体型系数:

密封式钢丝绳——1.15;

多股钢丝绳——1.25;

行走机构及吊架——1.6;

矩形车厢——1.3;

带圆角的矩形车厢——$1.3-2r/L$（$r$——车厢倒角半径,$L$——车厢长度）;

托索轮——1.6;

圆管形支架——1.2;

方管及轧制型材支架——2。

对于没有外罩的空吊椅,体型系数与迎风面积的乘积为 $0.2+0.1n(m^2)$;满载吊椅为 $0.4+0.2n(m^2)$。其中 $n$ 为每个吊椅的乘坐人数,风力的方向与吊椅运行的方向垂直。

6) 雪载荷及冰载荷

① 如果高度在海拔 2 000 m 以下,应按照下式计算覆盖面上每平方米的雪载荷:

$$S = \left[1+\left(\frac{h_0}{350}\right)^2\right]\times 0.4 \text{ kN 且不应小于 } 0.9 \text{ kN/m}^2 \tag{6-1}$$

式中　$S$——每平方米的雪载荷,kN/m²;

　　　$h_0$——地勘部门所提供的海拔高度,m。

当该地海拔在 2 000 m 以上,或该地降雪量丰富时,应根据当地气象部门提供的数据确定雪载荷。

② 结冰的地区应考虑钢丝绳或支架上的冰载荷,冰层厚度按 25 mm,容积质量按 600 kg/m³ 计算。

承载索计算时应考虑停运时风载和冰载同时作用:风载荷按 0.8 kN/m²,冰载荷取上述计算值的 0.4 倍。

7) 固定抱索器和脱挂抱索器

一个运载工具上所有抱索器防滑力之和 $\sum E_{eff}$ 应达到运行时最大下滑力 $F_{max}$ 的 3 倍:

$$\sum F_{eff} \geqslant 3F_{max} \tag{6-2}$$

一个运载工具上所有抱索器防滑力之和应至少等于运载工具允许的最大总质量:

$$\sum F_{eff} \geqslant \max(G+Q) \tag{6-3}$$

式中　$G$——抱索器和吊具的自重之和;

　　　$Q$——有效载荷。

运载工具上有两个或者两个以上抱索器时,每一个抱索器上的防滑力必须满足如下要求:

$$F_{eff} \geqslant 3F_{max}/n \quad 和 \quad \sum F_{eff} \geqslant \max(G+Q)/n \tag{6-4}$$

式中　$n$——抱索器数量,不允许超过 10。

(4) 其他装置安全技术

1) 驱动装置安全技术要求

为了确保索道的安全运行,驱动装置除设主驱动系统外,还应设辅助或紧急驱动系统,当主电源、主电机或主电控系统不能投入工作时,辅助或紧急驱动系统应能及时投入运行。驱动装置应有 0.3~0.5 m/s 的检修速度。双牵引索道的驱动装置,应设机械差动或电气同步装置。运行速度小于等于 3 m/s 的小型双牵引索道,可不设机械差动或电气同步装置。

2) 制动器安全技术要求

所有的驱动装置(主驱动、辅助驱动)应配备两套彼此独立的能自动动作的制动器,即工作制动器和安全制动器。如果索道在任何负荷情况下运行都不产生负力,断电后能自然停车,并且停车后不会倒转,允许只配备一套制动器。各种驱动装置可以有共同的制动器。

每一套制动器应能使索道在最不利载荷情况下停车,每一套制动器应根据下列最小平均减速度计算相应的停车行程:

对于固定抱索器单线循环式索道最小平均减速度取 0.3 m/s²；对于其他索道最小取0.5 m/s²。

当制动器的制动力减少15%时，还应能使设备停车。

对循环式索道，制动系统制动减速度不得大于 1.25 m/s²；对于往复式、脉动式索道，制动系统制动减速度不得大于 2.0 m/s²。

工作制动器和安全制动器不应同时动作（会直接造成重大事故时除外）。

应采取措施防止制动块及刹车面沾上液压油、润滑油脂和水。

制动器的所有部件的屈服限安全系数不得小于 3.5。

制动器应符合下列要求：

① 正向和反向制动动作应相同；

② 制动力应均匀地分布在制动块上；

③ 应能补偿制动片的磨损；

④ 制动行程应留有余量；

⑤ 制动块的压紧力应由重力或压力弹簧产生，其力的传递应为机械式的；

⑥ 对气动、液压制动器还应检查其开启、闭合位置和相应的压力。

⑦ 安全制动器应直接作用在驱动轮上，或作用在具有足够缠绕圈数的卷筒上或作用在一个与驱动轮或卷筒连接的制动盘上。

安全制动器应能在控制台上或其他控制位上手动控制。

3）乘员装置安全技术要求

① 吊厢安全技术要求

吊厢的外面应装备长条板或缓冲件。

运送站立乘客车厢的护板（护栏）距地板的高度应大于 1.1 m；运送坐着乘客车厢的护板（或护栏）距座椅面的高度应大于 0.35 m。

② 往复式索道车厢

运送站立乘客的车厢内净空高度不得小于 2.0 m，并应设拉杆和扶手。

车厢的顶部和底部应设有人孔及可通到车厢顶部的梯子。人孔的大小应能通过直径为0.60 m 的球体。当使用底部人孔时，人孔周围 2/3 以上的区域应有保护装置。

在车厢底部的人孔处应有放绳设备的固定位置，此固定位置应能容易并安全地进行放绳操作。

车厢内应贴有准乘人数的说明，其有效载荷以吨计。

配备有救援车的索道，车厢端部应设门或活动窗。

③ 车厢门

车厢应装有不易误开的门。门应能闭锁，闭锁的位置应可以检查。

自动操作门的要求为：门的锁紧力不得大于 150 N，门的边框上应装有软边，当自动操作机构失灵时，门应能手动开启，在无乘务员的车厢内，门不允许乘客自行打开，厢门不得由于撞击或大风的影响而自动开启。

④ 吊椅

吊椅应带有靠背、扶手和一个向上翻起的封闭护栏。护栏应可由乘客操作而不受到伤害（挤压和剪伤）；操作护栏的力不应超过 100 N；护栏应与脚蹬相连。

每一个吊椅应装备靠背,靠背高不得小于 0.35 m,靠背下缘与座椅面的间隔不得大于 0.15 m。

吊椅外罩应能与护圈分别动作。打开护栏时应打开外罩。外罩应可由乘客操作而不受到伤害(挤压和剪伤);操作外罩的力不应超过 100 N。

(5)救援技术要求

① 所有架空索道在发生设备停车故障时,操作负责人首先应通知并安抚乘客,优先考虑恢复运行,若不能恢复运行,应按照制定的应急救援预案实施对乘客的救援。

② 救援时间:一般应在 3.5 h 内将乘客从索道上救至安全区域。

③ 救援设备:夜间救援时,应考虑照明设施。救援设备应有完整清晰的使用说明。

④ 垂直救援:在满足下述的情况下,允许采用垂直救援方式将乘客救援到地面。

a. 救援高度在允许的最大离地高度范围内;

b. 地形条件适合于此种救援或进行了相应的准备工作。

垂直救援设备应按要求进行使用、保存、维护、检查、测试和报废,对所有替换部件或备件的可互换性进行确认,救援设备应该具有完整、清晰的使用说明。

⑤ 水平救援(沿钢丝绳进行救援):若索道线路的全部或部分不能够将乘客直接救援到地面,则应提供全部或部分沿钢丝绳进行救援所需的物资。相应的机械设备应作为永久设备装配到位,在救援计划中应清晰地注明合理的操作人员数量和所需要的最长时间,救援设备应该具有一个独立于主驱动的驱动系统或者具有一个可自行提供动力的车辆。

(6)关键部件安全技术要求

1)钢丝绳

① 索道承载索应采用整根的且全部由钢丝捻制而成的密封型钢丝绳,不应采用敞开式螺旋形和有任何类型纤维芯的钢丝绳作承载索。

牵引索、平衡索、运载索应选用线接触、面接触、同向捻带纤维芯的股式结构钢丝绳,在有腐蚀环境中推荐选用镀锌钢丝绳。

张紧索应采用挠性好耐弯曲的钢丝绳,不宜采用多层的钢丝绳。按规定用在大直径的张紧轮(或滚子链)时除外。

② 钢丝绳抗拉安全系数的确定。新钢丝绳的抗拉安全系数即钢丝绳的最小破断拉力与钢丝绳最大工作拉力之比,不应小于表 6-6 所列数值。

**表 6-6**                       **钢丝绳的抗拉安全系数**

| 钢丝绳的种类 | 载荷情况 | 安全系数 |
| --- | --- | --- |
| 承载索 | 正常运行载荷 | 3.15 |
| | 考虑了客车制动器作用力的影响 | 2.7 |
| | 考虑了停运时风和冰的作用力 | 2.25 |
| 牵引索、平衡锁、制动锁 | 带客车制动器的往复式索道 | 4.5 |
| | 没有客车制动器的往复式 | 5.4 |
| | 双线循环式索道 | 4.5 |

续表 6-6

| 钢丝绳的种类 | 载荷情况 | 安全系数 |
|---|---|---|
| 运载索 | | 4.5 |
| 张紧锁① | | 5.5 |
| 救护索 | 封闭环线的钢丝绳（运行状态） | 3.5 |
| | 封闭环线的钢丝绳（停运状态） | 3.0 |
| | 在绞车上的钢丝绳 | 5.0 |
| 信号索和锚拉索 | 没有考虑结冰的情况 | 3.0 |
| | 考虑结冰的情况 | 2.5 |

① 当采用两根或多根平行的张紧索时，每根的安全系数要提高 20%。

2）制动器

① 所有的驱动装置（主驱动、辅助驱动）应配备两套彼此独立的能自动动作的制动器，即工作制动器和安全制动器。如果索道在任何负荷情况下运行都不产生负力，断电后能自然停车，并且停车后不会倒转，允许只配备一套制动器。各种驱动装置可以有共同的制动器。

② 每一套制动器应能使索道在最不利载荷情况下停车，每一套制动器应根据下列最小平均减速度计算相应的停车行程：对于固定抱索器单线循环式索道最小平均减速度取 0.3 m/s²；对于其他索道最小取 0.5 m/s²。

③ 当制动器的制动力减少 15% 时，还应能使设备停车。

④ 对循环式索道，制动系统制动减速度不得大于 1.25 m/s；对于往复式、脉动式索道，制动系统制动减速度不得大于 2.0 m/s。

⑤ 工作制动器和安全制动器不应同时动作（会直接造成重大事故时除外）。

⑥ 应采取措施防止制动块及刹车面沾上液压油、润滑油脂和水。

⑦ 制动器的所有部件的屈服限安全系数不得小于 3.5。

⑧ 制动器应符合下列要求：

正向和反向制动动作应相同；

制动力应均匀地分布在制动块上；

应能补偿制动片的磨损；

制动行程应留有余量；

在选择制动弹簧时，弹簧的工作行程不得超过其有效行程的 80%；

在选择制动弹簧特性时，应做到在无自动调整的情况下，制动片磨损 1 min 时制动时间的延长不得超过给定值的 10%；

闸瓦间隙的分布应均匀并在允许的范围之内；

制动块的压紧力应由重力或压力弹簧产生，其力的传递应为机械式的；

对气动、液压制动器还应检查其开启、闭合位置和相应的压力。

⑨ 安全制动器应直接作用在驱动轮上，或作用在具有足够缠绕圈数的卷筒上或作用在一个与驱动轮或卷筒连接的制动盘上。

⑩ 安全耐动器应能在控制台上或其他控制位上手动控制。

3）张紧装置

① 承载索采用两端锚固时，应可以测量（通过测量角度或油压压力）和调整钢丝绳张力。张紧装置的行程至少为以下各项之和：

温差 60 ℃而引起的长度变化；

承载索 0.05％的永久伸长，运载索和牵引索 0.15％的永久伸长；

各种运行载荷情况下钢丝绳垂度不同而产生的长度变化；

各种运行载荷情况下钢丝绳的弹性伸长，对于运载索和牵引索的弹性模数可取 80 kN/mm$^2$（新绳）和 120 kN/mm$^2$（旧绳）进行计算。

② 当张紧重锤的位置或液压张紧装置的位置可以调节时，可按 30 ℃的温度差计算张紧行程，不考虑钢丝绳的永久伸长，调节装置应满足各种运行情况下钢丝绳垂度不同而产生的长度变化。

③ 重锤张紧装置应符合下列要求：

应保证在气候条件不好的情况下也能正常运动。

应采用机械限位的方式限制行程，在正常运行的情况下，不应达到终端位置。

张紧装置运动部分的末端应装设行程限位开关并对其进行监控。

应在张紧小车上设有指针，在相应固定机架上画上刻度表，刻度表上的零点应为张紧小车在站口侧的极限停车位置。

张紧重锤和张紧小车的导向装置应保证张紧重锤和张紧小车即使在钢丝绳振动或撞击到缓冲器上时也不会发生脱轨、卡住、倾斜或翻倒现象。

驱动装置和张紧装置设在同一站时，张紧小车和张紧重锤的运动应不受扭矩影响。

张紧绳轮应镶有衬垫，其弹性模数应小于 10 kN/mm，绳槽的深度不得小于 1/3 的钢丝绳直径，绳槽的半径不得小于钢丝绳半径；绳轮的轮缘高度（绳轮外圆半径与轮衬槽底半径之差）不得小于一倍的钢丝绳直径。

重锤张紧装置应具备起吊装置以便于进行维修工作。

张紧重锤的支撑结构、钢绳的附件和端点连接处应便于检查、检修和更换。

张紧重锤的连接处应防止锈蚀。

④ 液压张紧装置应符合下列要求：

应设置安全阀，安全阀应有单独的卸压回路。

液压管路和连接元件的破裂安全系数不应小于 3。

油压系统应设手动泵，在使用紧急或辅助驱动时，液压张紧系统应能够运行。

应设油压显示装置。

在低温地区工作的液压张紧装置应有防冻措施。

油缸的固定点应采用球铰。

4）脱开器、挂结器

① 应在规定的速度脱开和挂结，并应能降低运行速度进行反向运行。

② 应保证在脱开、挂结区段仅有一辆车。

③ 应将有效载荷提高 50％进行设计。

④ 应防止雨雪侵蚀妨碍脱挂过程。

⑤ 应考虑运行时检查和维修的方便。

⑥ 应能调整抱索器和钢丝绳的相对位置。

5）缓冲器

① 双线往复式索道运行轨道的末端应装设缓冲器,并计算缓冲器允许的压缩行程。

② 缓冲器的结构应保证车辆的运行机构不从缓冲器上碾过。

**2. 架空客运索道安全管理**

（1）客运索道站的安全管理要求

1）应急预案

建立完善的具有操作性的应急预案;设立应急救援组织;配备相应的救援装备和急救物品;定期组织应急演习。

2）消防责任

履行索道经营辖区内的消防安全责任,消防工作应遵守国家和地方相关消防安全管理的规定。索道经营辖区内的消防设施应保持完好状态,安全通道应保持畅通无阻。应建立消防预警机制及消防安全管理制度,有效控制经营辖区内和运营过程中可诱发火灾的危险源,治理火灾隐患,预防火灾发生。应制定乘客和工作人员安全疏散、自救互救与火灾救援等应急预案。索道工作人员应经过消防培训,正确使用消防器材,熟练掌握安全疏散与自救互救方法。

3）工作人员要求

年满 18 周岁,身体健康;具备与岗位职责相应的处置问题的能力,应培训合格后上岗,掌握索道安全服务相应的知识和技能,具备良好职业道德和综合素质,遵守服务守则。

4）卫生要求

候车室内和封闭式交通工具的卫生环境、空气质量、噪声、湿度、照度等卫生标准应达到国家相关规定。

5）索道设备要求

① 运行:客运索道运行应遵守运营工作程序和操作规程,严格执行开机、关机检查确认程序,做好运行纪录。在无应急驱动安全保障的情况下,不应运送乘客。在主机故障时,不允许利用应急驱动装置继续运营运送乘客。不应超负荷运营和安全设施带隐患运行,发现事故征兆应当及时处理。应保持车容与服务设施的完好,外观或功能受损的服务设施不应投入运营。索道需夜间运营时应符合安全规范要求。索道临时停车应及时通过广播系统安抚滞留在线路上的乘客,消除乘客的不安和恐慌情绪。

② 维修设备维修时应严格遵守设备检修规程和设备维修制度,认真填写各项维修记录,确保设备的完好。设备检修后,应及时清理维修现场。机架和支架上不应遗留有坠落危险的维修工具、零部件和杂物。设备维修的废弃物应及时分类处理。设备润滑工作后,应采取措施保障润滑油（脂）不会污损乘客身体和衣物。应保持检修工具、计量装置、安全备用系统及应急救援设备设施的完好。在运送乘客的过程中,不应安排影响正常运行的维修工作。停机检修应提前对外发布停运公告。

6）故障处理及救援要求

在乘载工具或索道票上公布服务电话号码,方便乘客应急时使用。服务专线电话要有专人值守,遇有突发事件应及时向值班领导汇报并按程序启动相关的应急预案。救援方案应依据客运索道线路地形特点,提供多种救援方式,保障救援组织安全、快捷、高效,满足不同乘客的救援需求。

索道运营设备和应急设备发生故障时,值班领导应快速做出准确判断,依照相关规定和救援预案,并在 3.5 h 内将索道线路上的乘客救援至安全区域。

在救援服务时,应通过广播系统安抚滞留在线路上的乘客,简要介绍救援方案。广播词应使用中、外文两种语言,广播内容应准确、清晰。救援人员在实施救援前应向乘客简要说明救援步骤和救援安全要领,抚慰受惊吓的乘客,防止救援过程中发生乘客伤害事故。

7)事故处理

客运索道事故报告与事故处理应遵守国家管理部门的相关规定。对于风景旅游区的旅游索道事故,事故责任单位应协助景区管理部门按旅游安全事故管理规定,报告相关管理部门。负责组织受伤乘客的现场救治、心理抚慰或送往医院治疗。应协助保险公司按相关规定,处理伤亡乘客的救治、理赔等善后事宜。设立专人负责对外发布信息和各类宣传解释工作。

乘客救援落地后,服务人员应将乘客护送回索道站房,做好善后工作。客运索道站(公司)应负责及时救治救护受伤乘客,协助乘客办理理赔等善后工作。

(2)安全检验

1)依据国家质量监督检验检疫总局颁布的《客运架空索道监督检验规程》规定,客运架空索道安装后,必须经国家特种设备安全监察机构授权的检验机构进行验收检验,取得安全检验合格证后,方可投入运营。

2)客运索道安全检验合格标志 3 a 有效期满后需要继续运营的客运索道,应进行全面检验;在 3 a 有效期内,每年进行 1 次年度检验。

3)经特种设备安全监督管理部门考核合格,取得国家统一的特种作业人员证书,方可从事相应的作业或管理工作。

4)实施现场检验时应当具备以下检验条件:

①《客运架空索道监督检验内容要求与方法》中规定需要在现场检验前进行审核的技术资料,已由规定的检验机构审核合格;

② 客运缆车设施应当有安全可靠的爬梯、平台等通道,使检验人员可以接近缆车设备,便于检验仪器设备是否正常工作;

③ 输入客运缆车电气系统的电压波动应当在允许值以内;

④ 温度、湿度应当保持在客运缆车正常运行及检验设备和计量器具正常工作所要求的范围内;

⑤ 雪、风力等室外气候条件应当能满足客运缆车正常运行的要求;

⑥ 检验现场应清洁,不应当有与客运缆车工作无关的物品和设备,相关现场应当放置表明正在进行检验的警示牌。

5)对于不具备现场检验条件的客运缆车,或者继续检验可能造成安全和健康损坏时,检验人员可以终止检验,并且书面说明原因。

6)现场检验过程中,检验人员应当做好原始记录。现场检验原始记录(以下简称原始记录)中,应当详细记录各个项目的检测情况及检验结果。原始记录表格由检验机构统一制定,在本单位正式发布使用。

7)原始记录中有测试数据要求的项目必须填写现场实测数据;无测试数据要求但有需

要说明情况的项目,可以用简单的文字说明现场检验状况;原始记录必须注明检验日期,并且必须有检验及校核人员的签字。检验报告中有测试数据要求的项目,应当在检验结果一栏中填写实测或者经过统计、计算处理后的数据。

(3) 运营人员安全

索道站(公司)应由三部分人员组成:管理人员(站长或经理、安全员等)、作业人员(司机、机械及电气维修人员等)、服务人员(售票员、站内服务人员等)。其中管理人员、作业人员应当按照国家有关规定经特种设备监督管理部门考核合格,取得国家统一的资格证书,方可从事相应的作业或管理工作。

1) 对站长(经理)的要求

① 应根据该索道类型和站内条件制定索道正常运行和安全操作各项措施,建立岗位责任制和应急救援制度,对索道的正常运营、维修、安全负责。

② 要保证下列各项内容能正确贯彻执行:

a. 管理机关所规定的定期检验制度;

b. 信号系统的检查制度;

c. 救护规则;

d. 自动停车、紧急停车及其安全设备动作时的设备状态,排除故障及重新运行的措施(只有当安全有了保证时才允许重新运行);

e. 安全电路断电时的设备状态下需要再运行时的措施(紧急情况下运转时,索道站站长或他的代表一定要在场,才允许在事故状态下再开车以便将乘客运回站房,此时站与站之间也应能通信联系);

f. 机械设备、钢丝绳、运载工具等发生故障时如何排除的措施;

g. 风速超过规定值,或是天气条件威胁到运行安全时停车处理办法;

h. 能见度不足时的运行措施;

i. 夜间运行的措施;

j. 清除钢丝绳或机械部件上的冰和积雪的措施;

k. 如果索道站站长不在场,其职责转给其代理人的条件及方法。

③ 每年要向单位领导和上级安全管理机关提交运行报告,如遇特殊事故发生时要及时提出报告。

④ 应对索道工作人员进行安全教育和培训,使他们具备必要的特种设备安全作业知识。此外还要对参加救护的人员进行定期演习和培训。

2) 对司机的要求

① 索道站司机房内应配备两名司机,其中一名为主司机。

② 司机应熟悉下述知识:所操纵的索道各部件的构造和技术性能;本索道的安全操作规程和安全运行的要求;安全保护装置的性能和电气方面的基本知识;保养和维修的基本知识。

(4) 乘客乘坐索道安全管理要求

① 禁止携带易燃易爆和有腐蚀性、有刺激性气味的物品上车。

② 游客在乘坐索道前,应观察该索道是否有特种设备监督检验机构颁发的安全检验合格证。应乘坐经检验合格的索道,不要乘坐超期未检的客运索道,以确保自身的安全。

③ 乘坐前先阅读乘客须知。心脏病、高血压、恐高症的患者及精神不正常者严禁乘坐。年老体弱、行动不便及未成年人乘坐索道必须由成人陪同。

④ 在客运索道车厢内，听从工作人员指挥，按顺序上下，坐稳扶好，严禁吸烟，不嬉戏打闹，不将头、手伸出窗外，不向外抛撒废弃物品。

⑤ 严禁摇摆吊椅吊篮，严禁站立在吊椅吊篮上或蹲在座位上。禁止擅自打开吊椅护栏和吊篮车门。

⑥ 无论索道停或开，都不许乘客从椅（篮、厢）上跳离或爬上去，如跳下可能导致脱索或吊椅振动太大而损坏。如遇索道发生故障，不要惊慌，在原位置等待，注意听广播，等待工作人员救援，切勿自行采取自救措施。

⑦ 严禁乘客乘坐吊椅（吊篮、吊厢）通过驱动轮和迂回轮，未经许可，乘客不得擅自进入机房或控制室。

（5）架空客运索道的安全营救

架空客运索道在运行中一旦发生停车事故不能再继续运行时必须把乘客从线路上及时救下来或者是救回站内去。救援困在架空索道上的乘客（吊椅或吊车）是一项非常专业性的工作，在实施过程中要求救援人员必须具备较高的高空作业经验，能够熟练操作救援器械，在用绳索固定位置和移开乘客时在吊车的钢缆上活动自如。救援人员必须能够在所有的天气情况下快速救人。

救援时间关系到被救人员的生命安危，而一套完善并经过反复实践的成熟方案可以最大限度地缩短救援时间。在"时间就是生命"的救援过程中，完善的救援方案正是对生命的最大保障。同时针对具体情况用选用不同的方法进行救援。几个救援队可以同时展开救援。

1）救援注意问题

① 应根据地形情况配备救护工具和救护设施，沿线不能垂直救护时，应配备水平救护设施。救护设备应有专人管理，存放在固定的地点，并方便存取。救护设备应完好，在安全使用期内，绳索缠绕整齐。吊具距地面大于 15 m 时，应用缓降器救护工具，绳索长度应适应最大高度救护要求。

② 采用垂直救护时，沿线路应有行人便道，由索道吊具中救下来的游客可以沿人行道回到站房内。

③ 应有与救护设备相适应的救护组织，人员要到岗。

2）救护组织

把索道站全体人员编入救护组织，必要时应与市或地区消防系统联合整编。

索道站除有严密的事故救护组织外，为了使全体人员了解和熟悉自己的岗位、救护方法和过程，救护组织负责人要组织救护人员定期进行救护演习，以备遇有事故时能按岗位各司其职，迅速、准确地完成救护工作。

救护组织应包括表 6-7 的内容。

在进行救护工作时，索道工作人员通过广播做好宣传解释工作，安定乘客的情绪，讲解到达站房或地面的方法。工作人员要首先协助老幼乘客，并与广大乘客相互配合。

3）救护方法与设施

① 两种不同故障情况的救护

**表 6-7** 　　　　　　　　　　　　　　　　　救护组织的内容

| 总指挥 | 第一组：通信 | 广播：召集人员，传达通知，安定人心，解释救护方法 |
| --- | --- | --- |
| | | 电话：与本站及市、区外部联系 |
| | | 旗语：必要时用作补充联系 |
| | 第二组：照明 | 备用柴油机发电或专用应急手电 |
| | | 煤油灯：用桅灯（也叫作马灯）或应急灯 |
| | 第三组：援救 | 空中作业（分若干组同时进行） |
| | | 地面协助 |
| | 第四组：医疗 | 临时处理 |
| | | 送医院治疗 |
| | 第五组：消防 | 扑灭火灾 |
| | 第六组：公安 | 维持秩序，防止意外 |

影响索道停业运行的原因主要有：停电、机械设备发生故障（包括驱动装置、尾部拉紧装置、索轮组和导向轮等）、牵引索跑偏或掉绳、进出站口系统有异常等。根据上述情况，可分别采取不同的营救方法。

当外部供电回路电源停电，或主电机控制系统发生故障时，应开启备用电源，如柴油发电机组来供电，借辅助电机以慢速将客车拉回站内。

当机械设备、站口系统、牵引索等发生重大故障导致索道不可能继续运行时，必须采用最简单的方法，在最短的时间内将乘客从客车内撤离到地面。撤离的方法取决于索道的类型、地形特征、气候条件和客车离地高度。配备适宜的营救设施，如绞车、梯子、救护袋等。在营救工作中，营救工作时间应尽可能短，一般应少于 3 h，按此来配备营救设备和营救人员的数量。同时，应根据线路地形特点，将营救设备放在有关支架附近的工具箱内，便于营救时可以迅速取出使用。

② 往复式索道的救护

往复式索道的牵引系统分两类：欧洲等地区采用单牵引安全卡系统，而以日本为代表则几乎全部采用双牵引差动轮系统。

单牵引系统：当牵引索突然断裂，客车上的安全卡立即自动（也可手动）卡住承载索，使客车安全停住；然后由辅助牵引的专用小型救护车，由站内发往出事地点，与原客车对接，分批把乘客运回至站内。

现代客运索道有些已不采用辅助索系统，而使用更为方便的自行式救护小车。

双牵引系统：当其中一根牵引索突然断裂，则断索一侧的差动驱动轮会随之突然超速，立即引起超速制动，客车依靠另一根牵引索安全停在线路上，然后用手摇泵的压力油开启未断牵引索一侧的制动闸，用慢速开动该侧驱动轮，将客车缓慢拉入站内。

如果专用救护小车或差动轮的另一根牵引索均无法把乘客救回站内时，可以利用高楼救生器或称缓降机，把乘客一个个地从车厢的底部开口处直接下放至地面。

③ 单线循环式索道的救护

对于吊椅式索道，由于索道侧型几乎与地形坡度一致，客车离地面的高度不大（一般都控制在 8 m 以内），在进行营救工作时，往往采取将尾部拉紧装置的滑轮组系统的绞车放松,降低吊椅离地高度,并辅助以地面梯子、救护安全带(袋)来撤离乘客,如图 6-15 所示。

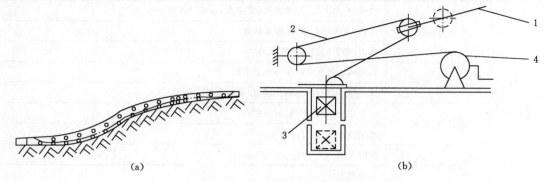

图 6-15　吊椅式索道营救示意图

1——牵引索;2——滑轮组;3——拉紧重锤;4——绞车

当采取上述措施不能营救离地较高吊椅上的乘客时还可利用较简单的 T 形救生器与救护人员合作,乘客坐在 T 形横杆,双手抱住竖杆,将皮带圈套住腰部,由地面工作人员慢慢将拉住的绳索放松,把坐在 T 形救生器中的乘客下放至地面。

对于吊厢式索道,吊厢离地高度较吊椅式索道大一些。对于吊厢式索道,可采用下列方法进行营救:营救队员乙借助于轻便水平绞车沿有自滑坡度的牵引索从距吊厢最近的支架滑下,而另一名营救队员甲在支架上。操作水平绞车,控制下滑速度。营救队员乙滑至吊厢顶部,开启车门,进入车厢内,放下绳索,由地面上的营救队员丙将地面的垂直绞车支承架救护带(袋)设施提升至厢顶部(或吊厢内),营救队员乙安装好支承架于厢顶吊杆或厢内立柱上,绳索一端通过支承架上的垂直绞车下放至地面,另一端将被营救人系好救护带(袋)而缓慢放至地面。如图 6-16 所示。

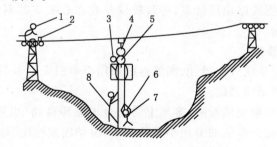

图 6-16　吊厢式索道营救示意图

1——营救队员甲;2——水平绞车;3——营救队员乙;4——支承架;
5——垂直绞车;6——被营救人;7——救护带;8——营救队员丙

## 6.2　大型游乐设施安全技术

游乐设施是指用于经营目的,在封闭的区域内运行,承载游客游乐的载体。随着科学的发展和社会的进步,现代游艺机和游乐设施充分运用了机械、电、光、声、水、力等先进技术,集知识性、趣味性、科学性、惊险性于一体,深受广大青少年、儿童的喜爱。对于丰富人们的娱乐生活、锻炼人们的体魄、陶冶人们的情操、美化城市环境,游乐设备发挥了积极的作用。

游乐设施是用于人们休闲娱乐的机械用品,是游乐场所的专用设备。而设备是生产或生活上所需要的机械用品,因此,从一定意义上说游乐设施也可称为游乐设备。

### 6.2.1　游乐设施事故分析

游乐事故是指在游乐过程中造成的人员伤亡和财产损失。我们通常所说的游乐事故、娱乐事故或游园事故、旅游事故等均指人员伤亡。

早在 20 世纪 80 年代,针对游乐事故频繁发生的状况,有关部门就明确规定:除游艺机归口领导外,对游艺机制造厂实行定点生产和发放生产许可证制度,并要制定游艺机统一安全技术标准,使设计、制造、使用、管理等部门共同遵守,做到有章可循,确保安全,但由于各种原因,各种人员伤亡事故仍时有发生。

1. 游乐设施事故原因

游乐设施事故发生的原因各种各样,归纳起来主要有以下几个方面:

(1) 游艺设备的不安全状态

① 设计、制造时不执行游艺机安全标准,结构设计不合理。缺少必要的安全防护装置,或安全防护装置达不到安全要求。

② 重要零件和主要受力构件的材料选择不当或以次充好,加工质量差,使配合精度受到影响,强度、刚度降低,承受冲击、变载能力下降,安全系数大打折扣。操纵系统元件可靠性低,使设备在运行中失灵、失控。

③ 安装达不到设计要求,尤其是现场安装金属结构的焊接质量差,存在焊缝不饱满、虚焊、假焊、漏焊、烧穿、咬边、夹渣等缺陷。安装后不经试车和检验就投入使用。

④ 运营中重使用、轻维护,设备严重老化、残损仍运转,支承受力结构在高速运行和振动下变形、焊缝开裂,零、构件严重锈蚀、磨损却得不到及时检查、维修或更换,甚至使用失效、报废零件。有些经营者为追求惊险效果吸引游客,随意提高速度或加大载荷,而主要受力构件却未做相应改变等。国家质量监督检验检疫总局曾检查全国 400 家游乐场所,游艺设施合格率竟不到 50%,其中,分散于各大公园里的零星游乐设施问题尤其突出。

(2) 人的不安全行为

① 游客多是没有经过任何安全培训的普通人。对于刺激与惊险同在的游乐过程,他们可能出现的行为是多种多样的,也许由于兴奋忘乎所以而做出某种不安全的举动,也可能由于恐惧或受到惊吓而产生不当的下意识行为,当然也不排除个别乘客受个人素质局限,逞强好胜,不遵守纪律,不听从管理人员劝阻,抢上抢下而引发事故。

② 操作人员缺少必要的安全教育与培训。除了正规大中型主题游乐园外,相当数量中、小规模游乐园的操作者多是游乐设施所在场所或公园的职工、经营者亲属,甚至外雇临时人员,他们缺乏游艺机专业知识,业务不熟练,在操作中难免判断失误。有些人工作责任心不强,甚至玩忽职守、擅自离岗。有经验的专业维护人员严重不足,使故障设备得不到及时修理而带病运转,这些都可能导致和催化事故。

(3) 安全管理缺陷

安全管理包括领导的安全意识水平,对游艺机的选购和维护,对人员的安全教育和培训,安全规章制度的建立等。

① 游乐园分布点多面广,大中型主题游乐园、公园、少年宫和不计其数的小游乐园规模

不等。国营、集体、个人多种经营方式并存,涉及旅游、园林、工商、文化,甚至厂矿、乡镇企业等多个部门,隶属关系复杂,使国家通过专门机构对游乐市场的监管难度大大增加。

② 有些游乐园将游乐设施承包给个人,致使安全责任不清。某些游乐园疏于管理,缺乏健全的安全规章制度,在人员的教育、培训,游乐设施的选用、更新、维护、检修等方面都存在诸多问题。

③ 游艺机生产获利丰厚,使游艺机生产厂家的数量在短时间内迅速膨胀,难免良莠不齐。市场经济条件下的经济利益驱动,地方保护主义存在,给劣质游艺机流入市场打开了通道,致使安全事故接连发生。据中央电视台报道,国家质量监督检验检疫总局曾对全国 200 家游艺机生产厂家进行了检查,结果只有 60 家取得了许可证。

2. 事故案例

(1) 深圳华侨城安全事故

2010 年 6 月 29 日 16 时 45 分,深圳东部华侨城大峡谷"太空迷航"娱乐项目发生重大安全事故,造成 6 人死亡、10 人受伤,其中重伤 5 人。

据调查组查明,"太空迷航"在设备设计方面存在的问题包括:座舱支承系统的中导柱法兰与活塞杆之间的连接为间隙配合,使中导柱内一个直径为 16 mm 的螺栓承受交变载荷,设计上没有考虑该螺栓承受交变载荷,未进行相应的疲劳验算,而且结构设计没有考虑在现场安装、维护时保证该螺栓达到预紧力的有效措施。由于该螺栓松动,加剧了中导柱法兰与活塞杆在运行时的相对运动,使该螺栓的受力状况恶化,从而导致该螺栓产生疲劳破坏。此外,还存在着中导柱连接结构设计不便于对该螺栓进行日常检查、维护;设备控制台急停按钮功能不能以最合适减速度停车,不符合国标要求等问题。

(2) 河北石家庄过山车断裂事故

2012 年 5 月 1 日 13 时 40 分,"好时光欢乐城"的过山车满载着乘客,正在"翻山越岭"。突然,过山车穿过一个 360°的圆弧轨道时,发出"轰隆轰隆"的异响,之后工作人员为避免发生意外,采取了紧急制动措施,使车子停下来,紧急制动产生了一定力度,使得车头和车厢的连接器受到压力而分开。工作人员随即架起安全梯展开救援,车上 16 名游客惊叫之后顺利下车,幸无人员受伤。

(3) 其他事故一览

① 2007 年 12 月 31 日,安徽芜湖方特欢乐世界的过山车因大风突然停止,16 位游客悬空半小时。

② 2008 年 7 月 28 日,西安秦岭野生动物园游乐区过山车因电子组板故障,21 位游客被困在 15 m 的半空中 3 h。

③ 2011 年 1 月 24 日,上海欢乐谷绝顶雄风过山车运行到最高点时,低温导致传感器失灵,发生机械故障,25 位游客悬在 60 m 的高空中半个多小时。

④ 2012 年 3 月 22 日,温州乐园过山车启动后没多久,由于电源断电,12 位游客被卡在轨道约 2 min。

⑤ 2006 年 4 月 16 日,贵州河滨公园"穿梭时空"摩天轮将两位乘客甩出坠落,一位女游客当场死亡,另一位男游客摔伤。

⑥ 2007 年 6 月 30 日,安徽省合肥市逍遥津游乐园一台"世纪滑车"突然倒滑,造成两节车厢车轮脱轨,其中一节车厢侧翻变形,将坐在最后一节车厢内的一位中学生挤压碰撞致

死,同车厢内另一学生受伤。

⑦ 2012 年 4 月,39 岁的陈女士到成都某游乐场乘坐过山车时,由于过山车的快速冲击力,导致颈椎滑脱。

⑧ 2013 年 9 月 15 日,3 名游客在西安秦岭欢乐世界乘游乐设施"极速风车"时被甩出,重伤入院。

⑨ 2016 年 5 月 29 日 15 时,绵阳市龙门镇绵阳科技欢乐世界游乐园中型四环过山车出现故障。15 名游客已安全疏散、无人员伤亡。绵阳科技欢乐世界出现电力供应不足,导致过山车运行中自动安全防护断电停运。

### 6.2.2　游乐设施基本知识

1. 游乐设施的种类

现代游乐设施种类繁多,结构及运动形式多种多样,规格大小相差悬殊,外观造型各有特点。游乐设施依据运动特点共分为 14 大类,即:转马类、滑行类、陀螺类、飞行塔类、赛车类、自控飞机类、观览车类、小火车类、架空游览车类、光电打靶类、水上游乐设施、碰碰车类、电池车、拓展训练类等。

2. 游乐设施事故等级

游乐事故的种类是事故进行应急处理和向保险公司索赔的依据。游乐事故按照游客所受意外伤害的程度分为三个等级:

(1) 死亡;

(2) 重伤(造成肢体残废、五官毁损以及身体内部损伤时);

(3) 轻伤(局部轻微创伤)。

### 6.2.3　游乐设施安全装置及电气保护

1. 安全装置

安全装置是指在设备运行过程中,为确保安全而设置,用于限制乘客的活动、设备的运动或速度的装置,是突发事故时乘客和设备的保护装置或疏散装置。常用安全装置的技术要求如下:

(1) 安全带:必须有足够的破断强度,可靠固定在乘载体上,开启有效可靠。

(2) 安全压杆:必须有足够的锁紧力,锁紧机构不宜由乘客开启,当自动开启装置失效时应能够手动打开。

(3) 锁紧装置:封闭的座舱舱门必须设有内部不能打开的两道锁紧装置,非封闭的座舱门也应设锁紧装置,锁紧装置应灵活可靠。

(4) 制动装置:制动装置必须平稳可靠,停止制动装置的制动能力(力或力矩)应大于1.5 倍额定负载轴扭矩或冲力。一般情况下,当切断电源时,制动器应处于制动状态。

(5) 止逆装置:沿斜坡牵引的提升系统,必须设有防止车辆或船只逆行的装置。在最大冲击负荷时必须止逆可靠,止逆安全系数应大于 4。

(6) 运动限制装置:绕支点固定轴转动的升降臂或绕固定轴摆动的构件,应有极限位置的限制装置,限制装置必须灵敏可靠。

(7) 超速限制装置:采用直流电机驱动或设有速度可调系统时,必须设有防止超出最大设定速度的限速装置,限速装置必须灵敏可靠。

2. 电气系统

游艺机和游乐设施的电气系统应重点注意以下几点：

(1) 低压配电系统的接地形式应采用 TN-S 系统。电气设备金属外壳及不带电金属结构等必须可靠接地；低压配电系统的保护重复接地电阻不大于 10 Ω；接地装置的设计和施工应符合《交流电气装置的接地设计规范》(GB/T 50065—2011)、《电气装置安装工程 接地装置施工及验收规范》(GB 50169—2016)的规定，带电回路与地之间的绝缘电阻应不小于 1 MΩ。

(2) 高度超过 15 m 的游艺机和游乐设施应设置避雷装置，避雷装置必须连接可靠，其接地电阻应不大于 10 Ω。

(3) 电气系统中配备的智能化控制设备、电力驱动装置、电子元器件等技术性能(如容量、电压等级、速度、温度、防护等级、频率、抗干扰性能等)和电线电缆的规格必须符合该游艺机和游乐设施正常安全使用要求。

(4) 必须配置具有电气安全保护功能(过流、过压、欠压、缺相、短路、漏电、超速、低速、联锁等)的装置。其中的保护元件应与保护特性相匹配，并在明显位置设置紧急控制按钮和必需的声光报警装置。

(5) 由乘客操作的电器开关应采用不大于 24 V 的安全电压。如果无法满足要求时，必须采取必要的措施，以确保人身安全。

### 6.2.4 游乐设施安全操作规程及安全管理

1. 游乐设施的安全操作规程

(1) 游乐设施的通用安全操作规程

① 游乐设施必须由专人操作，操作人员应熟悉所操作游乐设施的结构和工作原理，必须经过培训后才能上岗。

② 操作人员应熟读所操作游乐设施的使用说明书，熟练掌握所操作游乐设施的操作方法和常见故障的处理方法。

③ 操作人员在游乐设施每日运行前，应认真做好设施的开机前检查，如设施各润滑点是否润滑良好、各处螺栓有无松动现象，安全压杠、锁具是否能自锁，关键焊缝是否有裂纹现象等。

④ 游乐设施开机前检查正常后，操作人员必须按实际工况开机运转三次，在此期间认真检查设备的驱动、刹车等装置是否正常，转动部位是否灵活等，确认设备一切正常后方可正式运行。

⑤ 操作人员应与游乐设施的其他服务人员密切配合，维持游乐秩序，详细向乘客介绍游乐规则、游乐设施的操作方法及有关注意事项，引导乘客有秩序、安全地乘坐游乐设施，对不符合乘坐条件的游客委婉地拒绝。

⑥ 操作人员应引导乘客正确入座游乐设施，严禁超载和过分偏载，协助乘客正确地使用安全带或安全压杠，在确认乘客安全乘坐好后才能启动设施。

⑦ 操作人员在开机前应先鸣电铃以示警告，让等待上机的乘客及服务人员远离游乐设施及安全栅栏，在确认周围环境正常时再开机。

⑧ 操作人员在设施运转过程中严禁擅自离岗，应密切注意设施和乘客动态，要及时制止个别乘客的不安全行为，如有异常应立即采取紧急措施。

⑨ 设施运转过程中如出现突然停电或其他紧急情况,操作人员应向乘客说明,并采取紧急措施及时将乘客疏散。

⑩ 营业结束后,操作人员应整理、清扫、检查游乐设施、附属设备及游乐场地,确保其整齐有序,清洁干净,无安全隐患。

⑪ 操作人员应做好当天游乐设施的运行情况记录。

⑫ 操作人员要离岗时,必须切断电源,锁好操作室门及安全栅栏门。

⑬ 操作人员应严格按照使用说明书要求对游乐设施进行定期维修和保养,做好设备的日检、月检和年检记录,同时按要求定期对游乐设施(或重要零部件)进行报检工作。

(2)部分专用游乐设施安全操作规程

1)"激流勇进"

① 认真检查系统确认处于正常状态下,开启操作台控制锁,按下空压机按钮,依次启动主水泵、一级提升、二级提升。

② 水位平衡后,工作人员指导游客上船正确就座,并讲清注意事项:抬头挺胸,抓好安全杠,带儿童的抱好儿童,以免船体下落时碰伤儿童。

③ 铃声提醒游客注意。

④ 确定游客做好准备后,按下该船自动按钮。

⑤ 船只距离保持在 10 m,以防两船意外碰撞。

⑥ 操作员必须坚守岗位,设备运行中不得擅自离开工作室。

⑦ 在运转过程中如发现异常声响及各种意外情况,必须立即停机检查原因,排除故障后方可开机。

⑧ 设备运转停止后,操作人员应注意游客是否离开。

2)越野赛车

① 每天营运前,应检查各车汽油、机油油位是否符合要求,轮胎充气压力是否适度,检查前后轮的紧固情况,确认无问题后,方可运行。

② 游客持票上车后,工作人员要讲清操作要领,为游客系好安全带。

③ 注意放行车辆之间的距离。

④ 当车辆进入站台时,工作人员应示意游客降低车速,待车停稳后,引导游客按顺序下车。

3)游船

① 检票人员检票后,叮嘱游客收好票据,要求游客穿好救生衣,正确引导游客上船,讲清注意事项:严禁超员、打水仗、醉酒者乘船、离岸后私自载人。

② 密切注意游船动态,以防意外事故发生。

③ 全体员工应具备基本的抢险救生知识和技能。

④ 游乐结束,要引导游客安全上岸。

4)"海盗船"

① 运营前做好安全检查,安全压杠是否紧锁,关键位置的销轴、焊接有无变形,待确认一切正常后,方可运行。

② 游客持票进入后,安排游客入座,放下安全杠,讲清注意事项,无票人员不得进站。

③ 设备运行中,密切注意游客动态,发现意外情况立即断电。

④ 游玩结束,引导游客按顺序下车。

5) 观览车

① 检查锁紧装置是否牢固,齿轮和闸箱距离是否适合,转盘是否灵活,刹车是否灵敏。

② 必须做到游客进仓后,锁紧保险装置,操作人员要负责疏导游客,使游客均匀乘坐,不要形成过分偏载。

③ 机器运行中,注意运行情况,若有异响及意外情况,应立即断电。

④ 机器停止后引导游客按顺序下车,并关好电箱门。

6) 旋转木马

① 运营前做好安全检查,确认一切正常后,方可运行。

② 营运前操作人员必须及时向游客讲解安全注意事项,无票人员不得进入。

③ 儿童须有监护人带领。

④ 设备运行过程中,注意运行情况,若有异响及意外情况,应立即断电。

⑤ 游乐结束后,引导游客按顺序离开设备。

7) 碰碰车

① 运营前应检查各车安全带是否牢固可靠,天线接触是否符合要求。

② 正式运营前,必须讲清安全注意事项及操作规程,无票人员不得进入。

③ 儿童须有监护人带领。

④ 设备运行中,注意运行情况,发现异常情况立即断电。

⑤ 车辆停止后,引导游客顺利下车。

8) 大摆锤

① 运营前做好安全检查,确认操作盘、气缸、吊臂、座椅、升降板一切正常后方可运行。

② 设备充气,气压稳定后,升降板升起,游客进场依次入座。

③ 操作员依次压好安全杠,系好安全带,并检查。

④ 检查完毕,升降板下沉,准备就绪。

⑤ 操作盘指示灯正常亮起方可启动设备,操作员密切关注游客。

⑥ 吊臂停稳后,静止灯亮起,升起升降板,安全压杠解锁。

⑦ 操作员依次解开安全带,打开安全压杠,游客按次序离场。

2. 游乐设施的安全管理

近年来,国家有关部门组织制定了用来保障游乐设施的一系列国家法规和技术标准,将其纳入了规范化、法制化、科学化的管理轨道。

(1) 游乐设施安全规范

《游乐设施安全规范》(GB 8408—2008)由全国索道、游艺机及游乐设施标准化技术委员会提出并归口,自 2008 年 8 月 1 日起替代 GB 8408—2000 实施。该标准对游乐设施的安全要求及安全设施要求如下:

1) 安全分析、安全评估和安全控制

① 游乐设施设计时应进行安全分析,即对可能出现的危险进行判断,并对危险可能引起的风险进行评估。安全分析的目的是识别所有可能出现的与游乐设施或乘人有关的一些情况,而这些情况可能对乘人和设施造成伤害。一旦发现在某个环节存在危险,应对其产生的后果,特别是对乘人造成的风险程度进行评估。

② 安全评估的内容包括危险发生的可能性及导致伤害的严重程度(受伤的概率、涉及的人员数量、伤害的严重程度、频率等)。评估范围包括：机械危险、电气危险、振动危险、噪声危险、热危险、材料有害物质的危险、加速度危险及其对环境引起的危险等。

③ 对安全分析、安全评估的结果,必须提出有针对性的应采取的相应措施,以使风险消除或最小化,使风险处于可控状态。

④ 游乐设施经过大修或重要的设计变更,也应进行新的安全分析、安全判断、风险评估程序。

⑤ 游乐设施安装、运行和拆卸等期间的各个阶段也应进行安全分析和安全评估、危险判断。通过日常试运行检查等实施持续的监控,如存在风险可能性,必须提出应采取的相应措施,使风险处于可控状态。

⑥ 游乐设施应在必要的地方和部位设置醒目的安全标志。安全标志分为禁止标志(红色)、警告标志(黄色)、指令标志(蓝色)和提示标志(绿色)等四种类型。安全标志的图形式样应符合 GB 2894、GB 13495 的规定。

2) 安全保险措施

① 游乐设施在空中运行的乘人部分,整体结构应牢固可靠,其重要零部件宜采取保险措施。

② 吊挂乘人部分用的钢丝绳或链条数量不得少于两根。与座席部分的连接,必须考虑一根断开时能够保持平衡。

③ 钢丝绳的终端在卷筒上应留有不少于三圈的余量。当采用滑轮传动或导向时,应考虑防止钢丝绳从滑轮上脱落的结构。

④ 距地面 1 m 以上封闭座舱的门,必须设乘人在内部不能开启的两道锁紧装置或一道带保险的锁紧装置。非封闭座舱进出口处的拦挡物,也应有带保险的锁紧装置。

⑤ 沿架空轨道运行的车辆,应设防倾翻装置。车辆连接器应结构合理,转动灵活,安全可靠。

⑥ 沿钢丝绳运动的游乐设施,必须有防止乘人部分脱落的保险装置。保险装置应有足够的强度。

⑦ 当游乐设施在运行中,动力电源突然断电或设备发生故障,危及乘人安全时,必须设有自动或手动的紧急停车装置。

⑧ 游乐设施在运行中发生故障后,应有疏导乘人的措施。

3) 防碰撞及缓冲装置

① 同一轨道、滑道、专用车道等有两组以上(含两组)无人操作的单车或列车运行时,应设防止相互碰撞的自动控制装置和缓冲装置。当有人操作时,应设有效的缓冲装置。

② 升降装置的极限位置,必要时应设缓冲装置。

4) 止逆行装置

① 沿斜坡向上牵引的提升系统,应设有防止乘人装置逆行的装置(特殊运行方式除外)。

② 止逆行装置逆行距离的设计应使冲击负荷最小,在最大冲击负荷时必须止逆可靠。

5) 限位装置

① 绕水平轴回转并配有平衡重的游乐设施,乘人部分在最高点有可能出现静止状态时

(死点),应有防止或处理该状态的措施。

② 油缸或气缸行程的终点,应设置限位装置。

6)乘人安全束缚装置

① 游乐设施依据设备的性能、运行方式、速度及其结构的不同,必须设置相应形式的束缚装置。

② 当游乐设施运行时,乘人有可能在乘坐物内被移动、碰撞或者会被甩出、滑出时,必须设有乘人束缚装置(也用作约束乘人的不当行为)。对危险性较大的游乐设施,必要时应考虑设两套独立的束缚装置。束缚装置可采用安全带、安全压杠、挡杆等。

③ 束缚装置应可靠、舒适,与乘人直接接触的部件有适当的柔软性。束缚装置的设计应能防止乘人某个部位被夹伤或压伤,应容易调节,操作方便。

④ 束缚装置应可靠地固定在游乐设备的结构件上。在正常工作状态下必须能承受发生的最大作用力。

⑤ 乘人装置的设计,其座位结构和形式,自身应具有一定的束缚功能。其支撑件尽量减少现场焊接。

⑥ 束缚装置的锁紧装置,在游乐设施出现功能性故障或急停刹车的情况下,仍能保持其闭锁状态,除非采取疏导乘人的紧急措施。

⑦ 安全带。

a. 安全带可单独用于轻微摇摆或升降速度较慢没有翻转没有被甩出危险的设施上,使用安全带一般应配辅助把手。对运动激烈的设施,安全带可作为辅助束缚装置。

b. 安全带宜采用尼龙编织带等适于露天使用的高强度的带子,带宽应不小于 30 mm,安全带破断拉力不小于 6 000 N。安全带与机体的连接必须可靠,可以承受可预见的乘客各种动作产生的力。若直接固定在玻璃钢件上,其固定处必须牢固可靠,否则应采取埋设金属构件等加强措施。

c. 安全带作为第二套束缚装置时,可靠性按其独立起作用设计。

⑧ 安全压杠。

a. 游乐设施运行时有可能导致乘人被甩出去的危险,则必须设置相应形式的安全压杠。

b. 安全压杠本身必须具有足够的强度和锁紧力,保证游客不被甩出或掉下,并在设备停止运行前始终处于锁定状态。

c. 锁定和释放机构可采用手动或自动控制方式。自动控制装置失效时,应能够用手动开启。

d. 释放机构乘人应不能随意打开,而操作人员可方便和迅速地接近该位置,操作释放机构。

e. 安全压杠行程应无级或有级调节,压杠在压紧状态时端部的游动量不大于 35 mm。安全压杠压紧过程动作应缓慢,施加给乘人的最大力:对成人不大于 150 N,对儿童不大于 80 N。

f. 乘坐物有翻滚动作的游乐设施,其乘人的肩式压杠应有两套可靠的锁紧装置。

7)制动装置

① 当动力电源切断后,停机过程时间较长或要求定位准确的游乐设施,应设制动装置。

制动装置在闭锁状态时,应能使运动部件保持静止状态。

② 游乐设施在运行时若动力源断电,或制动系统控制中断,制动系统应保持闭锁状态(特殊情况除外),中断游乐设施运行。

③ 制动装置的制动力矩(力)应≥1.5 倍额定负荷力矩(力)。手控制动器操作手柄的作用力应为 100～200 N。

④ 游乐设施视其运动形式、速度及其结构的不同,采用不同的制动方式和制动器结构(如机械、电动、液压、气动以及手动等)。制动器构件应有足够的强度,必要时停车制动器应验算疲劳强度。制动器的制动行程应可调节。

⑤ 制动器制动应平稳可靠,不应使乘人感受明显的冲击或使设备结构有明显的振动、摇晃。制动加速度绝对值一般不大于 5.0 m/s。必要时可增设减速制动器。

⑥ 游乐设施车类的最大刹车距离,应限制在合理范围内。小赛车类不大于 7 m,在滑道内滑行的车不大于 8 m,脚踏车、内燃或电力单车等不大于 6 m,架空列车不大于 15 m。

8) 对安全栅栏、站台及操作室的安全要求

① 游乐设施周围及高出地面 500 mm 以上的站台上,应设置安全栅栏或其他有效的隔离设施。室外安全栅栏高度不低于 1 100 mm,室内儿童娱乐项目,安全栅栏高度不低于 650 mm。栅栏的间隙和距离地面的间隙不大于 120 mm。应为竖向栅栏,不宜使用横向或斜向的结构。

② 安全栅栏应分别设进、出口,在进口处宜设引导栅栏。站台应有防滑措施。

③ 安全栅栏门开启方向应与乘人行进方向一致(特殊情况除外)。为防止开关门时对人员的手造成伤害,门边框与立柱之间的间隙应适当,或采取其他防护措施。

④ 游乐设施进出口的台阶宽度不小于 240 mm,高度为 140～200 mm,阶梯的坡度应保持一致。进出口为斜坡时,坡度不大于 1∶6。有防滑花纹的斜坡,坡度不大于 1∶4。

⑤ 游乐设施的操作室应单独设置,视野开阔,有充分的活动空间和照明。对于操作人员无法观察到运转情况的盲区,有可能发生危险时,应监视系统等安全措施。

9) 其他安全要求

① 边运行边上下乘人的游乐设施,乘人部分的进出口不应高出站台 300 mm。其他游乐设施乘人部分进出口距站台的高度,应便于上下。

② 乘人部分的进出口,应设有门或拦挡装置,并须注意门开启方向的安全性。

③ 凡乘人身体的某个部位,可伸到座舱以外时,应设有防止乘人在运行中与周围障碍物相碰撞的安全装置,或留出不小于 500 mm 的安全距离。当全程或局部运行速度不大于 1 m/s 处时,其安全距离可适当减少,但不应小于 300 mm。从座席面至上方障碍物的距离不小于 1 400 mm。专供儿童乘坐的游乐设施不小于 1 100 mm。

④ 凡乘客可触及之处,不允许有外露的锐边、尖角、毛刺和危险突出物等。

⑤ 座席距地面最大高度 5 m 以下时,座舱深度不小于 550 mm,座席靠背高度不小于 300 mm。座席距地面最大高度 5 m 以上时,座舱深度不小于 800 mm,座席靠背高度不小于 400 mm。当设有安全杠和安全带等设施时,可适当减少座舱深度。乘人座席宽度每人应不小于 400 mm,专供儿童乘坐的每人应不小于 250 mm。

⑥ 游乐设施通过的涵洞,其包容面应采用不易脱落的材料,装饰物等应固定牢固。

⑦ 高度 20 m 以上的游乐设施,在高度 10 m 处应设有风速计,风速大于 15 m/s 时,必

须停止运行。

⑧ 设有转动平台时,为防止乘人的脚部受到伤害,转动平台与固定部分之间的间隙,水平方向不大于 30 mm。若平台高于站台面其垂直方向的间隙应适当,不应对乘人的脚部造成危险。

⑨ 在地面上行驶的车辆,其驱动和传动部分及车轮应进行覆盖。

⑩ 乘人部分必须标出定员人数,严禁超载运行。

⑪ 放置游乐设施的游艺室,应分别设有进、出口。

⑫ 游乐设施的建造必须符合国家有关防火安全的规定。在高空运行的封闭座舱,必要时应设灭火装置。

⑬ 游乐设施产生的噪声对区域环境的影响,应符合 GB 3096 的规定。

10) 水上游乐设施安全要求

① 各种形式的水滑梯应有足够的强度和刚度,必要时应进行应力试验。

② 水滑梯在乘人按规定姿势下滑时,不允许有翻滚、弹跳等异常现象。

③ 在水滑梯的入口处,应设下滑方式标志牌。滑道起点处应设置规范下滑姿势的横杆。

④ 游乐池同一时间容纳量,不应超过 2 m/人。池壁应圆滑无棱角,池底应防滑。预埋件不应露出池底,否则应采取防护措施。

⑤ 各种游乐池应分别设置,不可混用。

⑥ 游乐池周围及池内水深变化地点,必须有醒目的水深标志。

⑦ 水上各种游乐设施均应配备足够的救生人员和救生设备,并应设高位监视哨。

⑧ 游乐池的水质应符合 GB 9667 要求。

⑨ 水面上的各种游艇、碰碰船等必须限制在不同的水域内运行,不得混杂在一起。

(2) 大型游乐设施安全监察规定

2013 年 4 月 23 日,《大型游乐设施安全监察规定》由国家质量监督检验检疫总局局务会议审议通过,自 2014 年 1 月 1 日起施行。以下摘录部分规定内容:

第二十条　运营使用单位应当在大型游乐设施安装监督检验完成后 1 年内,向特种设备检验机构提出首次定期检验申请;在大型游乐设施定期检验周期届满 1 个月前,运营使用单位应当向特种设备检验机构提出定期检验要求。特种设备检验机构应当按照安全技术规范的要求进行定期检验。

第二十三条　运营使用单位应当按照安全技术规范和使用维护说明书的要求,开展设备运营前试运行检查、日常检查和维护保养、定期安全检查并如实记录。对日常维护保养和试运行检查等自行检查中发现的异常情况,应当及时处理。在国家法定节假日或举行大型群众性活动前,运营使用单位应当对大型游乐设施进行全面检查维护,并加强日常检查和安全值班。运营使用单位进行本单位设备的维护保养工作,应当按照安全技术规范要求配备具有相应资格的作业人员、必备工具和设备。

第二十四条　运营使用单位应当在大型游乐设施的入口处等显著位置张贴乘客须知、安全注意事项和警示标志,注明设备的运动特点、乘客范围、禁忌事宜等。

第二十五条　运营使用单位应当制定应急预案,建立应急救援指挥机构,配备相应的救援人员、营救设备和急救物品。对每台(套)大型游乐设施还应当制定专门的应急预案。运营使用单位应当加强营救设备、急救物品的存放和管理,对救援人员定期进行专业培训,每年至少对每台(套)大型游乐设施组织 1 次应急救援演练。运营使用单位可以根据当地实际情况,与其他运营使用单位或公安消防等专业应急救援力量建立应急联动机制,制定联合应急预案,并定期进行联合演练。

第二十六条　运营使用单位法定代表人或负责人对大型游乐设施的安全使用管理负责。

第二十七条　运营使用单位应当设置专门的安全管理机构并配备安全管理人员,或者配备专职的安全管理人员,并保证设备运营期间,至少有 1 名安全管理人员在岗。

第二十八条　运营使用单位应当按照安全技术规范和使用维护说明书要求,配备满足安全运营要求的持证操作人员,并加强对服务人员岗前培训教育,使其掌握基本的应急技能,协助操作人员进行应急处置。

第二十九条　大型游乐设施进行改造的,改造单位应当重新设计,按照本规定进行设计文件鉴定、型式试验和监督检验,并对改造后的设备质量和安全性能负责。大型游乐设施改造单位应当在施工前将拟进行的大型游乐设施改造情况书面告知直辖市或者设区的市的质量技术监督部门,告知后即可施工。大型游乐设施改造竣工后,施工单位应当装设符合安全技术规范要求的铭牌,并在验收后 30 日内将符合第十八条要求的技术资料移交运营使用单位存档。

第三十条　大型游乐设施的修理、重大修理应当按照安全技术规范和使用维护说明书要求进行。大型游乐设施修理单位应当在施工前将拟进行的大型游乐设施修理情况书面告知直辖市或者设区的市的质量技术监督部门,告知后即可施工。重大修理过程,必须经特种设备检验机构按照安全技术规范的要求进行重大修理监督检验;未经重大修理监督检验合格的不得交付使用;运营使用单位不得擅自使用未经重大修理监督检验合格的大型游乐设施。大型游乐设施修理竣工后,施工单位应将有关大型游乐设施的自检报告等修理相关资料移交运营使用单位存档;大型游乐设施重大修理竣工后,施工单位应将有关大型游乐设施的自检报告、监督检验报告和无损检测报告等移交运营使用单位存档。

第三十一条　大型游乐设施改造、重大修理施工现场作业人员应当满足施工要求,具有相应特种设备作业人员资格的人数应当符合安全技术规范的要求。

第三十二条　大型游乐设施发生故障、事故的,运营使用单位应当立即停止使用,并按照有关规定及时向县级以上地方质量技术监督部门报告。对因设计、制造、安装原因引发故障、事故,存在质量安全问题隐患的,制造、安装单位应当对同类型设备进行排查,消除隐患。

第三十三条　对超过整机设计使用期限仍有修理、改造价值可以继续使用的大型游乐设施,运营使用单位应当按照安全技术规范的要求通过检验或者安全评估,并办理使用登记证书变更。运营使用单位应当加强对允许继续使用的大型游乐设施的使用管理,采取加强检验、检测和维护保养等措施,加大全面自检频次,确保使用安全。大型游乐设施主要受力部件超过设计使用期限要求的,应当及时进行更换。

第三十四条　运营使用单位租借场地开展大型游乐设施经营的,应当与场地提供单位签订安全管理协议,落实安全管理制度。场地提供单位应当核实大型游乐设施运营使用单位满足相关法律法规以及本规定要求的运营使用条件。

(3) 游艺机和游乐设施安全监督管理规定

为切实加强游艺机和游乐设施的安全监督管理,1994 年 4 月 13 日由国家技术监督局、建设部、国家旅游局、公安部、劳动部、国家工商行政管理局共同颁布并实施《游艺机和游乐设施安全监督管理规定》。以下为部分内容摘要:

第十三条　游乐园(场)等运营单位,必须有健全的安全管理制度和紧急救护措施。对各项游艺机、游乐设施要分别制定操作规程,运行管理人员守则,定期检查维修保养等制度。操作、管理、维修人员必须经过培训,考试合格后持证上岗。

第十四条　游乐园(场)等运营单位必须建立完整的单机档案和人员培训档案。把设备购置、施工、安装、调试、试验,定期检查和运行过程中出现的问题及处理情况,检修和更换零部件情况,油料情况等,包括图纸和文字材料以及运营管理、操作、维修人员培训、教育、考核情况,全部记录存档备查。

第十五条　各种水上游乐设施,必须认真执行《水上世界安全卫生管理规范》。要配备一定数量经过培训合格,掌握拯溺救生知识与技能的监护救生人员。

第十六条　游乐园(场)等运营单位要对游客进行安全保护的宣传教育,各游艺机项目除在明显位置公布游客须知外,操作、管理人员应及时向游客宣传注意事项,并对安全装置加以检查确认,运行中注意游客动态,及时制止游客的危险行为。

第十七条　游乐园(场)等运营单位对安全管理工作状况,每半年组织一次全面检查和考核,发现问题及时加以解决。游乐园(场)等运营单位,对游艺机和游乐设施,除日检查、周检查、月检查外,必须每年按规定检修一次。在检修时对关键部件,本单位无力检测的,必须委托有资格的技术检验单位进行检验。严禁设备带故障运行。

第十八条　游乐园(场)等运营单位必须建立伤亡事故报告制度。发生人身伤亡事故,应立即停止运行,积极抢救受伤人员,保护现场,报告当地公安机关及有关主管部门调查处理。对事故隐瞒不报,主管部门要追究其领导的责任。

第十九条　游乐园(场)等运营单位,对其园内的游乐设备(包括出租场地、设备承包、园厂合办等)的运行安全负责任。

# 本章小结

本章首先从索道、游乐设施事故分析案例入手,对索道、游乐设施的类型、参数、组成等几个方面进行了介绍,然后对索道的安全防护装置分类及各自的作用进行了详细分析,根据目前我国的使用情况和监管要求,对架空客运索道、游乐设施的详细安全技术要求从设计到装置和营救等全方面进行了阐述,并提出了架空客运索道的安全管理要求和安全营救方法。

# 复习思考题

1. 索道的类型有哪些?
2. 索道主要由哪些部分组成?
3. 架空客运索道的安全防护装置有哪些?
4. 架空客运索道安全防护装置各自的作用是什么?
5. 架空客运索道救援时应注意哪些技术问题?

6．架空客运索道的安全检验周期是多少？

7．架空客运索道安全检验的具体内容有哪些？

8．乘坐索道时乘客应注意的问题有哪些？

9．游乐事故按照游客所受意外伤害的程度分为几个等级？分别是什么？

10．游乐事故产生的原因归纳起来主要有几个方面？

11．游乐设施的安全装置主要有哪些？

12．国家有关部门组织制定了哪些用来保障游乐设施的一系列国家法规和技术标准？

# 参 考 文 献

[1] 陈家瑞. 汽车构造[M]. 北京：机械工业出版社，2000.

[2] 国家安全生产监督管理总局，国家煤矿安全监察局. 煤矿安全规程[M]. 北京：煤炭工业出版社，2016.

[3] 何德誉. 曲柄压力机[M]. 2版. 北京：机械工业出版社，1996.

[4] 何学秋. 安全工程学[M]. 徐州：中国矿业大学出版社，2000.

[5] 贾福音，王秋衡. 机械安全技术[M]. 徐州：中国矿业大学出版社，2013.

[6] 姜立标. 现代汽车新技术[M]. 北京：北京大学出版社，2012.

[7] 林柏泉，张景林. 安全系统工程[M]. 北京：中国劳动社会保障出版社，2007.

[8] 刘晶郁，李晓霞. 汽车安全与法规[M]. 北京：人民交通出版社，2005.

[9] 单圣涤. 工程索道[M]. 北京：中国林业出版社，2000.

[10] 孙桂林. 起重与机械安全工程学[M]. 北京：北京经济学院出版社，1991.

[11] 孙桂林. 特种设备质量监督与安全监察手册[M]. 北京：化学工业出版社，2004.

[12] 王时龙，周杰，康玲. 机械设备安全学[M]. 北京：中国电力出版社，2008.

[13] 王志甫，毋虎城. 矿山机械[M]. 徐州：中国矿业大学出版社，2009.

[14] 吴鸿启. 客运架空索道安全技术[M]. 北京：人民交通出版社，1996.

[15] 谢锡纯，李晓豁. 矿山机械与设备[M]. 3版. 徐州：中国矿业大学出版社，2012.

[16] 徐格宁，袁化临. 机械安全工程[M]. 北京：中国劳动社会保障出版社，2008.

[17] 杨国平. 现代工程机械技术[M]. 北京：机械工业出版社，2006.

[18] 袁化临. 起重与机械安全[M]. 北京：首都经济贸易大学出版社，2000.

[19] 张应立，周玉华. 机械安全技术实用手册[M]. 北京：中国石化出版社，2009.

[20] 张质文. 起重机设计手册[M]. 北京：中国铁道出版社，2013.

[21] 章世松. 电梯系统安全运行与设备故障诊断检修及标准规范实用手册[M]. 北京：北京北大方正电子出版社，2002.

[22] 郑安文. 汽车安全[M]. 北京：北京大学出版社，2014.

# 下 篇
## 电气安全

# 第 7 章　电气安全概述

**本章学习目的及要求**

1. 了解电气安全课程的任务及基本内容。
2. 掌握电气危害的分类。
3. 熟悉电气危害的特点及规律。
4. 熟悉电力系统与低压配电系统的组成。
5. 了解供电系统分类。
6. 掌握用电负荷分类及要求。

电能是一种现代化的能源,在人类的生产生活中起着重要的作用。经济越发达,现代化水平越高,对电力的需求就越大,安全用电的重要性也越显突出。随着工业技术的发展和家用电器的普及,电气设备、电气装置已渗透到了各个行业及领域,因此电气安全技术就更重要了。事实上,在化工、冶金、建筑、矿业等行业中存在着很多电气不安全问题,由于电气安全知识不足、使用上的疏忽、维护不良或设备本质不安全等原因导致的电气事故已成为引起人身伤亡、爆炸、火灾事故的重要原因之一,这就要求人们掌握一定的电气安全技术,熟悉电气事故发生的机理、规律、特点、原因,从而达到预防电气事故发生,以保障作业过程中和电气设备操作过程中人员安全及电气设备设施安全。

## 7.1　电气安全问题立论

### 7.1.1　电气安全问题的背景

1. 社会背景

从古至今,人类一直在努力地认识和改造自然,并取得了辉煌的成就。但辉煌的光芒掩盖不了另一个事实,那就是与文明发展如影随形的人类对其自身及周围环境的危害。以近代工业革命为发端,伴随着科学技术的迅速发展,各种危害较之以往显著加剧,其涉及面之广已几乎涵盖每一个技术领域,程度之严重已足以威胁人类自身的生存,这已有悖于人类认识和改造自然的初衷。作为一个庞大的工程体系,电气工程的情况也不例外。电气工程是现代社会的支撑性技术体系之一,它几乎无处不在、无所不需,因此其产生的危害涉及面广、程度严重且影响深刻。在危害面前,社会自然会产生防范要求,这就形成了电气安全问题的第一个现实背景。

2. 自然背景

除了人为地利用电磁能量以外,自然界本身也存在着各种电磁过程,如雷电、静电、宇宙电磁辐射等,这些自然现象也时刻影响着人类的正常生活。社会的科学技术发展水平越高,这些自然界电磁过程可能造成的危害越大,如何应对这些危害,也是必须研究的课题,这构成了电气安全问题的另一个现实背景。

3. 技术发展规律性背景

按照一般规律,一个学科在其发展初期,总是以研究事物的原理并利用这些原理为人类谋取利益为主攻方向,而当与这个学科领域相关的工程技术高度发展并建立起庞大的工程体系之后,由于负面效应的显现,如何抑制其危害又成为研究的重点之一。这一规律在汽车、石化、冶炼、矿产、电子信息等行业无一不得到验证。作为一个高度发展且规模庞大的技术领域,电气工程也不例外。因此,研究电气安全问题符合技术发展的客观规律。

4. 学科背景

作为一种物理现象,"电"被人们利用的途径主要有两个:一个是被用作能源;另一个是被用作消息的载体。因此,电气安全问题是包括电力、通信、计算机、自动控制等在内的诸多技术领域所共同面临的问题,这使它具有了广泛性和基础性的特征。同时,电气安全又涉及材料选用、设备制造、设计施工及运行维护等诸多环节,这又使它具有了系统性和综合性的特征。再者,电气安全问题通常发生在我们预期以外的电磁过程中,这表明它具有突发性和随机性的特征。综合以上特征可知,从问题本身的基础性,到研究问题涉及的学科跨度及理论深度,电气安全问题具有丰富的学术内涵和广阔的应用范围,这表明电气安全问题具有坚实的学科背景。

## 7.1.2 电气安全问题的工程现状

在发达国家,社会对电气安全问题极为重视,尤其是涉及用户人身安全和公共环境安全的问题,更是予以了严格的规范。在我国,过去由于观念和体制上的原因,电气安全问题多侧重于电网本身的安全和电力生产过程的劳动保护,对一般民用场所的电气安全和电气环境安全问题较为忽视,以致电击伤害和电气火灾等恶性事故的发生率长期居高不下,单位用电量的各种事故率比发达国家高出数倍乃至数十倍。最近 20 多年来,我国在学习国际先进技术、等效采用国际先进标准等方面做了大量工作,在电气安全的工程实践上有了很大的进展,但与发达国家相比,差距仍然较大。

## 7.1.3 课程的任务与基本内容

电气安全技术是研究防止电气事故的措施、正确使用电气设备和解决生产生活中电气安全问题的学科,属于应用科学范畴。首先,明确本课程讨论的是既包括电气安全的工程技术性问题,又包括管理措施。其次,本课程针对的对象不包括电力生产专业场所,重点讨论面向非电气专业场所和非电气专业人员的电气安全问题。另外,本课程讨论的问题中,除雷电防护以外,均是将电气系统作为加害者和非受害者来讨论的。也就是说,重点不在于电气系统本身的安全,而在于电气系统对周围环境造成的危害。

电气事故往往不是由单一原因引起的,电气设备设计不合理、安装不恰当、维修不及时,尤其是作业人员缺乏必要的安全知识与安全技能、麻痹大意、违反操作规程等,都可能引发各类电气事故,因此,必须从产品的设计开始,到制造、安装、运行和维护,全过程采取包括技术和组织管理等多方面的措施,控制电气事故的发生,积极研究并不断推出先进的电气安全技术措施,并且随着已有技术的成熟与新技术的出现不断完善和修订电气安全技术标准和规程,系统全面地保障电气系统安全,保护人身安全与健康。

电气安全技术主要包括两方面的任务:一方面,研究各种电气事故,也就是研究各种电气事故发生的机理、原因、构成、特点和防治措施;另一方面,研究用电气方法解决安全生产问题,也就是研究采用电气检测、电气检查和电气控制的方法来评价系统的安全性、可靠性或解决生产中的安全问题。

通过本课程的学习,能够使学生对电气安全技术的基本知识和基本理论有全面系统的理解,并掌握常用的电气安全技术及其在一些领域中的应用,主要包括以下几个方面:

(1) 工业企业配电系统构成及主要设备基本知识。

(2) 常用的电气安全装置。

(3) 电气系统中供电线路、电气设备与装置及用电场所的安全技术要求和措施。

(4) 针对用电过程中的电击伤亡、电气火灾、电气设备损坏、雷电与静电事故发生的事故机理、特征及原因,分析电气系统安全运行条件和防止事故的基本措施,包括技术防护措施和管理措施。

(5) 针对一些与人直接接触、危险性较大的应用领域以及特殊环境、特殊设备提出特殊的电气安全技术及要求,并运用电气安全监测、电气安全检查与控制等方法来控制、评价系统的安全性和获得必要的安全条件。

电气安全是一个系统工程。本课程的内容包括以下几方面:

(1) 工业企业供配电系统构成及主要设备的基本知识。

(2) 触电防护、雷电防护、电气防火防爆、静电与电磁辐射防护等原理、措施及要求。

(3) 常用电气保护装置的工作原理及应用。

(4) 电气线路安全运行的保障条件。

(5) 防爆电气设备的种类、原理及应用。

(6) 电气设备在各种特殊环境、特殊场所中的一般电气安全要求。

(7) 起重与机械设备、电梯等特殊设备的电气安全要求及措施。

# 7.2　电气危害

### 7.2.1　电气危害的分类

电气危害是电气安全首先要研究的问题。从产生电气危害的源头来分类,可将电气危害分为自然因素产生和人为因素产生两大类,自然因素产生的危害有如雷电、静电等,人为因素产生的危害主要是各种电气系统和设备产生的诸如电击、电弧、电气火灾等。电气事故具有偶然性与突发性的特征,而电磁污染具有必然性和持续性的特征。表 7-1 列出了电气危害的主要种类。

从表 7-1 中可知,大多数电气事故是在故障时发生的,具有不确定性;而在非故障时发生的电气事故,多是由于违反操作规程或电气知识不够造成的。电磁污染类的电气危害,基本上都是在正常工作情况下产生的。

表 7-1 电气危害的种类及原因

| 类型 | | | 原因及举例说明 |
|---|---|---|---|
| 电气事故 | 故障型 | 电击 | 1. 绝缘损坏,造成非导电部分带电;<br>2. 爬电距离或电气间隙被导电物短接,造成非带电部分带电;<br>3. 机械性原因,如线路断落、带电部件滑出等;<br>4. 雷击;<br>5. 各种因素造成的系统中性点电位升高,使 PE 或 PEN 线带高电位 |
| | | 电气火灾和电气引爆 | 1. 过电流产生高温引燃;<br>2. 非正常电火花、电弧引燃、引爆;<br>3. 雷电引燃、引爆 |
| | | 设备损坏 | 1. 过载或缺相运行;<br>2. 电解或电蚀作用;<br>3. 静电或雷击;<br>4. 过电压或电涌 |
| | 非故障型 | 电击 | 1. 直接事故:误入带电区、人为超越安全屏障、携带过长金属工具等;<br>2. 间接事故:因触碰感应电或低压电等非致命带电体引起的惊吓、坠落或摔倒等 |
| | | 电气火灾 | 高温:溶液、熔渣的滴落、流淌、积聚使附近的物体燃烧、爆炸 |
| | | 设备损坏和质量事故 | 1. 长期电蚀作用使设备、线路受损;<br>2. 工业静电引起的吸附作用,影响产品质量 |
| 电磁污染 | 电磁干扰 | | 工作产生的电磁场对别的设备或系统产生的干扰等 |
| | 职业病 | | 强电磁场对人体器官的损伤,或使人体某一部分功能失调等 |

## 7.2.2 电气危害的主要加害源简介

1. 供配电系统

供配电系统产生的电气危害有两个方面:一方面是系统对自身的危害,如短路、过电压、绝缘老化等;另一方面是系统对用电设备、环境和人员的危害,如电击、电气火灾、电压异常升高造成用电设备损坏等,其中尤以电击和电气火灾危害最为严重。

2. 雷电与静电

雷电是一种大气放电现象,可使人、畜遭受电击,使建(构)筑物受到损坏,使电力系统、通信系统、电子设备等遭到破坏,还可能引发火灾与爆炸。

在有些场所,静电产生的危害也不能忽视。静电可以是人为产生的,但造成危害的静电多是自然产生的。静电危害主要在于静电产生的强电场和高电压,它是电气火灾的原因之一,对电子设备的危害也很大。

## 7.2.3 电气危害的特点

1. 非直观性

由于电看不见、听不到、嗅不着,其本身不具备人们直观所能识别的特征,因此其潜在危险不易被察觉,这就给事故的发生创造了有利条件。

### 2. 途径广

由于供配电系统所处环境复杂,电气危害产生和传递的途径也极为多样,使得对电气危害的防护十分困难和复杂。

### 3. 能量范围广

能量大者如雷电,雷电流量值可达数百千安培,且高频和直流成分大;小的如电击电流,以工频电流为主,电流仅为毫安级。对于大能量的危害,合理控制能量的泄放是主要防护手段,因此泄放能量的大小是保护设施的重要指标;而对小能量的危害,能否灵敏地感知是防护的关键,因此保护设施的灵敏性成了重要的技术指标。

### 4. 电气事故的防护研究综合性强

一方面,电气事故的机理除了电学之外,还涉及许多学科,因此,电气事故的研究,不仅要研究电学,还要同力学、化学、生物学、医学等许多其他学科的知识综合起来进行研究。另一方面,在电气事故的预防上,既有技术上的措施,又有管理上的措施,这两方面是相辅相成、缺一不可的。在技术方面,预防电气事故主要是进一步完善传统的电气安全技术,研究新出现电气事故的机理及其对策,开发电气安全领域的新技术等。在管理方面,主要是健全和完善各种电气安全组织管理措施。一般来说,电气事故的共同原因是安全组织措施不健全和安全技术措施不完善。实践表明,即使有完善的技术措施,如果没有相适应的组织措施,仍然会发生电气事故。因此,必须重视防止电气事故的综合措施。

### 7.2.4　电气危害的规律

不同类型的电气危害,各具自身的规律性。比如电击事故的规律为:季节性,夏季居多;低压触电居多;移动式和手持式设备居多;特殊场所如施工现场、矿山巷道、狭窄场所居多等。但总体来说,各类电气危害都具有以下共同规律:

(1)电气危害总是伴随着能量的非期望分配。

(2)电气危害的发生总是伴随有电气参数或特性的变化。

电气事故是具有规律性的,且其规律是可以被人们认识和掌握的。在电气事故中,大量的事故都具有重复性和频发性。无法预料、不可抗拒的事故毕竟是极少数。人们在长期的生产和生活实践中,已经积累了防电气事故的丰富经验,各种技术措施、各种安全工作规程及有关电气安全规章制度,都是这些经验和成果的体现,只要依照客观规律办事,不断完善电气安全技术措施和管理措施,电气事故是可以避免的。

## 7.3　供电基础知识

### 7.3.1　电力系统与低压配电系统

#### 1. 电力系统组成

电力系统由发电厂、变电所、线路和用户组成。由各种电压的电力线路将一些发电厂、变电所和电力用户联系起来的一个发电、输电、变电、配电和用电的整体称为电力系统。通过输送和分配电能,将发电厂发出的电能经过升压、输送、降压和分配,最终送到用户,如图 7-1 所示。

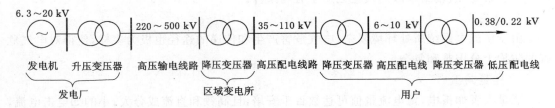

图 7-1　从发电厂到用户的发、输、配电过程示意图

发电厂根据一次能源的不同，可分为火力发电厂、水力发电厂、风力发电站和核能发电厂等，此外还有地热、太阳能等发电厂。按发电厂的规模和供电范围，又可以分为区域性发电厂、地方发电厂和自备专用发电厂等。

变电所是联系发电厂和用户的中间环节，其作用是汇集电能、升降电压和分配电力，起着变换和分配电能的作用。根据变电所在电力系统中的地位和作用，可以分成枢纽变电所、中间变电所、地区变电所和终端变电所。枢纽变电所位于电力系统的枢纽点，汇集多个电源，起到对整个电力系统各部分的纽带连接作用，负责对整个系统的电能进行传输和分配，连接电力系统高压和中压的几个部分，电压等级一般为 330～500 kV。中间变电所的电压等级一般为 220～330 kV，汇集 2～3 个电源和若干线路，高压侧起交换功率的作用，或使长距离输电线路分段，同时降压对一个区域供电。地区变电所的电压等级一般为 110～220 kV，主要向一个地区用户供电。终端变电所位于配电线路末端，接近负荷处，电压一般为 35～110 kV，经降压后直接向用户供电。

电力线路一般分为输电线路和配电线路，是输送电能的通道。通常，人们把电压在 220 kV 及以上的高压电力线路称为输电线路。输电网是电力系统中最高电压等级的电网，其作用是将电能输送到各个地区的区域变电所和大型企业的用户变电所。现代电力系统中既有超高压交流输电，又有超高压直流输电，这种输电系统通常称为交、直流混合输电系统。配电网是将电能从枢纽变电站直接分配到用户区或用户的电网，它的作用是将电力分配到配电变电站再向用户供电，也有一部分电力不经配电变电站，直接分配到大用户，由大用户的配电装置进行配电。配电网由电压为 110 kV 及其以下的配电线路和相应电压等级的变电所组成，其作用是将电能分配到各类用户。配电线路又分为高压（110 kV）、中压（6～35 kV）和低压（380/220 V）配电线路，高压配电线路一般作为城市配电网骨架和特大型企业供电线路，中压配电线路为城市主要配网和大中型企业供电线路，低压配电线路一般为城市和企业的低压配网。

2. 低压配电系统

配电系统是电力系统的重要组成部分。从技术的角度看，供配电系统是指电力系统中以使用电能为主要任务的那一部分电力网络，它处于电力系统末端，一般只单向接受电力系统的电能。

低压配电系统处于供配电系统的最末端，其电源侧一般为 10/0.38 kV 或 35/0.38 kV 变电所。

低压配电系统的简化结构模型如图 7-2(a) 所示，从配电变压器低压绕组开始至配电线路末端的整个电网，统称低压配电系统。因涉及安全问题，一般不以图 7-2(a) 所示的单线图表示低压配电系统,而是以图 7-2(b)所示的多线图表示低压配电系统。

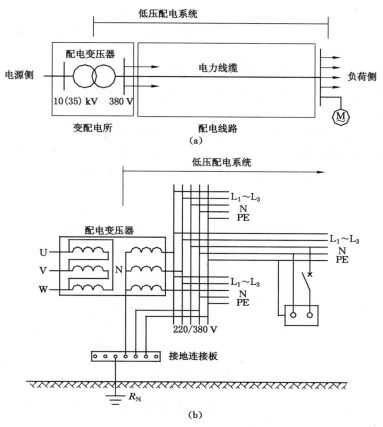

图 7-2　低压配电系统简化结构模型

(a)单线图;(b)多线图

标称电压 10/0.38 kV 变配电所中,变压器的额定电压比一般为 10/0.4 kV,变压器二次额定电压指空载电压,此处比标称电压高约 5%。变压器带上负载后,因变压器自身短路阻抗压降,输出端子电压趋近于 0.38 kV。

### 7.3.2　供电系统分类

供电系统的形式,主要从供电连续性和电击防护等方面考虑,尤以电击防护为考虑的重点。在向国际接轨的过程中,我国电气工程界对低压配电系统从描述到认识都发生了很大的变化。

按 IEC(国际电工委员会)标准,供电系统有两种分类方法:一种是按带电导体的相数及根数分类,另一种是按系统接地及保护接地的构成对配电系统进行分类。

1. 按接地系统分类

供电系统按接地系统分为 IT、TT、TN 三种形式。

第一个字母表示电源与大地的电气关系。T:电源的一点(通常是中性点)直接接地;I:电源与地无电气联系,或电源一点经高阻抗与大地直接连接。

第二个字母表示电气设备的外露导电部分与大地的电气关系。T:电气装置的外露导电部分直接接大地,它与电源的接地无联系;N:电气装置的外露导电部分通过与接地的电源中性点的连接而接地。

以上字母 T、I、N 分别是拉丁文 Terre(大地)、Isolation(隔离)和 Neutre(中性)的第一个字母。

这三种接地形式适用于任何相数、任何电源连接方式的系统。为了便于理解,下面以三相电源星形连接且电源若有接地一定是中性点接地为例,介绍这三种接地形式。

(1) IT 系统

IT 系统是电源不接地、用电设备外露导电部分直接接地的系统,如图 7-3 所示,图中连接设备外露导电部分和接地体的导线,就是 PE 线。PE 线是为防止触电危害而用来与装置外露导电部分、装置外导电部分、总接地线或总等电位联结端子、接地极、电源接地点或人工中性点等作电气连接的导线。

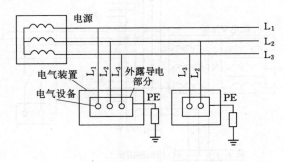

图 7-3   IT 系统

IT 系统通常用于对供电连续性要求较高或对电击防护要求较高的场所,前者如矿山的巷道供电,后者如医院手术室的配电等。

(2) TT 系统

TT 系统是电源直接接地、用电设备外露导电部分也直接接地的系统,且这两个接地必须是相互独立的,它们之间没有人为的电气连接,如图 7-4 所示。按接地分类,电源接地即功能性接地,设备外露导电部分的接地就是保护接地。设备接地可以是每一设备都有各自独立的接地装置,也可以若干设备共用一个接地装置。图 7-4 中单相设备和单相插座就是共用一个接地装置。

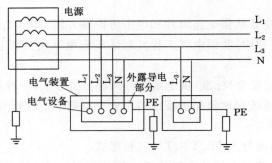

图 7-4   TT 系统

TT 系统在有些国家应用十分广泛,在我国则主要用于城市公共配电网和农网,现在也有一些大城市在住宅配电系统中采用 TT 系统。在辅以剩余电流保护的基础上，TT 系统有很多优点，是一种值得推广的接地形式，在农网改造中 TT 系统的使用比较普遍。

（3）TN 系统

TN 系统即电源直接接地、设备外露导电部分与电源有直接电气连接的系统，它有三种类型，分述如下：

① TN-S 系统：在全系统内 N 线和 PE 线是分开的。TN-S 系统接线如图 7-5 所示。

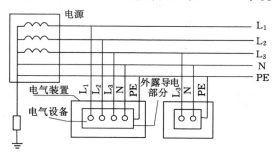

图 7-5　TN-S 系统

TN-S 系统是我国应用最为广泛的一种系统。在自带变配电所的建筑物几乎无一例外地采用了 TN-S 系统，在建筑小区中，也有很多采用了 TN-S 系统。

② TN-C 系统：在全系统内 N 线和 PE 线是合一的。TN-C 系统接线如图 7-6 所示。

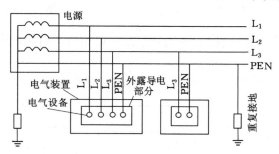

图 7-6　TN-C 系统

TN-C 系统曾在我国广泛应用，但由于技术上所固有的种种弊端，现在已经很少采用，尤其是在民用配电系统中基本不允许采用 TN-C 系统。

③ TN-C-S 系统：在全系统内，仅在电气装置电源进线点前 N 线和 PE 线是合一的，电源进线点后即分为 N 和 PE 两根线。TN-C-S 系统接线如图 7-7 所示。

TN-C-S 系统也是应用比较多的一种系统。工厂的低压配电系统、城市公共低压电网、住宅小区的低压配电系统等常采用。

2. 按带电导体形式分类

带电导体指工作时通过电流的导体，相线（L 线）和中性线（N 线）是带电导体，保护接地线（PE 线）不是带电导体。带电导体系统按带电导体的相数和根数分类，在根数中都不计 PE 线。IEC 规定有如下几种交流的带电导电系统：

① 单相两线系统。如图 7-8 所示，它是由单相变压器供电的系统，有两根相线，没有中

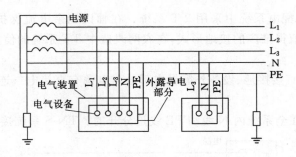

图 7-7　TN-C-S 系统

性线,在发达国家多用于住宅之类小型建筑物的供电。

② 单相三线系统。它也是由单相变压器供电的系统,其接线如图 7-9 所示。

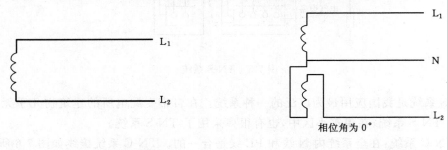

图 7-8　单相两线系统　　　　　　　图 7-9　单相三线系统

从两绕组的连接点引出中性线,两端各引出一根相线。因两相线电流处于同一相位,所以称为单相三线系统。

③ 两相三线系统。如图 7-10 所示,这种系统在有些发达国家被广泛应用。

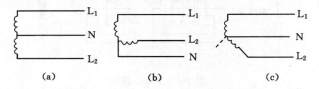

图 7-10　两相三线系统

(a) 相位角为 $180°$;(b) 相位角为 $90°$;(c) 相位角为 $120°$

④ 三相三线系统。这种系统没有中性线,只有三根相线,其电源变压器绕组有星形和三角形两种接线方式,如图 7-11 所示,可用以供电给不需要 220 V 电源的三相 380 V 用电设备。

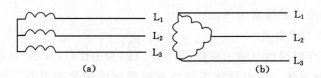

图 7-11　三相三线系统

⑤ 三相四线系统。这是应用最广的带电导体系统,除三根相线外,还有一根中性线或兼具中性线 N 和接地线功能的 PEN 线,如图 7-12 所示。

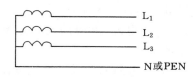

图 7-12　三相四线系统

### 7.3.3　负荷分级及供电要求

1. 负荷分级

根据电力负荷因事故中断供电造成的损失或影响的程度区分其对供电可靠性的要求,进行负荷分级,损失或影响越大,对供电可靠性的要求越高。用电负荷分级的意义在于正确地反映它对供电可靠性要求的界限,以便恰当地选择符合实际水平的供电方式,提高投资经济效益和社会效益,保护人员生命安全。

用电负荷根据供电可靠性要求及中断供电在政治上、经济上所造成的损失或影响的程度分为以下三级。

(1) 符合下列情况之一时,应视为一级负荷。

① 中断供电将造成人身伤亡时。

② 中断供电将在政治、经济上造成重大损失时。例如:重大设备损坏、重大产品报废、用重要原料生产的产品大量报废、国民经济中重点企业的连续生产过程被打乱需要长时间才能恢复等。

③ 中断供电将影响有重大政治、经济意义的用电单位的正常工作。例如:重要交通枢纽、重要通信枢纽、重要宾馆、大型体育场馆、经常用于国际活动的大量人员集中的公共场所等用电单位中的重要电力负荷。

在一级负荷中,当中断供电将造成人员伤亡或重大设备损坏或发生中毒、爆炸和火灾等情况的负荷,以及特别重要场所的不允许中断供电的负荷,应视为一级负荷中特别重要的负荷。在生产连续性较高行业,当生产装置工作电源突然中断时,为确保安全停车,避免引起爆炸、火灾、中毒、人员伤亡,而必须保证供电的负荷,为特别重要负荷,如中压及以上的锅炉给水泵、大型压缩机的润滑油泵等;或者事故一旦发生能够及时处理,防止事故扩大,保证工作人员的抢救和撤离,而必须保证的用电负荷,亦为特别重要负荷。

(2) 符合下列情况之一时,应视为二级负荷。

① 中断供电将在政治上、经济上造成较大损失时。例如:主要设备损坏、大量产品报废、连续生产过程被打乱需较长时间才能恢复、重点企业大量减产等。

② 中断供电将影响重要用电单位的正常工作。例如:交通枢纽、通信枢纽等用电单位中的重要电力负荷,以及中断供电将造成大型影剧院、大型商场等较多人员集中的重要的公共场所秩序混乱。

(3) 不属于一级和二级负荷的电力负荷。

2. 各级电力负荷对供电电源的要求

(1) 一级负荷对供电电源的要求。

① 一级负荷应有两回路(或两回路以上)的独立电源供电。两路电源应分别来自不同电源点(城市变电站或发电厂)或同一城市变电站的不同变压器的母线段。当其中一路电源发生故障时,另一路电源不受到影响,且能承担全部负荷。

② 一级负荷中特别重要的负荷的电源,除应满足上述要求外,还必须设立应急电源。并严禁将其他负荷接入应急供电系统。

常用作应急电源的有:独立于正常电源的发电机组;供电网络中独立于正常电源的专用的馈电线路;蓄电池;干电池;不间断电源 UPS 或应急电源系统 EPS。

③ 设备的供电电源切换,应满足设备允许中断供电的要求。

快速自动启动的应急发电机组、带有自动投入装置的独立于正常电源的专用馈电线路适用于允许中断供电时间为 15 s 及 1.5 s 以内的供电;静止型不间断电源装置适用于允许中断供电时间为毫秒级的供电。

(2) 二级负荷对供电电源的要求。二级负荷的供电系统,宜由两回线路供电。在负荷较小或地区供电条件困难时,二级负荷可由一回 6 kV 及以上专用的架空线路或电缆供电。当采用架空线时,可为一回架空线供电;当采用电缆线路时,应采用两根电缆组成的线路供电,其每根电缆应能承受 100% 的二级负荷。

(3) 对于三级负荷供电无特殊要求,但应采取技术措施,尽可能地不断电以保证居民生活用电源。

# 本章小结

本章主要从电气安全问题的背景、工程现状以及本课程的任务和基本内容介绍了电气安全问题的立论;详细描述了电气危害的分类、主要加害源以及电气危害的特点和规律,使人们对电气危害有一定认知;通过电力系统与低压配电系统、供电系统分类、负荷分级及供电要求等方面的介绍,对供电系统有初步了解,为以后更好地学习电气安全奠定了基础。

# 复习思考题

1. 供配电系统和建筑物中常见的电气危害有哪些?
2. 电气危害有哪些普遍性的规律?
3. 电力负荷分为几级? 各级电力负荷对供电电源的要求有哪些?
4. 电力系统的电源中性点有哪几种运行方式?

# 第 8 章　电击防护与触电急救

**本章学习目的及要求**

1. 了解电流通过人体产生的效应。
2. 掌握电击的形式及机理。
3. 熟悉电气设备及装置的电击防护措施。
4. 熟悉低压系统自身的电击防护性能分析。
5. 掌握低压系统上专门的电击防护措施。
6. 掌握作业场所的电击防护。
7. 了解触电规律、掌握触电急救的方法。

电力是生产和人民生活必不可少的能源,由于电力生产和使用的特殊性,在生产和使用过程中,如果不注意安全,就会造成人身伤亡事故,给国家财产带来巨大损失。因此,提高对安全用电的认识和安全用电技术的水平,落实保证安全工作的技术措施和组织措施,防止各种电气设备事故和人身触电事故的发生就显得非常重要。

## 8.1　电流通过人体产生的效应

电流通过人体,会引起人体的生理反应及机体的损坏。有关电流人体效应的理论和数据对于制定防触电技术标准,鉴定安全型电气设备,设计安全措施,分析电气事故,评价安全水平等是必不可少的。

电流对人体的伤害就是通常所说的触电,是电流的能量直接作用于人体或转换成其他形式的能量作用于人体造成的伤害。触电与其他一些伤害不同,伤害往往发生在瞬息之间,人体一旦受到电击后,防卫能力迅速降低。这些特点都增加了电流对人体的伤害危险性。

大量的试验及触电事故案例分析表明:当电流通过人体内部时,其对人体伤害的严重程度与通过人体电流的大小、通过人体的持续时间、电流通过人体的途径、人体电阻、电流种类及人体状况等多种因素有关,而各因素之间又有着十分密切的联系。

### 8.1.1　人体阻抗

人体阻抗是定量分析人体电流的重要参数之一,也是处理许多电气安全问题所必须考虑的基本因素。

人体皮肤、血液、肌肉、细胞组织及其结合部等构成了含有电阻和电容的阻抗。其中,皮肤电阻在人体阻抗中占有很大的比例。人体阻抗包括皮肤阻抗和体内阻抗,其等效电路如图 8-1 所示。

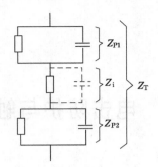

图 8-1　人体阻抗等效电路

1. 皮肤阻抗 $Z_P$

皮肤由外层的表皮和表皮下面的真皮组成。表皮最外层的角质层,其电阻很大,在干燥和清洁的状态下,其电阻率可达 $1×10^5～1×10^6\ \Omega·m$。

皮肤阻抗是指表皮阻抗,即皮肤上电极与真皮之间的电阻抗,以皮肤电阻和皮肤电容并联来表示。皮肤电容是指皮肤上电极与真皮之间的电容。

皮肤阻抗值与接触电压、电流幅值和持续时间、频率、皮肤潮湿程度、接触面积和施加压力等因素有关。当接触电压小于 50 V 时,皮肤阻抗随接触电压、温度、呼吸条件等因素影响有显著的变化,但其值还是比较高的;当接触电压在 50～100 V 时,皮肤阻抗明显下降,当皮肤击穿后,其阻抗可忽略不计。

2. 体内阻抗 $Z_i$

体内阻抗是除去表皮之后的人体阻抗,虽存在少量电容,但可以忽略不计。因此,体内阻抗基本上可以视为纯电阻。体内阻抗主要决定于电流途径。当接触面积过小,例如仅数平方毫米时,体内阻抗将会增大。

图 8-2 所示为不同电流途径的体内阻抗值,图中数值是用与手—手内阻抗比值的百分数表示的。无括号的数值为单手至所示部位的数值;括号内的数值为双手至相应部位的数值。

如电流途径为单手至双脚,数值将降至图上所标明的 75%;如电流途径为双手至双脚,数值将降至图上所标明的 50%。

3. 人体总阻抗 $Z_T$

人体总阻抗是包括皮肤阻抗及体内阻抗的全部阻抗。接触电压大致在 50 V 以下时,由于皮肤阻抗的变化,人体阻抗也在很大的范围内变化;而在接触电压较高时,人体阻抗与皮肤阻抗关系不大。在皮肤被击穿后,近似等于体内阻抗。另外,由于存在皮肤电容,人体的直流电阻高于交流阻抗。

通电瞬间的人体电阻叫作人体初始电阻。在这一瞬间,人体各部分电容尚未充电,相当于短路状态。因此,人体初始电阻近似等于体内阻抗,其影响因素也与体内阻抗相同。根据实验,在电流途径从左手到右手或从单手到单脚、大接触面积的条件下,相应于 5% 概率的人体初始电阻为 500 $\Omega$。

在皮肤干燥时,人体工频总阻抗一般为 1 000～3 000 $\Omega$。

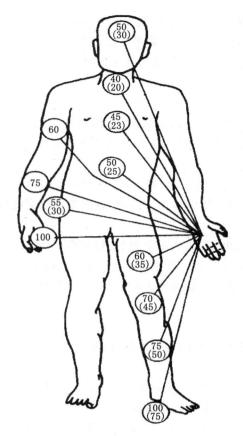

图 8-2 不同电流途径的体内阻抗

## 8.1.2 人体电流效应及相对安全电流

人体电流是决定电击后果(各种生理反应、器官损伤及死亡)的根本原因。人体电流效应与人体电流大小、电流种类(直流、交流)、电流频率、流经人体途径及触电时间等因素有关。

1. 人体的交流电流效应

人体的交流电流效应随电流大小变化呈现几个典型特征生理反应临界点,称为"阈"。人体的电流效应阈值主要有感知阈、摆脱阈和心室纤维性颤动阈(简称室颤阈)。

(1)感知电流和感知阈值。感知电流是指电流流过人体时可引起人的感觉的最小电流。感知电流的最小值称为感知阈值。实验资料表明,对于不同的人,感知电流也不相同,成年男性平均感知电流约为 1.1 mA;成年女性约为 0.7 mA。对于正常人体,感知阈值平均为 0.5 mA,并与时间因素无关。感知电流一般不会对人体造成伤害。但可能因不自主反应而导致由高处跌落等二次事故。

(2)摆脱电流和摆脱阈值。摆脱电流是指人在触电以后能自主摆脱带电体的最大电流。摆脱电流的最小值称为摆脱阈值。实验资料表明,对于不同的人,摆脱电流也不相同:成年男性的平均摆脱电流约为 16 mA;成年女性平均摆脱电流约为 10.5 mA。成年男性最小摆脱电流约为 9 mA;成年女性最小摆脱电流约为 6 mA。最小摆脱电流是按 99.5% 的概率考虑的。

（3）室颤电流和室颤阈。所谓室颤阈是指人体心脏的心室产生纤维性颤动的最小电流，也称为室颤电流。引起心室颤动所需的电流与作用时间有关，当人体触电时间小于一个心跳周期时，室颤电流可达数百毫安，而当通电时间超过一个心跳周期时，室颤电流会迅速下降为 50 mA 左右。

2. 人体的直流电流效应

一般而言，要产生同样的电流刺激效应，所需稳定直流电流的强度一般为交流电流的 2～4 倍。因此，直流电流更容易摆脱，直流电流室颤阈要比交流电流的室颤阈高得多，直流比交流安全得多。

人体的直流电流效应与交流电流效应存在明显不同。直流电只有在接通或断开时才会产生感觉，在稳定流动期间人体没感觉。因此，直流电不像交流电存在明显的感知阈和确定的摆脱阈。

直流电一般只有纵向电流（如从左手到双脚）才有可能出现心室纤维性颤动。横向电流（如左手到右手）不大可能发生心室纤维性颤动。此外，直流电引起的心室纤维性颤动阈与电流上下方向有关，向下电流室颤阈约为向上电流室颤阈的 2 倍。直流电流的室颤阈是交流电流的 3～4 倍。

3. 人体相对安全电流

由于电流是导致人触电死亡的最根本原因，那么人体相对安全电流是评价触电危险性的最直接指标。

室颤电流是导致人短时间死亡的最小电流，心室纤维性颤动是导致触电死亡的主要原因。因此，人体电流能否引发心室纤维性颤动是相对安全的界限。

当人体电流达到 50 mA 时，只有 5% 的人会发生心室纤维性颤动，而 95% 的人不会发生室颤，是安全的。因此一般把 50 mA 作为人体"相对安全电流"，之所以称为"相对安全电流"，是因为这一人体电流并不是 100% 安全，还有致命的风险，只不过风险较小而已。表 8-1 给出了不同人体电流时的人体生理反应。

表 8-1　　　　　　　　　　　　不同触电电流时人体的生理反应情况

| 电流类别<br>电流/mA | 50 Hz 交流 | 直流 |
|---|---|---|
| 0.6～1.5 | 开始有感觉，手指有麻刺感 | 没有感觉 |
| 2～3 | 手指有强烈麻刺感，颤抖 | 没有感觉 |
| 5～7 | 手部痉挛 | 感觉痒，刺痛、灼热 |
| 8～10 | 手指尖部到腕部痛得厉害，虽能摆脱导体但较困难 | 热感觉增强 |
| 20～30 | 手迅速麻痹不能摆脱导体痛得厉害，呼吸困难 | 热感觉增强，手部肌肉收缩但不强烈 |
| 30～50 | 引起强烈痉挛，心脏跳动不规则，时间长则心室颤动 | 热感觉增强，手部肌肉收缩但不强烈 |
| 50～80 | 呼吸麻痹，发生心室颤动 | 有强烈热感觉，手部肌肉痉挛、呼吸困难 |
| 90～100 | 呼吸麻痹，持续 3 s 以上心脏麻痹以至停止跳动 | 呼吸麻痹 |
| 300 及以上 | 作用时间 0.15 s 以上，呼吸和心脏麻痹，肌体组织遭到电流的热破坏 | 呼吸麻痹，心室震颤，停止跳动 |

### 8.1.3　人体电压效应及相对安全电压

加到人体的电压不是造成触电伤害及死亡的最根本原因,电压的危险性最终取决于其所产生的人体电流。在同等条件下电压越高,其危险性越大,因此人体电压与触电危险有着直接关系。实际上,由于人体阻抗、电流回路阻抗等具有不确定性,所以很难给出流经人体的预期电流。相应地,由于电源及设备电压具有确定性,并且又便于测量,因此用电压来评价触电危险性比用人体电流更具有可操作性。

基于人体阻抗"标准值"与人体相对安全电流值,不难得出人体的"相对安全电压"值。

相对安全电压＝相对安全电流×人体标准电阻＝50 mA×1 000 Ω＝50 V

50 V 便是"相对安全电压"分界点,显然这一电压也不是绝对安全的。50 V 电压作为一个相对安全尺度,经常用做供电系统或设备在故障情况下的技术要求。比如,要求 IT 供电系统设备发生接地漏电故障后,其外壳对地电压不得超过 50 V。

此外,将系统或设备的电源电压控制在 50 V 以下,可以降低触电危险或防止触电,此时,系统或设备所采用的电压称为"特低电压(extra-low voltage,ELV)"。

### 8.1.4　不同电流路径对电击危险的影响

电流经过人体产生的致命危险不但与电流大小及时间有关,还与电流流经人体的路径有关,电流作用于人体,没有绝对安全的途径。电流通过中枢神经或有关部位,会引起中枢神经严重失调而导致死亡;电流通过头部会使人昏迷,或对脑组织产生严重损坏而导致死亡;电流通过心脏会引起心室颤动,促使心脏停止跳动,中断血液循环,导致死亡;电流通过脊髓,会使人瘫痪等。上述伤害中,以心脏伤害的危险性为最大。因此,流经心脏的电流多、电流路线短的途径是危险性最大的途径。

从左手到胸部,电流途径也短,是最危险的电流途径;从手到手,电流也途径心脏,因此也是很危险的电流途径;从脚到脚的电流是危险性较小的电流途径,但可能因痉挛而摔倒,导致电流通过全身或摔伤、坠落等二次事故。

利用心脏电流因数可以粗略估计不同电流途径下心室颤动的危险性。心脏电流因数是某一路径的心脏内电场强度与从左手到脚流过相同大小电流时的心脏电场强度比值。表 8-2 列出了各种电流途径的心脏电流因数。

**表 8-2**　　　　　　　　　　　**各种电流途径的心脏电流因数**

| 电流途径 | 心脏电流因数 |
| --- | --- |
| 左手—左脚、右脚或双脚 | 1.0 |
| 双手—双脚 | 1.0 |
| 左手—右脚 | 0.4 |
| 右手—左脚、右脚或双脚 | 0.8 |
| 背—右手 | 0.3 |
| 背—左手 | 0.7 |
| 胸—右手 | 1.3 |
| 胸—左手 | 1.5 |
| 臀部—左手、右手或双手 | 0.7 |

例如,从左手到右脚流过 150 mA 电流,由表可知,左手到右手的心脏电流因数为 0.4,因此,其 150 mA 电流引起心室颤动的危险性与左手到双脚电流途径下 60 mA 电流的危险性大致相同。

### 8.1.5 不同频率电流对电击危险的影响

通过前面的讨论可知,在同样情况下,直流电的危险性比交流电要小得多。除了直流电(频率为 0)外,其他各种频率的电流与工频(50 Hz 或 60 Hz)电流形成的触电危险也不相同,工频 50/60 Hz 危险性最大。

首先,对于低于工频的电流,尤其皮肤对其产生的阻抗较大,因此其危险性要小于工频电流。对于高于工频的电流,皮肤对其容抗会减小,然而事实证明高于工频的电流其危险性小于工频电流。这一方面是由于人体对高频电流生理反应不同,另一方面与交流电流的趋肤效应有关。随着电流频率的增加,电流从人体皮肤或浅层通过,而进入人体深处尤其是心脏的电流会减小。

多数研究表明,50~60 Hz 是对人体的伤害最危险的频率,25~300 Hz 的交流电对心肌的影响最大,2 000 Hz 以上对心肌的影响就很小了。从实验数据可以看出,频率越高对人体的伤害就越小,在同样的条件下,高频的电击伤害程度要比工频电击伤害程度小得多。频率偏离工频越远,交流电对人体伤害越小。在直流和高频情况下,人体可以耐受更大的电流值,但高压高频电流对人体依然是十分危险的。各种电源频率下的死亡率如表 8-3 所列。

**表 8-3**                  **各种电源频率下的死亡率**

| 频率/Hz | 10 | 25 | 50 | 60 | 80 | 100 | 120 | 200 | 500 | 1 000 |
|---------|----|----|----|----|----|-----|-----|-----|-----|-------|
| 死亡率/% | 21 | 70 | 95 | 91 | 43 | 34 | 31 | 22 | 14 | 11 |

## 8.2 电击的形式

为了说明触电形式的类别,首先从触电所涉及的导电体入手。人可触及的导电体可分为正常带电导体即"带电体",以及正常状态不带电导体。带电导体包括相线、中性线(零线)以及设备内部电路,设备内部电路各部位点位不同,一般介于相线与中性线之间,危险性可按相线对待。正常状态不带电的导电体可分为外露可导电部分、外部可导电部分(外界可导电部分、装置外可导电部分)、保护导体(接地保护、等电位联结线)以及大地(潮湿的地面或与大地相连通的导电性地板),如图 8-3 所示。

外露可导电部分指的是电气设备上可以触及的可导电部分,它在正常状况下不带电,故障状况下会带电。外部可导电部分指的是电气设备以外(不是电气设备本身组成部分)的可导电部分,且与大地连接在一起,能够把大地电位引入用电设备旁或用电环境中,与正常状况带电导电体或与故障状况下带电的外露可导电部分形成电位差,造成触电伤害。此类导电体包括接地的金属护栏,建筑物内的供水、供暖管道及设备等。

保护导体是与设备的外露可导电部分或外部可导电部分相连的导线,其作用在于减少危险并协助保护装置终止故障危险状态。与外露可导电部分一样,其正常状态时不会带电,但在故障状态时会因设备外露可导电部位带电而带电。

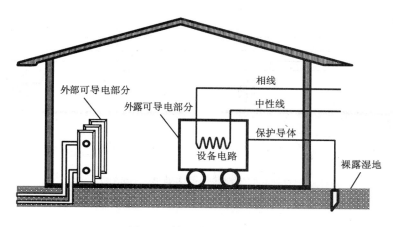

图 8-3 触电涉及的导电体

大地是人们经常触及的导电体。这里的大地是指由潮湿的土壤构成的一个面积与体积巨大的导电体。一方面,它的裸露部分(潮湿的地面)可直接导致触电;另一方面,由于外部可导电部分、设备的外露可导电部分以及供电系统的中性点与之相连,往往是构成触电回路不可缺少的部分。

触电形式是由触电所涉及的导电体类别决定的,任意上述两类导电体组合可构成一类或一种触电形式。首先,根据是否触及正常状态带电导体,可将触电形式分为直接接触和间接接触两大类。直接接触是指人接触了正常状态下应当带电的导电体(如相线或设备内部电路等)造成的触电;而间接接触是指人体接触了在正常情况下不应带电,而在故障情况下变为带电的导电体(如故障情况下带电的设备外露可导电部分)形成的触电。如图 8-4所示。

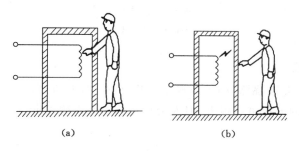

(a)                    (b)

图 8-4 直接接触与间接接触示意图
(a)直接接触触电;(b)间接接触触电

## 8.2.1 接触性触电

接触性触电是指人体直接与带电体接触的触电方式。接触触电可分为单线触电和双线触电两种。

1. 单线触电

单线触电是指人体接触一相相线或零线或设备电路某一部位,而身体的另一部位与大地接触或间接导通。单线触电强调的是人与供电系统或正常带电部分只有"一点"接触,此类触电还需同时触及一个正常情况下不带电的导电体,如金属管线、接地的设备外壳或潮湿的地面等。如图 8-5 所示。

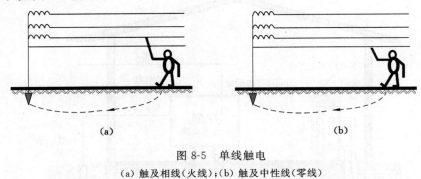

图 8-5　单线触电

(a) 触及相线(火线);(b) 触及中性线(零线)

2. 双线触电

双线触电可分为两种情况:一种是同时触及相线(火线)和中性线(零线),将其称为"单相触电"或"相电压触电",对于低压系统而言,触电电压为 220 V;另一种是人同时触及两根相线(火线),这种触电称为"双相触电"或"线电压触电",对于低压供电系统,触电电压为 380 V。如图 8-6 所示。

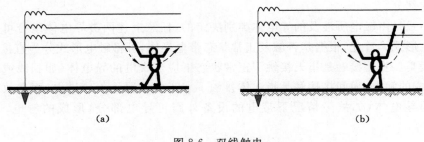

图 8-6　双线触电

(a) 单相触电;(b) 双相触电

### 8.2.2　非接触性触电

当人靠近高压带电体,距离小于或等于放电距离时,人与高压带电体之间就会产生放电。这时,通过人体的电流虽然很大,但人会被迅速击倒而脱离电源,有时不会导致死亡,但会造成严重烧伤。

1. 接触电压触电

接触电压是指人站在发生接地短路故障设备的旁边,触及漏电设备的外壳时,其手、脚之间所承受的电压。由接触电压引起的触电称为接触电压触电。如图 8-7 所示。

在发电厂和变电所中,一般电气设备的外壳和机座都是接地的,正常情况下,这些设备的外壳和机座都不带电。但当设备发生绝缘击穿、接地部分破坏,设备与大地之间产生电位差时,人体若接触这些设备,其手、脚之间便会承受接触电压而触电。为防止接触电压触电,往往要把一个车间、一个变电站的所有设备均单独埋设接地体,对每台电动机采用单独的保护接地。

2. 跨步电压触电

当电气设备发生接地故障时,接地电流通过接地体向大地流散,在地面上形成分布电位。这时,若人在接地故障点周围行走,其两脚之间(人的跨步一般按 0.8 m 考虑)的电位差,就是跨步电压。由跨步电压引起的人体触电,叫跨步电压触电,如图 8-8 所示。

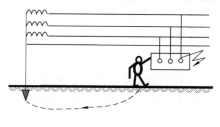 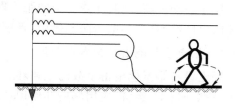

图 8-7　接触电压触电　　　　　　　　　图 8-8　跨步电压触电

人体在跨步电压的作用下,虽然没有与带电体接触,也没有放弧现象,但电流沿着人的下身,从脚经胯部又到脚与大地形成通路。触电时先是脚发麻,后跌倒。当受到较高的跨步电压时,双脚会抽筋,并立即倒在地下。跌倒后,由于头脚之间距离大,故作用于人身体上的电压增高,电流相应增大,而且有可能使电流经过人体的路径改变为经过人体的重要器官,如从头到手和脚。经验证明,人倒地后,即使电压只持续 2 s,人身就会有致命危险。

跨步电压的大小决定于人体与接地点的距离,距离越近,跨步电压越大。当一脚踩在接地点上,跨步电压将达到最大值。

下列情况和部位可能发生跨步电压电击:

(1) 带电导体,特别是高压导体故障接地处,流散电流在地面各点产生的电位差造成跨步电压电击。

(2) 接地装置流过故障电流时,流散电流在附近地面各点产生的电位差造成跨步电压电击。

(3) 正常时有较大工作电流流过的接地装置附近,流散电流在地面各点产生的电位差造成跨步电压电击。

(4) 防雷装置接受雷击时,极大的流散电流在其接地装置附近地面各点产生的电位差造成跨步电压电击。

(5) 高大设施或高大树木遭受雷击时,极大的流散电流在附近地面各点产生的电位差造成跨步电压电击。

跨步电压的大小受接地电流大小、鞋和地面特征、两脚之间的跨距、两脚的方位以及离接地点的远近等很多因素的影响。人的跨距一般按 0.8 m 考虑。

由于跨步电压受很多因素的影响以及由于地面电位分布的复杂性,几个人在同一地带(如同一棵大树下或同一故障接地点附近)遭到跨步电压电击时,完全可能出现截然不同的后果。

## 8.3　电气设备及装置的电击防护措施

一般来说,设备指工厂生产的具备特定功能的完整单元,作为整体提供给用户;装置则指一系列相关设备及零、部件组合而成的整体,具备更完整、复杂的功能,通常在工作现场组装完成。

电气设备及装置的电击防护措施主要有绝缘、屏护和间距三种。绝缘是电气设备的主要电击防护措施,而屏护和间距则主要是针对电气装置而言的。不过,设备的外壳防护本质上也属于屏护范畴,同时还隐含了间距手段。这些措施的共同之处是力图消除接触到带电导体的可能性,是直接电击防护措施,是预防而非补救措施。

### 8.3.1 用电设备电击防护方式分类

用电设备是产生电击事故的主要环节之一,因此对用电设备的电击防护性能有明确的要求。综合技术、经济、应用场所和使用功能等多方面因素,国家标准对用电设备的电击防护方式做了明确规定,简介如下。

1. 类别划分

低压用电设备按其电击防护方式分为 4 类,分别称为 0、Ⅰ、Ⅱ、Ⅲ类设备,如表 8-4 所列。

表 8-4 用电设备按电击防护方式的分类

| 类别 | 0 类 | Ⅰ类 | Ⅱ类 | Ⅲ类 |
| --- | --- | --- | --- | --- |
| 设备主要特征 | 基本绝缘,无保护连接手段 | 基本绝缘,有保护连接手段 | 基本绝缘和附加绝缘组成的双重绝缘或相当于双重绝缘的加强绝缘,没有保护接地手段 | 由安全特低电压供电,设备不会产生高于安全特低电压的电压 |
| 安全措施 | 用于不导电环境 | 与保护接地相连 | 不需要 | 接于安全特低电压 |

(1)0 类设备。仅依靠基本绝缘作为电击防护手段的设备,称为 0 类设备。这类设备的基本绝缘一旦失效,是否会发生电击危险,完全取决于设备所处的场所条件。所谓场所条件,主要是指人操作设备时所站立的地面及人体能触及的墙面,或装置外导电部分等的情况。

0 类设备一般用于非导电场所。由于 0 类设备的电击防护条件较差,在一些发达国家已逐步被淘汰,有些国家甚至已明令禁止生产该类产品。

(2)Ⅰ类设备。Ⅰ类设备的电击防护不仅依靠基本绝缘,而且还提供了采取附加安全措施的条件,即与设备电源线一起引出一根与设备外露导电部分连接的 PE 线,这根线可用来与场所中固定布线系统中的保护线(或端子)相连接。

在我国日常使用的电器中,Ⅰ类设备占了大多数。前面介绍的 TT、TN、IT 系统,设备端的保护连接方式都是针对Ⅰ类设备而言的。Ⅰ类设备的 PE 线,应该与设备的相线和中性线配置在一起引出。设备的电源线若采用软电缆,则保护线应当是其中的一根芯线。我们通常的家用电器的三芯插头,其中一芯就是 PE 线插头片,它通过插座与室内固定配线系统中的 PE 线相连。

(3)Ⅱ类设备。Ⅱ类设备指采用了双重绝缘或加强绝缘的用电设备,Ⅱ类设备不设置保护线。

双重绝缘和加强绝缘是在基本绝缘的直接接触电击防护的基础上,通过结构上附加绝缘或加强绝缘,使之具备了间接接触电击防护功能的安全措施。

典型的双重绝缘和加强绝缘的结构示意图如图 8-9 所示。现将各种绝缘的意义介绍如下：

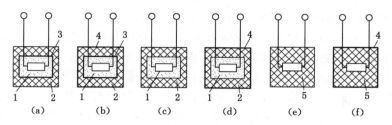

图 8-9　双重绝缘和加强绝缘

1——工作绝缘；2——保护绝缘；3——不可触及的金属件；4——可触及的金属件；5——加强绝缘

工作绝缘，又称基本绝缘或功能绝缘，是保证电气设备正常工作和防止触电的基本绝缘，位于带电体与不可触及金属件之间。

保护绝缘，又称附加绝缘，是在工作绝缘因机械破损或击穿等而失效的情况下，可防止触电的独立绝缘，位于不可触及金属件与可触及金属件之间。

双重绝缘，是兼有工作绝缘和附加绝缘的绝缘。

加强绝缘，是基本绝缘经改进后，在绝缘强度和机械性能上具备了与双重绝缘同等防触电能力的单一绝缘，在构成上可以包含一层或多层绝缘材料。

Ⅱ类设备一般用绝缘材料做外壳，也有采用金属外壳的，但其外壳不能与保护线连接，只有在实施不接地的局部等电位联结时，才考虑将设备的金属外壳与等电位联结线相连。从电击防护角度来看，可不考虑Ⅱ类设备漏电的可能性，即认为在Ⅱ类设备上是不可能发生间接电击事故的。

（4）Ⅲ类设备。Ⅲ类设备指采用 SELV（安全特低电压）供电的用电设备，这类设备要求在任何情况下，设备内部都不会出现高于安全电压限值的电压。

2. 类别划分与电击防护的关系

以上各类设备均具有直接电击防护功能，但间接电击防护性能和途径各有不同，分述如下：

（1）0 类设备只能用于非导电场所，无其他间接电击防护手段。

（2）Ⅰ类设备用于正常电压供电的 TT、TN、IT 系统，一旦发生碰壳漏电故障，则需通过实施于供配电系统或作业场所的其他措施进行间接电击防护。

（3）Ⅱ类设备用于正常电压供电的系统，其电击防护既不依赖于供配电系统，也不依赖于使用场所的环境条件，而是完全依靠设备自身。从工程角度看，不用考虑该类设备发生绝缘损坏的可能，也即该类设备无间接电击发生的可能。

（4）Ⅲ类设备用于特低电压系统，必须满足一系列的相关条件，才可以不考虑间接电击发生的可能。

## 8.3.2　电气设备外壳防护等级

1. 外壳与外壳防护的概念

电气设备的"外壳"是指与电气设备直接相关联的界定设备空间范围的壳体，那些设置在设备以外的为保证人身安全或防止人员进入的栅栏、围护等设施，不能被算作是"外壳"。

外壳防护是电气安全的一项重要措施,但必须明确的是,它不仅仅是电击防护的措施。防护既有保护人身安全的目的,又有保护设备自身安全的目的,还可能有保护环境安全的作用,对于前两者,相关标准规定了外壳的两种防护形式。

第一种防护形式:防止人体触及或接近壳内带电部分和触及壳内的运动部件(光滑的轴承和类似部件除外),防止固体异物进入外壳内部。

第二种防护形式:防止水进入壳内部而引起不利的影响。

电击防护主要基于以上第一种防护形式,如对于运动的带电部件,绝缘难以实施,这时外壳防护就成了电击防护的主要手段。但第一种防护形式还有防止设备对人体造成机械伤害的作用,同时还在一定程度上能防止设备自身受到外来机械伤害。

2. 外壳防护与电击防护的关系

外壳防护的本意有两种:一是通过外壳防护保护设备外壳免受外界危害;二是通过外壳防护使人免受设备伤害(包括机械和电气伤害)。因此,外壳防护具有直接电击防护功能,但并非仅为电击防护而设置。

### 8.3.3 屏护

所谓屏护,就是使用屏障、遮栏、护罩、箱盒等将带电体与外界隔离。配电线路和电气设备的带电部分如果不便于包以绝缘或者单靠绝缘不足以保证安全的场合,可采用屏护保护。此外,对于高压电气设备,无论是否有绝缘,均应采取屏护或其他防止接近的措施。

1. 阻隔(屏蔽)

阻隔是指通过全方位的机械隔离,防止人员无意或有意接近带电体而发生直接电击事故的技术措施,又可称为屏蔽,常用金属挡板、网孔遮拦等实施。阻隔上若开孔,孔径大小或形式也由外壳防护形式 IPXX 表示。

开关电器的可动部分一般不能包以绝缘,因而需要加以屏护。其中防护式开关电器本身带有屏护装置,如胶盖闸刀开关的胶盖、铁壳开关的铁壳、磁力启动器的铁盒等。而开启式石板闸刀开关则要另加阻隔装置。对于用电设备的电气部分,按设备的具体情况常各有电气箱、控制柜,或装于设备的壁龛内作为阻隔装置。

阻隔装置有永久性的,如配电装置的遮栏和开关的罩盖等;临时性的,如检修中临时装设的栅栏等;固定的,如母线的护网;移动性的,如跟随天车移动的天车滑线屏护装置。

由于阻隔装置不直接与带电体接触,因此对制作阻隔装置所用材料的导电性能没有严格的规定。但是,各种阻隔装置都必须有足够的机械强度和良好的耐火性能。此外,还应满足以下要求:

(1) 用金属材料制成的阻隔装置,为了防止屏护装置意外带电造成触电事故,必须将屏护装置接地或接零。

(2) 阻隔装置一般不宜随便打开、拆卸或挪移,有时其上还应装有联锁装置(只有断开电源才能打开)。

(3) 阻隔装置还应与以下安全措施配合使用:

① 阻隔装置应有足够的尺寸,并应与带电体之间保持必要的距离;

② 网眼阻隔装置的网眼应不大于 40 mm×40 mm。

配合阻隔采用信号装置和联锁装置。前者一般用灯光或仪表指示有电,后者采用专门装置,当人体越过装置可能接近带电体时,所屏护的装置自动断电。

2. 障碍

障碍是指通过机械阻挡提示,防止人员无意识接近带电导体而发生直接电击事故的技术措施,与阻隔相似,但只提供局部的防护,并不具备防止故意接触带电体行为的功能。常见的有半高的护栏、挡板等。

变配电设备应有完善的屏护装置。安装在室外地上的变压器,以及安装在车间或公共场所的变配电装置,均需装设遮栏作为屏护。遮栏高度应不低于 1.7 m,下部边缘离地应不超过 0.1 m。对于低压设备,网眼遮栏与裸导体之间的距离不宜小于 0.15 m;10 kV 设备不宜小于 0.35 m;20~35 kV 设备不宜小于 0.6 m。户内栅栏高度应不低于 1.2 m;户外不低于 1.5 m。对于低压设备,栅栏与裸导体之间的距离不宜小于 0.8 m,栏条间距应不超过 0.2 m。户外变电装置的围墙高度一般应不低于 2.5 m。

被屏护的带电部分还应有明显的标志,标明规定的符号或涂上规定的颜色,遮栏、栅栏等屏护装置上应根据被屏护对象挂上"禁止攀登,高压危险!""当心触电!"等警告牌。

### 8.3.4　安全距离

为防止人体触及或过分接近带电体,或防止其他物体碰撞带电体,以及避免发生各种短路、火灾和爆炸事故,在人体与带电体之间、带电体与地面之间、带电体与带电体之间、带电体与其他物体和设施之间,都必须保持一定的距离,这种距离称为电气安全距离,简称间距。间距的大小取决于电压的高低、设备的类型及安装的方式等因素。

安全距离是电气安全领域用途最为广泛的一种基本防护措施,例如,输电线路的架设高度、与建筑物和树木等的距离都是防止电气事故的基本措施。各种电力设施安全距离所考虑的主要事故对象是不同的,如输电线路的架设高度要考虑车辆及其他较高物体与之接触。鉴于电力设施有着太多的安全距离要求,以下内容只涉及与人触电直接相关的一些安全距离,包括用于直接接触防护的伸臂范围、带电体之间的距离、带电体与接地部件(外壳、遮栏)以及操作检修安全距离。

对于低压带电体,防止直接接触便可避免触电,因此将带电体置于人的活动范围(伸臂范围)之外便可达到防触电目的。而对于高压带电体,考虑其会出现闪络,人与带电部件不但不能接触,还要使人的活动范围与高压带电体之间保持足够的安全距离。对高压带电体的安全距离,主要考虑各种过电压有可能造成的闪络,尤其是雷电和系统内部操作引起的过电压。

1. 伸臂范围

当未能采用固定材料作为基本绝缘以及屏护等安全防护措施时,可以考虑使用伸臂范围作为低压触电基本防护措施。伸臂范围是指人从通常站立或活动的表面上的任一点延伸到人不借助任何手段,从任何方向能用手达到的最大范围。伸臂范围有两种应用形式:一是使可导电部分之间保持足够距离以避免人同时触及两个具有不同电位的导体,这个距离(或高度)一般要求为 2.5 m 以上;另外一种应用形式为通过阻挡物将带电部位排除在包括伸臂所能触及区域在内的活动范围之外。

2. 带电部件之间以及接地部件之间的安全距离

依照 IEC 标准《户外严酷条件下的电气设施》,带电部件之间以及与接地部件(屏护装置)的最小安全间距见表 8-5 和表 8-6。

**表 8-5** 户内设施的电气间隙

| 额定工作电压/kV | 3 | 6 | 10 | 15 | 20 | 35 | 63 | 110J | 110 |
|---|---|---|---|---|---|---|---|---|---|
| 带电部件至接地部件之间/mm | 75 | 100 | 125 | 150 | 180 | 300 | 550 | 850 | 950 |
| 不同极的带电部件之间/mm | 75 | 100 | 125 | 150 | 180 | 300 | 550 | 900 | 1 000 |

注:1. 表中 110J 是指中性点直接接地电力网;

2. 海拔超过 1 000 m 时,表中的值应按每升高 100 m 增大 1% 进行修正。

**表 8-6** 户外电气设施的电气间隙

| 额定工作电压/kV | 3～10 | 15～20 | 35 | 63 | 110J | 110 | 220J |
|---|---|---|---|---|---|---|---|
| 带电部件至接地部件之间/mm | 200 | 300 | 400 | 650 | 900 | 1 000 | 1 800 |
| 不同极的带电部件之间/mm | 200 | 300 | 400 | 650 | 1 000 | 1 100 | 2 000 |

注:1. 表中 110J、220J 是指中性点直接接地电力网;

2. 海拔超过 1 000 m 时,表中的值应按每升高 100 m 增大 1% 进行修正。

3. 操作及检修作业过程带电部件的最小距离

当进入带有裸露带电部件的区域进行操作或检修作业时,人与带电部件的最小距离应符合表 8-7 所给出的最小距离。当此最小距离不能满足时,要采取其他防护措施,如采取个体防护手段。

**表 8-7** 人与带电部件的最小接近距离

| 额定工作电压/kV（有效值,相-相） | 1 | 6 | 10 | 20 | 30 | 45 | 60 | 110 | 150 | 220 |
|---|---|---|---|---|---|---|---|---|---|---|
| 最小接近距离/mm | — | 90 | 150 | 215 | 325 | 520 | 700 | 1 100 | 1 500 | 2 200 |

注:未规定最小接近距离的,要避免与带电部件接触。

# 8.4 低压系统自身的电击防护性能分析

电击发生时流过人体的电流,除雷电和静电等少数情况外,绝大部分情况下来自于供配电系统。所谓系统自身的电击防护性能,是指 TT、TN、IT 系统在没有附加其他专门电击防护措施情况下,对电击事故的防护能力。TT、TN、IT 系统自身对直接电击都没有防护能力,这里电击防护性能分析仅针对间接电击,即 Ⅰ 类用电设备发生碰壳漏电故障、设备外露导电部分带电的情况下,系统对电击危险性的处理能力。

## 8.4.1 低压系统接地故障

1. 接地故障定义

相导体与大地有联系的导体之间非正常电气连接,称为接地故障。如:相线与接地的

PE 线、PEN 线、建筑物金属构件的电气连接,相线跌落大地等。

**2. 接地故障与电击事故的关系**

对电击防护Ⅰ类用电设备而言,在 TT、TN、IT 系统中,设备外壳都通过 PE 线与大地相连,设备相导体碰壳(漏电)故障即相导体与 PE 线电气连接,因此均为接地故障。换句话说,在以上接地系统中,间接电击危险性都是故障产生的。站立在地面的人发生直接电击,也是接地故障。

**3. 接地故障与单相短路故障的区别与联系**

在工频交流系统中,接地与单相短路的共同特征是故障点处相导体与另一导体发生了非正常电气连接,形成故障回路。若故障回路阻抗只包含电网阻抗,则是单相断路故障;若另一导体与大地有电气联系,则为接地故障。这两种故障是按不同标准命名的,两者之间可能有交叉情况。具体就 TT、TN、IT 系统而言,有以下几种情况:

(1) TT、TN、IT 系统中,相线与中性线间的金属性连接均为单相短路故障,但只有 TT 和 TN 系统中同时又是接地故障。

(2) TT、TN、IT 系统中,相线与 PE 线间的金属性连接均为接地故障,但只有 TN 系统中同时又是单相短路故障。

### 8.4.2　TT 系统间接电击防护性能分析

**1. TT 系统正常与故障状态下各部分对地电压**

正常状态下,TT 系统保护接地极与电源中性点接地极均无电流经过。因此,保护接地极与中性点接地极对地电压均为零,或者说两者均可视为参考地。在此基础上,不难得出 TT 系统各正常带电部分及外露导电部分的对地电压。设备外壳与保护接地极相连,其对地电压为零,而各相线对地电压与相电压相同,为 220 V。人直接触及相线所面临的预期接触电压为 220 V。如果 TT 系统三相负载完全平衡,则在中性线没有电流流过,整个中性线与电源中性点的电位相同,对地电压为零。然而,大部分情况下三相负载很难完全平衡,因此会在供电系统总中性线产生一定的电流,相应地中性线上各对地电位不再为零,且随与中性点距离的增加而增加。中性线对地电压一般情况下没有致命危险,但在三相负载严重不平衡的情况下,也会对人造成致命伤害。

当设备发生接地漏电故障时,如果故障点电阻可以忽略,即发生了所谓金属性接地故障或理想碰壳故障,忽略电源及回路导线电阻,则电源电压全部落在中性点接地电阻和设备保护接地电阻之上,如图 8-10 所示,两者对地电压相位相反,大小与各自的接地电阻成正比。

中性点接地极对地电压为:

$$U_N = \frac{R_N}{R_N + R_E} U_E$$

**2. TT 系统保护接地的作用**

图 8-11 所示为 TT 系统设备发生碰壳接地故障后,设备没有保护接地时人触摸设备外壳的等效电路图。该图考虑的是最为危险的触电情况,假设人赤脚站在潮湿的地面,没有鞋子、地板等提供绝缘保护,脚下土壤流散电阻相对人体阻抗也忽略不计,那么电源的相电压 $U_0$ 由人体与中性点接地电阻共同承担。

如果人体阻抗按纯电阻 1 000 Ω 计算,中性点接地电阻按一般技术要求上限 4 Ω 计算。那么,由于人体阻抗远大于中性点接地电阻,因此人体接触电压 $U_t$ 与相电压近似相等,为

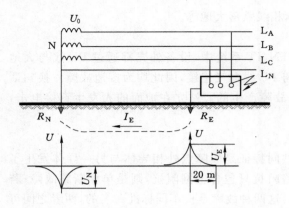

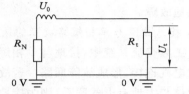

图 8-10　TT 系统碰壳故障示意图　　　　图 8-11　TT 系统没有保护接地时人体接触电压

220 V。此时,接地故障电流为:

$$I_{E1} = \frac{U_0}{R_N + R_t} \approx \frac{U_0}{R_t} = \frac{220\ V}{1\ 000\ \Omega} = 220\ mA$$

从电压角度,人体接触电压远超过 50 V 的相对安全电压,从电流角度,人体电流远超过室颤阈 50 mA。因此,不接地肯定是有致命危险的。

图 8-12 采取设备保护接地后,考虑人赤脚站在湿地距接地极 20 m 外触摸设备这一最危险情况。由于人体电阻 $R_t$ 会远大于保护接地电阻 $R_E (\leqslant 4\ \Omega)$,人触摸设备前后设备外壳对地电压不会有明显变化。如果保护接地电阻 $R_N$ 与中性点接地电阻 $R_E$ 相近,那么人体接触电压为 110 V 左右。

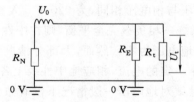

图 8-12　TT 系统有保护接地人体接触电压

由此看出,采用接地保护后,相对没有接地保护时人体接触电压有显著下降。不过,接地保护往往不能将设备外壳对地电压或人体最大接触电压降至相对安全电压 50 V 以下。因此,设备接地后仍有触电危险。

理论上可通过降低保护接地电阻使设备外壳对地电压降至 50 V 以下,这样做不经济,且接地电阻随季节和外部环境条件在不断变化,故通过降低保护接地电阻获得的安全保险系数很低,可靠性差。因此,不能将接地保护视为一种独立的单项防护措施。

保护接地除了能降低故障情况下人体接触电压外,另一个重要作用是能够形成故障电流来驱动保护装置,尤其是剩余电流动作保护装置 RCD。TT 系统设备如果没有保护接地,发生碰壳故障后,虽然设备外壳带上了危险对地电位,但无法形成接地故障电流来驱动保护装置自动切断电源,只有人体接触故障设备时,保护装置才能发挥作用,而采用接地保护后,随时可以产生接地故障电流,完全可以在人接触故障设备之前断开电源,避免人触电。

因此,对于 TT 系统而言,保护接地的作用可以概括为两个方面:

（1）降低接触电压（但一般不能达到安全水平）。

（2）及时形成漏电故障电流，驱动自动断电保护装置断开电源。

### 8.4.3　TN 系统间接电击防护性能分析

**1. TN 系统正常与故障状态下各部分对地电压**

正常情况下，各类 TN 系统中性点、相线对地电压以及 TN-S 系统工作零线和设备外壳对地电压与 TT 系统完全相同。所不同的是，TN-C 系统和 TN-C-S 系统在三相负载不平衡的情况下，会在 PEN 线上产生电压降。因此，即使是在正常情况下，这两种 TN 系统的设备外壳都有可能带有一定的对地电压，虽大多数情况可能不是危险电压，但在系统 PEN 线断开的情况下，设备外露可导电部分会带上危险对地电压。

在设备出现漏电故障情况下，漏电故障电流经 PE 线或 PEN 线回到电源中性点。由于没有电流经过供电系统中性点接地极，因此接地极及中性点在故障情况下对地电压仍为零。故障设备外壳对地电压故障电流 $I_F$ 在设备外壳至电源中性点之间 PE 线或 PEN 线上的电压降 $U_E$，而 PE 线或 PEN 线上各点对地电压则因距中性点距离不同而不同，见图 8-13。其他没有发生故障相线的对地电压在故障前后没有变化，仍为 220 V，而发生故障相线对地电压在电源处仍为 220 V，在设备处降至设备外壳对地电压 $U_E$，而中间各点对地电压则各不相同。

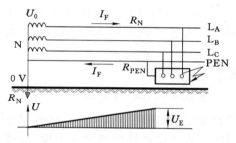

图 8-13　TN 系统故障情况下对地电压

**2. 接零保护的作用**

TN 系统将设备外露可导电部分接到保护零线（PE 线或 PEN 线）上，这种保护措施传统上称为"接零保护"。如果 TN 系统用电设备没有采取接零保护，设备发生碰壳故障后，那么其预期接触电压与 TT 系统一样，接近 220 V。

为了防止 TN 系统保护接零中途断开以及控制其他一些不利因素的影响，除在电源中性点接地外，TN 系统保护零线（PE 线或 PEN 线）还在其他地方再次或多次接地，这种接地称为重复接地，如图 8-14 所示，其中 $R_r$ 为重复接地。

重复接地可降低设备发生故障后系统内所有设备外壳对地电压，重复接地后，重复接地与中性点接地将构成故障电流的另外一个通道；同时，中性点对地电压将不再为零，系统各部分对地电压也会有所变化。图 8-14 所示为重复接地后系统中性点、PEN 线各点以及重复接地极（设备外壳）对地电压。图 8-15 所示为相应等效电路。

采用接零保护后，则设备外壳对地电压为故障电流在 PE 线或 PEN 线上的电压降。如果设备发生理想碰壳故障，即故障点电阻可以忽略，同时忽略电源电阻，那么故障设备外壳的对地电压为：

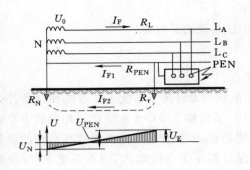

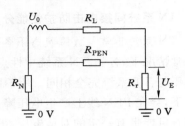

图 8-14　TN 系统重复接地后对地电压　　　　图 8-15　TN 系统重复接地后等效电路

$$U_{\mathrm{E}} = U_{\mathrm{PEN}} = \frac{R_{\mathrm{PEN}}}{R_{\mathrm{PEN}} + R_{\mathrm{L}}} U_0$$

其中，$R_{\mathrm{PEN}}$ 和 $R_{\mathrm{L}}$ 分别为保护零线和相线电阻。如果相线与保护线采用同一型号导线，则两者相等，此时 $U_{\mathrm{E}} = 110\ \mathrm{V}$。采用接零保护后，与接地保护类似，同样可以降低设备外壳对地电压，不过一般也不会降至 50 V 以下。

接零保护的根本目的显然不是用于降低设备外壳对地电压，而是为故障电流形成一个全金属性低电阻电流通道。该通道在设备发生碰壳故障时，可以形成数百安乃至更大的故障电流，从而可以有效地驱动过流保护装置。当然，驱动剩余电流动作保护装置更是不成问题。

### 8.4.4　IT 系统间接电击防护性能分析

1. IT 系统一次接地漏电故障各部分对地电压

当 IT 系统只有一台设备发生接地漏电故障（一次故障）时，IT 系统便与地产生了电导性联系，见图 8-16。设备漏电电流经设备接地极进入大地，经线路对地电容 $C$ 回到其他两根相线，当然，发生故障的相线仍会有一定的电流对地电容进入大地。IT 系统故障电流形成与 TT 系统和 TN 系统有着很大的区别，IT 系统故障电流是由三相电源共同作用形成的，而 TT 系统和 TN 系统的故障电流只与发生故障的一相电源有关。利用戴维南定理可获得如图 8-17 所示等效电路图，其中 $Z_{\mathrm{C}}$ 为每根相线与大地之间电容 $C$ 的容抗 $[Z_{\mathrm{C}} = (1/2\pi fC)]$。

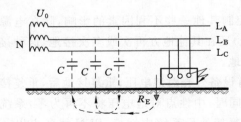

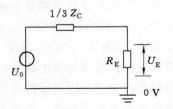

图 8-16　IT 系统单一故障状态对地电压　　　　图 8-17　IT 系统接地故障等效电路图

由图 8-17 可知，IT 系统发生接地故障后，设备外壳对地电压为：

$$U_E = \frac{R_E}{|R_E + Z_C/3|}U_0 = \frac{R_E}{\left|R_E + j\dfrac{1}{6\pi fC}\right|}U_0$$

电缆与地之间的电容受架设方式、线缆类型等多种因素影响,其大小从 $1 \times 10^{-3}\ \mu F/km$ 到 $1 \times 10^{-1}\ \mu F/km$ 量级不等,容抗从数千欧每千米到数百千欧每千米。考虑电容较大情况,每根相线与地之间电容取值 $0.2\ \mu F/km$,其相应容抗为 $16\ k\Omega/km$,假设电源与设备距离 $2\ km$,则每根相线对地容抗 $Z_C = 8\ k\Omega$,保护接地电阻 $R_E$ 取 $4\ \Omega$,那么发生碰壳故障后设备外壳对地电压为:

$$U_E = \frac{R_E}{\left|R_E + \dfrac{1}{3}Z_C\right|}U_0 = \frac{4}{\left|4 + \dfrac{1}{3} \times 8 \times 10^3\right|} \times 220\ V = 0.33\ V$$

IT 系统设备发生接地漏电故障后,设备外壳对地电压非常低,远小于相对安全电压 50 V。在此基础上也可以推出故障情况下 IT 系统其他带电部位的对地电压。首先,发生接地故障相线的对地电压与设备外壳相同(0.33 V),接近 0 V。中性点对地电压接近 220 V,而没有发生接地故障的两根相线对地电压均接近 380 V。

2. IT 系统保护接地的作用

IT 系统保护接地的作用可以从人体接触电压与人体电流两个方面加以说明。从接触电压角度而言,正如前文所举例子,IT 系统设备采取保护接地后,完全可以保证人的安全。

如果上述例子的设备没有进行保护接地,发生碰壳故障后人接触设备外壳。如果人体阻抗 $R_t$ 按纯电阻 $1\,000\ \Omega$ 计算,则预期接触电压为:

$$U_t = \frac{R_t}{\left|R_t + \dfrac{1}{3}Z_C\right|}U_0 = \frac{1\,000}{\left|1\,000 + \dfrac{1}{3} \times 8 \times 10^3\right|} \times 220\ V = 77.2\ V$$

没有保护接地,设备外壳对地电压有可能超过 50 V,有致命危险。

低压 IT 系统在满足一般保护接地要求,即不超过 $4\ \Omega$ 情况下,能够达到安全水平。而且,即使把保护接地电阻增大至 $100\ \Omega$,上述例子相应预期接触电压为 8.2 V,经过人体的电流为 8.2 mA,仍然很安全。所以,IT 系统保护接地不但能保证安全,而且这种安全具有较高的保险系数。

# 8.5　低压系统上专门的电击防护措施

## 8.5.1　电气隔离

电气隔离又称为电气分离,是指在局部范围或对有限数量的用电设备采用与其他电气回路及大地完全隔离的供电回路,如图 8-18 所示。

电气隔离的安全原理是当人触及隔离系统某一带电部位(无论是正常带电还是故障带电)时,由于隔离系统与周围导体及大地处于绝缘状态,无法通过人体及周围导体或大地形成电流回路,因而也就避免了人遭受电击。

为了形成安全可靠的电气分离系统,减少隔离失效的可能性,隔离系统必须从电源(隔离变压器或专用发电机)、隔离系统线路以及用电设备 3 个方面提出相应技术要求。

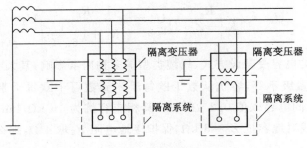

图 8-18　电气隔离

**1. 电气隔离系统电源技术要求**

隔离系统的电源要采用与一般变压器不同的专用隔离变压器供电。为了使总供电系统与隔离系统完全可靠隔离,隔离变压器必须从主副线圈的绝缘、主线圈输入电压、副线圈输出电压及输出功率等加以限制。输入输出电压的限制可以降低故障情况下的触电危险,而变压器输出功率的限制可以控制用电设备的数量,减少隔离失效的概率及系统的容性漏电电流。此外,隔离变压器主副线圈之间要采取双重绝缘或加强绝缘,以防止主线圈电压窜入电气隔离系统。

**2. 电气隔离系统回路要求**

(1) 保持独立,严禁与其他回路、保护线、大地有连接。

(2) 尽量独立布线,即独立采用穿线管或护套。

(3) 若采用软电线电缆,易受机械伤害部分全长可见,以便及时发现故障。

(4) 隔离回路长度与电压乘积小于等于 100 000 V·m,但最长不超过 500 m,这样可以减少回路对地电容形成的漏电流。

**3. 电气隔离系统设备要求**

(1) 隔离系统设备不接地,不与系统外其他导体做电气连接。

(2) 当隔离系统有多台设备时,各设备外壳之间要做不接地等电位联结。其作用是降低距离较近两设备发生异相碰壳故障时其外壳间的电位差,避免人同时接触这两台设备时遭受电击。同时,可形成较大的故障电流,从而更有效驱动过载保护装置。设备间等电位联结的导线截面积要与隔离系统回路导线截面积相同。

(3) 为了在两台设备发生异相碰壳漏电故障时迅速断开电源,电气隔离系统要装设过电流断路器或漏电保护装置。

## 8.5.2　特低电压

特低电压(extra-low voltage,ELV)一般是指交流不超过 50 V,无纹波直流(交流成分有效值不超过直流成分的 10%)不超过 120 V 的电压。由人体电气安全特性可知,50 V 的交流电压产生的人体电流仍有可能使人心室发生纤维性颤动的可能,因此特低电压只是相对安全电压。此外,即使是同一特低电压,其安全水平也因提供该电压的电气系统或电源不同而有很大的差别。根据提供特低电压电气系统的防护水平与防护方式,可将特低电压分为:安全特低电压(safety extra-low voltage,SELV)、保护特低电压(protective extra-low voltage,PELV)和功能特低电压(functional extra-low voltage,FELV)。其中,安全特低电压(SELV)和保护特低电压(PELV)均被国际电工委员会视为一种复合电击防护措施,能够可靠地保证安全。而功能特低电压（FELV）则不被视为是一种复合安全措施,使用时必须辅以其他防护措施。

SELV、PELV 和 FELV 概念与 ELV 概念有着本质的不同,ELV 只是一个具有特定数值的电压,而 SELV、PELV 和 FELV 则指的是具有 ELV 的电气系统。

依照 1993 年前执行的《安全电压》(GB 3805—1983)标准,我国曾将 SELV 称为"安全电压"。考虑到"安全电压"并不是绝对没有致命危险。因此,为了避免造成误解,国际电工委员会建议慎用"安全"两字。"安全电压"这一术语已不再使用,而且"安全特低电压(safety extra-low voltage,SELV)"也尽量不用全称,而用 SELV 代替,避免人们按照字面理解其意。

依照《标准电压》(GB/T 156—2017),属于特低电压范围的优选标准特低电压值有:6,12,24,48 V,标准电压备选值有:5,15,36,42 V。由于过去标准《安全电压》(GB 3805—1983)影响的延续,我国目前常用标准特低电压值为:6,12,24,36,42 V。

1. 安全特低电压

安全特低电压(SELV)系统简单而言就是具有特低电压的电气隔离系统,如图 8-19 所示。安全特低电压(SELV)系统作为一种兼有防直接接触触电和间接接触触电的防护措施,其基本要求为:对 SELV 系统回路电压进行限制(即交流不超过 50 V,直流不超过 120 V);SELV 系统与其他 SELV 或 PELV 及地之间采用简单分隔,即采用基本绝缘进行隔离;SELV 系统与其他非 SELV 或 PELV 回路采用保护分隔,即采用双重绝缘或加强绝缘或基本绝缘加保护屏蔽进行隔离。

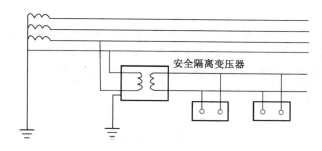

图 8-19　安全特低电压(SELV)系统

2. 保护特低电压

有时由于功能需要或其他原因需要,安全特低电压(SELV)系统的带电回路不得不接地或与 PE 线相连接,而接地后的安全特低电压(SELV)系统称为保护特低电压(PELV)系统,如图 8-20 所示。由于保护特低电压(PELV)系统不再像安全特低电压(SELV)系统那样与其他回路及大地处于完全隔离状态,接地 PE 线有可能将外部危险对地电压引入保护特低电压(PELV)系统内,因此保护特低电压(PELV)系统往往需要适当增补防护措施。将保护特低电压(PELV)系统内所有设备的外露可导电部分与 PE 线连接到一起,并与 PELV 系统外可能同时触及的可导电部分做等电位联结,从而避免 PELV 系统内外电位差造成的触电。

对于标称电压交流有效值超过 25 V 或直流超过 60 V 的 PELV 系统,IEC 对补充(相

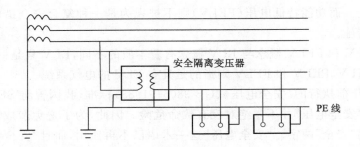

图 8-20　保护特低电压(PELV)系统

对 SELV 系统而言)防护措施没有提出明确要求,这是因为 PELV 系统与 SELV 一样,要求对其回路与设备采用屏护或绝缘材料进行全面防护。而对于标称电压交流有效值不超过 25 V 或直流不超过 60 V 的 PELV 系统,如果要想在干燥环境下不采取绝缘或屏护防护措施,那么,采用等电位联结补充防护措施是必需的前提。否则,带电部位不可裸露,必须采取屏护或绝缘防护措施。

当然,无论任何情况,对于标称电压交流有效值不超过 12 V,或无纹波直流不超过 30 V 的 PELV 回路及其设备,不要求采取绝缘或屏护这类直接接触防护措施,这一点与 SELV 系统要求相同。需要说明的是,在较早的 IEC 标准中,PELV 系统带电部位在任何情况下不采取直接接触防护措施(可以裸露)的条件是标称电压交流有效值不超过 6 V,或无纹波直流不超过 15 V,这一要求现在放宽了。

3. 功能特低电压

功能特低电压(FELV)只是为了满足功能需要而采用特低电压,不能满足 SELV 或 PELV 技术要求,其系统电源、回路及设备均有可能达不到 SELV 或 PELV 的隔离或防护标准,因此,FELV 系统不可作为一种复合防护措施使用。如图 8-21 所示,FELV 系统采用了自耦式变压器,而非安全隔离变压器。

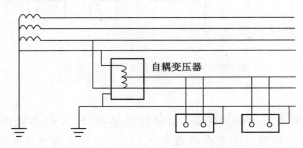

图 8-21　功能特低电压(FELV)系统

如果 FELV 系统供电是由自耦变压器、分压器、半导体器件设备等从较高电压系统得到的,则认为这样的供电回路是较高电压系统回路的延伸,应当按照较高电压回路采取保护措施。除了采取绝缘与屏护等基本防护措施外,还要与较高电压回路的保护导体相连,利用较高回路保护装置获得自动断开电源保护。也可与较高电压回路设备的外露可导电部分以及外部可导电部分采用等电位联结以消除触电危险。

# 8.6　作业场所的电击防护

作业场所的防护措施是通过改变环境特性实现的,主要有非导电场所和等电位联结两种。

### 8.6.1　非导电场所

理论上,如果不管正常或故障情况下,作业场所的人员都无法同时触及可能带不同电位的导体,这种环境就可以称为非导电场所。由于大地本身就是一个导体,与大地有紧密联系的建筑物地板、墙、顶棚等也就有导电进入大地的可能性,因此,工程上所谓的非导电场所,是指利用不导电的材料制成的地板、墙壁、顶棚等,使人员所处环境成为一个较高对地绝缘水平的场所。在这种场所中,当人体一点与带电体接触时,不可能通过大地形成电流回路,从而保证了人身安全。

工程上,非导电场所应符合以下安全条件:

(1)地板和墙壁每一点对地电阻,应用于交流 500 V 及以下电压应不小于 50 kΩ,应用于交流 500 V 以上电压时应不小于 100 kΩ。规定绝缘电阻阻值,主要是为了保证绝缘的有效性。

(2)尽管地面、墙面的绝缘使场所内与场所外失去了电流通道,但就场所内而言,若同时触及带不同电位的导体,仍然有电击危险,对此应采取屏护与间距等措施,以避免同时触及带不同电位的导体而发生电击伤害事故。为此,应采取置于伸臂范围之外和屏护等措施以避免人同时触及具有不同电位的可导电部分造成触电事故。如图 8-22 所示,当两台设备的净距离不小于 2.5 m 时,可认为是不可同时触及的,否则应采取屏护措施避免人同时触及设备外露可导电部分。屏护应采用绝缘材料,以避免屏护两侧同时有人触及各自一侧的设备和屏护,造成被隔开的两台设备被两个人同时触及的情况。

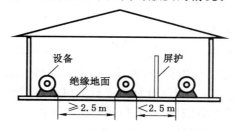

图 8-22　非导电场所示意图一

尽管通过绝缘地面与墙面、置于伸臂范围之外以及屏护可以避免人同时触及具有不同电位的导体,为了增加非导电场所的安全可靠性,避免上述措施失效后导致的触电危险,非导电场所应避免引入外部电位(包括参考地零电位)。防止外部电位的引入包括两个方面:一是非导电场所不设保护线(PE 线),也就是说非导电场所的设备外壳不要与 PE 线相连,相连后反而增加了触电的可能性。PE 线本身在正常状态下往往具有参考地电位(零电位),在故障时具有非零电位,无论哪种情况都会带来触电危险。二是尽量避免由外部进入非导电场所的金属管线引入的电位,如水管、通风管道等。对此,除了采取上述伸臂范围及屏护措施外,对于通风管道(水管没必要,水本身导电)还可以采用隔离手段,即采用一小段绝缘管道将非导电场所内外的金属管道隔离,如图 8-23 所示。

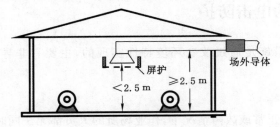

图 8-23　非导电场所示意图二

（3）为了保证对地绝缘的特征,场所内不得设置接地的 PE 线。

（4）非导电场所内的装置外导电部分不得将自身电位引至场所以外。

（5）非导电场所内的非导电性应具有稳定性与持久性,即在预期使用期限内,其绝缘性能不得随环境（如温度、湿度等）的变化或时间的推移而降至规定要求以下。

### 8.6.2　等电位联结

如果说非导电场所是一种"堵"的电击防护措施的话,则等电位联结就是一种"疏"的电击防护措施。等电位联结不注重电流通道的阻隔,而注重于降低产生人体电流的电位差。

最典型的例子是:在可能发生人单手触及带电体的场所,通过等电位联结抬高地板电位,从而降低人体手—脚之间的电位差,以此来降低电击危险性。

等电位联结采用"联结（bonding）"而非"连接（connection）"一词,是因为电击防护中等电位联结的作用主要是通过电气连通来均衡电位,而不是通过电气连通来构造电流通道,这在使用规范化用语时应加以注意。

等电位联结是一种环境防护措施,主要用在建筑物内。随着我国电气安全技术与国际接轨,等电位联结在我国的应用越来越广泛,现已成为建筑物触电防护必不可少的防护措施。

#### 1. 等电位联结的安全原理

图 8-24 所示为等电位联结的安全原理。其中 $I_E$ 为设备发生接地故障后产生的接地电流,$R_{PE}$ 为连接设备外壳与接地极的保护线电阻,$R_e$ 为接地极流散电阻。$U_e$ 为接地极对地电压,$U_E$ 为设备外壳对地电压。$U_{t0}$ 和 $U_{t1}$ 分别为进行等电位联结前后人同时触及设备外壳与外部可导电部分时的预期接触电压（假设人脚下地面绝缘良好,不会有触电危险）。

当外部可导电部分距接地极较远时（大于 20 m）,可认为外部可导电部分电位与参考地相同。此时,人同时触及设备外壳与外部可导电部分时预期接触电压与设备外壳对地电压相等,大小为接地极对地电压 $U_e$ 加上接地电流 $I_E$ 在接地保护线上的电压降 $I_E R_{PE}$。外部可导电部分与接地极进行等电位联结后,其对地电压被抬高至与接地极对地电压相等。此时,外部可导电部分与故障设备外壳的电位差只有接地故障电流在接地保护线上的电压降 $I_E R_{PE}$。尽管等电位联结后一般会使接地故障电流有所增加,但是此时设备外壳对地电压 $U_E$ 的一大部分（指接地极对地电压 $U_e$）已经被排除在预期接触电压之外,因此接触电压 $U_{t1}$ 会大幅降低。

例如,等电位联结前取接地故障电流为 27 A,接地极流散电阻为 4 Ω,接地保护线采用 4 mm² 铜线,长 30 m,铜的电阻率 $\rho = 1.68 \times 10^{-8}$ Ω·m,计算的接地保护线电阻为 $R_{PE} =$

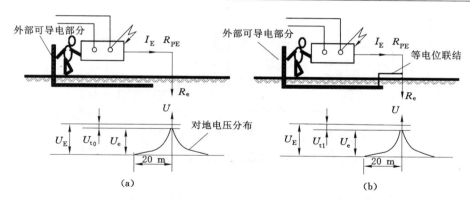

图 8-24　等电位联结安全原理

$0.13\ \Omega$。没有采用等电位联结时,预期接触电压为:

$$U_{t0} = U_E = I_E R_{PE} = 27 \times 4 + 27 \times 0.13 = 111.5 (\text{V})$$

假设等电位联结后,接地故障电流 $I_E$ 增至 40 A,则预期接触电压为:

$$U_{t1} = I_E R_{PE} = 40 \times 0.13 = 5.2 (\text{V})$$

未进行等电位联结前,预期接触电压远高于安全电压 50 V,具有致命危险;而等电位联结后,预期接触电压能降至非常安全的水平。IEC 之所以把等电位联结作为间接接触防护(故障防护)措施之一,就是因为其具有把接触电压降至远小于 50 V 的能力,可以作为一个单项防护措施(而接地保护则不然)。

以上所讨论的是将外部可导电部分在接地极附近进行等电位联结时的情况,当等电位联结线与 PE 线的接点越接近设备时,能够产生接触电压的 PE 线就越短,因而产生的接触电压就越小。理论上,等电位联结可使预期接触电压接近 0 V。因此,进行等电位联结时,越是就近连接,往往获得的等电位联结效果越好。建筑物采用总等电位联结后,还要采用局部等电位联结,其目的正是进一步缩小等电位联结距离,从而获得更小的接触电压。

2. 等电位联结的分类

目前具有实质性含义的等电位联结分类概念有三个:总等电位联结、辅助等电位联结和局部等电位联结。

(1) 总等电位联结(main equipotential bonding,MEB)。等电位联结主要用于建筑物中。首先是将建筑物的总接地线、总水管、总暖气管、总煤气管以及建筑物钢筋框架等连接在一起,这便是所谓的"总等电位联结"。由于建筑物内的各设备外露导电部分(外壳)会通过保护支线(PE 线)与总保护线相连通,而各外部可导电部分(水龙头、暖气等)会通过支线管道与总管道相连通,因此,总等电位联结后,建筑物内人同时触及可导电部分的电位差就会缩小,这是一种有利于整个建筑物的防护措施。

建筑物的总等电位联结往往通过一个共用接线端子板(MBE 端子板)来实现,如图 8-25所示。

(2) 辅助等电位联结(supplementary equipotential bonding,SEB)。虽然总等电位联结会使建筑物内可同时触及的可导电部分之间的接触电压缩小,但由于连接线路较长,其防触电效果不佳,有时甚至达不到安全水平。为了进一步缩小接触电压,在总等电位联结的基础上,将可导电部分就近(相对于总等电位联结而言)再次连接,这种连接便是所谓的"辅助等

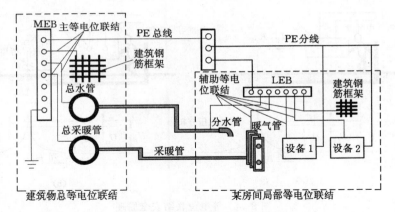

图 8-25　等电位联结分类示意图

电位联结",又称为"附加等电位联结"。

（3）局部等电位联结（local equipotential bonding，LEB）。它是辅助等电位联结在建筑物局部范围的一种扩展。当作业场所范围内有多个对象需要辅助等电位联结时，可设置一块金属端子板，将所有需要做辅助等电位联结的对象都连接至这块端子板上，相当于通过这块端子板做中介实施了若干对辅助等电位联结，这块端子板称为局部等电位联结端子板。

根据接地状况将等电位联结分为接地的等电位联结和不接地的等电位联结。所谓接地的等电位联结，是指在等电位联结系统中，含有接地的导电体；而不接地的等电位联结是指不含任何接地导体的等电位联结。实际上，绝大多数等电位联结系统不可避免存在接地导体的，如保护线（PE 线）、各种生产生活管道都是与大地相连的。因此，不接地的等电位联结很少使用，尤其是建筑物的总等电位联结，一般无法采用不接地的等电位联结，只有在局部范围才有使用不接地等电位联结的可能。在局部范围内使用不接地等电位联结有两种情况：一是在不导电环境中；二是在电气隔离系统内部。这两种情况要么环境中不存在接地导体，要么电气设备外壳都不接地，因此可以实施不接地的等电位联结。图 8-26 所示为隔离系统内部采用的不接地等电位联结。当系统两台设备同时发生异相碰壳故障时，因没有等电位联结，两台设备外壳之间电位差接近电源电压。采用不接地等电位联结后，可以缩小两设备外壳间电位差（大小为故障电流在等电位联结线上的电压降），同时借助两台设备间的等电位联结线，可以形成很大的故障电流，能有效驱动过电流保护装置自动断开电源。

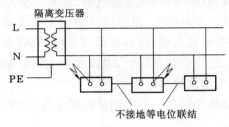

图 8-26　隔离系统不接地等电位联结

3. 等电位联结的用途

等电位联结通常用于设备自动切断电源时间较长或由于供电系统等原因不能可靠实现

自动切断电源的情况,也可用于特殊危险用电环境(如浴室、泳池)的附加防护措施。如用于除基本绝缘与自动切断电源两项措施外的第三项防护措施,或者用于双重绝缘以外的附加第三项防护措施(在特殊危险环境增加防护措施是 IEC 触电防护基本规则之一)。等电位联结与自动切断电源保护措施不同之处在于,自动切断电源是在危险接触电压出现后再通过自动断电保护装置将其消除。而等电位联结的好处在于从一开始就可避免危险接触电压的出现,这种措施甚至可以避免自动断电保护装置在动作前的短暂电击,因而可以避免二次事故的出现。

等电位联结具有的一个特殊防护用途就是防止沿着保护线(PE 线)传播的触电危险,而对此类触电危险自动断电保护装置往往是无能为力的。与其他任何保护措施一样,保护线(PE 线)也是一把双刃剑,在降低故障设备外壳对地电压、协同自动断电保护装置发挥保护作用的同时,也会通过自身将触电危险带给与之相连的其他设备外壳,扩大了故障影响范围和触电危险范围。对于 TT 系统,PE 保护线传播触电危险的范围往往限制在共用一个接地极的设备或用户范围内。而对于 TN 系统,系统内任何一台设备发生漏电故障,会把触电危险带给系统内所有与 PE 线相连接的设备。

如果没有发生漏电故障的住户采用局部等电位联结,那么 PE 线所具有的危险电位将通过等电位联结传递给其他可导电部分。因此,各可导电部件就具有了相同或相近的电位,自然也就消除了由 PE 线传播来的触电危险。

除了消除 PE 线传播的触电危险外,等电位联结还可以降低或消除沿着建筑物各种导体传播的危险过电压,尤其是雷电产生的过电压。因此,在建筑物内采用等电位联结已是防止传播性带电危险的最有效手段之一。

4. 等电位联结技术要求

总等电位联结要求通过建筑物进线配电箱旁的总等电位联结端子板(MEB 端子板)将下列各可导电部分相互连通:

(1) 进入总配电箱的 PE 母线(或 PEN 母线)。

(2) 公共设施的金属管道,如上水、下水、热力、煤气等管道。

(3) 建筑物钢筋框架或金属结构。

(4) 设有人工接地也包括其接地极引线。

图 8-27 所示为总等电位联结图例。特别应当注意的是,在与煤气管道做等电位联结时,应采用一小段绝缘管道将建筑物内外金属管道隔开,以防煤气管道作为接地流散电流的通道。此外,为防止雷电流在煤气管道内部产生电火花,在绝缘段管道的两端要设置跨接火花放电间隙。

如果建筑物有多个电源线,则每一电源进线都应做等电位联结,而各总等电位联结端子板应互相连通。

除了对连接对象的要求外,等电位联结还有以下一些具体安装要求:

(1) 金属管道连接处一般不需加跨接线。

(2) 给水系统的水表需加跨接线,以保证水管等电位联结和接地有效。

(3) 装有金属外壳的排风机、空调器的金属门、窗框或靠近电源插座的金属门、与外露可导电部分距离小于伸臂范围的金属栏杆等需做等电位联结。

(4) 煤气管道入户处应加绝缘段(在连接法兰盘间加入绝缘垫也可),并跨接火花放电

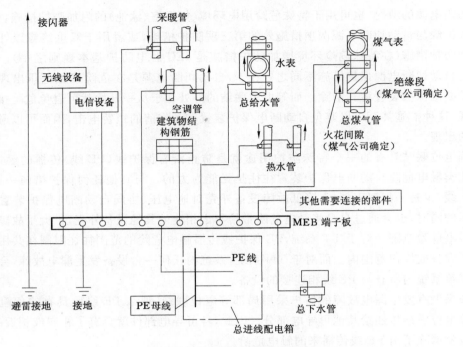

图 8-27　总等电位联结图例

间隙。

（5）等电位联结各导体之间可采用焊接、熔接或螺栓连接。焊接处不应有夹渣、咬边、气孔及未焊透等情况；铆接应注意接触面光洁，有足够的接触面积和接触压力。在等电位联结端子板处应采用螺栓连接，以便拆卸和定期检查。

## 8.7　触电规律与触电急救

我国每年因触电死亡达数千人，从相对指标来看，从 20 世纪 80 年代的每 1 亿千瓦时用电死亡 3 人到 2000 年的每 1.5 亿千瓦时电死亡 1 人，再到 2010 年每 4 亿～8 亿千瓦时用电死亡 1 人，我国用电安全水平有了显著提高。然而，与发达国家每 50 亿千瓦时以上用电死亡 1 人的用电安全水平相比，还有 10 倍以上的差距。因此，深入了解触电原因和规律、掌握触电急救基本知识是提高我国用电安全水平的重要途径。

### 8.7.1　触电的原因

与其他事故的致因类似，导致触电事故的原因也是多层次的。从直接原因来看，包括设备或线路的不安全状态和人的违规或失误操作。从间接原因来看，包括安全管理不到位、缺少安全用电知识以及安全意识不强等原因。具体原因如下：

1. 电气设备与线路的不安全状态

电气设备的不安全状态包括两类。一类是未能采取适当的直接接触防护措施（基本防护措施），如没能采取适当的屏护、未能保持足够的安全距离以及基本绝缘强度等。另一类则是未能采取正确适当的故障防护措施（间接接触防护措施），如对于设备绝缘失效导致漏电故障未能采取有效的自动切断电源保护。

2. 人的违章操作(人的不安全行为)

人的违章操作往往会直接导致触电后果。如在带有负荷的情况下,直接用隔离开关断开电源。对设备进行检修时不验电、不挂接地线、不戴绝缘手套、不穿绝缘鞋等。在没有确认检修工作完成、所有人员停止检修工作的情况下合闸送电等。

3. 安全管理不到位

用电安全管理包括对物的管理和对人的管理。对物的安全管理包括定期对设备的状态进行安全检查及维护。对人的安全管理包括操作规程的制定、人员的安全培训与教育、严格执行工作票与操作票等。安全管理不到位,往往会导致电气设备与线路的不安全状态的出现和长期存在,同时也会导致违章操作的增加,其最终结果便是导致人触电危险的增加。

4. 用电安全知识欠缺

许多情况下,由于受教育水平限制,有些人尚不具备基本的安全用电知识,对于用电过程中常见的触电危险一无所知。当前,大多数农村居民用电不设保护接地线,甚至不装漏电保护装置,用电器具发生绝缘失效或碰壳故障后,往往只有人触摸故障电器时漏电保护装置才会动作,或者根本就得不到任何自动断电保护。

5. 安全意识不强

一些人安全意识不强是由于缺少电气安全知识造成的,他们往往是非专业人员。另外也有许多专业人员存在安全意识不强的问题,具体表现在,由于多年没有发生触电事故以及贪图工作上的方便而心存侥幸心理,在工作过程中违章操作。安全意识不强会导致人的不安全用电行为,最终导致触电事故的发生。

**8.7.2　触电的规律**

了解触电事故的规律能更有针对性地预防触电事故,以下为一些触电普遍规律。

1. 间接接触事故远多于直接接触事故

电气设备和电气线路一般会采取直接接触防护措施,几乎所有正常带电部分都不是裸露的,因此,直接接触正常带电部位的可能性较小。大部分情况是在设备发生故障时,人接触一般情况下不带电而在故障情况下变为带电的外露可导电部分导致的电击。

2. 对地电压造成的事故远高于电源电压事故

电源电压是电气设备装置内部电压,该类触电事故需要人同时触及带电的两根相导体或同时触及相导体和中性导体,往往需要人体进入设备内部,属于直接接触触电事故。而对地电压是带电部位(无论是正常带电还是故障带电)与大地之间的电压,显然这种电压是"外露"的,因此,人更有可能遭受对地电压造成的电击。

3. 低压设备触电事故多

国内外统计资料表明,低压触电事故远多于高压触电事故,占整个触电事故的 80% 以上。这主要是由于低压设备远多于高压设备,与之接触的人又比较缺乏电气安全知识的缘故。也就是说,应当把防止触电工作的重点放在低压方面。但就电工而言,又具有高压事故较多的特点。

4. 携带式设备和移动式设备触电事故多

携带式设备和移动式设备触电事故多的原因主要是由于这些设备需要经常移动,工作条件较差,容易发生故障,而且经常在人与之接触的情况下。

5. 连接部位触电事故多

电气事故多发生在分支线、地爬线、接户线、接线端、压线头、焊接头、电线接头、电缆头、插座、控制器、接触器等处,主要是由于这些连接部位机械牢固性较差,电器可靠性也较低,容易出现故障。

6. 冶金、矿业、建筑、机械行业触电事故多

由于这些行业存在潮湿、高温、现场混乱、移动式设备和携带式设备多,或现场金属设备多等不利因素,故触电事故较多。

7. 农村触电事故多

统计资料表明,农村触电死亡事故占 85%,而城市触电死亡事故只占 15%。这主要是由于农村用电条件差、设备简陋且老化严重、临时用电多、技术水平低、管理不严、电气安全知识缺乏等多方面因素造成的。

8. 中青年人以及非电工事故多

由于这些人多是主要操作者,即多是接触电气设备的工作人员;另外,他们的经验不足、电气安全知识缺乏也是造成事故的主要原因。

9. 违规及误操作事故多

由于教育不够以及安全措施不完备造成违规及误操作事故较多。80%以上的事故由于违规违章操作、不执行规程所致。

10. 事故发生的季节性明显

国内外统计资料表明,一年之中第二、三季度触电事故较多,尤其是 6~9 月份是一年当中最容易发生触电事故的时间。这主要是由于这段时间天气炎热,人体衣单汗多,触电危险性较大;另外,这段时间多雨、潮湿,电气设备绝缘性能降低。

### 8.7.3 触电急救

学习电气安全的目的是要防止触电事故的发生。但若事故不可避免地发生了,就必须及时进行触电急救,尽可能地减少损失。

触电急救的要点为:动作迅速、方法正确。发生触电后,现场急救是十分关键的,如果处理得及时、正确,迅速而持久地进行抢救,很多触电者虽心脏停止跳动、呼吸中断,但仍可以获救。使触电者尽快脱离电源是救助触电者时首先要做的。

1. 脱离电源的方法

脱离电源就是要把触电者接触的那一部分带电设备的开关、刀闸或其他断路设备断开,或设法将触电者与带电设备或带电导体脱离。在脱离电源中,救护人员既要救人,也要注意保护自己。通常采用下列方法:如果触电者离电源开关或插头较近,可将开关拉开或把插头拔掉;也可以用干燥的衣服、绳索、木棒、木板等绝缘物做工具,拨开触电者身上的电线或移动触电者脱离电源,千万不可直接用手或其他金属及潮湿物件作为急救工具;如果触电者所在的地方较高,需要注意停电后从高处摔下的危险,应预先采取保证触电者安全的措施;如果停电救人影响出事地点的照明,应有临时照明措施,新的照明要符合使用场所防火、防爆的要求。但不能因此延误切除电源和进行急救。触电者未脱离电源前,救护人员不准直接用手触及伤员,因为触电的危险依然存在。如触电者处于高处,在解脱电源后会自高处坠落,因此,要采取预防措施。

(1)低压触电时脱离电源的方法

① 如果电源开关或电源插头在触电地点附近,可立即拉开开关或拔出插头,切断电源。但应注意拉线开关和平开关只能控制一根线,有可能只切断零线,而火线并未切断,没有达到真正切断电源的目的。

② 如果电源开关或电源插头不在触电地点附近,可用有绝缘柄的电工钳或有干燥木柄的斧头切断电源线,断开电源;或用干木板等绝缘物插入触电者身下,隔断电源。

③ 当电线搭落在触电者身上时,可用干燥的衣服、手套、绳索、木板、木棒等绝缘物作为工具,拉开触电者或挑开电线,使触电者脱离电源。

④ 如果触电者的衣服很干燥,且未曾紧缠在身上,可用手抓住触电者的衣服,拉离电源。但因触电者的身体是带电的,其鞋子的绝缘也可能遭到破坏,救护人员不得接触触电者的皮肤,也不能触摸鞋子。

⑤ 如果电流通过触电者入地,并且触电者紧握电源线,可设法用干木板塞到其身下,与地隔离,也可用干木把或有绝缘柄的钳子等将电线剪断。剪断电源线要分相操作,一根一根地剪断,并尽可能站在绝缘体或干木板上。尚未确证线路无电,救护人员在未做好安全措施前,不能接近断线点 8～10 m 范围内,防止跨步电压伤人。触电者脱离带电导线后,亦迅速带至 8～10 m 以外的地方立即开始触电急救。只有在确证线路已经无电,才可在触电者离开触电导线后,立即就地进行急救。

上述使触电者脱离电源的办法,应根据具体情况,以快速为原则选择采用。

（2）高压触电时脱离电源的方法

① 立即通知有关部门停电。

② 如果触电者触及高压带电设备,救护人员应迅速切断电源,或用适合该电压等级的绝缘工具并戴绝缘手套,解脱触电者。救护人员在抢救的过程中应注意保持自身与周围带电部分必要的安全距离。

③ 如果触电发生在架空线的杆塔上,如系低压带电线路,若可能立即切断线路电源的,应迅速切断电源,或者由救护人员迅速登杆,束好自己的安全带后,用带绝缘胶柄的钢丝钳、干燥的不导电物体或绝缘物体将触电者拉离电源;如系高压带电线路,又不可能迅速切断电源开关的,可采用抛挂足够截面的适当长度的金属短路线方法,使电源开关跳闸。抛挂前,将短路线一端固定在铁塔或接地引下线上,另一端系重物,但抛掷短路线时,应注意防止电弧伤人或断线危及人员安全。不论是在何级电压线路上触电,救护人员在使触电者脱离电源时,要注意防止发生高处坠落的可能和再次触及其他有电线路的可能。

如果触电者触及断落在地上的带电高压导线,要先确认线路是否带电,确认线路已经无电时,才可在触电者离开触电导线后立即就地进行急救,如发现有电时,救护人员应做好安全措施(如穿绝缘靴或临时双脚并紧跳跃以接近触电者),才可以接近以断线点为中心的 8～10 m 范围内(以防止跨步电压伤人)。救护人员将触电者脱离带电导线后,应迅速将其带至 8～10 m 以外,再开始心肺复苏急救。

2. 脱离电源后的急救处理

触电人的生命能否获救,绝大多数情况取决于能否迅速脱离电源并立即开始正确的急救。经验证明,在遭受电击后 1 min 内开始心肺复苏抢救,90% 的触电人员能够获救;经过 6 min 才进行急救,则有 10% 的人能够获救;超过 6 min 后再急救,获救的概率会非常小。

触电者所采用的紧急救护方法,应根据触电者下列三种情况来决定:

① 如果触电者还没有失去知觉，只是在触电过程中曾一度昏迷，或因触电时间较长而感到不适，必须使触电者保持安静，严密观察，并请医生前来诊治，或送往医院。

② 如果触电者已失去知觉，但心脏跳动和呼吸尚存在，应当使触电者舒适、平坦、安静地平卧在空气流通场所，解开衣服，以利呼吸，摩擦全身，使之发热，如天气寒冷还要注意保温，并迅速请医生诊治。如果触电者呼吸困难，呼吸稀少，不时发生痉挛现象，应准备施行心脏停止跳动或呼吸停止时的人工呼吸。

③ 如发现脉搏及心脏跳动停止，仍然不可认为已经死亡（触电人经常有假死现象）。在这种情况下应立即施行人工呼吸，进行紧急救护。这种救护最好就地进行。如果现场威胁着触电人和救护人员的安全，不可能就地紧急救护时，应迅速将触电人抬到就近地方抢救，切忌不经抢救而长距离运输，以免失去救活的时机。

当触电者脱离电源后，应根据触电者的具体情况，迅速对症救护。现场应用的主要救护方法是人工呼吸法和胸外心脏挤压法。

（1）人工呼吸法

人工呼吸是在触电者呼吸停止后应用的急救方法。各种人工呼吸法中，以口对口（鼻）人工呼吸法效果最好，而且简单易学，容易掌握。

施行人工呼吸前，应迅速将触电者身上妨碍呼吸的衣领、上衣、裤带等解开，并迅速取出触电者口腔内妨碍呼吸的食物、脱落的假牙、血块、黏液等，以免堵塞呼吸道。

做口对口（鼻）人工呼吸时，应使触电者仰卧，并使其头部充分后仰（可用一只手托在触电者颈后），至鼻孔朝上，以利于呼吸道畅通。

口对口（鼻）人工呼吸法操作步骤如下：

① 触电者鼻（或口）紧闭，救护人深吸一口气后紧贴触电者的口（或鼻），向内吹气，为时约为 2 s，如图 8-28（a）所示。

② 吹气完毕，立即离开触电者的口（或鼻），并松开触电者的鼻孔（或嘴唇），让其自行呼气，为时约为 3 s，如图 8-28（b）所示。

图 8-28　口对口吹气法
(a) 贴紧吹气；(b) 放松换气

（2）胸外心脏挤压法

胸外心脏挤压法是触电者心脏跳动停止后的急救方法。做胸外心脏挤压法时应使触电者仰卧在比较坚实的地方，姿势与口对口（鼻）人工呼吸法相同。

操作方法如下：

① 救护人跪在触电者一侧或骑跪在其腰部两侧，两手相叠，手掌根部放在心窝上方，胸

骨下 1/3～1/2 处,如图 8-29 所示。

②　掌根用力垂直向下(脊背方向)挤压,压出心脏里面的血液。对成人应压陷 3～4 cm,以每秒钟挤压一次、每分钟挤压 60 次为宜。

③　挤压后掌根迅速全部放松,让触电者胸部自动复原,血液充满心脏,放松时掌根不必完全离开胸部,如图 8-30 所示。

图 8-29　胸外挤压心脏的正确位置

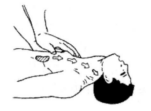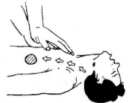
图 8-30　胸外心脏挤压法
(a) 向下挤压;(b) 放松回流

触电者如是儿童,可以只用一只手挤压,用力要轻一些以免损伤胸骨,而且每分钟宜挤压 100 次左右。

应当指出,心脏跳动和呼吸是互相联系的。心脏停止跳动了,呼吸很快就会停止;呼吸停止了,心脏跳动也维持不了多久。一旦呼吸和心脏跳动都停止了,应当同时进行口对口(鼻)人工呼吸和胸外心脏挤压。如果现场仅一个人在抢救,两种方法应交替进行,每吹气2～3 次,再挤压 10～15 次,而且吹气和挤压的速度都应当提高一些。

施行人工呼吸和胸外心脏挤压抢救要坚持不断,切不可轻率中止,运送途中也不能中止抢救。在抢救过程中,如发现触电者皮肤由紫变红,瞳孔由大变小,则说明抢救收到了效果;如果发现触电者嘴唇稍有开合,或眼皮活动,或喉嗓间有咽东西的动作,则应注意其是否有自动心脏跳动和自动呼吸。触电者能开始呼吸时,即可停止人工呼吸。如果人工呼吸停止后,触电者仍不能自己呼吸,则应立即再进行人工呼吸。急救过程中,如果触电者身上出现尸斑或身体僵冷现象,经医生做出无法救活的诊断后方可停止抢救。

3. 电烧伤急救

对电烧伤者应保持伤口清洁,伤者的衣服、鞋袜用剪刀剪开后除去,伤口全部用清洁布片覆盖,防止污染。四肢烧伤时,先用清洁冷水冲洗,然后用清洁布片或消毒纱布覆盖后将伤者送往医院。

直接用冰敷灼伤处有可能导致组织缺血,长时间冰敷会造成小的灼伤进一步损伤,应避免用冰或冰水冷敷灼伤处超过 10 min,尤其是烧伤面比较广的(大于 20％体表面积)。

未经医务人员同意,切忌在烧伤和灼伤创面敷擦任何东西和药物。可给伤者多次口服少量糖盐水。

4. 救护中的注意事项

(1) 救护人员不可直接用手或其他金属或潮湿的物件作为救护工具,而必须使用干燥绝缘的工具。救护人员最好只用一只手操作,以防自己触电。

(2) 防止触电者脱离电源后可能导致的摔伤。特别是当触电者在高处的情况下,应考虑防摔措施。即使触电者在平地,也要注意触电者倒下的方向,以防摔倒受伤。

（3）要避免扩大事故。如触电事故发生在夜间，应迅速解决临时照明问题，以利于抢救。

## 本章小结

触电事故是电气安全中最主要的一个问题。本章主要介绍了人的电气特征、触电的机理以及各种情况下电击的防护，包括电气设备及装置的电击防护措施、低压系统自身的电击防护、低压系统上专门的电击防护措施等内容。了解触电规律与触电急救知识，有助于避免意外事故的发生以及事故发生后的及时急救。同时，通过本章知识的学习，可以为后期详细深入地学习电气安全相关知识打下基础。

## 复习思考题

1. 电流通过人体时的生理状态有哪几种？
2. 人体阻抗由哪几部分组成？其量值大小与哪些因素有关？
3. 人体的交流与直流效应有何不同？
4. 人体对工频电流的感知阈、摆脱阈以及心室纤维性颤动阈一般值各为多少毫安？
5. 人体的相对安全电流和相对安全电压为多少？
6. 什么是直接接触触电？什么是间接接触触电？两者之间的主要区别是什么？
7. 电气设备及装置的电击防护措施有哪些？
8. 低压系统上专门的电击防护措施有哪些？
9. 基本绝缘和工作绝缘有何异同？
10. 等电位联结有哪些类别？说明等电位联结的安全原理。
11. 不导电场所的技术要求有哪些？
12. 触电的原因有哪些？
13. 简述触电的基本规律。

# 第 9 章　电气设备安全运行

**本章学习目的及要求**
1. 掌握电气设备安全运行的基础知识。
2. 掌握常用电气设备的安全要求。
3. 了解常用的电气保护装置及其要求。
4. 掌握常用低压电气设备的安全运行。
5. 掌握常用高压电气设备的安全运行。

　　电气设备的安全运行不仅取决于产品的设计与制造,还取决于产品的安装和使用环境以及操作者的个人素质。电气设备良好的工程设计和制造工艺是电气设备安全的基础,产品最终的安装、使用环境决定了产品本身提供的安全防护措施是否能真正起到防护作用,而操作者的个人素质决定了是否能够按照产品的设计规范要求使用产品,从而实现产品设计时的安全防护目的及范围。因此,保证电气设备安全运行是一个系统工程,贯穿电气设备生命周期的每个阶段,从电气设备设计阶段开始,一直到生产制造、安装、运行、维护保养等整个过程都需要满足安全要求。本章主要介绍常用电气设备的选择、安装、运行等方面的安全技术及要求。

## 9.1　电气设备安全运行基础知识

### 9.1.1　电气设备危险源辨识

　　电气设备的安全运行就是避免由于使用电气设备而给人体造成伤害,甚至死亡,并将其潜在危险降低到可以接受的程度。因此,保证电气设备安全的首要工作就是确认危险的来源,并采取有效措施对其进行防护,避免危险施加于人、动物和环境而造成危害。

　　根据 GB/T 22696.3—2008 列出的危险源识别示例,常见的电击危险、着火危险以及静电与辐射危险见表 9-1～表 9-3。

**表 9-1**　　　　　　　　　　　　　　　　　电击危险

| 危险类型 | 危险处境 | 危险事件 | 可能的伤害 |
|---|---|---|---|
| 电气绝缘危险 | 泄漏电流太大,绝缘介质击穿,绝缘结构受潮、老化等 | 电气设备外壳带电 | 电流通过人体引发摔伤等二次事故 |

续表 9-1

| 危险类型 | 危险处境 | 危险事件 | 可能的伤害 |
|---|---|---|---|
| 直接接触危险 | 绝缘损坏使外壳对地带工作电压 | 外壳对地电压超过特低电压限值,人体中流过电流超过允许电流 | 电流通过人体 |
| | 外壳损坏或破裂 | 潮气或水进入,使绝缘性降低或失效,造成泄漏电流过大,或外壳对地电压超过特低电压;<br>异物进入,或人的肢体触及带电体或运动部件 | 电流通过人体;<br>电流通过人体引起人体伤害 |
| | 与电源连接错误 | 电源插头误入不同等级电压的插座;<br>电源插头的相线、中线、接地导体相互误接,导致Ⅰ类电气设备外壳带电 | 电流通过人体损坏,甚至烧毁电气设备 |
| 间接接触危险 | 接地故障;<br>接地系统的连接及可靠性;<br>接地连接的接点发生电腐蚀;<br>接地电阻值太大;<br>无保护接地标志;<br>保护接地线未采用绿/黄双色专用线 | Ⅰ类电气设备在绝缘失效时,外壳对地的电位升高,超过接地保护设计的故障电压值,流过外壳对地的故障电流减少,使故障电压、故障电流的切断遇到困难,甚至不动作,引起危害 | 电流通过人体引发着火危险 |
| | 绝缘结构失效,Ⅱ类电气设备错误的保护接地 | 手持操作的Ⅱ类电气设备的外壳带电而导致操作者遭到电击;<br>Ⅱ类电气设备的接地会造成由于接入同一电网的电气设备发生接地故障引起的故障电压的扩散而引发正常工作的Ⅱ类电气设备的操作者遭到电击危险 | |

表 9-2　　　　　　　　　　　　　　　　　着火危险

| 火灾类型 | 危险处境 | 危险事件 | 可能的伤害 |
|---|---|---|---|
| 非金属材料的耐热性、阻燃性、耐漏电起痕性引发的着火 | 用作结构部件的非金属材料的耐热性差;<br>支持带电零件的绝缘材料或工程塑料的耐电痕性、耐燃性差;<br>既作结构件又作支撑带零件的工程塑料的耐热性、耐电痕性、耐燃性差 | 结构部件丧失应有的机械强度;<br>由于材料的阻燃性差达不到耐火等级而使火焰蔓延,破坏电气设备的结构、绝缘材料丧失功能,着火且火焰蔓延 | 电气设备丧失功能,甚至损坏;<br>烧毁绝缘,甚至电气设备;<br>引发着火,燃烧散发的有害物质危及健康;<br>电气设备丧失功能,并着火 |

续表 9-2

| 火灾类型 | 危险处境 | 危险事件 | 可能的伤害 |
|---|---|---|---|
| 导电连接接触不良引发着火 | 由于导电连接点的松动、接触不良在连接点电阻过大而过热、电流的不连续而发生电弧、火花，引燃周围的易燃材料而着火 | 由电弧、火花引燃易燃材料引起着火，并蔓延 | 损坏，甚至烧毁电气设备 |
| 过电流、短路引发的着火 | 由过负荷产生的过电流，短路产生的短路电流使电气设备不正常的发热而产生热和热辐射，使外壳温度显著上升，如果散热措施不当，电气设备内部的导电体高温而点燃易燃材料而发生着火 | 外壳过热且产生热辐射；绝缘材料过热而降低电气设备或部件的功能；引起着火、损坏，甚至烧毁部件和电气设备 | 灼伤人员；降低电气设备功能或烧毁电气设备；引发着火，散发的有害气体影响人员的健康 |
| 接地故障引发的着火 | 由故障电流、故障电压和连接不良等因素造成。由于接地回路的电阻比短路回路的电阻要大得多，所以故障电流要比短路电流小得多，接地回路各连接点松动或接触不良导致接触电阻过大又限制了故障电流，使过电流保护装置不能及时切断电源，连接端子处的高温、电弧、电火花可能引燃可燃物质而着火。故障电压由导电部分与带电电位的金属构件磕碰、摩擦等引发火花，或拉出电弧造成着火 | 故障电流引起着火；PE 线、PEN 线接线端子连接不良引起着火；故障电压引起着火 | 造成着火并蔓延，烧毁电气设备 |

表 9-3　　　　　　　　　　　　　静电与辐射危险

| 危险类型 | 危险处境 | 危险事件 | 可能的伤害 |
|---|---|---|---|
| 静电积聚危险 | 电气设备在运行中易在高分子材料或高速运动且相互摩擦的材料上积聚静电电荷。该静电荷如果没有释放回路，则积累到一定能量时可能会发生爆炸 | 由高电位的静电荷产生火花，引起着火或引爆，发生爆炸、着火事件 | 引发着火、爆炸 |

| 危险类型 | 危险处境 | 危险事件 | 可能的伤害 |
|---|---|---|---|
| 电场、磁场和电磁场的危险 | 电气设备自身产生的无用杂散无线电频率范围电磁波的发射会污染电磁环境,对无线电接收、通信、电子电气设备正常工作造成电磁干扰;对人体的健康可能会造成一定影响,产生的谐波电流对电源系统的污染,对接在同一电网的电子电气设备形成干扰;电气设备自身产生的无用极低频率的电场、磁场对人体健康的影响 | 超过无线电频率范围的传导骚扰限值、辐射骚扰限值、极低值限值规定的电气设备的电磁发射;电气设备传输入电网的超过谐波电流限值的才认为是构成危险的事件 | 使电子电气设备产生错误功能,不能正常工作,可能影响人体健康 |

电气设备共性危险源识别主要是帮助设计者分析危险的起因及危险可能造成的伤害,在设计和制造中采取有效防护措施予以控制,同时也可为设备运行中预防电气事故、进行安全检查及查找电气设备运行故障原因等提供依据。

### 9.1.2 电气设备危险源控制

在电气设备危险源辨识的基础上,主要从电气安全技术方面,分析直接接触电击危险、间接接触电击危险、电气火灾爆炸危险防护的控制点,从而对工业企业的电气危险源采取相应的控制措施。

1. 电击危险控制

直接接触电击的基本防护原则是:应当使危险的带电部分不会被有意或无意地触及。最为常用的直接接触电击防护措施有绝缘、屏护和间距,如表 9-4 所列。

表 9-4　　　　　　　　　　　　直接接触电击防护的原理和危险源辨识

| 方法 | 防护原理 | 危险源辨识和控制 |
|---|---|---|
| 绝缘 | 利用绝缘材料对带电体进行封闭和隔离 | 1. 电气设备所用绝缘材料的选择是否符合要求,绝缘性能是否良好。<br>2. 线路绝缘等级与线路电压是否相符。<br>3. 电气设备或线路有无绝缘老化,导线、引线及接头部位有无过热变色现象。<br>4. 临时线路是否绝缘良好,线径是否与负荷匹配。<br>5. 是否定期进行绝缘检测和绝缘试验,并保存完整的检测记录 |
| 屏护 | 采用遮栏、护罩、护盖、箱匣等,把危险的带电体同外界隔离开来 | 1. 电气设备是否有防止直接接触电击的措施(将带电部位布置到不易触及的位置或加防护罩)。<br>2. 各种开关接触是否良好,空气开关的灭弧罩是否完整。<br>3. 手持电动工具的防护罩、盖或手柄是否有破损、变形或松动。<br>4. 配电室内防触电的设备(绝缘胶皮、遮栏等)是否完好。<br>5. 所有屏护装置是否有效 |

续表 9-4

| 方法 | 防护原理 | 危险源辨识和控制 |
|---|---|---|
| 间距 | 在带电体与地面、带电体与其他设备和设备或带电体之间，设置必要的安全距离 | 1. 是否有足够的线路间距。<br>2. 用电设备间是否有足够间距。<br>3. 变配电室与其他建筑物间是否有足够的安全消防通道，是否与爆炸危险场所、有腐蚀性场所有足够间距。<br>4. 是否有足够的检修间距。 |

间接接触电击是指故障状态下的电击。基本防护措施主要有保护接地、保护接零、加强绝缘、电气隔离、不导电环境、等电位联结、安全特低电压和漏电保护等。

（1）降低接触电压的防护方法

间接接触电击防护的方法、控制点及危险源辨识如表 9-5 所列。

**表 9-5**　　　　　　　　**间接接触电击防护的方法、控制点及危险源辨识**

| 方法 | 控制点 | 危险程度 | 危险源辨识 |
|---|---|---|---|
| 特低电压法 | 必须由安全特低电压电源供电，该回路与其他回路要严格隔离 | 可以将触电危险控制在危险性极低的范围内 | 1. 评审现场是否存在特别危险环境[a]。<br>2. 在特别危险环境下使用的手持电动工具、手持照明灯是否采用了安全特低电压 |
| TN 系统的保护接零 | 用电设备外露可导电体要接零 | 设备一旦漏电，单相短路电流促使电流速断保护装置动作，切断电源，实现保护，安全性好，但从设备发生漏电，到电流速断保护动作之前，漏电设备的对地电压仍有可能存在危险 | 1. 低压配电网采用什么系统（IT 系统/TN 系统）。<br>2. 接地系统是否连为一个整体。<br>3. 所有接地、接零线等装置是否牢固合格，接地极、接地线材料的选择是否合理，接地装置的安装是否牢固，接地电阻的大小是否符合规范要求。<br>4. 所有接地标志是否齐全、明显。<br>5. 必要的等电位联结是否齐全。<br>6. 接地装置是否定期检查和维护，并有完好的记录 |
| IT 系统的保护接地 | 用电设备外露可导电体的接触电阻不得大于限值 | 能把漏电设备故障对地电压限制在安全范围内 | |
| TT 系统的保护接地 | 用电设备外露可导电体要接地 | 可降低漏电设备对地电压，但引起零线上对地电压上升，均有致命危险，必须配合快速切断电源装置使用 | |
| 等电位联结 | 人为方法抑制可触及范围内电位差 | 能够实现对间接接触电击的防护 | |

[a] 特别危险环境指特别潮湿场所、腐蚀性场所及具有两种和两种以上有较大危险场所特征的场所（例如，有导电性地板的潮湿场所、有导电性粉尘的高温场所等）。很多工厂的车间，包括铸造车间、酸洗车间、电镀车间、电解车间、漂染车间、化工厂的大多数车间、发电厂的所有车间、室外电气装置设置区域、电缆沟等，都属于特别危险场所。

有较大危险的场所指潮湿场所、高温场所、导电粉尘场所、导电场所及有可能同时触及电气设备外壳和接地设备的场所。例如，机械工厂的金工车间和锻工车间、冶金厂的压延车间、拉丝车间、电炉电极车间、碳刷车间、煤粉车间、水泵房、空气压缩站、产品库、车库等。

（2）限制流过人体的电流的防护方法

电气隔离防护的主要要求是被隔离设备或电路必须由隔离的电源供电。

采用Ⅱ类电气设备（双重绝缘或加强绝缘）的方法和采用非导电环境（在该环境中人所能够触及的物体都具有较高的对地绝缘水平）的方法，都是在电气设备基本绝缘失效时，仍能防止人体通过危险电流。但前者从电气设备本身着手，后者从使用环境着手，如表 9-6 所列。

表 9-6 　　　　　　　　　　通过限制流过人体的电流来防止间接接触电击

| 方法 | 危险程度 | 危险源辨识 |
|---|---|---|
| 电气隔离法 | 电击危险性可以得到抑制，必要时配合等电位联结和快速切断电源法使用 | 电源是否符合特低电压电源的要求，电源容量是否符合要求，隔离回路是否未与大地发生连接 |
| 采用Ⅱ类电气设备 | 能够实现对间接接触电击的防护 | 是否未使用Ⅱ类电气设备或使用了不合格的Ⅱ类电气设备，Ⅱ类电气设备的绝缘是否符合要求 |
| 非导电环境 | 能够实现对间接接触电击的防护 | 非导电场所是否与大地发生连接，绝缘地板和绝缘墙的任何一点对地电阻是否足够大，间距是否满足不能同时触及任何两个外露可导电体的要求 |

（3）限制接触时间的防护方法

通过限制接触时间来防止间接接触电击的方法，实际上是通过安全装置在电气设备发生故障时自动启动速断功能实现的。用电安全装置的种类很多，主要包括安全联锁装置、继电保护装置和漏电保护装置等。对安全装置进行危险辨识时，主要考虑下列因素：安全装置是否齐全、有效；是否选用合格的安全装置；安全装置与被保护设备的匹配程度；有无定期检修维护；安全装置的正确动作率是否与被保护线路匹配。

2. 着火危险控制

电气设备导致的火灾通常可以分为两种，即产品自身作为火源引起的起火现象，以及由于产品出现过热而导致周围的易燃材料起火的现象。

对于设备自身导致的起火，通常有两种防护思路：一种是避免产品成为火源；另一种是使用适当的防护外壳或挡板，将火焰限制在产品的内部，不要向外部蔓延。因此，要防止产品成为火源，需要不用或限制使用易燃材料，结构部件的非金属材料具有耐热性；支撑带电零件的绝缘材料或工程塑料具有耐电痕化、耐燃性；采取有效措施避免在任何可能引起燃烧的材料附近出现高温。限制火焰的蔓延，则需要采取不用或限制使用易燃材料，尽量减少可燃材料的用量，并使用适当的材料和适当的结构制作防护外壳或挡板，在起火时将火焰限制在内部，同时切断电源，避免火势向外部蔓延，让火焰在内部慢慢熄灭。

设备运行过热现象不仅会缩短零部件的使用寿命，破坏绝缘材料的特性，还有可能引燃周围和内部的易燃材料，对人体造成烫伤事故等。由于发热是不可避免的现象，且存在热惯性现象，因此对于过热的防护，需要对热源采取适当的隔离措施和合适的散热措施，并且安装合适的安全保护元件。在产品某些部位的温度升高到一定程度时，应切断电源，使其逐渐冷却下来，防止温度进一步升高而产生危险，同时提供适当的警告标志，提醒使用者远离热源。

3. 辐射危险控制

辐射的种类千差万别,对人体的危害程度也各不相同。对辐射危险的防护主要有:尽可能避免辐射现象,屏蔽辐射源,或者使用安全联锁装置,在接触到辐射之前切断电源;当不可避免地需要暴露在辐射中时,限制辐射源的能量等级,并提供适当的警告标志,提醒相关人员注意采取防护措施或控制暴露的时间。

### 9.1.3　电气设备一般安全要求

1. 电气设备设计一般安全要求

电气设备的安全设计应考虑运行或使用环境对电气设备绝缘的影响,运行过程中可能出现的电击、火灾、危险温度、电弧、辐射等危险应有相应的安全防护措施,同时应有防止人的操作错误而可能导致伤害的安全措施,如联锁、提示等措施。

(1)电气设备设计制造应符合国家电气设备安全技术规范中的要求,在规定使用期限内保证安全,不应发生危险。电气设备采用的安全技术按直接安全技术、间接安全技术、提示性安全技术的顺序实现。

① 直接安全技术措施,即设备本身要设计得没有任何危险和隐患。

② 间接安全技术措施,如果不可能或不完全可能实现直接安全技术措施时,应采取特殊安全技术措施。

③ 提示性安全技术措施,如果直接或间接安全技术措施都不能或不能完全达到目的,必须说明在什么条件下才能安全地使用设备。例如:如果需要采用某种运输、贮存、安装、定位、接线或投入运行等方式才能预防某些危险的话,则要对此给以足够的说明;如果为了预防发生危险,在设备使用和维修中必须注意某些规则时,则应提供通俗易懂的使用和操作说明书。

(2)电气设备的设计制造应保证产品有最大可能的安全性,按电击防护的方法,可设计制造成:0 类电气设备、Ⅰ 类电气设备、Ⅱ 类电气设备、Ⅲ 类电气设备。

(3)电气设备在使用时可采用专门的、与电气设备的特性和功能无关的安全技术措施。

(4)电气设备在按设计用途使用时遇到特殊环境或运行条件,则在特殊条件下也必须符合标准。电气设备必须承受预见会出现的诸如静态或动态负载、液体或气体作用、热或特殊气候等引起危险的物理和化学作用,而不造成危险。

(5)电气设备上必须防止危险的静电积累,或采取专门安全技术手段使其无危害或释放。

(6)制造电气设备时,只允许使用能够承受按设计用途使用时所出现的诸如老化、腐蚀、气体、辐射等物理或化学影响的材料。

(7)电气设备的设计应符合人类工效学的结构、能够减轻劳动强度和便于使用,使之能以预防为先。

2. 电气设备选型安全要求

按照国家有关电气安全标准、规范,根据电气设备的负荷、适用场所、运行环境(如爆炸和火灾危险环境、粉尘、潮湿、高温等)选用、安装与之相适应的电气设备。

安全使用电气设备的重要原则之一就是既要考虑设备本身安全特性,还要考虑用电环境危险程度,根据使用环境选择适当的电气设备。

电气设备针对不同的使用环境应具有防电击以及防环境影响的功能,其结构应满足电气性能、防火功能、防尘防水等要求。例如,对电性能的规定:电器间隙、爬电距离、防电击结构等;对防火的结构规定:材料的选用、阻燃等级、耐温要求等;对防尘防水的结构规定等。

(1)用电环境。电气设备总是工作在某一特定环境中,不同环境对电气设备的正常工作、可靠性、使用寿命等有不同影响。一般情况下,潮气、粉尘、高温、腐蚀性气体和蒸汽都会损伤电气设备的绝缘,增大触电的危险,所以应重视用电环境。

在具有导电性地板的环境或电气设备附近有金属接地体存在的环境下,无论是人体直接接触带电体,还是意外接触带电体,都容易构成电流回路,触电的危险性较大。根据不同的触电危险程度,对用电场所进行分类:无较大危险的场所(一般有绝缘地板,没有接地导体或接地导体很少的干燥、无尘场所属于无较大危险的场所,例如居民住宅、普通办公室、学校等)、有较大危险的场所(潮湿场所,空气的相对湿度超过75%,高温炎热场所,含导电性粉尘且沉积在导线上或落入机器、仪器的场所,有金属、泥土、钢筋混凝土、砖等导电性地板或地面的场所,作业人员可能同时接触接地的金属构架、金属结构或工艺装备而且还可能接触电气设备的金属壳体的场所)和特别危险场所(特别潮湿的场所,如室内天花板、墙壁、地板等各种物体都比较潮湿,空气相对湿度接近100%,长期存在腐蚀性蒸汽、气体、液体等介质的场所,具有两种或两种以上的较大危险场所特征的场所,如有导电性地板的潮湿场所、有导电性粉尘的高温、炎热场所)。

(2)外壳防护等级。外壳防护等级是对人体接近壳内危险部件、防止固体异物进入壳内设备、防止由于水进入壳内对设备造成有害影响所提供的保护程度。

① 外壳防护等级标志。外壳提供的防护等级用 IP 和附加在后面的两个表征数字组成,记作 IPXX。其中第一位特征数字意指外壳通过防止人体的一部分或人手持物接近危险部件对人提供防护,同时外壳通过防止固体异物进入设备对设备提供防护,数字表示对人接近危险部件和固体异物进入设备两种防护功能的防护等级,该特征数字为代表两种防护功能等级较低者。第二位特征数字代表了外壳对进水的防护等级。

② 外壳防护功能及分级方法。电气设备外壳具有 3 种基本防护功能:对人接近外壳内危险部件的防护,防护等级见表 9-7;对固体异物(包括粉尘)进入的防护,防护等级见表 9-8;对进水的防护,防护等级见表 9-9。

**表 9-7**　　　　　　　　　　　　对接近危险部件的防护等级

| 防护等级 | 简要说明 | 含　　义 |
| --- | --- | --- |
| 0 | 无防护 | 无专门防护 |
| 1 | 防止手背接近危险部件 | 直径 50 mm 的球形试具应与危险部件有足够的间隙 |
| 2 | 防止手指接近危险部件 | 直径 12 mm,长度不大于 80 mm 的铰接试具应与危险部件有足够的间隙 |
| 3 | 防止工具接近危险部件 | 直径(或厚度)2.5 mm 的试具不得进入壳内 |
| 4 | 防止金属线接近危险部件 | 直径(或厚度)大于 1 mm 的试具不得进入壳内 |
| 5 | 防止金属线接近危险部件 | 直径(或厚度)大于 1 mm 的试具不得进入壳内 |
| 6 | 防止金属线接近危险部件 | 直径(或厚度)大于 1 mm 的试具不得进入壳内 |

注:第一位特征数字所表示的防护包含外壳防止人体的一部分或人手持物体接近危险部件的防护等级,同时包含外壳对防止固体异物进入设备的防护等级,4、5、6 防护等级在接近危险部件的防护含义相同,但对防止固体异物进入不同。

**表 9-8**　　　　　　　　　　　　　**对防止固体异物进入的防护等级**

| 防护等级 | 简要说明 | 含　义 |
|---|---|---|
| 0 | 无防护 | 无专门防护 |
| 1 | 防止大于 50 mm 的固体异物 | 直径大于 50 mm 的固体异物不得完全进入壳内 |
| 2 | 防止大于 12 mm 的固体异物 | 直径大于 12 mm 的球形固体异物不得完全进入壳内 |
| 3 | 防止大于 2.5 mm 的固体异物 | 直径大于 2.5 mm 的固体异物完全不得进入壳内 |
| 4 | 防止大于 1 mm 的固体异物 | 直径大于 1 mm 的固体异物完全不得进入壳内 |
| 5 | 防尘 | 不能完全防止尘埃进入壳内,但进尘量不足以影响电器正常运行 |
| 6 | 尘密 | 无尘埃进入 |

注:1. 本表"简要说明"栏不作为防护形式的规定,只能作为概要介绍。

2. 本表第一位表征数字为 1~4 的电器,所能防止的固体异物系包括形状规则或不规则的物体,其 3 个相互垂直的尺寸均超过"含义"栏中相应规定的数值。

3. 具有泄水孔和通风孔等的电器外壳,必须符合该电气设备所属的防护等级"IP"号的要求。

**表 9-9**　　　　　　　　　　　　　**防止水进入的防护等级**

| 防护等级 | 简要说明 | 含　义 |
|---|---|---|
| 0 | 无防护 | 无专门防护 |
| 1 | 防滴 | 垂直滴水应无有害影响 |
| 2 | 15°防滴 | 当电器从正常位置的任何方向倾斜至 15°以内任一角度时,垂直滴水应无有害影响 |
| 3 | 防淋水 | 与垂直线成 60°范围以内的淋水应无有害影响 |
| 4 | 防溅水 | 承受任何方向的溅水无有害影响 |
| 5 | 防喷水 | 承受任何方向的喷水无有害影响 |
| 6 | 防海浪 | 承受猛烈的海浪冲击或强烈喷水时,电器的进水量应不致达到有害影响 |
| 7 | 防浸水影响 | 当电器浸入规定压力的水中经规定时间后,电器的进水量应不致达到有害影响 |
| 8 | 防潜水影响 | 电器在规定压力下长时间潜水时,水不应进入壳内 |

(3)电气设备电击防护类型。将电气设备按基本绝缘失效后保护手段的不同分为 0、Ⅰ、Ⅱ、Ⅲ类电气设备,参见 8.3.1 节内容。

(4)电气设备防爆类型。根据火灾和爆炸危险环境使用要求,电气设备结构上应能防止由于在使用中产生火花、电弧或危险温度而成为引燃源。

3. 电气设备安装与使用安全要求

电气设备安装应符合相应产品标准的规定,按照制造商提供的使用环境条件进行安装与使用。如果不能满足制造商的环境要求,应该采取附加的安装措施,为其提供防止外来机械应力、电应力以及热效应等防护措施。0 类设备只能在非导电场所使用;Ⅰ类设备使用时,应先确认其金属外壳或构架已可靠接地,或已经与插头插座内接地效果良好的保护接地极可靠连接,同时应根据环境条件加装合适的电击保护装置。一般环境下,电气设备以及电气线路须具有足够的绝缘强度、机械强度和导电能力,并应定期检查。

## 9.2 常用的电气保护装置

电气保护装置用于保护设备和线路,防止过载、短路以及接地故障造成的损害,防止由于绝缘故障引起的间接接触的危险。

### 9.2.1 电气保护装置的要求

电气保护装置应在被保护对象处于异常状态下切断控制回路,如过流、超压、超限位、超温、超速等异常状况应能切断电气设备电源或报警等。

电气保护装置一般要求具有选择性、快速性、可靠性、灵敏性。运行过程中应能可靠监测异常信号、动作时间可靠,并且应与各级保护装置以及被保护设备或线路特性配合。

1. 过载防护应满足的条件

防护电气与被保护回路在一些参数上应互相配合,满足下列条件:

(1)防护电器的额定电流或整定电流不应小于回路的计算负载电流。

(2)防护电器的额定电流或整定电流不应大于回路的允许持续载流量。

(3)保证防护电器有效动作的电流即熔断电流或脱扣电流不应大于回路载流量的1.45倍。

2. 短路防护应满足的条件

短路能直接引起各种电器危险和火灾。保护装置应在短路电流对回路导体和其连接点因热效应及机械效应导致危险之前切断回路。为避免电气短路引起灾害,短路防护应满足下列条件:

(1)短路防护电器的遮断容量不应小于其安装位置处的预期短路电流,但当上级防护电器切断该短路回路电流时,下级防护电器和其所保护的回路能承受所通过的短路电流而不致损坏时,可以装用较小遮断电流容量的防护电器。

(2)被保护回路内任一点发生短路时,防护电器都能在被保护回路的导体温度上升到允许值前的时间内切断电源。

### 9.2.2 熔断器

低压配电电器按功能可分为开关电器、保护电器、测量电器、电瓷、母线等类别。本节介绍主要的开关电器和保护电器,并介绍一些常见的开关保护电器组合。熔断器属于过电流保护电器。

1. 熔断器的工作原理

熔断器由熔体和熔断器座组成,核心部件是熔体。熔体开断的物理过程如图 9-1 所示,可分为以下几个过程。

(1)固态温升过程:这一阶段,电流在熔体电阻上产生的损耗使熔体温度上升,直至熔体熔化温度,熔体开始熔化,即图中的 $t_0 \sim t_1$ 阶段。

(2)熔化过程:这一阶段电流发热全部用于熔化熔体,温度不再上升,即图中的 $t_1 \sim t_2$ 阶段。

(3)液态温升过程:熔体完全熔化后,电流发热使熔融的熔体材料温度上升,直至汽化温度,液态熔体开始变为金属蒸气,使熔体出现断口,产生电弧,即图中的 $t_2 \sim t_3$ 阶段。

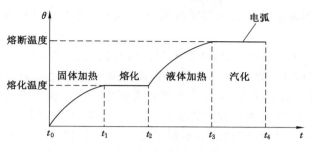

图 9-1　熔体开断的物理过程

（4）燃弧过程：指自电弧产生至电弧熄灭的过程，即图中的 $t_3 \sim t_4$ 阶段。

从保护的角度看，一旦熔体"熔化"，便不可能逆转到原来状态，但要到达"熔断"保护才得以生效。因此从保护可靠性的角度看，不该动作的熔体只要发生熔化，就称为误动；应该动作的熔体只有完全熔断，才算没有拒动。

2. 熔断器的保护特性和主要参数

从过电流通过熔体开始，至熔体气化起弧为止，这段时间称为熔断器的弧前时间，即图 9-1 中的 $t_0 \sim t_3$ 时间段；自电弧出现始，至电弧熄灭为止，这段时间段称为燃弧时间，即图 9-1 中 $t_3 \sim t_4$ 时间段。

（1）安-秒特性：熔体的过电流保护特性可以用安-秒特性来表示，安-秒特性是熔断器熔化时间-电流特性、弧前时间-电流特性和熔断时间-电流特性的总称，图 9-2 表示出了第一种和最后一种，分述如下。

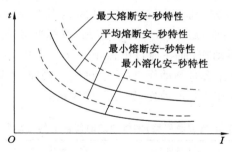

图 9-2　熔断器的安-秒特性

① 熔化时间-电流特性。指熔体自通过电流起、至熔体刚开始熔化止所需时间与电流量值大小的关系，是一个反时限特性，即电流越大，所需时间越短。由于熔断器特性具有分散性，该特性是一个时间-电流带，一般应用最多的是最小熔化时间-电流特性，即在某一电流作用下可能出现的最小熔化时间。在考察熔断器是否误动时，最小熔化特性是最不利条件。

② 弧前时间-电流特性。指熔体自通过电流起、至熔体刚开始汽化起弧止所需时间与电流量值大小的关系，也是一个反时限特性。

③ 熔断时间-电流特性。指熔体自通过电流起、至熔体熔断且电弧熄灭止所需时间与电流量值大小的关系，它仍然是一个反时限特性。由于产品的分散性，图中用实线表示平均值，虚线表示正、负偏差极限，偏差一般可以控制在±20％以内，有很多产品现已可控制在±

10％以内。一般应用最多的是最大熔断时间-电流特性,在考察熔断器是否拒动时,它是最不利条件。

(2) $I^2t$ 特性:对于电流很大、熔体熔断时间极短的情况,在校验上、下级熔断器的选择性时,会用到熔断器的 $I^2t$ 特性。$I^2t$ 特性的提出是基于绝热过程的假定,即熔体在极短时间内熔断时,可不考虑散热因素,熔体是否熔断或熔化完全取决于发热量大小,而对给定的熔体,发热量只取决于 $I^2t$。选择性的要求是:当下级熔断器熔断时,上级熔断器应尚未开始熔化。考虑到产品的分散性,应给出最不利于配合的参数,即最小熔化 $I^2t$ 特性和最大熔断 $I^2t$ 特性。最小熔化特性用于核查误动的情况,最大熔断特性则用于核查拒动的情况。$I^2t$ 特性一般用数据给出,由于时间极短、电流又大,熔化与起弧几乎是同一时刻出现的,因此最小熔化 $I^2t$ 特性又称为弧前 $I^2t$ 特性。某型熔断器的 $I^2t$ 特性如表 9-10 所列。

表 9-10　　　　　　　　　　　　　某型熔断器的 $I^2t$ 特性

| 额定电压/V | 额定电流/A | 弧前 $I^2t$ 最小值/$A^2s$ | 熔断 $I^2t$ 最大值/$A^2s$ |
|---|---|---|---|
| 380 | 20 | 500 | 1 000 |
| 380 | 25 | 1 000 | 3 000 |
| 380 | 32 | 1 800 | 5 000 |
| 380 | 63 | 9 000 | 27 000 |

(3) 熔体额定电流 $I_r$:指熔体允许长期通过的最大电流。

(4) 约定时间的约定熔断/不熔断电流 $I_f/I_{nf}$:为控制熔断器保护特性的分散性,产品标准对分散性程度给予了限定,即所谓的约定时间内的约定熔断/不熔断电流,示例如表 9-11、表 9-12 所列。如刀形触头的 5 A 熔体产品,按标准必须在通过电流不大于 $1.5×5$ A 情况下,保证在 1 h 内不动作;而在通过电流不小于 $1.9×5$ A 情况下,保证在 1 h 内动作,至于到底是在 1 h 内的什么时刻动作,则不能确定。同样,当通过电流在 $(1.5～1.9)×5$ A 之间情况下,熔体是否会在 1 h 内动作,则是不确定的。

表 9-11　　　　16 A 以下 gG(全范围通用型)熔体约定时间内的约定熔断/不熔断电流

| 熔体额定电流 $I_r$/A | 刀形触头熔断器 | | 螺栓连接熔断器 | | 偏置触刀熔断器 | |
|---|---|---|---|---|---|---|
| | $I_{nf}$/A | $I_f$/A | $I_{nf}$/A | $I_f$/A | $I_{nf}$/A | $I_f$/A |
| 4～16(不含) | $1.5I_r$ | $1.9I_r$ | $1.25I_r$ | $1.6I_r$ | $1.25I_r$ | $1.6I_r$ |
| 4 及以下 | $1.5I_r$ | $2.1I_r$ | $1.25I_r$ | $1.6I_r$ | $1 25I_r$ | $2.1I_r$ |

注:约定时间均为 1 h,约定不熔断电流为 $I_{nf}$,约定熔断电流为 $I_f$。

表 9-12　　　16A 及以上 gG 和 gM(全范围保护电动机型)熔体约定时间内的约定熔断/不熔断电流

| 熔体额定电流 $I_r$/A | 约定时间/h | 约定电流/A | |
|---|---|---|---|
| | | $I_{nf}$ | $I_f$ |
| $16≤I_r≤63$ | 1 | | |
| | 2 | | |
| $63<I_r≤160$ | 3 | $1.25 I_r$ | $1.6 I_r$ |
| $160<I_r≤400$ | 4 | | |

（5）额定开断电流 $I_{cr}$：指熔断器能够开断的最大短路电流有效值。

（6）额定最小开断电流 $I_{cr \cdot min}$：指熔断器能够开断的最小短路电流有效值。与断路器不同，熔断器除了有最大开断能力限制外，还有最小开断能力限制，也就是说故障电流太小也不能使熔断器可靠开断，这主要是因为若故障电流不够大，其产生的热量就不足以蒸发足够多的熔融液态熔体金属使熔体可靠断开。对于后备限流熔断器，额定最小开断电流一般为额定电流的 4～6 倍。

（7）保护配合系数：熔断器的保护配合主要指上、下级之间的选择性配合，用于过负荷保护时也涉及与被保护元件特性的配合，此处只讨论前者。当熔断时间大于 0.1 s 时，用时间-电流曲线进行配合校验是最准确的一种方法，要求上级熔断器的最小熔化时间曲线应始终在下级熔断器的最大熔断时间曲线之上，但这种方法实际应用起来不方便。大多数熔断器会给出一个叫"保护配合比"的参数，只要上、下级熔体额定电流之比大于保护配合比，就能保证选择性动作，保护配合比的典型值如 1.6 倍、2.0 倍等。对快速熔断的限流式熔断器，熔断时间小于 0.01 s 时，可用前面介绍的 $I^2 t$ 特性校验选择性。

3. 熔断器类型简介

（1）按应用场所分类。低压系统很多都处于非电气专业场所，面向非电气专业人员，故熔断器按其结构，分为专职人员使用的熔断器和非熟练人员使用的熔断器两类，前者主要用于工业场所，后者用于家用及类似场所。

（2）按分断范围分类。按熔体最小分断能力，熔体可分为"g"型和"a"型两类。"g"熔体有全范围分断能力，即能分断自熔化电流至额定分断电流之间的全部电流；"a"熔体仅有部分范围分断能力，其额定最小分断电流大于熔化电流，一般以额定最小分断电流为熔体额定电流的倍数来表示，典型值为 4～6 倍。

（3）按保护对象分类。按使用类别，熔体可分为"G"类（一般用途，用于配电线路保护）、"M"类（保护电动机用）和"Tr"类（保护变压器用）三类。分断范围与使用类别可以有不同的组合，如"gG"、"aM"、"gTr"等。

4. 开关、隔离器与熔断器组合电器

常见的有 6 种基本形式，见表 9-13。

表 9-13　　　　　　开关、隔离电器及熔断器组合电器功能与图形符号

| 类型 | | 功能 | | |
|---|---|---|---|---|
| | | 接通、承载、分断正常电流；承载规定时间内的短路电流；接通、分断短路电流 | 隔离功能，断开距离、泄漏电流符合要求，有断开位置指示，可加锁；分断短路电流功能 | 同时具有左侧两种功能 |
| 熔断器组合电器 | 熔断器串联 | 开关熔断器组 | 隔离器熔断器组 | 隔离开关熔断器组 |
| | 熔断体动作触头 | 熔断器式开关 | 熔断器式隔离器 | 熔断器式隔离开关 |

### 9.2.3 低压断路器

低压断路器是一种集开关和保护功能为一体的开关保护电器。作为开关电器,它是一台断路器,可开合正常负荷电流并能开断短路电流;作为保护电器,它有过电流保护和低电压保护等功能。与中压系统相比较,它相当于将继电保护、断路器、断路器操动机构等部分的功能组合在一起,实现对线路和设备的投、切控制与故障保护。

1. 低压断路器的工作原理与保护特性

低压断路器由断路器壳架和装于壳架内的脱扣器组成,壳架除了外壳和连接端子以外,还包括触头与灭弧系统。图9-3是低压断路器的原理结构。图中断路器的触头1是靠锁扣3保持闭合状态的,只要锁扣向上运动(称为失扣),触头就会分断。使锁扣失扣的机构称为脱扣器。图中分励脱扣器4主要用于远动分闸,失压脱扣器5用于低电压保护,过电流脱扣器6、7用于过负荷和(或)短路保护。过电流脱扣器又可分为瞬时脱扣器、短延时脱扣器(本图中未示出)和长延时脱扣器等。

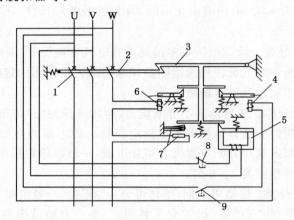

图 9-3 低压断路器的原理结构

1——主触头;2——跳钩;3——锁扣;4——分励脱扣器;5——失压脱扣器;6——过电流时脱扣器;
7——过电流长延时脱扣器;8——失压脱扣器试验按钮;9——分励脱扣器按钮

典型的低压断路器过电流脱扣器保护特性如图9-4所示。从图9-3中可以看出,各种过电流脱扣器的动作与断路器跳闸动作之间是逻辑"或"的关系,因此动作时间短的脱扣器

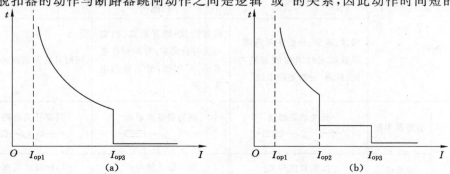

图 9-4 低压断路器过电流脱扣器保护特性

(a) 非选择型两段式;(b) 选择型三段式

其保护特性优先实现,但动作时间短的脱扣器动作电流一般较大,因此形成了图 9-4 中的两段(无短延时脱扣器)和三段(有短延时脱扣器)过电流保护特性。

低压断路器结构归纳如下:

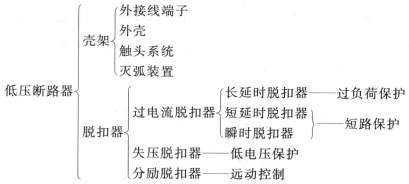

2. 低压断路器的类型

按不同的标准,低压断路器可分为不同的类型,常用的有以下几种分类:

(1) 按断路器开断能力,可分为非限流型和限流型。非限流型为电流过零灭弧,开断能力较低;限流型在电流尚未达到最大值时断流,开断能力较强。

(2) 按保护特性,可分为选择型与非选择型。选择型断路器有长延时、短延时和瞬时脱扣器,非选择型只有长延时和瞬时脱扣器。

(3) 按是否适合隔离,分为有隔离功能的断路器和不适合隔离的断路器。有隔离功能的断路器指断路器在断开位置时,具有符合隔离安全要求的隔离距离,并应提供一种或几种方法显示主触头的位置,如独立的机械式指示器、操动器位置指示、动触头可视等。

(4) 按控制与保护对象,可分为配电用断路器、保护电动机用断路器、终端断路器等。

### 9.2.4 剩余电流保护装置

剩余电流保护是一种电流型漏电保护措施。漏电保护的概念可追溯到上世纪初,最早采用的是电压型漏电保护,它的原理为利用设备外壳上产生的电击危险电压来驱动脱扣器断开电源,但这种方式有一些不易克服的缺点,且不能作为直接电击防护,因此现在各国规范包括 IEC 标准均不推荐采用电压型漏电保护。而电流型漏电保护因其原理上的合理性和工程实施上的方便性,在电气安全工程中得到了广泛的应用。

剩余电流保护电器(residual current operated protective devices, RCD)是一种电流型漏电保护电器,它通过检测一个名为"剩余电流"的特征电气参量来发现电击危险性或电击事件,并发出信号或直接做出处理。

(1) 工作原理

所谓剩余电流(residual current),指系统电源产生的电流中,净流入非系统带电导体的那一部分电流。在我们熟知的 TT、TN 和 IT 系统中,带电导体为相导体(L1~L3)和中性导体(N),而保护导体(PE)和大地等属于非系统带电导体。系统在正常工作时产生的剩余电流通常很小,可以忽略,只有在接地故障时才可能产生较大的剩余电流。

剩余电流保护电器的核心部分为剩余电流检测器件,其原理为通过求取所有系统带电导体电流之和来检测剩余电流,理论依据为基尔霍夫电流定律 KCL。如图 9-5 所示为电磁型剩余电流检测原理图,将所有系统带电导体(相线和中性线)穿过一只电流互感器的铁心

环,根据针对封闭面的广义 KCL,正常工作时,这些电流之和为零,它们各自所产生的磁通相互抵消,不会在铁心环中产生磁通,电流互感器二次绕组中没有感应电流;当设备发生碰壳故障时,有接地故障电流从接地电阻 $R_E$ 上流回电源,同样根据 KCL 有:$\dot{I}_U + \dot{I}_V + \dot{I}_W + \dot{I}_N = \dot{I}_{RE} \neq 0$。电流($\dot{I}_U + \dot{I}_V + \dot{I}_W + \dot{I}_N$)在铁心中产生的磁场会在互感器二次绕组产生感应电流,这个电流就是碰壳故障发生的信号,其强度与电流 $|\dot{I}_{RE}|$ 呈正相关性,$\dot{I}_{RE}$ 即为剩余电流。

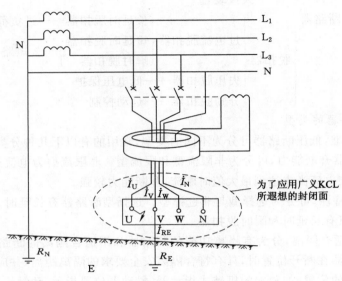

图 9-5  剩余电流检测原理

(2)常用种类

按不同的标准,可将剩余电流保护电器作不同的分类。RCD 按其有无切断电路的功能,分为以下两大类:

① 带切断触头的 RCD。带切断触头的 RCD 又称开关型漏电保护电器,它是指漏电引起动作时,能依靠电器本身的触头系统切断主电路的 RCD,简称 RCD(C)。若 RCD(C)兼有低压断路器功能,则称为漏电断路器;若 RCD(C)只是专用于在漏电时切断电源,则称为漏电开关。

② 不带切断触头的 RCD。不带切断触头的 RCD 即保护装置本身没有切断主电路的触头系统。当漏电电流引起装置动作时,需要依靠其他保护装置的触头系统才能切断电源,或根本不切断电源,只发出信号。这类装置简称 RCD(0),典型产品为漏电继电器。

为叙述方使,在不致引起混淆的前提下,本书以后有时也用"漏电开关"来统称各种类型的剩余电流保护电器。

按漏电保护装置电流检测环节的形式,RCD 又可分为电磁式和电子式,电子式 RCD 又可分为集成电路式和分立元件式。电磁式 RCD 因全部采用电磁元件,使得其耐过电流和过电压冲击能力以及抗干扰能力都比较强,且无需辅助电源,可靠性较高,但其灵敏度不易提高,工艺复杂,造价较高;而电子式 RCD 灵敏度高,动作电流和时间的调整都很方便,但需要辅助电源才能工作,且抗干扰和抗过电压能力较差。

另外,RCD 还可按极数、安装方式等进行分类,详细情况可查阅相关的产品样本。

（3）特性参数

下面介绍剩余电流保护电器的主要参数,至于 RCD(C) 作为开关电器的参数不再详细说明。

① 额定漏电动作电流 $I_{\Delta n}$。$I_{\Delta n}$ 是指在规定条件下,使 RCD 肯定动作的最小剩余电流值。

我国标准规定的额定漏电动作电流值,优先推荐采用的有 6 mA、10 mA、30 A、100 mA、300 mA、500 mA、1 000 mA、3 000 mA、10 000 mA、20 000 mA,另外还有 15 个可采用的等级值。30 mA 及以下属于高灵敏度,主要用于电击防护;50～1 000 mA 属于中等灵敏度,用于电击防护和漏电火灾防护;1 000 mA 以上属于低灵敏度,用于漏电火灾防护和接地故障监视。

② 额定漏电不动作电流 $I_{\Delta n0}$。$I_{\Delta n0}$ 是指在规定条件下,使 RCD 肯定不动作的最大剩余电流值。

额定漏电不动作电流 $I_{\Delta n0}$ 总是与额定漏电动作电流 $I_{\Delta n}$ 成对出现的,优选值为 $I_{\Delta n0}=0.5I_{\Delta n}$。

③ 漏电动作电流 $I_{\Delta}$。$I_{\Delta}$ 是指刚好使某只 RCD 动作的电流值,它不是产品铭牌参数,同类型开关各值都可能不同。

以上 $I_{\Delta n}$、$I_{\Delta n0}$、$I_{\Delta}$ 等三个参数看似雷同,实则有异,这里涉及一个工程实际问题,即产品特性参数的分散性问题。同一型号的漏电开关,每只的漏电动作电流 $I_{\Delta}$ 可能都不相等,这就是参数的分散性。我们只能保证产品的漏电动作电流 $I_{\Delta}$。在一定范围内,这个范围就是区间$(I_{\Delta n0},I_{\Delta n})$。如果说 $I_{\Delta n}$ 是保证漏电开关不拒动的下限电流值的话,则 $I_{\Delta n0}$ 是保证漏电开关不误动的上限电流值。在使用以上参数时,应注意应用的出发点是什么,以便做出正确的判断。例如,若工程设计中要求漏电保护电器在通过它的剩余电流大于等于 $I_1$ 时必须动作（不拒动）,而当通过它的电流小于等于 $I_2$ 时必须不动作（不误动）,则在选用漏电保护电器时,应使 $I_1 \geqslant I_{\Delta n}$,$I_2 \leqslant I_{\Delta n0}$；而当我们在判断一只漏电保护电器是否合格时,则一定要 $I_{\Delta} \leqslant I_{\Delta n}$ 和 $I_{\Delta} > I_{\Delta n0}$ 同时满足,该漏电保护器才是合格的。

④ 额定电压 $U_r$ 优选值为 380 V、220 V。

⑤ 额定电流 $I_n$ 优选值为 6 A、10 A、16 A、20 A、25 A、32 A、40 A、50 A、63 A、160 A、200 A、250 A,可选值为 60 A、80 A、125 A。

⑥ 动作时间。动作时间与漏电开关的用途有关。作为电击防护的漏电开关最大分断时间不得大于 0.2 s,作为防火用的延时型漏电保护器可以有延时,延时时间优选值为 0.2 s、0.4 s、8 s、1 s、1.5 s、2 s。

剩余电流保护电器主要用作间接电击和漏电火灾防护,也可用作直接电击防护的补充措施,但不能取代绝缘、屏护与间距等基础的直接电击防护措施。由于 RCD 在配电系统中应用广泛,正确地使用 RCD 就显得十分重要,否则不但不能很好地起到电击防护的作用,还容易造成额外停电或其他系统故障。下面主要讨论 IT 和 TN 系统中用作电击防护的 RCD 的应用问题。

（1）RCD 在 IT 系统中的应用

IT 系统中发生一次接地故障时一般不要求切断电源,系统仍可继续运行,此时应由绝缘监视装置发出接地故障信号。当发生二次异相接地（碰壳）故障时，若故障设备本身的过电流保护装置不能在规定时间内动作，则应装设 RCD 切除故障。因此，漏电保护电器参数的选择，应使其额定漏电不动作电流 $I_{\Delta n}$ 大于设备一次接地时的接地电流，即接地故障电流 $I_{C\Sigma}$，而额定漏电动作电流 $I_{\Delta n}$ 应小于二次异相故障时的故障电流。

（2）RCD 在 TT 系统中的应用

TT 系统由于靠设备接地电阻将预期触电电压降低到安全电压以下十分困难，而故障电流通常又不能使过电流保护电器可靠动作，因而 RCD 的设置就显得尤为重要。

① RCD 在 TT 系统中的典型接线。图 9-6 表示出了在 TT 系统中应用 RCD 时的接线示例，图中包含了三相无中性线、三相有中性线和单相负荷的情况。当所有设备都装设了 RCD 时，采用分别接地和共同接地均可；但当有的设备没有装设 RCD 时，未装设 RCD 的设备与装设 RCD 的设备不能采用共同接地，如图 9-7（a）所示。当未装 RCD 的设备 2 发生碰壳故障时，外壳电压将传导至设备 1，而设备 1 的 RCD 对设备 2 的碰壳故障不起作用，若设备 2 为固定式设备，设备 1 为移动式设备，则设备 2 的过电流保护电器（如熔断器）只需在 5 s 内动作即可，但对于设备 1 来说，危险电压存在时间已超过了规定的 0.4 s 时间，因而是不安全的。对这种情况，可对采用共同接地的所有设备设置一个共同的 RCD，如图 9-7（b）所示，但这种做法在一台设备发生漏电时，所有设备都将停电，扩大了停电范围。

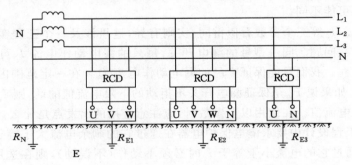

图 9-6　TT 系统中 RCD 典型接线示例

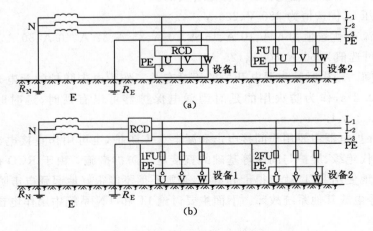

图 9-7　TT 系统采用共同接地时 RCD 的设置

（a）不正确接法；（b）可采用接法

② 接地仍是最基本的安全措施,不能因为采用了剩余电流保护而忽视接地的重要性,在 TT 系统中漏电保护得以有效,接地所形成的剩余电流通道是基本条件。但采用了剩余电流保护后,对接地电阻阻值的要求大为降低。按安全电压 50 V 计算,最大允许接地电阻与剩余电流保护电器动作值关系见表 9-14。

**表 9-14　　　　　　　TT 系统中 RCD 额定漏电动作电流与设备接地电阻的关系**

| 额定漏电动作电流 $I_{\Delta n}$/mA | 30 | 50 | 100 | 200 | 500 | 1 000 |
|---|---|---|---|---|---|---|
| 设备最大接地电阻/Ω | 1 667 | 1 000 | 500 | 250 | 100 | 50 |

(3) RCD 在 TN 系统中的应用

尽管 TN 系统中的过电流保护在很多情况下都能在规定时间内切除故障,但即使在这种情况下 TN 系统仍宜设置漏电保护。一则因为在系统设计时一般不可能逐一校验每台设备处发生单相接地时过电流保护是否能满足电击防护要求,即使校验也不一定准确,因为漏电点阻抗是未知的;二则过电流保护不能防直接电击;三则当 PE 线或 PEN 线发生断线时,过电流保护对碰壳故障不再有作用。因此在 TN 系统中设置剩余电流保护,对补充和完善TN 系统的电击防护性能是有很大益处的。

TN-s 系统中 RCD 的典型接法如图 9-8 所示。

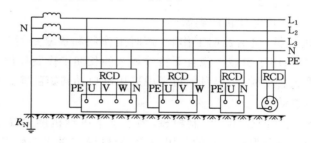

图 9-8　TN-S 系统中 RCD 的典型接线示例

采用漏电保护后,电击防护对单相接地故障电流的要求大为降低,只要接地故障电流(实为单相短路电流)大于剩余电流保护电器额定漏电动作电流 $I_{\Delta n}$ 即可。由此推导出电击防护对故障回路总计算阻抗 $Z_s$ 的要求,见表 9-15。

**表 9-15　　　　　TN 系统中 RCD 额定漏电动作电流与故障回路阻抗的关系**

| 额定漏电动作电流 $I_{\Delta n}$/mA | 30 | 50 | 100 | 200 | 500 | 1 000 |
|---|---|---|---|---|---|---|
| 设备最大接地电阻/Ω | 7 333 | 4 400 | 2 200 | 1 100 | 440 | 220 |

由表 9-15 可知,如此宽松的故障回路阻抗值要求,即使算上故障点的接触电阻(或电弧阻抗),也是很容易满足的,因为 TN 系统短路阻抗一般为 mΩ 级。可见在采用 RCD 后,TN系统电击防护的灵敏度得到了很大的提高。

# 9.3　常用低压电气设备的安全运行

## 9.3.1　电动机

电动机是工业企业最常用的用电设备,是将电能转换为机械能的设备。作为动力机,电动机具有结构简单、价格低廉、效率高和操作方便等优点。工业企业中电动机消耗的电能占总能量消耗的 50% 以上。电动机的安全运行是保证正常生产的基本条件之一。

1. 电动机的选择

电动机类型的选择,取决于生产机械的负载性质、使用环境条件、生产工艺及电网供电情况等因素。电动机规格的选择,主要是通过校验电动机的发热、最小起动转矩、最大过载转矩等参数来确定电动机的额定功率、电压和转速等。电动机的功率必须与生产机械负荷的大小及其持续和间断的规律相适应。电动机功率太小,势必因过负荷造成过热,加速绝缘的老化,缩短电动机的使用年限,而且还可能由于绝缘损坏造成触电事故。

(1) 根据环境条件选用相应防护形式的电动机。常用电动机有以下结构形式:封闭式电动机,带电部分有封闭的外壳,潮气和粉尘等不易侵入,可用于多尘、水土飞溅及有火灾危险或触电危险性大的环境。其代表性产品是 J0 系列和 Y 系列异步电动机。防爆式电动机,设计有专门的防爆结构,可用于触电危险性大或有火灾、爆炸危险的环境。其代表性产品是 JB 系列防爆式异步电动机。

(2) 根据负载性质选择电动机的类型。

① 不需要调速的机械(包括长期工作制、短时工作制和重复短时工作制的机械),应首先考虑采用交流电动机;用于负载平稳且无特殊要求的长期工作制机械,应采用一般笼式异步电动机。在需要重载启动时,小容量的可考虑采用高启动转矩的笼式异步电动机;大容量的则采用绕线式异步电动机。

② 带周期性波动负载的长期工作制机械,为了削平电动机的尖峰负载,一般都采用电动机带飞轮工作。为了充分发挥飞轮的作用,小容量机械宜采用高转差率的笼式异步电动机。大、中容量机械则采用绕线式异步电动机。

③ 对于只需要恒定转速或为了补偿电网功率因素的场合,应优先考虑用同步电动机。

④ 需要几种转速且不需要连续调节的机械,可采用多速笼式异步电动机。

⑤ 需要较大的启动转矩的恒定功率调速的机械(如电车、牵引机车等),常采用串励电动机。

⑥ 对启动、制动及调速有较高要求时,宜选用他励直流电动机或带有调速装置的交流电动机。

⑦ 要求调速范围很宽的机械,最好将机械变速和电气调速两者结合起来考虑,这样易于收到技术和经济指标都高的效果。

⑧ 自冷式电动机,散热效能随电动机转速而变化,不宜长期低速运行,如果由于调速的需要而长期低速运行超过电动机所允许的条件时,应增设外通风措施,以免电动机在低速运行时因过热而损坏。

2. 电动机的安全运行

新安装的三相笼式异步电动机在投入运行前应该检查接法是否正确,与电源电压是否相符,防护是否完好(Y 系列电动机防护等级为 IP44),外壳接零或接地是否良好,绝缘电阻是否合格,各部螺钉是否紧固,盘车是否正常,启动电动机动装置是否完好。带负荷前应空载运行一段时间,空载试运行时转向、转速、声音、振动和电流应无异常。

### 3. 电动机的保护

电动机的保护应当齐全。用熔断器保护时,熔体额定电流应取为异步电动机额定电流的 1.5 倍(减压启动)或 2.5 倍(全压启动)。用热继电器保护时,热元件的电流不应大于额定电流的 1.1~1.25 倍。电动机最好有失压保护装置,重要的电动机应装设缺相保护单元。电动机外壳应根据电网的运行方式可靠接零或接地。

### 4. 电动机的维护和维修

电动机应定期进行检修和保养工作。日常检修工作包括清除外部灰尘和油污。检查轴承并换补润滑油,检查润滑油、集电环和换向器并更换电刷,检查接地(零)线,紧固各螺钉,检查引出线连接和绝缘,检查绝缘电阻等。启动设备应与电动机同步检修。交流电动机大修后的试验项目包括测量各部位的绝缘电阻,500 kW 以上的电动机测量吸收比,定子绕组和绕线式转子绕组进行交流耐压试验(40 kW 以下只用兆欧表测绝缘电阻),定子绕组进行极性测定、空载试验,高压 500 kW 以上者进行直流耐压试验。

## 9.3.2　电焊机

电焊机是企业常用的一种电气设备,其使用必须符合现行有关焊机标准规定的安全要求。如果手工电弧焊机的空载电压高于现行相应焊机标准规定的限值,则必须采用空载自动断电装置等防止触电的安全措施。电焊机的工作环境应与技术说明书上的规定相符。如在气温过低或过高、湿度过大、气压过低以及在腐蚀性或爆炸性等特殊环境中作业,应使用适合特殊环境条件性能的电焊机,或采取防护措施;应该防止电焊机受到碰撞或剧烈振动(特别是整流式焊机);室外使用的电焊机必须有防雨雪的防护设施。

电焊机必须装有独立的专用电源开关,其容量应符合要求。当电焊机超负荷时,应能自动切断电源。禁止多台电焊机共用一个电源开关。电源控制装置应装在电焊机附近便于操作的地方,周围留有安全通道。采用启动器启动的电焊机必须先合上电源开关,再启动电焊机。

电焊机的一次电源线,长度一般不宜超过 3 m,且不得拖地跨通道使用,当有临时任务需要较长的电源线时,应沿墙或立柱用瓷绝缘子隔离布设,其高度必须距地面 2.5 m 以上,不允许将电源线拖在地面上。电焊机外露的带电部分应设有完好的防护(隔离)装置,电焊机裸露接线柱必须设有防护罩。使用插头插座连接的电焊机,插孔的接线端应用绝缘板隔离,并装在绝缘板平面内。

禁止连接建筑物金属构架和设备等作为焊接电源回路。

各种电焊机(交流、直流)、电阻焊机等设备或外壳、电气控制箱、焊机组等,都应按相关规范的要求接地(接零)。电焊机的接地装置必须经常保护、连接良好,定期检测接地系统的电气性能。禁用氧气管道和乙炔管道等易燃易爆气体管道作为接地装置的自然接地极,防止由于产生电阻热或引弧时冲击电流的作用,产生火花而引爆。专用的焊接工作台架应与接地装置连接。

焊机用的软电缆线应采用多股细铜线电缆,其截面要求应根据焊接需要载流量和长度,按焊机配用电缆标准的规定选用。电缆外皮必须完整、绝缘良好、柔软,绝缘电阻不得小于 1 MΩ。电缆外皮破损时应及时修补完好。连接焊机与焊钳必须使用软电缆线,长度一般不宜超过 20 m。焊机的电缆线应使用整根导线,中间不应有连接接头。当工作需要接长导线时,应使用接头连接器牢固连接,连接处应保持绝缘良好。焊接电缆线需横过马路或通道时,必须采取保护措施,严禁搭在气瓶、乙炔发生器或其他易燃物品的容器和材料上。禁止利用厂房的金属结构、轨道、管道、暖气设施或其他金属物体搭接起来作电焊导线电缆。禁止焊接电缆与油、脂等易燃物料接触。

电焊钳必须有良好的绝缘性与隔热能力,手柄要有良好的绝缘层。焊钳的导电部分应采用纯铜材料制成。焊钳与电焊电缆的连接应简便牢靠,接触良好。

### 9.3.3 照明设备

1. 电气照明的分类

在生产场所中,都必须有足够的电气照明装置,以改善劳动条件,提高产品质量和工作效率,确保安全生产。

电气照明按其光源可分为热辐射光源和气体放电光源两类。白炽灯、碘钨灯是热辐射光源,它们是由电流通过钨丝升温达到白炽状态而发光的照明装置。这种照明装置的温度高,发光效率低。荧光灯、高压水银灯等是利用电极间气体放电产生可见光和紫外线,由此激发灯管管壁上的荧光粉发光的照明设备。这种照明设备的发光效率可达白炽灯的 3 倍。

就电气照明方式而言,又可分为工作照明和事故照明。前者是在正常工作情况下的照明;后者是在工作照明发生故障时所必要的照明。一般照明用 220 V 电压;但如果灯具高度不能满足要求时,应采用 36 V 电压。局部照明一般采用 36 V 电压,而在金属容器中,或者在地点狭窄、行动不便、周围有接地的大块金属等高度危险的环境中,应采用 12 V 电压。在有火灾、爆炸、中毒危险的场所,500 人以上的重要公共场所,都应该有事故照明。事故照明应由独立的电源供电,不能与其他动力线路或工作照明线路合用。事故照明应有特殊的标志。事故照明的供电方式如图 9-9 所示。

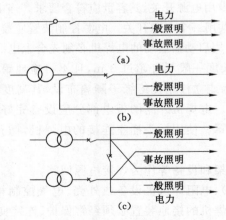

图 9-9　事故照明供电方式
(a) 不具备变电站(室)的情况;(b) 有一个变电站的情况;(c) 有两个变电站的情况

2. 电气照明安全要求

(1) 照明装置选择。照明装置应当根据周围环境选用适当形式:在有爆炸或火灾危险的环境中,应采用防爆式灯具,开关应装设在其他地方或室外,或者采用防爆式开关;在有腐蚀性气体或蒸气,或特别潮湿的环境,应采用封闭式(或防水式)灯具,而且开关设备应加保护;在多尘的环境中,应采用防尘式灯具以及有相应措施的开关。

灯座分插口和螺口两类。插口灯座带电部分封闭在里面,比较安全,但承受重量较小。螺口灯座的螺旋部分容易暴露在外,这就要求螺口灯座的螺旋部分接于零线,而灯座内的弹簧舌片接于相间。为了可靠起见,最好在螺口灯具上另加防护环,或者采用带有保护环的螺口灯座,不使其带电部分暴露在外。150 W 以上的灯泡应采用瓷质。

(2) 照明装置安装及配电。灯具安装应牢固可靠。户外灯具除要考虑承受本身重量外,还要考虑承受风力。吊灯导线不应承受过分拉力。在车间里,通常采用直径不小于 10 mm 的吊管悬挂灯具。注意管内导线不应有接头。直接用导线悬挂灯具时,吊线盒里和吊灯座里均应采取挂线措施,以防脱落。灯具、荧光灯镇流器等发热设备的安装,应离开可燃物件,或采取隔热措施。开关设备应排列整齐,便于操作。照明插座和开关离地高度以不小于 1.5 m 为宜。

车间照明装置一般应采用保护接零(或接地)措施。应注意保护零线(或地线)与工作零线分开。照明线路的开关应能同时切断相线和零线;应有明显的开、合位置;相邻开关或插座相、零线的配置以及开、合位置都应当一致。不同电压等级的插座应有明显标志。照明线路熔丝的额定电流一般不应超过 15 A,对于工业厂房可以放宽至 20 A。熔丝的额定电流应大于正常负荷电流,但应小于正常负荷电流的 1.5 倍。

照明线路应避开暖气管道,其间距不得小于 30 cm。户内照明线路每条线路上的灯数一般不多于 20 个,户外照明线路一般不多于 10 个。计数时,插座也应按灯数考虑,其电流可按 2.5 A 计入。车间照明线路的绝缘电阻,每伏工作电压不得低于 1 000 Ω;在特别潮湿的环境,可以放宽至每伏工作电压 500 Ω。

局部照明采用的 36 V、24 V 或 12 V 电压应由隔离变压器供电。机床局部照明的双线圈变压器可以从动力线路上引下电源。如果动力线路熔丝额定电流不超过 25 A,允许不另装熔断器。变压器一次侧应采用有护套的三芯软线,长度一般不应超过 2 m。对于移动范围不大的局部照明,二次侧应采用 0.75 m² 以上的软铜线;对于大范围移动的行灯,二次侧也应采用有护套的软线。行灯应有完整的保护网,应有耐热、耐湿的绝缘手柄,不可用其他灯具代替行灯。

当事故照明采用直流供电时,因直流电源一般还要同时供给控制线路用电,不允许接地,所以,在中性点接地系统中,直流电源应从不接地的工作零线部分引进事故照明装置,在中性点不接地系统中没有这种要求。

(3) 电气照明安全检查。为及时消除事故隐患,保证电气照明装置安全运行,定期对电气照明装置和配电线路进行检查和维修。应检查导线部分的各连接处是否过热或有灼伤痕迹;检查各种仪表及指示灯是否完整、指示是否正确;检查开关及熔断器的外壳是否短缺或损坏;螺钉是否松动或脱落;检查熔断器内熔体的容量是否与负荷电流及导线截面相适应,禁止用不合规格的导线等代替熔丝。如开关内有积尘或熔体熔断后有积炭,应及时清除;特别要注意检查与热源接近的塑料件有无变形、可燃件有无烧糊痕迹。在进行安全检查和维修工作时,要做好安全措施,严格遵守电气安全工作规程的规定。

### 9.3.4　手持电动工具

手持式电动工具是采用小容量电动机或电磁铁,通过传动机构驱动工作头的一种手持或半固定式的机械化工具。其结构轻巧,携带使用方便,各行各业使用手持式电动工具的种类和数量越来越多。为了防止在使用手持式电动工具时引起人身伤亡事故,国家颁布了《手持式电动工具的管理、使用、检查和维修安全技术规程》。

1. 基本分类

(1)手持式电动工具按用途分类。金属切削类:电钻(多速、角向、万向、软轴)、磁座钻、电铰刀、电刮刀、电冲剪、型材切割机和曲线锯等。砂磨类:电动砂轮机(直向、角向、软轴)、砂光机和抛光机(直向、角向)等。装配类:电动扳手、电动旋具和电动胀管机等。建筑及道路施工类:冲击电钻、电锤、电镐、电动打夯机、电动地板刨平机和电动混凝土振动器(平板式、插入式)等。矿山类:电动凿岩机、岩石电钻和煤电钻等。铁道类:铁道螺钉电动扳手、枕木电钻和枕木电镐等。农牧类:电动喷洒机、电动剪枝机、电动采茶机和电动剪毛机等。木材加工类:电刨、电圆锯、电木锯、电动开槽机和平板式砂光机等。其他:电动骨钻、胸骨锯、石膏电钻、电动裁布机、电动喷枪和电动锅炉去垢机等。

(2)手持式电动工具按电气安全防护方法分类。Ⅰ类:即普通电动工具。绝缘结构中全部或多数部位只有基本绝缘。工具设有接地装置,如果绝缘损坏或失效,可触及金属零件,它通过接地装置与安装在固定线路中的保护接地或保护接零导线连接在一起,不致成为带电体,防止操作者触电。Ⅱ类:又称双重绝缘工具。绝缘结构由双重绝缘或加强绝缘组成。当基本绝缘损坏或失效时,附加绝缘将操作者与带电体隔离,避免触电。Ⅱ类工具的明显部位(如铭牌)标有Ⅱ类绝缘的符号"回"。它可分为绝缘外壳和金属外壳两种。Ⅲ类:由安全电压电源供电的工具,并能确保在工具内不产生高于特低电压的电压。

2. 安全性能要求

(1)手持式电动工具的安全要求。手持式电动工具要求外壳完整,无裂纹、破损等缺陷,铭牌上各项参数清晰可见。机械防护装置(防护罩、防护盖、手柄防护装置)完整,无脱落破损、裂纹、松动、变形。表面应光滑无毛刺和尖锐棱角,否则会成为新的危险源。电源开关动作灵活,不卡涩,无缺损、裂纹和松动。工具的工作状态(旋转、往复、冲击)灵活无障碍。

工具上的电源应满足以下要求:

①Ⅰ类工具的电源线必须采用三芯(单相工具)或四芯(三相工具)的多股铜芯橡胶套软电缆或护套软线。其中绿/黄双色线在任何情况下只能用做保护接地或保护接零线。采用截面积为 $0.75 \sim 1.5 \text{ mm}^2$ 以上多股软铜线。工具的电源线完整,护套无破损和裂纹。没有接长或拆换。工具电源线上的插头完整,无破损和裂纹。无放电痕迹,绝缘无碳化现象。带有接地插脚的插头、插座,接地插脚只能单独连接保护线。严禁在插头、插座内用导线直接将接地插脚与中性线连接。插头插入插座的接触顺序应符合规定,防止误插入。工具的定期检查和测试记录完整,工具未超过检查周期,测定绝缘电阻的数值不应低于下列数值:Ⅰ类工具 $2 \text{ M}\Omega$;Ⅱ类工具 $7 \text{ M}\Omega$;Ⅲ类工具 $10 \text{ M}\Omega$。

②Ⅰ类手持式电动工具的外壳都必须接地或接零,当这些设备发生相与地短路时,能迅速切断电源开关,设备外壳上也不致产生危险的接触电压。因此,良好的接地装置或接零线,是这一类设备安全运行的关键。因此要保证导电的连续性,保证电气设备至接地体之间或电气设备至电源变压器中性点之间导电连续性,最远两点之间的电阻小于 $1 \Omega$。

③Ⅲ类手持电动工具安全电压电源来自安全隔离变压器,必须采用双圈变压器,禁止使用自耦变压器。变压器外壳上应有接地端子,一次侧、二次侧应有明显标志。

（2）使用中的安全措施。手持式电动工具和移动式电气设备的使用人员，必须经过培训，学习有关的安全操作规程，能熟练地使用相关工具和设备。在领用工具或设备时，应进行必要的检查，检查工具和设备的安全性能，除从外观检查判断外，必要时应查阅定期检查记录和测试记录或预防性试验报告。所有检查测试应不超周期。

手持式电动工具检查至少应包括以下项目：核对铭牌参数，是否符合作业需要；外壳、手柄有无裂缝或破损；保护连线是否正确，牢固可靠；电源线是否完好无损；电源插头是否完整无损；电源开关动作是否正常灵活，有无缺损和破裂；机械防护装置是否完好；工具转动（往复、冲击）是否灵活和轻快，有无阻滞现象；电气安全保护装置是否良好。

移动式电动工具在使用前电气部分至少应检查下列各项：设备外壳接地端子上是否已接好符合要求的接地线或接零线，多台式的接地线不许串联；电源线截面是否满足负荷电流需要；电源开关、剩余电流保护装置是否操作灵活和正确；电源线接线盒是否完好，盒盖是否使裸露的接线柱不外露。

在一般场所，为保证使用者安全，应选用Ⅱ类工具。如使用Ⅰ类工具必须采取其他安全保护措施，如剩余电流保护装置、安全隔离变压器等，否则，使用者必须戴绝缘手套，穿绝缘鞋或站在绝缘垫上。选用绝缘胶垫，除检查其安全性能外，还应注意尺寸，可以按作业活动范围外长宽再各加 40 cm。因为绝缘胶垫在做工频耐压试验时，极板小于边长，所以绝缘胶垫的四周没有经过试验，就不能认定它是绝缘良好，作业时也只能站在中央部位。

使用剩余电流保护装置应检查铭牌，额定动作电流应不大于 15 mA，动作时间不大于 0.1 s。带负载拉合 3 次，用试验按钮动作 3 次，均应不拒动和误动。进出线按标志接线，绝不能接反。

在潮湿的场所或金属构架上等导电性能良好的作业场所，必须使用Ⅱ类或Ⅲ类工具。在狭窄场所（如锅炉、金属容器、管道内等）应使用Ⅲ类工具。如果使用Ⅱ类工具，必须安装额定动作电流不大于 15 mA、动作时间不大于 0.1 s 的剩余电流保护装置。安装后进行检查和试验，应完好。

在特殊环境如湿热、雨雪以及存在爆炸性或腐蚀性气体的场所，使用的工具必须符合相应防护等级的安全技术要求。

当电源距离作业点较远而电源线长度不够时，不得将电源线任意接长或拆换，应采用耦合器。电源连接器进行连接，连接处应有断路器等断电装置，以便因作业需要就近断开（合上）电源。工具的危险运动零部件防护装置不得任意拆卸，以免飞屑等击伤操作人员。移动工具时严禁手拎电源电缆线移动工具，必要时应先断开电源。根据作业性质佩戴护目镜、安全帽等个人安全防护用品。在一个作业点活动范围内不应有裸露的带电体或易燃物以及其他妨碍作业的物体，否则应采取相应的安全措施。使用中出现异声、放电等异常现象，应立即断开电源，进行详细检查或送交专职人员检查，判断原因。未修复的工具禁止使用。

# 9.4　主要高压电气设备的安全运行

在发电厂和变电所中，通常把直接生产、输送、分配和使用电能的设备称为一次设备；对电气一次设备和系统的运行状况进行测量、控制、保护和监察的设备称为二次设备。

一次设备按其功能可分为变换设备、控制设备和保护设备等类型。变压器和互感器属于变换设备;各种高低压开关则属于控制设备,如高压断路器、隔离开关、重合器等;限制短路电流的电抗器、熔断器和防御过电压的避雷器等属保护设备。下面介绍供配电系统的设备安全运行。

### 9.4.1 变压器

电力变压器是变配电站的核心设备,用其将电压升高或降低。工矿企业用的变压器均起降低电压的作用,通常是把 35 kV 或 6～10 kV 的电压降低为工业设备及照明用电的电压。变压器的安全、可靠运行直接影响用户的用电可靠性、安全性。为了保证配电变压器的正常工作,必须加强配电变压器的运行维护管理,做好变压器的运行监视,对变压器运行中出现的异常现象进行分析、判断原因及可能发生的事故,采取措施防止事故的发生。

1. 变压器分类

按照冷却方式,电力变压器分为油浸自冷式、风冷式、水冷式和干式变压器。

油浸电力变压器由器身、油箱、冷却装置、保护装置和出线装置组成。器身包括铁心、绕组(线圈)、绝缘、引线和分接开关;油箱包括油箱本体和油箱附件;冷却装置包括散热器和冷却器;保护装置包括储油柜、油标、安全气道、吸湿器、测温元件和气体继电器;出线装置包括高低压套管。

油浸电力变压器的铁心和绕组都浸没在绝缘油里。变压器里的油兼有散热、绝缘、防止内部元件和材料老化以及内部发生故障时熄灭电弧的作用。

容量较大的变压器,油箱设计有散热管,油经过油箱的散热管循环流动,把绕组和铁心发出的热量散发到空气中去。大型变压器还采用加装风扇、强迫油循环以及水内冷等冷却方式。

油浸电力变压器如图 9-10 所示,其设有储油柜。储油柜容积为油箱容积的 1/10,位于油箱上部,其下部有油管连通。作用是给油的热胀冷缩留出缓冲空间,保持油箱始终充满油;同时,减少油与空气的接触面积,减缓油的氧化。

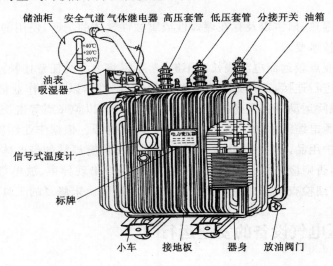

图 9-10 三相油浸电力变压器

干式变压器按结构分为非封闭式、封闭式、全封闭式和密封式。

密封式干式变压器带有密封的保护外壳,壳内充有空气或某种气体,壳内的空气或某种气体不与外界发生交换,是一种非呼吸型的变压器。

全封闭干式变压器是外界空气不以循环方式冷却铁心和线圈的一种充气的干式变压器。

封闭干式变压器是外界空气以循环方式直接冷却铁心和线圈的一种干式变压器。

非封闭干式变压器不带保护外壳,其铁心和线圈直接由空气冷却。

干式变压器因没有油,也就没有引发火灾、爆炸和污染等的问题,故电气规范和规程等均不要求干式变压器置于单独房间内。特别是新的干式变压器系列,损耗和噪声降到了新的水平,更为变压器与低压屏置于同一配电室内创造了条件。

干式变压器的安全运行和使用寿命,很大程度上取决于变压器绕组绝缘的安全可靠。绕组温度超过绝缘耐受温度使绝缘破坏,是导致变压器不能正常工作的主要原因之一,因此对变压器的运行温度的监测及其报警控制是十分重要的。

干式变压器冷却方式分为自然空气冷却(AN)和强迫空气冷却(AF)。自然空冷时,变压器可在额定容量下长期连续运行。强迫风冷时,变压器输出容量可提高 50%。它适用于断续过负荷运行,或应急事故过负荷运行;由于过负荷时负载损耗和阻抗电压增幅较大,处于非经济运行状态,故不应使其处于长时间连续过负荷运行状态。

2. 变压器的选择与安装

变压器的选择根据《电力变压器选用导则》(GB/T 17468—2008),结合实际情况,综合分析配电线路负荷的类型、大小、分布情况等因素,合理选择变压器型号、容量、安装位置。位置选择考虑尽量降低线损和工程投资,在城市配电工程中,变压器的台区位置应满足线路末端电压降不大于 4%,市区不超过 250 m,繁华地区不宜超过 150 m。

户外变压器 10 kV 及以下变压器的外廓与周围栅栏或围墙之间的距离应考虑变压器运输与维修的方便,距离不应小于 1 m;在有操作的方向应留有 2 m 以上的距离;地上安装的变压器变台的高度一般为 0.5 m,其周围应装设不低于 1.7 m 的栅栏,并在明显部位悬挂警告牌。315 kV·A 及以下的变压器可采用杆上安装方式,其底部距地面不应小于 2.5 m,杆上变台应平稳牢固。其他要求见相关标准。

3. 变压器运行维护与检查

(1) 检查变压器的音响是否正常。正常运行时一般有均匀的"嗡嗡"电磁声,如果声响比正常情况下大,而且为沉重的"嗡嗡"声,说明变压器过负荷;如果变压器或外电路发生故障,将会出现异常声音。

(2) 检查油温是否超过允许值。油浸变压器的上层油温不应超过 85 ℃,最高不得超过 95 ℃。由于每台变压器负荷大小、冷却条件及季节不同,运行中的变压器不能以上层油温不超过允许值为依据,还应根据以往运行经验及在上述情况下与上次的油温比较。如油温突然增高,则应检查冷却装置是否正常、油循环是否破坏等,从而判断变压器内部是否有故障。

(3) 检查油枕及瓦斯继电器的油位和油色,检查各密封处有无渗油和漏油现象。油面过高,可能是变压器冷却装置运行不正常或变压器过载、内部有故障;油面过低,可能有渗油、漏油现象,应检查变压器各密封件和焊缝有无渗油、漏油现象。检查油位时,应注意油箱、油枕、油标之间的油路是否堵塞出现假油面的现象。被检查的油质应为透明、微带黄色，若油色变深变暗，则说明油质变坏，油的绝缘强度降低，易引起绕组与外壳的击穿。

(4) 检查变压器套管是否清洁，有无破损、裂纹和放电痕迹。由于脏物吸附水分，使绝缘能力降低，不仅使套管表面放电，还可使其泄漏电流增加，造成套管发热，套管出现裂纹，使其绝缘能力降低，引起套管局部放电，导致绝缘进一步损坏，以致全部击穿。尤其在雷雨过后，如果绝缘套管有积垢或大的裂纹和碎片，容易引起套管闪络和爆炸。应定期清理污垢，发现套管有裂纹或碰伤应及时更换。

(5) 检查防爆膜是否完整无损，瓦斯继电器是否动作，检查吸湿器是否畅通，硅胶是否吸湿饱和。

(6) 检查接地装置是否良好，有无断线、脱焊、断裂现象，定期测量接地电阻。对于采用保护接零的低压系统，变压器低压侧中性点应直接接地。若接地线锈蚀，应予更换。

(7) 检查冷却、通风装置是否正常。

(8) 检查变压器及其周围有无其他影响其安全运行的异物(易燃、易爆物等)和异常现象。

(9) 用兆欧表测量变压器各相绕组对绕组和绕组对地的绝缘电阻。若测得的绝缘电阻值为零，则说明被测绕组或绕组对地之间有击穿故障；若测得的绝缘电阻值较上次检查记录低 40% 以上时，这可能是由绝缘受潮、绝缘老化引起，可根据情况作相应的处理(如干燥处理、维修或更换损坏的绝缘)，再试验观察。

### 9.4.2 高压断路器

高压断路器也称高压开关，它用来在正常情况下接通和断开电路，以及在故障时切除故障电路。它具有完善的灭弧装置，不仅能在正常时通断负荷电流，而且能在出现短路故障时在保护装置作用下切断短路电流。高压断路器根据电力系统运行的需要，可以控制将部分或全部电气设备以及部分或全部线路投入或退出运行。当电力系统某一部分发生故障时，它和保护装置、自动装置相配合，将该故障部分从系统中迅速切除，减少停电范围，防止事故扩大，保护系统中各类电气设备不受损坏，保证系统无故障部分的安全运行。

高压断路器按其采用的灭弧介质来划分，主要有油断路器、$SF_6$ 断路器、真空断路器等。

(1) 油断路器。油断路器分为多油和少油两大类：多油断路器一方面作为灭弧介质，另一方面又作为绝缘介质；少油断路器油量较少，仅作为灭弧介质。多油断路器因油量多、体积大，断流容量小、运行维护比较困难，因而现已被淘汰。少油断路器和真空断路器目前应用较广。

(2) 高压真空断路器。它利用真空作为绝缘和灭弧介质，有落地式、悬挂式、手车式三种形式。真空断路器有户内式和户外式。

(3) $SF_6$ 断路器。它是利用 $SF_6$ 气体作灭弧和绝缘介质的断路器。$SF_6$ 是一种无色、无毒且不易燃烧的惰性气体，温度在 150 ℃ 以下时，其化学性能相当稳定。由于 $SF_6$ 中不含碳元素，对于灭弧和绝缘介质来说，具有极为优越的特性。$SF_6$ 也不含氧元素，不存在触头氧化问题。除此之外，$SF_6$ 还具有优良的电绝缘性能，在电流过零时，电弧暂时熄灭后，$SF_6$ 会分解出氟($F_2$)，具有较强的腐蚀性和毒性，且能与触头的金属蒸气化合为一种具有绝缘性能的白色粉末状的氟化物。因此，$SF_6$ 断路器的触头一般都设计成具有自动净化作用的。这些氟化物在电弧熄灭后的极短时间内能自动还原。对残余杂质可用特殊的吸附剂清除，基本上对人体和设备没有什么危害。

少油断路器具有重量轻、体积小、节约油和钢材、价格低等优点,但不能频繁操作,用于 6～35 kV 的室内配电装置;真空断路器具有不爆炸、噪声低、体积小、质量小、寿命长、结构简单、无污染、可靠性高等优点,因而在 35 kV 配电系统及以下电压等级中处于主导地位,但价格昂贵;SF$_6$断路器具有断流能力强、灭弧速度快、电绝缘性能好、检修周期长等优点,适用于需频繁操作及有易燃易爆危险的场所,但要求加工精度高,密封性能要求更严,价格昂贵。

### 9.4.3　互感器

互感器是发电厂和变电所主要设备之一。其将高电压变换成低电压,将大电流变换成小电流,供测量电压用的互感器称为电压互感器,供测量电流用的互感器称为电流互感器。使用互感器的主要目的是:

(1)将二次回路与一次回路隔离,以保证操作人员和设备的安全,并且可以降低测量仪表及继电器的绝缘水平,简化仪表构造。

(2)将电压和电流变换成统一的标准值,电流互感器二次绕组的额定电流都是 5 A;电压互感器二次绕组的电压通常都规定为 100 V,从而可以减少测量仪表和继电器的规格品种,使仪表和继电器标准化。

(3)可以避免短路电流直接流过测量仪表及继电器的线圈。

电压互感器的工作原理与变压器相似。

电压互感器按冷却方式分为干式和油浸式;按相数可分为单相和三相;按安装地点则分为户内式和户外式。

图 9-11 是一只单相电压互感器接在三相线路上,用于测量任意两相间的线电压。图 9-12 是两只单相电压互感器接成不完全三角形(V/V 形接线),用于只需测线电压的仪表和继电器,但是这种接法不能测相电压。

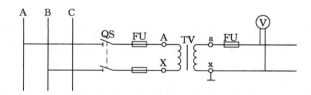

图 9-11　电压互感器接线之一

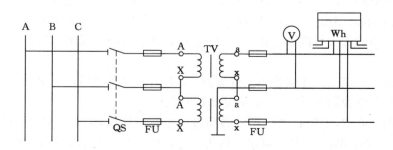

图 9-12　电压互感器接线之二

在中性点不接地或经消弧线圈接地的 $3\sim10\ kV$ 电网中,广泛采用三相五柱式电压互感器,或者采用三台单相三线圈互感器接成三相组,它们的一次线圈与二次线圈采用 $Y_0/Y_0$ 连接,辅助二次线圈接成开口三角形,用于接反应零序电压的继电器,或者接到三只电压表构成的绝缘监视装置上。这样,互感器既可用于测量线电压和相电压,又可用于单相接地保护和监视电网对地绝缘(见图 9-13 和图 9-14)。

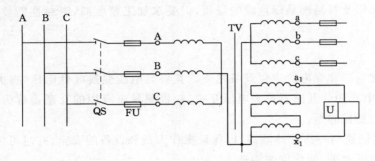

图 9-13　三相五柱式电压互感器的 $Y_0/Y_0/\triangle$ 接线

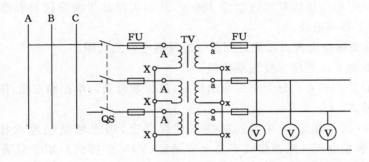

图 9-14　三个单相三线圈电压互感器的 $Y_0/Y_0/\triangle$ 接线

一般不采用三相三柱式电压互感器,这是由于三相三柱式电压互感器一次绕组中性点不允许接地,所以只能适用于测量三相线电压的测量仪器和继电器,而不能用来检查电网对地的绝缘情况。

假如把三相三柱式电压互感器一次绕组中性点接地,则在系统中发生接地时就会有零序电流 $I_0$ 通过接地点而流入大地,$I_0$ 在磁导体的铁心柱中产生零序磁通 $\varPhi_0$,$\varPhi_0$ 三相同相,在铁心中没有通路而以漏磁通的形式通过空气隙和互感器铁壳形成通路。由于零序励通磁阻很大,零序励磁电流亦很大,当持续时间长时,就可能引起电压互感器过热,甚至烧毁。

电压互感器的二次线圈都要接地,以防止由于绝缘损坏使高压窜入低压侧对运行人员造成危险。

因互感器一次侧及二次侧都不允许短路,故均应装设熔断器。一次侧的隔离开关用于检修互感器时与电源隔开,形成一个明显的断开点。

在运行和检修中,要防止电压互感器反馈送电造成事故,如图 9-15 所示。为了检修母线甲,仅仅拉开 1Q、3Q、5Q 是不够的。因为母线乙的高压电还可以借助 7Q 和两个电压互感器反馈到母线甲上,从而危及检修人员。

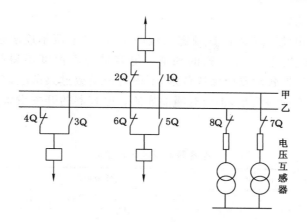

图 9-15　电压互感器反馈送电示意图

电压电流互感器的一次线圈串接于被测量的电路中，二次线圈与量电仪表及继电器的电流线圈串联，其二次电路的阻抗非常小，在正常工作情况下，接近于短路状态，这是电流互感器与电力变压器和电压互感器的主要区别。

### 9.4.4　电容器

电力电容器大量装设在各级变电站和线路上，是供电网络中的主要设备之一。电容器在电力系统中的主要作用是补偿电力系统的无功功率，提高系统的功率因数，改善电压品质，减少线路的损耗，提高电网输送电能能力。正常情况下高压电容器组的投入和退出运行应根据系统的无功功率、负荷的功率因数和电压等情况确定。一般功率因数低于 0.85 时，要投入高压电容器组；功率因数高于 0.95 且仍有上升的趋势时，高压电容器组应退出运行；系统电压偏低时，也可以投入高压电容器组。

1. 影响电容器安全运行的因素

（1）工作温度与环境温度。正常工作时电容器内部介质的工作温度应低于制造厂家允许的温度，最高不得超过 70 ℃，否则会引起热击穿及鼓肚现象。电容器周围环境的温度变化对电容器的安全运行不容忽视。如果环境温度太高，电容器工作时所产生的热量就散不出去，容易发生热击穿；而如果环境温度太低，电容器内的绝缘油（介质）就可能凝结，也容易发生绝缘击穿，电容器室的温度超过 ±40 ℃范围时，高压电容器组亦应退出运行。

（2）工作电压与工作电流电容器长时过电压会使电容器严重发热，电容器绝缘会加速老化，甚至发生电击穿或热击穿。电网电压一般应低于电容器本身的额定电压，长期工频稳态过电压不得超过 1.1 倍额定电压。当电容器工作在有铁芯饱和的设备（如大型整流器和电弧炉等）"谐波源"的电网上时，运行中就会出现高次谐波，对于 $n$ 次谐波而言，电容器的电抗将是基波时的 $1/n$，因此谐波电流会显著增加。谐波电流对电容器非常有害，极易使电容器发热引起击穿。考虑到谐波的存在，规定电容器的工作电流不得超过额定电流的 1.3 倍，必要时应在电容器上串联适当的电抗（串联电抗器）以抑制谐波电流。电容器带电荷合闸是不允许的，若合闸瞬间电压极性正好和电容器上残留电荷的极性相反，那么两电压相加将在回路上产生很大的冲击电流，易引起爆炸。所以电容器组每次重新合闸，必须在断路器断开电容器并放电 5 min 后进行。

## 2. 电容器安全运行

电容器运行中,电流不应超过其额定电流的 1.3 倍,电压不应超过其额定电压的 1.1 倍。环境温度不得超出表 9-16 所列的限值。电容器外壳温度不得超过规定值(一般为 60 ℃或 65 ℃)。电容器各触点应保持良好,不得有松动或过热迹象;套管应清洁且不得有放电痕迹;外壳不应有明显变形,不应有漏油痕迹。电容器的开关设备、保护电器和放电装置应保持完好。

表 9-16 　　　　　　　　　　　电容器使用的环境温度　　　　　　　　　　单位:℃

| 温度类型 | 环境温度 | | | | |
|---|---|---|---|---|---|
| | 上限 | 下限 | 时平均最高 | 日平均最高 | 年平均最高 |
| Ⅰ | +40 | -40 | +40 | +30 | +20 |
| Ⅱ | +45 | -40 | +45 | +35 | +25 |
| Ⅲ | +50 | -40 | +50 | +40 | +30 |

正常情况下,应根据线路上功率因数的高低和电压的高低投入或退出并联电容器。当功率因数低于 0.9、电压偏低时,应投入电容器组;当功率因数趋近于 1 且有超前趋势、电压偏高时,应退出电容器组。

当运行参数异常、超出电容器的工作条件时,应退出电容器组。

当发现电容器连接点严重过热甚至熔化,瓷套管严重闪络放电,外壳严重膨胀变形,电容器或其放电装置发出严重异常声响,电容器爆裂或起火、冒烟时,应紧急退出运行。

进行电容器操作时应注意以下几点:

(1)停电操作时,先拉开电容器的开关,后拉开各路出线的开关;送电时,先合上各路出线的开关,后合上电容器的开关。

(2)全站因事故停电后,应拉开电容器的开关。

(3)电容器断路器跳闸后不得强行送电;熔丝熔断后,查明原因之前,不得更换熔丝送电。

(4)不论是高压电容器还是低压电容器,都不允许在带有残留电荷的情况下合闸。否则,可能产生很大的电流冲击。电容器重新合闸前,至少应放电 3 min。

(5)为了检查、修理的需要,电容器断开电源后,工作人员接近之前,不论该电容器是否装有放电装置,都必须用可携带的专门放电负荷进行人工放电。

## 3. 电容器的安装和接线

电容器所在环境温度不应超过 40 ℃,周围空气相对湿度不应大于 80%,海拔高度不应超过 1 000 m。周围不应有腐蚀性气体或蒸气,不应有大量灰尘或纤维,所安装的环境应无易燃、易爆危险或强烈振动。

电容器室应为耐火建筑,耐火等级不应低于二级;电容器室应有良好的通风及防止温升过高的措施。总油量 300 kg 以上的高压电容器应安装在单独的防爆室内;总油量 300 kg 以下的高压电容器和低压电容器应视其油量的多少,安装在有防爆墙的间隔或有隔板的间隔内。电容器外壳和钢架均应采取接地(或接零)措施。

电容器应有完善的放电装置。高压电容器可以用电压互感器的高压绕组作为放电负荷;低压电容器可以用灯泡或电动机绕组作为放电负荷。放电电阻值应满足经过放电后最高残留电压不超过安全电压的要求。三角形连接 10 kV 电容器每相放电电阻可按下式计算:

$$R \leqslant 1.5 \times 10^6 U^2 / Q$$

式中　$R$——每相放电电阻,$\Omega$;

　　　$U$——线电压,kV;

　　　$Q$——每相电容器容量,kvar。

电力电容器应根据其额定电压及线路额定电压选择适当的接线,并根据其容量安装电压表及电流表以监视工作情况。

4. 电容器的检查与日常维护

为了使电容器故障率下降就要加强电容器组的巡视检查、日常维护工作。据有关规定及运行实践经验,通过以下措施对电力电容器进行检查与维护:

(1) 外壳各部是否渗漏;外壳是否鼓肚,膨胀量是否超过正常热胀冷缩的弹性许可度;室外电容器组还应检查外壳油漆是否脱落、生锈,当脱落或生锈较严重时可涂冷锌解决;套管是否清洁、完整,有无裂纹、放电现象;引线连接处有无松动、脱落或断线、发热变色。电容器容量与熔断器容量的配置必须相符,严禁电容器带病运行。

(2) 电容器室要有良好的通风,室内温度应满足制造厂家规定的要求,保证电容器不受油、水、雨、雪的侵蚀,不受日光直晒。

(3) 运行中电容器出现不正常的异响时应退出运行。另外当电容器喷油或起火、接头严重过热、套管严重放电闪络、电容器爆炸、电容器内部严重异常响声时都必须将电容器停止运行。高压电容器的保护熔断器突然熔断时,在未查明原因之前,不可更换熔体恢复送电。

(4) 电容器停电安全技术要求:断开开关拉开两侧刀闸;放电后验明无电推上接地刀闸;为防止操作过电压,电容器与变压器或馈电线路停、送电时,禁止同时投切。

(5) 接地应良好。电容器金属外壳应有明显接地标志,其外壳应与金属架构共同接地。电容器应有合格的放电设备。运行中每月应对放电电阻及其回路进行一次检查,确认是否良好。停电检查工作应严格执行电工安全工作规程,电容器接地前应逐相充分放电,星形接线电容器的中性点应接地,串联电容器及与整组电容器脱离的电容器应逐个放电,装在绝缘支架上的电容器外壳也应放电。

## 9.4.5　高压开关柜

高压开关柜是按一定的线路方案将有关一、二次设备组装而成的一种高压成套配电装置,在发电厂和变配电所中作为控制和保护发电机、变压器和高压线路之用,也可作为大型高压交流电动机的启动和保护之用,其中安装有高压开关设备、保护电器、监测仪表和母线、绝缘子等。高压开关柜按断路器安装方式分为手车式和固定式,按安装地点分为户内和户外,按柜体结构可分为金属封闭铠装式开关柜、金属封闭间隔式开关柜、金属封闭箱式开关柜和敞开式开关柜四大类。高压开关柜大多数按规定装设了防止电气误操作的闭锁装置,即"五防":防止误跳、误合断路器;防止带负荷拉、合隔离开关;防止带电挂接地线;防止带接地线合隔离开关;防止人员误入带电间隔。

高压开关柜故障原因多发生在绝缘、导电和机械方面。

1. 拒动、误动故障

其原因可分为两类:一类是因操动机构及传动系统的机械故障造成拒动或误动;要保证开关设备的操作机构可靠性,须在出厂前进行机械操作数百次的考验验证。开关柜内所有部件,特别是动作部件强度要足够,结构要可靠,要经得起长期运行的考验。另一类是因电气控制和辅助回路造成电气回路故障导致拒动或误动,表现为二次接线接触不良,端子松动,接线错误,分合闸线圈因机构卡涩或转换开关不良而烧损等故障。要保证电气回路良好的连通性,对合、分闸线圈、辅助开关等元件的电气性能都要始终处于正常完好状态。

2. 开断与关合故障

这类故障是由断路器本体造成的,对少油断路器而言,主要表现为喷油短路、灭弧室烧损、开断能力不足、关合时爆炸等。对于真空断路器而言,表现为灭弧室及波纹管漏气、真空度降低、切电容器组重燃、陶瓷管破裂等。

3. 绝缘故障

在绝缘方面的故障主要表现为外绝缘对地闪络击穿,内绝缘对地闪络击穿,相间绝缘闪络击穿,雷电过电压闪络击穿,瓷瓶套管、电容套管闪络、污闪、击穿、爆炸,提升杆闪络,CT闪络、击穿、爆炸,瓷瓶断裂等。影响电气设备在运行中绝缘性能是否可靠的因素除了设备本身的绝缘水平外,还有过电压保护措施、环境条件、运行状况和设备老化等因素影响。

4. 载流故障

载流故障主要原因是开关柜隔离插头接触不良导致触头烧熔。

5. 外力及其他故障

这类故障包括异物撞击、自然灾害、小动物短路等不可知的其他外力及意外故障的发生。在我国,一般开关柜因受外界环境影响而造成绝缘故障占相当大的比例,如凝露、污秽、小动物及化学物质等。据全国高压断路器事故统计,6～10 kV级绝缘故障最多,占58.82%,而且主要发生在开关柜内,通过对高压回路采用气体密封,免受外界环境的影响,以提高系统可靠性。

高压开关柜通过正确使用、合理检测开关设备等措施,以保证其在绝缘、导电、机械操作以及开断性能方面可靠安全。

# 本章小结

本章以电气设备的安全运行为基础,首先概述了电气设备的危险源辨识、危险源控制和电气设备的一般安全要求,包括变压器、高压断路器、高压隔离开关、高压负荷开关、互感器、电容器和母线的一般安全要求,详细介绍了有关电气设备的危险源辨识和控制方法。

通过本章的学习,使学生了解有关电气设备的安全运行基础知识,常用电气保护装置和常用高低压电气设备的结构和使用。

# 复习思考题

1. 在什么情况下的开关、刀闸的操作手柄上须挂"禁止合闸,有人工作"的标示牌?

2. 防止交流、直流电触电的基本措施有哪些?

3. 使用电钻或手持电动工具时应注意哪些安全问题?

4. 保护接地和保护接零相比较有哪些不同之处?

5. 变压器发生缺相的原因大致有哪些方面?

6. 配电变压器高压熔丝发生两相熔断的原因大致有哪些方面?

7. 直流电桥正确接线后,比率臂调整到位,比较臂也有了大概的阻值,下一步是怎样进行测量操作的?

8. 高压开关柜故障原因有哪些?

9. 新的或大修后的变压器投入运行前,除外观检查合格外,应有出厂试验合格证和电力公司试验部门的试验合格证,试验项目应有哪几项?

# 第10章　防爆设备电气安全

**本章学习目的及要求**

1. 了解防爆设备的分类和常用的防爆技术。
2. 掌握隔爆型设备的电气安全技术。
3. 掌握增安型防爆设备的电气安全技术。
4. 掌握本质安全型防爆设备的电气安全技术。

爆炸是指物质从一种状态，经过物理变化或化学变化，突然变成另一种状态，释放光、热或机械巨大能量的过程。由于作业空间内甲烷等易燃易爆性气体或是粉尘的存在，工作区普遍处在爆炸性气体环境或是可燃性粉尘环境。人们采取了多种防爆技术方法，防止爆炸危险性环境形成，其中很重要的举措就是采用防爆生产设备。

## 10.1　防爆设备的分类与防爆技术

目前我国的防爆电气产品生产状况随着我国的经济发展有了长足的进步，所生产的产品基本可以满足各种爆炸危险场所的需求，产品不仅符合我国国家标准《爆炸性环境》（GB 3836）的质量要求，有的生产厂还采用国际电工委员会的 IEC79-0、79-4、79-8、79-12、79-IA，IEC44 和欧共体 EN50014、50018、50019 的标准进行生产。产品包括防爆配电箱、防爆主令电器、防爆灯具、防爆插接装置、防爆接线盒及管件等8大类（300多个品种规格的产品）。

### 10.1.1　作业环境对电气设备的特殊要求

（1）矿区井下的空气中，在瓦斯及煤尘含量达到一定浓度的条件下，如果产生的电火花、电弧或局部热效应达到点燃能量，就会燃烧或爆炸。因此，要求矿区井下电气设备具有防爆性能。

（2）电气设备漏电有可能引起瓦斯煤尘爆炸、引爆电雷管、造成人身触电等危险。因此，要求电气系统有漏电保护装置。

（3）井下硐室、巷道、采掘工作面等安装电气设备的地方，空间都比较狭窄，且人体接触电气设备、电缆的机会较多，容易发生触电事故。因此，要求井下电气设备外壳必须接入接地系统。

（4）由于井下常会发生冒顶和片帮事故，电气设备很容易受到砸、碰、挤、压等损坏。因此，电气设备外壳要坚固。

（5）井下空气比较潮湿，湿度一般在90%以上，且经常有滴水和淋水现象，电气设备很容易受潮。因此，电气设备应具有良好的防潮和防水性能。

（6）井下电气设备的散热条件较差，故要求井下电气设备有足够的额定容量。

（7）采掘工作面的电气设备移动频繁，故要求尽量减轻重量，并便于安装、拆迁。

（8）井下采掘运输设备的负荷变化较大，有时会产生短时过载，故要求电气设备要有足够的容量和过载能力，并配置过载保护装置。

（9）井下发生全部停电事故且超过一定的时间后，可能发生淹井、瓦斯积聚等重大故障，再次送电还有造成瓦斯煤尘爆炸的危险。

### 10.1.2　防爆电气设备的分类和爆炸条件及预防理论

防爆电气设备是指不会引起周围爆炸性混合物爆炸的电气设备，如防爆电动机、开关等。爆炸危险场所使用的防爆电气设备，在运行过程中，必须具备不引燃周围爆炸性混合物的性能。满足上述要求的电气设备可制成隔爆外壳、增安型、本质安全型、正压外壳型、油浸型、充砂型等类型。矿用防爆电气设备按 GB 3836.1—2010 标准生产的专供矿区井下使用的防爆电气设备。

1. 防爆电气设备的分类

（1）隔爆外壳电气设备（d）。隔爆外壳电气设备（d）按其允许使用爆炸性气体环境的种类不同分为：Ⅰ类、ⅡA 类、ⅡB 类和ⅡC 类。隔爆外壳的防爆形式是把设备可能点燃爆炸性气体混合物的部件全部封闭在一个外壳内，其外壳能够承受通过外壳任何接合面或结构间隙渗透到外壳内部的可燃性混合物在内部爆炸而不损坏，并且不会引起外部由一种、多种气体或蒸气形成的爆炸性环境的点燃把可能产生火花、电弧和危险温度的零部件均放入隔爆外壳内，隔爆外壳使设备内部空间与周围的环境隔开。隔爆外壳存在间隙，因电气设备的呼吸作用和气体渗透作用，使内部可能存在爆炸性气体混合物，当其发生爆炸时，外壳可以承受所产生的爆炸压力而不损坏，同时外壳结构间隙可冷却火焰、降低火焰传播速度或终止加速链，使火焰或危险的火焰生成物不能穿越隔爆间隙点燃外部爆炸性环境，从而达到隔爆的目的。

隔爆外壳电气设备在爆炸危险区域应用得极为广泛。它不仅能防止爆炸火焰的传出，而且壳体又可承受一定的过压，一般情况下其壳体能承受 1.5 倍实际爆炸压力的冲击作用而不损坏，不产生永久变形。其用于煤矿井下的隔爆型电气设备更要坚固。由于使用环境十分恶劣，电气设备被磕碰的现象极为严重，因此要求其强度有较大的安全系数。它一般采用钢板、铸钢材料制成。使用滑动轴承的大型旋转电动机的隔爆结构，一般不能用于具有 3 级和 4 级的爆炸性物质的区域。如果采取特殊结构，经法定的检验机关认定后也可使用。

（2）增安型电气设备（e）。增安型防爆形式是一种对在正常运行条件下不会产生电弧、火花的电气设备采取一些附加措施以提高其安全程度，防止其内部和外部部件可能出现危险温度、电弧和火花可能性的防爆形式。它不包括在正常运行情况下产生火花或电弧的设备，在正常运行时不会产生火花、电弧和危险温度的电气设备结构上，通过采取措施降低或控制工作温度、保证电气连接的可靠性、增加绝缘效果以及提高外壳防护等级，以减少由于污垢引起污染的可能性和潮气进入等措施，减少出现可能引起点燃故障的可能性，提高设备正常运行和规定故障（例如：电动机转子堵转）条件下的安全可靠性。它是一种在正常运行条件下不会产生电弧、火花或可能点燃爆炸性混合物的高温设备结构上，采取措施提高安全程度，以避免在正常和认可的过载条件下出现这些现象的电气设备。

增安型结构在防爆电气设备上使用得比较广泛,如电动机、变压器、灯具和带有电感线圈的电气设备等。一般要求绝缘绕组允许温升要比其他防爆电气设备的标准规定温升低10 ℃。漏电距离和电气间隙应尽可能取大一些,其最小值不得低于有关规定。壳体要有一定的防护措施,电动机允许堵住时间最低不少于 5 s,启动电流与额定电流之比不得超过10。在堵住时间内的温升不得有引燃爆炸性混合物的可能,也不得破坏绝缘。绝缘绕组匝间和对地试验电压须比普通电气设备有所提高,低压设备提高 10%,高压设备提高 30%,并要求所有导体的连接可靠,在过载振动等影响下,也不得发生接触不良现象。

增安型电气设备,虽然能在组别较高的爆炸危险环境中安全使用,但是一旦内部元件出现故障时,就无法保证防爆的安全性,所以要认真考虑使用环境、维修管理等条件,然后确定是否适合。选用增安型电动机、变压器等,须配备相应的过载保护装置或过热装置。此外,鼠笼型感应电动机,必须充分地加以保护,运行时不得超过允许堵住时间。

(3) 本质安全型电气设备(i)。本质安全型的防爆形式是在设备内部的所有电路都是由在标准规定条件(包括正常工作和规定的故障条件)下,产生的任何电火花或任何热效应均不能点燃规定的爆炸性气体环境的本质安全电路。本质安全型是从限制电路中的能量入手,通过可靠地控制电路参数将潜在的火花能量降低到可点燃规定的气体混合物能量以下,导线及元件表面发热温度限制在规定的气体混合物的点燃温度之下。

本质安全型防爆结构仅适用于弱电流回路,如测试仪表、控制装置等小型电气设备上。无论在正常情况下还是非正常情况下发生的电火花或危险温度,都不会使爆炸性物质引爆,因此这种结构是安全性较高的防爆结构。其中电路或设备上的所有元件表面温度必须小于规定,以防止热效应引起的点燃。本质安全型防爆结构的电气回路,必须与其他电路相隔离,以防止混线电磁感应或静电感应,特别是结构外部的配线,要采取周密的措施,才能确保电气设备和配线的防爆性能。

(4) 正压外壳型电气设备(p)。它是一种通过保持设备外壳内部保护气体的压力高于周围爆炸性环境压力的措施来达到安全的电气设备。正压设备保护形式可利用不同方法:一种方法是在系统内部保护静态正压,而另一种方法是保持持续的空气或惰性气体流动,以限制可燃性混合物进入外壳内部。两种方法都需要在设备启动前用保护气体对外壳进行冲洗,带走设备内部非正压状态时进入外壳内的可燃性气体,防止在外壳内形成可燃性混合物。这些方法的要点是监测系统,并且进行定时换气,以保证系统的可靠性。

(5) 油浸型电气设备(o)。油浸型防爆形式是将整个设备或设备的部件浸在油内(保护液),使之不能点燃油面以上或外壳外面的爆炸性气体环境。这是一个主要用于开关设备的老的防爆技术方法。形成的电弧、火花浸在油下,使设备不能点燃油面以上的或外壳外的爆炸性混合物。

油浸型防爆结构在使用上与传爆等级无关,适合于小型操作开关。油浸型防爆结构设备表面和油的温度,在操作频度和电流强度可能达到严重过载时也不得超过相关的规定。这一规定不单指该结构,凡是防爆结构都有这一要求。油面至产生火花或电弧部分之间的距离应为最小试验保护深度的 2 倍,但不得小于 10 mm。油浸型防爆电气设备充入的油液,应具有较高的化学稳定性。为了观察油位的高度,设备上安有油位指示器或油位信号装置。油浸式防爆结构的开关、控制器等设备,由于油的劣化或泄漏等原因,设备若损坏很难维修,应特别注意。另外,由于倾斜或油面摇动而使防爆性能受到损害时,设备不能再继续使用。

（6）充砂型电气设备（q）。充砂型防爆形式是一种在外壳内充填砂粒或其他规定特性的粉末材料，使之在规定的使用条件下，壳内产生的电弧或高温均不能点燃周围爆炸性气体环境的电气设备保护形式。该防爆形式是将可点燃爆炸性气体环境的导电部件固定并且完全埋入充砂材料中，从而阻止了火花、电弧和危险温度的传播，使之不能点燃外部爆炸性气体环境的防爆电气设备。

（7）浇封型电气设备（m）。浇封型防爆形式是将可能产生引起爆炸性混合物爆炸的火花、电弧或危险温度部分的电气部件，浇封在浇封剂（复合物）中，使它不能点燃周围爆炸性混合物。采用浇封措施，可防止电气元件短路、固化电气绝缘，避免了电路上的火花以及电弧和危险温度等引燃源的产生，防止了爆炸性混合物的侵入，控制正常和故障状况下的表面温度，使它在正常运行和认可的过载或认可的故障下不能点燃周围的爆炸性混合物的防爆电气设备。

2. 爆炸条件及预防理论

（1）爆炸必须具备的三个条件：爆炸性物质即能与氧气（空气）反应的物质，包括气体（氢气、乙炔、甲烷等），液体（酒精、汽油等）和固体（粉尘、纤维粉尘等）；空气或氧气；点燃源，包括明火、电气火花、机械火花、静电火花、高温、化学反应、光能等。

（2）防止爆炸的产生必须从三个必要条件来考虑，限制了其中的一个必要条件，就限制了爆炸的产生。在工业过程中，通常从下述三个方面着手对易燃易爆场合进行处理。

① 预防或最大限度地降低易燃物质泄漏的可能性。

② 不用或尽量少用易产生电火花的电器元件。

③ 采取充氮气之类的方法维持惰性状态。

在平常实际使用中可能很容易地看到，许多防爆电气产品在一个产品中就采用了多种防爆保护方法。例如，照明装置可能采用了增安型保护（外壳和接线端盒）、隔爆型保护（开关）和浇封型保护（镇流器）。用户可根据自己的实际需要和所了解信息，来选择可提供在费用、性能和安全方面达到最佳平衡的防爆形式的产品。以上各类矿用电气设备的防爆技术归纳起来主要包括以下几种防爆技术。

（1）间隙隔爆技术。将电气设备的带电部件放在特制的外壳内，该外壳具有将壳内电气部件产生的火花和电弧与壳外爆炸性混合物隔离开的作用，并能承受进入壳内的爆炸性混合物被壳内电气设备的火花、电弧引爆时所产生的爆炸压力，而外壳不被破坏；同时能防止壳内爆炸生成物向壳外爆炸性混合物传爆，不会引起壳外爆炸性混合物燃烧和爆炸。这种特殊的外壳叫"隔爆外壳"，具有隔爆外壳的电气设备称为"隔爆型电气设备"。

（2）本质安全技术。本质安全，就是通过追求企业生产流程中人、物、系统、制度等诸要素的安全、可靠、和谐、统一，使各种危害因素始终处于受控状态，进而逐步趋近本质型、恒久型安全目标。本质安全是指通过设计等手段使生产设备或生产系统本身具有安全性，即使在误操作或发生故障的情况下也不会造成事故，具体包括失误-安全（误操作不会导致事故发生或自动阻止误操作）、故障-安全（设备、工艺发生故障时还能暂时正常工作或自动转变安全状态）。本质安全防爆方法是利用安全栅技术将提供给现场仪表的电能量限制在既不能产生足以引爆的火花，又不能产生足以引爆仪表表面温升的安全范围内，从而消除引爆源的防爆方法。

（3）超前切断电源和快速断电技术。

① 超前切断电源技术。启动器中漏电保护与屏蔽电缆配合，当屏蔽电缆受到机械损伤时，相间绝缘被破坏，电缆芯线首先与屏蔽层接触造成漏电，检漏继电器动作使启动器跳闸，这样在电缆内部还未形成短路之前即可切断电源。当电气设备出现故障时，在可能点燃瓦斯之前，利用自动断电装置将电源切断，达到防爆目的，这种措施称为超前切断电源。

② 快速断电技术。当矿井低压电网发生单相漏电或短路时，电网的全断电时间（安全断电时间为 2.5～3 ms）小于形成外露故障电明火的时间（故障形成最小时间不少于 5 ms），从而保证防火、防爆及预防人身触电安全，这种电气安全技术即为快速断电技术。

（4）增安技术。这是一种在结构上采取措施（如密封等）提高其安全程度，以避免在正常和规定的过载条件下出现点燃混合物的火花或危险温度的防爆技术。

### 10.1.3　常用防爆电气设备及选用

以下将工厂用防爆电器产品大致分为十二大类，基本涵盖市场上流通的大多数产品。应当指出的是：还有一些产品，如变径接头、密封接头、管接头、活接头、挠性连接管等产品，很多制造厂将它们也列为防爆产品，这是一个错误认识。这些产品只能称之为防爆电器产品的辅助件。因此，这里的产品分类没有包括这些产品。

（1）防爆控制箱类。它主要包括用于控制照明系统的照明配电箱和用于控制动力系统的动力箱。这类产品大部分结构为组合式，最多可控制 12 个回路，其外壳大部分是以铸造铝合金材料制作的，也有一部分为钢板焊接的，还有很少一部分为绝缘材料外壳。其内部主要由断路器、接触器、热继电器、转换开关、信号灯、按钮等元件构成，制造厂还可根据用户需要而选择配备。防爆等级最高可达ⅡCT6级。需要指出的是，防爆自动开关、防爆刀开关以及熔断器在一些控制场合也常用作控制动力或照明配电系统的线路分合，只是变成一个单件而已。因此这些产品也划归到这类产品中来。

（2）防爆启动器类。此类产品包括手动启动器、电磁启动器、可逆电磁启动器、自耦减压启动器、Y-Δ 变换降压启动器和馈电开关等产品。防爆启动器类产品作为终端控制设备，一般是一台启动器控制一台电动机，属于量大面广类产品。其外壳壳体通常由铸造铝合金或钢板制成。其内部一般由接触器（空气式或真空式）、电动机保护系统、信号灯、按钮和自耦变压 OS 等元件组成，而且一般都具有就地控制、远距离控制和自动控制的功能。也有的产品中安装有断路器作总开关，使产品更加完善。

（3）防爆控制开关类。市场对这类产品的需求量相对来说也很大，生产厂家也比较多，主要包括照明开关、转换开关（组合开关）、行程开关、拉线开关等小型防爆产品。这些产品的防爆等级可达ⅡCT6级，其防爆外壳壳体通常是采用铸造铝合金压铸而成的复合型结构，也有少数制造厂采用其他材质外壳。这类产品的特点是体积小、内部元件单一、技术含量较低、结构简单、制作容易。

（4）防爆主令电器类。主令电器是用作闭合或断开控制电路，以发出命令或程序控制的开关电器。这类防爆电器主要包括控制按钮和操作柱。防爆控制按钮外壳一般用聚碳酸酯、玻璃纤维增强不饱和聚酯树脂或 ABS 塑料注塑来制造，也有少量是用铸铝压铸成形的。其一般结构为增安型外壳，内装隔爆型元件，而且可以实现防腐功能，防爆等级可达ⅡC级。操作柱主要由主箱、接线箱和支柱组成。其主箱和接线箱有的制成一体，有的制成分体，各有特点。其材质基本上是用铸造铝合金材料制造。内部由各种仪表、转换开关、按钮和信号灯等元件组成,可以根据不同需要进行组合。

（5）防爆接线箱类。电气设备在使用中须经电线或电缆与供电网络连接起来,形成系统来完成其使用功能。但其连接导线或电缆不可能无限长,而且在连接过程中有很多地方需要串联、并联进行导线分接,这就势必造成接头部分外露,容易引发事故。防爆接线箱类产品就是为解决这类问题而生产的,以求进一步保证安全生产。这类产品包括接线箱、接线盒、穿线盒、吊线盒、分线盒等产品,其外壳主要由铸造铝合金制造。其根据需要设有很多进线和出线引入装置,箱内装有接线端子,用来进行连接或分接之用。这类产品大部分制成隔爆型或增安型,体积有大有小,差异较大,防爆等级可达ⅡC级。

（6）防爆灯具类。任何一个工作场所和环境都必须采取照明措施,含有各种爆炸性气体的场所也不例外。由于其使用场所很多,遍布各个生产角落,因而促使防爆灯具类产品大批量生产。这类产品品种多、规格全,但大致可分为照明用、标志用、信号用、手提用等几种形式;从光源种类可分为白炽灯、汞灯、钠灯、卤灯、镝灯和荧光灯;从结构上分更加繁多,大致上有吊式、挂式、墙壁安装式、吸顶式、手提式、悬臂式等。从安装角度来说,防爆灯具类可以从 30°～90°内都能实现。从功率来说,可以从几十瓦到几百瓦。安装高度从地面开始到几米高。可以说,防爆灯具是所有防爆电气产品中产量最大、使用最多的产品。而且,由于其特定功能,造成了损耗大、更换量大的局面。这类产品的结构形状各异,变化很多,但从防爆性能方面来分,基本上是以隔爆型为主,外壳材质以铸造铝合金为多,基本上可以满足用户在ⅡC级以下场所的各种照明和显示功能的需要。

（7）防爆连接类。防爆连接件主要功能是进行电缆连接和电缆分支之用。其主要产品为防爆插销和防爆电源插座箱。其额定电压为 220～380 V,额定工作电流最大可达 100 A。品种有两极、三极加中性线和接地线结构,产品外壳由金属和塑料材质制成,防爆等级可达ⅡC级。其内部主要由接插件组成,有的产品加装有带断点的开关,这个开关与接插件之间均具有联锁功能,即先断开开关后拔插,先插入插头后关合;不带开关的产品也具有先断开主回路后断开接地线,先插入接地线后插入主回路之功能,以保证安全状态下操作。这类产品大部分是用手直接操作,所以对其绝缘性能要求一般较高,切不可忽视。

（8）防爆风扇类。此类产品主要包括防爆吊扇、防爆排风扇和防爆轴流风机等产品,其结构由防爆电机、防爆接线盒和防爆调速控制器及叶片组成。其额定工作电压一般为 380 V,防爆等级可达ⅡBT4级。

（9）具有发热功能的防爆电器类。石化企业在生产过程中经常需要一些加热设备和电气取暖设备,因此这类产品的防爆问题也是十分重要的。主要产品有防爆电暖器、防爆加热器。由于防爆控制变压器和防爆镇流器等产品尽管主要功能不是获取热能,但其在运行中也会发热,也应引起极大重视,所以全部划入此类产品中。当然,在科技飞速发展的今天,也会出现很多用高科技材料制成的电热设备,但其防爆问题仍不能忽视。防爆发热设备主要元件为绕组、控制器和接线盒等,而且往往具有对温度进行控制或监视的保护功能。此类产品基本上为隔爆型,防爆等级为ⅡBT4级。

（10）防爆报警电器类。在某些生产场合,往往需要一些灯光和声响来提示人们的行动,在含有爆炸性危险气体的环境中,这类电器就显得更加重要。其主要产品有防爆指示灯、防爆电铃、防爆电笛、防爆蜂鸣器等产品,结构通常为隔爆型,用铸造铝合金制造,防爆等级可达ⅡCT6级。其工作电压可分为直流 36～220 V,交流可达 380 V。防爆接线盒和防爆壳体是其主要结构件。

（11）防爆电磁铁类。这类产品主要有防爆电磁铁、防爆电磁阀、防爆电磁驱动器等。其工作原理是在电磁场作用下，通过产生的电磁力来推动机械设备工作，一般作制动用。结构大部分为隔爆型，用铸钢或铸铁制造，防爆等级为ⅡBT6级。其主要技术参数一般为推力或吸力（以 kg 计算）和通电持续率，切不可长期通电，否则容易过热造成危险。

（12）防爆其他类。在复杂的生产过程中往往会遇到许多的特殊要求，对此需制造出特殊的防爆电器产品。由于此类产品产量少，要求特殊，属非标准类产品，因此将其归纳为防爆其他类。其主要有电工仪表、温度变送器、压力变送器、速度变送器、液位计、定量控制仪、点火装置、摄像机等产品。这些产品基本上是以生产需要而制造的，尽管其性能要求各不相同，但大部分产品为金属制作的外壳，其形式为隔爆型或增安型，也有很少一部分产品为本质安全型，其工作电压和工作电流一般都比较低，防爆等级为ⅡCT6级。

# 10.2 隔爆型设备电气安全技术

隔爆型电气设备是将正常工作或事故状态下可能产生火花的部分放在一个或分放在几个外壳中，这种外壳除了将其内部的火花、电弧与周围环境中的爆炸性气体隔开外，壳内各零件间的连接不但具有一定的结构尺寸，还应具有一定的结构强度。当进入壳内的爆炸性气体混合物被壳内的火花、电弧引爆时外壳不致被炸坏，也不致使爆炸物通过连接缝隙引爆周围环境中的爆炸性气体混合物。这种能够承受内部爆炸性气体混合物的爆炸压力，并阻止内部爆炸向外壳周围爆炸性混合物传播的电气设备外壳叫作隔爆外壳，具有隔爆外壳的电气设备叫作隔爆型电气设备，隔爆外壳的耐爆性和隔爆性都要满足防爆要求。

### 10.2.1 隔爆型电气设备的防爆原理和防爆要求

#### 1. 隔爆型电气设备的防爆原理

将电气设备的带电部件放在特制的外壳内，该外壳具有将壳内电气部件产生的火花和电弧与壳外爆炸性混合物隔离开的作用，并能承受进入壳内的爆炸性混合物被壳内电气设备的火花、电弧引爆时所产生的爆炸压力，而外壳不被破坏；同时能防止壳内爆炸生成物向壳外爆炸性混合物传爆，不会引起壳外爆炸性混合物燃烧和爆炸。这种特殊的外壳叫"隔爆外壳"，具有隔爆外壳的电气设备称为隔爆型电气设备。隔爆型电气设备具有良好的隔爆和耐爆性能，被广泛用于煤矿井下等爆炸性环境工作场所。隔爆性电气设备的标志为"d"。隔爆型电气设备除电气部分外，主要结构包括隔爆外壳及一些附在壳上的零部件，如衬垫、透明件、电缆（电线）引入装置及接线盒等。

根据隔爆型电气设备的防爆原理，我们知道隔爆外壳应具有耐爆和隔爆性能。所谓耐爆就是外壳能承受壳内爆炸性混合物爆炸时所产生的爆炸压力，而本身不产生破坏和危险变形的能力。所谓隔爆性能就是外壳内爆炸性混合物爆炸时喷出的火焰，不引起壳外可燃性混合物爆炸的性能。为了实现隔爆外壳耐爆和隔爆性能，对隔爆外壳的形状、材质、容积、结构等均有特殊的要求。

#### 2. 隔爆型电气设备壳上的主要附件

隔爆型电气设备主要由壳体与盖组成，常带有一些附属其壳上的部件，主要有电缆及导线的引入装置、接线盒、透明件、衬垫等。

（1）接线盒。隔爆型电气设备的电缆和导线的引入装置包括直接引入和间接引入两种。对于符合下述条件的电气设备可采用直接引入：① 正常运行时设备不产生火花、电弧和危险温度；② Ⅰ类电气设备，功率不大于 250 W，电流不大于 5 A；③ Ⅱ类电气设备，功率不大于 1 kW。

间接引入装置是指电缆或导线通过接线盒或插销与电气设备进行连接。对于不能使用直接引入装置的电气设备必须采用间接引入装置，这样才能保证在隔爆外壳内部发生爆炸时，不会发生由于引入装置的不可靠而造成传爆事故。无论采用何种方式的引入装置，都必须符合有关的规定，确保隔爆型电气设备的防爆性能。

接线盒是电气设备间接引入的中间环节。隔爆型电气设备的接线盒可采用隔爆型、增安型或其他防爆形式。无论何种形式的接线盒，都应符合通用要求中对接线盒的有关要求。接线盒的空腔与主腔之间要采用隔爆或胶封结构，对于Ⅱ类电气设备可采用密封结构。接线盒内的电气间隙和爬电距离应符合规定的数值。

（2）透明件。透明件主要是指照明灯具的透明罩、仪器窗口和指示灯罩，它们是隔爆外壳的一部分。因此这些透明件必须能承受隔爆型电气设备使用环境的爆炸性混合物爆炸时产生的爆炸压力和温度的作用以及使用环境中外界因素的影响，包括机械、化学、热能的作用。透明件一般采用玻璃和钢化玻璃制成。透明件必须能承受国家规定的机械冲击和热冲击试验。灯具透明件与外壳之间可以直接胶封。观察窗透明件可采用密封结构，此时密封垫既有密封作用又有隔爆作用，密封垫厚度不小于 2 mm。为保证密封的可靠性，密封垫一般采用硅橡胶或氟橡胶等离火能自动熄灭的材料制成。

（3）衬垫。隔爆外壳上有些零件是用塑料玻璃等脆性材料制成的。为了使这些零件与金属零件能够安全接合，实现防潮和防尘的要求，常常需要使用衬垫。衬垫的使用有两种情况：第一种是用在设备维修中需要打开的外壳部件上，此时衬垫仅起密封作用，而不能作隔爆措施。因为维修需要打开的部件其衬垫容易丢失，一旦丢失，整个隔爆结构就被破坏了。但观察窗内密封衬垫则例外，它既有密封作用，又有隔爆作用。第二种是衬垫用在设备维修中不经常打开的部件上，此时衬垫可作隔爆措施，但衬垫必须符合以下 4 点要求：① 衬垫必须采用具有一定强度的金属或金属包覆的不燃性材料制成；② 衬垫的厚度不能小于 2 mm；③ 当外壳净容积不大于 0.1 L 时，衬垫宽度不得小于 6 mm，当外壳容积大于 0.1 L 时，衬垫宽度不得小于 8 mm；④ 衬垫安装后要保证不脱落，并在外壳产生爆炸压力时也不会被挤出外壳。

（4）通气与排液装置。通气与排液装置也是隔爆外壳的一部分。通气排液装置是隔爆外壳内的电气设备或元件在正常运行或停机泄压时向壳外环境通气或排液的重要装置。通气、排液装置要与外壳可靠连接，并要保证良好的隔爆和耐爆性能。由于煤矿井下空气中粉尘多、湿度大、含有腐蚀性气体，因此通气、排液装置要用防腐蚀金属材料制成，并要有防尘措施，以防止通气孔或排液孔被堵塞，失去通气和排液功能。

## 10.2.2　隔爆型电气设备的使用与维护

一般来说，新的防爆电气产品的防爆安全性能是充分满足 GB 3836 标准要求的。但是，防爆电气产品在使用中会受到工作条件和环境条件的影响，受到不同程度的磨损和损害，某些损害对防爆电气产品的使用性能产生不利影响，某些损害还会降低防爆电气产品的防爆安全性。例如：矿用隔爆型开关的操作手柄轴或按钮的轴与轴孔之间的长期磨损会使隔爆接合面的间隙增大,影响隔爆性能;隔爆外壳的隔爆接合面长期受到腐蚀作用而发生锈蚀,使产品隔爆性能降低甚至丧失等。因此,为了保证防爆电气设备的防爆安全性和运行安全性,应该对在用的防爆电气设备加强监督和检查。

1. 矿用隔爆型电气设备安全检查的方法

矿用电气设备在防火和防爆方面有很高的要求,对于矿用隔爆型电气设备,《煤矿安全规程》中有明确规定。矿用隔爆型电气设备应具有防爆标志 ExdⅠ,它的使用和安装都要符合相关规定及产品使用说明书中要求的工作条件。

矿用隔爆型电气设备在购买后验收时,要注意产品是否配有矿用产品安全标志和出厂合格证明,产品的标志及证明是否合法有效。矿用隔爆型电气设备的产品铭牌内容必须包括产品名称、型号规格、安全标志编号及厂家的名称和地址,也应一一验清。

矿用隔爆型电气设备的验收,还应注意配套件的安全标志。在安全标志书中,会写明矿用隔爆型电气设备应当取得安全标志的配套件,检查这些配套件是否配有安全标志,且标志是否合法有效,安全警示牌是否清晰、完整。矿用隔爆型电气设备中,体积超过 2 000 m³ 且使用铸铁外壳的,按照要求不能用于采掘工作面。同时,矿用隔爆型电气设备中,凡是有内外接地的产品,必须保证接地完好。另外,有保护功能的矿用隔爆型电气设备,要正确设定参数,调整保护整定值。

(1) 目测检查法。检查各类防爆电气设备的铭牌,铭牌主要内容应包括:产品型号、名称、规格、防爆标志、安标证号、防爆证号、生产日期或产品编号。其材质应为铜或不锈钢,严禁使用铝材。

例如:若产品铭牌丢失,将很难判定电气设备所使用的范围是否合适。QBZ-120 和 QBZ-200 矿用隔爆型真空电磁启动器,4.0 kV·A(或 2.5 kV·A)照明信号综保和煤电钻综保,以及其他一些矿用电气产品从外观上很难区分产品的规格和名称,很容易因混用或误用造成安全事故。

另外,可根据产品铭牌上的生产日期或产品编号对照安标证书号(有效期 3 年)和防爆证号(有效期 5 年),以判定该产品出厂时是否在安标证书和防爆证书有效期内。根据产品防爆标志来确定产品的防爆形式,以判定该设备是否适用于该场所。

防爆证号示例:如 1062568,其中首位"1"代表检验单位为抚顺质检中心(也可为"2"——上海质检中心、"3"——重庆质检中心,煤矿用电气产品主要由以上三家质检中心检验和发证,首位若有其他数字,则很可能是假冒合格证号);后续的"06"代表年份;第四位的"2"代表隔爆型(也可互换为"0"——矿用一般型、"3"——增安型、"4"——本安型,若有其他编号,则很可能是假冒合格证号);后几位"568"代表证书序列号。

防爆标志示例:ExdⅠ,其中"Ex"代表防爆;"d"代表隔爆型(也可互换为其他防爆形式,煤矿用电气产品主要涉及本安型"ib"或隔爆兼本安型"d[ib]");Ⅰ代表Ⅰ类(煤矿),其他标志均不适用于煤矿井下。若防爆标志为"KY",代表该产品为矿用一般型。

检查各类防爆电气设备的螺栓紧固情况。煤矿用防爆电气设备普遍采用螺栓紧固的平面隔爆形式,螺栓紧固质量的好坏将直接影响到隔爆壳体的防爆性能。螺栓紧固时必须设有防松的弹簧垫圈,并且拧紧压牢,不得松动。若紧固螺栓缺少弹簧垫圈,虽然其表面现象是将防爆电气设备的隔爆门、盖拧紧压牢,但防爆电气设备在搬运和使用过程中因受颠簸和震动力的作用下,会使无防松措施的紧固螺栓发生松动,从而造成防爆电气设备的隔爆门、盖的紧固强度的降低。此时隔爆壳体内部若发生失爆情况,在爆炸力的作用下隔爆壳体和门、盖均将发生瞬间的弹性变形,该弹性变形会造成紧固强度降低的防爆电气设备门、盖与壳体配合的隔爆间隙瞬间增大,其间隙瞬间增大的幅度甚至超出相关标准所规定的间隙(隔爆面间隙≤0.40 mm)范围,爆炸所生成的火焰或炙热颗粒将会通过瞬间增大的间隙喷射到隔爆壳体外的爆炸性气体环境中,从而造成煤矿瓦斯爆炸事故的发生。若紧固螺栓虽设有防松的弹簧垫圈,但没有拧紧和压牢,其后果也是同样的。

(2) 触摸检查法。这种方法是通过感知器官对壳体、附件进行性能判断。

① 观察窗的检查。部分带有仪表或指示装置的电气设备的隔爆外壳或门、盖上均设有作为显示用的观察窗,观察窗装配质量的好坏也将直接影响到防爆壳体的隔爆性能。通常情况下,观察窗的玻璃透明件、金属(或橡胶)衬垫和壳体的相互配合部分不应有间隙产生(可用塞尺测量),更不能出现上下、前后窜动现象(可用手触摸测试)。

② 矿用隔爆型电气设备快开式门、盖的检查。部分矿用隔爆型电气设备(如启动器、馈电开关等)为了便于门、盖的开启,将其门、盖设计成快开式结构(即无螺栓紧固结构)。但该结构因配合方式的特点,对隔爆外壳的整体防爆性能具有一定的影响。质检部门通过对此类产品进行防爆性能试验证明,当该种结构的门、盖与壳体静配合间隙($i_c$)范围在 0.25~0.40 mm 时,仍有可能发生失爆现象。这是因为,当隔爆壳体内部若发生爆炸情况时,钢质的隔爆壳体和门、盖以及相应的卡块(该卡块在快开式结构中起紧固门、盖作用,并保证隔爆间隙)在爆炸力的作用下均将发生不同程度的瞬间拉伸并产生瞬间弹性变形,该种拉伸和弹性变形会造成防爆电气设备门、盖与壳体配合的隔爆间隙瞬间增大,其间隙瞬间增大幅度甚至超过相关标准所规定的间隙范围($i_c$≤0.40 mm),爆炸产生的火焰或炙热颗粒将会通过瞬间增大的间隙喷射到隔爆壳体外的爆炸性气体环境中造成失爆现象。

在检查过程中,应使用 0.25 mm 的塞尺测量该结构的隔爆间隙,而且该塞尺不能插入或全部插入被测间隙内,方证明该隔爆间隙 $i_c$≤0.25 mm,此结构的防爆壳体才具有防爆性能。

③ 矿用隔爆型电气设备按钮和操纵轴的检查。具有操作手柄或按钮的矿用隔爆型电气设备在长期使用过程中,操作手柄轴或按钮的轴与轴孔之间因长期磨损会使隔爆接合面的间隙增大,将影响矿用隔爆型电气设备的防爆性能。

《爆炸性环境 第 2 部分:由隔爆外壳"d"保护的设备》(GB 3836.2—2010)中规定,操纵杆和轴(包括操作手柄轴和按钮轴)与轴孔配合接合面长度($L$)在 12.5~25 mm 范围时,其配合间隙 $i_{c0}$≤0.40 mm。在实际检查操纵杆和轴(包括操作手柄轴和按钮轴)与轴孔配合的过程中,若发现晃动的幅度过大,则表明该配合间隙有可能超出国家标准要求的范围。

④ 矿用隔爆型电气设备外壳电子最高表面温度的检查。《爆炸性环境 第 1 部分:设备通用要求》(GB 3836.1—2010)中规定,Ⅰ类(煤矿用)电气设备采取措施能防止煤粉堆积时,最高表面温度不得超过 450 ℃,有煤粉沉积时最高表面温度不得超过 150 ℃。在实际检查中,若感觉电气设备外壳表面温度过高,难以用手触摸或烫手,可要求进行实际温度测量,以保证电气设备安全运行。

2. 矿用隔爆型电气设备的使用注意事项

失爆都是由于安装、运行、维修质量不符合标准或产品质量不合要求所引起的。因此,必须严格保证质量,才能防止失爆。要严格控制隔爆型电气设备的各接合面的间隙、长度和粗糙度等指标。检查者需用钢板尺、游标卡尺、塞尺及粗糙度样块等工具进行测定,看看检查结果是否符合要求。另外,还要检查壳体是否有永久变形、裂纹;电缆引出、引入装置是否符合规定;紧固用的螺栓是否上紧,螺钉垫圈是否齐全,联锁装置是否完整及是否符合有关电气设备完好标准的有关规定。

3. 隔爆型电气设备的维护

对隔爆外壳和隔爆接合面的精心维护,是保持设备耐爆性和隔爆性能的一项主要内容。为此,在拆卸隔爆外盖时,不能重锤敲打,打开外盖后,必须对隔爆接合面妥善加以保护,防止机械损伤和污染;不允许用金属利器刮拭接合面;为防止生锈,可在隔爆接合面上涂上薄薄一层凡士林或防锈油,但不准涂漆。对于用铝合金制作隔爆外壳的煤电钻等设备,在使用中须防止它们与锈蚀的钢件撞击。这是因为铝合金与锈蚀的钢件撞击摩擦所产生的机械火花,可以点燃瓦斯,引起空气混合物爆炸。为了防止这一危险,可以在外壳表面覆盖一层有足够厚度和耐久性的合成树脂薄膜。

井下防爆电气设备的运行、维护和修理,必须由经过培训的专责维修电工担任,防爆电气设备必须符合防爆性能的各项技术要求。防爆性能受到破坏的电气设备应立即处理或更换,不得继续使用。

隔爆型电气设备是通过隔爆外壳实现防爆安全的。隔爆壳体和盖一般比较厚,材料需要满足标准的规定,能够承受住外壳内部的爆炸不会损坏。固定隔爆外壳的紧固件必须有足够的机械强度,能承受上述的爆炸压力作用不断裂和拉伸变形。外壳上的任何接合面或结构间隙,必须能够阻止外壳内部的可燃性混合物爆炸时产生的火焰通过间隙传到外壳外部。因此,接合面的宽度、间隙和表面粗糙度应满足防爆标志的规定。

(1)隔爆壳体修理。金属外壳或外壳零部件损坏,可以修理或仿造、更换或改造。如果可能影响外壳机械强度时,须做水压试验考核,试验压力按标准规定进行。保持 10 s 不产生滴水和永久性变形为合格。

(2)隔爆接合面的修理。

① 隔爆面上如果有轻度锈蚀,可以用煤油或抹布将锈斑擦去,并且涂一薄层润滑油脂防锈。

② 如果铁锈严重,建议用除锈剂去锈,并检查接合面情况,如果隔爆间隙值不大于图纸的规定,不超过防爆标准的规定,可以不加修理。

③ 如果隔爆面上局部出现直径不大于 1 mm、深度不大于 1 mm 的凹坑,在每平方厘米范围内不超过 2 个,也可以不加修理。如果凹坑超过上述规定,对于非活动隔爆接合面,可用胶黏剂调入金属粉粘补。

④ 如果隔爆接合面损坏严重,间隙超过防爆标准的规定,对于平面接合面,可将损坏的一侧磨平,对于圆筒形接合面,可将一侧轻微加工,另一侧采用焊接、电镀或镶套的方法增添金属,然后加工到规定尺寸。

⑤ 对于活动接合面,应该用熔焊或硬钎焊后磨平或镶套的方法修理。

(3)紧固件螺孔的修理。加大钻孔尺寸,重新攻丝或者焊死螺孔,磨平重新钻孔攻丝,或原攻丝螺孔扩孔后焊入螺母代替。

(4)紧固件允许用相同尺寸和相同等级的新品更换。隔爆外壳上的观察窗(透明件)如果损坏,透明件和密封垫不允许修理,只有用新的更换。隔爆型电缆和导管引入装置的弹性密封圈应该用相同尺寸和相同质量的备件更换。

（5）隔爆外壳内零部件的修理。隔爆外壳内部零件原则上按一般产品的维修方法修复或修理,但应该注意修理后隔爆外壳表面温度不超过设备铭牌或防爆标准的规定。

## 10.3　增安型防爆设备电气安全技术

增安型结构在防爆电气设备上使用得也很广泛,如电动机、变压器、灯具和带有电感线圈的电气设备等。常采用如使用高质量的绝缘材料、降低温升、增大电气间隙、提高导线连接质量等措施,使其在最大限度内不致产生电火花、电弧或危险温度,或者采用有效的保护元件使其产生的火花、电弧或温度不能引燃爆炸性混合物等系列的安全措施,以达到防爆的目的。

### 10.3.1　增安型电气设备的防爆原理和电气安全措施

1. 增安型电气设备防爆原理

增安型防爆结构只能应用于正常运行条件下不会产生电弧、火花或可能点燃爆炸性混合物的高温热源的设备上。这类设备是在其结构上采取一定措施提高其安全程度,以避免在正常和认可的过载条件下出现上述现象。也就是说,这种防爆途径的实质就是采取一定结构形式及防护措施,以防止电火花、电弧和过热等现象的发生。这种防爆形式适用于电动机、变压器、照明灯具等一些电气设备。在正常运行时产生电弧、电火花和过热等现象的电气设备及部件不可制成增安型结构。

增安型电气设备的外壳应具备较好的防水、防外物能力,以确保增安型电气设备安全可靠运行。为此,增安型电气设备的外壳应采用耐机械作用和热作用的金属制成。对于有绝缘带电部件的外壳,其防护等级应达到 IP44;对于有裸露带电部件的外壳,其防护等级应达到 IP540。

为了保证电气设备正常运行,增大电气间隙与爬电距离是制造增安型电气设备采取的重要措施之一。电气设备中有一些零部件在正常工作情况下是不带电的,但当带电零部件的绝缘发生损坏而又未接地时,那些不带电的零部件就有可能带电,这时一旦发生碰撞就会产生电火花,有引爆周围爆炸性混合物的危险。因此,带电零部件之间及带电零件与接地零件之间或带电零件与不带电零件之间都应保持一定距离,即一定的电气间隙。如果电气间隙过小,就容易发生击穿放电现象,因此增大电气间隙在一定程度上能够提高增安型电气设备的安全性。煤矿井下的电气设备处在空气潮湿、粉尘散落的环境中工作,这种环境会降低电气设备的绝缘性能,绝缘表面易发生炭化,导致短路击穿现象发生。为提高增安型电气设备的绝缘性能和安全性能,就需要增大其爬电距离。因此,增安型电气设备的电气间隙和爬电距离均应高于一般电气设备。

2. 增安型电气设备绝缘材料

绝缘材料是保证电气设备正常运行的重要条件,为了提高增安型电气设备的安全性能,在制造设备时要尽量提高绝缘等级。煤矿井下的电气设备是在潮气大、粉尘多、机械振动严重等环境条件下运行,同时设备在运行时还会发生过载、堵转、频繁启动等现象,这些情况必然会使设备内部的绝缘材料性能下降,加速老化,影响其使用寿命。因此,制造增安型电气设备必须采取吸潮性小、耐热性好、耐电弧性能好、具有良好的电气性能和力学性能、绝缘等级较高的固体绝缘材料。

任何绝缘材料的绝缘性能都是相对的,只有在一定的使用条件下才能存在,如果超过了它的使用条件(主要是指绝缘材料的耐热等级所规定的极限温度,见表 10-1),绝缘性能就会被破坏,电气设备就会发生短路、击穿、火花放电等危险现象,甚至会点燃周围爆炸性混合物。因此使用温度的高低是关系电气设备的绝缘性能好坏和整个设备能否安全运行的关键。严格控制电气设备的最高温度(也就是它的极限温度)是提高增安型电气设备安全性能的重要措施。在确定增安型电气设备的极限温度时主要考虑两个因素:一是设备使用环境中爆炸性混合物被点燃的危险温度;二是结构材料的热稳定温度。在这两者中选较低的温度作为增安型电气设备的极限温度。

表 10-1                 电气设备绝缘材料的耐热等级

| 耐热分级 | 极限温度/℃ | 耐热等级定义 | 符合各耐热等级的绝缘材料 |
|---|---|---|---|
| Y | 90 | 经试验证明,在 90 ℃极限温度下能长期使用的绝缘材料或其组合物所组成的绝缘结构 | 用未浸渍过的棉纱、丝及纸等材料或其组合物所组成的绝缘结构 |
| A | 105 | 经试验证明,在 105 ℃极限温度下能长期使用的绝缘材料或其组合物所组成的绝缘结构 | 用在液体电解质中浸渍过的棉纱、丝及纸等材料或其组合物所组成的绝缘结构 |
| E | 120 | 经试验证明,在 120 ℃极限温度下能长期使用的绝缘材料或其组合物所组成的绝缘结构 | 用合成有机薄膜、合成有机瓷漆等材料或其组合物所组合的绝缘结构 |
| B | 130 | 经试验证明,在 130 ℃极限温度下能长期使用的绝缘材料或其组合物所组成的绝缘结构 | 用合适的树脂黏合或浸渍、涂覆后的云母、玻璃纤维、石棉等,以及其他无机材料、合适的有机材料或其组合物所组成的绝缘结构 |
| F | 155 | 试验证明,在 155 ℃极限温度下能长期使用的绝缘材料或其组合物所组成的绝缘结构 | 用合适的树脂黏合或浸渍、涂覆后的云母、玻璃纤维、石棉等,以及其他无机材料、合适的有机材料或其组合物所组成的绝缘结构 |
| H | 180 | 经试验证明,在 180 ℃极限温度下能长期使用的绝缘材料或其组合物所组成的绝缘结构 | 用合适的树脂(如硅有机树脂)黏合或浸渍、涂覆后的云母、玻璃纤维、石棉等材料或其组合物所组成的绝缘结构 |
| C | >180 | 经试验证明,在超过 180 ℃的温度下能长期使用的绝缘材料或其组合物所组成的绝缘材料 | 用合适的树脂黏合或浸渍、涂覆后的云母、玻璃纤维等,以及未经浸渍处理的云母、陶瓷、石英等材料或其组合物所组成的绝缘结构 |

增安型电气设备的极限温度要求电气设备无论在何种状态下(启动、额定运行或规定的过载情况下),它的任何部件的最高表面温度都不能超过对最高表面温度所规定的数值。对于电气设备中绝缘绕组的温度除必须符合规定外,同时还应满足表 10-2 中规定的数值。表中测量方法中的 R 和 T 是代表两种不同的测量方法。R 表示电阻法,它是根据直流电阻随温度变化而相应变化的关系来确定绕组平均温度的一种方法;T 表示温度计法,是采用某种温度计(或非埋入式热电偶或电阻温度计)直接测量绕组温度的一种方法。这两种方法相比较,电阻法比温度计法的精度高,通常采用电阻法来测量绕组的温度。

表 10-2　　　　　　　　　　　　　　　　绝缘绕组的极限温度

| 运行方式 | 绕组类型 | 测量方法 | 极限温度/℃ 绝缘材料等级 | | | | |
|---|---|---|---|---|---|---|---|
| | | | A | E | B | F | H |
| 额定运行时 | 所有绝缘绕组（单层绝缘绕组除外） | R | 90 | 105 | 110 | 130 | 155 |
| | | T | 80 | 95 | 100 | 115 | 135 |
| | 单层绝缘绕组 | R | 95 | 110 | 120 | 130 | 155 |
| | | T | 95 | 110 | 120 | 130 | 155 |
| 堵转时间 $t_E$ 结束时 | 所有绝缘绕组 | R | 160 | 175 | 185 | 210 | 235 |

3. 增安型设备的电气安全措施

（1）增安型设备的保护控制装置。增安型电气设备的安全性在很大程度上取决于设备运行的温度。为了确保电气设备运行时不超过其极限温度，就需要在设备使用中增加各种方式的保护控制装置。增安型电气设备常用的保护装置有两种：一种是电源式保护装置，也称为间接控制装置，它是由熔断器、空气开关和限流继电器（热继电器）组成的，该种保护装置与电气设备接在同一主回路中，并根据电气设备的额定电流进行整定（一般为 85% 的额定值）。当电气设备的电流超过整定值时，热继电器就会自动切断电路，保证电气设备的安全性能。另一种是温度式保护装置（也称为直接式），这种保护装置由热敏元件组成，将热敏元件埋置于电气设备的内部，通过引线接到电气设备的控制电路。当电气设备绕组温度上升时，热敏元件的电阻值会迅速上升，相当于处于开路状态。这时温度开关和中间继电器动作控制了主回路的空气开关，实现了对电气设备的保护作用。

（2）增安型设备的连接件。任何电气设备都存在电缆和导线的连接问题。实践证明，有些爆炸性事故的发生就是因为导线或电缆连接松动、接触不良等所产生的过热或电火花而引起的。为了保证增安型电气设备安全可靠地运行，对于增安型电气设备的电路上元件的连接，导线和电缆的连接必须牢固、安全、可靠，不能发生因为振动等原因形成电缆或导线的松动或自行脱离而产生过热或电火花。因此，在制造增安型电气设备时要做到接线方便，操作简单，并能保持连接具有一定的压力。电气设备的电缆和导线的连接大部分是通过连接件进行的，连接件主要是由导电螺杆、接线座等部件构成。为了确保增安型电气设备的安全性能，对其连接件提出了一些要求：① 所用连接件不能有损伤电缆或导线的棱角及毛刺，正常紧固时不能产生永久变形和自行转动；② 连接件中不能用绝缘材料构件传递压力，连接件中的导电部件与绝缘物构件之间必须备有弹性中间构件（弹簧垫圈、平垫圈和螺母等组合件），这样既能保证绝缘材料构件不传递接触压力，又能保证电缆或导线连接牢固可靠，不会产生接触不良和电火花现象；③ 不能用铝质材料做连接件，因为铝质材料容易被电腐蚀和发生氧化，如果用作连接件会形成接触不良、发热等现象，产生火花形成不安全因素。

（3）增安型设备导线和电缆的连接。选用了符合要求的连接件，还应当正确使用这些连接件才能使导线和电缆的连接牢固、可靠，不会产生过热、火花等现象，才不会出现点燃爆炸性混合物的危险。所以，导线和电缆的正确连接方式也是提高增安型电气设备所采取的重要措施。增安型电气设备的电缆和导线的常用连接方法有以下几种:① 采取有防松措施的螺栓或螺钉连接,这种连接方式比较安全可靠;② 将要连接的部件用机械挤压(如使用压线钳)的方法压在一起的挤压连接,这种连接方法具有较好的导电能力;③ 机械方法连接与焊物连接共用的连接方式,这种连接方式先用机械的方法将要连接的部件先进行连接,使其连接点具有一定的机械强度和导电性能,然后再采用焊锡进行焊接;④ 硬焊和熔焊的焊接连接方式,这两种焊接方式在焊接工艺上略有差异,这两种焊接连接方式都不需要采取其他辅助连接方式,可直接进行焊接连接。这两种连接方式能承受一定的热应力和机械应力,具有较高的机械强度和很好的耐热及导电性能。

上述几种连接方法各有特点,可根据技术要求选用合适的连接方式,做到连接牢固可靠,保证设备安全运行。

### 10.3.2 增安型电气设备的使用与维护

对于那些在正常运行条件下不会产生电弧、火花和危险温度的矿用电气设备,为了提高其安全程度,在设备的结构、制造工艺以及技术条件等方面采取一系列措施,从而避免了设备在运行和过载条件下产生火花、电弧和危险温度,实现了电气防爆。增安型电气设备是在电气设备原有的技术条件上,采取了一定的措施,提高其安全程度,但并不是说这种电气设备就比其他防爆形式的电气设备的防爆性能好。增安型电气设备的安全性能达到什么程度,不但取决于设备的自身结构形式,也取决于设备的使用环境和维护的情况。

1. 影响增安型电气设备安全性能的主要因素

(1)运行条件恶劣。设备在运行中受到强烈振动或冲击,能够影响电气设备的机械结构和强度,也能使电气连接产生松动;电动机频繁启动、反向制动、过载等运行条件会影响电动机的绕组温度和表面温度,影响设备的安全性和使用寿命。增安型电气设备易受运行条件的不利影响。

(2)潮湿环境。设备长期在潮湿环境下运行或储存,会对电气设备的绝缘产生影响,使电气设备容易产生绝缘电阻降低,发生电击穿或漏电,破坏增安型和无火花型设备的防爆安全性,也会使隔爆型或其他防爆类型的电气设备的运行安全性产生不利影响。

(3)隔爆接合面产生锈蚀,会使设备壳体的防护等级降低。另外,腐蚀性环境还会对电气设备的绝缘产生不利影响,还会腐蚀裸露的导体,使其接触不良,产生火花。

(4)环境温度。环境温度超过 40 ℃会影响电气设备的绕组温度和表面温度,这是由于通常设备的允许环境温度范围是 $-20\sim40$ ℃,环境温度超过 40 ℃,会使电气设备的温度升高,影响防爆安全。另外,电气设备长期在高温条件下运行,会影响电气绝缘材料的寿命。如果电气设备具有塑料外壳,高温会加速塑料的老化,影响设备的运行安全和防爆。

(5)阳光、雨、雪、灰尘、雷电等条件都会对设备产生不利的影响。阳光照射能加快绝缘材料、塑料外壳的光老化;雨、雪、灰尘能使绝缘件的耐漏电性能降低,灰尘还会影响设备相对运动件(例如轴承)之间的润滑,使其产生摩擦高温;雷电在电网上产生感应冲击电压,对电气设备的绝缘造成损害。

增安型电气设备虽然能在组别较高的爆炸危险环境中安全使用,但是一旦内部元件出现故障时,就无法保证防爆的安全性,所以要认真考虑使用环境、维修管理等条件,然后确定是否适合选用。

2. 增安型设备电气安全的检查类型

（1）按检查工作的手段和内容划分：① 目测检查。用肉眼而不用检验设备或工具来识别明显缺损的检查，即日常运行检查。② 仔细检查。包括目测检查以及使用检验设备进行检查。例如，使用活梯（必要的地方）和/或工具才能识别明显缺损的检查。这种检查属于专业检查，一般应定期进行。③ 逐项检查。包括仔细检查以及只有打开外壳和/或（必要时）采用工具和检测设备才能识别明显缺损的检查。这种检查属于设备大修期间的检查。

（2）按照检查实施的时间划分：① 初始检查。所有的电气设备、系统和装置在投入运行前进行的检查。它一般与工程项目或设备的安装验收相结合进行。② 定期检查。对所有的电气设备、系统和装置进行的例行检查，可以进行相应的仔细检查或逐项检查。定期检查按照检查的目的和内容分为专业检查和大修检查。③ 抽样检查。对部分电气设备、系统和装置进行的检查。抽样检查可以是目测、仔细检查或逐项检查，所有抽查样品的规格和构成应根据检查的目的确定。可以通过抽样检查来监控环境条件、振动、设计的内在缺陷等产生的影响。④ 连续监督。由有经验的熟练技术人员进行的经常保养、检查、维护、监控和维修电气设备，以便保持装置的防爆性能处于良好状态。

3. 增安型电气设备的维护与检修

增安型电气设备与隔爆型电气设备相比具有结构简单、维修方便、造价低廉等优点，所以在煤矿井下应用较多，但是增安型电气设备的防爆性能较隔爆型的防爆性能差。因此，煤矿井下对增安型电气设备的正确使用和加强维修管理，是保证增安型电气设备的防爆性能、充分发挥其效能的重要环节。

矿用增安型电气设备的日常维护、检修内容主要是：加强对导体连接情况、绝缘绕组的温升、绝缘水平及正常工作时会出现电火花或电弧的部位的检查，对保护装置应正确地整定并定期调整和试验。

（1）对外壳防护性能的维护。增安型电气设备外壳的防护性能对保证设备的正常运行十分重要。在运行中应保证增安型电气设备绝缘带电部件的外壳防护等级符合 IP54 的要求。裸露带电部件的外壳防护等级符合 IP54 的要求。任何可能使外壳防护性能下降的现象都应避免，如防止增安型电气设备被砸、压、挤等。外壳的防护漆如果脱落则应重新涂刷，防止外壳锈蚀。

（2）接线盒的检查和维护。

① 因为接线盒内的接线端子及绝缘件表面有吸收水分、附着粉尘的可能，将会大大降低绝缘表面的电阻而造成漏电事故。因此，在日常维修中要注意检查和清除接线盒内外的灰尘和污垢等以保持应有的绝缘水平。

② 接线盒中的接线柱及螺母的螺纹必须良好，如有滑扣的应立即更换。

③ 各种连接件必须保持齐全、紧固，导线连接必须良好。如发现有变色情况，说明线头未压紧而发热，必须立即进行紧固。

（3）正常运行时产生火花部件的检查。增安型电气设备正常运行时产生火花的部位（如绕线式感应电动机的滑环、灯具的灯口等部分）必须装在隔爆外壳内。

（4）增安型电动机的日常维护。增安型电动机的安全性能依赖于保护装置的配套及正确整定，精心维护。增安型电动机日常维护的主要内容有以下几方面：① 要经常检测电动机的三相电流，尽量避免增安型电动机过负荷运行。② 为了防止增安型电动机在运行时转子被堵住而产生危险温度,规定在转子堵转时间 $t_E$ 内保护装置应可靠动作。因此,必须严格按电动机的时间值去整定保护装置。③ 为了防止增安型电动机运行中出现定子、转子间单边气隙过小而发生定子与转子相摩擦的现象,维修电工每月应用塞尺检查一次单边气隙,气隙大小应符合相关的规定,若气隙过小,应立即停止运行进行处理。④ 为了防止鼠笼型电动机在启动时鼠笼笼条和转子铁芯之间产生火花,对单根的鼠笼条可以采用附加槽衬、加槽楔或其他嵌装措施来保证鼠笼条和转子紧密配合。因此,增安型电动机在地面拆开检修时,应检查电动机所有槽楔是否牢靠,松动的槽楔应更换,还应检查鼠笼转子是否有断条、开焊或端环裂缝等故障。⑤ 大修后的增安型电动机要做绝缘强度试验,要求耐压试验电压在国家标准的基础上,低压绕组再提高 10%。

# 10.4　本质安全型防爆设备电气安全技术

我国开始从事本质安全电路理论研究的时间要追溯到 20 世纪 50 年代,进入 60 年代我国自行设计的矿用本质安全设备开始投入使用。70 年代初我国设计的本质安全产品开始在石油、化工等领域应用。特别是最近几年国内在本质安全理论研究方面进步很快,已经接近国际水平。但在本质安全产品方面国内生产的相关产品与一些国家的同类产品相比,还存在着一定的差距。目前本质安全产品和标准已经形成了较为完整的体系,国内生产的隔爆兼本质安全电源相关产品较多,随着电子技术和电力电子元器件技术的进步,开关电源技术得到了飞速的发展,出现了开关型本质安全电源技术。开关电路技术经过几十年的发展,已经广泛应用于各个领域,开关电源技术无论是在理论还是在实际电路中都已经非常成熟,而本质安全电源电路却仍然停留在线性电源的阶段,由于线性电源在煤矿井下应用存在着许多不足之处,尤其是输出功率很难提高,已经不能满足现阶段煤矿企业的发展需求。如:KDW15/16/22 隔爆兼本质安全型电源箱、MCDX-Ⅲ 隔爆兼本质安全型不间断电源、DXJ-24 矿用隔爆兼本安电源、KDW17 矿用隔爆兼本安电源、CK-26 矿用隔爆兼本安电源、TK220 矿用隔爆兼本质安全型电源等。因其输出功率一般都比较小,很难满足目前煤矿生产的需求。

### 10.4.1　本质安全型电气设备的防爆原理和防爆措施

1. 本质安全型防爆设备的防爆原理

电路放电火花的基本形式为:火花放电、弧光放电、辉光放电和由三种放电形式组成的混合放电。火花放电是在接通和断开电容电路时击穿放电间隙中的气体而产生的,其特点是低电压大电流放电。弧光放电是由某种形式的不稳定放电不断转化而产生的,如高压击穿时产生的放电形式,特点是可以产生持续的电弧、电流密度大、放电能量集中、点燃周围爆炸性混合物的能力强,电感性电路放电形式属弧光放电。辉光放电是在高电压小电流的条件下产生的放电形式,其特点是放电能量不集中、能量散失大、点燃周围爆炸性混合物的能力差。

通过限制电气设备电路的各种参数,或采取保护措施来限制电路的火花放电能量和热能,使其在正常工作和规定的故障状态下产生的电火花和热效应均不能点燃周围环境的爆炸性混合物,从而实现了电气防爆,这种电气设备的电路本身就具有防爆性能,也就是从"本质"上就是安全的,故称为本质安全型(简称本安型)。采用本安电路的电气设备称为本质安全型电气设备。由于本安型电气设备的电路本身就是安全的,所产生的火花、电弧和热能都不能引燃周围环境爆炸性混合物,因此本安型电气设备不需要专门的防爆外壳,这样就可以缩小设备的体积并减小其质量,简化设备的结构。同时,本安型电气设备的传输线可以用胶质线和裸线,可以节省大量电缆。因此,本安型电气设备具有安全可靠、结构简单、体积小、重量轻、造价低、制造维修方便等优点,是一种比较理想的防爆电气设备。但由于本安型电气设备的最大输出功率为 25 W 左右,因而使用范围受到了限制。目前井下用得最多的复合式本质安全型电气设备是隔爆兼本质安全型电气设备。如便携式瓦斯报警设备是由于受电路使用功率的限制,主要限用于电气控制、信号、通信系统及各种监测仪表、保护装置等。

本安型电气设备分为单一式和复合式两种形式。单一式本安型电气设备是指电气设备的全部电路都是由本质安全电路组成的,如携带式仪表多为单一式。复合式本质安全型电气设备是指电气设备的部分电路是本质安全电路,另一部分是非本安电路,如调度电话系统。

本安型电气设备同其他形式的防爆电气设备一样,由于使用环境不同分为 Ⅰ 类和 Ⅱ 类两种类型。Ⅱ 类设备根据最小点燃电流比的不同分为 A、B、C 三级;按其最高表面温度的不同分为六组。本安型电气设备根据安全程度的不同分为 ia 和 ib 两个等级。ia 等级是指电路在正常工作、一个或两个故障时,都不能点燃爆炸性混合物的电气设备。当正常工作时,安全系数为 2;一个故障时,安全系数为 1.5;两个故障时,安全系数为 1。ib 级是指正常工作和一个故障时,不能点燃爆炸性气体混合物的电气设备。当正常工作时,安全系数为 2;一个故障时,安全系数为 1.5。

从上面安全等级划分标准中可以看出,ia 等级的本质安全型电气设备的安全程度高于 ib 等级。从技术要求上看,ia 等级的本质安全型电气设备比 ib 等级的本质安全型电气设备要更高更严。本质安全型电气设备的标志为“i”。

2. 本质安全型防爆设备的防爆措施

本质安全电路是设计制造本质安全型电气设备的关键所在。所谓本质安全电路是指在电路设计时通过合理地选择电气参数,使电路在规定的试验条件下,无论是正常工作或是在规定的故障状态下产生的电火花和热效应都不能点燃规定的爆炸性混合物的电路。上述“规定的试验条件”是指在考虑了各种最不利因素(这包括一定的安全系数、试验介质的浓度等)的试验条件;“电火花”是指电路中触点动作火花(包括按钮、开关、接触器接点、各种控制接点等所产生的火花),以及电路短路、断路或接地时所产生的电火花,也包括静电和摩擦产生的火花;“热效应”是指电气元件、导线过热形成的表面温度及热能量和电热体的表面温度及热能量;“正常工作”是指本质安全型电气设备在设计规定的条件下工作;“规定的故障状态”是指除“可靠元件或组件”外,所有与本质安全性能有关的电气元件损坏或电路连接发生的故障,诸如电气元件短接、晶体管或电容击穿、线圈匝间短路等均为规定的故障状态。“可靠元件或组件”是指在使用、存储和运输期间不会出现影响本质安全电路安全性能的故障的元件或组件。

由于本安型电气设备的最大输出功率仅为 25 W,因此只能用于井下通信信号、监控系统及仪器仪表。本安型电气设备基本有两种形式:由电池、蓄电池供电的独立的本安电气系统和由电网供电的包括本安和非本安电路混合的电气系统。本安型设备中所有的电路均设计为本安形式,这些设备根据它们的防爆等级,允许直接用于相应的危险区域中。附属电气设备既包含本安电路也包含非本安电路。通常情况下它们被用于安全场所,但连接线都进入危险场所。所以附属电气设备也必须符合上述的防爆等级。

本质安全型防爆结构仅适用于弱电流回路。如测试仪表、控制装置等小型电气设备上。无论在正常情况下,还是非正常情况下发生的电火花或危险温度,都不会使爆炸性物质引爆,因此这种结构是安全性较高的防爆结构。其中电路或设备上的所有元件表面温度必须小于规定,以防止热效应引起的点燃。它的防爆主要由以下措施来实现。

(1)采用新型集成电路元件等组成仪表电路,在较低的工作电压和较小的工作电流下工作。

(2)用安全栅把危险场所和非危险场所的电路分隔开,限制由非危险场所传递到危险场所去的能量。

(3)仪表的连接导线不得形成过大的分布电感和分布电容,以减少电路中的储能。

本质安全型仪表的防爆性能不是采用通风、充气、充油、隔爆等外部措施实现的,而是由电路本身实现的,因而是本质安全的。它能适用于一切危险场所和一切爆炸性气体、蒸气混合物,并可以在通电的情况下进行维修和调试。但是它不能单独使用,必须和本安关联设备(安全栅)、外部配线一起组成本安电路,才能发挥防爆功能。

### 10.4.2 本质安全电路系统

本质安全能够阻止工作在危险区域中的仪器和低电压电路释放出足够的能量而引燃爆炸性气体,危险区域中的现场设备如热电偶、热电阻、开关接点、电磁阀、变送器和显示器等在本质安全系统中都需要达到本质安全,所以有必要在这些设备的回路中配置相应的安全栅来阻止安全区发生故障时产生过多的电能传输到危险区域而导致的爆炸。

1. 本质安全电路系统结构

本质安全电路系统由三部分组成:本质安全设备、相应的安全栅和现场的布线。设计本质安全系统时,经常从分析现场设备开始,这样能够确定相应配接的安全栅类型,从而使电路能够在正常和非正常的条件下发挥恰当的功能。

2. 热电偶输入本质安全系统的电路原理

安装在危险区域中的热电偶通常并不是本质安全的,因此必须在热电偶和安全侧之间选择参数适合的安全栅,这样才能使系统达到本质安全。热电偶有接地和不接地两种类型,相应配接的二次仪表也有高内阻和低内阻两种类型,因此,在应用时应该注意不同配接情况下的安全栅类型的选择。

(1)热电偶输入本质安全系统工作原理。不接地热电偶与高内阻二次仪表的连接如图10-1所示。不接地热电偶可以通过安全栅直接输出热电偶产生的电信号,热电偶属于简单设备,因此不经过本质安全认证就可以使用在系统中。在应用时选择8.2 V无极性的安全栅,该类型的安全栅可以排除共模交直流干扰,且二次仪表浮空时不受接地故障的影响。但是,由于现场环境对测量结果有影响,应将补偿导线一直连接至二次仪表,并在安全栅和二次仪表之间进行冷端补偿。

不接地热电偶与低内阻二次仪表的连接如图10-2所示。常用的动圈仪表通常情况下内阻都比较低,可以使用端电阻比较低的交流安全栅,这种安全栅有较低的匹配功率能适应各类的电缆参数,但是它的共模抑制比低,容易受到干扰。

接地式热电偶与温度变送器的连接方式为接地式。热电偶容易受到安装环境下的电气

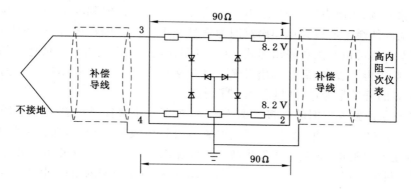

图 10-1 不接地热电偶与高内阻二次仪表的连接

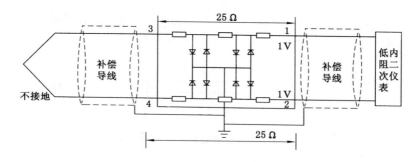

图 10-2 不接地热电偶与低内阻二次仪表的连接

干扰,当这种干扰严重影响测量时,应当配置现场安装的温度变送器来隔离热电偶接地的干扰,通常选择图 10-3 所示的接地式热电偶与温度变送器来配接。

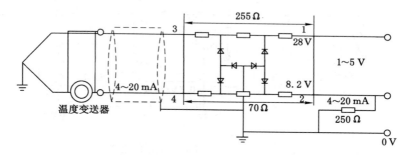

图 10-3 接地式热电偶与温度变送器的连接

（2）变送器输入本质安全系统电路工作原理。在选择安全栅以前,首先要清楚 4～20 mA 的变送器的功能。变送器把温度、压力等物理量转化为电信号,不需要经过调制而把电信号发送到远程控制系统。变送器是一种储能设备,因此需要通过防爆认证。变送器有一个很重要的参数:最小工作电压(负载为 0 时),该电压以国内 DDZ-Ⅲ 型的各类变送器来讲为 16～17 V,国外的产品通常在 12 V 左右。

（3）数字量输入本质安全系统电路工作原理。通过继电器实现开关量操作是数字量操作的典型应用,继电器通常需要 110 V 交流或 24 V 直流电源供电,在危险区域的触点上有很小的电压和电流,当触点闭合时,继电器把信号从危险侧传输到安全侧,在危险侧的开关操作通过安全侧的继电器或光耦输出。因为信号在电气上是隔离的,所以不需要接地。开关放大器在安全侧可以有两种输出形式:继电器和光耦。前者通常用于低速的场合,如控制水泵、电机或其他电气设备;后者利用发光二极管来操纵光敏三极管实现触点的开闭,经常用于返回 DCS 的开关量操作,速度高达几千赫兹。

① 开关与单通路安全栅的连接。图 10-4 示意了一个最简单的开关继电器组合系统,继电器为 24 V、400 Ω。一般情况下,开关电路应设计成故障安全型,即正常状态下开关是闭合的,而继电器是通电的,当电源发生故障或线路断开时,继电器失电并发出报警,以达到故障安全型的目的。但是图 10-4 所示的方案达不到故障安全型的目的,因为该系统在 5 处发生接地故障时,继电器仍保持在通电状态。

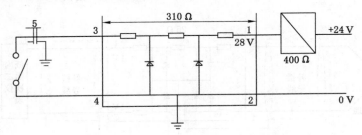

图 10-4　开关与单通路安全栅的连接

② 开关与双通路安全栅的连接。当采用图 10-5 所示的方法进行连接时,如果线路断开或线路接地,熔断丝烧毁或安全栅内的二极管短路都会导致继电器失电,从而达到故障安全型的目的,在这类系统中,安全栅的总端电阻应接近继电器的线圈阻抗。

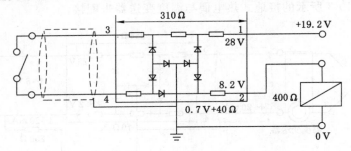

图 10-5　开关与双通路安全栅的连接

③ 多路开关与多路安全栅的连接。用安全栅为危险区中的逻辑开关供电和返回信号提供保护的安全栅系统构成如图 10-6 所示,电源传输采用双通路安全栅并联,可以降低供电电阻,为逻辑功能块提供的电压为 8.8 V,逻辑功能块可以是机械开关、执行元件、电磁阀、显示灯等。

（4）数字量输出的本质安全系统电路工作原理。数字量输出与 DCS 系统中的闭合触点有关,作用是把电压传输到过程现场来操纵现场的设备。最常用的现场设备是电磁阀,设计本质安全的包含电磁阀的电路有利有弊。弊是指与变送器用最低电压衡量不同,电子管生产商通常用标准的操作电压或电流来描述晶体管,为了选择合适的安全栅,需要知道在最

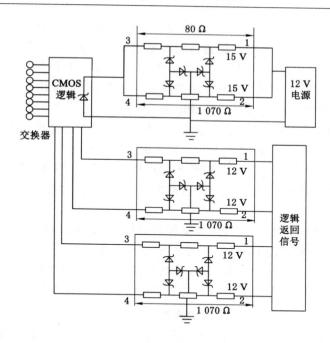

图 10-6　多路开关与多路安全栅的连接

恶劣的条件下器件能够工作的操作特性。利是指只有少数几种通过本质安全认证的电磁阀可供选择,生产商使用模拟输入输出的安全栅来测试本质安全电磁阀。

　　数字输出电路工作在 24 V 直流的电压下,所以要使用正向的额定电压为 24 V 的安全栅,如果知道电子管的最低操作电流和线圈的内部电阻,可以计算安全栅和电缆的最大允许电阻。例如,假设电磁阀有 28 mA 的最低操作电流和 400 Ω 的线圈电阻,电路的最大允许阻抗为 857 Ω,如果电磁阀的内部电阻抗为 400 Ω,那么安全栅和电缆的最大允许电阻为457 Ω。现在,我们可以很容易地选择正向安全栅,并计算安全栅的最大允许电阻和确定电磁阀的参数同安全栅是否相匹配。

　　3. 热电偶输入本质安全系统的安装

　　(1) 本质安全系统接线。本质安全系统电路的接线同非危险区域中电路的接线方式相同,只是要特别注意独立性和隔离性。本质安全的导线一定要与其他的导线相隔离,带有外壳的金属导线可以通过接地金属或者绝缘物隔离开。

　　安全栅通常要安装在无尘干燥的非危险的区域中,导线外壳应该尽可能靠近危险区域,以减小电缆距离,增加电路的电容。如果导线安装在危险区域,导线必须有合适的外壳以保证安全。非本质安全电路配线和安全栅相连接时,必须防止配线相互接错,同时非本质安全线路和本质安全线路在仪表外壳分开连接,并在汇线槽中分开铺设。

　　安装时要先确定系统中使用的安全栅是齐纳式的还是隔离式的。齐纳式安全栅必须接地,隔离式安全栅不需接地。齐纳式安全栅系统接地的主要规则如下:从安全栅到接地点的电阻一定要小于 1 Ω,所有接地点必须是安全、永久、可见,便于日常检查;通常需要一个单独的隔离的接地导体。接地不良的系统可能对电路产生干扰,影响系统信号输出。

　　(2) 安全栅的封装。为了避免可燃气体或蒸气从危险侧传到安全侧,而不是防止火花和爆炸,封装是必要的。通常只要有机械性的方法来阻止气体的传播,例如控制室的气压是正的或者在电缆终端和电缆外包之间进行通过本质安全认证的胶封,那么就不需要防爆封装,工程上使用环氧树脂来封装以阻止气体的泄漏,但是必须要得到有关部门的认可。

当把安全栅安装在放在危险区域中的防爆外壳中时,需要对外壳进行防爆封装。通常为了保持一致性,在没有使用多端子屏蔽电缆的情况下,也在本质安全电路上进行防爆封装。在某些防爆装置中,电缆的封装可能会有些困难,但是对电缆终端和电缆外包之间进行有效的封装可以有效阻止气体、蒸气和粉尘的泄漏。

如果安全栅安装完毕并通上电后仍然不能正常工作,通常需要检查接触是否良好,检查接线是否与控制接线图相符,确定电路是否通电,检查安全栅的壳内部电阻是否过高以及安全栅保险丝是否熔断。

如果电路的保险丝断开,通常导致安全栅的电压过载,从而导致二极管导通,进而在保险丝中产生过电流。确定了过电压的原因之后,必须更换安全栅,首先要断开安全侧的安全栅接线,然后断开危险侧的安全栅接线,最后断开地线,用胶带封闭导线的裸露端,并按照相反的顺序安装新的安全栅。注意,安装时要先接地线,断开时要后断地线。

### 10.4.3 本质安全型防爆设备的电气安全技术

防爆电器产品在制造厂试制和定制时由防爆检验单位进行检验,图纸文件经过防爆审查,样机经过防爆试验,并取得防爆合格证才允许投产和销售。防爆电气设备制造厂生产的防爆产品,经过规定的出厂检查和试验合格才允许出厂。因此,新的防爆电气产品的防爆安全性能是能够满足有关防爆标准要求的。由于防爆电气产品的使用条件一般比较恶劣,如环境中的高温、化学腐蚀、振动等,以及使用在连续工作状态、超负荷运行等,常常导致防爆电气设备原有的力学性能、电气性能和防爆性能受到不同程度的损伤或破坏,起隔爆外壳的防爆接合面也会受到腐蚀性介质的作用发生锈蚀和损坏等。其他防爆电气设备也会发生类似的情况。电气设备发生故障或损坏使其工作性能受到影响,更重要的是由于防爆电气设备的使用环境中不能存在爆炸性气体,防爆电气设备发生的故障,特别是防爆部件故障,可能会引起环境中的爆炸性气体发生爆炸,对环境中的人员和设备、设施造成很大损失。为此,有关标准规定使用中的防爆电气产品应该按照规定进行定期或不定期的检查。

1. 本质安全型防爆设备技术要求

(1) 单一式本质安全型电气设备的外壳可采用金属、塑料及合金制成。外壳必须具有一定的强度,并具备一定的防尘、防水、防外物能力。

(2) 本安型电气设备的电源使用要求。干电池、蓄电池、光电池、化学电池等独立电源和经动力电网引入、经电源变压器供电的外接电源,如果电池的实际最大短路电流不超过最大安全电流,那么电池可作为本质安全电源直接使用;如果最大短路电流超过了设计允许值,则应串联限流电阻后方能使用。

(3) 对于电源变压器的输入绕组,应设有熔断器或断路保护装置,铁芯要接地。印制电路板中本安电路与非本安电路印制线路间的爬电距离要符合规定。同时印制电路板表面必须涂不少于两遍的三防绝缘漆。

(4) 本安型电气设备使用了较多的继电器和接插件。当继电器同时接入本安与非本安电路时,对于接入的非本安电路触点的回路电压、电流和容量应不大于 250 V、5 A 和 100 V・A。若有一项超过时,应设置接地金属板或绝缘隔板。继电器的出线脚、本安电路端子与非本安端子的电气间隙与爬电距离应符合规定。

（5）对单一式本安电气设备，其接线端子应与本安电路设置在同一外壳内。复合式本安电气设备的本安电路接线端子一般应单独放置在接线盒内。

（6）为了确保本安电气设备的本质安全性能，除了合理选择电气参数、设计理想的本安电路外，还应制定严格的技术要求，防止本安电路与非本安电路的碰触、漏电、击穿现象的发生，使设备在结构上能实现电路的本安性能。

2. 本质安全型防爆设备的使用

为了确保本质安全型电气设备在使用中的性能，应该对其进行经常性的检查、定期维护和保养。

（1）矿用本质安全型设备可以在矿井下使用，其防爆标志为 Exib I 或 Exia I。应根据《煤矿安全规程》的有关规定和产品使用说明书中要求的工作条件，安装、使用本质安全型电气产品。

（2）验收时应核对产品是否具有有效的矿用产品安全标志和产品出厂合格证；产品铭牌中反映的相关信息是否与安全标志证书中标注的内容（包括产品名称、规格型号、安全标志编号、生产单位及地址等）一致；安全标志证书中标注与本产品关联的部件是否具有有效安全标志，且名称、规格型号、安全标志编号、生产单位与安全标志证书中标注的一致；产品安全警示牌板是否齐全、清晰、完整。

（3）对本质安全关联系统（如安全监控系统、人员管理系统、电力监测系统等）验收时，应核对是否具有系统整体安全标志，系统的实际组成部件是否与安全标志证书中标注的一致，包括产品名称、规格型号、安全标志编号、生产单位等。

（4）本质安全型电气设备在安装前，工作人员要清楚电路布置，熟悉电路系统。应检查其电气参数和电气性能是否与产品说明书一致，保护电路的整定值是否与设计值一致，保护电路动作是否灵敏可靠。

（5）注意辨别本安电路的端子（蓝色）和非本安电路的端子，避免将本安电路接到非本安电路的端子上，也避免将非本安电路接到本安电路的端子上。不得将地线做本质安全电路回路（接地保护除外）。

（6）使用中对于导线的布置和连接不得随意进行变更、改造。应测量该产品的工作电压、工作电流是否符合说明书要求的参数。确定该产品的关联设备或配接设备是否符合规定要求，并正确接线。

（7）本安电路的外部电缆或导线应单独布置，不允许与高压电缆一起敷设。本安电路的外部电缆或导线的长度应尽量缩短，禁止盘卷以减小分布电感，不得超过规定的最大值。

（8）设有内外接地端子的本质安全型电气设备应可靠接地。内接地端子必须与电缆的接地芯线可靠连接。运行中的本质安全型电气设备应定期检查保护电路的整定值和动作可靠性。

（9）原设计单独使用的本安型电气设备，不得多台并联运行，以免造成电气参数叠加，破坏原电路本安性能。由两台以上本安型电气设备组成的本安电路系统，只能按原设计配套安装使用，不得取出其中一台单独使用或与其他电气设备组成新的电气系统，除非新系统经重新检验合格。

（10）不经防爆检验单位检验，不得将设计范围以外的电气设备（不管是本质安全型还是非本质安全型)接入本安电路,也不得将不同型号的本安型电气设备或其中的部分电路自由结合,组成新的电气系统。

(11)产品使用单位不得随意改变本质安全型产品的关联设备、配接设备,否则会改变产品的本安性能,造成产品失爆。产品制造商改变关联或配接设备时,必须及时向安标国家中心提出变更申请,经重新审查检验合格后方可进行。

(12)在使用和维修本质安全型产品时,不得改变本安和与本安电路有关的电气元件的型号、规格及其参数。对本质安全型产品的改造只能由产品制造商进行,并经有资质的检验机构检验合格后,方可使用。

## 本章小结

本章以防爆设备的电气安全入手,介绍了防爆设备的分类与防爆技术、隔爆型设备的电气安全技术、增安型防爆设备的电气安全技术和本质安全型防爆设备的电气安全技术。

通过本章的学习,使学生了解并掌握相关防爆设备的电气安全技术。通过隔爆型、增安型和本质安全型防爆设备的学习,掌握相关设备的要求和技术规范。

## 复习思考题

1. 简述隔爆电气设备的特点及法兰隔爆原理。
2. 隔爆设备是怎样隔爆的?
3. 简述本质安全型防爆设备的防爆原理。
4. 简述本质安全型电气设备的使用范围。
5. 影响增安型电气设备安全性能的主要因素有哪些?
6. 简述增安型电气设备防爆原理。

# 第 11 章　电气线路安全运行

**本章学习目的及要求**

1. 了解电气线路的种类。
2. 掌握电气线路的安全运行条件。
3. 掌握电气线路的常规运行检查方法。

电气线路可分为电力线路和控制线路。前者完成输送电能的任务;后者供保护和测量的连接之用。电气线路是电力系统的重要组成部分。它除满足供电可靠性或控制可靠性的要求外,还必须满足各项安全要求。

## 11.1　电气线路的种类

电气线路的种类很多,就其敷设方式来分,可分为架空线路、电缆线路、穿管线路等;就其性质来分,可分为母线、干线和支线;就其绝缘情况来分,可分为裸线和绝缘线等。

### 11.1.1　架空线路

凡是挡距超过 25 m,利用杆塔敷设的高、低压电力线路都属于架空线路。架空线路主要由导线杆塔绝缘子横担、金具、拉线及基础等组成。

架空线路的导线用以输送电流。架空线路导线多采用钢芯铝绞线、硬铜绞线、硬铝绞线和铝合金绞线。因为铝导线易受碱性和酸性物质的侵蚀,所以腐蚀性强烈的场所应采用铜导线。厂区内(特别是有火灾危险的环境)的低压架空线路宜采用绝缘导线。

架空线路的杆塔用以支承导线及其附件,有钢筋混凝土杆、木杆和铁塔之分。水泥杆经久耐用、不受气候影响,不易腐蚀,维护简单,应用最为广泛。按其功能,杆塔可分为以下几种:

1. 直线杆(塔)

直线杆(塔)位于线路的直线段上,仅作支持导线、绝缘子和金具用。在正常情况下,直线杆(塔)能承受线路侧面的风力,但不承受线路方向的拉力。且线杆占全部电杆数的80%以上。

2. 耐张杆(塔)

耐张杆(塔)位于线路直线段上的几个直线杆之间。这种电杆在断线事故或架线时紧线的情况下,能承受侧导线的拉力。

3. 跨越杆(塔)

跨越杆(塔)位于线路跨越铁路、公路、河流等处,是高大、加强的耐张型杆。

4. 转角杆(塔)

转角杆(塔)位于线路改变方向的地方。这种电杆可能是耐张型的,也可能是直线型的,视转角的大小而定。它能承受两侧导线的合力。

5. 终端杆(塔)

终端杆(塔)位于导线的首端和终端。在正常情况下,能承受线路方向全部导线的拉力。

6. 分支杆(塔)

分支杆(塔)位于线路的分支处。这种电杆在主线路方向上有直线型与耐张型两种,在分路方向则为耐张型。

架空线路的横担用以支承导线,常用的横担有木横担、铁横担和瓷横担。木横担具有良好的防雷性能,但易腐朽,使用时应作防腐处理。铁横担坚固耐用,但防雷性能不好,并应作防锈处理。瓷横担是绝缘子与普通横担的组合体,结构简单、安装方便,电气绝缘性能也比较好;但瓷质较脆,机械强度较差。

架空线路的绝缘子用以支承悬挂导线并使之与杆塔绝缘。它分为针式绝缘子、蝶式绝缘子、悬式绝缘子、陶瓷横担绝缘子和拉紧绝缘子等。为确保线路安全运行,不应采用有裂纹、破损或表面有斑痕的绝缘子。

架空线路的金具主要用于固定导线和横担,包括线夹、横担支撑、抱箍、垫铁、连接金属器件。

架空线路的拉线及其基础用以平衡杆塔各方向受力,保持杆塔的稳定性。

架空线路造价低、机动性强、便于检修。但是,架空线路妨碍交通和建设,易受空气中杂物的污染;而且,架空线路可能碰撞或过分接近树木及其他较高设施或物件,导致电击、短路等事故。

### 11.1.2 电缆线路

电力电缆线路主要由电力电缆、终端头和中间接头等几部分组成。

1. 电力电缆

电力电缆分为油浸纸绝缘电缆、交联聚乙烯绝缘电缆和聚氯乙烯绝缘电缆。它主要由导电芯线、绝缘层和保护层组成。芯线分铜芯和铝芯两种;绝缘层分浸渍纸绝缘、塑料绝缘、橡皮绝缘等几种;保护层分内护层和外护层。内护层分铅包、铝包聚氯乙烯护套、交联聚乙烯护套、橡套等多种;外护层包括黄麻衬垫、钢铠、防腐层等。

电缆可敷设在电缆沟或电缆隧道中,也可按规定的要求直接埋入地下:直接埋在地下的方式,容易施工,散热良好,但检修、更换不方便,不能可靠地防止外力损伤,而且易受土壤中酸、碱物质的腐蚀。

2. 电缆终端头

电缆终端头分户外、户内两大类。户外用的有铸铁外壳的终端头和环氧树脂的终端头;户内用的主要有尼龙和环氧树脂的终端头。环氧树脂终端头成形工艺简单,与电缆金属护套有较强的结合力,有较好的绝缘性能和密封性能,应用最为普遍。

3. 电缆中间接头

电缆中间接头主要有铅套中间接头、铸铁中间接头和环氧树脂中间接头几类。10 kV及以下的中间接头多采用环氧树脂浇注。

电缆终端头和中间接头是整个电缆线路的薄弱环节,约有70%的电缆线路故障发生在终端头和中间接头上,可见其安全运行对减少和防止事故有着十分重要的意义。

电缆线路的特点是造价高,不便分支,施工和维修难度大。与架空线路相比,电缆线路除不妨碍市容和交通外,更重要的是供电可靠,不受外界影响,不易发生因雷击、风害、冰雪等自然灾害造成的故障。在现代化企业中,电缆线路得到了广泛的应用,特别是在有腐蚀性气体或蒸气或易燃、易爆的场所应用最为广泛。

### 11.1.3　室内配电线路

户内配线种类繁多,其配线方式应根据环境条件、负荷特征、建筑要求等因素确定。各种配线方式的适用范围见表 11-1。

表 11-1　　　　　　　　　　　　　　　配线方式适用范围

| 导线类别 | | 塑料护配线 | 绝缘线 | | | | | | 裸导线 |
|---|---|---|---|---|---|---|---|---|---|
| 敷设方式 | | 直敷配线 | 瓷、塑料夹板 | 鼓形绝缘子 | 针式绝缘子 | 焊接钢管 | 电线管 | 硬塑料管 | 绝缘子明设 |
| 干燥 | 生产 | ○ | ○ | ○ | ○ | ○ | ○ | + | ○ |
| | 生活 | ○ | ○ | ○ | + | ○ | ○ | + | + |
| 潮湿 | | + | × | — | ○ | ○ | + | ○ | + |
| 特别潮湿 | | × | × | — | ○ | + | × | ○ | ○ |
| 高温 | | × | × | ○ | ○ | ○ | ○ | × | ○ |
| 振动 | | — | × | × | × | × | × | — | ○③ |
| 多尘 | | + | × | — | + | ○ | ○ | ○ | + |
| 腐蚀 | | + | × | × | + | +② | × | ○ | — |
| 火灾危险环境 | H-1 | — | × | × | +① | ○ | ○ | — | +④ |
| | H-2 | — | × | × | + | ○ | ○ | — | +④ |
| | H-3 | — | × | × | +① | ○ | ○ | — | +④ |
| 爆炸危险环境 | Q-1 | × | × | × | × | × | × | × | × |
| | Q-2 | × | × | × | × | ○ | × | × | × |
| | Q-3 | × | × | × | × | ○ | × | × | × |
| | Q-4 | × | × | × | × | ○ | × | × | × |
| | Q-5 | × | × | × | × | ○ | × | × | × |
| 户外 | | × | × | +⑤ | ○ | + | × | × | × |

注:表中,"○"为推荐采用,"+"为可以采用,"—"为建议不采用,"×"为不允许采用。

1. 线路应远离可燃物质且不应敷设在未抹灰的木天棚、墙壁及可燃液体管道的栈桥上。

2. 钢管镀锌并刷防腐漆。

3. 不宜用铝导线(因其韧性差,受震动易断),应当用铜导线。

4. 可用裸导线,但应采用熔焊或钎焊连接;需拆卸处用螺栓可靠连接。在 H-1 级、H-3 级场所宜有保护罩,当用金属网罩时,网孔直径不应大于 12 mm。在 H-2 级场所应有防护罩。

5. 用在不受阳光直接暴晒和雨雪不能淋到的场所。

## 11.2　电气线路安全运行条件

电气线路应满足供电可靠性的要求及经济指标的要求,应满足维护管理方便的要求,还必须满足各项安全要求。本节主要介绍安全要求,应当指出,这些要求对于保证电气线路运行的可靠性及其他要求在不同程度上也是有效的。

#### 11.2.1 导电能力

导线的导电能力应符合发热、电压损失和短路电流等三方面的要求。

1. 发热

各种导线对最高运行温度都有一定的限制。对于裸线,为防止接头氧化,最高运行温度为 70 ℃;对于橡皮绝缘导线和塑料绝缘导线,为防止绝缘老化,最高运行温度分别为 65 ℃ 和 70 ℃;对于电缆,为防止绝缘老化和热胀冷缩形成气泡,1 kV 及其以下的铅包或铝包电缆最高运行温度为 80 ℃,聚氯乙烯电缆最高运行温度为 65 ℃。

根据稳定状态下发热与散热相平衡的原则,可求得导线的安全载流量(许用电流)$I$ 为:

$$I = \sqrt{\frac{KF(\theta_2 - \theta_1)}{R_{\theta_2}}} \tag{11-1}$$

式中　$K$——散热系数,$\mathrm{W/(cm^2 \cdot ℃)}$;

　　　$F$——散热面积,$\mathrm{cm^2}$;

　　　$\theta_2$——导线温度,℃;

　　　$\theta_1$——环境温度,℃;

　　　$R_{\theta_2}$——导线温度为 $\theta_2$ 时导体的电阻。

在实际的计算过程中,由于散热系数难以确定,式(11-1)往往不能用于实际计算。

导线的安全载流量决定于导线截面、导线材料、绝缘材料、环境温度、安装方式等因素,常用导线的安全载流量见表 11-2～表 11-4。如环境温度不同于规定的数值,则安全载流量应按下式修正:

$$I' = \sqrt{\frac{\theta_2 - \theta_1}{\theta_2 - \theta'_1}} \tag{11-2}$$

式中　$\theta'_1$——实际环境温度,℃。

表 11-2　　　　　　　　橡皮绝缘电线穿钢管敷设的载流量($\theta_2 = 65\ ℃$)

| 截面积 /mm² | | 二根线芯/A | | | | 管径/mm | | 三根线芯/A | | | | 管径/mm | | 四根线芯/A | | | | 管径/mm | |
|---|---|---|---|---|---|---|---|---|---|---|---|---|---|---|---|---|---|---|---|
| | | 25 ℃ | 30 ℃ | 35 ℃ | 40 ℃ | G | DG | 25 ℃ | 30 ℃ | 35 ℃ | 40 ℃ | G | DG | 25 ℃ | 30 ℃ | 35 ℃ | 40 ℃ | G | DG |
| | 2.5 | 21 | 19 | 18 | 16 | 15 | 20 | 19 | 17 | 16 | 15 | 15 | 20 | 16 | 14 | 13 | 12 | 20 | 25 |
| | 4 | 28 | 26 | 24 | 22 | 20 | 25 | 25 | 23 | 21 | 19 | 20 | 26 | 23 | 21 | 19 | 18 | 20 | 25 |
| | 6 | 37 | 34 | 32 | 29 | 20 | 25 | 34 | 31 | 29 | 26 | 20 | 25 | 30 | 29 | 25 | 23 | 20 | 25 |
| | 10 | 52 | 48 | 44 | 41 | 25 | 32 | 46 | 43 | 39 | 36 | 25 | 32 | 40 | 37 | 34 | 31 | 25 | 32 |
| | 16 | 66 | 61 | 57 | 52 | 25 | 32 | 58 | 54 | 51 | 46 | 32 | 32 | 52 | 48 | 44 | 41 | 32 | 40 |
| BLX, | 25 | 86 | 80 | 74 | 68 | 32 | 40 | 76 | 71 | 65 | 50 | 32 | 40 | 68 | 63 | 58 | 53 | 40 | (50) |
| BLXF | 35 | 106 | 99 | 91 | 83 | 32 | 40 | 94 | 87 | 81 | 74 | 32 | (50) | 83 | 77 | 71 | 65 | 40 | (50) |
| 铝芯 | 50 | 133 | 124 | 115 | 105 | 40 | (50) | 118 | 110 | 102 | 93 | 50 | (50) | 105 | 98 | 90 | 83 | 50 | — |
| | 70 | 165 | 154 | 142 | 130 | 50 | (50) | 150 | 140 | 129 | 118 | 50 | (50) | 133 | 124 | 115 | 105 | 70 | — |
| | 95 | 200 | 187 | 173 | 158 | 7 | — | 180 | 168 | 155 | 142 | 70 | — | 160 | 149 | 138 | 126 | 70 | — |
| | 120 | 230 | 215 | 198 | 181 | 70 | — | 210 | 196 | 181 | 166 | 70 | — | 190 | 177 | 164 | 150 | 70 | — |
| | 150 | 260 | 243 | 224 | 205 | 70 | — | 240 | 224 | 207 | 180 | 70 | — | 220 | 205 | 190 | 174 | 80 | — |
| | 185 | 295 | 275 | 255 | 233 | 80 | — | 270 | 252 | 233 | 213 | 80 | — | 250 | 233 | 216 | 197 | 80 | — |

续表 11-2

| 截面积/mm² | | 二根线芯/A | | | | 管径/mm | | 三根线芯/A | | | | 管径/mm | | 四根线芯/A | | | | 管径/mm | |
|---|---|---|---|---|---|---|---|---|---|---|---|---|---|---|---|---|---|---|---|
| | | 25 ℃ | 30 ℃ | 35 ℃ | 40 ℃ | G | DG | 25 ℃ | 30 ℃ | 35 ℃ | 40 ℃ | G | DG | 25 ℃ | 30 ℃ | 35 ℃ | 40 ℃ | G | DG |
| BX,BXF 铜芯 | 1.0 | 15 | 14 | 12 | 11 | 15 | 20 | 14 | 13 | 12 | 11 | 15 | 20 | 12 | 11 | 10 | 9 | 15 | 20 |
| | 1.5 | 20 | 18 | 17 | 15 | 15 | 20 | 18 | 16 | 15 | 14 | 15 | 20 | 17 | 15 | 14 | 13 | 20 | 25 |
| | 2.5 | 28 | 26 | 24 | 22 | 15 | 20 | 25 | 23 | 21 | 19 | 15 | 20 | 23 | 21 | 19 | 18 | 20 | 25 |
| | 4 | 37 | 34 | 32 | 29 | 20 | 25 | 33 | 30 | 28 | 26 | 20 | 25 | 30 | 28 | 25 | 23 | 20 | 25 |
| | 6 | 49 | 45 | 42 | 38 | 20 | 25 | 43 | 40 | 37 | 34 | 20 | 25 | 39 | 36 | 33 | 30 | 20 | 25 |
| | 10 | 68 | 63 | 58 | 53 | 25 | 32 | 60 | 56 | 51 | 47 | 25 | 32 | 53 | 49 | 45 | 41 | 25 | 32 |
| | 16 | 86 | 80 | 74 | 68 | 25 | 32 | 77 | 71 | 66 | 60 | 32 | 32 | 69 | 64 | 59 | 54 | 32 | 40 |
| | 25 | 113 | 105 | 97 | 89 | 32 | 40 | 100 | 93 | 86 | 79 | 32 | 40 | 90 | 84 | 77 | 71 | 40 | (50) |
| | 35 | 140 | 130 | 121 | 110 | 32 | 40 | 122 | 114 | 105 | 96 | 32 | (50) | 110 | 102 | 95 | 87 | 40 | (50) |
| | 50 | 175 | 163 | 151 | 138 | 40 | (50) | 154 | 143 | 133 | 121 | 50 | (50) | 137 | 128 | 118 | 108 | 50 | (50) |
| | 70 | 215 | 201 | 185 | 170 | 50 | (50) | 193 | 180 | 166 | 152 | 50 | (50) | 173 | 161 | 149 | 136 | 70 | — |
| | 95 | 260 | 243 | 224 | 205 | 70 | — | 235 | 219 | 203 | 185 | 70 | — | 210 | 196 | 181 | 166 | 70 | — |
| | 120 | 300 | 280 | 259 | 237 | 70 | — | 270 | 252 | 233 | 213 | 70 | — | 245 | 229 | 211 | 193 | 70 | — |
| | 150 | 340 | 317 | 294 | 268 | 70 | — | 310 | 289 | 268 | 245 | 70 | — | 280 | 261 | 242 | 221 | 80 | — |
| | 180 | 385 | 359 | 333 | 304 | 80 | — | 355 | 331 | 307 | 280 | 80 | — | 320 | 299 | 276 | 253 | 80 | — |

注：1. 目前 BXF 铜芯线只生产≤95 mm² 规格。

2. 表中代号 G 为焊接钢管(又称水煤气钢管)，管径指内径；DG 为电线管，管径指外径。

3. 括号中管径为 50 mm 电线管，管壁较薄，弯管时容易破裂，一般不用。

表 11-3　　　橡皮绝缘电线穿硬塑料管敷设的载流量($\theta_2 = 65$ ℃)

| 截面积/mm² | | 二根线芯/A | | | | 管径/mm | 三根线芯/A | | | | 管径/mm | 四根线芯/A | | | | 管径/mm |
|---|---|---|---|---|---|---|---|---|---|---|---|---|---|---|---|---|
| | | 25 ℃ | 30 ℃ | 35 ℃ | 40 ℃ | | 25 ℃ | 30 ℃ | 35 ℃ | 40 ℃ | | 25 ℃ | 30 ℃ | 35 ℃ | 40 ℃ | |
| BLX,BLXF 铝芯 | 2.5 | 19 | 17 | 16 | 15 | 15 | 17 | 15 | 14 | 13 | 15 | 15 | 14 | 12 | 11 | 20 |
| | 4 | 25 | 23 | 21 | 19 | 20 | 23 | 21 | 19 | 18 | 20 | 20 | 18 | 17 | 15 | 20 |
| | 6 | 33 | 30 | 28 | 26 | 20 | 29 | 27 | 25 | 22 | 20 | 26 | 24 | 22 | 20 | 25 |
| | 10 | 44 | 41 | 38 | 34 | 25 | 40 | 37 | 34 | 31 | 25 | 35 | 32 | 30 | 27 | 32 |
| | 16 | 58 | 54 | 50 | 45 | 32 | 52 | 48 | 44 | 41 | 32 | 46 | 43 | 39 | 36 | 32 |
| | 25 | 77 | 71 | 66 | 60 | 32 | 63 | 63 | 58 | 53 | 32 | 60 | 56 | 51 | 47 | 40 |
| | 35 | 95 | 88 | 82 | 75 | 40 | 84 | 78 | 72 | 66 | 40 | 74 | 69 | 64 | 58 | 40 |
| | 50 | 120 | 112 | 103 | 94 | 40 | 108 | 100 | 93 | 85 | 50 | 95 | 88 | 82 | 75 | 50 |
| | 70 | 153 | 143 | 132 | 121 | 50 | 135 | 126 | 116 | 106 | 50 | 120 | 112 | 103 | 94 | 50 |
| | 95 | 184 | 172 | 159 | 145 | 50 | 165 | 154 | 142 | 130 | 65 | 150 | 140 | 129 | 118 | 65 |
| | 120 | 210 | 196 | 181 | 166 | 65 | 190 | 177 | 164 | 150 | 65 | 170 | 158 | 147 | 134 | 80 |
| | 150 | 250 | 233 | 216 | 197 | 65 | 227 | 212 | 196 | 170 | 65 | 205 | 191 | 177 | 162 | 80 |
| | 185 | 282 | 263 | 243 | 223 | 80 | 255 | 238 | 220 | 201 | 80 | 232 | 216 | 200 | 183 | 100 |

续表 11-3

| 截面积/mm² | | 二根线芯/A | | | 管径/mm | | 三根线芯/A | | | 管径/mm | | 四根线芯/A | | | 管径/mm |
|---|---|---|---|---|---|---|---|---|---|---|---|---|---|---|---|
| | | 25℃ | 30℃ | 35℃ | 40℃ | | 25℃ | 30℃ | 35℃ | 40℃ | | 25℃ | 30℃ | 35℃ | 40℃ | |
| BX，BXF 铜芯 | 1.0 | 13 | 12 | 11 | 10 | 15 | 12 | 11 | 10 | 9 | 15 | 11 | 10 | 9 | 8 | 15 |
| | 1.5 | 17 | 15 | 14 | 13 | 15 | 16 | 14 | 13 | 12 | 15 | 14 | 13 | 12 | 11 | 20 |
| | 2.5 | 25 | 23 | 21 | 19 | 15 | 22 | 20 | 19 | 17 | 15 | 20 | 18 | 17 | 15 | 20 |
| | 4 | 33 | 30 | 28 | 26 | 20 | 30 | 28 | 25 | 23 | 20 | 26 | 24 | 22 | 20 | 20 |
| | 6 | 43 | 40 | 37 | 34 | 20 | 38 | 35 | 32 | 30 | 20 | 34 | 31 | 29 | 26 | 25 |
| | 10 | 59 | 55 | 51 | 46 | 25 | 52 | 48 | 44 | 41 | 25 | 46 | 43 | 39 | 36 | 32 |
| | 16 | 76 | 71 | 65 | 60 | 32 | 68 | 63 | 58 | 53 | 32 | 60 | 56 | 51 | 47 | 32 |
| | 25 | 100 | 93 | 86 | 79 | 32 | 90 | 84 | 77 | 71 | 32 | 80 | 74 | 69 | 63 | 40 |
| | 35 | 125 | 116 | 108 | 98 | 40 | 110 | 102 | 95 | 87 | 40 | 98 | 91 | 84 | 77 | 40 |
| | 50 | 160 | 149 | 138 | 126 | 40 | 140 | 130 | 121 | 110 | 50 | 123 | 115 | 106 | 97 | 50 |
| | 70 | 195 | 182 | 168 | 154 | 50 | 175 | 163 | 151 | 138 | 50 | 155 | 144 | 134 | 122 | 50 |
| | 95 | 240 | 224 | 207 | 189 | 50 | 215 | 201 | 185 | 170 | 65 | 195 | 182 | 168 | 154 | 65 |
| | 120 | 278 | 259 | 240 | 219 | 65 | 250 | 233 | 216 | 197 | 65 | 227 | 212 | 196 | 179 | 80 |
| | 150 | 320 | 299 | 276 | 253 | 65 | 290 | 271 | 250 | 229 | 65 | 265 | 247 | 229 | 209 | 80 |
| | 180 | 360 | 336 | 311 | 284 | 80 | 330 | 303 | 285 | 261 | 80 | 300 | 280 | 259 | 237 | 100 |

注:1. 目前 BXF 铜芯线只生产≤95 mm² 规格。

2. 硬塑料管规格根据 HG2-63-65 采用轻型管,管径指内径。

表 11-4　　　　聚氯乙烯绝缘电线穿钢管敷设的载流量($\theta_2 = 65$ ℃)

| 截面积/mm² | | 二根线芯/A | | | | 管径/mm | | 三根线芯/A | | | | 管径/mm | | 四根线芯/A | | | | 管径/mm | |
|---|---|---|---|---|---|---|---|---|---|---|---|---|---|---|---|---|---|---|---|
| | | 25℃ | 30℃ | 35℃ | 40℃ | G | DG | 25℃ | 30℃ | 35℃ | 40℃ | G | DG | 25℃ | 30℃ | 35℃ | 40℃ | G | DG |
| BLV 铝芯 | 2.5 | 20 | 18 | 17 | 15 | 15 | 15 | 18 | 16 | 15 | 14 | 15 | 15 | 15 | 14 | 12 | 11 | 15 | 15 |
| | 4 | 27 | 25 | 23 | 21 | 15 | 15 | 24 | 22 | 20 | 18 | 15 | 15 | 22 | 20 | 19 | 17 | 15 | 20 |
| | 6 | 35 | 32 | 30 | 27 | 15 | 20 | 32 | 29 | 27 | 25 | 15 | 20 | 28 | 26 | 24 | 22 | 20 | 25 |
| | 10 | 49 | 45 | 42 | 38 | 20 | 25 | 44 | 41 | 38 | 34 | 20 | 25 | 38 | 35 | 32 | 30 | 25 | 25 |
| | 16 | 63 | 58 | 54 | 40 | 25 | 25 | 56 | 52 | 48 | 44 | 25 | 32 | 50 | 46 | 43 | 39 | 25 | 32 |
| | 25 | 80 | 74 | 69 | 63 | 25 | 32 | 70 | 65 | 60 | 55 | 32 | 32 | 65 | 60 | 50 | 51 | 32 | 40 |
| | 35 | 100 | 93 | 86 | 79 | 32 | 40 | 90 | 84 | 77 | 71 | 32 | 40 | 80 | 74 | 69 | 63 | 32 | (50) |
| | 50 | 125 | 116 | 108 | 98 | 40 | 50 | 110 | 102 | 95 | 87 | 40 | (50) | 100 | 93 | 86 | 79 | 50 | (50) |
| | 70 | 155 | 144 | 134 | 122 | 50 | 50 | 143 | 133 | 123 | 113 | 50 | (50) | 127 | 119 | 109 | 99 | 50 | — |
| | 95 | 190 | 177 | 164 | 150 | 50 | 50 | 170 | 155 | 147 | 134 | 50 | — | 152 | 142 | 131 | 120 | 70 | — |
| | 120 | 226 | 205 | 190 | 174 | 50 | (50) | 195 | 182 | 168 | 154 | 50 | — | 172 | 160 | 148 | 138 | 70 | — |
| | 150 | 250 | 233 | 216 | 197 | 70 | (50) | 225 | 210 | 194 | 177 | 70 | — | 200 | 187 | 173 | 158 | 70 | — |
| | 185 | 285 | 266 | 246 | 225 | 70 | — | 255 | 238 | 220 | 201 | 70 | — | 230 | 215 | 198 | 181 | 80 | — |

**续表 11-4**

| 截面积 /mm² | | 二根线芯/A | | | | 管径/mm | | 三根线芯/A | | | | 管径/mm | | 四根线芯/A | | | | 管径/mm | |
|---|---|---|---|---|---|---|---|---|---|---|---|---|---|---|---|---|---|---|---|
| | | 25 ℃ | 30 ℃ | 35 ℃ | 40 ℃ | G | DG | 25 ℃ | 30 ℃ | 35 ℃ | 40 ℃ | G | DG | 25 ℃ | 30 ℃ | 35 ℃ | 40 ℃ | G | DG |
| BV 铜芯 | 1.0 | 14 | 13 | 12 | 11 | 15 | 15 | 13 | 12 | 11 | 10 | 15 | 15 | 11 | 10 | 9 | 8 | 15 | 15 |
| | 1.5 | 19 | 17 | 16 | 15 | 15 | 15 | 17 | 15 | 14 | 13 | 15 | 15 | 16 | 14 | 13 | 12 | 15 | 15 |
| | 2.5 | 26 | 24 | 22 | 20 | 15 | 15 | 24 | 22 | 20 | 18 | 15 | 15 | 22 | 20 | 19 | 17 | 15 | 15 |
| | 4 | 35 | 32 | 30 | 27 | 15 | 15 | 31 | 28 | 26 | 24 | 15 | 15 | 28 | 26 | 24 | 22 | 15 | 20 |
| | 6 | 47 | 43 | 40 | 37 | 15 | 20 | 41 | 38 | 35 | 32 | 15 | 20 | 37 | 34 | 32 | 29 | 20 | 25 |
| | 10 | 65 | 60 | 56 | 51 | 20 | 25 | 57 | 53 | 49 | 45 | 20 | 25 | 50 | 46 | 43 | 39 | 25 | 25 |
| | 16 | 82 | 76 | 70 | 64 | 25 | 25 | 73 | 68 | 63 | 57 | 25 | 32 | 65 | 60 | 56 | 51 | 25 | 32 |
| | 25 | 107 | 100 | 92 | 84 | 25 | 32 | 95 | 88 | 83 | 75 | 32 | 32 | 85 | 79 | 73 | 67 | 32 | 40 |
| | 35 | 133 | 124 | 115 | 105 | 32 | 40 | 115 | 107 | 99 | 90 | 32 | 40 | 105 | 98 | 90 | 83 | 32 | (50) |
| | 50 | 165 | 154 | 142 | 130 | 32 | (50) | 146 | 136 | 126 | 115 | 40 | (50) | 130 | 121 | 112 | 102 | 50 | (50) |
| | 70 | 205 | 191 | 177 | 162 | 50 | (50) | 183 | 171 | 158 | 144 | 50 | (50) | 165 | 154 | 142 | 130 | 50 | — |
| | 95 | 250 | 233 | 216 | 197 | 50 | (50) | 225 | 210 | 194 | 177 | 50 | — | 200 | 187 | 173 | 158 | 70 | — |
| | 120 | 290 | 271 | 250 | 220 | 50 | (50) | 260 | 243 | 224 | 205 | 50 | — | 230 | 215 | 198 | 181 | 70 | — |
| | 150 | 339 | 308 | 285 | 261 | 70 | (50) | 300 | 280 | 259 | 237 | 70 | — | 263 | 247 | 229 | 209 | 70 | — |
| | 180 | 380 | 355 | 328 | 300 | 70 | — | 340 | 317 | 294 | 268 | 70 | — | 300 | 280 | 259 | 237 | 80 | — |

**2. 电压损失**

由于线路存在着阻抗，所以电能在线路传输的过程中会产生电压损失。电压损失用线的始端电压 $U_1$ 和末端电压 $U_2$ 的代数差与额定电压比值的百分数来表示。有些手册上把其定义为电压变化率，符号为 $\Delta U$，即：

$$\Delta U = \frac{U_1 - U_2}{U_r} \times 100\% \tag{11-3}$$

式中　$U_1$——线路的始端电压，V；

$U_2$——线路的末端电压，V；

$U_r$——线路的额定电压，V。

线路上的电压损失会导致设备所使用的实际电压与额定电压有偏移，若偏移值超过了规定范围，将会使电气设备无法正常工作。电压太高将导致电气设备的铁芯磁通量增大和照明线路电流增大；电压太低可能导致接触器等吸合不牢，吸引线圈电流增大；对于恒功率输出的电动机，电压太低也将导致电流增大；过分低的电压还可能导致电动机堵转。以上这些情况都将导致电气设备损坏和电气线路发热。

我国有关标准规定，高压配电线路的电压损耗，一般不超过线路额定电压的 ±5%；从变压器低压侧母线到用电设备受电端的低压线路的损耗，一般不超过用电设备额定电压的 ±5%；对视觉要求较高的照明线路，则为 -2.5%～+5%。如果线路的电压损失值超过了允许的范围，则应当适当加大导线的截面积。

**3. 短路电流**

导线的截面应能承受电流的热效应而不致破坏，应保持足够的热稳定性。为此，导线最

小截面积为:

$$S_{\min} \geqslant \frac{I}{K}\sqrt{t}$$

(11-4)

式中　$S_{\min}$——导线芯线最小截面积,$\mathrm{mm}^2$;

　　　$I$——短路有效电流值,A;

　　　$t$——短路电流可能持续的时间,s;

　　　$K$——计算系数,按表 11-5 确定。

表 11-5　　　　　　　　　　　热效应验算 $K$ 值表

| 类别 | 聚氯乙烯 | 丁基橡胶 | 乙丙橡胶 | 油浸纸 |
|---|---|---|---|---|
| 铜芯 | 115 | 131 | 143 | 107 |
| 铝芯 | 76 | 87 | 94 | 71 |

### 11.2.2　机械强度

导线的机械强度应当足以承受自重、温度变化的热应力、短路时的电磁作用力以及风雪、覆冰产生的应力。按照机械强度的要求,低压架空线路导线的最小截面积见表 11-6。低压配线最小截面积见表 11-7。

表 11-6　　　　　　　　　　低压架空线路导线最小截面积

| 类别 | 铜 | 铝及铝合金 | 铁 |
|---|---|---|---|
| 单股 | 6 | 10 | 6 |
| 多股 | 6 | 16 | 10 |

表 11-7　　　　　　　　　　低压配线最小截面积

| 类别 | | 最小截面积 | | |
|---|---|---|---|---|
| | | 铜芯软线 | 铜线 | 铝线 |
| 吊灯引线 | 民用建筑,户内 | 0.4 | 0.5 | 1.5 |
| | 工业建筑,户内 | 0.5 | 0.8 | 2.5 |
| | 户外 | 1.0 | 1.0 | 2.5 |
| 移动式设备电源线 | 生活用 | 0.2 | — | — |
| | 生产用 | 1.0 | — | — |
| 支点间距离为 $s$ 的支持件上的绝缘导线 | $s \leqslant 1\,\mathrm{m}$,户外 | — | 1.5 | 2.5 |
| | $s \leqslant 1\,\mathrm{m}$,户内 | — | 1.0 | 1.5 |
| | $s \leqslant 2\,\mathrm{m}$,户外 | — | 1.5 | 2.5 |
| | $s \leqslant 2\,\mathrm{m}$,户内 | — | 1.0 | 2.5 |
| | $s \leqslant 6\,\mathrm{m}$,户外 | — | 2.5 | 6 |
| | $s \leqslant 6\,\mathrm{m}$,户内 | — | 2.5 | 4 |

| 类别 | | 最小截面积 | | |
|---|---|---|---|---|
| | | 铜芯软线 | 铜线 | 铝线 |
| 接户线 | 长度≤10 m | — | 2.5 | 6 |
| | 长度≤25 m | — | 4 | 10 |
| 穿管线 | | 1.0 | 1.0 | 2.5 |
| 户内裸线 | | — | 2.5～4 | 4 |
| 户外裸线 | | — | 2.5～4 | 4～16 |
| 塑料护套线 | | | 1.0 | 1.5 |

### 11.2.3　线路防护

各种线路对酸、碱、盐、温度、湿度、灰尘、火灾和爆炸等外界因素应有足够的防护能力。为此,不同环境中导线和电缆及其敷设方式的选用可按表 11-8 进行。

由表 11-8 可知,特别潮湿环境应采用硬塑料管配线或针式绝缘子配线,高温环境应采用电线管或焊接钢管配线、针式绝缘子配线,多尘(非爆炸性粉尘)环境应采用各种管配线,腐蚀性环境应采用硬塑料管配线,火灾危险环境应采用电线管或焊接钢管配线,爆炸危险环境应采用焊接钢管配线等。

表 11-8　　　　　　　　　　线路敷设方式选择

| 环境特征 | 线路敷设方式 | 常用电线、电缆型号 |
|---|---|---|
| 正常干燥环境 | 绝缘线瓷珠、瓷夹板或铝皮卡子明配线 | BBLX, BLV, BLVV |
| | 绝缘线、裸线瓷瓶明配线 | BBLX, BLV, LJ, LMJ |
| | 绝缘线穿管明敷或暗敷 | BBLX, BLX |
| | 电缆明敷或沿电缆沟敷设 | ZLL, ZLL11, VLV, YJV, XLV, ZLQ |
| 潮湿和特别潮湿环境 | 绝缘线瓷瓶明配线(高度＞3.5 m) | BBLX, BLV |
| | 绝缘线穿塑料管、钢管明敷或暗敷 | BBLX, BLV |
| | 电缆明敷 | ZLL11, VLV, YJV, XLV |
| 多尘环境(不包括火灾及爆炸危险粉尘) | 绝缘线瓷珠、瓷瓶明配线 | BBLX, BLV, BLVV |
| | 绝缘线穿钢管明敷或暗敷 | BBLX, BLV |
| | 电缆明敷或沿电缆沟敷设 | ZLL, ZLL11, VLV, YJV, XLV, ZLQ |
| 有腐蚀性的环境 | 塑料线瓷珠、瓷瓶配线 | BLV, BLVV |
| | 绝缘线穿塑料管明敷或暗敷 | BBLV, BLV, BV |
| | 电缆明敷 | VLV, YJV, ZLL11, XLV |
| 火灾危险环境 | 绝缘线瓷瓶明配线 | BBLX, BLV |
| | 绝缘线穿钢管明敷或暗敷 | BBLX, BLV |
| | 电缆明敷或沿电缆沟敷设 | ZLL, ZLQ, VLV, YJV, XLV, XLHF |
| 爆炸危险环境 | 绝缘线穿钢管明敷或暗敷 | BBV, BV |
| | 电缆明敷 | ZL20, ZQ20, VV20 |

| 环境特征 | 线路敷设方式 | 常用电线、电缆型号 |
|---|---|---|
| 户外配线 | 绝缘线、裸线瓷瓶明配线 | BBLF，BLV-1，LJ |
| | 绝缘线穿钢管沿外墙明敷 | BBLF，BBLX，BLV |
| | 电缆埋地 | ZLL11，ZLQ2，VLV，VLV-2，YJV，VJV2 |

### 11.2.4 导线连接

导线的接头是电气线路的薄弱环节,接头常常是发生故障的地方。接头接触不良或松脱会增大接触电阻,使接头过热而烧毁绝缘,还可能产生火花,严重的会酿成火灾和触电事故。因此,接头务必牢固、紧密,接头的机械强度不应低于导线机械强度的 80%;接头的绝缘强度不应低于导线的绝缘强度;接头部位的电阻不得大于原线段电阻的 1.2 倍。工作中,应当尽可能减少导线的接头,过多的导线不宜使用。对于可移动线路的接头,更应当特别注意。

特别是铜导体与铝导体的连接,如没有采用铜铝过渡段,经过一段时间使用之后,很容易松动。松动的原因如下:

(1) 铝导体在空气中数秒钟之内即能形成厚 $3\sim6~\mu m$ 的高电阻氧化膜。氧化膜将大幅度提高接触电阻,使连接部位发热,产生危险温度。接触电阻过大还造成回路阻抗增加,减小短路电流,延长短路保护装置的动作时间,甚至阻碍短路保护装置动作。

(2) 铜和铝的线胀系数不同,铜的线张系数为 $16.8\times10^{-6}℃^{-1}$,铝的线胀系数为 $23.2\times10^{-6}℃^{-1}$,即铝的线胀系数较铜的大 36%,发热时使铝端子增大而本身受到挤压,冷却后不能完全复原。经多次反复后,连接处逐渐松弛,接触电阻增加;如连接处出现微小缝隙,则遇空气进入,将导致铝导体表面氧化,接触电阻大大增加;如连接处的缝隙进入水分,将导致铝导体电化学腐蚀,接触状态将急剧恶化。

(3) 由于铜和铝的化学活性不同,因此,当有水分进入铜、铝之间的缝隙时,将发生电解,使铝导体腐蚀,必然导致接触状态迅速恶化。

(4) 当温度超过 75 ℃,且持续时间较长时,聚氯乙烯绝缘将分解出氯化氢气体,这种气体对铝导体有腐蚀作用,从而增大接触电阻。

正因为如此,在潮湿场所、户外及安全要求高的场所,铝导体与铜导体不能直接连接,必须采用铜铝过渡段。对运行中的铜、铝接头,应注意检查和紧固。

### 11.2.5 线路管理

电气线路应备有必要的资料和文件,如施工图、实验记录等,还应建立巡视、检查、清扫、维修等制度。

对临时线应建立相应的管理制度。例如,安装临时线应有申请、审批手续,临时线应有专人负责管理,应有明确的使用地点和使用期限等。装设临时线必须首先考虑安全问题,应满足基本安全要求。例如,移动式三相临时线必须采用四芯橡套软线,单相临时线必须采用三芯橡套软线,长度一般不超过 10 m。临时架空线离地面高度不得低于 4~5 m,离建筑物和树木的距离不得小于 2 m,长度一般不超过 500 m,必要的部位应采取屏护措施等。

# 11.3　电气线路的运行检查

### 11.3.1　架空线路

架空线路敞露在户外,会受到气候和环境条件的影响,雷击、大雾、大风、雨雪、高温、严寒、洪水、烟尘和灰尘、纤维等都会从不同的方面对架空线路造成威胁。

当风力超过线路杆塔的稳定度或机械强度时,就会使杆塔歪倒或损坏。这种事故一般是在出现了超出设计所考虑的风速条件时才会发生。如果杆塔因锈蚀或腐朽而使机械强度降低,即使在正常风力下也可能发生这种事故。大风还可能导致混线及接地事故,也可能发生倒杆事故。此外,风力还可能引起导线、避雷线的混线事故。

雨水对架空线路的重要影响是造成停电事故和倒杆。毛毛雨能使脏污的绝缘子发生闪络,从而引起停电事故;倾盆大雨又可能造成山洪暴发而冲倒线路杆塔。

雷电击中线路时,有可能使绝缘子发生闪络或击穿。

导线、避雷针覆冰时,不仅加重了导线和塔杆的机械负载,而且使导线弧垂增大,造成对地安全距离不足。当覆冰脱落时,又会使导线、避雷针发生跳动,引起混线。

高温季节,导线会因气温升高,弧垂加大而发生对地放电;严冬季节,导线又因气温下降收缩而使弧垂减小,承担不了过大的张力而拉断。

周围环境对架空线路安全运行的影响,视环境的不同而不同。例如,化工厂或沿海区域的线路容易发生污闪,河道附近的线路易遭受冲刷,路边和采石厂附近的线路易受外力的破坏等。

季节和环境是密切相关的。例如,化工区的线路常在大雾季节或雨雪季节发生故障,河道附近线路也只在雨汛季节才会受到洪水的损害。

生产排出来的烟尘和其他有害气体会使厂矿架空线路绝缘子的绝缘水平显著降低,以致在空气湿度较大的天气里发生闪络事故;在木杆线路上,因绝缘子表面污秽,泄漏电流增大,会引起木杆、木横担燃烧事故。有些氧化作用很强的气体会腐蚀金属杆塔、导线、避雷线和金具。

此外,鸟类在横担上筑巢,人们在线路附近开山采石、放风筝,向空中抛物以及线路附近有高大树木等,都可能造成线路短路或接地。

架空线路的事故虽然大部分是由自然灾害造成的,但这些事故并非是不可避免的。对于正确设计和施工的线路,只要电气工作人员严格贯彻执行有关运行、检修规程,切实做好日常的巡视、维护和检修工作,架空线路的安全运行就会有可靠的保证。

为保证架空线路的正常运行,应针对各种可能发生的事故采取相应的预防性措施。

闪污事故是由于绝缘子表面脏污引起的。绝缘子表面污秽物的性质不同,对线路绝缘水平的影响也不同。一般的灰尘容易被雨水冲洗掉,对绝缘性能的影响不大。但是,化工、水泥、冶炼等厂矿排放出来的烟尘对绝缘子危害极大。煤尘的主要成分是氧化硅和氧化硫;水泥厂排放的飞尘,主要成分是氧化硅和氧化钙;沿海地区绝缘子表面的污物,主要是氯化钠。这些物质都会降低绝缘子的绝缘水平。空气越潮湿,危害越严重。加强绝缘子清扫,增加绝缘子片数以加大爬电距离,采用地蜡、石蜡、有机硅等防尘性涂料,以及加强巡视、测试和维修,都有利于防止闪污事故发生。

雷电会给架空线路的安全运行带来巨大的威胁。为了提高线路的耐雷水平,防止雷击事故,可以装设避雷线或避雷针以防止导线直接遭受雷击;可以安装管型避雷器,防止雷电侵入波的危害;还可以配置自动重合闸,防止雷击闪络或其他放电造成停电事故;可以在中性点装设消弧线圈,以减轻雷击或其他原因造成单相接地的危险。

架空线路还会遇到洪水、大风、冰雪等原因而导致发生事故,为此防洪、汛期应加强巡视检查。必要时,在杆塔周围打防洪桩,提高杆塔的稳定性。为了防止风害,也应加固电杆,加强巡视检查和测试,还应调整导线的弧垂,修剪线路附近的树木,清除周围的杂物等。为了防止覆冰事故,应加强观察气候的变化,如已经覆冰,可采用通电加热或机械的办法予以除冰。

### 11.3.2 电缆线路

就故障现象而言,电缆故障包括机械损伤、铅皮(铝皮)龟裂及胀裂、终端头污闪、终端头或中间接头爆炸、绝缘击穿、金属护套腐蚀穿孔等故障。

就事故原因而言,电缆故障包括外力破坏、化学腐蚀或电解腐蚀、雷击、水淹、虫害等自然灾害和施工不妥、维护不当等人员过失等几类。

应当指出,这些因素往往是互相联系、互相影响的。例如,由于电缆长时间过负载运行或散热不良,造成铅皮龟裂,并由此引起绝缘浸水,以致发生绝缘击穿或中间接头爆炸等事故。

电缆常见故障和预防方法如下:

(1) 由于外力破坏的事故占电缆事故的 50%,为了防止这类事故,应加强对横穿河流、道路的电缆线路和塔架上电缆线路的巡视和检查。在电缆线路附近开挖地面时,应采取有效的安全措施;对于施工中已挖开的电缆,应加以保护。

(2) 由于管理不善或施工不良,电缆在运输、敷设过程中可能受到机械损伤。运行中的电缆,特别是直埋电缆,可能由地面施工或小动物(主要是白蚁)啮咬受到机械损伤。对此,应加强管理,保证敷设质量,做好标记,保存好施工资料,严格执行破土动工制度等。

(3) 电缆虫害最常见的是白蚁。白蚁可造成铅、铝皮穿孔,从而导致绝缘受潮而击穿。为此,在电缆四周可喷洒防蚁、灭蚁的化学药剂。老鼠等小动物啮咬也会使电缆受到损伤,对此也应采取适当的防护措施。

(4) 由于施工、制作质量差或弯曲、扭转等机械力的作用,可能导致电缆终端头漏油。对此,应严格施工,保证质量,并加强巡视。

(5) 由于质量不高、检查不严、安装不良(如过分弯曲、过分密集等)、环境条件太差(如环境温度太高等)、运行不当(如过负载、过电压等),运行中的电缆可能发生绝缘击穿,铅包发生疲劳、龟裂、胀裂等损伤。对此,除针对以上原因采取措施外,还应加强巡视,发现问题及时处理。

(6) 为了防止电缆终端头污闪事故,对运行中的电缆,应当用专用绝缘工具清扫污物,也可在中断头套管上涂以防污涂料。在污秽地区,可以采用高压高一级的终端头。

(7) 由于地下杂散电流和非中性物质的作用,电缆的金属铠装或铅、铝包皮可能受到电化学腐蚀或化学腐蚀。化学腐蚀是由于土壤中酸、碱、氯化物、有机体腐烂物、炼铁炉灰渣等杂物造成的;电化学腐蚀则是由于直流机车及其他直流装置经大地流通的电流造成的。为了防止化学腐蚀,可将电缆穿在防腐的管道中敷设。对于运行中的电缆,除应定期挖开泥土查看电缆外,还应对土壤作化学分析。为了防止电化学腐蚀,应提高直流电机车轨道与大地之间的绝缘,以限制滞留泄漏电流。电缆与直流机车轨道平行时,其间距离不得小于 2 m,或者电缆穿绝缘管敷设;电缆与地下大金属物件接近时,也应采取绝缘措施。为了防止电化学腐蚀,电缆铠装的电位不得超过 1 V。

（8）由于浸水、导体连接不好、制作不良、超负荷运行,以及由于闪污等原因均可能导致电缆终端头或中间接头爆炸。对此,亦应针对不同原因采取适当措施,并加强检查和维修。

此外,过热是电气线路的常见故障,线路过热可能是多种原因造成的。例如,线路过载、接触不良、线路散热条件被破坏、运行环境温度过高、短路(包括金属性短路和非金属性短路)、严重漏电、电动机过于频繁地启动等不安全状态均可能导致线路过热。对此,应加强运行监视,严格控制电缆的负荷电流和电缆温度。

### 11.3.3　室内配电线路

1 kV 以下的室内配线,建议每月应进行一次巡视检查,对重要负荷的配线应增加夜间巡视。1 kV 以下车间配线的裸导线(母线),以及分配电盘和闸箱,每季度应进行一次停电检查和清扫。500 V 以下可进入吊顶内的配线及铁管配线,每年应停电检查一次。如遇暴风雨雪,或系统发生单相接地故障等情况下,需要对室外安装的线路及闸箱等进行特殊巡视。

室内线路的巡视检查一般包括下列内容:

（1）检查导线的发热情况,检查线路的负荷情况。

（2）车间裸导线各相的弛度和线间距离是否保持一致,车间裸导线的防护网、板与裸导线的距离有无变动。

（3）导线与建筑物等是否摩擦、相蹭;绝缘、支持物是否损坏和脱落;铁管或塑料管的防水弯头有无脱落现象。

（4）明敷导线管和木槽板等有无砸伤现象,铁管的接地是否完好。

（5）敷设在车间地下的塑料管线路,其上方是否堆放重物。

（6）三相四线制照明线路,其零线回路各连接点的接触是否良好,有无腐蚀或脱开现象。

（7）检查线路上及线路周围有无影响线路安全运行的异常情况。绝对禁止在绝缘导线上悬挂物体,禁止在线路旁堆放易燃易爆物品。

（8）对敷设在潮湿、有腐蚀性物体的场所的线路,要定期对绝缘进行检查,绝缘电阻一般不得低于 0.5 MΩ。

（9）是否有未经电气负责人的许可,私自在线路上接电气设备以及乱拉、乱扯的线路。

### 11.3.4　电气线路的安全检测

1. 架空线检测方法

目前,对输电导线进行巡检的方法主要有以下几种方法:

（1）地面目测法。采用肉眼或望远镜对辖区内的电力线进行观测,由于输电线路分布点多面广、地理条件复杂,巡线工人需要翻山越岭、涉水过河、徒步或驱车巡检。这种方法劳动强度大,工作效率和探测精度低,可靠性差。

（2）航测法。直升机沿输电线路飞行,工作人员用肉眼或机载摄像设备观测和记录沿线异常点的情况,这种方法尽管距离接近,提高了探测效率和精度,但电力线从观察者或摄录设备的视野中快速通过,增加了技术难度,运行费用较高。

（3）架空电力线路巡线机器人检测。移动机器人技术的发展,为架空电力线路巡检提供了新的移动平台,巡线机器人能够带电工作,以一定的速度沿输电线爬行,并能跨越防震锤、耐张线夹、悬垂线夹、杆塔等障碍,利用携带的传感仪器对杆塔、导线及避雷线、绝缘子、线路金具、线路通道等实施接近检测,代替工人进行电力线路的巡检工作,可以进一步提高巡线的工作效率和巡检精度。因此,巡线机器人成为巡线技术研究的热点。

2. 电缆检测方法

电缆线路发生故障后,首先应用兆欧表或万用表确定故障的性质,然后根据不同的故障情况,采用回路电桥平衡法、脉冲反射测距法或高压闪络测距法等方法确定故障范围,最后用声测定点或感应法在路面上定出具体故障点位置。如果运行部门因管理不善而无电缆线路走向图,则可先用感应法确定它的走向和深度。

（1）回路电桥平衡法。一般接地电阻小于 $10\ \text{k}\Omega$ 的电缆故障,均可采用这种方法,但若采用电桥法必须事先知道电缆线路长度。为了确保故障的正确测量,还应注意以下几点：

① 跨接线越短越好,其截面积应接近电缆导体的截面积,并应连接紧固,使接触电阻接近零,必要时应将接触面用砂布磨平。

② 同一条线路上有不同导体材料或不同截面积的电缆连接在一起时,应按其电阻值将长度换算到同一导体材料、同一截面积的等值长度。

③ 如果故障电缆线路较长,自一端测出的故障点接近另一端时,则应到另一端复测,并以后者测得的数据为准。

（2）脉冲反射测距法。这种方法适用于电缆断线故障和低电阻（$1\ 000\ \Omega$ 以下）接地故障。测量原理是当在故障电缆芯上加一脉冲电压时,发射的脉冲在传输线上遇到故障点会产生反射。如果反射脉冲与发射脉冲的极性相同,表示故障性质为断线；如果极性相反,则表示接地故障。脉冲波往返的时间差通过仪器的指示器表示出来,这样便能迅速而又准确地确定故障点与测量端之间的距离。在实际测量中,采用的是对比法,即在同一电缆的故障缆芯与良好缆芯上分别测定反射所需时间之比,再乘以电缆总长度,即为故障点距离测量端的距离。如果缆芯全部烧断,则可在电缆线路的两端分别用脉冲仪测定反射所需时间,由此可方便地算出故障点距离各测试端的距离。

（3）声测定点法。用上述电桥法或脉冲反射法测量电缆线路故障,只能确定故障点所在的大概区段,一般叫作初测。因为它包括仪器本身误差和测量误差,而且在丈量和绘制电缆线路图时也会有误差；在数段电缆连接起来的线路中,也可能因为每段的导体电阻值、电阻系数不同而产生计算误差。所以,在初测之后还必须以声测定点法进行精测以确定故障点。对于长度仅为几十米的短电缆,一般可省略初测步骤而直接用声测定点法查找故障点。声测定点试验时,应注意以下几点：

① 如果试验设备容量不够大,则需断续施加电压。当选用 $1\ \text{kV·A}$ 的试验设备时,一般可采用加压 15 min 停 5 min 再加压的方法,同时观察调压器、试验变压器及电源线等是否有过热现象。

② 直流冲击高电压的发生装置,最好放在近故障点的一端,因为这样可以减少电线路中的能量损耗,从而使故障发出的声音较响。

　　③ 升压变压器和电容器的接地必须可靠,最好直接与电缆内护层(铅包)连接,以免因声测放电时接地点的电位升高而使低压电源系统的设备烧坏。

　　④ 为了防止升压变压器在声测试验时过电压损坏,其外壳可以不接地,但需将其放在绝缘垫上。调整升压器的操作人员应戴绝缘手套。

　　⑤ 埋设在管道内或大的水泥块下的电缆发生故障时,因传声的不均匀性,可能在管道两端或水泥块边缘声音较响,须仔细辨认故障点。

　　⑥ 声测放电时,如果接地不够好,则可能在电缆线路的护层与接地部分之间有放电现象而易造成误判断。因此,重点在电缆裸出部分的金属夹子处要仔细认真地辨别是否属于真正的故障点。一般在故障点除了能听到声音外,还会有振动。用手触摸振动点时,应戴绝缘手套。在声测电缆端与故障点间的电缆线路上(包括穿入铁管中的过桥电缆),声测定点在管上和电源护层上会出现感应电压而对地有轻微的放电声,应与真正的故障点加以区别,一般真正的故障点声音较响,而且有振动。

　　⑦ 数条电缆敷设在同一沟内而资料不全时,应先找出需要测定的故障电缆。

　　⑧ 声测定点时,一般在现场应有两人相互核对,以免误判断室内线路检测。

　　3. 室内线路检测

　　电气线路正常运行时,由于电流效应会产生热量,电气线路发生故障时就会异常发热,线路在危险温度下运行,存在火灾隐患,类似这种危险温度和隐患通常是不易被发现的。红外测温技术的原理是基于自然界中一切温度高于绝对零度的物体,每时每刻都辐射出红外线,同时这种红外线辐射都载有物体的特征信息,这为利用红外技术判别各种被测目标的温度高低和热分布场提供了客观基础,物体表现热力学温度的变化,使物体发热功率发生相应变化。物体产生的热量在发出红外辐射的同时,还在物体周围形成一定的表面温度分布场。这种温度分布场取决于物理材料的热物理性,也就是物体内部的热扩散和物体表面温度与外界温度的热交换。利用这一特性通过红外探测器将物体电气发热部位辐射的功率信号转换成电信号后,成像装置就可以一一对应地模拟出物体表面温度的空间分布,经电子系统处理可以得到与物体表面热分布相对应的热像图,利用热像图就可以很方便地查出故障点。

# 本章小结

　　本章以电气线路的安全运行为基础,介绍了电气线路的种类、电气线路的安全运行条件、电气线路的运行检查和安全检测。

　　通过本章的学习,使学生了解并掌握有关电气线路的安全运行条件和具体的运行措施。

# 复习思考题

　　1. 桥形接线按桥断路器的位置可分为哪几种? 分别适用于何种场合?

　　2. 清扫检查 6 kV 厂馈封闭母线时,应采取哪些安全措施?

　　3. 测量低压线路和配电变压器低压侧电流的方法有哪些?

　　4. 同杆塔架设的多层电力线路挂接地线时,应遵循什么规则?

# 第 12 章　电气环境安全

**本章学习目的及要求**

1. 掌握静电产生机理、危害及防护措施。
2. 了解电磁辐射对人体的危害和各类型的电磁辐射防护。
3. 了解雷电及雷云的形成。
4. 掌握现代防雷技术特点和防雷保护区划分。
5. 了解电气火灾与爆炸的成因,掌握其防护技术。

环境与可持续发展是人类面临的共同课题,它需要全社会的参与,更需要各个技术领域的支持,电气工程领域安全为其中内容之一,目前主要涉及两个方面问题:一方面是电气火灾的预防,属公共安全问题,另一方面是电磁兼容问题。目前,电气环境安全问题还是一个新的研究领域,很多问题的研究尚不深入和完善,甚至更多的问题可能没被发现,本章学习目的是了解目前工程中常见的电气环境安全涉及的内容,建立初步的概念和知识。

## 12.1　静电危害及防护

在干燥和多风的秋天,人们常常会碰到这种现象:晚上脱衣服睡觉时,黑暗中常听到"噼啪"的声响,而且伴有蓝光,见面握手时,手指刚一接触到对方,会突然感到指尖针刺般刺痛,令人大惊失色;早上起来梳头时,头发会经常"飘"起来,越理越乱,拉门把手、开水龙头时都会"触电",时常发出"啪啪"的声响,这就是发生在人体的静电。静电,是一种处于静止状态的电荷。

### 12.1.1　静电产生

任何物质都是由原子组合而成,而原子的基本结构为质子、中子及电子。将质子定义为正电,中子不带电,电子带负电。在正常状况下,一个原子的质子数与电子数量相同,正负电平衡,所以对外表现出不带电的现象。但是由于外界作用如摩擦或以各种能量如动能、位能、热能、化学能等的形式作用会使原子的正负电不平衡。在日常生活中所说的摩擦实质上就是一种不断接触与分离的过程。

1. 静电的产生

所谓静电,是在宏观范围内暂时失去平衡的相对静止的正电荷和负电荷。试验证明,只要两种物质紧密接触,再分离时,就可能产生静电,静电的产生是同接触的电位差和接触面上的双电层直接相关的。

(1) 接触-分离起电。两种物质相接触,其间距小于 $2.5 \times 10^{-9}$ cm 时,由于不同原子得失电子能力不同,不同原子(包括原子团和分子)外层电子的能级不同,其间即发生电子的相对转移。因此,两种物质紧密接触,界面两侧会出现大小相等、极性相反的两层电荷。这两层电荷称为双电层,其间的电位差称为接触电位差。

根据双电层和接触电位差的理论,可以推知两种物质紧密接触,若再分离时,即可能产生静电。两种物质相互摩擦之后,之所以能产生静电,其中就包括通过摩擦实现较大面积的紧密接触,在接触面上产生双电层的过程。

（2）破断起电。不论材料破断前其内电荷分布是否均匀,破断后均可能在宏观范围内导致正、负电荷的分离,即产生静电,这种起电称为破断起电。固体粉碎、液体分离过程的起电属于破断起电。

（3）感应起电。图 12-1 所示为一种典型的静电感应起电过程。当 B 导体与接地体 C 相连时,在带电体 A 的感应下,端部出现正电荷,但 B 导体对地电位仍然为零。当 B 导体离开接地体 C 时,虽然中间不放电,但 B 导体成为带电体。

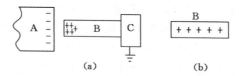

图 12-1　静电感应起电

(a) 分离前;(b) 分离后

（4）电荷迁移。当一个带电体与一个非带电体接触时,电荷将重新分配,即发生电荷迁移而使非带电体带电。当带电雾滴或粉尘撞击在导体上时,会产生电荷迁移。

2. 静电的特点

（1）电量小,电压高。静电的电位一般较高,如人体在穿脱衣服的时候可以产生 $10^4$ V 以上的电压,但其总能量却很小,在生产和生活中的静电虽然可以使人受到电击,但是不会直接危害人的生命。

（2）持续时间长。在绝缘体上静电泄漏很慢,这样就使带电体保留危险状态的时间比较长,危险程度相应增加。

（3）一次性放电。处于绝缘状态带有静电电荷的导体,遇上放电对象,其自由电荷将一次经放电点放掉,因此带有相同数量静电荷的导体要比非导体危险性大。

（4）远端放电。若某处产生了静电,其周围与地绝缘的金属导体就会在感应下将静电扩散到远处,并可能在预想不到的地方放电。

（5）静电屏蔽。静电场可以用导电的金属加以屏蔽,避免放电对外界产生危害。屏蔽在生产中被广泛应用。

3. 静电的类型

静电可以按照起电方式、带电体、带电性质进行分类。按照起电方式可以分为:接触摩擦分离起电、静电感应起电、电磁感应起电、射线电离空气起电、物质三态变换起电、分子分裂起电、极化起电、场致发射起电。按带电体分类可以分为:固体带电、液体带电、气体带电、人体带电、生物带电。按电荷性质分类:单极性电荷、双极性电荷。

## 12.1.2　静电危害

很多时候,静电并不具有危险性,但却影响正常的生产生活。如在印刷厂或图片厂中,静电会导致产品质量降低,而且会使纸张附着在一起,破坏正常操作。已经研究了数百年的静电,现在确实成为空间时代的一个危险"精灵",有时毫无危害,有时却凶猛异常。静电的危害多种多样,归纳起来可以主要从三个方面说明。

1. 静电放电的危害

(1) 引发火灾和爆炸事故。静电在一定的条件下会发生放电现象,轻微时表现为间歇性的火花放电,剧烈时则是弧光放电。静电放电时伴随有火光和声响,有引起火灾的危险。静电放电形成点火源并引发燃烧和爆炸事故,须同时具备以下三个条件:发生静电放电时产生放电火花;在静电放电火花间隙中有可燃气体或可燃粉尘与空气所形成的混合物,并在爆炸极限范围之内;静电放电量大于或等于爆炸性混合物的最小点火能量。

避免静电引发火灾和爆炸等危险事故,应尽量避免、消除上述三种可能性的发生,其中火花放电是静电放电形式中最为危险的放电。

(2) 造成人体电击。在一般的生产工艺过程中,会伴随着微弱静电的产生,它所引起的电击一般不至于致人死亡,但可能会导致手指麻木或负伤,甚至可能会因此引发坠落、摔倒等致人伤亡的二次事故;还可能因使工作人员精神紧张引起操作事故。

(3) 造成产品损坏。静电放电时可产生频带从几百赫兹到几十兆赫兹、幅值高达几十毫伏的宽带电磁脉冲干扰,这种干扰可以通过多种途径耦合到电子计算机及其他电子设备的低电平数字电路中,导致电路电平发生翻转效应,出现误动作,还可造成间歇式或干扰式失效、信息丢失或功能暂时破坏等。另外静电若在生产过程中产生,还会造成产品成品率降低、产品性能损害等负面影响。

2. 静电库仑力造成的危害

积聚于物体上的静电荷,将在其周围空间产生电场,其中的物体将会受到静电库仑力的作用。当置于电场中的物体是一个非带电体的时候,如果是导体,则将在其上产生静电感应;如果是绝缘体,则将在其上产生极化。无论何种情况,都会使物体受到力的作用,并在该力的作用下使物体转动。

例如,在纺织行业,化纤及含水分极少的棉纱,在梳棉、纺纱、整理和漂染等工艺过程中因摩擦产生静电,在静电库仑力的作用下,可造成根丝飘动、纱线松散等,影响生产的正常进行;在橡胶工业,合成橡胶从苯槽中出来时,静电电位可达 250 kV,压延机压出的产品静电电位高达 80 kV,胶机静电电位可达 30 kV,由于静电库仑力作用可造成吸污,使产品质量下降。

3. 静电感应放电造成的危害

如图 12-2 所示,带电体 A 与接地体 B 相隔甚远,其间本来不会发生火花放电,但是,若将导体 C 移动到 A、B 之间,则在该导体的 a 端和 b 端分别感应出负电和正电,A 与 a 之间、B 与 b 之间,都可能发生火花放电,造成火灾。如 A 与 a 之间或 B 与 b 之间,仅一处发生火花放电,则导体 C 成为孤立的带电体,该孤立带电体移动到其他导体附近时,还可能与其他导体之间发生火花放电。人体和金属之类的静电导体,在静电场中也可以发生静电感应现象,造成意外的火花放电。

### 12.1.3 静电防护措施

静电的产生几乎是不可避免的,但可以通过各种行之有效的措施加以防护,以使其降低到可以接受的程度,并尽可能地减少危害。静电的防护措施主要围绕以下几个方面:尽量减

图 12-2　静电感应引起放电

少静电荷的产生;对已产生的静电荷尽快予以消除,包括加速其泄漏、中和及降低其强度;最大限度地减少静电危害;严格静电防护管理,以保证各项措施的有效执行。

　　静电防护是一种系统性、立体化、全方位、全过程的综合性工作,需要相当复杂的技术措施、强有力和健全的管理措施;需要工程技术人员、操作人员、使用及维护人员的共同参与。

　　静电防护措施如图 12-3 所示。

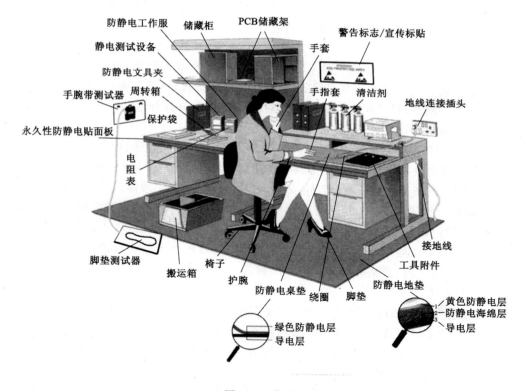

图 12-3　静电防护措施

1. 防止静电的产生

　　(1)控制静电产生的环境。温度控制,在可能的条件下尽量降低温度,包括环境温度和物体接触温度;尘埃控制,此举措是防止附着带电的重要措施;地板、桌椅面料和工作台垫应由防静电材料制成,并正确接地。

　　(2)防止人体带电。正确佩戴防静电产品;严格禁止与工作无关的人体活动(如做操、打闹、梳头发等);进行离子风浴。

（3）材料选用要求。凡必须或有可能发生接触分离的材料应考虑使其在带电序列表上的位次尽量靠近；应使材料表面光滑、平整、洁净无污染；使用静电导体材料和静电耗散材料。

（4）工艺控制措施。制定并实施防静电操作程序；使用防静电工具；对有静电燃烧、爆炸可能性的液体材料设置必要的静置时间；尽量减少物体间的接触压力、时间、面积。

2. 减少和消除静电荷

（1）接地。设备、工具、管线等正确接地。

（2）增湿。使用各种适宜的加湿器和喷雾器等；采用湿拖布拖地或通过洒水等方法以提高带电体附近或环境的湿度；在允许的情况下尽量选用吸湿性材料。

（3）中和。针对场所和带电物体的形状、特点，选用适宜类型的静电消除器，以消除器具、器材、产品、场所、设备和人体上的静电荷。

（4）掺杂。在非导体器具、材料的表面通过喷、涂、印、贴等方式附加一层物质以增加表面导电率，加速电荷的泄漏和释放；在易于产生静电的液体（如汽油、航空煤油灯）中加入化学药品作为抗静电添加剂，以改善液体材料的电导率。

3. 减少静电危害

（1）提高产品自身抗静电能力。对 CMOS 等静电敏感集成电路采用输入、输出保护电路设计；对于静电敏感电子组件和电子设备，采用抗静电防护设计（设置输出、输入保护电路和网络、使用隔离电阻器，设置边界保护环等）；对敏感元器件进行静电防护设计（设置串联限制流电阻器、降低瞬态能量密度、避免引线交叠等）。

（2）采用静片等静电屏蔽措施，以减少静电的力学、感应和放电危害；应尽量避免孤立导体的存在；在液体储油罐等设施中设立具有屏蔽作用的检测井，以保证检测和采样的安全。

（3）确保设备、设施和作业场所的静电安全。控制易燃、易爆的液体或粉体使爆炸性化合物在燃烧、爆炸的极限浓度之下；保持作业场所各种接地设施和系统（雷电保护、故障保护、信号参数、大地电极、防静电操作等）正确和有效接地；控制作业区内各点静电电位在标准允许的范围之内；安装局部放电器、放电刷等，以通过电晕放电不断释放静电能量使其积聚的能量在安全范围之内；严格静电安全操作规程。

4. 严格防静电管理

（1）建立健全责任制和规章制度。建立健全各类人员（领导班子、技术和管理人员、操作人员）的静电安全防护管理职责，并备有检测制度；建立静电安全事故分析制度；编制具体详细的防静电操作规程；对设备、装置、器材、工具等的防静电性能要求建立定期检测制度；建立产品静电损害机理分析制度。

（2）培训教育。针对领导班子、管理和技术人员、操作人员等不同层次和不同岗位的人员，实施相关的防静电意识、知识、技术和安全教育；针对不同岗位操作人员进行操作技能培训及考核。

（3）警示装置、标记、符号的使用。应在静电敏感产品上和内外包装器件上做出警示标记或符号；应当对装置、设备中的静电敏感部件、部位，按照标准的要求做出标记或警示符号；应对静电作业场所（工作区）做出规定的特定标记；对关键控制部位应安装报警设置，以提醒人们及时处置。

（4）按标准规定进行检测试验。具体包括：对有静电性能要求的工具、器具、服装等定期检测,使之保持合格状态;对有明确指标要求的环境参数应按规定测量检查;对人体和设备、装置、系统的接地情况应按规定检测;对产品的静电敏感度(抗扰度)应按标准的规定进行试验,并建立质量分析和检测制度。

(5)加大防静电产品的使用力度。具体包括:防静电建筑环境、防静电人体系统、防静电操作系统等。静电产品的合理使用,可以有效防止静电的产生与影响。

## 12.2　电磁辐射危害及防护

### 12.2.1　电磁辐射的产生

电场和磁场的交互变化产生电磁波,电磁波向空中发射或泄露的现象,叫电磁辐射。电磁场是一种看不见、摸不着的场。人类生存的地球本身就是一个大磁场,它表面的热辐射和雷电都可产生电磁辐射,太阳及其他星球也从外层空间源源不断地产生电磁辐射。围绕在人类身边的天然磁场、太阳光、家用电器等都会发出强度不同的辐射。电磁辐射是物质内部原子、分子处于运动状态的一种外在表现形式。

1. 电磁辐射产生机理

电磁辐射的定义为:能量以电磁波的形式通过空间传播的现象,是能量释放的一种形式。任何一种交流电路都会向周围空间辐射电磁能量,形成有电力和磁力作用的空间,这种电力和磁力同时存在的空间定义为电磁场。若某一空间区域有变化的电场或变化的磁场,则在附近的区域内将产生相应变化的磁场或电场,而这个新产生的变化磁场或电场,又使较远的区域产生变化的电场或变化的磁场,变化的电场与变化的磁场交替产生,又由近及远以一定的速度在空间传播,形成电磁波,电磁场能量以电磁波的形式向外发射的过程即形成电磁辐射。

2. 电磁辐射产生的条件

(1)必须存在时变源。时变源可以是时变的电荷源、时变的电流源或时变的电磁场,时变源的频率应足够高,才有可能产生明显的辐射效应。

(2)源路必须开放。波源电路必须开放,源电路的结构方式对辐射强弱有极大的影响,封闭的电路结构,如谐振腔是不会产生电磁辐射的。

3. 电磁辐射的来源

(1)天然电磁辐射源。天然的电磁辐射是一种自然现象,主要来源于雷电、太阳热辐射、宇宙射线、地球的热辐射和静电等。例如雷电就是一种很常见的天然电磁辐射,它除了可能对电气设备、飞机、建筑物等直接造成危害外,还会在广泛的区域产生从几千赫兹到几百兆赫兹的极宽频率范围内的严重电磁干扰;另外,火山喷发、地震和太阳黑子活动引起的磁爆等都会产生电磁干扰。天然的电磁辐射对短波通信的干扰极为严重。

(2)人造电磁辐射源。

① 广播电视系统。一个城市影响最大的电磁辐射源是广播电视发射塔。目前发射塔高度不断增加。

② 通信、雷达及导航系统。

③ 工业企业、科研系统、医疗系统的电子设备。工业企业使用的高频焊管机、高频淬火机、高频热合机等。医疗中使用的射频治疗机、微波理疗机、高频理疗机等。

④ 交通系统。包括轻轨地铁、电气化铁道、有(无)轨电车。机动车点火系统在瞬间产生火花放电，在 60 m 内可干扰周围的电视广播。

⑤ 高压电力系统。包括高压输电线与高压电缆、高压升压站和降压变电站。

⑥ 室内电磁辐射污染。部分家电磁场数据如表 12-1 所列。

**表 12-1**　　　　　　　　　**部分家电磁场数据**　　　　　　　　单位:mGs

| 电器产品 | 3 cm 距离 | 1 m 距离 |
| --- | --- | --- |
| 电视 | 25～500 | 0.1～1.5 |
| 微波炉 | 750～2 000 | 2.5～6 |
| 吹风机 | 60～2 000 | 0.1～3 |
| 冰箱 | 5～17 | ＜0.1 |
| 剃须刀 | 150～15 000 | 0.1～3 |
| 洗衣机 | 8～500 | 0.1～1.5 |
| 吸尘器 | 2 000～8 000 | 1.3～20 |
| 台灯 | 400～4 000 | 0.2～2.5 |

### 12.2.2　电磁辐射的危害

1. 电磁辐射危害人体的机理

(1) 热效应。人体的 70% 以上都是水，水分子内部的正负电荷中心不重合，是一种极性分子，而这种极性的水分子在接受电磁辐射后，会随着电磁场极性的变化做快速重新排列，从而导致分子间剧烈撞击、摩擦而产生巨大的热量，使机体升温。当电磁辐射的强度超过一定限度时，将使人体体温或局部组织温度急剧升高，破坏热平衡而有害人体健康。随着电磁辐射强度的不断提高，呈现出对人体的不良影响也逐渐突出。

(2) 非热效应。人体的器官和组织都存在微弱的电磁场，它们是稳定和有序的，一旦受到外界低频电磁辐射的长期影响，处于平衡状态的微弱电磁场即会遭到破坏。低频电磁辐射作用于人体后，体温并不会明显提高，但会干扰人体的固有微弱电磁场，使血液、淋巴和细胞原生质发生改变，造成细胞内的脱氧核糖核酸受损和遗传基因发生突变，进而诱发白血病和肿瘤，还会引起胚胎染色体改变，并导致婴儿的畸形或孕妇的自然流产。

(3) 累积效应。热效应和非热效应作用于人体后，对人体的伤害尚未来得及自我修复之前(通常所说的人体承受力——内抗力)，再次受到电磁辐射的话，其伤害程度就会发生累积，久之会成为永久性病态，甚至有可能危及生命。对于长期接触电磁辐射的群体，即使受到的电磁辐射强度较小，但是由于接触的时间很长，所以也可能会诱发各种病变，应引起警惕。

2. 电磁辐射对人体的具体危害

(1) 心血管系统的影响。受电磁辐射作用过多的人，常发生血液动力失调，血管通透性和张力降低等症状。由于神经调节功能受到影响，人体表现的症状多以心动过缓为主，少数呈现心动过速。受害者出现血压波动，开始升高，后又恢复正常，最后出现血压偏低;心电图出现 R 波的电压下降，这是迷走神经的过敏反应，也是心肌营养障碍的结果;此外，长期受电磁辐射作用的人，若其本身就有心血管系统的疾病，则会更早更易促使其发展和恶化。

（2）对血液系统的影响。在电磁辐射的长期作用下,可出现白细胞数量不稳定现象,主要是下降倾向,白细胞减少,红细胞的生成受到抑制,网状红细胞减少。对长期操纵雷达的人群健康调查结果表明,其中多数人出现白细胞低于正常人的现象。此外,当无线电波和放射线同时作用人体时,对血液系统的作用较单一因素作用可产生更明显的伤害。

（3）对生殖系统的遗传影响。长期受电磁辐射作用的人,男性出现性机能下降;女性出现月经周期紊乱;睾丸对电磁辐射非常敏感,精子生成易受到抑制而影响生育;电磁辐射还有可能使卵细胞出现变性,破坏了排卵过程。高强度的电磁辐射可以产生遗传效应,使睾丸染色体出现畸变和有丝分裂异常。妊娠妇女如果在早期或在妊娠前,接受了短波透热疗法,极易出现先天性出生缺陷(畸形婴儿)。

（4）对视觉系统的影响。眼组织含有大量的水分,易吸收电磁辐射,而且眼的血流量少,故在电磁辐射作用下,眼球的温度易升高。温度升高是造成产生白内障的主要条件,温度上升导致眼晶状体蛋白质凝固,多数学者认为,较低强度的微波长期作用,可以加速晶状体的衰老和混浊,并有可能使有色视野缩小和暗适应时间延长,造成某些视觉障碍。此外,长期低强度电磁辐射的作用,可促使视觉疲劳,造成眼角干燥等现象。

（5）电磁辐射的致癌影响。大部分实验中,动物经微波作用后,癌变的发生率会上升;一些微波生物学家的实验表明,电磁辐射会促使人体内的(遗传基因)微粒细胞的染色体发生突变和有丝分裂异常,从而使某些组织出现病理性增生过程,使正常细胞变为癌细胞。美国德克萨斯州癌症医疗基金会针对一些遭受电磁辐射损伤的病人所做的抽样化验结果表明,在高压线附近工作的工人,其癌细胞生长速度比一般人要快 24 倍。

3. 电磁辐射的其他危害

（1）影响通信信号。当飞机在空中飞行时,如果通信和导航系统受到电磁干扰,就会同基地失去联系,可能造成飞行事故;当舰船上使用的通信、导航或遇险呼救频率受到电磁干扰,就会影响航海安全;有的电磁波还会对有线电设施产生干扰而引起铁路信号的失误动作、交通指挥灯的失控、电脑的差错和自动化工厂操作的失灵等。

（2）破坏建筑物和电气设备。在高压线网、电视发射台、转播台等附近的家庭,不仅电视信号被严重干扰,而且居民因常受电磁辐射而可能感到身体不适。

（3）影响植物的生存。在长期存在电磁辐射的区域,如微波发射站所面向的山坡,有可能会造成植物的大面积死亡。

（4）泄露计算机秘密。电脑的电磁辐射会把电脑中的信息带出去。虽然电脑的生产厂家为防止外泄的电磁辐射干扰其他电子设备,为电脑制订了电磁辐射的限制标准,但外泄的电磁辐射仍具有不容忽视的强度如电脑显示器的阴极射线管辐射出的电磁波,其频率一般在 6.5 MHz 以下。对这种电磁波,在有效距离内,可用普通电视机或相同型号的电脑直接接收。接收或解读电脑辐射的电磁波,现在已成为国外情报部门的一项常用窃密技术,并已达到较高水平。据国外试验,在 1 000 m 以外能接收和还原电脑显示终端的信息,而且看得很清晰。

## 12.2.3　电磁辐射防护

伴随着信息社会的迅速发展,内含信息处理装置的电子设备得到了广泛的普及,CPU的运算速度越来越快,由此产生的高频电磁波辐射和噪声污染也越来越严重。恶化的电磁环境不仅对人类生活日益依赖的通信、计算机与各种电子系统的信号传播产生影响,造成系统装置误动作,带来不可预知的灾害,而且会对人类身体健康带来威胁。世界各国目前都十分重视复杂的电磁环境及其带来的严重影响。为净化城市电磁环境,防止电磁辐射危害,保护人们身心健康,电磁辐射危害防护已经成为一项十分紧迫而重要的任务。

**1. 广播、电视发射台的电磁辐射防护**

最近 20 年来,一般大中城市大广播、电视、手机发射台等建设飞速发展,各个机构争相建设,导致城市空间电磁环境恶化,辐射防护与控制已经刻不容缓。这些基础设施的电磁辐射的防护应在项目建设前,以《电磁环境控制限值》(GB 8702—2014)为标准,进行电磁辐射防护环境影响评价,实行预防性卫生监督,提出预防性防护措施,包括防护带要求。对早期业已建成的发射台对周围区域造成的干扰,一般可考虑以下防护措施:

(1) 在条件许可的情况下,改变发射天线的结构和方向角,以减少对人群密集居住方位的辐射强度。

(2) 在发射台周围居民区、职工生活区,大量植树造林,形成树木密集的林区,特别是杨树、泡桐等阔叶林,能有效吸收电磁波,减少电磁污染。

(3) 通过用房调整,将在中波发射天线周围场强大约为 10 V/m,短波场源周围场强为 4 V/m 的范围内的住房,改作非生活用房。

(4) 利用对电磁辐射的吸收或反射特性,在辐射频率较高的波段,使用不同的建筑材料,包括钢筋混凝土、电磁波吸收性建筑材料,甚至金属材料覆盖建筑物,以使室内场强衰减。

(5) 在条件许可的情况下,职工生活区尽量远离发射机房,避开馈线、无线电波强发射区域。

**2. 工业、科学和医疗设备电磁辐射的防护**

工业、科学和医疗设备(ISM)电磁辐射的防护措施与设备的辐射频率有关,下面将其分为高频和微波设备进行说明。

(1) 高频设备的电磁辐射防护。高频设备的电磁辐射防护的频率范围一般为 0.1～300 MHz,其防护技术主要有:屏蔽技术、接地技术、滤波、距离防护、个体防护等。

① 屏蔽技术。高频设备电磁辐射的屏蔽需采用合适的屏蔽材料,一般认为,铜、铝丝较好,另外,铁网等也宜用作屏蔽体以隔离磁场和屏蔽电场。研究表明,铝箔纸及铝箔纸加太空棉、金属化织物等对高频电磁上的电场分量和磁场分量的屏蔽效果也十分显著。屏蔽需要注意的是要做好导电连接,不可有过大的缝隙。高频电磁波辐射屏蔽应符合国家规定,即电场辐射(工人操作位置:头部、胸部、腹部)20 V/m 以下,磁场辐射(工人操作位置:头部、胸部、腹部)5 A/m 以下,高频防护接地采用的铜板、屏蔽体不能有棱角(材料铜网、铜板或铝板),接地铜板宽 10～12 cm,长应符合避开波长的 1/4 数倍,接地电阻 4 Ω。屏蔽体上开孔、开缝时,孔洞尺寸应小于波长的 1/5 缝隙,宽度应小于波长的 1/10 为好。

② 接地技术。高频防护接地(也称射频接地)的作用就是将在屏蔽体(或屏蔽部件)内由于感应生成的射频电流迅速导入大地,使屏蔽体(或屏蔽部件)本身不再成为射频的二次辐射源,从而保证屏蔽作用的高效率。射频接地与普通的电磁设备保安接地不同,两者不能相互代替。射频防护接地情况的好坏,直接关系到防护效果。射频接地的技术要求有:射频接地电阻值要最小;接地极一般埋设在接地井内;接地线与接地极用铜材为好;接地极的环境条件要适当。

③ 滤波。线路滤波的作用就是保证有用信号通过,并阻止无用信号使其无法通过。电源网络的所有引入线,在其进入屏蔽室之外,必须安装合适的滤波器。若导线分别引入屏蔽室,则要求对每根导线都必须进行单独滤波。

④ 距离防护。从电磁辐射的原理可知,感应电磁场强度由辐射源到被照体之间距离的平方成反比;辐射电磁场强度与辐射源到被照体之间的距离成反比。因此,适当地加大辐射源与被照体之间的距离可明显地使电磁辐射强度衰减,减少被照体受电磁辐射的危害。在实际情况中,这是一项简单可行的防护方法。应用时,可简单地加大辐射体与被照体之间的距离,也可以采用机械化或自动化作业方式,减少作业人员直接进入强电磁辐射区域的次数或工作时间。

⑤ 个体防护。个体防护是对高频电磁辐射人员,例如高频辐射环境内的作业人员进行防护,以保护作业人员的身体健康。常用的防护用品有防护眼镜、防护服和防护头盔等,这些防护品一般采用金属丝布、金属膜和金属网等制作。

⑥ 其他防护措施。其他防护措施有:采用电磁辐射阻波抑制器,通过反作用场在一定程度上抑制无用的电磁辐射;在新产品和新设备的设计制造时,尽可能使用低辐射产品或进行低辐射设计;从规划着手,对各种电磁辐射设备进行合理安排和布局,均衡电磁辐射空间密度特性。特别是对射频设备集中的地段,要建立有效防护范围。

（2）微波设备的电磁辐射。防护微波范围为 $0.3\sim300$ GHz,过量微波辐射对电子设备及人体都可造成伤害。

微波防护的基本措施有以下几种:

① 减少源的辐射或泄漏。正确设计并采用扼流门、抑制器、1/4 波长短路器,并在微波设备的出入口(如微波炉入口)使用微波吸收材料制成的缓冲器,把设备泄漏控制在国家规定标准以下,对于易泄漏部位,制造单位应设置明显的警告标记。工业微波设备上加设一个联锁装置,使设备打开的同时切断微波管的电源,终止辐射。

② 实行屏蔽。为防止微波在工作地点的辐射,可采用反射型和吸收型两种屏蔽方法。反射微波辐射的屏蔽:使用板状、片状和网状的金属组成的屏蔽墙来反射散射的微波,这种方法可以较大的衰减微波辐射作用。一般情况下,板片状的屏蔽墙比网状的屏蔽墙效果好,也有人用涂银尼龙布以及屏蔽涂料来屏蔽,亦有不错的效果。吸收微波辐射的屏蔽:使用能吸收微波辐射的材料做成缓冲器,以降低微波加热设备传递装置出入口的微波泄漏,或覆盖住屏蔽设备的反射器以防止反射波对设备正常工作的影响。

3. 建筑室内电磁屏蔽技术

随着经济和城市化的迅速发展,城市空间的电磁环境变得愈加复杂,同时也出现了许多新问题。例如,由于城市的发展与扩大,一些大中型广播电视与无线电通信发射台站被新开发的居民区所包围,局部居民区生活形成强场区;移动通信技术发展迅速,城市市区高层建筑上架起数以千计的移动通信发射基地站,这些电磁辐射源虽然每个功率不大(100 W 以下),但由于在市区内遍地开花,使城市高空电磁波场强增强,局部建筑受到污染,使一些基站附近高层居民楼窗口处的电磁辐射功率超过了国家规定的 $40\ \mu\mathrm{W/cm^2}$;随着城市用电量增加及城市电网改造工程实施,高压变电站进入城市中心区,城市交通运输系统(汽车、电车、地铁、轻轨及电气化铁路)的迅速发展,引起城市电磁噪声呈上升趋势,加之个人无线电通信手段及家用电器增多,办公室及家庭小环境电磁能量密度增加,室内电磁环境与室外电磁环境已融为一体,使城市建筑室内电磁环境变得更加复杂和劣化。采取电磁屏蔽的方法有助于防止外部电磁辐射的干扰和危害,保护室内设备安全运行及人员的健康。

## 12.3　雷电危害及防护

雷电是雷云之间或雷云对地面之间放电的一种自然现象,具有大电流、高电压、强电磁等特征。随着信息网络技术和现代高科技在各个领域的广泛应用,雷电引起的灾害面大大增加且所造成的损失日趋严重,从电力、建筑这两个传统领域扩展到几乎所有行业,如航天航空、国防、邮电通信、计算机、电子工业、石油化工、金融证券等。极端灵敏的微电子器件很容易受到无孔不入的雷击电磁脉冲作用而造成失控或者损坏,雷电被称为"电子时代的一大公害"。因此,需要了解雷电产生的过程及危害,针对保护对象的重要性、使用性质、发生雷电事故的可能性和后果,按防雷要求制定相应的安全可靠、经济合理的防雷措施,以防止或减少雷击所带来的损失。

### 12.3.1　雷电防护基础知识

目前防雷学术界对雷电的形成原因尚无一种确切的解释,但是有两种是被科学家推荐的:空气对流与地球静电场极化说(即威尔逊假说);摩擦起电与切割地球磁力线说。

空气对流与地球静电场极化说认为:地面含水蒸气的空气受到炽热的地面烘烤上升,或者较温暖的潮湿空气与冷空气相遇而被垫高都会产生向上的气流,上升时温度逐渐下降形成雨滴、冰雹或流冰(称为水成物),它们在地球静电场的作用下被极化,负电荷在上,正电荷在下,在重力作用下落下的速度比云滴和冰晶(这两者称为云粒子)要大,因此极化水成物在下落过程中要与云粒子发生碰撞。碰撞的结果是:其中一部分云粒子被水成物所捕获,增大了水成物的体积,另一部分未被捕获的被反弹回去,而反弹回去的云粒子带走水成物前端的部分正电荷,使水成物带上负电荷。由于水成物下降的速度快,而云粒子下降的速度慢,使带正、负两种电荷的微粒逐渐分离(重力分离作用),如果遇到上升气流,云粒子不断上升,分离的作用更加明显,最后形成带正电的云粒子在云的上部,而带负电的水成物在云的下部,或带负电的水成物以雨滴或冰雹的形式下降到地面。此时带电云层一经形成,就形成雷云空间电场,空间电场的方向和地面与电离层之间的电场方向是一致的,都是上正下负,因而加强了大气的电场强度,使大气中水成物的极化更厉害,在上升气流存在的情况下更加剧了重力分离作用,使雷云发展得更快。上面的分析是雷云上层带正电荷,下层带负电荷,实际上气流并不单是只有上、下移动,而比这种运动更为复杂,实际上雷云电荷的分布要比上述复杂得多。

摩擦起电与切割地球磁力线说认为,雷电的出现与气流、风速密切相关,而且与地球磁场也有一定的联系。雷雨云内部的不停运动和相互摩擦而使雷雨云产生大量的正、负电荷的小微粒,即所谓的摩擦生电,这样庞大的雷雨云就相当于一块带有大量正、负电荷的云块,而这些正、负电荷不断地产生,同时也在不断地复合,当这些云块在水平方向向东或向西迅速移动时,它与地球磁场磁力线产生切割,这就好像导体切割磁力线产生电流一样,云中的正、负电荷将产生定向移动,其移动的方向可按右手定则来判断。若雷雨云块是由西向东移动,而地磁场磁力线则是由地球南极指向地球的北极,因此大量的正电荷向上移动,负电荷向下移动,这样云的下部将积聚越来越多的负电,而云的上部积聚大量的正电。当电场强度达到足够高(25~30 kV/cm)时,将引起雷云间的强烈放电,或是雷云中的内部放电,或是雷云对地放电,即所谓的雷电。

综上所述,雷电的成因仍为摩擦生电及云块切割磁力线,把不同电荷进一步分离。由此可见,雷电的成因或者说主要能源来自于大气的运动,没有这些运动,是不会有雷电的,这也说明了为什么雷电总伴随着狂风骤雨而出现。

### 12.3.2 雷击的危害及途径

#### 1. 雷击危害

雷击是指雷云与大地之间的一次或多次放电,即对地闪击。其危害主要体现在雷电流导致的热效应、机械效应和电效应三个方面。

(1) 热效应危害。雷云与大地(含地上的突出物)之间的一次或多次放电产生几十至上千安培的强大雷电流。雷电流通过导体时,在极短的时间内会转换成大量的热能,可导致金属熔化、飞溅而引起火灾爆炸等事故。

(2) 机械效应危害。雷电流的热效应能使雷电通道中木材纤维和其他结构中的空气剧烈膨胀,同时也能使水分急剧汽化、其他物质分解成气体,因气体剧烈膨胀的机械效应在被雷击中的物体的内部会形成很大的压力,形成爆炸式冲击波,致使被击物遭受严重破坏甚至会造成爆炸。

(3) 电效应危害。雷电流的电磁效应包括闪电电涌和辐射电磁场效应所引发的过电压、过电流的瞬态波,危及人身安全或损坏设备。在雷击点及其连接的金属部分产生极高的对地电压造成反击、接触电压、跨步电压等二次事故。

#### 2. 雷击形式

雷电有两个放电参数:一是起主要破坏作用的雷电流,常达到几十到几百千安,其作用时间极短;另一个是雷电流的上升速度,通常称为陡度,数值为 1~80 kA/$\mu$s,雷电的危害是由以上两个放电特性引起的。通常雷击有以下几种主要形式:

(1) 直击雷。直击雷是指雷雨云对大地和建筑物的放电现象,它以强大的冲击电流、炽热的高温、猛烈的冲击波、强烈的电磁辐射损坏放电通道。若直接击在建筑物构架、动植物上,因电流效应、热电效应和机械效应等会造成建筑物损伤及人员伤亡。通常,若地面上有突出物,则该突出物将容易受到直击雷。原因是高为 h 的突出物可影响雷云单体向下的始发先导发展方向的半径,当在地表安装独立避雷针后,将会在其附近出现大量的散击,对受避雷针保护范围内的物体进行绕击,甚至对避雷针进行直击。雷电直击建筑物构架示意图如图 12-4(a)所示。

(2) 感应雷。感应雷是雷电在雷云之间或雷云对地放电时,在附近的户外架空电力线路、信号线路、埋地电力线、设备间连接线上产生电磁感应。它会入侵设备,使串联在线路中间或终端的电子设备遭到损害。感应雷虽然没有直击雷猛烈,但其发生的概率比直击雷要高很多。直击雷只有发生在雷云对地闪击时才会对地面造成灾害,而感应雷则不论发生在雷云对地闪击还是雷云对雷云之间闪击,都可能发生并造成灾害。此外直击雷一次只能袭击一个小范围的目标,而一次雷闪击却可以在一个较大的范围内的多个小局部内同时产生感应雷过电压现象。感应雷的电磁感应示意图如图 12-4(b)所示。

(3) 雷电波入侵。由于雷电流有极大峰值和陡度,在雷电流周围产生瞬变电磁场,处在这一瞬变电磁场中的导体会感应出较高的电动势,而此瞬变电磁场又会在空间一定的范围内产生电磁作用,也可以是脉冲电磁波辐射,而这种空间雷电电磁脉冲波会在三维空间范围里对一切电子设备发生作用。由于雷电流峰值大和陡度高(变化率快),其瞬变时间短,在此种交变磁场中的导体感应的电压却很高,以致产生电火花,其电磁脉冲往往超过 2.4 G(高斯)。雷电波通过架空线侵入示意图如图 12-4(c)所示。

在远方落雷时,雷电波通过电磁感应和静电感应方式从高压输电线路、低压电源线路、通信线、金属管道等途径侵入建筑物,由于管线相对较长,且存在着分布电感和电容,使雷电波在传输过程中通过不同参数的连接线段或线路端点时,波阻抗发生变化会产生反射、折射,可导致波阻抗突变处的电压升高,加大了对设备的危害。

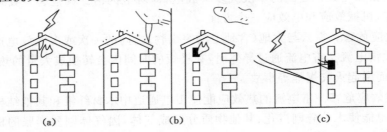

图 12-4　雷击形式

(a) 直击雷;(b) 雷电感应;(c) 雷电波侵入

(4) 地电位反击。地电位反击通常是指建筑物外的外部防雷系统(如避雷针、避雷网等)遭受直接雷击时,在接闪器引下线和接地体上都产生很高的电位,由于雷电流巨大的陡度及幅值,雷电流周围产生了强大变化的磁场。处在磁场中的导体会感应出很高的电动势。如果防雷装置与建筑物外的电气设备、电线或其他金属管道的绝缘距离不够,它们之间会产生放电,称之为反击。反击将会损坏仪器设备,甚至危及人的生命,引起爆炸。在直击雷电流通过地表突出物的电阻入地散流时,若接地电阻为 10 Ω,一个 30 kA 的雷电流将会使地网电位上升至 300 kV。如果受雷击建筑物的供电线路来自另一个不同地网的变电所,那么上升的地电位与输电线上的电位将形成巨大反差,导致与输电线路相连的电气设备的损坏。不仅是输电线路、动力电缆,凡是引进建筑物的金属管线都会引起雷电反击。两个地网间的地电位反击示意图如图 12-5 所示。

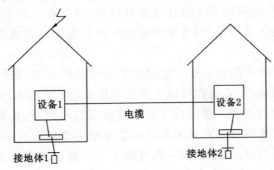

图 12-5　地网间的地电位反击示意图

(5) 雷电浪涌。最常见的电子设备危害不是由于直接雷击而引起的,而是由于雷击发生时在电源和通信线路中感应的浪涌电流引起的。一方面由于电子设备内部结构高度集成化，从而造成设备耐过电压、过电流的水平下降，对雷电（包括感应雷及雷电过电压浪涌）的承受能力下降，另一方面由于信号来源路径增多，电子系统更容易遭受雷电波侵入。

浪涌电压可以从电源线或信号线等途径窜入电子设备，美国 GE 公司测定一般低压配电线（110 V）在 10 000 h（约一年零两个月）内，在线间发生的超出原工作电压一倍以上的浪涌电压次数达到 800 余次，其中超过 1 000 V 的就有 300 余次。这样的浪涌电压完全有可能一次性将电子设备损坏。信号系统浪涌电压的主要来源是感应雷击、电磁干扰、无线电干扰和静电干扰。信号传输线路受到这些干扰信号的影响，会使传输中的数据产生误码，影响传输的准确性和传输速率。

3. 雷电入侵建筑物内的途径及危害

雷击引起的上万伏过电压（过电流）及极强的交变电磁场是损坏建筑物内电气电子设备的主要原因。雷电入侵建筑物内的途径有供电线路、通信线路、地电位反击、雷击电磁场四种途径，具体分析如下：

（1）供电线路引入雷电。电源干扰进入电气电子设备的途径有电磁耦合、电容耦合、直接进入三种。电源由电力线路引入室内，电力线路可能遭受直击雷和感应雷。直击雷击中高压电力线路，经过变压器耦合到低压侧，入侵电子设备供电的电源；另外低压线路也可能被直击雷击中或感应产生雷电过电压，在电源线上出现的雷电过电压平均可达 10 000 V，对电子信息系统可造成毁灭性打击。

在电源干扰的复杂性中，干扰常以"共模"或"差模"方式存在。"共模"干扰是指电源线与大地，或中性线与大地之间的电位差。"差模"干扰存在于电源相线与中性线之间。对三相电源来讲，还存在于相线与相线之间。在电源干扰复杂性中，干扰还可以从持续周期很短暂的尖峰干扰到全失电之间的变化。电源干扰的类型见表 12-2。

表 12-2　　　　　　　　　　　　　　电源干扰的类型

| 序号 | 干扰的类型 | 典型的起因 |
|---|---|---|
| 1 | 跌落 | 雷击、重载接通、电网电压低下 |
| 2 | 失电 | 恶劣的天气、变压器故障、其他原因的缘故 |
| 3 | 频率偏移 | 发电机不稳定、区域性电网故障 |
| 4 | 电气噪声 | 雷达、无线电信号、电力公司开关设备和工业设备产生的弧光、转换器和逆变器 |
| 5 | 浪涌 | 忽然减轻负载、变压器的抽头不恰当 |
| 6 | 谐波失真 | 整流、开关负载、开关型电源、调速驱动 |
| 7 | 瞬变 | 雷击、电源线负载设备的切换、功率因数补偿电容的切换、空载电动机的断开 |

电源线路是雷电入侵的主要途径，经常会遭受雷击造成开关跳闸、设备损坏等事故，是防雷保护的重点。供电线路（对 10 kV 线路，高压 MOV 的残压很高，弱电设备受此高压都会损坏，变压器有一定的隔离和衰减作用，但还有相当大的剩余雷电会传到后续设备）产生过电压后，该过电压直接传到电子设备，并将设备损坏，一般是将设备的电源部分损坏，根据线路上的过电压的成因及危害可分为 7 种情况：

① 架空输电线路遭直接雷击。因线路较长，发生的概率较大，线路上的雷电流相当大，

危害自然很大。

②　在架空输电线路附近发生雷击(主要是空闪)时,雷电电磁场使输电线路上感应到雷电流。有较大的发生概率,但雷电流不太大。

③　输电线路在电缆沟或埋地敷设时,在发生雷击后雷电流入地时,输电线路上感应到雷电流。相对前面两种情况来讲,发生概率及雷电流都不大。

④　建筑物内的供电线路受建筑物避雷引下线电磁场感应而产生雷电流,雷电流的大小与发生概率和建筑物结构及布线有关。垂直方向的线路没有屏蔽而且离避雷引下线(建筑物立柱)较近时,发生概率及雷电流较大。

⑤　建筑物内供电线路受建筑物附近雷击(建筑物附近落雷)电磁场感应而产生雷电流,雷电流的大小与建筑物的屏蔽性、布线、雷击位置、雷击点电流等有关。当建筑屏蔽性较差、线路靠近建筑物外墙、雷击点靠建筑物较近、雷击点电流大时,线路感应雷电流较大。

⑥　建筑物内线路相互感应。当较多的线路敷设得很近(如电源线、接地线等相互距离在 10 cm 内)时,若其中的一条线路上有过电压,则其他线路上都会感应到过电压,但雷电流不大。

⑦　建筑物内高压设备在操作时产生过电压。该过电压不是雷击引起的,但其危害不低于雷击,主要是加速电子设备老化,从电的性能上来讲,该操作过电压类似于雷击过电压。

(2) 通信线路引入雷电。通信线路(通信控制线路一般有数据专线、网络线、控制信号线和视频线等)感应雷电后,雷电也直接传到设备,并将设备损坏,一般是将设备的通信端口损坏。与供电路线上产生雷电流的情况相似,一般来讲,通信线路上的雷电流比供电线路上的雷电流要小。通信线路上引入雷电的情况如下:

①　室外架空的通信线路遭直接雷击,虽然发生概率较低,但一旦发生,线路上的雷电流会很大。

②　在室外架空的通信线路的附近发生雷击(主要是空闪)时,通信线路上将感应到雷电流。若架空线路较长,则有较大的发生概率。当雷云对地面放电时,会在线路上感应出上千伏的过电压,击坏与通信线路相连的电气设备。

③　通信线路采用电缆沟或埋地敷设时,在发生雷击后雷电流入地时,线路上感应到的雷电流不大。当地面突出物遭直击雷打击时,雷电压会将邻近的土壤击穿,雷电流直接入侵到电缆外皮,进而击穿外皮,使高压入侵信号传输线路。

④　建筑物内通信线路受建筑物避雷引下线电磁场感应而产生雷电流,若线路没有屏蔽又离避雷引下线较近,则发生的概率大,而且雷电流也足以将通信端口损坏。

⑤　建筑物内通信线路受建筑物附近雷击电磁场感应而产生雷电流,雷电流的大小与建筑物的屏蔽性、布线、雷击位置、雷击点电流等有关。当建筑屏蔽性较差、线路靠近建筑物外墙、雷击点靠建筑物较近、雷击点电流大时,线路感应雷电流较大。

⑥　建筑物内线路相互感应。若较多的线路敷设得很近(如电源线、通信线、接地线等相互距离在 10 cm 以内),若其中的一条线路上有过电压,则其他线路上多会感应到过电压,但雷电流不大。若通过一条多芯电缆来连接不同来源的导线或者多条电缆平行铺设,当某一导线被雷电击中时,会在相邻的导线上感应出过电压,击坏低压电子设备。

(3) 地电位反击引入雷电。若接地系统不符合要求,则主要危害是产生地电位反击,一般的地电位反击是指同一设备或系统同时连接到几个互相没有直接电气连接的地网,当雷击时,各地网之间可能存在较高的电位差,该电位差通过接地线直接加在同一设备上,就有可能将设备损坏。在雷击发生时,强大的雷电流经过引下线和接地体泄入大地,在接地体附近形成放射形的电位分布,当有连接电子设备的其他接地体靠近时,即产生高压地电位反击,入侵电压可高达数万伏。此时,若设备有低电位的外接线,则会形成电位差而损坏设备;若设备没有外接线或外接线都呈高阻状态,则没有电位差,属于"水涨船高"性质,设备不会损坏。

(4) 雷击电磁场。建筑物防直击雷接闪器的引下线,在传导强大的雷电流入地时,会在附近空间产生强大的电磁场变化,在相邻的导线(包括电源线和信号线)上感应出雷电过电压,因此建筑物的外部避雷系统不但不能保护建筑物内电子设备,反而可能会引入雷电。电子信息系统等设备的集成电路芯片耐压能力很弱,通常在 100 V 以下,因此,必须建立多层次的电子信息系统的防雷系统,层层防护,才能确保电子信息系统的安全。

### 12.3.3　雷电防护

1. 现代防雷技术特点和防雷保护区划分

(1) 现代防雷的技术特点。现代防雷技术的理论基础在于:闪电是电流源,防雷的基本途径就是提供一条雷电流(包括雷电电磁脉冲辐射)合理对地泄放的路径,而不能让其随机性的选择放电通道,简言之就是要控制雷电能量的泄放与转换。德国专家希曼斯基在《过电压保护理论与实践》一书中提出了现代防雷保护的三道防线:

① 外部保护。将绝大部分雷电流直接引入大地泄散。

② 内部保护。阻塞沿电源线、数据线或信号线侵入的雷电波。

③ 过电压保护。限制被保护设备上的雷电过电压幅值。

这三道防线相互配合,缺一不可。同时,希曼斯基还提出,雷电的防护可分为两方面:即直击雷防护和感应雷防护,现代防雷技术也包括外部防雷和内部防雷两个方面。

(2) 防雷保护区划分。根据雷电电磁脉冲防护标准(IEC 61312-1—1995),防雷保护应根据雷电电磁脉冲的严重程度进行分区保护,把需要保护的空间划分为不同的防雷区(LPZ),如图 12-6 所示,以规定各部分空间不同的电磁环境。

① 外部区域:LPZO 区域中,威胁来自于未衰减的雷电电磁场。内部系统可能遭遇全部或部分雷电浪涌电流。LPZO 又分为:① LPZO$_A$:该区域中,威胁来自于直击雷和全部雷电电磁场。内部系统可能遭遇全部雷电浪涌电流。② LPZO$_B$:该区域中,对直击雷进行了防护,但受到全部雷电电磁场威胁。内部系统可能遭遇部分雷电冲击电流。

② 内部区域:a. LPZ$_1$:该区域浪涌电流通过边界上的分流和 SPD 得到限制。空间屏蔽能衰减雷电电磁场。b. LPZ$_2$～LPZ$_n$:该区域浪涌电流通过边界上的分流和附加 SPD 得到进一步限制。附加的空间屏蔽能用来进一步衰减雷电电磁场。

一个被保护的区域,从电磁兼容的观点来看,由外到内可分为几级保护区,最外层是 B 级,是直接雷击区域,危险性最高;越往里,危险程度则越低。

2. 建筑物的防雷分类

建筑物应根据其重要性、使用性质、发生雷电事故的可能性和后果,按防雷要求进行分类,以保证防雷措施的安全可靠、技术先进且经济合理。

(1) 第一类防雷建筑物。在可能发生对地闪击的地区,遇下列情况之一时,划分为第一类防雷建筑物:

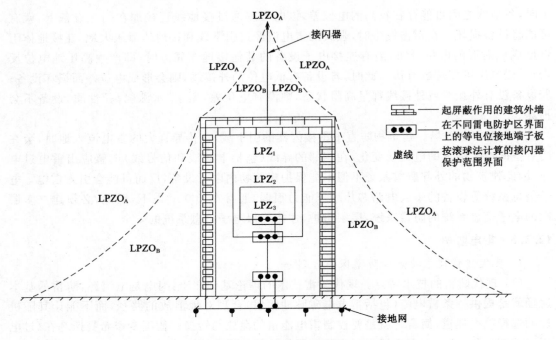

图 12-6　建筑物外部和内部雷电防护区划分示意图

① 凡制造、使用或贮存火药及其制品的危险建筑物,因电火花而引起爆炸、爆轰,会造成巨大破坏和人身伤亡的;

② 具有 0 区或 20 区爆炸危险场所的建筑物;

③ 具有 1 区或 21 区爆炸危险场所的建筑物,因电火花而引起爆炸,会造成巨大破坏和人身伤亡的。

(2)第二类防雷建筑物。在可能发生对地闪击的地区,遇到下列情况之一时,应划分为第二类防雷建筑物:

① 国家级重点文物保护的建筑物;

② 国家级的会堂、办公建筑物、大型展览和博览建筑物、大型火车站和飞机场(不含停放飞机的露天场所和跑道)、国宾馆、国家级档案馆、大型城市的重要给水泵房等特别重要的建筑物;

③ 国家级计算中心、国际通信枢纽等对国民经济有重要意义的建筑物;

④ 国家特级和甲级大型体育馆;

⑤ 制造、使用或贮存火药及其制品的危险建筑物,且电火花不易引起爆炸或不致造成巨大破坏和人身伤亡的;

⑥ 具有 1 区或 21 区爆炸危险场所的建筑物,且电火花不易引起爆炸或不致造成巨大破坏和人身伤亡的;

⑦ 具有 2 区或 22 区爆炸危险场所的建筑物;

⑧ 有爆炸危险的露天钢质封闭气罐的;

⑨ 预计雷击次数大于 0.05 次/a 的部、省级办公建筑物和其他重要或人员密集的公共建筑物以及火灾危险场所;

⑩ 预计雷击次数大于 0.25 次/a 的住宅、办公楼等一般性民用建筑物或一般性工业建筑物。

（3）第三类防雷建筑物。在可能发生对地闪击的地区，下列情况之一时，应划分为第三类防雷建筑物：

① 省级重点文物保护的建筑物及省级档案馆；

② 预计雷击次数大于或等于 0.01 次/a，且小于或等于 0.05 次/a 的部、省级办公建筑物和其他重要或人员密集的公共建筑物或火灾危险场所；

③ 预计雷击次数大于或等于 0.05 次/a，且小于或等于 0.25 次/a 的住宅、办公楼等一般性民用建筑物或一般性工业建筑物。

④ 在平均雷暴日 $T_d > 15$ d/a 的地区，高度在 15 m 及以上的烟囱、水塔等孤立的高耸建筑物；在平均雷暴日 $T_d \leqslant 15$ d/a 的地区，高度在 20 m 及以上的烟囱、水塔等孤立的高耸建筑物。

3. 雷电防护系统

雷电防护系统（lightning protection system，LPS）是指用以减少雷击建（构）筑物或附近造成的物理损害和人身伤亡的整个系统，由外部防雷装置和内部防雷装置两部分组成。

（1）外部防雷装置。外部防雷就是防直击雷（不包括防雷装置收到直接雷击时向其他物体的反击），由接闪器、引下线和接地装置构成，利用接闪器拦截建筑物的直击雷（包括建筑物侧面的闪络），利用引下线安全引导雷电流入大地，利用接地装置使雷电流入地消散，避免产生热效应或机械损坏及危险电火花。

① 接闪器有三种形式：接闪杆、接闪带（线）和接闪网，它位于建筑物的顶部，其作用是引雷，即把雷电流引下。

② 引下线：上与接闪器连接，下与接地装置连接，它的作用是把接闪器截获的雷电流引至接地装置。

③ 接地装置：接地装置位于地下一定深度，它的作用是使雷电流顺利流散到大地中去。接地装置的性能将直接决定着防雷保护措施的实际效果。在泄散雷电流过程中，接地体向土壤泄散的是高幅值的快速冲击电流，其散流状况直接决定着由雷击产生的暂态低电位抬高水平，良好的散流条件是防雷可靠性和雷电安全性对接地装置的基本要求。接地电阻是表征接地体向大地泄散电流的一个基本物理参数，在接地设计中占有十分重要的地位。

（2）内部防雷装置。内部防雷装置的作用是减少建筑物内的雷电流和所产生的电磁效应，以及防止反击、接触电压、跨步电压等二次雷害。除外部防雷装置外，所有为达到此目的所采用的设施、手段和措施均为内部防雷装置，它包括的主要技术有等电位联结技术、屏蔽技术、滤波技术、浪涌吸收技术、优化布线技术、综合接地技术。

上述两种防雷装置的保护对象、重点和方法都是不同的。外部防雷保护的对象是建筑物，防雷重点是防直击雷的危害，防雷的方法是装避雷针或避雷网（带）；而内部防雷的重点是防感应雷的危害，防雷方法是根据抗雷电电磁脉冲防护标准进行系统设计，通过分区保护来实现的。

4. 雷电对人身的伤害

（1）直击雷伤害。人们行走或处于空旷的场地或田野里，如遇到雷电先导发展到接近人们的附近或头顶上方时，在强烈的雷电电场作用下，在人们头上会感应出很强的与雷电电荷极性相反的电荷,就会有头发和眉毛竖立起来的感觉,若躲避不当,那就有可能遭受直接雷击。其结果就是可怕的极大的雷电主放电电流从受害者的头部进入身体,而从脚底流出,进入大地。由于雷电主放电电流很大,数十千安至数百千安以上的电流会造成人的大脑、心脏、呼吸系统等伤害,还会由于雷电流极大的机械效应足以撕裂受害者的皮肤和肌肉,强烈的热效应也足以烧焦受害者的躯体。除直击雷强大的电压和电流对人身体的伤害外,伴随而来的还有强烈的震荡声波和强烈的电光刺激对人体的伤害。

如果受雷击者当时正手持或肩扛某种工具,或某种长形器具,诸如高尔夫球棒、锄头、雨伞等,那受雷击点不是头部,而是通过工具从其肩或手进入人体,手持长形工具将增大受雷击的概率。

(2)闪电感应雷伤害。无论人们是在空旷的野外,还是在室内,雷电闪电感应现象都是存在的。当人们的头部和全身感应出异号电荷后,若侥幸雷击没有击中人体,而是对旁边其他突出物发生放电,人体所感应出的电荷失去束缚立即向大地泄放,形成一股幅值巨大且时间极为短暂的雷电感应电流,受到这个电流的冲击,虽然不会导致死亡,但也会震昏或休克。闪电感应雷伤害更多发生在人们避雨的低矮简易建筑物中,如田间地头的避雨窝棚,或者旅游帐篷内。如一群人在树下,或在窝棚内遭受雷击,其中一部分人死亡,而旁边有一些人却只被击昏。这些被雷电击昏的人,就属于雷电感应电流的伤害。

(3)线路感应过电压的伤害。无论是电源线,还是通信线,或其他用途的电线,只要是金属线,雷击发生在它们的周围时电线内就将感应出过电压。感应过电压的大小与电线距雷电放电点的距离、电线架设的高度和电线处于雷区的长度有关,与电线的粗细也有关,但与电线以什么电压工作无关,也与电线是否带电、是否正在运行无关,即不带电的或没有投入运行的电线一样会感应出电压。感应的过电压沿着线路进入室内后造成人身伤害和设备损坏。

(4)接触电压与跨步电压伤害。当雷击一个立于地面上的物体,诸如树木、房屋的墙壁、烟囱、铁塔、钢架和避雷针塔架时,雷电流流过它们就有电压降。此电压降的大小取决于雷电流的大小和此物体的电阻和电感参数。即使是接闪杆或引下线,虽然其电阻和电感很小,但由于雷电流的幅值和陡度都很大,当雷电流流过时,也会在上面产生很大的电压降。据计算接闪杆的电感约为 0.5 mH/m,若一个雷电流幅值为 200 kA,陡度为 200 kA/ms 的雷击中此接闪杆,则将在接闪杆和引下线上产生 100 kV/m 的电压降,在离地面大约 1.8 m 高的地方 A 点将有对地电压 180 kV。如果一个人的脚站在距此物体 0.8 m 远的 B 点,伸手接触 A 点,此时人承受的接触电压足以将人击伤甚至死亡。如果被雷击的物体不是接闪杆,而是其他具有更大电阻的物体,如树木或墙壁,则沿此物体的电压降就更大。

在雷电流入地点附近地面相当大的区域内将形成电压降的分布,地面上任何两点之间都将出现电压,流过两脚之间的电流将对两脚和躯干的下部造成严重的烧伤。

(5)旁侧闪击的伤害。旁侧闪击的发生主要有两种情况:一,高大的物体或树木遭受雷击时沿此物体或树木就有电压降,对于金属塔、接闪杆或引下线,在 1.8 m 高的地方,就有对地电压 180 kV,这个电压足以击穿 0.4 m 的空气间隙。二,对于树木、墙壁等非金属物体,在同样高度的地方,对地电压更高。如果人在此物体近旁避雨,即使没有伸手触及此物体,但由于站立的位置靠近此物体,也有可能遭受此电压从侧面的闪击,称为旁侧闪击。

5. 人身防雷

(1)室内人身防雷

多数室内伤亡是由于雷电引发的大火所致,另一原因是人体靠近或触摸了室内的金属管道,如水管、室内电气线路等。

雷电来临时,应该留在室内,首先关好门窗,防止侧击雷或球形雷进入室内。在室外工作的人应躲入建筑物内。打雷时家庭使用的计算机、电视、音响等弱电设备尽量不要靠近外墙,把室内用电设备的电源以及信号进行物理断开,如拔掉电气设备的电源、电话线、有线电视线、网络线等,保障财产与人身安全。雷雨天在室内尽量少触摸金属门、接触天线、水管与水龙头、煤气管道、铁丝网、金属门窗、建筑物外墙,远离电线等带电设备或其他类似金属装置,减少使用电话和手机。有条件的应安装电源和信号线路电涌保护器。雷电强烈时最好关闭电源总开关。尽量不要靠近门窗、暖气、气炉等有金属的部位,也不要赤脚站在泥地或水泥地上,最好脚下垫有不导电的物品坐在木椅子上。也不宜在雷电交加时使用喷头淋浴,更不要使用太阳能热水器。晾晒衣服被褥使用的铁丝也可能引雷,同样要注意防范。

(2) 室外人身防雷

实际上,远处雷击并不需要采取安全措施,只有雷暴发生在自己所处位置周边时才有必要。判别远近雷击的方法就是利用雷云与大地闪电发生时产生的声、光现象的时间差来判定,光的传播速度为 $3 \times 10^5$ km/s,声音的速度是 340 m/s,当人看见闪电和听到雷声的时间间隔为 1 s(相当眨眼一下),则雷击点所处位置大约为 340 m 远,故利用人的感官可以判断雷击的远近。

如果闪电在天空中横着闪,"轰隆隆"响的雷,危险性不大;如果闪电是从天空竖着往地面闪下来,而且雷声是"咔啦啦"响的,一般就是直击雷,直击雷最危险。突出地面越高的物体和导电性能越好的物体越容易受到雷击。在雷电交加时如果遇到头、颈、身体有麻木的感觉或头发竖起时,这是遭受雷击的先兆,如果在空旷的地方应立即蹲下,双脚并拢,双手抱膝,膝盖紧贴胸部,头尽量低下去,身体其他部位不要接触地面。室外避雨要远离旗杆、电线杆、大树、高塔、烟囱等高大物体以及接闪杆与引下线,因为这些高大物体易受雷击而产生旁侧闪击、接触电压和跨步电压。应尽量离开山丘、海滨、河边池旁,因为水陆交界处也是雷电高发区。一方面,是因为水的导电率高;另一方面,土壤与水的电阻交汇区,会形成一个电阻率变化较大的界面,作为先导的闪电容易趋向这些地方。另外,雷雨天气尽量不要在旷野里行走,不要把铁锹锄头、高尔夫球棍、金属杆的雨伞等带有金属的物体扛在肩上高过头顶。如有条件应进入有宽大金属构架、有防雷设施的建筑物内或金属壳的汽车和船只等。不要站在高处(如山顶、楼顶等),不要接近导电性强的物体。

驾车遭遇打雷时,不要将头伸向车外,上下车时不宜一脚在地一脚在车上,双脚应同时离地或离车。雷雨天,在户外不要接听或拨打手机,因为手机的电磁波也可能引雷。

总之,室内比室外安全,低处比高处安全,坐下、蹲下比站立安全,有防雷设施的建筑物比无防雷设施的建筑物安全。

## 12.4　电气防火防爆

电气火灾和爆炸事故往往造成重大的人身伤亡和设备损坏。电气火灾和爆炸事故在火灾和爆炸事故中占有很大比例,仅就电气火灾而言,不论是发生频率还是所造成的经济损失,在火灾中所占的比例都有上升的趋势。配电线路、高低压开关电器、熔断器、插座、照明器具、电动机、电热器具等电气设备均可能引起火灾。电力电容器、电力变压器、电力电缆、多油断路器等电气装置除可能引起火灾外,本身还可能发生爆炸。电气火灾火势凶猛,如不及时扑灭,势必迅速蔓延。电气火灾和爆炸事故除可能造成人身伤亡和设备损坏外,还可能造成大规模或长时间停电,给国家财产造成重大损失。

### 12.4.1 电气火灾和爆炸的条件与成因

#### 1. 电气火灾和爆炸的条件

电气火灾和爆炸顾名思义是由于电气方面的原因引发的火灾与爆炸。发生电气火灾和爆炸要具备两个条件:一是要有引燃条件;二是要有易燃易爆物质和环境。

(1) 引燃条件。生产场所的动力、照明、控制、保护、测量等电气系统和生活场所的各种电气设备和线路在正常工作或事故时常常会产生电弧、火花和危险的高温,这就具备了引燃爆炸性混合物的条件。有些电气在正常工作情况下就能产生火花、电弧和危险高温。电气开关的分合,运行中发电机和直流电机电刷和整流子间,交流绕线电极电刷与滑环间都有或大或小的火花、电弧产生。

电气设备和线路由于绝缘老化、积污、受潮、化学腐蚀、机械损伤等造成绝缘强度降低或破坏,导致三相短路、两相短路、单相短路、相线对地短路等热效应或电弧而引发火灾。连接点接触不良、铁芯铁损过大、电气设备和线路由于过负荷或通风不良等原因都有可能产生火花、电弧或危险高温。另外,静电、内部过电压等也可能产生火花和电弧。

如果生产和生活场所存在易燃易爆物质,当空气中它们的含量达到一定危险浓度时,在电气设备和线路正常或事故状态下产生的火花、电弧或在危险高温的作用下,就会造成电气火灾或爆炸。

(2) 易燃易爆物质和环境。有些生产和生活场所存在易燃易爆物质和环境,其中煤炭、石油、化工和军工等生产部门尤为突出。煤矿中产生的瓦斯气体,军工企业中的火药、炸药,石油企业中的石油、天然气,化工企业中的一些原料、产品,纺织、食品企业生产场所的可燃气体、粉尘或纤维等均为易燃易爆物质,并容易在生产、储存、运输和使用过程中与空气混合,形成爆炸性混合物。在一些生活场所,乱堆乱放的杂物、木结构房屋明设的电气线路等,也可能具有灾害和爆炸危险。

#### 2. 电气火灾和爆炸引燃的具体起因

电气火灾和爆炸发生的原因是多种多样的,其主要原因是设备本身缺陷或选型不合理、安装施工不规范、违规使用电气设备等。如电气设备运行过程中的过载、短路、接触不良、电弧火花、漏电、雷电或静电等都能引起电气火灾和爆炸。但同时需要考虑人为因素,比如思想麻痹、疏忽大意、违反有关消防法规、违规操作等。电气设备运行过程中引发电气火灾和爆炸的直接原因是电火花或电弧以及危险温度。

### 12.4.2 易燃易爆物质和环境

在大气条件下,气体、蒸汽、薄雾、粉尘或纤维状的易燃物质与空气混合,点燃后燃烧能在整个范围内传播的混合物称为爆炸性混合物。能形成上述爆炸性混合物的物质称为易爆物质。凡有爆炸性混合物出现或可能有爆炸性混合物出现,且出现的量足以要求对电气设备和电气线路的结构、安装、运行采取防爆措施的环境称为易爆环境。

#### 1. 易爆物质的类别

易爆物质类别分为三类。Ⅰ类:矿井甲烷;Ⅱ类:爆炸性气体、蒸汽、薄雾;Ⅲ类:爆炸性粉尘、纤维。

2. 易爆物质的级别和组别

易爆物质的级别和组别是根据其性能参数来划分的。这些性能参数包括：易爆物质的闪点、燃点、引燃温度、爆炸极限、最小点燃电流比、最小引燃能量、最大试验安全间隙等。

爆炸性气体、蒸汽、薄雾按引燃温度分为 6 组，其相应的引燃温度范围见表 12-3。爆炸性粉尘、纤维按引燃温度分为 3 组，其相应的引燃温度范围见表 12-4。

表 12-3　　　　　　　　　　　爆炸性气体的分类、分级和分组

| 类别和级别 | 最大试验安全间隙 | 最小点燃电流比 | 引燃温度及组别 | | | | | |
|---|---|---|---|---|---|---|---|
| | | | T1 | T2 | T3 | T4 | T5 | T6 |
| | | | $T>450\ ℃$ | $300\ ℃<T$ $≤450\ ℃$ | $200\ ℃<T$ $≤300\ ℃$ | $135\ ℃<T$ $≤200\ ℃$ | $100\ ℃<T$ $≤135\ ℃$ | $85\ ℃<T$ $≤100\ ℃$ |
| Ⅰ | 1.14 | 1.0 | 甲烷 | | | | | |
| ⅡA | 0.9～1.14 | 0.8～1.0 | 乙烷、丙烷、丙酮、氯苯、苯乙烯、氯乙烯、甲苯、苯胺、甲醇、一氧化碳、乙酸乙酯、乙酸、丙烯腈 | 丁烷、乙醇、丙烯丁酯、乙酸丁酯、乙酸戊酯、乙酸酐 | 戊烷、庚烷、癸烷、辛烷、汽油、硫化氢、环己烷 | 乙醚、乙醛 | — | 亚硝酸乙酯 |
| ⅡB | 0.5～0.9 | 0.45～0.8 | 二甲醚、民用煤气、环丙烷 | 环氧乙烷、环氧丙烷、丁二烯、乙烯 | 异戊二烯 | — | — | — |
| ⅡC | ≤0.5 | ≤40.45 | 水煤气、氢、焦炉煤气 | 乙炔 | — | — | 二硫化碳 | 硝酸乙酯 |

注：最大试验安全间隙与最小点燃电流比在分级上的关系只是近似相等。

表 12-4　　　　　　　　　　　爆炸性粉尘的分级、分组

| 级别和种类 | | 引燃温度及组别 | | |
|---|---|---|---|---|
| | | T11 | T12 | T13 |
| | | $T>270\ ℃$ | $200\ ℃<T≤270\ ℃$ | $140\ ℃<T≤200\ ℃$ |
| ⅢA | 非导电性可燃纤维 | 木棉纤维、烟草纤维、纸纤维、亚硫酸盐纤维、人造毛短纤维、亚麻 | 木质纤维 | — |
| | 非导电性爆炸性粉尘 | 小麦、玉米、砂糖、橡胶、染料、苯酚树脂、聚乙烯 | 可可、米糠 | — |
| ⅢB | 导电性爆炸性粉尘 | 镁、铝、铝青铜、锌、铁、焦炭、炭黑 | 铝(含油)、铁、煤 | — |
| | 火炸药粉尘 | — | 黑火药、TNT | 硝化棉、吸收药、黑索金、特屈儿、泰安 |

注：在确定粉尘、纤维的引燃温度时，应在悬浮状态的引燃温度中选取较低的数值。

3. 爆炸和火灾危险区域类别及等级

为了正确选用电气设备、电气线路和各种防爆设施，必须正确划分所在环境危险区域的大小和级别。

爆炸和火灾危险区域类别及其分区方法，是我国借鉴国际电工委员会（IEC）的标准，结合我国的实际情况划分的。它根据爆炸性环境易燃易爆物质在生产、储存、输送和使用过程中出现的物理和化学现象的不同，分为爆炸性气体环境危险区域和爆炸性粉尘环境危险区域两类。根据爆炸性环境中爆炸性混合物出现的频繁程度和持续时间的不同，又将爆炸危险区域分成 5 个不同危险程度的区。而火灾危险区域只有一类，但由于在这个区域内火灾易爆物质的危险程度和物质状态不一样，又将其分成 3 个不同危险程度的区。

区可以是爆炸危险场所的全部，也可以是其中一部分。在这个区域内，如果爆炸性混合物的出现或预期可能出现的数量达到足以要求对电气设备的结构、安装和使用采取预防措施的程度，这样的区必须以爆炸性危险区域对待，进行防火防爆设计。爆炸和火灾危险区域类别及其分区，分别见表 12-5 和表 12-6。

**表 12-5 按爆炸性混合物出现的频繁程度和持续时间划分**

| | | |
|---|---|---|
| 爆炸性气体环境危险区域 | 0 区 | 连续出现或长期出现爆炸性气体混合物的环境 |
| | 1 区 | 正常运行时，可能出现爆炸性气体混合物的环境 |
| | 2 区 | 在正常运行时，不可能出现爆炸性气体混合物的环境，即使出现也仅是短时存在的爆炸性气体混合物的环境 |
| 爆炸性粉尘环境危险区域 | 10 区 | 连续出现或长期出现爆炸性粉尘的环境 |
| | 11 区 | 有时会将积留下的粉尘扬起而偶然出现爆炸性粉尘混合物的环境 |

**表 12-6 按火灾事故发生的可能性和后果、危险程度及物质状态划分**

| | | |
|---|---|---|
| 火灾危险区域 | 21 区 | 具有闪点高于环境温度的可燃液体，在数量和配置上能引起火灾危险的环境 |
| | 22 区 | 具有悬浮状、堆积状的可燃粉尘或可燃纤维，虽不可能形成爆炸混合物，但在数量和配置上能引起火灾危险的环境 |
| | 23 区 | 具有固体状可燃物质，在数量和配置上能引起火灾危险的环境 |

表 12-5 提到的"正常运行"是指正常启动、运转、操作和停止的一种工作状态或过程，当然也应该包括产品从设备中取出和对设备开闭盖子、投料、除杂质以及安全阀、排污阀等的正常操作。不正常情况是指因容器、管路装置的破损故障和错误操作等，引起爆炸性混合物的泄漏和积聚，以至于有产生爆炸危险的可能性。

工程设计、消防审图和消防工作检查中，对危险区域等级的划分，应该视爆炸性混合物的产生条件、时间、物理性质及其释放频繁程度等情况来确定。

对一个爆炸危险区域，判断其有无爆炸性混合物产生，应根据区域空间的大小、物料的品种与数量、设备情况（如运行情况、操作方法、通风容器破损和误操作的可能性），气体浓度测量的准确性，以及物理性质和运行经验等条件予以综合分析确定。如氨气爆炸浓度范围为 15.5%～27%，但具有强烈刺激气味，易被值班人员发现，可划为较低级别。

对容易积聚比重大的气体或蒸气的通风不良的死角或地坑等低洼处,就应视为较高级别。

对火灾危险区域,首先应看其可燃物的数量和配置情况,然后才能确定是否有引起火灾的可能,切忌只要有可燃物质就划为火灾危险区域的错误做法,这样既不经济也不安全。

### 12.4.3　电气火灾和爆炸的防护

电气火灾和爆炸的防护必须是综合性措施。它包括合理选用和正确安装电气设备及电气线路,保持电气设备和线路的正常运行,保证必要的防火间距,保持良好的通风,装设良好的保护装置等技术措施。

1. 防爆电气设备及选择

在进行爆炸性环境下的电力设计时,应尽量把电气设备特别是正常运行时发生火花的设备,布置在危险性较小或非爆炸性环境中。火灾危险环境中的表面温度较高的设备,应远离可燃物。在满足工艺生产及安全的前提下,应尽量减少防爆电气设备使用量。火灾危险环境下不宜使用电热器具,非用不可时应用非燃烧材料进行隔离。防爆电气设备应有防爆合格证,少用携带式电气设备,可在建筑上采取措施,把爆炸性环境限制在一定范围内,如采用隔墙法等。

(1) 电气设备防爆的类型及标志。防爆电气设备的类型很多,性能各异。按其使用环境的不同,防爆电气设备分为两类。Ⅰ类:煤矿井下用电气设备,只以甲烷为防爆对象;Ⅱ类:工厂用电气设备。

根据电气设备产生的火花、电弧和危险温度的特点,为防止其点燃爆炸性混合物而采取的措施不同,分为下列几种类型:

① 隔爆型(标志 d)。隔爆型设备是一种具有隔爆外壳的电气设备,适用于爆炸危险场所的任何地点,多用于强电技术,如电机、变压器、开关等。

② 增安型(标志 e)。在正常运行条件下不会产生电弧、火花,也不会产生足以点燃爆炸性混合物的高温,多用于鼠笼型电机等。

③ 本质安全型(标志 ia,ib)。采用 IEC76-3 火花试验装置,在正常工作或规定的故障状态下产生的电火花和热效应均不能点燃规定的爆炸性混合物。这种电气设备按使用场所和安全程度分为 ia、ib 两个等级。ia 等级设备在正常工作、发生一个故障及发生两个故障时均不能点燃爆炸性气体混合物。ib 等级设备在正常工作和发生一个故障时不能点燃爆炸性气体混合物。

④ 正压型(标志 p)。其具有正压外壳,可以保持内部保护气体(即新鲜气体或惰性气体)的压力高于周围爆炸性环境的压力,阻止外部混合物进入外壳。

⑤ 充油型(标志 o)。将电气设备全部或部分部件浸在油内,使设备不能点燃油面以上的或外壳外的爆炸性混合物,如高压油开关即属此类。

⑥ 充砂型(标志 q)。在外壳内充填砂粒材料,使其在一定使用条件下壳内产生的电弧、传播的火焰、外壳壁或砂粒材料表面的过热均不能点燃周围爆炸性混合物。

⑦ 无火花型(标志 n)。正常运行条件下,不会点燃周围爆炸性混合物,且一般不会发生有点燃作用的故障。

⑧ 防爆特殊型(标志 s)。指结构上不属于上述任何一类,而采取其他特殊防爆措施的

电气设备。如填充石英砂的设备即属此类。

（2）爆炸性环境电气设备选择。

爆炸性气体环境电气设备选用原则：

① 符合整体防爆的原则，安全可靠，经济合理；

② 符合燃爆危险场所的分类分级和区域范围的划分；

③ 符合燃爆危险场所内气体和蒸气的级别、组别和有关特征数据；

④ 符合电气设备的种类和规定的使用条件；

⑤ 所选电气设备的型号不应低于该场所内燃爆危险物质的级别和组别，当存在两种以上气体混合物时，按危险程度较高的级别、组别选用；

⑥ 所选电气设备的型号应符合使用环境条件的要求，如防腐、防潮、防晒、防雨雪、防风沙等，以保障运行条件下不会降低其防爆性能。

爆炸性气体环境防爆电气设备选型见表 12-7。

表 12-7 爆炸性气体环境防爆电气设备选型

| 爆炸危险区域 | 适用的防护形式 | |
| --- | --- | --- |
| | 电气设备类型 | 符号 |
| 0 区 | 1. 本质安全型 | ia |
| | 2. 其他特别为 0 区设计的电气设备（特殊型） | s |
| 1 区 | 1. 适用于 0 区的防护类型 | |
| | 2. 隔爆型 | d |
| | 3. 增安型 | e |
| | 4. 本质安全型 | ib |
| | 5. 充油型 | o |
| | 6. 正压型 | p |
| | 7. 充砂型 | q |
| | 8. 其他特别为 1 区设计的电气设备（特殊型） | s |
| 2 区 | 1. 适用于 0 区或 1 区的防护类型 | n |
| | 2. 无火花型 | |
| 10 区 | 1. 适用于 2 区的各种防护形式 | |
| | 2. 尘密型 | |
| 11 区 | 1. 适用于 10 区的各种防护形式 | |
| | 2. IP54（用于电动机）、IP65（电器仪表） | |

（3）火灾危险区域电气设备选择。选用原则如下：

① 电气设备应符合环境条件（化学、机械、热、霉菌和风沙）的要求；

② 正常运行时有火花和外壳表面温度较高的电气设备，应远离可燃物质；

③ 不宜使用电热器具，必须使用时，应将其安装在非燃材料底板上。

火灾危险区域应根据区域等级和使用条件按表 12-8 选择相应类型的电气设备。

表 12-8　　　　　　　　　　　　　　电气设备防护结构选型

| 电气设备 | 防护结构 | 火灾危险区域 | | |
|---|---|---|---|---|
| | | 21 区 | 22 区 | 23 区 |
| 电动机 | 固定安装 | IP44① | IP54 | IP21② |
| | 移动式、携带式 | IP54 | IP54 | IP54 |
| 电器和仪表 | 固定安装 | 充油型 IP56、IP65、IP44③ | IP65 | IP22 |
| | 移动式、携带式 | IP56、IP65 | IP65 | IP44 |
| 照明灯具 | 固定安装 | 防护 | 防尘 | 开启 |
| | 移动式、携带式④ | 防尘 | 防尘 | 防护 |
| 配电装置 | | 防尘 | 防尘 | 防护 |
| 接线盒 | | 防尘 | 防尘 | 防护 |

注：1. 在火灾危险区域 21 区内固定安装的正常运行时有滑环等火花部件的电动机，不宜采用 IP44 型。

2. 23 区内固定安装的正常安装运行时有滑环等火花部件的电动机，不应采用 IP21，而应采用 IP44 型。

3. 21 区内固定安装的正常运行时有火花部件的电器和仪表，不宜采用 IP44 型。

4. 移动式和携带式照明灯具的玻璃罩，应有金属网保护。

2. 电气线路防爆

电气线路若发生故障，可能会引起火灾和爆炸事故。因此，确保电气线路的设计和施工质量是抑制火源产生、防止爆炸和火灾事故的重要措施。

（1）电气线路的敷设。电气线路一般应敷设在危险性较小的环境或远离存在易燃、易爆物释放源的地方，或沿建（构）筑物的外墙敷设。

（2）导线材质。对于爆炸危险环境的配线工程，应采用铜芯绝缘导线或电缆，而不用铝质的。因为铝线机械强度差、易折断，故需要进行过渡连接而加大接线盒，同时在连接技术上也难以控制和保证连接质量。

（3）电气线路的连接。电气线路之间原则上不能直接连接，必须实行连接或封端时，应采用压接、熔焊或钎焊，确保接触良好，防止局部过热。线路与电气设备的连接，应采用适当的过渡接头，特别是铜铝相接时更应如此，而且所有接头处的机械强度应不小于导线机械强度的 80%。

（4）导线允许载流量。绝缘电线和电缆的允许载流量不应小于熔断器熔体额定电流的 1.25 倍和自动开关长延时过流脱扣器整定电流的 1.25 倍。线路电压 1 000 V 以上的导线和电缆应按短路电流进行热稳定校验。

3. 隔离和间距

隔离是将电气设备分室安装，并在隔墙上采取封堵措施，以防止爆炸性混合物进入。将工作时产生火花的开关设备装于危险环境范围以外（如墙外）；采用室外灯具通过玻璃窗给室内照明等都属于隔离措施。

户内电压为 10 kV 以上，总油量为 60 kg 以下的充油设备，可安装在两侧有隔板的间隔内；总油量为 60～600 kg 者，应安装在有防爆隔墙的间隔内；总油量为 600 kg 以上者，应安装在单独的防爆间隔内。10 kV 及其以上的变、配电室不得设在爆炸危险环境的正上方或正下方。变电室与各级爆炸危险环境毗连时，最多只能有两面相连的墙与危险环境共用。

10 kV 及其以下的变、配电室也不宜设在火灾危险环境的正上方或正下方,可以与火灾危险环境隔墙毗连。变、配电站与建筑物、堆场、储罐应保持规定的防火间距,且变压器油量越大、建筑物耐火等级越低及危险物品储量越大者,所要求的间距也越大,必要时可加防火墙。为防止电火花或危险温度引起火灾,开关、插销、熔断器、电热器具、照明器具、电焊设备和电动机等均应根据需要,适当避开易燃物或易燃建筑构件。10 kV 及其以下架空线路,严禁跨越火灾和爆炸危险环境;当线路与火灾和爆炸危险环境接近时,水平距离一般不应小于杆柱高度的 1.5 倍。

4. 接地与接零

爆炸危险环境的接地比一般环境要求高。除生产上有特殊要求外,一般情况下可以不接地的部分,在爆炸危险区域内仍应接地。如:

(1) 在导电不良的地面处,交流额定电压为 380 V 以下和直流额定电压为 440 V 以下的电气设备正常时不带电的金属外壳应接地。

(2) 在干燥环境,交流额定电压为 127 V 以下,直流电压为 110 V 以下的电气设备正常时不带电的金属外壳应接地。

(3) 安装在已接地的金属结构上的电气设备应接地。

(4) 敷设铠装电缆的金属构架应接地。

(5) 爆炸危险环境内,电气设备的金属外壳应可靠接地。

(6) 为了提高接地的可靠性,接地干线宜在爆炸危险区域不同方向,不少于两处与接地体相连。

(7) 在燃爆危险区域,如采用变压器低压中性点接地的保护接零系统,为提高可靠性,缩短短路故障持续时间,系统的单相短路电流应大一些,最小单相短路电流不得小于该段线路熔断器额定电流的 5 倍或自动开关瞬时动作电流脱扣器整定电流的 1.5 倍。

(8) 在燃爆危险区域,如采用不接地系统供电,必须装配能发出信号的绝缘监视器。

5. 电气灭火

火灾发生后,电气设备和电气线路可能是带电的,如不注意,可能引发触电事故。根据现场条件,可以断电的应断电灭火;无法断电的则带电灭火。电力变压器、多油断路器等电气设备充有大量的油,着火后可能发生喷油甚至爆炸事故,造成火焰蔓延,扩大灾害范围,这是必须加以注意的。

(1) 触电危险和断电。电气设备或电气线路发生火灾,如果没有及时切断电源,灭火人员身体或所持器械可能接触带电部分而造成触电事故。使用导电的火灾剂,如水枪射出的直流水柱、泡沫灭火器射出的泡沫等射至带电部分,也可能造成触电事故。火灾发生后,电气设备可能因绝缘损坏而碰壳短路;电气线路可能因电线短路而接地短路,使正常时不带电的金属构架、地面等部位带电,也可能导致接触电压或跨步电压接触危险。

因此,发生起火后,首先要设法切断电源。切断电源应注意以下几点:

① 火灾发生后,由于受潮和烟熏,开关设备绝缘能力降低,因此,拉闸时最好用绝缘工具操作。

② 高压应先操作断路器而不应该先操作隔离开关切断电源,低压应先操作电磁启动器而不应该先操作刀开关切断电源,以免引起弧光短路。

③ 切断电源时的地点要选择适当,防止切断电源后影响灭火工作。

④ 剪断电线时,不同相的电线应在不同的部位剪断,以免造成短路。剪断空中的电线时,剪断位置应选择在电源方向的支持物附近,以防止电线剪后断落下来,造成接地短路和触电事故。

（2）带电灭火安全要求。发现起火后,首先要设法切断电源。有时,为了争取灭火时间,防止火灾扩大,来不及断电;或因灭火、生产等需要,不能断电,则需要带电灭火。带电灭火需要注意以下几点:

① 应按现场特点选择适当的灭火器。二氧化碳灭火器、干粉灭火器的灭火剂都是不导电的,可以用于带电灭火。

② 用水枪灭火时宜采用喷雾水枪。这种水枪流过水柱的泄漏电流小,带电灭火比较安全。

③ 人体与带电体之间保持必要的安全距离。

④ 对架空线路等空中设备进行灭火时,人体位置与带电体之间的仰角不应超过 45°。

（3）充油电气设备的灭火。充油电气设备的油,其闪点多在 $130 \sim 140\ ℃$ 之间,有较大的危险性。如果只在该设备外部起火,可用二氧化碳、干粉灭火器带电灭火。如火势较大,应切断电源。如油箱破坏,喷油燃烧,火势很大时,除切断电源外,有事故储油坑的应设法将油放进储油坑,坑内和地面上的油火可用泡沫扑灭。

发电机和电动机等旋转电动机起火时,为防止轴和轴承变形,可令其慢慢转动,用喷雾水灭火,并使其均匀冷却;也可用二氧化碳进行灭火,但不宜用干粉、砂子或泥土灭火,以免损伤电气设备的绝缘。

# 本章小结

电气环境安全影响着电力工业及其相关电力行业发展,可以说电气环境的安全与否,是国家经济建设的重要环节。科学技术的迅速发展,地球环境的日益恶化,将电气环境安全推到了非常重要的位置,在日常生活与工作之中,每个人都应重视电气环境安全,将保护环境和保护自身的安全相统一,在生活的点滴中付诸行动和努力。积极做好电气环境的保护任务和宣传任务,将电气环境的保护视为动态的、持久的攻坚战,在电气设备使用中努力将危险降低到最小。

本章提到了静电、电磁辐射、雷电、电气火灾和爆炸的危害及防护,对各种电气问题产生的原因进行了探索。不过,电气环境安全是一个复杂的课题,对各种电气安全问题的研究永远在路上,如何更安全有效地推进电气工程发展,需要当代人的共同努力。

# 复习思考题

1. 静电是如何产生的? 它有哪些特点?

2. 简述防静电危害的措施。

3. 电磁辐射会对人体产生哪些危害? 怎样才能进行有效的防护?

4. 简述雷电危害机理。

5. 为什么要进行防雷分区和建筑物分区?

6. 引起电气火灾和爆炸的直接原因是什么? 应采取哪些防范措施?

7. 带电灭火需要注意哪些事项?

# 第 13 章　电气安全应用

**本章学习目的及要求**

1. 了解特殊环境下电气安全的主要措施。
2. 理解起重机械安全装置工作原理及电气控制原理。
3. 掌握电梯的基本结构及控制原理。
4. 了解建筑施工电气安全要求。

## 13.1　特殊环境电气安全

　　特殊环境是指影响电气设备安全运行的环境,如潮湿环境、高温环境、易化学腐蚀环境以及狭窄导电所等。这些特殊环境影响或降低电气设备及线路的绝缘性能,增加触电的危险性。在这类场所内一般电气安全措施有些已不适用,应根据各环境特殊性提高防护要求或补充安全措施。对特殊用电环境主要措施包括对电气设备的选型、选择布线及敷设方式时,必须符合其环境要求,并采取相应措施,以减少或避免上述不良影响及危害。

### 13.1.1　潮湿环境

　　潮湿环境主要有水汽较多的浴室、游泳池和喷水池及其周围,由于人身电阻降低和身体接触地电位而大大增加了电击的危险性。因此,在特别潮湿的环境中,对电气设备及线路的防护等级要求特别高。

　　1. 浴室

　　浴室内既积水又溅水,人体阻抗因皮肤浸湿而明显降低,而人体有可能同时触及带不同电位的金属管道和构件,电击危险很大。

　　(1)浴室内的区域划分。根据电击的危险程度,浴室内划分为四个区,如图 13-1、图 13-2 所示。0 区:澡盆或淋浴盆内部;1 区:围绕澡盆或淋浴盆外边缘的垂直面内,或距淋浴喷头 0.6 m 的垂直面内部,其高度至 2.25 m 处;2 区:1 区至离 1 区 0.6 m 的平行垂直面内,其高度至 2.25 m 处;3 区:2 区距离 2 区 2.4 m 的平行垂直面内,其高度至 2.25 m 处。

　　(2)电击防护措施。在 0 区内只允许 12 V 及以下的特低电压(SELV,即回路导体和设备外壳都不接地的特低电压)供电,其电源应设置在 0 区以外。0 区及 1 区内不允许装设插座,在 2 区内装设插座由隔离变压器供电;由特低电压供电;用额定动作电流 $I_{\Delta n}$ 不大于 30 mA 的 RCD 做接地故障保护。在 0 区、1 区及 2 区内应做局部等电位联结。如用特低电压供电,仍需采取下列防直接接触电击的措施,如设置防护等级不低于 IP2X 的遮栏或外护物;采取能耐受 1 min 的 500 V 电压的绝缘。

　　(3)电气设备的选用和安装。电气设备应至少具备以下的防水等级:0 区为 IPX7 级;

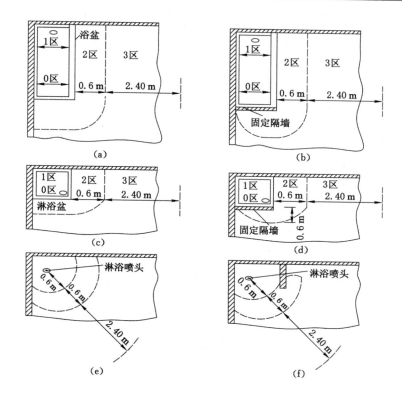

图 13-1 浴室内区域划分

（a）浴盆；（b）有固定隔墙的澡盆；（c）淋浴盆；（d）有固定隔墙的淋浴；

（e）无盆淋浴；（f）有固定隔墙的无盆淋浴

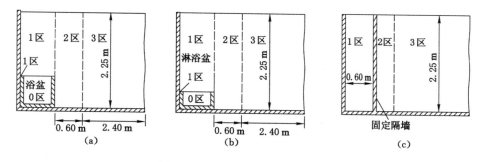

图 13-2 浴室内区域划分（立面）

（a）浴盆；（b）淋浴盆；（c）有固定隔墙的无盆淋浴间

1 区为 IPX5 级；2 区为 IPX4 级（在公共浴室内为 IPX5 级）；3 区为 IPX1 级。浴室内的明敷线路和埋墙深度不超过 50 mm 的暗敷线路要求采用非金属护套或非金属套管的双重绝缘线路，例如穿绝缘管的绝缘导线或具有非金属护套的多芯电缆；在 0 区、1 区和 2 区内不应通过与该区内用电设备无关的线路；在 0 区、1 区和 2 区内不允许安装接线盒。在 0 区、1 区和 2 区内严禁安装开关及附件，但 1 区和 2 区内允许安装拉线开关的绝缘拉线；当浴室内有成品组装式淋浴小间时，开关和插座的安装位置应至少离淋浴间的门口 0.6 m。用电设备的安装在 0 区只允许装设专用于澡盆内的用电设备;在 1 区内只可装设防护等级不低于 IPX4 的电热水器;在 2 区内只可装设电热水器和Ⅱ类防电击类别的照明器。

2. 游泳池

游泳池的某些环境条件与浴室类似,但其分区和采取的措施不尽相同。

(1) 游泳池的区域划分。按电气危险程度,游泳池划分为三个区,如图 13-3、图 13-4 所示。0 区:水池内部;1 区:离水池边缘 2 m 的垂直面内,其高度距地面或人能达到的水平面的 2.5 m 处。对于跳台或滑槽,该区的范围包括离其边缘 1.5 m 的垂直面内,其高度距地面或人能达到的最高水平面 2.5 m 处;2 区:1 区至离 1 区 1.5 m 的平行垂直面内,其高度距地面或人能达到的水平面的 2.5 m 处。

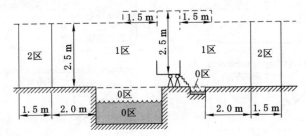

图 13-3　游泳池和涉水池的区域划分

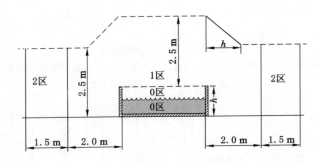

图 13-4　地上水池的区域划分

(2) 防电击措施。在 0 区内只允许 12 V 及以下的特低电压供电,其电源应设置在 0 区、1 区、2 区以外。0 区及 1 区内不允许装设插座,在 2 区内装设插座应由隔离变压器供电或由特低电压供电;且用额定动作电流 $I_{\Delta n}$ 不大于 30 mA 的 RCD 做接地故障保护。在 0 区、1 区及 2 区内应做局部等电位联结。如用特低电压供电,仍需采取防直接接触电击措施:设置防护等级不低于 IP2X 的遮栏或外护物;采用能耐受 1 min 的 500 V 电压的绝缘。

(3) 电气设备的选用和安装。电气设备应至少具备以下的防水等级:0 区为 IPX8 级;1 区为 IPX4 级;2 区为 IPX2 级(户内游泳池),IPX4 级(户外游泳池)。各区内的明敷线路和埋墙深度不超过 50 mm 的暗敷线路要求:① 应采用非金属套或非金属套管的双重绝缘线路,例如穿绝缘管的绝缘导线或具有非金属护套的多芯电缆;② 在 0 区及 1 区内不应通过与该区内用电设备无关的线路;③ 在 0 区及 1 区内不允许安装接线盒。在 0 区、1 区和 2 区内严禁安装开关及附件,但 1 区和 2 区内允许安装拉线开关的绝缘拉线。用电设备的安装应符合以下要求:在 0 区内只安装不超过 12 V 的特低电压供电的用电设备和灯具;在

1 区内只能安装特低电压设备,当为固定式设备时也可采用 Ⅱ 类防电击类别的设备;在 2 区内如不采用特低电压供电,用电设备的安装应采用 Ⅱ 类防电击类别的设备;采用 Ⅰ 类防电击类别的设备时,用额定动作电流 $I_{\triangle n}$ 不大于 30 mA 的 RCD 做接地故障保护;用隔离变压器供电。

　3. 喷水池

　喷水池与游泳池非常相似,但作为景观的喷水池中,潜水泵和水下照明灯具的功率较大,需要用 220 V 电压供电。如果这类设备或线路绝缘损坏,水下可能因出现危险电位梯度而引起人身电击事故。因此在电源未切断前人是不允许进入喷水池内的,否则应按游泳池的要求来处理。但即使如此,也不能保证意外情况的发生,例如水下 220 V 设备和线路的绝缘损坏时,人误入池内或池边的人不慎坠入池内从而引发电击事故。为此补充一些喷水池不同于游泳池的要求。

　(1) 喷水池内的区域划分。按电气危险程度,喷水池划分为两个区,如图 13-5 所示。0 区:水池内部;1 区:离水池边缘 2 m 的垂直面内,其高度止于距地面或人能达到的水平面的 2.5 m 处。

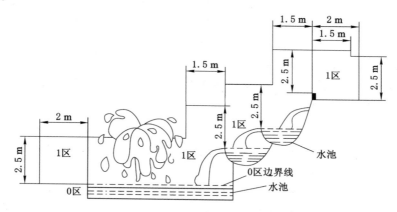

图 13-5　喷水池的区域划分

　(2) 防电击措施。在 0 区和 1 区内采用 50 V 及以下的特低电压供电,其电源应设置在 0 区和 1 区以外。220 V 电气设备装用额定动作电流 $I_{\triangle n}$ 不大于 30 mA 的 RCD,在发生接地故障时立即切断电源。220 V 电气设备用隔离变压器供电,每一隔离电源只供给一台电气设备。

　(3) 布线要求。0 区内电气设备的电源电缆应尽量远离水池的边缘,在水池内应尽量以最短路径接至设备。电源应穿绝缘管,以方便更换电源。在 1 区内应注意做适当的机械保护。布线应采用 60254 IEC66(YCW)型电缆。电缆除符合 GB/T 5013.1—2008(等效 IEC 60254-1—2003)和 GB/T 5013.4—2008(等效 IEC 60254-4—2004)外,还应保证电缆与水长期接触而不劣化。

　(4) 电气设备的选用和安装。在 0 区和 1 区内的灯具应是固定安装型,并应符合 GB 7000.218—2008 的规定,即这种灯具是能用于水下的灯具。在 0 区和 1 区内的灯具和其他电气设备的电压可高达 220 V,因此这类设备在水下的安装应能防止人体的触及,为此应为这类设备装设只能用工具拆卸的网格玻璃或网栅来加以遮拦。

### 13.1.2　高温环境

按照国际设计和制造的电气设备运行时的周围环境温度的下限不应低于 $-20$ ℃,上限不应高于 40 ℃。而在高温环境运行中的电气设备,由于外界的高温和自身产生的热量,极易造成电器线圈、引线的绝缘老化而击穿烧坏,电器触头接触电阻增加导致触头烧坏,同时温度过高还会影响电器保护性能稳定性、动作的可靠性等。

高温场所主要包括冶金熔炼车间、锅炉房、烘干房、安装有蒸汽供暖管道的场所等,安装在其附近的电气设备和线路都将不同程度地受到高温辐射环境的影响。另外,一些电气设备(如变压器、电机等设备)本身也散发出高温,若自然通风和散热条件差,运行温度持续升高而不能工作。高温环境对电气设备的影响较大,会使开关的容量减小,热继电器误动作,电子器件的技术性能被破坏。当电气设备和线路长时间在高温环境下工作,绝缘材料老化,脆弱干裂,甚至是短路,若保护开关不能及时跳闸,将会导致绝缘导线的外护层熔化、着火,引发火灾事故。

高温环境的防护对策主要在电气设备选型、敷设、维护方面。电动机等电气设备选用 F 级或 H 级绝缘等级,导线及开关选择比一般环境大一个规格,也可选用耐热型。线路应穿管明设,尽量避免在高温环境区域内安装电气设备和敷设线路。必须在一些热力设备和管网附近安装电气设备和线路时,应采用耐高温的元器件和绝缘材料,采用耐热型或阻燃型的电缆和导线;配电箱、开关柜、闸箱等设备应用钢板制造外壳并刷耐火漆。对热力设备等采用保温隔热材料做防护层,以减少对周围环境的热辐射。用空调或通风装置把电气设备的安装环境调节到合适的温度。

### 13.1.3　电化腐蚀环境

电化腐蚀场所主要包括电解、电镀、热处理、充电车间以及酸、碱腐蚀性气体的化工车间等,该类环境有以下特殊要求:

① 电气设备应选用防腐型,腐蚀较轻的地方可选用密闭型,导线应选防腐电缆或防腐导线,腐蚀较轻的地方可用塑料电缆或塑料导线。

② 线路敷设应避开直接腐蚀或熏染场所,明设导线必须穿优质硬塑管,暗设可选用金属管,但管内必须刷防腐漆。所有管口应用密封胶泥密封。

③ 接地线的干线应用镀锌扁钢沿室外的墙敷设;电镀、电解、充电设备的保护零线应用镀锌扁钢与零干线焊接,所有的焊口应进行防腐处理,且接地装置及其引线的规格应比正常环境大一个规格。

④ 对所使用的电气设备及供电线路、保护装置有严格的检查、检修制度。

### 13.1.4　狭窄导电场所

所谓狭窄导电场所,是指一空间不大,且场所内大都是带地电位(零电位)的金属可导电部分,人体接触较大电位差的可能性大,如锅炉炉膛内部、金属罐槽内部等。此场所内所使用的电气设备一旦绝缘损坏,其金属外壳所带故障电压与场所地电位间的电位差(即接触电压)为最大值。而在此狭窄导电场所内,人体难以脱离与故障设备以及可导电金属部分的同时接触,电击危险很大,为此狭窄导电场所被 IEC 标准和发达国家标准列为电击危险场所。

在狭窄导电场所内,应对不同类型的电气设备分别采用不同的防间接接触电击措施。

① 功率小的手持式电气工具和移动式测量设备,可用降压隔离变压器做电源的特低电

压回路供电。

② 功率较大的手持式电气工具可用变比为 1∶1 的隔离变压器供电。隔离变压器可有多个二次绕组,但一个二次绕组只能供应一台电气设备,所供应电气设备应尽量采用 II 类设备。当采用 I 类设备时,则至少该设备的手柄为绝缘材料制成。

③ 手提灯必须用特低电压回路供电,其灯光可为白炽灯泡,也可为由其内装的双绕组变压器和逆变器供电的荧光灯。

上述降压隔离变压器和 1∶1 的隔离变压器应放置在狭窄的导电场所以外。如果狭窄的导电场所内固定安装有需作功能接地的测量和控制设备,则此场所内所有的外露导电部分、装置外导电部分应通过等电位联结与该功能性地系统互相连通,以避免场所内出现不同接地装置的不同电位而引起人身电击和设备损害事故。

## 13.2　起重机械与电梯特种设备的电气安全

《中华人民共和国特种设备安全法》所称的特种设备包括:锅炉、压力容器(含气瓶)、压力管道、电梯、起重机械、客运索道、大型游乐设施等。本节仅叙述特种设备中起重机械与电梯的电气安全技术。

### 13.2.1　起重机械电气安全

起重机械按其功能和结构特点分轻小型起重设备、起重机、升降机、工作平台、机械式停车设备五类。电动葫芦、卷扬机等属于轻小型;起重机又有架桥、臂架和缆索型起重机,如桥式起重机、门式起重机、梁式等架桥类型及塔式起重机、汽车起重机、轮胎起重机等臂架类型;升降机有施工升降机、举升机等。

1. 一般安全技术要求

(1) 起重机械的安装、验收、运行、监管等都必须符合特种设备相关标准和要求。起重机所有电气设备的防护等级应当符合有关安全技术规范的要求。如当环境温度超过 40 ℃的场合,应选用 H 级绝缘的电动机。电动机外壳防护等级户内正常条件下使用时至少符合 IP23,多尘环境下须符合 IP54;户外使用时至少符合 IP54。户外型起重机控制屏(柜、箱)应采用防护式结构,在无遮蔽的场所安装使用时,外壳防护等级应不低于 IP54,在有遮蔽的场所可适当降低。

(2) 电路导体与起重机结构之间的绝缘保护达到安全要求。电气设备之间及其与起重机结构之间,应当有良好的绝缘性能,主回路、控制电路、所有电气设备的相间绝缘电阻和对地绝缘电阻不得小于 1.0 MΩ,有防爆要求时不小于 1.5 MΩ。

(3) 起重机的金属结构以及所有电气设备的外壳、管槽、电缆金属外皮和变压器低压侧均应当具有可靠地接地。检修时也应当保持接地良好。

2. 起重机电气安全装置

起重机械电气控制系统都要设置必要的电气保护措施,主要安全装置包括:

(1) 断路器。保护线路和电动机,当发生短路、过载、过压及失压时断开电源。恢复供电时,不经手动操作总电源回路不能自行接通。为了检修安全加主隔离开关,保证有断开距离和明显的可间断开点。空气开关和铁壳开关在断开位置时,无明显可见的断开点,不能作为隔离开关使用。

(2) 紧急断电开关。起重机的电气设备必须保证传动性能和控制性能的准确可靠,在紧急情况下能够切断电源安全停车,紧急断电开关设在司机操作方便的地方,紧急断电应是不能自动复位的。

(3) 电源相序断相保护装置。起重机有很多保护电路与相序是密不可分的,相序颠倒随即改变了电动机的转向。比如塔式起重机正常情况吊钩的上限位保护开关是控制吊钩上升的,即断开正转接触器线圈而停止继续上升;相序颠倒后,则该上限位保护开关所控制的接触器变成控制吊钩下降方向;吊钩上升就变成是反转接触器控制,此时上限位失去了保护作用而会造成设备冲顶事故。同样道理,塔式起重机的小车因相序颠倒而会出现前限位不能限制小车前进,小车便会冲出起重臂而坠落。建筑工地上的供电系统常常会因为临时走线或增减开关箱而使三相电的相序放生改变,而这种改变看不见摸不着,其他的仪器又检查不出来,只有相序继电器才能判断。当相序发生颠倒时,相序继电器将切断控制电路并报警显示。

(4) 电气联锁保护装置。它包括零位保护、通道口安全联锁保护、限位、限重、限速等保护。为防止控制器手柄不在零位时,起重机供电电源失压后又恢复供电,造成电动机的误启动,起重机设有零位保护。司机室和工作通道的门设有联锁保护装置,当任何一个门开启时,起重机所有构件应当断开电源不能工作。限位开关用以限制电动机带动的机械在一定范围内运转,防止越位事故。对于臂架式起重机其起吊重量与吊钩运行位置有关,一定的幅度只允许起吊一定的吊重,如果超重,起重机就有倾翻的危险,须有力矩限制器控制。起升机构采用能耗制动、可控硅供电、直流机组供电方式时还必须设置超速保护装置;额定起重量大于 20 t 用于吊运熔融金属的起重机,也应当设置超速保护装置。

3. 塔式起重机电气安全措施

根据《塔式起重机安全规程》(GB 5144—2006)起重机安全装置有起升重量限位器、回转限位器、高度限位器、力矩限制器、行程限位器、小车断绳保护装置、小车断轴保护装置、钢丝绳防脱装置、防脱钩装置、导绳器、防雷保护、风速仪和各类电气保护装置等。通过这些安全装置获取信号并与电气控制系统、机械控制装置共同完成安全保护功能。

塔式起重机的电气系统要设置短路、过流、欠压、过压及失压保护、零位保护、电源错相及断箱保护。施工机械要求塔式起重机配置专用配电开关箱。

(1) 安全装置工作原理

① 起升高度、小车变幅限位器。起升高度限位器限制的是吊钩运行的上下终点位置,防止由于操作不慎或失误而造成吊钩组与变幅小车顶死拉断起重绳或损坏机件事故发生。小车变幅行程限位器限制小车运行的前后终端位置,原理一致。它是一个带涡轮减速器、凸轮轴及微动开关的多功能行程限位器,安装在卷扬机卷筒一侧,限位器输入轴和卷筒作同向、同转速旋转,钢丝绳在卷筒上卷绕的长度信号进入限位器,到设定值时凸轮压下微动开关切断起升机构上升控制电路。

② 回转限位器。它安装在回转塔身下面,其输入轴上装有与回转大齿圈啮合的小齿轮即输入小齿轮,限制回转角度,实现回转限位,防止电缆扭曲和损坏。

③ 力矩限位器。通过两端的连接钢板牢固地焊接在塔尖右后角主肢内侧,即塔顶主弦杆。塔帽在吊重载荷作用下,其后方主肢将承受拉状态而微量变长,焊接在主肢上的两块弯曲钢板中间间距将减小,达到限制时调节螺栓头部触动行程开关,常闭触点被顶开而切断相

应控制电路,即可达到使塔式起重机不能上升和向外变幅动作,这时塔式起重机的下降,向内变幅仍然正常作业,避免塔式起重机超力矩作业。

④ 起重量限制器。它是有测力环的专用组件,安装在塔尖上部,起重钢丝绳从其滑轮绳槽中穿过,载荷在钢丝绳上的张力经滑轮传给安装滑轮的测力环上,使测力环产生微量变形,经放大器将变形放大顶开行程开关。

(2) 电气控制原理

下面以 QTZ80 型塔式起重机为例,说明起升、变幅、回转的电气控制原理。

① 小车行走控制线路如图 13-6,操作小车控制开关 SA$_3$,可控制小车以高、中、低三种速度向前、向后行进。

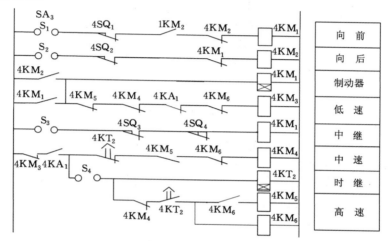

图 13-6　小车行走控制电路

小车行走控制线路的极限保护有:

a. 终点极限保护:当小车前进(后退)到终点时,终点极限开关 4SQ$_1$(4SQ$_2$)断开,控制线路中前进(后退)支路被切断,小车停止行进。

b. 临近终点减速保护:当小车行走临近终点时,限位开关 4SQ$_3$、4SQ$_4$ 断开,中间继电器 4KA$_1$ 失电,中速支路、高速支路同时被切断,低速支路接通,电动机低速运转。

c. 力矩超限保护:力矩超限保护接触器 1KM$_2$ 常开触头接入向前支路,当力矩超限时,1KM$_2$ 失电,向前支路被切断,小车只能向后运行。

② 塔臂回转控制线路如图 13-7,操作回转控制开关 SA$_2$,可控制塔臂以高、中、低三种速度向向左、向右旋转。塔臂回转控制线路的极限保护有:

a. 回转角度限位保护:当向右(左)旋转到极限角度时,限位器 3SQ$_1$(3SQ$_2$)动作,3KM$_2$(3KM$_1$)失电,回转电动机停转,只能做反向旋转操作;

b. 回转角度临界减速保护:当向右(左)旋转接近极限角度时,减速限位开关 3SQ$_3$(3SQ$_4$)动作,3KA$_1$、3KM$_5$、3KM$_6$、3KM$_7$ 失电,3KM$_4$ 得电,回转电动机低速运行。

③ 操作起升控制开关 SA$_1$ 分别置于不同挡位,可用低、中、高三种速度起吊。起升控制线路如图 13-8 所示。

控制开关拨至上升第Ⅰ挡,S$_1$、S$_3$ 闭合。接触器 2KM$_1$ 得电、力矩限制接触器 1KM$_2$ 触头

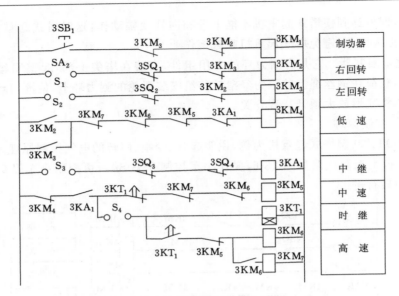

图 13-7　塔臂回转控制电路

处于闭合状态，$2KM_3$ 得电使低速支路常开触头闭合，$2KM_6$、$2KM_5$ 相继得电，对应主线路 $2KM_6$ 闭合，转子电阻全部接入，$2KM_1$ 闭合，转子电压加在液压制动器电机 $M_2$ 上使之处于半制动状态，$2KM_5$ 闭合，滑环电动机 $M_3$ 定子绕组 8 级接法，$2KM_3$ 闭合，电动机得电低速正传（上升）。通过线间变压器 201 抽头 110 V 交流电经 $2KM_1$ 触头再经 75 号线接入桥堆，涡流制动器启动。

当控制开关拨至第Ⅱ挡，$S_2$、$S_3$、$S_7$ 闭合，$S_1$ 断开使 $2KM_1$ 失电，制动器支路 $2KM_1$ 常闭触头复位。$S_2$ 闭合使 $2KM_2$ 得电，$S_3$ 闭合使 $2KM_3$ 继续得电。主电路 $2KM_1$ 断开 $2KM_2$ 闭合使三相交流电直接加在液压制动器电机 $M_2$ 上，制动器完全松开。$S_7$ 闭合使涡流制动器继续保持制动状态，$2KM_5$、$2KM_6$ 依然闭合，电动机仍为 8 级接法低速正转（上升）。

当控制开关拨至第Ⅲ挡，$S_2$、$S_3$ 闭合，除 $S_7$ 断开使涡流制动器断电松开以外，电路状态与Ⅱ挡一样。

当控制开关拨至第Ⅳ挡，$S_2$、$S_3$、$S_6$ 闭合，$S_6$ 闭合使 $2KM_9$ 得电，时间继电器 $2KT_1$ 得电，触头延迟闭合使 $2KM_{10}$ 得电继而使时间继电器 $2KT_2$ 得电。主电路电动机转子因 $2KM_9$ 和 $2KM_{10}$ 相继闭合使电阻 $R_1$、$R_2$ 先后被短接，使电动机得到两次加速。

中间继电器控制支路触头 $2KT_2$ 延时闭合，为下一步改变电动机定子绕组接法高速运转做好准备。

当控制开关拨至第Ⅴ挡，$S_2$、$S_3$、$S_5$、$S_6$ 闭合，$S_5$ 闭合使中间继电器 $2KA_1$ 得电自锁（触头 $2KM_5$ 在Ⅰ挡时完成闭合），其常闭触头动作切断低速支路，$2KM_5$ 失电，常闭触头复位接通高速支路 $2KM_8$、$2KM_7$ 相继得电。主回路转子电阻继续被短接，触头 $2KM_5$ 断开、$2KM_8$ 闭合，电动机定子绕组接为 4 级，触头 $2KM_7$ 闭合，电动机高速运转。

提升控制线路中设有力矩超限保护 $2SQ_1$、提升高度限位保护 $2SQ_2$、高速限重保护 $2SQ_3$，保护原理如下：

a. 力矩超限保护。力矩超限时 $2SQ_1$ 动作，切断提升线路，$2KM_3$ 失电，提升动作停止。同时总电源控制线路中单独设置的力矩保护接触器常开触头 $1KM_2$ 再次提供了力矩保护。

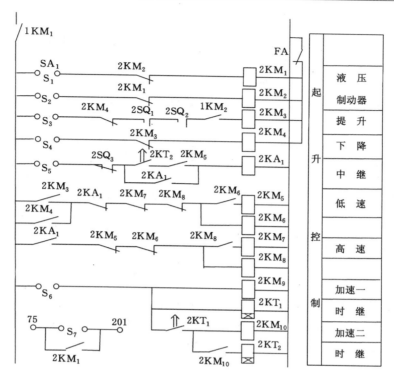

图 13-8　起升控制电路

　　b. 高度限位保护。当提升高度超限,高度限位保护开关 2SQ₂ 动作,提升线路切断,2KM₃ 失电,提升动作停止。

　　c. 高速限重保护,当控制开关在第 V 挡,定子绕组 4 级接法,转子电阻短接,电动机高速运转,若起重量超过 1.5t 时,超重开关 2SQ₃ 动作,2KA₁ 失电,2KM₇、2KM₈ 相继失电,2KM₆、2KM₅ 相继得电,电动机定子绕组由 4 级接法变为 8 级接法,转子电阻 R₁、R₂ 接入,电动机低速运转。

　　提升控制线路中接有瞬间动作限流保护器 FA 常闭触头,当电动机定子电流超过额定电流时 FA 动作,切断提升控制线路中相关控制器件电源,电动机停止运转。如遇突然停电,液压制动器 M₂ 失电对提升电动机制动,避免起吊物体荷重下降。

　　(3) 防雷

　　塔式起重机防雷是否需要另外设置防雷装置,能否用塔式起重机机身代替防雷引下线在相应的安全规范中没有说明。因塔式起重机是钢结构,本身是一良好导体,但是塔式起重机机身是分段用高强螺栓或销轴进行连接,如果为旧塔式起重机,有可能在其中某一节点接触不良,造成绝缘或接地电阻过大,达不到防雷安全规范要求。所以,规范要求达到规定的接地电阻。

　　塔式起重机金属结构、轨道、所有电气设备的金属外壳、金属线管、安全照明的变压器低压侧等均应可靠接地,接地电阻不大于 4 Ω,重复接地电阻不大于 10 Ω,接地装置的选择和安装应符合电气安全的有关要求。

　　塔式起重机的机体必须做防雷接地,同时必须与配电系统 PE 线相连接。除此之外,PE

线与接地体之间必须有一个直接独立的连接点。若是轨道式塔式起重机其防雷接地可以借助于机轮和轨道的连接,但还应在轨道两端各设一组接地装置,轨道接头处做电气连接,两轨道端部做环形电气连接,轨道较长时应每隔 30 m 加一组接地装置。

4. 起重机械的电气安全措施的检验判断

定期检查起重机械中电气安全措施及安全装置的可靠性、完好性,测量电气设备的绝缘性能,并应满足相应规范与标准。

对起重机械的电气安全装置及措施可通过核查各设备运行的自检记录,有质疑时赴现场进行实物外观检查,采取测试并动作试验等措施。下面列举起重机械常用电气安全技术措施与安全装置的检验判断方法。

(1)电气保护装置中接地保护的判定。现场进行实物外观检查,并要求施工单位测量接地电阻,并现场监督测量情况。满足以下要求判定为合格:用整体金属结构作为接地干线的起重机,其金属结构有可靠电气连接的导电整体,如金属结构的连接有非焊接处时,另设了专用接地干线或在非焊接处设有跨接线;起重机上所有电气设备正常不带电的金属外壳、变压器铁芯及金属隔离层、穿线金属管槽、电缆金属护层等均与金属结构或专用接地干线间有可靠地连接;当起重机供电电源为中性点直接接地的低压系统时,整体金属结构的接地形式采用 TN 或 TT 接地系统。采用 TN 接地系统时,零线非重复接地的接地电阻不大于 4 Ω;零线重复接地的接地电阻不大于 10 Ω。采用 TT 接地系统时,起重机金属结构的接地电阻与漏电保护器动作电流的乘积不大于 50 V。

(2)电气保护装置中短路保护的判定。现场检查起重机总电源回路设有完好的自动断路器或熔断器。

(3)电气保护装置中失压保护的判定。核查自检记录,有质疑时赴现场进行实物外观检查,并动作试验:起重机上总电源设有失压保护,当供电电源中断时能够自动断开总电源回路,恢复供电时,不经手动操作(如按下启动按钮),总电源回路不能自行接通。

(4)电气保护装置中零位保护的判定。现场进行实物外观检查,并动作试验:起重机设有零位保护,断开总电源,将任一机构控制器手柄搬离零位,再接通总电源,该机构的电动机不能启动;恢复供电时,必须先将控制器手柄置于零位,该机构或所有机构的电动机才能启动。

(5)电气保护装置中过流(过载)保护的判定。起重机上的每个机构均单独设置过流(过载)保护;过流(过载)保护没有被短接或拆除。

(6)电气保护装置中供电电源断相、错相保护的判定。现场按下述方法进行检查:断开主电源开关,在主电源开关输出端断开任意一根相线或者任意两相线换接,再接通主电源开关,观察总电源接触器能否接通。电源断相或错相后,总电源接触器不能接通,判为合格。

(7)应急断电开关判定。动力电源的接线从总电源接触器或自动断路器出线端引接;应急断电开关为非自动复位,且设在司机操作方便的地方;在紧急情况下,应急断电开关能切断起重机总动力电源(主电源)。

(8)限位限制保护判定。起升高度限位器、运行机构行程限位器等各机构配合良好,到达限位位置能停止相应方向的运行。

(9)联锁保护装置判定。各机构未运行时分别打开出入起重机械的门和司机室到桥架上的门后,按下启动按钮不能接通起重机主电源;各机构运行时则各机构停止运行。

（10）空载、起重量限制器、额定载荷判定。核查施工单位的试验方案，检查现场试验条件、程序满足起重机相关要求，由施工单位进行试验，检察人员进行现场监督，并对试验结构进行确认。

### 13.2.2　电梯的电气安全

1. 电梯概述

电梯是高层建筑必不可少的交通运输设备，已经成为城市现代化程度的重要标志之一。电梯按用途分乘客电梯、载货电梯、客货电梯、病床电梯、观光电梯、消防电梯、施工电梯等。电梯对人可能造成的危险有剪切、挤压、坠落、撞击、电击、被困等。

现代电梯主要由轿厢、对重、曳引机、控制柜、导轨等主要部件组成。

电梯采用 TN-S 或 TN-C-S 供电系统，TN-C 系统不宜用于电梯供电系统上，因为该系统三相不平衡电流、单相工作电流以及整流装置产生的高次谐波，都会在 PEN 线与接零设备外壳上产生压降，不但会使工作人员触电，而且会使微弱的电信号控制的电脑运行不稳定，甚至产生误动作。TN-C-S 系统经重复接地可用于电梯供电系统，但重复接地要求较严格。接地电阻 $R \leqslant 4\ \Omega$，接地干线不易发生断裂等。在 TN 系统中，严禁电梯的电气设备外壳单独接地，也不允许接地线串接，应把所有接地线接至接地端上。

按电梯安全规范规定零线和接地线应始终分开，所有电梯电气设备金属外壳应有易于识别的接地端，接地线应用黄绿双色相间的铜芯线，其截面积应不小于相线的 1/3（最小不应小于 4 $mm^2$）。电线管和线盒之间均应用直径 5 mm 的钢筋跨接并焊牢。轿厢用不得少于两根、截面积大于 1.5 $mm^2$ 的铜芯线做接地线。

2. 电梯安全保护装置

为了防止电梯对人造成剪切、挤压、坠落等事故发生，电梯装置需要电气安全装置监控，这些电气安全装置之中的任何一个动作，应防止电梯主机启动或立即使其停止，制动器的电源也应切断。《电梯技术条件》（GB/T 10058—2009）规定，电梯应具有以下安全装置或保护功能：

（1）限速器-安全钳系统联动超速保护装置。它包括监测限速器或安全钳动作的电气安全装置以及监测限速器绳断裂或松弛的电气安全装置。限速器和安全钳是电梯最重要的安全保护装置，也称之为断绳保护和超速保护。电梯中限速器与安全钳成对出现和使用，其作用是在电梯超载、打滑、断绳、控制失控等时，电梯轿厢超速向下坠落，限速器-安全钳动作，将轿厢紧紧地卡在导轨之间。

（2）供电系统断相、错相保护装置。其作用是防止电梯反向运行、烧毁电机。

（3）上下端超越保护装置。设在井道上下两端的终端极限开关在轿厢或对重装置未接触缓冲器之前，强迫切断主电源和控制电源的非自动复位的安全装置，防止电梯冲顶与坠底事故，此时不可呼梯；端站限位开关可呼梯。

（4）层门联锁与轿门电气联锁装置。电梯层门上的门联锁是电梯中最重要的安全部件之一，是带有电气触点的机械门锁。电梯安全规范要求所有厅门锁的电气触点都必须串在控制电路内。只有在所有层楼的层门、轿门都关好及门锁电气触头都接通以后，电梯才能启动运行。

（5）超载保护装置。当电梯负载超过额定负载后，保护装置切断电梯控制电路使电梯不关门、不运行；同时点亮超载信号灯，超载蜂鸣器响。

（6）门入口安全保护。动力操纵的自动门在关闭过程中，当人员通过入口被撞击或即将被撞击时自动使门重新开启的保护装置，避免电梯门夹人事故的发生。安全触板是电梯一种近门安全保护装置，它是一种机电一体式关门防夹安全装置。与其同等作用的近门保护装置还有非接触式装置：光电式、电磁感应式、超声波监控装置、红外线光幕式保护装置等。

（7）其他。紧急操作装置，停电或电气系统故障时应有慢速移动轿厢的措施等。终端缓冲装置（对于耗能型缓冲器还包括检查复位的电气安全装置），如底坑撞底缓冲器装置有弹簧缓冲器和液压缓冲器。

3. 电梯的电气控制系统

电梯是大型机电合一的特种设备，各机械有相应的电气控制和保护。而电气控制系统应有如下控制功能：

① 按照规定的操作方式运行、调度轿厢；

② 内选外呼信号的登记、应答、销号；

③ 确定轿厢的运行方向；

④ 开关门控制；

⑤ 轿厢位置指示；

⑥ 轿厢照明自动控制；

⑦ 加减速度控制；

⑧ 平层控制。

电梯的电气控制系统主要由轿内指令线路、厅门呼梯线路、定向选层线路、启动运行线路、平行控制线路、开关门控制线路、安全保护线路以及备用电源的自动投入和切除控制电路等组成，其系统的框图如图13-9所示。

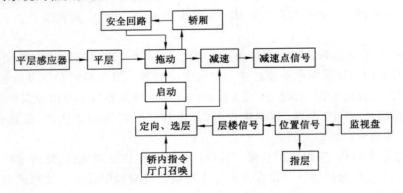

图 13-9　电气控制系统框图

虽然电梯的电气控制是一个复杂的系统，但是它们都是由一些具有一定功能的基本环节的电路组合起来的。而且各种不同种类的电梯，其控制系统又均有如下几个基本环节：

① 启动加速环节；

② 减速制动和平层停站环节；

③ 安全保护环节；

④ 信号存储和显示环节。

这些环节不但具有各自独立的作用,而且还具有互相制约、互相协调以完成电梯运行过程的自动化的作用。

目前世界上较大的电梯生产厂家都推出了微机控制的电梯,继电器控制方式已逐渐被取代。

（1）微机在电梯上的主要应用

① 取代选层器和大部分继电器甚至全部;

② 微机数字调速系统;

③ 微机群控调度。

（2）微机应用于电梯上的优点

① 缩小控制装置的占地空间,使控制系统结构紧凑;

② 微机的功能灵活多变,可以根据不同用户的要求改变程序以取得不同的控制功能;

③ 微机用了群控管理系统可大大提高电梯运行效率,节省能源,减少乘客的待梯时间;

④ 生产上免去了许多继电器间复杂的接线,提高劳动生产率;

⑤ 微机采用无触点逻辑线路,提高了系统的可靠性;

⑥ 维修简便,微机配有故障检测功能,可以用灯光等来显示系统的故障部位;

⑦ 成本低,因为微机取代了选层器、继电器及一些常规系统的电子线路板,如速度指令板等;

⑧ 微机提高了拖动控制系统的等级,如变频变压型电梯等就必须应用微机;

⑨ 采用数字电路给定最佳速度曲线,且可根据不同情况灵活多变,提高运行效率和乘坐舒适感。

（3）微机控制电梯的控制原理

图 13-10 为一种采用可控硅直接供电的微机电梯控制系统。内指令、厅门召唤由群控管理机负责。每台电梯控制器都配有两台微机,一台监控机和一台速度控制机。为了取得高可靠性,两台微机相互备用,当监控机出现故障,速度控制机将电梯驶到最近层;相反,当速度控制机有问题时,电梯停止,然后监控机以低速将电梯驶到最近层。

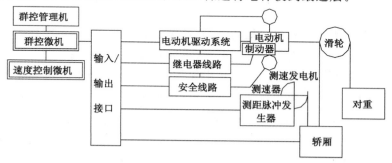

图 13-10　一种微机控制电梯的控制框图

电梯运行中的位置,是通过测距脉冲发生器测得。脉肿发生器每单位距离发出固定的脉冲,再由计算器累计算出脉冲数,便知道电梯所处的位置。电梯的位置数据即使在停电时,亦能保持一段时间,以便复电时能知道电梯的位置。微机内存储了层数、层间距离等数据。脉冲的累计总数与这些数据相比较,便可计算出电梯现时的位置、距目的层的距离。层间的实际距离由于建筑物各种因素的影响,与输入数据有可能出现差异,但在电梯运行中,微机能自动对此进行测量,并根据测量值进行修正。因此电梯长期无需调整,而仍能保持稳定、良好的舒适感和平层准确度。减少控制元件的接线,可以提高整个系统的可靠性。

图 13-11 为系统内指令及厅门召唤的线路框图,它采用了串行通信方式,用一条电线就可以传送多个信号。通常的系统,轿内指令和召唤信号需要很多电线,例如厅门召唤除电源公共线端外,每层上召唤、下召唤按钮各需要一条线,按钮灯各需一条线,如果 20 层,则厅召唤就需要 80 条线。但如果用串行通信方式,轿内指令加厅召唤仅需 10 多条井道线。图 13-11 中每层按钮箱都装一块按钮接口,轿内只需一块就够了。

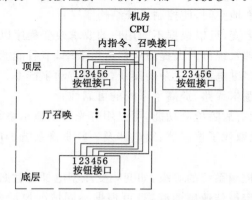

图 13-11　轿内指令及厅门召唤线路图

1——入/出,同步信号;2——时钟信号;3——召唤信号;4——召唤信号灯;

5——方向同步信号;6——出/入,同步信号

**4. 电梯防雷**

高层建筑雷击概率较高,同时电梯设备中使用的集成电路、敏感器件承受瞬间过电压能力极低,因此电梯防雷已成为高层建筑安全防护的重要环节,对电梯的防雷措施和检测的要求也提升到一定的高度。

电梯专用机房一般设在建筑物最高处,而现代建筑物多为钢筋水泥框架结构,屋面防直击雷措施较为完善。但难以有效防止感应雷、雷电波侵入电梯弱电部分。特别是高层电梯,通信线路较长,受感应的线路较长,这也是出现雷击停梯故障甚至烧毁电子板的主要原因,且通常烧毁的大部分是主微机板或信号处理板,此类故障会造成电梯的紧急制动停止,并有可能对电梯乘客造成恐慌甚至受伤。因此电梯防雷主要集中到防感应雷方面。

(1)电源及信号线路的布线系统屏蔽及其良好接地。有效地预防雷击灾害首先要从系统屏蔽及其良好接地来考虑。屏蔽分为建筑物屏蔽、设备屏蔽和各种线缆(包括管道)屏蔽。建筑物屏蔽将建筑物钢筋、金属构架、金属门、地板等均相互连接在一起,形成一个法拉第笼,并与地网有可靠的电气连接,形成初级屏蔽网。设备屏蔽是根据各电子设备耐过电压水平按雷电防护区(LPZ)施行多级屏蔽。对电梯的电源、控制、通信等线缆在入户前使用屏蔽线缆或穿金属管进行屏蔽接地处理,以减少雷击电磁脉冲对电梯控制系统的干扰。

电梯系统中机房控制柜、主机、轿厢、层门、导轨等重要部件与接地装置相连接,且连接可靠。例如用电设备的固定连接螺栓不能认为是可靠接地连接,而应采用跨接形式。

(2) 等电位联结。将建筑物内的电梯滑道,电梯机房金属门窗、金属构架等连接形成等电位,在电梯机房内使用 40 mm×4 mm×300 mm 铜排设置等电位接地端子板,室内所有的机架(壳)、配线线槽、设备保护接地、安全保护接地、浪涌保护器接地端均就近接至等电位接地端子板。区域报警控制器的金属机架(壳)、金属线槽(或钢管)、电气竖井内的接地干线、接线箱的保护接地端等,均就近接至等电位接地端子板。

在电梯竖井内下端、中部、顶部分别设局部等电位端子箱或预埋端子板,通过暗敷镀锌扁钢、圆钢或结构钢筋与总等电位端子箱相连。然后使用金属编织软铜线将局部等电位端子箱或预埋端子板与电梯导轨连接起来,此线两头应压接开口接线端子挂锡后用螺栓紧固。

(3) SPD 选择。在电梯控制系统使用电涌保护器能对防止雷击灾害起到更有效的作用,一般有 3 个保护等级:

① 第 1 级 SPD 并联设置在建筑总配电箱及电表处,将雷击电涌在该段线路的残压控制在 4 000 V 内,避免瞬间击毁设备。第一级型号可选 ATPORT/4P-B100 三相 B 级电源避雷器。

② 第 2 级 SPD 将雷击电涌残压控制在 2 500 V 内,第二级保护在顶层电梯机房三相电源配电箱或配电柜处并联安装三相电源避雷器,第二级型号可选 ATT385/4P-C40 三相 C 级电源避雷器。

③ 第 3 级 SPD 用于低压电气设备回路保护,采用并联或串联的方式,将雷击电涌的残压控制在各电子板或重要电气器件可以承受的范围之内。电梯控制系统、PLC、电子板线路的 SPD 选择要适当,SPD 的额定电压必须与保护的回路电压等级相匹配。

因 SPD 具有一定的保护距离,一般为 3～5 m,在此距离内才能发挥作用,有效地降低雷击带来电涌,将残压限制在电路板可承受范围内,所以各电子板的保护位置应选在 SPD 安装位置的附近。

按照保护的重要性和精细程度甚至可以进行 4 级、5 级的保护,它们的原理是相同的,其最终目的都是将设备或元件的雷击电涌残压控制在可以承受的范围内。

要使雷电危害降到最低,每年雷击季节前应对接地系统进行检查和维护,主要检查连接处是否紧固,接触是否良好,接地引下线有无锈蚀,接地体所在地面有无异常,电涌保护器是否有效等,消除高层电梯的雷击隐患,确保电梯的安全运行。

# 13.3　建筑施工电气安全

施工现场复杂多变的环境和用电的临时性,使得用电电气设备的工作条件恶劣,绝缘极易遭受损伤或老化,容易引发因漏电导致的人身触电事故以及电气短路火灾事故。为了有效地防止各种意外的电气事故,规定了施工现场临时用电要求。根据《施工现场临时用电安全技术规范》(JGJ 46—2005),其主要内容包括:用电管理,提出了临时用电必须编制施工组织设计方案;施工现场与周围环境,规定了电气设备的安全距离;注意接地与防雷;备有配电室与自备电源;配电线路,规定了架空线路、电缆线路、室内配线的规则;电动建筑机械及手持电动工具,规定了使用要求及漏电保护器的使用方法;规定了各种场所照明的使用原则等。以下主要涉及日常安全检查的电气安全技术知识及要求。

### 13.3.1 临时用电的配电安全

1. 临时供电的特点

(1) 临时性强。这是由建筑工期决定的,一般单位建筑工程工期只有几个月,多则一两年,交工后,临时供电设施马上拆除。

(2) 用电量变化大。建筑施工在基础施工阶段用电量比较少,在主体施工阶段用电量比较大,在建筑装修和收尾阶段用电量少。

(3) 安全条件差。这是建筑工程施工中发生触电死亡事故的客观原因。建筑施工现场有许多工种交叉作业,到处有水泥砂浆运输和灌注,建筑材料的垂直运输和水平运输随时有触碰供电线路的可能。尤其是在地下室施工,一般环境潮湿、视线不清。所以,要有科学的、可靠的临时供电设计,才能减少触电事故。

(4) 随着建筑施工进度的发展,供电前端不断延伸、发展,昨天某处还没有电,今天该处就可能有电了,因此搬运材料、行走都应注意。

(5) 电引线不牢固。电源引入线受到许多限制,正因为是临时供电,不可能像永久性建筑引用线那样坚固和安全。

2. 安全要求

(1) 总安全要求。建筑施工现场临时用电工程专用的电源中性点直接接地的 220/380 V 三相四线制低压电力系统,必须符合下列规定:采用三级配电系统;采用 TN-S 接零保护系统;采用二级漏电保护系统。

① 采用三级配电系统。三级配电系统是指施工现场从电源进线开始至用电设备中间应经过三级配电装置配送电力,见图 13-12。即施工现场的临时用电,应设置配电柜或总配电箱、分配电箱、开关箱,实行从总配电箱(配电柜)—分配电箱—开关箱的三级控制。根据施工现场的情况,在总配电箱下设多个分配电箱,分配电箱下设多个开关箱,每台设备均由它的开关箱来控制。由于开关箱一般都靠近用电设备,一旦设备出现故障,可立即断电,避免造成和扩大危害。

为保证三级配电系统能够安全、可靠、有效地运行,在实际设置系统时应遵守四项规则:分级分路规则;动力、照明分设规则;压缩配电间距规则;环境安全规则。

a. 分级分路规则。系统一级总配电箱(配电柜)向二级分配电箱配电可以分路;二级分配电箱向三级开关箱配电同样也可以分路;三级开关箱向用电设备配电必须实行"一机一闸"制,不存在分路问题。

b. 动力、照明分设规则。总配电箱和分配电箱中动力配电箱与照明配电箱宜分别设置,若动力与照明合置于同一配电箱内共箱配电,则动力与照明应分路配电。但动力开关箱与照明开关箱必须分箱设置,不存在共箱分路设置问题。

c. 压缩配电间距规则。压缩配电间距规则是指除总配电箱、配电室(配电柜)外,分配电箱与开关箱之间,开关箱与用电设备之间的空间间距应尽量缩短。分配电箱应设在用电设备或负荷相对集中的场所;分配电箱与开关箱的距离不得超过 30 m;开关箱与其供电的固定式用电设备的水平距离不宜超过 3 m。

d. 环境安全规则。环境安全规则是指配电系统对其设置和运行环境安全因素的要求。环境保持干燥、通风、常温;周围无易燃易爆物及腐蚀介质;能避开外物撞击、强烈振动、液体浸溅和热源烘烤;周围无灌木、杂草;周围不堆放器材、杂物。

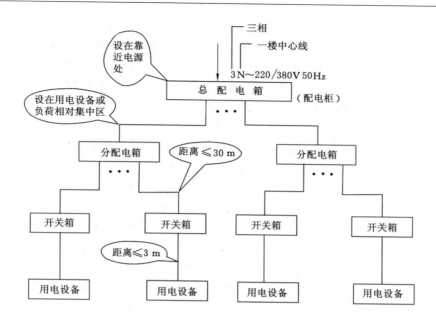

图 13-12　三级配电系统结构形式示意图

② 采用 TN-S 接零保护系统。TN-S 系统中 PE 线需保持独立性,由工作接地线或配电室的工作零线处引出,在配电室或总配电箱处做重复接地,在供电回路上重复接地数量不少于三处。PE 线在电箱内必须通过独立的(专用)接线端子板连接,并且保证连接牢固可靠,不得装设开关和熔断器。必须采用黄绿双色铜芯塑料绝缘电线,同时满足导电性和机械强度要求,必须具有足够的截面积,一般不小于相线的 1/2。各用电设备正常工作时不带电的金属部分,必须与供电线路的 PE 线相连,严禁与通过剩余电流保护器的保护零线或工作零线相连接。

对于 TN-C-S 系统,它是为了适应施工现场场地的复杂性而对 TN-S 系统所采用的一种变通方式,使用这种系统必须注意,工作零线必须通过总漏电保护器,PE 线必须由电源进线工作零线重复接地处或总漏电保护器电源侧工作零线重复接地处引出,不得独立的做一组接地体,然后引出一根线当作保护零线。

③ 采用二级漏电保护系统。二级漏电保护系统是指用电系统至少应设置总配电箱漏电保护或分配电箱漏电保护和开关箱漏电保护二级保护。采用二级漏电保护系统,防止一旦开关箱内漏电断路器失灵,总配电箱(分配电箱)内的漏电断路器就起到补救作用;若只在总配电箱(或分配电箱)内安装,一旦某用电设备漏电跳闸,将造成一大片系统停电,既影响无故障设备的正常运行,又不便查找故障点。因此应根据线路和负载等不同要求分级保护。设置两级漏电保护系统,再与专用保护零线结合形成施工现场防触电的两道防线。

(2) 临时供电线路的安全要求,包括供电线路选型、敷设方式。

① 供电线路选型:临时施工用电线路选择绝缘导线或电缆。

架空线必须采用绝缘导线,其截面选择满足机械强度、允许载流量、电压损失要求。

电缆线必须包含全部工作芯线和用作保护零线或保护线的芯线,需要三相四线制配电的电缆线路必须采用五芯电缆。五芯电缆必须包含淡蓝 N 线、绿/黄双色芯线必须用作 PE

线,严禁混用。电缆截面的选择应根据其长期连续负荷允许载流量和允许电压偏移确定。

室内配线必须采用绝缘导线或电缆,室内配线所用导线或电缆的截面应根据用电设备或线路的计算负荷确定,但铜线截面不应小于 1.5 mm²,铝线截面不应小于 2.5 mm²。

② 敷设方式及要求:施工现场临时用电线路的敷设方式主要有架空线敷设、电缆敷设两种。架空线相序排列顺序为动力、照明线在同一横担上架设时,导线相序排列顺序是面向负荷从左侧起依次为 L₁、N、L₂、L₃、PE。动力线、照明线同杆架设在上、下两层横担上时,上层横担面向负荷从左至右为 L₁、L₂、L₃;下层横担面向负荷从左至右依次为 L(L₁、L₂、L₃)、N、PE。架空线路与邻近线路或固定物满足安全距离要求。

电缆线路应采用埋地或架空敷设。架空敷设时,固定处要可靠,固定点间距需保证能够承受电缆本身的重量。应沿电杆、支架或沿墙敷设,不得沿树木、屋面敷设。严禁沿脚手架敷设,防止风吹线摆,损伤绝缘保护层;严禁沿地面明敷设,避免机械损伤和介质腐蚀。电缆埋设时,埋地深度不应小于 0.7 m,并在电缆紧邻上、下、左、右侧均匀敷设不小于 50 mm 厚的细砂,然后覆盖砖或混凝土板等硬质保护层。电缆接头设在地面的接线盒内,接线盒能防水、防尘、防机械损伤,并远离易燃、易爆、易腐蚀场所。

室内配线根据配线类型采用瓷瓶、瓷(塑料)夹、嵌绝缘槽、穿管或钢索敷设。潮湿场所或埋地非电缆配线必须穿管敷设,管口和管接头应密封;当采用金属管敷设时,金属管必须做等电位联结,且必须与 PE 线相连接。室内非埋地明敷主干线距地面高度不得小于 2.5 m。架空进户线的室外端应采用绝缘子固定,过墙处应穿管保护,距地面高度不得小于 2.5 m,并应采取防雨措施。

(3)配电装置。它是指施工现场用电工程配电系统中设置的总配电箱(配电柜)、分配电箱和开关箱,通过这些装置实现电源隔离、正常接通与分断电路、具有过载、短路与漏电保护功能。

① 总配电箱。总配电箱应装设三类电器,即电源隔离电器、短路与过载保护电器及漏电保护电器。其配置次序,从电源端开始依次是电源隔离电器、短路与过载保护电器、漏电保护器,不可颠倒。隔离开关应设置于电源进线端,应采用分断时具有可见分断点并能同时断开电源所有极。石板闸刀开关、HK 型闸刀开关、瓷插式熔断器不得作为隔离开关使用,推广采用透明外壳、具有隔离、过载、短路及漏电保护功能并具有辅助电路故障情况下自动断电保护功能于一体的组合电器,如透明壳式漏电断路器(D215/20LE40T/100T 型)。在实际应用中,有些直接用有透明盖和隔离功能的断路器。

由于施工工地的电气设备和临时线路易受损伤而发生接地故障,有些需要 2～3 级的RCD,各级 RCD 动作时间与动作电流参数选择参见图 13-13。

② 分配电箱。分配电箱的电器配置依次是隔离电器、短路与过载保护电器,不可颠倒。隔离开关设置于电源进线端。二级漏电保护的配电系统中,分配电箱中不要求设置漏电保护器。

③ 开关箱。开关箱配置有电源隔离、过载、短路和漏电保护电器。开关箱的电器配置与接线要与用电设备负荷类别相适应。每台用电设备必须有各自专用的开关箱,严禁用同一个开关箱直接控制 2 台及 2 台以上的用电设备(含插座)。

配电箱的电器安装板上必须分设 N 线端子板和 PE 线端子板,并做符号标记,严禁合设在一起,避免混接、混用。N/PE 端子板的接线端子数应与配电箱的进线和出线的总路数保

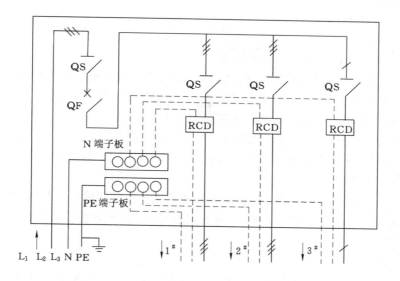

图 13-13　总配电箱接线图

QS——隔离开关；QF——断路器；RCD——漏电保护器

持一致。N 线端子板必须与金属电器安装板绝缘；PE 线端子板必须与金属电器安装板做电气连接。进出线中的 N 线必须通过 N 线端子板连接；PE 线必须通过 PE 线端子板连接。金属箱门与金属箱体必须通过采用编织软钢线作为电气连接。配电箱、开关箱内的连接线采用铜芯绝缘导线。

　　3. 建筑施工临时供电的施工组织设计

　　为了贯彻国家安全生产的方针政策和法规，保障施工现场用电安全，防止触电事故发生，促进建设事业发展，应可靠地落实临时供电的安全政策与规范。建筑施工现场临时用电中的其他有关技术问题应遵守现行的国家标准、规范或规程的规定。

　　(1) 临时用电的施工组织设计。触电事故的概率与用电设备的数量、分布和计算负荷有关，为加强安全技术管理，实现安全用电的目的，需做好临时用电施工组织设计工作。但是考虑到用电设备少、计算负荷小、配电线路简单的小型施工现场的特点，可不做临时用电施工组织设计，只制定安全技术措施和电气防火措施。

　　临时用电设备在 5 台及以上或设备总容量在 50 kW 及以上者，应编制临时用电施工组织设计。临时用电设备在 5 台以下或设备总容量在 50 kW 以下者，应制定安全用电技术措施和电气防火措施。

　　(2) 临时用电施工组织设计的内容和步骤。施工现场临时用电组织设计应包括下列内容：现场勘测；确定电源进线、变电所或配电室、配电装置、用电设备位置及线路走向；进行负荷计算；选择变压器；设计配电系统。

　　① 设计配电线路，选择导线或电缆。

　　② 设计配电装置，选择电器。

　　③ 设计接地装置。

　　④ 绘制临时用电工程图样，主要包括用电工程总平面图、配电装置布置图、配电系统接线图、接地装置设计图。

⑤ 设计防雷装置。

⑥ 确定防护措施。

⑦ 制定安全用电措施和电气防火措施。

临时用电工程图必须单独绘制,并作为临时用电施工的依据。临时用电施工组织设计必须由电气工程技术人员编制,技术负责人审核,经主管部门批准后实施。变更临时用电施工组织设计时必须履行规定手续,并补充有关图样资料。

临时用电组织设计及变更时,必须履行"编制、审核、批准"程序,由电气工程技术人员组织编制,经相关部门审核及具有法人资格企业的技术负责人批准后实施。变更用电组织设计时应补充有关图样资料。

临时用电工程必须经编制、审核、批准部门和使用单位共同验收,合格后方可投入使用。

临时用电工程定期检查应按分部、分期工程进行,对安全隐患必须及时处理,并应履行复查验收手续。

**4. 建筑施工临时供电的安全技术档案**

建筑施工现场临时用电安全技术资料的编写和实施过程,也就是通过电气安全技术措施及组织管理措施,达到控制和消除建筑施工生产中出现的电气不安全状态和不安全行为,达到保护人身安全与国家财产免受损失的过程,是临时用电安全管理的重要组成部分。

建立临时用电安全技术资料,有利于加强临时用电的科学管理,使之规范化、标准化,进而实现安全用电;也可用于分析事故发生的原因。

施工现场一般应建立的临时用电安全技术资料的主要内容包括:现场临时用电组织设计(施工方案);现场临时用电设计变更单;现场临时用电技术交底记录;现场临时用电检查验收记录;施工现场电气设备调试记录;现场临时用电接地电阻记录;现场临时用电绝缘电阻记录;现场临时用电漏电保护检查记录;现场临时用电定期检查记录;现场临时用电复查验收记录;现场临时用电安装、巡查、维修、拆除工作记录;雨季临时用电安全及防雷技术措施;冬季电气安全技术措施;外电保护措施(方案);自备发电安全技术措施(方案);预防触电事故应急救援预案;电气火灾应急救援预案;触电事故应急救援预案;装饰装修工程或其他特殊阶段施工用电方案;无自然采光的地下大空间施工场所照明用电方案。

明确建立临时用电安全技术档案的重要性,编写和整理安全技术档案,时刻注意把握各分项工程中必须突出强调以安全为重点的资料和安全技术措施、安全管理措施、电气防火技术措施的内容。

明确施工现场的电气技术人员负责建立和管理临时用电安全技术档案,强调职责、明确责任。及时收集、整理安全技术资料、督促建档工作。建立定期不定期的安全技术资料的检查和审核制度,及时找出问题,及时整改。

## 13.3.2 施工用电设备安全

由于施工现场的用电设备与施工作业人员接触密切、频繁和施工现场露天作业生产条件,使得用电设备工作环境复杂、多变,易发生电击事故,因此安全使用用电设备是防止电气事故发生的至关重要的因素。施工现场的用电设备基本上可分为三大类:电动机械、电动工具、照明器。

电动机械根据功能分为:起重机械(如塔式起重机、外用电梯、物料提升机等用于起重运输的机械)、桩工机械(如潜水式钻孔机、潜水电机等进行桩工作业的机械)、混凝土机械(进行混凝土搅拌加工作业的混凝土搅拌机、振动器等)、钢筋加工机械(进行钢筋加工作业的切断机、调直机等)、木工机械(进行木料加工作业的电锯、电刨等)、焊接机械(进行钢筋电焊作业的弧焊机、对焊机等)以及其他电动建筑机械(如抹光机、切割机、水磨石机、水泵等)。电动工具如电钻、冲击钻、电锤、切割机、砂轮等。

对于大多数电动机械,受施工现场及环境影响较大,作业环境的潮湿、现场杂乱、作业变化大等原因易导致电气设备的绝缘老化、损坏,从而出现漏电、短路、过载等现象。其电气安全技术措施主要有 PE 保护、漏电保护和短路与过载保护等措施,同时加强日常的检测与维护。要保证这些技术措施可行、实施可靠、有效,都需要按照相关标准和要求,从安全装置选型、动作参数的确定,到安全装置的安装、正确使用、合格检查,一直到维修,整个过程的配合完成。

由于多层与高层建筑施工其四周的起重机、井字架、龙门架、钢脚手架、外用电梯等机械设备突出建筑很高,易遭受直击雷的危害,以上设备设施都需进行防雷接地。为防雷电感应装设 SPD。当采用架空电缆进线时,SPD 一般装设在电缆头附近,且将其接地端与电缆金属外皮相连。在配电箱(屏柜)内,应在开关的电源侧与外壳之间装设 SPD。

桩工机械潜水式钻孔机选择 IP68 级的电机,以适应钻孔机浸水的工作条件,使电机不因浸水而漏电。开关箱中的漏电保护器要符合潮湿场所额定漏电动作电流不大于 15 mA 的要求,在使用前后均应检查其绝缘电阻(应大于 0.5 MΩ),潜水电机的负荷线应采用防水橡皮护套铜芯软电缆,内含 PE 线,长度不应小于 1.5 m,不得有接头,电缆护套不得有裂纹和破损。潜水电机入水、出水、移动时不得拽拉负荷线电缆,任何情况下不得使其承受外力。

夯土机械、混凝土机械因其振动性强应注意的主要安全问题是防振、防潮、防高温、防漏电。夯土、混凝土机械的金属外壳与 PE 线的连接点必须可靠,连接点不得小于两处,漏电保护必须适应潮湿场所的要求。

电动工具一般都是手持式,使用场所要与所选用的工具类别相适应。在潮湿场所或金属构架上操作时,必须选用Ⅱ类或由安全隔离变压器供电的Ⅲ类手持式电动工具,严禁使用Ⅰ类手持式电动工具。狭窄场所(锅炉、金属容器、地沟、管道内等)作业时,必须选用由安全隔离变压器供电的Ⅲ类手持式电动工具。

现场检查这些设备自身的安全保护及联锁装置的有效性,PE 接线的完好性,漏电断路器的可靠性,设备及线路绝缘状况的符合性,设备操作者的安全程序正确性,以杜绝设备运行本身的隐患和操作者的不安全行为两方面影响,达到控制触电事故的发生的目的。

### 13.3.3　施工现场用电常见安全隐患

1. 施工用电组织设计缺乏指导意义

临时用电施工组织设计往往为投标或为应付安全检查而草草编制,甚至生搬硬套其他工程的资料,对临时用电施工组织设计的编制与审核管理流于形式、走过场,导致施工现场线路与设备布置不合理,用电设备与器具选型不规范等,为施工现场临时用电埋下了安全隐患。

编制临时用电设计缺乏指导意义,例如没有根据其项目工程的特点编制有针对性的安全用电与电气防火措施,而是整段整节地引用《施工现场临时用电安全技术规范》(JGJ 46—2005)或者是照搬其他工程的安全用电与电气防火措施。对外电线路的防护措施、配电箱的安装位置选择、固定方式、流动电箱的防雨防尘措施、接地装置的做法等却一字不提。施工现场总负荷需求量计算上存在问题,未考虑每台用电设备的工作性质,计算正确与否将直接影响供电运行的质量和安全。例如 RCD 保护没有根据现场规模大小和设备情况进行配置,短路保护常常是用大容量断路器去保护小容量设备,形式上是按规范做,实则系统内隐患重重,施工安全难以保证。

因此对于临时用电设备在 5 台及以上或设备总容量在 50 kW 及以上的施工项目,最好是配备专业电气工程师,严格履行"编制、审核、批准"程序,由电气工程技术人员组织编制临时用电施工组织设计,经相关部门审核及具有法人资格企业的技术负责人批准后实施。

2. 施工用电不规范

施工现场的配电箱经常出现一个开关下接多条电缆的现象,手持式电动工具、水泵、振捣器"多机"接"一闸"的现象。其主要弊病是"多机"中的设备有的运行、有的停机,对于运行的设备,"一闸"无法对它们起短路、过电流等保护作用,用电设备前端的开关是根据这台设备的额定容量来选择的。同时一台设备由于故障引起开关动作,影响到其他设备的正常运行;另外,对于停机的设备,"一闸"处于开电状态,容易引起停机设备误动作,或者维修人员无法对停机设备及其线路进行检修。常见现象有把配电箱当作开关箱使用,控制多台设备;一只开关箱控制两台设备。

线路架设不符合要求,例如电线电缆拖地敷设、沿地面明敷设,尤其是临时照明电缆拖地、切割机电缆拖地、焊接电缆拖地等。对穿过施工现场的外电线路未进行必要的加高防护,施工机械穿越时,时有事故发生。

配电箱不规范,未使用标准配电箱,或配电箱安装位置不当,引入引出线路不符合要求或混乱。例如,箱体引出线随意,有的从侧面进入箱体,有的直接从箱门口上进入;部分箱内无隔离开关;违规使用木质开关箱;开关箱就地放置、开关箱无盖或为检修方便而卸下盖不装,日晒雨淋。

施工现场电源线隐患多,主要表现在:电源线破损、绝缘老化、接头多,私拉乱接、电源线超长,极可能形成漏电、短路等电气事故。

3. 安全保护装置及措施不规范

漏电保护器参数不匹配、接线错误导致误动作或拒动作,失去其保护作用。例如,桩基控制箱、塔吊专用开关箱、人货两用电梯专用开关箱中的漏电保护器额定动作电流过大,为 75~200 mA 不等或不装漏电保护器。

相线、工作零线、保护零线混用,存在导致人员触电或烧坏设备的隐患。一些施工现场由非持证电工人员或由不负责任的电工人员将相线、工作零线、保护零线错接、乱接,一旦使用不当将会导致人员触电或烧坏设备。N 线(工作零线)的绝缘颜色为淡蓝色;PE 线(保护零线)的绝缘颜色为绿/黄双色。任何情况下上述颜色标记不能混用和互相代用。

接地保护常常被忽视,施工现场的专用变压器基本都是 TN-S 系统,多数工地的设备金属外壳往往未做接零保护;配电箱和设备外壳的重复接地要么是没有做,要么就是做了但不合格,如导线截面积不够或者接地极使用工地现场容易取到的螺纹钢,或者接地极打入地下深度不够,仅仅是为了应付检查。

4. 电焊施工隐患

未按规定进行保护接地;一次线或二次线超长;电源线破损;交流电焊机不装二次空载降压保护装置,或装了保护器但线路短接,未起到保护作用。焊机的电缆线使用中间有接头的导线,焊接电缆线横过马路或通道时,未采取保护措施。

5. 手持式电动工具使用存在的隐患

手持式电动工具因其应用广泛,移动较多、振动较大,容易发生漏电及其他故障。使用过程中常见隐患有:使用 I 类工具未采取安全措施;使用 I 类工具人为拆除接地保护;电源线破损、超长等;未定期对振动设备或在潮湿场地工作的设备做绝缘电阻测试、对保护零线进行连续性的检查。施工现场中使用的振动机、磨石子机、打夯机、手电钻、砂轮机、切割机等工具,应在管理、使用、检查、维护上给予特别重视。

如果使用 I 类工具,必须采用其他安全保护措施,如漏电保护电器、安全隔离变压器等。否则,使用者必须戴绝缘手套、穿绝缘鞋或站在绝缘垫上。 I 类工具的电源线必须采用三芯(单相工具)或四芯(三相工具)、多股铜芯橡皮护套软电缆或护套软线。其中,绿/黄双色线在任何情况下只能用作保护接地或接零线。

为保证使用的安全,在一般场所,尽可能选用 II 类工具。 II 类工具在防触电保护方面不仅依靠基本绝缘,而且它还提供双重绝缘或加绝缘的附加安全防范措施和没有保护接地或依赖安装条件的措施。识别该工具是否为 II 类工具,可检查工具明显部位应有 II 类工具结构符号。

6. 行灯未使用安全电压

行灯也是施工常用的手提式电器之一,其电源线经常移动,容易受到磨损、压伤,也易受高温、潮湿和腐蚀性介质的损害。在施工现场检查中发现施工人员使用 220 V 普通照明灯,一旦电源线磨损、电线裸露或灯泡破碎就有可能造成触电事故。因此规定使用行灯电源电压不大于 36 V、灯体与手柄应坚固、绝缘良好并耐热耐潮湿;灯头与灯体结合牢固,灯头无开关;灯泡外部有金属保护网,电源线应使用有护套的双芯线。

7. 电气线路施工不规范

电气管路敷设时没有与土建进度配合施工,不能保证正确的预埋管路和留洞。导致穿线有困难,勉强穿过去容易破坏导线的绝缘层,有裂缝的管子潮气易浸入,降低绝缘强度。敷设的管路不符合施工工艺要求,导致穿线时导线绝缘易损伤,或敷设线路被腐蚀,甚至造成线路短路。导线色标的不规范使相序混乱给施工和维修带来麻烦,易造成电气事故。保护地线(PE 线)应采用黄绿颜色相间的绝缘导线,零线(N 线)宜采用淡蓝色绝缘导线。三相电源线的色标为 $L_1$ 相为黄色,$L_2$ 相为绿色,$L_3$ 相为红色。为了保证安全和施工方便,穿入管内的干线可以不分色,但线管口至配电箱(盘)总开关的一段干线回路及各用电支路须按色标要求分色。

插座的接线应符合以下要求:单相两孔插座,面对插座的右孔或上孔与相线相接,左孔或下孔与零线相接;单相三孔插座,面对插座的右孔与相线相接,左孔与零线相接。单相三孔、三相四孔插座的接地线或接零线均应接在上孔。插座的接地端子不应与零线端子直接连接。

接线时开关应控制相线,否则即使开关断电,也是断零线、不断相线,容易引发触电事故。照明配电箱内闸具未标明回路名称,给使用和维修带来不便,若是误合不该合的闸,容易引发安全事故。配电箱(板)内的导线不按色标穿线,使用单相电路时,由于不容易辨认三相电源,就很难将负载均衡,造成严重的三相不平衡;而在使用三相设备时,由于没有色标,接线时容易将相序混接,在有的设备运行需要固定转向时,又不好把握其旋转的方向。照明配电箱(板)内应分别设置零线(N线)和保护地线(PE线)汇流排,零线和保护地线应在汇流排上连接,不得铰接,并应有编号。

### 13.3.4 施工现场用电技术措施

施工现场用电技术措施主要包括两大部分,预防人体触电的技术措施和保护电气设备的技术措施。预防人体触电的技术措施包括绝缘、保护接地与保护接零、等点位联结、漏电保护器和安全用具、触电急救方法等。

1. 保护人体的技术措施

(1)设备绝缘措施。电气设备绝缘是指采用绝缘材料将电气设备正常工作时的带电部分和外界隔离开来。为保证自身正常工作和防止人体触电,电气设备必须采用绝缘措施。对裸露的带电部分进行绝缘处理,绝缘材料首先应具有较高的绝缘电阻和耐压强度,并能避免发生漏电、击穿等事故,其次耐热性能要好,避免因长期过热而老化变质。电气设备绝缘是采用封堵的办法降低电的不安全状态,减少用电事故。

电气设备的绝缘分为:0类设备、Ⅰ类设备、Ⅱ类设备、Ⅲ类设备。0类设备绝缘保护适用于对地绝缘良好的场所,此类设备的正常导电部分和外部的正常不导电的金属壳之间有一层基本绝缘,并且设有保护接零(地)端子;Ⅰ类设备绝缘与0类相同,但设有保护接线端子,用于对设备绝缘要求较低的场所;Ⅱ类设备的绝缘性能较高,采用了加强绝缘的措施,该类设备一般不会因为绝缘损坏而造成设备外壳导电,能用于对绝缘要求较高的场所;Ⅲ类设备是只能采用安全电压的设备,适用于有特别触电危险的场所,使用时不做保护接零。

(2)保护接地与保护接零措施。将电气设备外壳与电网的零线连接叫保护接零;将电气设备外壳与大地连接叫保护接地。在低压电网已经做了工作接地时,应采用保护接零,不应采用保护接地。对于电气设备处于潮湿或条件恶劣施工现场的临时用电系统更应该优先采用保护接零。

保护接零、保护接地是为了防止人身触电事故、保证电气设备正常运行所采取的一项重要技术措施。接地保护的基本原理是限制漏电设备对地的泄漏电流,使其不超过某一安全范围,一旦超过某一整定值,保护器就能自动切断电源;接零保护的原理是借助接零线路,使设备在绝缘损坏后碰壳形成单相金属性短路时,利用短路电流促使线路上的保护装置迅速动作,从而大大降低了人体接触带电机壳而触电的危险。

接地装置由接地体和接地线组成,规范规定每一接地装置应采用两根或以上导体,在不同点与接地体做电气连接。埋入地下并直接与大地接触的金属导体称为接地体,连接设备和接地体的金属导线称为接地线。连接体一般采用钢材,铜线好但是成本太高,铝材在地下容易腐蚀,故不得采用铝材导体做接地体或地下连接线。垂直接地体宜采用角钢、钢管或光面圆钢,不得采用螺纹钢,以防止和土壤接触不紧密。避雷针的接地线宜采用直径不小于6 mm的圆钢,固定设备的接地线宜采用截面不小于2.5 mm²的绝缘铜线,移动设备的接地线宜采用截面不小于1.5 mm²的多股软铜线。另外注意在接地装置施工时,在土层厚度在2 m以上的地方接地体宜垂直敷设,可以用大锤打入,接地体和接地线的连接应采用焊接,接地线和电气设备的连接可采用焊接或螺栓连接,螺栓连接应加弹簧垫片和防松螺帽,在强烈腐蚀的地方接地体和接地线还应该采取防腐措施。

接地电网的保护接零分为TN系统和TT系统,规范规定建筑施工现场临时用电工程专用的电源中性点直接接地的220/380 V三相四线制低压电力系统,必须采用TN-S(工作零线与保护零线分开设置)接零保护系统,在 TN-S 系统中,电气设备的金属外壳必须与保护零线连接。保护零线应由工作接地线、配电室(总配电箱)电源侧零线或总漏电保护器电源侧零线处引出。

保护接零、接地是施工现场临时用电工程必须采取的安全措施之一。所以从临时用电设计、施工、验收、维护管理到监督检查的全过程,必须确保规范规定的电气设备不带电的外露可导电部分做好保护接零、接地。

(3)等电位联结措施。等电位联结是用导线把各电气设备的外露可导电部分和外部可导电部分连接起来。等电位联结后一般还要再与大地相连,等电位联结实际上可以看成是保护接零和保护接地措施的一种补充。它能够降低接触电压,防止间接接触电击及电磁干扰,在电气设计中,是一种行之有效的安全措施。等电位联结线及端子板宜采用铜质材料。对于防雷等电位,在与基础钢筋连接时,联结线宜选用钢材。

(4)漏电保护措施。施工临时用电系统中设漏电保护器是防止人身触电事故的有效措施之一,也是防止因漏电引起电气火灾和电气设备损坏事故的技术措施。但安装漏电保护器后并不等于绝对安全,运行中仍应以预防为主,并应同时采取其他防止触电和电气设备损坏事故的技术措施。漏保在施工现场中应该遵循以下原则:

① 二级保护。

建筑施工临时用电工程专用电源中性点直接接地的 220/380 V 三相四线制低压电力系统,必须采用二级漏电保护系统。二级漏电保护是指总配电箱(或配电室)和开关箱二级保护,总配电箱和开关箱均应该设置漏电保护。

②"一机一漏"。

施工现场的每一台电动建筑机械或手持式电动工具的开关箱均应设置漏电保护器。《施工现场临时用电安全技术规范》(JGJ 46—2005)要求,施工现场所有用电设备,除作保护接零外,必须在设备负荷线的首端处设置漏电保护装置。同时规定,开关箱中必须装设漏电保护器。就是说,临时用电应在总配电箱和开关箱中分别设置漏电保护器,形成用电线路的两级保护。漏电保护器要装设在配电箱电源隔离开关的负荷侧和开关箱电源隔离开关的负荷侧。总配电箱的保护区域较大,停电后的影响范围也大,主要是提供间接保护和防止漏电火灾,其漏电动作电流和动作要大于后面的保护。因此,总配电箱和开关箱中两级漏电保护器的额定电流动作和额定漏电动作时间应做合理配合,使之具有分级分段保护的功能。开关箱内的漏电保护器动作电流应不大于 30 mA,额定漏电动作时间应不小于 0.1 s。对搁置已久重新使用和连续使用一个月的漏电保护器,应认真检查其特性,发现问题及时修理或更换。

在实际工作当中,发现有的施工现场漏电保护器配置不合理,末级电箱漏电保护器电流过大,发生漏电后直接引起总配电箱漏电保护器动作,没有形成分级配置。施工企业发现问题应该检查、测试漏电保护器的规格和性能,查找漏电原因,及时排除故障,而不是单纯增加漏电保护器的数量,加大了用电成本,留存了事故隐患。

漏电保护采用分级保护的目的是缩小事故停电的范围,提高供电的可靠性,即只切断漏电支路电源,而不切断上一级的电源。分级保护的额定漏电动作电流和动作时间应协调配合,第一级的额定漏电动作电流和动作时间应大于第二级,第一级应选用灵敏度低和延时漏电保护器,即前后级要有时间差和电流极差。

漏电保护器按功能区分可以分为漏电保护开关和继电器;按原理可以分为电磁式和电子式;按动作时间分为瞬时动作式和延迟动作式;按使用方式分为固定式和移动式;按功能多样性可分为单一功能和多功能漏电保护器。

漏电保护器的选择必须符合现行国家标准《剩余电流动作保护器(RCD)的一般要求》(GB/T 6829—2017)和《剩余电流动作保护装置安装和运行》(GB/T 13955—2017)的规定。另外总配电箱中漏电保护器的额定漏电动作电流应大于 30 mA,额定漏电动作时间应大于0.1 s,但其额定漏电动作电流与额定漏电动作时间的乘积不应大于 30 mA·s。开关箱中漏电保护器的额定漏电动作电流不应大于 30 mA,额定漏电动作时间不应大于 0.1 s。使用于潮湿或有腐蚀介质场所的漏电保护器应采用防溅型产品,其额定漏电动作电流不应大于15 mA,额定漏电动作时间不应大于 0.1 s。配电箱、开关箱中的漏电保护器宜选用无辅助电源型(电磁式),或选用辅助电源故障时能自动断开的辅助电源型(电子式),当选用辅助电源故障时不能自动断开的辅助电源型漏电保护器时,应同时设置缺相保护;总配电箱和开关箱中漏电保护器的极数和线数必须与其负荷侧负荷的线数和相数一致。

(5) 安全用具措施。安全用具可以看作设备绝缘措施的延伸措施,绝缘层是把电气设备绝缘出来,安全用具是把人体绝缘开来。

施工企业项目部应针对气候(高温与潮湿)与工程特点对施工人员进行必要的针对性的临时用电安全教育和交底,让其了解电的基本知识、防护用品的正确使用方法,增强自我保护意识。项目部还要根据施工项目及工种的特点,为在施工现场有可能直接使用电动设备人员配备合格的防触电方面的防护用品(如绝缘手套、绝缘鞋等),并督促操作工人按规定正确使用劳动保护用品,教育操作人员提高自我保护意识,杜绝违章操作,严禁在无监护人员的情况下带电操作。

施工人员应严格按规定正确使用安全用具,不能图省事、图舒服(特别是闷热天气)、怕麻烦而敷衍了事。

(6) 触电抢救措施。触电抢救措施是预防人体触电的补救措施,由于触电原因的复杂性、人的认识能力的局限性、人的行为很难做到万无一失等原因,触电事故不可能杜绝。万一有人触电,应首先设法尽快使触电者脱离电源,然后根据需要进行人工呼吸和心脏挤压等补救措施。要做到:迅速、就地、准确、坚持。

迅速,就是动作要快,一旦有人触电,必须做到紧急呼救,迅速切断电源开关,尽快使触电者脱离电源,拉开电源刀闸或用绝缘竹竿挑开断落低压电力线,如遇高压电力线断落,要迅速用电话通知供电局停电。

就地,就是必须在触电现场附近就地进行抢救,切忌长途运载将触电者送往医院或供电局抢救,否则耽误了抢救时间,造成抢救无效死亡。触电者脱离电源后,使其仰卧,要赶快检查触电者是否有呼吸和心跳。如有心跳、呼吸,应让触电者静卧、休息,然后请医生或送医院;如没有心跳则应该进行心脏体外挤压;如没有呼吸应进行人工呼吸;如两者均没有,则交替进行心脏挤压和人工呼吸。

准确,是指人工呼吸操作方法必须准确。

坚持,就是只要有 1% 的希望,就要尽 100% 的努力去抢救,必须要在确定触电者已经死亡后,才能放弃。一般情况下,只有 5 个象征出现了,才可以宣布抢救无效死亡。这 5 个象征一是心跳、呼吸完全停止;二是瞳孔放大;三是血管硬化;四是出现尸斑;五是尸僵。如果其中还有 1～2 个条件尚未出现,还应坚持抢救。如果自己无法确定,待医生到来后鉴定。

### 2. 保护电器技术措施

设备保护不到位可能造成供电中断、设备损坏、生产瘫痪,为了使供电设备和用电设备能够正常工作,用电系统将采用各种技术保护措施,包括过载保护、短路保护、过压保护、欠压保护、失压保护、缺相保护、联锁保护等。除了上述保护措施外,还有安装方面采取的保护电气设备的措施,如配电线路的安装保护措施。而实现上述保护措施主要采用熔断、隔离开关、负荷开关、断路器、接触器、继电器和综合保护器等电气设备。

(1) 过压保护、欠压保护和失压保护。当电源电压过压时,过压保护装置能延迟一定时间后将电源切断,从而避免电气设备的过压损坏,这种保护称过压保护。为了保证供电的可靠性和电气设备工作的可靠性,过压保护应是延时保护,如果一过压,保护装置就动作,就会造成供电线路的频繁停电和电气设备的频繁停机,严重影响生产和生活。延时过压保护不会造成电气设备损坏,设备一般都允许短时间内过压运行。限制过电压的技术措施有:使用灭弧能力强的断路器,安装避雷针、避雷器,采用继电保护器、综合保护器、交流稳压器等。

欠压由供电线路的负载过重、电网自身不稳定、输电线路损耗过大、大型用电设备的启动等原因引起,持续时间长短不一。有的设备允许欠压运行,如白炽灯泡,但有的设备不允许长时间欠压运行,如欠压运行的电动机电流反而增加,容易造成电动机过热、寿命缩短、甚至烧毁,所以电动机等设备需要欠压保护。当电源电压欠压时,保护装置延迟一定时间后将电源切断,但也需要延时,如果一欠压就动作,容易造成供电线路的频繁断电和电气设备的频繁停机。欠压保护的技术措施有采用断路器、继电保护器、综合保护器、交流稳压器等。

由于某种原因导致供电线路意外断电(如熔断器熔断、断路器跳闸、雷电),当失压后恢复供电时,失压保护装置能保证用电设备不能自动恢复运行,要重新启动才能恢复运行,以免造成事故,这种保护称为失压保护。失压保护的主要措施包括采用断路器、继电保护器、综合保护器。

(2) 过载保护、短路保护、缺相保护。过载保护和短路保护是电气设备最重要的两种保护,缺相保护主要针对电动机,缺相运行是影响电动机安全运行的主要因素。

过载就是电气设备的负载过重,造成其实际工作电流超过额定工作电流。过载造成电气设备过热、寿命缩短甚至烧毁,故对电气应进行过载保护。当发生过载现象时过载保护在延迟一定时间后就会自动切断电源,以防止电气设备长时间过载运行而损坏,这种保护叫作过载保护。过载保护动作也需要必要的延时,否则也会造成电网的频繁停电和设备的频繁停机,影响生产和生活。过载保护的技术措施包括采用熔断器、断路器、过流继电器、综合保护器等。

短路由电气设备的绝缘损坏等原因引起,短路电流一般很大,如不尽快切断电源将造成设备烧毁、火灾、爆炸等严重事故,所以电气设备特别需要进行短路保护,当发生短路现象时,短路保护装置能立即将电源切断。

(3) 熔断器。熔断器俗称保险丝、保险片或保险管。当线路负荷过大或短路导致线路电流剧增,导线温度升高,当温度达到一定熔点(导线的熔点一般比保险丝熔点高),保险丝熔断,达到切断线路的作用,保护线路及设备免遭更大损害。熔断器主要用于短路保护以及过载保护。常用的熔断器主要有瓷插式熔断器、无填料管式熔断器、有填料熔断器和快速熔断器等。瓷插式熔断器体积小、价格低、使用方便,但灭弧能力差,分断电流的能力较低,且熔丝的熔化特性不太稳定,所以多用于照明线路和小功率(7.5 kW 以下)电动机的短路保护,要求不高时也可以作过载保护;无填料管式熔断器灭弧能力强,分断能力高,适用于一般场合的短路保护和过载保护;有填料熔断器主要用于要求较高、短路电流很大场合的短路保护和过载保护;快速熔断器的熔体用银制成,熔断时间短,主要用于需要特殊保护的场所。

(4)电力开关。电力开关是接通或断开一次回路(主回路)的开关。常用的电力开关分为隔离开关、负荷开关和断路器。

隔离开关是一种没有灭弧装置的开关设备,主要用来断开无负荷电流的电路、隔离电源,在分闸状态时有明显的断开点,以保证其他电气设备的安全检修;在合闸状态时能可靠地通过正常负荷电流及短路故障电流。因它没有专门的灭弧装置,不能切断负荷电流及短路电流,因此,隔离开关只能在电路已被断路器断开的情况下才能进行操作,严禁带负荷操作,以免造成严重的设备和人身事故。只有电压互感器、避雷器、励磁电流不超过 2 A 的空载变压器、电流不超过 5 A 的空载线路,才能用隔离开关进行直接操作。

负荷开关是一种带有专用灭弧触头、灭弧装置和弹簧断路装置的分合开关。从结构上看,负荷开关与隔离开关相似(在断开状态时都有可见的断开点),但它可用来开闭电路,这一点又与断路器类似。然而,断路器可以控制任何电路,而负荷开关只能开闭负荷电流,或者开断过负荷电流,所以只用于切断和接通正常情况下的电路,而不能用于断开短路故障电流。但是,要求它的结构能通过短路时的故障电流而不致损坏。由于负荷开关的灭弧装置和触头是按照切断和接通负荷电流设计的,所以负荷开关在多数情况下,应与高压熔断器配合使用,由后者来担任切断短路故障电流的任务。负荷开关的开闭频度和操作寿命往往高于断路器。

断路器按其使用范围分为高压断路器和低压断路器。高低压界线划分比较模糊,一般将 3 kV 以上的称为高压电器。低压断路器又称自动开关,它是一种既有手动开关作用,又能自动进行失压、欠压、过载和短路保护的电器,它可用来分配电能,不频繁地启动异步电动机,对电源线路及电动机等实行保护。当它们发生严重的过载或者短路及欠压等故障时能自动切断电路,其功能相当于熔断器式开关与过欠热继电器等的组合,而且在分断故障电流后一般不需要变更零部件。高压断路器(或称高压开关)是变电所主要的电力控制设备,具有灭弧特性,当系统正常运行时,它能切断和接通线路及各种电气设备的空载和负载电流;当系统发生故障时,它和继电保护配合,能迅速切断故障电流,以防止扩大事故范围。因此,高压断路器工作的好坏,直接影响到电力系统的安全运行。高压断路器种类很多,按其灭弧的不同,可分为油断路器(多油断路器、少油断路器)、六氟化硫断路器($SF_6$ 断路器)、真空断路器和压缩空气断路器等。

(5)接触器、继电器。接触器是一种应用广泛的开关电器。接触器主要用于频繁接通或分断交、直流主电路和大容量的控制电路,可远距离操作,配合继电器可以实现定时操作、联锁控制及各种定量控制和失压及欠压保护,广泛应用于自动控制电路,其主要控制对象是电动机,也可用于控制其他电力负载,如照明、电焊机、电容器组等。

继电器是在电路中起控制信号中继(传递、中转)作用,是根据某种输入信号的变化,接通或断开控制电路,实现自动控制和保护电力装置的自动电器。继电器的种类很多,按输入信号的性质分为电压继电器、电流继电器、时间继电器、温度继电器、速度继电器、压力继电器等。另外延时继电器是继电器在收到输入的控制信号后并不马上动作,而是延迟一定时间再动作的继电器。如用于电动机过载保护的热继电器应有延时功能。

## 本章小结

　　用电安全一直是我国十分重视的问题。本章主要介绍了电气安全应用的基础知识,包括特殊环境电气安全、起重机械与电梯特种设备的电气安全、建筑施工电气安全。浴室、游泳池、电梯等都是我们日常生活中不可缺少的,了解其电气安全知识,有助于避免意外事故的发生。同时,通过本章知识的学习,可以为后期详细深入地学习电气安全相关知识打下基础。

## 复习思考题

　　1. 狭窄导电场所电气作业需要注意哪些安全事项?

　　2. 为了防止电击事故,浴室电气安全设计及安装有哪些要求?

　　3. 塔式起重机上有哪些安全装置和防护措施? 说出防护装置的工作原理及作用。

　　4. 电梯分为哪几类? 电梯的基本组成是什么? 电梯的八大系统包括什么?

　　5. 何谓"三级配电两级保护"? 施工临时用电的配电箱和开关箱应符合哪些要求?

　　6. 简述施工现场用电技术措施。

# 参 考 文 献

［1］陈淑芳.《剩余电流动作保护装置安装和运行》GB 13955—2005 宣贯教材［M］.北京：中国水利水电出版社,2006.

［2］川濑太郎,高桥健彦.图解接地技术［M］.马杰,译.北京：科学出版社,2003.

［3］葛晓军,周厚云,梁缙,等.化工安全生产技术［M］.北京：化学工业出版社,2008.

［4］顾永辉.煤矿电工手册 第二分册(下)［M］.北京：煤炭工业出版社,2009.

［5］国家安全生产监督管理总局,国家煤矿安全监察局.煤矿安全规程［M］.北京：煤炭工业出版社,2016.

［6］李悦,杨海宽.电气安全工程［M］.北京：化学工业出版社,2004.

［7］林玉岐.电气作业安全操作指导［M］.北京：化学工业出版社,2009.

［8］刘爱群,廖可兵.电气安全技术［M］.徐州：中国矿业大学出版社,2014.

［9］刘鸿国.电气火灾预防检测技术［M］.北京：中国电力出版社,2006.

［10］刘尚合,武占成,等.静电放电及危害防护［M］.北京：北京邮电大学出版社,2004.

［11］陆荣华.电气安全手册［M］.北京：中国电力出版社,2006.

［12］能源部电力建设研究所.电力建设施工、验收及质量验评标准汇编［G］.北京：中国电力出版社,2006.

［13］钮英建.电气安全工程［M］.北京：中国劳动社会保障出版社,2009.

［14］唐继跃,房兆源.电气设备检修技能训练［M］.北京：中国电力出版社,2007.

［15］王洪泽,杨丹,王梦云.电力系统接地技术手册［M］.北京：中国电力出版社,2007.

［16］王厚余.低压电气装置的设计安装和检验［M］.2 版.北京：中国电力出版社,2007.

［17］魏良.矿山电气设备使用技术［M］.北京：煤炭工业出版社,2005.

［18］徐明,师祥洪,王来忠.企业安全生产监督管理［M］.北京：中国石化出版社,2004.

［19］杨有启,钮英建.电气安全工程［M］.北京：首都经济贸易大学出版社,2000.

［20］杨岳.电气安全［M］.3 版.北京：机械工业出版社,2017.

［21］杨岳.供配电系统［M］.北京：科学出版社,2007.

［22］张庆河.电气与静电安全［M］.北京：中国石化出版社,2005.

［23］赵莲清,刘向军.电气安全［M］.2 版.北京：中国劳动社会保障出版社,2007.

［24］中国安全生产协会注册安全工程师工作委员会,中国安全生产科学研究院.安全生产技术［M］.3 版.北京：中国大百科全书出版社,2011.

［25］中国电力企业联合会标准化中心.供电企业技术标准汇编：第六卷 试验标准［G］.北京：中国电力出版社,2002.

［26］中国煤炭工业协会物资流通分会,中煤贸发物资有限公司机电设备部.煤矿常用机电产品实用手册［M］.北京：煤炭工业出版社,2006.

［27］Ronaid P. O'Riley.电气工程接地技术［M］.沙斐等,译.北京：电子工业出版社,2004.